STARK

ABITUR

Prüfungsaufgaben mit Lösungen **2008**

Mathematik

Leistungskurs
Gymnasium
Thüringen
2003–2007

STARK

ISBN 978-3-89449-238-0

D-85318 Freising · Postfach 1852 · Tel. (0 81 61) 1790
13. ergänzte Auflage 2007

Inhalt

Fortsetzung siehe nächste Seite

Abiturprüfung 2005

Abiturprüfung 2006

Abiturprüfung 2007

Jeweils zu Beginn des neuen Schuljahres erscheinen die neuen Ausgaben der Abiturprüfungsaufgaben mit Lösungen.

Autoren:

Edgar Kamp, Meiningen (bis 2006)
Dr. Wilfried Zappe, Ilmenau
Dörthe Moll, Ilmenau (ab 2007)

Vorwort

Liebe (Vor-)Abiturientinnen und Abiturienten,

das vorliegende Heft aus der Reihe „Abituraufgaben“ des Stark Verlages möchte Ihnen ein zuverlässiger Helfer bei der Vorbereitung des Mathe-Abiturs sein.

In den „Hinweisen und Tipps“ geben wir Ihnen auf den folgenden Seiten genau Informationen zu Inhalt und Ablauf dieser Prüfung sowie methodische Hinweise zum Lösen der Prüfungsaufgaben.

Eine Besonderheit beim Thüringer Mathematikabitur besteht in der Verwendung und Zulassung von Taschenrechnern. Diesbezüglich gibt es zwei Fallgruppen:
(1) Taschenrechner, die nicht programmierbar und nicht grafikfähig sind.
(2) Taschencomputer mit einem Computeralgebrasystem (CAS).

Seit 1999 gibt es eine zunehmende Anzahl von Gymnasien in Thüringen, in denen im mathematisch-naturwissenschaftlichen Unterricht der gymnasialen Oberstufe mit Taschencomputern gearbeitet wird. (Jedes Gymnasium kann dafür eine Genehmigung beim Thüringer Kultusministerium beantragen.) In „Hinweisen und Tipps zum Lösen von Abituraufgaben mit CAS-Rechnern“ gehen wir auf einige Besonderheiten bei der Verwendung dieses Hilfsmittels ein. Damit das Zentralabitur mit CAS zum herkömmlichen Abitur gleichwertig ist, erhalten die Schülerinnen und Schüler, die mit solchen Geräten arbeiten, zum Teil veränderte Aufgabenstellungen. Auch die erreichbaren Bewertungseinheiten sind in der Regel etwas anders verteilt. Sie finden deshalb in diesem Buch neben den Lösungen zu den herkömmlichen Abituraufgaben auch Aufgabenstellungen und Lösungshinweise zum „CAS-Abitur“. (Die Bildschirmausdrucke im Lösungsteil wurden mit einem TI-Voyage erstellt.)

Ab dem Jahrgang 2006 hat sich die Darstellung der Aufgaben und Lösungen in diesem Heft etwas verändert. Wir sind dazu übergegangen, Aufgabenstellungen und Lösungen beider oben genannter Fallgruppen zusammen zu fassen. Dadurch sparen wir Platz und können Ihnen mehr Aufgaben bei gleich bleibender Qualität anbieten.
Außerdem finden Sie ab dem Jahrgang 2006 zusätzliche „Hinweise und Tipps“, die zwischen den Aufgaben und Lösungen stehen und für jede Teilaufgabe ausgearbeitet sind. Sie sollen Ihnen Denkanstöße zur Lösung vermitteln und sind durch graue Rauten markiert.
Sollten Sie bei einer (Teil-) Aufgabe also keinen eigenen Lösungszugang finden, so lesen Sie zunächst nur den ersten Tipp. Lesen Sie den zweiten Tipp erst, wenn Sie mit dem ersten nicht weiterkommen usw. Schlagen Sie die Lösung erst nach, wenn Sie mit allen zu der Aufgabe gehörenden Tipps nicht weiterkommen.

Bei der Darstellung der Lösungen wurden, soweit es möglich und sinnvoll war, alternative Lösungswege aufgezeigt, um Ihnen den Blick für die Vielfalt unterschiedlicher Ansätze zu schärfen.
Das Stichwortverzeichnis bietet Ihnen einen gezielten Zugriff auf Aufgaben über grundlegenden Begriffe und Verfahren der Mathematik, alphabetisch geordnet innerhalb der drei Themengebieten Analysis, Analytische Geometrie und Stochastik.
Die Nutzung dieser Aufgabensammlung bietet Ihnen die Möglichkeit, die Lösung bestimmter Aufgabentypen sowohl in Vorbereitung des Abiturs als auch zur Vorbereitung von Kursarbeiten zu trainieren und Ihr Verständnis für wichtige mathematische Methoden zu vertiefen.

Viel Freude und Erfolg bei der Nutzung dieses Buches!

Ihr Autorenteam

Stichwortverzeichnis

Das Verzeichnis gliedert sich in drei Themenbereiche:

A = Analysis
B = Analytische Geometrie
C = Stochastik

A. Analysis

B. Analytische Geometrie

C. Stochastik/Wahrscheinlichkeitsrechnung

Materialien für Aufgaben zur Stochastik: Normalverteilung

x	φ(x)	Φ(x)	x	φ(x)	Φ(x)	x	φ(x)	Φ(x)	x	φ(x)	Φ(x)
0,00	0,39894	0,50000	0,60	0,33322	0,72575	1,20	0,19419	0,88493	1,80	0,07895	0,96407
0,01	0,39886	0,50399	0,61	0,33121	0,72907	1,21	0,19186	0,88686	1,81	0,07754	0,96485
0,02	0,39886	0,50798	0,62	0,32918	0,73237	1,22	0,18954	0,88877	1,82	0,07614	0,96562
0,03	0,39876	0,51197	0,63	0,32713	0,73565	1,23	0,18724	0,89065	1,83	0,07477	0,96638
0,04	0,39862	0,51595	0,64	0,32506	0,73891	1,24	0,18494	0,89251	1,84	0,07341	0,96712
0,05	0,39844	0,51994	0,65	0,32297	0,74215	1,25	0,18265	0,89435	1,85	0,07206	0,96784
0,06	0,39822	0,52392	0,66	0,32086	0,74537	1,26	0,18037	0,89617	1,86	0,07074	0,96856
0,07	0,39797	0,52790	0,67	0,31874	0,74857	1,27	0,17810	0,89796	1,87	0,06943	0,96926
0,08	0,39767	0,53188	0,68	0,31659	0,75175	1,28	0,17585	0,89973	1,88	0,06814	0,96995
0,09	0,39733	0,53586	0,69	0,31443	0,75490	1,29	0,17360	0,90147	1,89	0,06687	0,97062
0,10	0,39695	0,53983	0,70	0,31225	0,75804	1,30	0,17137	0,90320	1,90	0,06562	0,97128
0,11	0,39654	0,54380	0,71	0,31006	0,76115	1,31	0,16915	0,90490	1,91	0,06438	0,97193
0,12	0,39608	0,54776	0,72	0,30785	0,76424	1,32	0,16694	0,90658	1,92	0,06316	0,97257
0,13	0,39559	0,55172	0,73	0,30563	0,76730	1,33	0,16474	0,90824	1,93	0,06195	0,97320
0,14	0,39505	0,55567	0,74	0,30339	0,77035	1,34	0,16256	0,90988	1,94	0,06077	0,97381
0,15	0,39448	0,55962	0,75	0,30114	0,77337	1,35	0,16038	0,91149	1,95	0,05959	0,97441
0,16	0,39387	0,56356	0,76	0,29887	0,77637	1,36	0,15822	0,91309	1,96	0,05844	0,97500
0,17	0,39322	0,56749	0,77	0,29659	0,77935	1,37	0,15608	0,91466	1,97	0,05730	0,97558
0,18	0,39253	0,57142	0,78	0,29431	0,78230	1,38	0,15395	0,91621	1,98	0,05618	0,97615
0,19	0,39181	0,57535	0,79	0,29200	0,78524	1,39	0,15183	0,91774	1,99	0,05508	0,97670
0,20	0,39104	0,57926	0,80	0,28969	0,78814	1,40	0,14973	0,91924	2,00	0,05399	0,97725
0,21	0,39024	0,58317	0,81	0,28737	0,79103	1,41	0,14764	0,92073	2,01	0,05292	0,97778
0,22	0,38940	0,58706	0,82	0,28504	0,79389	1,42	0,14556	0,92220	2,02	0,05186	0,97831
0,23	0,38853	0,59095	0,83	0,28269	0,79673	1,43	0,14350	0,92364	2,03	0,05082	0,97882
0,24	0,38762	0,59483	0,84	0,28034	0,79955	1,44	0,14146	0,92507	2,04	0,04980	0,97932
0,25	0,38667	0,59871	0,85	0,27798	0,80234	1,45	0,13943	0,92647	2,05	0,04879	0,97982
0,26	0,38568	0,60257	0,86	0,27562	0,80511	1,46	0,13742	0,92785	2,06	0,04780	0,98030
0,27	0,38466	0,60642	0,87	0,27324	0,80785	1,47	0,13542	0,92922	2,07	0,04682	0,98077
0,28	0,38361	0,61026	0,88	0,27086	0,81057	1,48	0,13344	0,93056	2,08	0,04586	0,98124
0,29	0,38251	0,61409	0,89	0,26848	0,81327	1,49	0,13147	0,93189	2,09	0,04491	0,98169
0,30	0,38139	0,61791	0,90	0,26609	0,81594	1,50	0,12952	0,93319	2,10	0,04398	0,98214
0,31	0,38023	0,62172	0,91	0,26369	0,81859	1,51	0,12758	0,93448	2,11	0,04307	0,98257
0,32	0,37903	0,62552	0,92	0,26129	0,82121	1,52	0,12566	0,93574	2,12	0,04217	0,98300
0,33	0,37780	0,62930	0,93	0,25888	0,82381	1,53	0,12376	0,93699	2,13	0,04128	0,98341
0,34	0,37654	0,63307	0,94	0,25647	0,82639	1,54	0,12188	0,93822	2,14	0,04041	0,98382
0,35	0,37524	0,63683	0,95	0,25406	0,82894	1,55	0,12001	0,93943	2,15	0,03955	0,98422
0,36	0,37391	0,64058	0,96	0,25164	0,83147	1,56	0,11816	0,9462	2,16	0,03871	0,98461
0,37	0,37255	0,64431	0,97	0,24923	0,83398	1,57	0,11632	0,94179	2,17	0,03788	0,98500
0,38	0,37115	0,64803	0,98	0,24681	0,83646	1,58	0,11450	0,94295	2,18	0,03706	0,98537
0,39	0,36973	0,65173	0,99	0,24439	0,83891	1,59	0,11270	0,94408	2,19	0,03626	0,98574
0,40	0,36827	0,65542	1,00	0,24197	0,84134	1,60	0,11092	0,94520	2,20	0,03547	0,98610
0,41	0,36678	0,65910	1,01	0,23955	0,84375	1,61	0,10915	0,94630	2,21	0,03470	0,98645
0,42	0,36526	0,66276	1,02	0,23713	0,84614	1,62	0,10741	0,94738	2,22	0,03394	0,98679
0,43	0,36371	0,66640	1,03	0,23471	0,84849	1,63	0,10567	0,94845	2,23	0,03319	0,98713
0,44	0,36213	0,67003	1,04	0,23230	0,85083	1,64	0,10396	0,94950	2,24	0,03246	0,98745
0,45	0,36053	0,67364	1,05	0,22988	0,85314	1,65	0,10226	0,95053	2,25	0,03174	0,98778
0,46	0,35889	0,67724	1,06	0,22747	0,85543	1,66	0,10059	0,95154	2,26	0,03103	0,98809
0,47	0,35723	0,68082	1,07	0,22506	0,85769	1,67	0,09893	0,95254	2,27	0,03034	0,98840
0,48	0,35553	0,68439	1,08	0,22265	0,85993	1,68	0,09728	0,95352	2,28	0,02965	0,98870
0,49	0,35381	0,68793	1,09	0,22025	0,85214	1,69	0,09566	0,95449	2,29	0,02898	0,98899
0,50	0,35207	0,69146	1,10	0,21785	0,86433	1,70	0,09405	0,95543	2,30	0,02833	0,98928
0,51	0,35029	0,69497	1,11	0,21546	0,86650	1,71	0,09246	0,95637	2,31	0,02768	0,98956
0,52	0,34849	0,69847	1,12	0,21307	0,86864	1,72	0,09089	0,95728	2,32	0,02705	0,98983
0,53	0,34667	0,70194	1,13	0,21069	0,87076	1,73	0,08933	0,95818	2,33	0,02643	0,99010
0,54	0,34482	0,70540	1,14	0,20831	0,87286	1,74	0,08780	0,95907	2,34	0,02582	0,99036
0,55	0,34294	0,70884	1,15	0,20594	0,87493	1,75	0,08628	0,95994	2,35	0,02522	0,99061
0,56	0,34105	0,71226	1,16	0,20357	0,87698	1,76	0,08478	0,96080	2,36	0,02463	0,99086
0,57	0,33912	0,71566	1,17	0,20121	0,87900	1,77	0,08329	0,96164	2,37	0,02406	0,99111
0,58	0,33718	0,71904	1,18	0,19886	0,88100	1,78	0,08183	0,96246	2,38	0,02349	0,99134
0,59	0,33521	0,72240	1,19	0,19652	0,88298	1,79	0,08038	0,96327	2,39	0,02294	0,99158

x	φ(x)	Φ(x)	x	φ(x)	Φ(x)	x	φ(x)	Φ(x)	x	φ(x)	Φ(x)
2,40	0,02239	0,99180	3,00	0,00443	0,99865	3,60	0,00061	0,99984	4,20	0,00006	0,99999
2,41	0,02186	0,99202	3,01	0,00430	0,99869	3,61	0,00059	0,99985	4,21	0,00006	0,99999
2,42	0,02134	0,99224	3,02	0,00417	0,99874	3,62	0,00057	0,99985	4,22	0,00005	0,99999
2,43	0,02083	0,99245	3,03	0,00405	0,99878	3,63	0,00055	0,99986	4,23	0,00005	0,99999
2,44	0,02033	0,99266	3,04	0,00393	0,99882	3,64	0,00053	0,99986	4,24	0,00005	0,99999
2,45	0,01984	0,99286	3,05	0,00381	0,99886	3,65	0,00051	0,99987	4,25	0,00005	0,99999
2,46	0,01936	0,99305	3,06	0,00370	0,99889	3,66	0,00049	0,99987	4,26	0,00005	0,99999
2,47	0,01888	0,99324	3,07	0,00358	0,99893	3,67	0,00047	0,99988	4,27	0,00004	0,99999
2,48	0,01842	0,99343	3,08	0,00348	0,99896	3,68	0,00046	0,99988	4,28	0,00004	0,99999
2,49	0,01797	0,99361	3,09	0,00337	0,99900	3,69	0,00044	0,99989	4,29	0,00004	0,99999
2,50	0,01753	0,99379	3,10	0,00327	0,99903	3,70	0,00042	0,99989	4,30	0,00004	0,99999
2,51	0,01709	0,99396	3,11	0,00317	0,99906	3,71	0,00041	0,99990	4,31	0,00004	0,99999
2,52	0,01667	0,99413	3,12	0,00307	0,99910	3,72	0,00039	0,99990	4,32	0,00004	0,99999
2,53	0,01625	0,99430	3,13	0,00298	0,99913	3,73	0,00038	0,99990	4,33	0,00003	0,99999
2,54	0,01585	0,99446	3,14	0,00288	0,99916	3,74	0,00037	0,99991	4,34	0,00003	0,99999
2,55	0,01545	0,99461	3,15	0,00279	0,99918	3,75	0,00035	0,99991	4,35	0,00003	0,99999
2,56	0,01506	0,99477	3,16	0,00271	0,99921	3,76	0,00034	0,99992	4,36	0,00003	0,99999
2,57	0,01468	0,99492	3,17	0,00262	0,99924	3,77	0,00033	0,99992	4,37	0,00003	0,99999
2,58	0,01431	0,99506	3,18	0,00254	0,99926	3,78	0,00031	0,99992	4,38	0,00003	0,99999
2,59	0,01394	0,99520	3,19	0,00246	0,99929	3,79	0,00030	0,99992	4,39	0,00003	0,99999
2,60	0,01358	0,99534	3,20	0,00238	0,99931	3,80	0,00029	0,99993	4,40	0,00002	0,99999
2,61	0,01323	0,99547	3,21	0,00231	0,99934	3,81	0,00028	0,99993	4,41	0,00002	0,99999
2,62	0,01289	0,99560	3,22	0,00224	0,99936	3,82	0,00027	0,99993	4,42	0,00002	1,00000
2,63	0,01256	0,99573	3,23	0,00216	0,99938	3,83	0,00026	0,99994			
2,64	0,01223	0,99585	3,24	0,00210	0,99940	3,84	0,00025	0,99994	4,51	0,00002	1,00000
2,65	0,01191	0,99598	3,25	0,00203	0,99942	3,85	0,00024	0,99994	4,52	0,00001	1,00000
2,66	0,01160	0,99609	3,26	0,00196	0,99944	3,86	0,00023	0,99994			
2,67	0,01130	0,99621	3,27	0,00190	0,99946	3,87	0,00022	0,99995	4,75	0,00001	1,00000
2,68	0,01100	0,99632	3,28	0,00184	0,99948	3,88	0,00021	0,99995	4,76	0,00000	1,00000
2,69	0,01071	0,99643	3,29	0,00178	0,99950	3,89	0,00021	0,99995			
2,70	0,01042	0,99653	3,30	0,00172	0,99952	3,90	0,00020	0,99995			
2,71	0,01014	0,99664	3,31	0,00167	0,99953	3,91	0,00019	0,99995			
2,72	0,00987	0,99674	3,32	0,00161	0,99955	3,92	0,00018	0,99996			
2,73	0,00961	0,99683	3,33	0,00156	0,99957	3,93	0,00018	0,99996			
2,74	0,00935	0,99693	3,34	0,00151	0,99958	3,94	0,00017	0,99996			
2,75	0,00909	0,99702	3,35	0,00146	0,99960	3,95	0,00016	0,99996			
2,76	0,00885	0,99711	3,36	0,00141	0,99961	3,96	0,00016	0,99996			
2,77	0,00861	0,99720	3,37	0,00136	0,99962	3,97	0,00015	0,99996			
2,78	0,00837	0,99728	3,38	0,00132	0,99964	3,98	0,00014	0,99997			
2,79	0,00814	0,99736	3,39	0,00127	0,99965	3,99	0,00014	0,99997			
2,80	0,00792	0,99744	3,40	0,00123	0,99966	4,00	0,00013	0,99997			
2,81	0,00770	0,99752	3,41	0,00119	0,99968	4,01	0,00013	0,99997			
2,82	0,00748	0,99760	3,42	0,00115	0,99969	4,02	0,00012	0,99997			
2,83	0,00727	0,99767	3,43	0,00111	0,99970	4,03	0,00012	0,99997			
2,84	0,00707	0,99774	3,44	0,00107	0,99971	4,04	0,00011	0,99997			
2,85	0,00687	0,99781	3,45	0,00104	0,99972	4,05	0,00011	0,99997			
2,86	0,00668	0,99788	3,46	0,00100	0,99973	4,06	0,00011	0,99998			
2,87	0,00649	0,99795	3,47	0,00097	0,99974	4,07	0,00010	0,99998			
2,88	0,00631	0,99801	3,48	0,00094	0,99975	4,08	0,00010	0,99998			
2,89	0,00613	0,99807	3,49	0,00090	0,99976	4,09	0,00009	0,99998			
2,90	0,00595	0,99813	3,50	0,00087	0,99977	4,10	0,00009	0,99998			
2,91	0,00578	0,99819	3,51	0,00084	0,99978	4,11	0,00009	0,99998			
2,92	0,00562	0,99825	3,52	0,00081	0,99978	4,12	0,00008	0,99998			
2,93	0,00545	0,99831	3,53	0,00079	0,99979	4,13	0,00008	0,99998			
2,94	0,00530	0,99836	3,54	0,00076	0,99980	4,14	0,00008	0,99998			
2,95	0,00514	0,99841	3,55	0,00073	0,99981	4,15	0,00007	0,99998			
2,96	0,00499	0,99846	3,56	0,00071	0,99981	4,16	0,00007	0,99998			
2,97	0,00485	0,99851	3,57	0,00068	0,99982	4,17	0,00007	0,99998			
2,98	0,00470	0,99856	3,58	0,00066	0,99983	4,18	0,00006	0,99999			
2,99	0,00457	0,99861	3,59	0,00063	0,99983	4,19	0,00006	0,99999			

Binomialverteilung

n	k	$p=\frac{2}{3}$		p = 0,70		p = 0,75		p = 0,80	
		B(n; p; k)	$\sum_{i=0}^{k} B(n;p;i)$	B(n; p; k)	$\sum_{i=0}^{k} B(n;p;i)$	B(n; p; k)	$\sum_{i=0}^{k} B(n;p;i)$	B(n; p; k)	$\sum_{i=0}^{k} B(n;p;i)$
15	2	0,00003	0,00003	0,00001	0,00001				
	3	0,00025	0,00029	0,00008	0,00009	0,00001	0,00001		
	4	0,00152	0,00181	0,00058	0,00067	0,00010	0,00012	0,00001	0,00001
	5	0,00670	0,00850	0,00298	0,00365	0,00068	0,00079	0,00010	0,00011
	6	0,02232	0,03083	0,01159	0,01524	0,00340	0,00419	0,00067	0,00078
	7	0,05740	0,08823	0,03477	0,05001	0,01311	0,01730	0,00345	0,00424
	8	0,11481	0,20304	0,08113	0,13114	0,03932	0,05662	0,01382	0,1806
	9	0,17859	0,38163	0,14724	0,27838	0,09175	0,14837	0,04299	0,06105
	10	0,21431	0,59594	0,20613	0,48451	0,16515	0,31351	0,10318	0,16423
	11	0,19482	0,79076	0,21862	0,70313	0,22520	0,53871	0,18760	0,35184
	12	0,12988	0,92064	0,17004	0,87317	0,22520	0,76391	0,25014	0,60198
	13	0,05995	0,98059	0,09156	0,96473	0,15591	0,91982	0,23090	0,83287
	14	0,01713	0,99772	0,03052	0,99525	0,06682	0,98664	0,13194	0,96482
	15	0,00228	1,00000	0,00475	1,00000	0,01336	1,00000	0,03518	1,00000
20	4	0,00002	0,00003	0,00001	0,00001				
	5	0,00014	0,00017	0,00004	0,00004				
	6	0,00071	0,00088	0,00022	0,00026	0,00003	0,00003		
	7	0,00285	0,00372	0,00102	0,00128	0,00015	0,00018	0,00001	0,00002
	8	0,00925	0,01297	0,00386	0,00514	0,00075	0,00094	0,00009	0,00010
	9	0,02466	0,03764	0,01201	0,01714	0,00301	0,00394	0,00046	0,00056
	10	0,05426	0,09190	0,03082	0,04796	0,00992	0,01386	0,00203	0,00259
	11	0,09865	0,19055	0,06537	0,11333	0,27060	0,04093	0,00739	0,00998
	12	0,14798	0,33853	0,11440	0,22773	0,06089	0,10181	0,02216	0,03214
	13	0,18213	0,52066	0,16426	0,39199	0,11241	0,21422	0,05455	0,08669
	14	0,18213	0,70279	0,19164	0,58363	0,16861	0,38283	0,10910	0,19579
	15	0,14570	0,84849	0,17886	0,76249	0,20233	0,58516	0,17456	0,37035
	16	0,09106	0,93955	0,13042	0,89291	0,18969	0,77484	0,21820	0,58855
	17	0,04285	0,98241	0,07160	0,96452	0,13390	0,90874	0,20536	0,79392
	18	0,01428	0,99669	0,27850	0,99236	0,06695	0,97569	0,13691	0,93082
	19	0,00301	0,99970	0,00684	0,99920	0,21140	0,99683	0,05765	0,98847
	20	0,00030	1,00000	0,00080	1,00000	0,00317	1,00000	0,01153	1,00000
25	6	0,00001	0,00002						
	7	0,00007	0,00009	0,00002	0,00002				
	8	0,00033	0,00042	0,00008	0,00010	0,00001	0,00001		
	9	0,00123	0,00165	0,00035	0,00045	0,00004	0,00004		
	10	0,00395	0,00560	0,00132	0,00178	0,00017	0,00021	0,00001	0,00001
	11	0,01077	0,01637	0,00422	0,00599	0,00070	0,00092	0,00006	0,00008
	12	0,02514	0,04151	0,01148	0,01747	0,00245	0,00337	0,00029	0,00037
	13	0,05028	0,09179	0,02678	0,04425	0,00736	0,01073	0,00117	0,00154
	14	0,08619	0,17799	0,05355	0,09780	0,01894	0,02967	0,00401	0,00555
	15	0,12642	0,30440	0,09164	0,18944	0,04166	0,07133	0,01178	0,01733
	16	0,15802	0,46242	0,13364	0,32307	0,07811	0,14944	0,02944	0,04677
	17	0,16732	0,62974	0,16508	0,48815	0,12406	0,27349	0,06235	0,10912
	18	0,14872	0,77846	0,17119	0,65935	0,16541	0,43890	0,11084	0,21996
	19	0,10959	0,88805	0,14717	0,80651	0,18282	0,62172	0,16335	0,38331
	20	0,06575	0,95380	0,10302	0,90953	0,16454	0,78626	0,19602	0,57933
	21	0,03131	0,98511	0,05723	0,96676	0,11753	0,90379	0,18668	0,76601
	22	0,01139	0,99650	0,02428	0,99104	0,06411	0,96789	0,13577	0,90177
	23	0,00297	0,99947	0,00739	0,99843	0,02508	0,99298	0,07084	0,97261
	24	0,00050	0,99996	0,00144	0,99987	0,00627	0,99925	0,02361	0,99622
	25	0,00004	1,00000	0,00013	1,00000	0,00075	1,00000	0,00378	1,00000
30	8	0,00001	0,00001						
	9	0,00004	0,00004	0,00001	0,00001				
	10	0,00015	0,00019	0,00003	0,00004				
	11	0,00054	0,00074	0,00013	0,00016	0,00001	0,00001		
	12	0,00172	0,00246	0,00046	0,00063	0,00004	0,00005		
	13	0,00477	0,00722	0,00150	0,00212	0,00017	0,00022	0,00001	0,00001
	14	0,01157	0,01879	0,00425	0,00637	0,00060	0,00082	0,00004	0,00005
	15	0,02469	0,04348	0,01057	0,01694	0,00193	0,00275	0,00018	0,00023

n	k	$p=\frac{2}{3}$		$p = 0{,}70$		$p = 0{,}75$		$p = 0{,}80$	
		B(n; p; k)	$\sum_{i=0}^{k}$ B(n; p; i)	B(n; p; k)	$\sum_{i=0}^{k}$ B(n; p; i)	B(n; p; k)	$\sum_{i=0}^{k}$ B(n; p; i)	B(n; p; k)	$\sum_{i=0}^{k}$ B(n; p; i)
30	16	0,04629	0,08977	0,02312	0,04005	0,00543	0,00818	0,00067	0,00090
	17	0,07624	0,16601	0,04442	0,08447	0,01341	0,02159	0,00221	0,00311
	18	0,11012	0,27614	0,07485	0,15932	0,02906	0,05066	0,00638	0,00949
	19	0,13910	0,41524	0,11031	0,26963	0,05507	0,10573	0,01612	0,02562
	20	0,15302	0,56826	0,14156	0,41119	0,09087	0,19659	0,03547	0,06109
	21	0,14573	0,71398	0,15729	0,56848	0,12981	0,32640	0,06756	0,12865
	22	0,11923	0,83322	0,15014	0,71862	0,15931	0,48571	0,11056	0,23921
	23	0,08294	0,91616	0,12185	0,84048	0,16624	0,65195	0,15382	0,39303
	24	0,04838	0,96455	0,08293	0,92341	0,14546	0,79740	0,17946	0,57249
	25	0,23220	0,98777	0,04644	0,96985	0,10473	0,90213	0,17228	0,74477
	26	0,00893	0,99670	0,02084	0,99068	0,06042	0,96255	0,13252	0,87729
	27	0,00265	0,99935	0,00720	0,99789	0,02685	0,98940	0,07853	0,95582
	28	0,00057	0,99992	0,00180	0,99969	0,00863	0,99804	0,03366	0,98948
	29	0,00008	0,99999	0,00029	0,99998	0,00179	0,99982	0,00928	0,99876
	30	0,00001	1,00000	0,00002	1,00000	0,00018	1,00000	0,00124	1,00000
50	18	0,00001	0,00001						
	19	0,00002	0,00003						
	20	0,00007	0,00010	0,00001	0,00001				
	21	0,00020	0,00030	0,00003	0,00004				
	22	0,00052	0,00082	0,00008	0,00012				
	23	0,00126	0,00208	0,00023	0,00034	0,00001	0,00001		
	24	0,00284	0,00492	0,00059	0,00093	0,00003	0,00004		
	25	0,00591	0,10830	0,00144	0,00237	0,00008	0,00012		
	26	0,01136	0,02219	0,00322	0,00559	0,00024	0,00037	0,00001	0,00001
	27	0,02020	0,04239	0,00668	0,01228	0,00065	0,00102	0,00002	0,00003
	28	0,03319	0,07557	0,01281	0,02509	0,00160	0,00262	0,00007	0,00010
	29	0,05035	0,12920	0,02268	0,04776	0,00365	0,00626	0,00022	0,00032
	30	0,7049	0,19641	0,03704	0,08480	0,00765	0,01392	0,00061	0,00093
	31	0,09095	0,28737	0,05576	0,14056	0,01482	0,02873	0,00158	0,00251
	32	0,10501	0,39538	0,07725	0,21781	0,02639	0,05512	0,00375	0,00626
	33	0,11783	0,51321	0,09831	0,31612	0,04318	0,09831	0,00818	0,01444
	34	0,11783	0,63103	0,11470	0,43082	0,06478	0,16308	0,01636	0,03080
	35	0,10773	0,73876	0,12235	0,55317	0,08884	0,25192	0,02992	0,06072
	36	0,08977	0,82853	0,11895	0,67212	0,11104	0,36296	0,04986	0,11059
	37	0,06794	0,89647	0,10502	0,77713	0,12605	0,48901	0,07547	0,18606
	38	0,04648	0,94295	0,08383	0,86096	0,12937	0,61838	0,10328	0,28933
	39	0,02860	0,97156	0,06019	0,92115	0,11942	0,73780	0,12711	0,41644
	40	0,01573	0,98729	0,03862	0,95977	0,09852	0,83632	0,13982	0,55626
	41	0,00767	0,99497	0,02198	0,98175	0,07209	0,90840	0,13641	0,69267
	42	0,00329	0,99826	0,01099	0,99274	0,04634	0,95474	0,11692	0,80959
	43	0,00122	0,99948	0,00477	0,99751	0,02586	0,98061	0,08701	0,89660
	44	0,00039	0,99987	0,00177	0,99928	0,01234	0,99295	0,05537	0,95197
	45	0,00010	0,99997	0,00055	0,99983	0,00494	0,99789	0,02953	0,98150
	46	0,00002	1,00000	0,00014	0,99997	0,00161	0,99950	0,01284	0,99434
	47			0,00003	1,00000	0,00041	0,99991	0,00437	0,99871
	48					0,00008	0,99999	0,00109	0,99981
	49					0,00001	1,00000	0,00018	0,99999
	50							0,00001	1,00000
100	45	0,00000	0,00001						
	46	0,00001	0,00002						
	47	0,00002	0,00004						
	48	0,00005	0,00009						
	49	0,00011	0,00020	0,00001	0,00001				
	50	0,00022	0,00042	0,00001	0,00002				
	51	0,00043	0,00085	0,00003	0,00005				
	52	0,00081	0,00167	0,00007	0,00012				
	53	0,00148	0,00314	0,00014	0,00026				
	54	0,00257	0,00571	0,00028	0,00054				
	55	0,00430	0,10010	0,00055	0,00109	0,00001	0,00001		
	56	0,00690	0,01691	0,00103	0,00211	0,00002	0,00003		
	57	0,01066	0,02757	0,00185	0,00397	0,00004	0,00006		

Hinweise und Tipps zur schriftlichen Abiturprüfung

1 Ablauf der Prüfung

Im Freistaat Thüringen gibt es im Fach Mathematik ein zentrales schriftliches Abitur. Auf der Grundlage eines Abiturerlasses des Thüringer Kultusministeriums werden die Aufgaben durch eine Abituraufgabenkommission erstellt, in der erfahrene Lehrerinnen und Lehrer mitarbeiten.

Aufbau der Prüfungsaufgaben

In der Abiturprüfung wird Ihnen ein Aufgabenvorschlag mit insgesamt fünf komplexen Aufgaben vorgelegt, von dem Sie drei Aufgaben auswählen und bearbeiten müssen. Die Struktur der Prüfungsarbeit ist folgende:

Analysis A1	Analysis A2
Vektorrechnung/Analytische Geometrie B1	Stochastik B2
Themenübergreifende Aufgabe C	

Dabei können Sie von den ersten beiden Aufgaben A1 und A2, die aus dem Stoffgebiet Analysis stammen, eine zur Bearbeitung auswählen. Im zweiten Teil können Sie zwischen den Aufgaben B1 aus dem Stoffgebiet Lineare Algebra/Analytische Geometrie und der Aufgabe B2 aus dem Stoffgebiet Stochastik wählen. Bei dieser Wahl sollten Sie sich daran orientieren, welcher Schwerpunkt im Unterricht der Klassenstufe 12 gesetzt wurde. Die themenübergreifende Aufgabe C muss von allen Prüfungsteilnehmern bearbeitet werden. Bei dieser Aufgabe C werden Kenntnisse aus Analysis, Vektorrechnung/Analytische Geometrie und Stochastik geprüft.

Dauer der Prüfung

Die Bearbeitungszeit beträgt 270 Minuten für das Leistungsfach.

Zugelassene Hilfsmittel

In allen Prüfungen sind ein Wörterbuch zur deutschen Rechtschreibung sowie die im Unterricht verwendete Formelsammlung zugelassen.
Als Rechenhilfsmittel ist ein Taschenrechner (nicht programmierbar, nicht grafikfähig) oder ein Taschencomputer mit Computeralgebrasystem (CAS) erlaubt. Jedoch dürfen nur Schüler, die einen CAS-Taschencomputer vorher im Unterricht benutzt haben, diesen auch im Abitur verwenden. Über die Verwendung von CAS-Taschencomputern im Unterricht entscheidet das Thüringer Kultusministerium auf Antrag der Schule spätestens mit Eintritt in die **Qualifikationsphase**.
Eventuell zusätzlich benötigte Stochastiktabellen sind im Anhang der jeweiligen Prüfungsaufgaben enthalten.

2 Inhalte und Schwerpunktthemen

Die verbindlichen Lehrplanvorgaben, nach denen in den vier Kurshalbjahren der Qualifikationsphase der gymnasialen Oberstufe unterrichtet wird, bestimmen die inhaltlichen Anforderungen. Im Leistungsfach stehen dabei innermathematische Zusammenhänge im Vordergrund.
Eine knappe Übersicht über die Lehrplanthemen zeigt die folgende Auflistung. Unter http://www.thillm.de/thillm/start_service.html finden Sie eine ausführliche Darstellung im Mathematiklehrplan. Die Stoffgebiete „Lineare Algebra/Analytische Geometrie II" und „Stochastik II" werden alternativ unterrichtet.

Analysis

- Zahlenfolgen, auch arithmetische und geometrische Folgen
- Beweisverfahren der Vollständigen Induktion
- Schranken und Grenzen
- Grenzwerte von Zahlenfolgen und Funktionen
- Nullfolge
- Grenzwertsätze
- Stetigkeit von Funktionen, Stetigkeitssätze
- Ableitung und Differenzierbarkeit einer Funktion
- „n-te Ableitung"
- Herleitung von Differentiationsregeln
- Differentiationsregeln kennen und anwenden
- Potenzfunktionen differenzieren
- Ableitung von $y = \sin(x)$ und $y = \cos(x)$
- Ganz- und gebrochenrationale Funktionen
- Kurvenscharen
- Wurzelfunktionen untersuchen
- Ortskurven
- Funktionen aus vorgegebenen Bedingungen bestimmen
- Bestimmtes Integral und seine Eigenschaften
- Integral- und Stammfunktionen
- Hauptsatz der Differential- und Integralrechnung
- Faktor-, Summen- und Potenzregel; lineare Substitution
- Anwendungen der Intergralrechnung (u. a. Flächenberechnung)
- Integration der Sinus- und Kosinusfunktion
- Eulersche Zahl
- $y = e^x$ und $y = \ln(x)$ ableiten und integrieren
- Partielle Integration
- Uneigentliches Integral
- Kurvendiskussionen und Extremwertaufgaben
- Volumen von Rotationskörpern

Lineare Algebra/Analytische Geometrie I

- Skalare und vektorielle Größen
- Betrag eines Vektors, Parallelität von Vektoren, Nullvektor, entgegengesetzter Vektor
- Addition und Subtraktion von Vektoren
  Multiplikation eines Vektors mit einer reellen Zahl
- Vektorielle Beweise geometrischer Sätze
- Lineare Unabhängigkeit von Vektoren, Basis, Linearkombination von Basisvektoren
- Kartesische Koordinatensysteme, Ortsvektoren
- Vektorraum

- Skalarprodukt
- Vektorprodukt
- Winkel zwischen Vektoren

Lineare Algebra/Analytische Geometrie II (alternativ zu Stochastik II)

- Geradengleichungen auch in Parameterform
- Lagebeziehungen zwischen Geraden, Schnittwinkel
- Abstand Punkt-Gerade, Abstand paralleler Geraden
- Ebenengleichungen in Parameterform
- Normalenform der Ebenengleichung
- Lagebeziehungen Gerade – Ebene, Ebene – Ebene
- Abstände von Punkten, Geraden und Ebenen zu Ebenen
- Abstand windschiefer Geraden
- Schnittwinkel zwischen Gerade und Ebene und zwischen Ebenen

Stochastik II (alternativ zu Lineare Algebra/Analytische Geometrie II)

- Bernoulli-Gesetz der Großen Zahlen
- Approximation der Binomialverteilung durch die Normalverteilung
- Näherungsformel von MOIVRE-LAPLACE
- Alternativtest
- Signifikanztest

Stochastik I (aus Klasse 10)

- Zufallsexperimente
- Vereinigung und Durchschnitt von Ereignissen
- Häufigkeiten und Wahrscheinlichkeiten
- einfache Regeln der Kombinatorik
- Rechenregeln für Wahrscheinlichkeiten
- Bedingte Wahrscheinlichkeit
- Unabhängigkeit von zwei Ereignissen
- Zufallsgrößen, Erwartungswert, Varianz, Standardabweichung
- Bernoulli-Kette, Binomialverteilung

3 Leistungsanforderungen und Bewertung

Bei den Leistungsanforderungen werden drei Anforderungsbereiche[1] unterschieden, die in den Prüfungsaufgaben angemessen repräsentiert sein sollen:

Anforderungsbereich I (Reproduktion)
umfasst die Wiedergabe von mathematischen Sachverhalten im gelernten Zusammenhang sowie die Beschreibung und Verwendung geübter Arbeitstechniken und Verfahrensweisen.

Anforderungsbereich II (analoge Rekonstruktion)
umfasst den selbstständigen Umgang mit bekannten mathematischen Sachverhalten und Zusammenhängen sowie das selbstständige Übertragen auf vergleichbare Sachverhalte.

Anforderungsbereich III (schöpferische Konstruktion)
umfasst methodenbewusste Problemlösung mit kritischer Interpretation der Resultate.

Für die Bewertung der Prüfungsarbeit gibt die Aufgabenkommission einen Bewertungsvorschlag und einen Bewertungsmaßstab vor. Auf dieser Grundlage erfolgt die Bewer-

1 Vgl. Thüringer Kultusministerium: Lehrplan für das Gymnasium, Mathematik, Erfurt 1999, Seite 8

tung Ihrer Abiturarbeit durch zwei Korrektoren. Selbstverständlich werden unkonventionelle aber richtige Lösungen entsprechend gewürdigt.
Die Erstkorrektur nimmt im Regelfall Ihr Fachlehrer vor. Die unabhängige Zweitkorrektur erfolgt durch einen anderen Mathematiklehrer Ihres oder eines anderen Gymnasiums. Einigen sich Erst- und Zweitkorrektor nicht auf eine abschließende Bewertung, entscheidet der Prüfungsvorsitzende ggf. unter Einbeziehung weiterer Gutachten über die Endnote.

Bei der Bewertung der Prüfungsarbeit können Sie insgesamt 60 Bewertungseinheiten (BE) erreichen, die sich folgendermaßen verteilen:

- Bei der Aufgabe A1 bzw. A2 werden maximal 30 BE vergeben.
- Bei der Aufgabe B1 bzw. B2 werden maximal 20 BE vergeben.
- Bei der themenübergreifende Aufgabe C werden maximal 10 BE vergeben.

Natürlich sind fachliche Richtigkeit und Vollständigkeit die wichtigsten Grundlagen für die Bewertung. Dabei sollten Sie bei der Anfertigung Ihrer Prüfungsarbeit darauf achten, bei der Lösung der Aufgaben alle Ansätze in mathematisch korrekter Form zu notieren. Wesentliche Zwischenschritte müssen aus Gründen der Nachvollziehbarkeit und wegen der Anerkennung möglicher Folgefehler aufgeschrieben werden.
Bei Verstößen gegen die äußere oder die mathematische Form können bis zu zwei Punkte abgezogen werden.

4 Operatoren

Bei der Formulierung von zentralen Prüfungsaufgaben werden häufig so genannte „Operatoren“ verwendet, die sicherstellen sollen, dass alle Schüler und Lehrer unter einer bestimmten Aufgabenstellung das Gleiche verstehen. Damit Sie die Aufgabenstellungen korrekt erfassen können, ist es sehr zu empfehlen, sich mit diesen Operatoren auseinanderzusetzen.
Eine Auswahl solcher in den letzten Jahren im Thüringer Mathematikabitur häufig verwendeter Operatoren ist in der folgenden Übersicht zusammengestellt. Außerdem sind Beispiele für Abituraufgaben angegeben, in denen solche Operatoren vorkommen.

Operatoren	**Charakterisierung**	**Beispiele**
Nennen Sie … Geben Sie … an	Formulieren eines Sachverhaltes oder Aufzählung von Fakten ohne Begründung bzw. ohne Lösungsweg.	2006; A2a 2005; A2b
Skizzieren Sie Zeichnen Sie	grafische Darstellung wesentlicher Eigenschaften eines Objektes, auch saubere Freihandskizze möglich.	2005; A1a 2004; A2a
Beschreiben Sie Erläutern Sie	Systematische Darstellung eines Sachverhaltes; Belegen von Feststellungen (Sachverhalten) durch Aufzeigen der zugrunde liegenden Gesetzmäßigkeiten, Regeln und Beziehungen.	2006; B1e 2005; B2b
Bestimmen Sie Berechnen Sie Ermitteln Sie	Ein nachvollziehbarer Lösungsweg muss angegeben werden. Ggf. vorgegebene Hilfsmittel bzw. Verfahren sind einzuhalten. Keine Hilfsmittelangabe bedeutet: Alle erlaubten Hilfsmittel sind zulässig!	2005; A2a 2006; B1a 2006; B2-3

Operatoren	Charakterisierung	Beispiele
Begründen Sie	verbale Darstellung der Zusammenhänge zwischen Sachverhalten unter dem Gesichtspunkt der Kausalität (Ursache – Wirkung, Gegebenes – Gesuchtes, Wahrheit – Falschheit).	2005; A2d
Zeigen Sie Weisen Sie nach	Lückenlose Beweisführung im mathematisch strengen Sinne, durch logische Schlüsse von bekannten Sachverhalten zu den beweisenden Aussagen zu gelangen.	2003; B1c 2005; A1b
Untersuchen Sie	Herausfinden charakteristischer Merkmale (z. B. einer Funktion) durch Anwenden theoretischer Kenntnisse; ggf. Fallunterscheidungen vornehmen.	2005; A1a
Interpretieren Sie	Zuordnung eines konkreten Gegenstandsbereiches zu einem formalen System; z. B. Zuordnung der Ausdrücke eines Kalküls zu Aussagen einer Theorie oder Interpretieren von Gleichungen, Diagrammen.	2004; A2c
Diskutieren Sie	In der Prüfungssituation ist damit nicht eine Gesprächsform gemeint, sondern z. B. die Beschreibung und Begründung der Abhängigkeit eines mathematischen Merkmals von gewissen Parametern.	2004; A1a

5 Methodische Hinweise und allgemeine Tipps zur schriftlichen Prüfung

Vorbereitung

- Fangen Sie nicht zu spät mit der Vorbereitung auf die schriftliche Prüfung an. Warten Sie damit nicht auf eine Aufforderung durch Ihre Lehrerin oder Ihren Lehrer. Sie sind selbst verantwortlich für Ihren Prüfungserfolg.
- Pauken allein nützt nichts. Gelerntes muss möglichst vielfältig im Kopf vernetzt werden und wirklich verstanden worden sein.
- Fertigen Sie sich exakte und überschaubare Aufzeichnungen an, auf die Sie in der unmittelbaren Prüfungsvorbereitung rasch zurückgreifen können.
- Stellen Sie sicher, dass Sie wirklich mit den zugelassenen Hilfsmitteln umgehen können.
- Versuchen Sie die Aufgaben in diesem Übungsbuch zunächst allein und ohne sofortige Zuhilfenahme des Lösungsteils zu bearbeiten. Sprechen Sie dann mit einem Partner über Ihre Lösungswege, versuchen Sie auch dessen Lösungsideen zu verstehen. Fragen Sie ggf. Ihre Lehrerin oder Ihren Lehrer, wenn Sie fachliche Unklarheiten nicht selbst beseitigen können.

Prüfungssituation

- Gehen Sie ausgeruht und möglichst gelassen zur Prüfung.
- Legen Sie schon am Tag vorher die notwendigen Hilfsmittel und Utensilien zurecht.
- Sie müssen sich für Aufgaben entscheiden. Lesen Sie deshalb die Texte genau durch.

- Markieren Sie Schlüsselworte in Aufgabenstellungen ggf. farbig.
- Überlegen Sie, was die Operatoren von Ihnen verlangen.
- Beißen Sie sich nicht zu lange an für Sie schwierigen Aufgabenteilen fest. Mitunter ist es hilfreich, erst einmal eine andere Teilaufgabe zu lösen und dann mit einer neuen Idee zur schwierigen Aufgabe zurück zu kehren.
- Die für Teilaufgaben vorgesehenen Punktanzahlen geben Ihnen eine gewisse Orientierung über den Umfang der von Ihnen erwarteten Kenntnisse.
- Schreiben Sie nicht alles zunächst ins „Unreine", sondern fertigen Sie bei Anforderungen, die Ihnen leicht und vertraut vorkommen, sofort eine Reinschrift an. Das spart Zeit.
- Schreiben Sie sauber und übersichtlich, das freut nicht nur die Korrektoren und erspart unnötigen Punktabzug, sondern erleichtert Ihnen selbst die Orientierung in Ihren Aufzeichnungen.

Lösungsplan

Aufgrund des Umfangs und der Komplexität von Aufgaben auf Abiturniveau empfiehlt es sich, beim Lösen systematisch zu arbeiten. Folgende Vorgehensweise hilft Ihnen dabei:

Schritt 1:
Nehmen Sie sich ausreichend Zeit zum **Analysieren** der Aufgabenstellung. Stellen Sie fest, zu welchem Themenbereich die Aufgabe gehört. Sammeln Sie alle Informationen, welche direkt gegeben sind, und achten Sie darauf, ob evtl. versteckte Informationen enthalten sind.

Schritt 2:
Markieren Sie die **Operatoren** in der Aufgabenstellung. Diese geben an, was in der Aufgabe von Ihnen verlangt wird. Vergegenwärtigen Sie sich die Bedeutung der verwendeten Fachbegriffe.

Schritt 3:
Versuchen Sie, den Sachverhalt zu veranschaulichen. Fertigen Sie gegebenenfalls mithilfe der Angaben und Zwischenergebnisse aus vorherigen Teilaufgaben eine **Skizze** an. Versuchen Sie Vermutungen zum Ergebnis zu formulieren.

Schritt 4:
Erarbeiten Sie nun schrittweise den **Lösungsplan**, um aus den gegebenen Größen die gesuchte Größe zu erhalten. Notieren Sie sich, welche Einzel- bzw. Zwischenschritte auf dem Lösungsweg notwendig sind. Prinzipiell haben Sie zwei Möglichkeiten, oft hilft auch eine Kombination beider Vorgehensweisen:
- Sie gehen vom Gegebenen aus und versuchen, das Gesuchte zu erschließen.
- Sie gehen von dem Gesuchten aus und überlegen „rückwärts", wie Sie zur Ausgangssituation kommen.

Bei diesem Schritt wird dann sukzessive die **Lösung dargestellt**.

Schritt 5:
Suchen Sie nach geeigneten Möglichkeiten, das Endergebnis zu **kontrollieren**. Oftmals sind bereits Überschlagsrechnungen, Punktproben oder Grobskizzen ausreichend.

Beispielaufgabe

Gegeben ist eine Schar von Funktionen f_k durch die Gleichung $f_k(x) = kx^3 + 4x^2$ mit $k \in \mathbb{R} \setminus \{0\}$. Der Graph von f_k sei G_k.

a) Untersuchen Sie G_k auf Extrempunkte.

b) Zeigen Sie: Eine Stammfunktion der Schar ist $F_k(x) = \frac{k}{4}x^4 + \frac{4}{3}x^3$.
Berechnen Sie für $k = -1$ die Fläche, die G_k mit der x-Achse einschließt.

Lösungsvorschlag für Teilaufgabe a:

Schritt 1:
- Themenbereich: Kurvendiskussion einer Funktionenschar
- Der Funktionsterm weist einen Parameter k auf. Dieser Parameter bereitet jedoch beim Rechnen keine Probleme, solange er nicht im Nenner, unter einer Wurzel usw. steht. Er wird ganz normal wie eine Zahl behandelt, wobei darauf zu achten ist, dass $k \neq 0$ ist.
- Der Definitionsbereich ist nicht angegeben, daher wird $\mathbb{R}$ als der größtmögliche angenommen.

Schritt 2:
- Der Operator „Untersuchen Sie" bedeutet, mögliche Eigenschaften festzustellen und anzugeben.
- Unter Extrempunkten versteht man Hoch- oder Tiefpunkte.

Schritt 3:
Eine Veranschaulichung ist aufgrund des Parameters k nur schwer möglich. Anzahl, Art und Lage der Extrempunkte können zudem von k abhängen. Eine Skizze ist daher wenig sinnvoll.

Schritt 4:
Ausgehend von der gegebenen Funktionenschar werden mögliche Extremstellen berechnet und damit Art und Lage der Extrempunkte bestimmt:
- f_k ist ein Polynom und lässt sich trotz Parameter leicht ableiten (Summenregel, Faktorregel, Potenzregel):

  $$f_k'(x) = 3kx^2 + 8x$$

  Die Nullstellen der Ableitung sind mögliche Extremstellen:

  $$3kx^2 + 8x = x \cdot (3kx + 8) = 0 \overset{k \neq 0}{\Leftrightarrow} x = 0 \vee x = -\frac{8}{3k}$$

- Ob tatsächlich Extremstellen vorliegen, lässt sich durch Einsetzen in die zweite Ableitung überprüfen:

  $$f_k''(x) = 6kx + 8$$

  $$f_k''(0) = 8 > 0 \Rightarrow \text{ Minimum bei } x = 0$$

  $$f_k''\left(-\frac{8}{3k}\right) = 6k\left(-\frac{8}{3k}\right) + 8 = -8 < 0 \Rightarrow \text{ Maximum bei } x = -\frac{8}{3k}$$

- Um die Lage angeben zu können, braucht man noch die y-Koordinate. Dazu werden die Extremstellen in den Funktionsterm f_k eingesetzt:

  $$f_k(0) = 0$$

  $$f_k\left(-\frac{8}{3k}\right) = k\left(-\frac{8}{3k}\right)^3 + 4\left(-\frac{8}{3k}\right)^2 = -\frac{512}{27k^2} + \frac{256 \cdot 3}{3 \cdot 9k^2} = \frac{256}{27k^2}$$

- Ergebnis:

  Tiefpunkt $(0\,|\,0)$ und Hochpunkt $\left(-\frac{8}{3k} \,\middle|\, \frac{256}{27k^2}\right)$

Schritt 5:
Um das Ergebnis zu überprüfen, könnte man die Funktion f_k für ein gewähltes k skizzieren. Dazu muss eine Wertetabelle erstellt werden. Ablesen der Extrempunkte aus dem Graphen ermöglicht einen Vergleich mit den berechneten Punkten.

Lösungsvorschlag für Teilaufgabe b:

Schritt 1:

- Themenbereich: Flächenberechnung mithilfe eines Integrals
- Es ist die Funktion, die Stammfunktion und der Parameterwert $k=-1$ gegeben. Weiter ist implizit gegeben, dass die Funktion mindestens zwei verschiedene Nullstellen hat, weil der Graph eine Fläche mit der x-Achse einschließt.

Schritt 2:

- Der erste Operator ist „Zeigen Sie“, das bedeutet, dass Sie die Aussage mithilfe von Berechnungen bestätigen sollen. Die Funktion und die zugehörige Stammfunktion sind dabei gegeben.
- Um zu zeigen, dass F(x) eine Stammfunktion von f(x) ist, kann entweder f(x) integriert oder F(x) abgeleitet werden. Es muss dann $F'(x)=f(x)$ gelten. Da das Bilden der Ableitung leichter ist als die Funktion zu integrieren, bietet es sich hier an, die Stammfunktion abzuleiten.

$$F(x)=\frac{k}{4}x^4+\frac{4}{3}x^3$$

$$F'(x)=kx^3+4x^2 \quad \Rightarrow \quad F'(x)=f(x) \quad \text{q. e. d.}$$

- Der zweite Operator in der Aufgabe ist „Berechnen Sie“, das bedeutet, dass Sie das Ergebnis durch Berechnungen erzielen sollen.

Schritt 3:

Nutzen Sie die Lage des Hochpunkts und die Vorgabe $k=-1$, um den Graphen zu skizzieren.

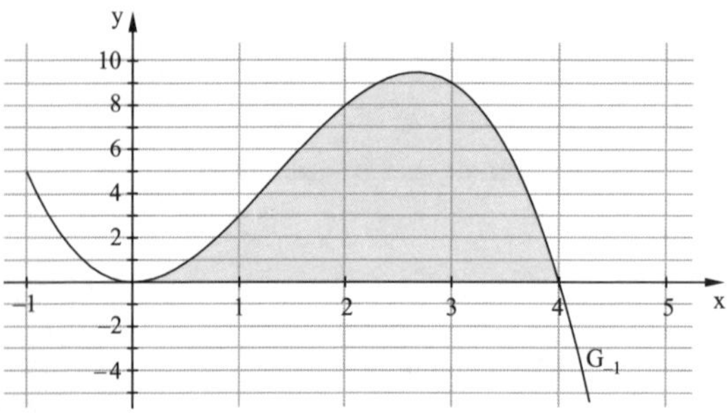

Schritt 4 (Variante 1): Vom Gegebenen zum Gesuchten

Wie Sie an der Lösungsskizze erkennen, brauchen Sie für die Bestimmung der Fläche die beiden Nullstellen:

$$-x^3+4x^2=0 \quad \Leftrightarrow \quad x^2(-x+4)=0 \quad \Leftrightarrow \quad x_1=0 \vee x_2=4$$

Für die Berechnung der Fläche benötigen Sie die Stammfunktion der Funktion, die angegeben ist:

$$\int_0^4 f(x)\,dx=[F(x)]_0^4=\left[-\frac{1}{4}x^4+\frac{4}{3}x^3\right]_0^4=-\frac{256}{4}+\frac{256}{3}=\frac{256}{12}=\frac{64}{3}$$

Schritt 4 (Variante 2): Vom Gesuchten zum Gegebenen

Um die gesuchte Fläche zu berechnen, benötigen Sie die Stammfunktion der Funktion, die angegeben ist:

$$\int_{x_1}^{x_2} f(x)\,dx = [F(x)]_{x_1}^{x_2} = \left[-\frac{1}{4}x^4 + \frac{4}{3}x^3\right]_{x_1}^{x_2}$$

Für die Berechnung des Integrals benötigen Sie die Integralgrenzen. Diese sind die Nullstellen der Funktion, wie Sie an der Lösungsskizze erkennen können.

$$-x^3 + 4x^2 = 0 \quad \Leftrightarrow \quad x^2(-x+4) = 0 \quad \Leftrightarrow \quad x_{1,2} = 0 \vee x_3 = 4$$

Damit ergibt sich für das Integral:

$$\left[-\frac{1}{4}x^4 + \frac{4}{3}x^3\right]_{x_1}^{x_2} = \left[-\frac{1}{4}x^4 + \frac{4}{3}x^3\right]_0^4 = -\frac{256}{4} + \frac{256}{3} = \frac{256}{12} = \frac{64}{3}$$

Schritt 5:
Um die Fläche abzuschätzen, können Sie in der Skizze die Kästchen abzählen, die von dem Graphen und der x-Achse eingeschlossen werden. Man erhält ca. 21 Kästchen, das passt gut zu dem errechneten Wert.

Beispielaufgabe mit dem CAS-Rechner

Vor allem bei Analysisaufgaben werden die Aufgabenstellungen für Schülerinnen und Schüler, die mit einem CAS-Taschencomputer arbeiten, von der Aufgabenkommission meistens etwas verändert, um eine Gleichwertigkeit des Abiturs anzustreben.

Gegeben ist eine Schar von Funktionen f_k durch die Gleichung $f_k(x) = k \cdot x^3 + 4x^2$ mit $k \in \mathbb{R} \setminus \{0\}$. Der Graph von f_k sei G_k.

a) Untersuchen Sie den Einfluss des Parameters k auf die Lage und Art der lokalen Extrempunkte von G_k.

b) Der Graph G_k schließt mit der x-Achse eine Fläche ein. Ermitteln Sie die Werte des Parameters k, für die der Inhalt dieser Fläche $\frac{512}{3}$ FE beträgt.

Lösungsvorschlag für Teilaufgabe a:

Schritt 1:
- Themenbereich: Kurvendiskussion einer Funktionenschar
- Lage und Art lokaler Extrempunkte in Abhängigkeit von k ist zu bestimmen.
- Für den reellen Parameter k gilt $k \neq 0$.

Schritt 2:
- Der Operator „Untersuchen Sie“ bedeutet, charakteristische Merkmale durch Anwenden theoretischer Kenntnisse herauszufinden und ggf. Fallunterscheidungen vorzunehmen.

Schritt 3:
- Eine Veranschaulichung für positive und negative Werte des Parameters k ergibt folgendes Bild:

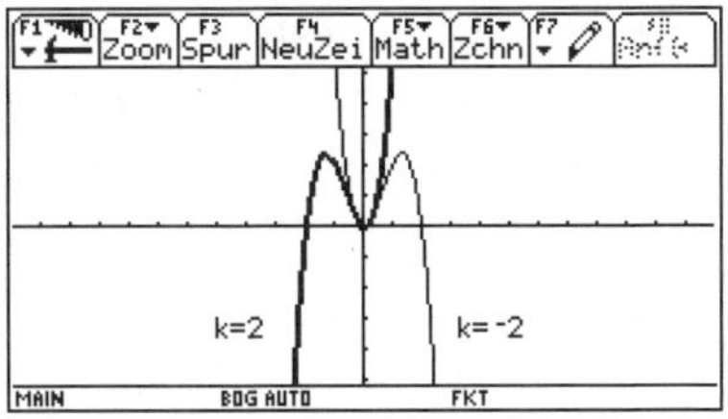

- Eine Veranschaulichung für verschieden große positive bzw. negative Werte von t zeigen die nächsten Bilder:

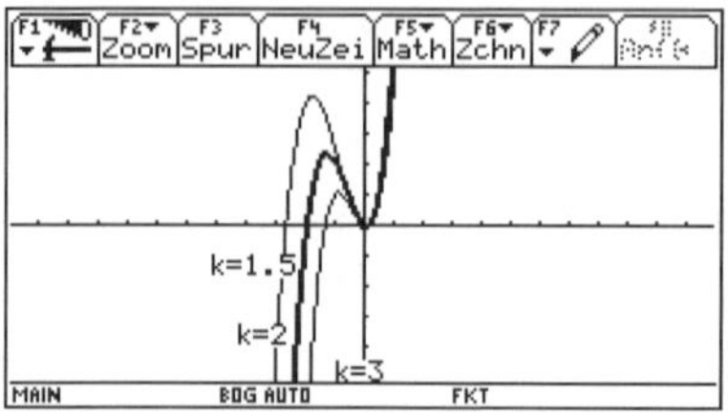

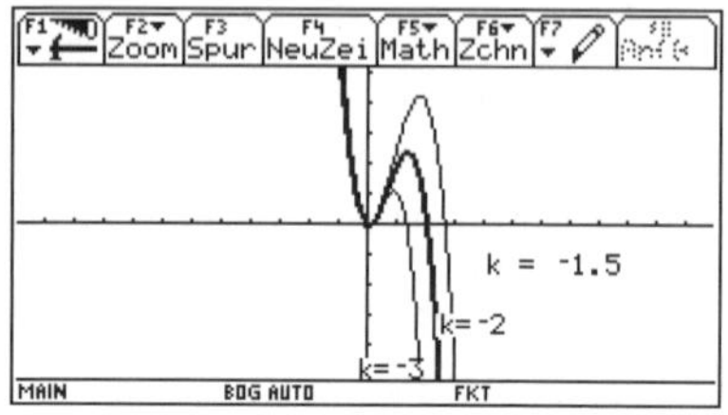

- Vermutungen zur Lage der Extremstellen:
  $k > 0$: Hochpunkt im II. Quadranten, $k < 0$: Hochpunkt im I. Quadranten
  Betrag von k zunehmend: Hochpunkt rückt näher an den Ursprung heran
  Unabhängig von k existiert ein lokaler Tiefpunkt im Ursprung.
  Vermutung zur Art der Extremstellen:
  Es gibt einen „fixen“ Tiefpunkt im Ursprung.
  Es gibt einen Hochpunkt in Abhängigkeit von k, aber mit stets positiver Ordinate.

Schritt 4 (Lösungsplan und -darstellung):

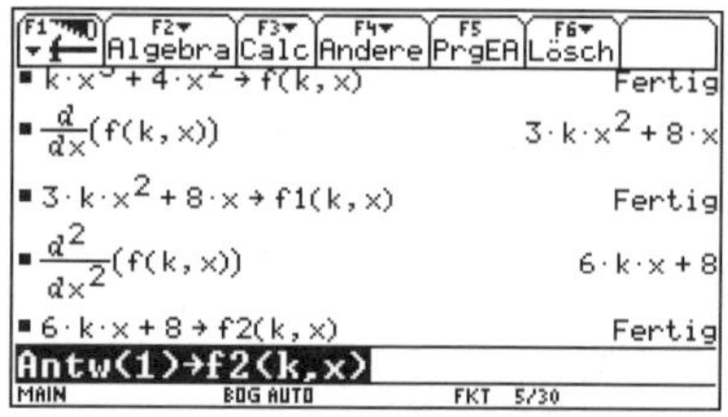

- 1. und 2. Ableitung von f_k bilden: Geben Sie die Funktionsgleichung ein und bilden Sie die Ableitungsfunktionen, speichern Sie die Funktion und die Ableitungen.
- Notieren Sie die gefundenen Funktionen auf dem Prüfungsbogen:
  Die Ableitungsfunktionen sind

  $$f_k'(x) = 3kx^2 + 8x$$
  $$f_k''(x) = 6kx + 8$$

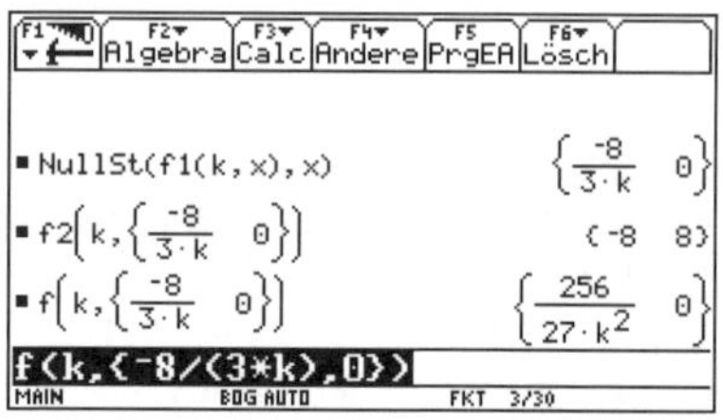

- Notwendige Bedingung für lokale Extremstellen untersuchen und notieren:
  Die Nullstellen von $f_k'(x)$, also mögliche Extremstellen, sind
  $x_{e1} = \frac{-8}{3k}$ sowie $x_{e2} = 0$.
- Hinreichende Bedingung für lokale Extrempunkte untersuchen und notieren:
  $f_k''\left(\frac{-8}{3k}\right) = -8 < 0$
  Da der Wert -8 der zweiten Ableitung an der Stelle x_{e1} unabhängig von k ist, liegt hier also stets ein lokaler Hochpunkt vor.
  $f_k''(0) = 8 > 0$; auch an der Stelle x_{e2} ist die 2. Ableitung unabhängig von k und zwar stets 8, also gibt es an dieser Stelle immer einen lokalen Tiefpunkt.
- Berechnen Sie die Ordinaten $f(x_e)$ und geben Sie die geordneten Paare $(x_e; y_e)$ an
  Hochpunkt $H\left(\frac{-8}{3k}; \frac{256}{27k^2}\right)$ Tiefpunkt T(0; 0)
  Interpretation der Ergebnisse:
  Für negative k liegt der Hochpunkt immer im I. Quadranten, weil dann $\frac{-8}{3k} > 0$ ist.
  Für positive k ist $\frac{-8}{3k} < 0$, also liegt H im II. Quadranten.
  Für alle $k \neq 0$ gilt $\frac{256}{27k^2} > 0$, also liegt H immer oberhalb der x-Achse.

Weil k sowohl bei x_e als auch bei y_e nur im Nenner steht, rückt der Hochpunkt für betragsmäßig größer werdende Werte von k immer näher zum Ursprung.
Der Tiefpunkt hängt nicht von k ab.
Damit sind die Vermutungen aus dem Schritt 3 bestätigt.

Schritt 5 (Probe)

- Berechnen der Extrempunkte für $k=-2$ aus dem Graphikbildschirm und Vergleich mit den berechneten Extrempunkten für $k=-2$ zeigt Übereinstimmung.

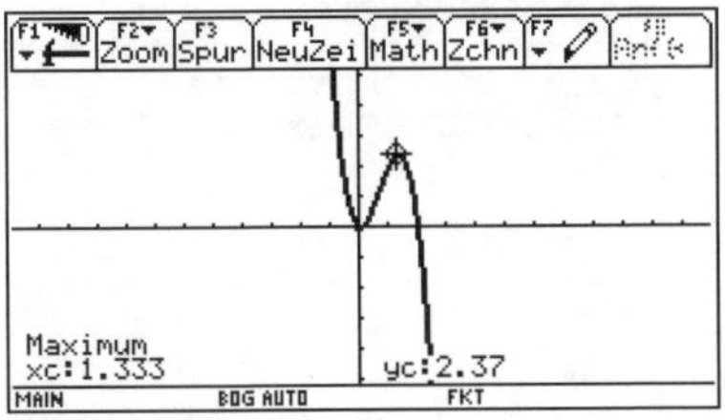

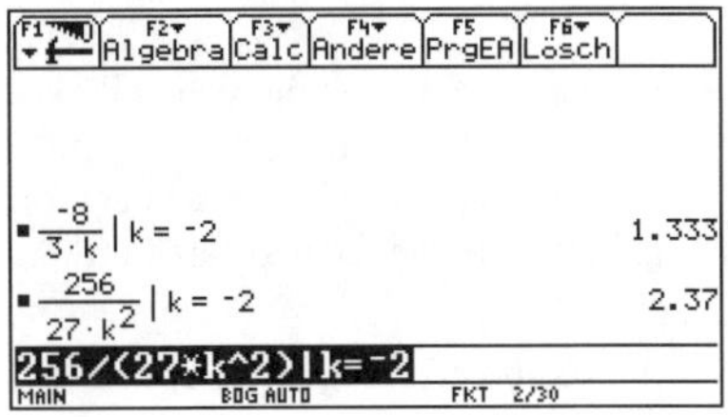

Lösungsvorschlag für Teilaufgabe b

Schritt 1:

- Themenbereich: Flächenberechnung mithilfe des bestimmten Integrals
- Indirekt gegeben und durch die Beispiele in Teilaufgabe a verdeutlicht:
  Integrationsgrenzen sind die beiden Nullstellen von f_k
  Es muss (mindestens) zwei Werte für k geben.

Schritt 2 (Operatoren):

- „Ermitteln Sie" heißt: Ein nachvollziehbarer Lösungsweg muss angegeben werden.

Schritt 3 (Veranschaulichung, Vermutungen):

- Aus der Lage von Funktionen mit entgegen gesetztem k kann man schließen, dass die zugehörigen Graphen symmetrisch bezüglich der y-Achse sind. In diesem Falle müssen aus Symmetriegründen die von G_k und der x-Achse eingeschlossenen Flächen gleich groß sein. Da eine kubische Funktion nicht mehr als zwei lokale Extrempunkte haben kann, gibt es auch keine weiteren Nullstellen, als die auf dem Bildschirm dargestellten. Es müsste also genau zwei Werten für k geben.

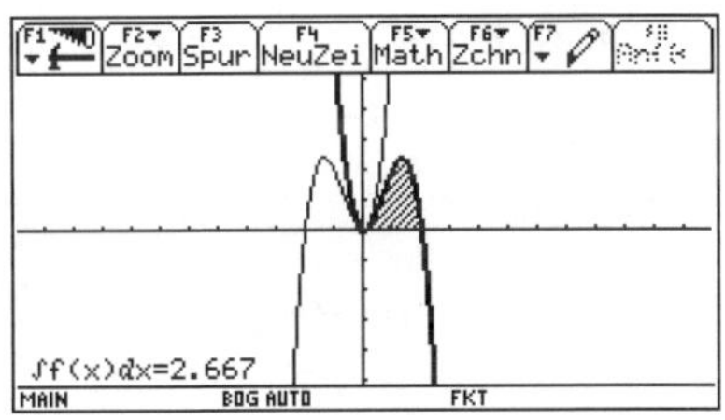

Schritt 4 (Lösungsplan und -darstellung):

- Die Nullstellen von $f_k = k \cdot x^3 + 4x^2 = x^2 \cdot (k \cdot x + 4)$ sind $x_{01} = 0$ und $x_{02} = \frac{-4}{k}$.
- Es gibt also genau zwei Nullstellen für jede Funktion f_k.

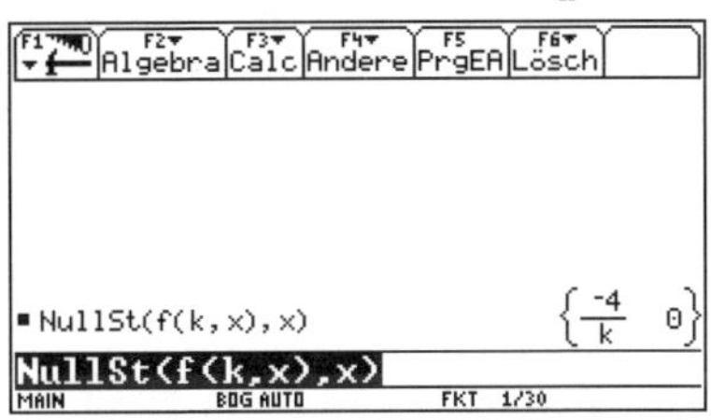

- Wenn die Funktionen f_k und f_{-k} achsensymmetrisch bezüglich der x-Achse sind, so muss für alle reellen x gelten: $f_k(-x) = f_{-k}(x)$. Diese Gleichung wird durch den CAS-Rechner als „wahr“ bestätigt.

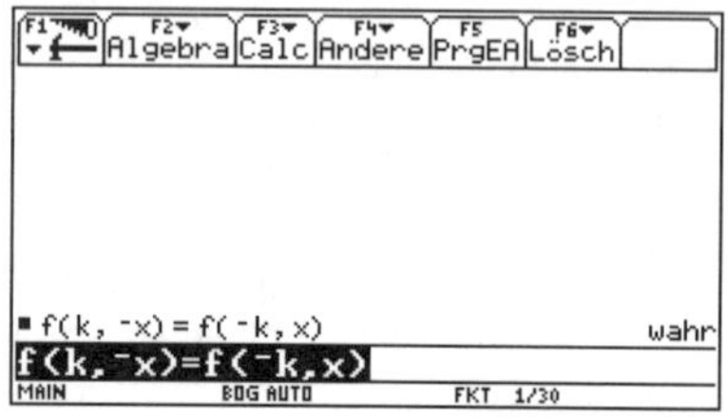

- Für negative k liegt die von null verschiedene Nullstelle rechts von null. Sie kommt also dann als obere Integrationsgrenze in Frage. Der Ansatz für die Flächenberechnung $\int_0^{\frac{-4}{k}} f_k(x) = \frac{512}{3}$ liefert $k = \frac{-1}{2}$ als Ergebnis.

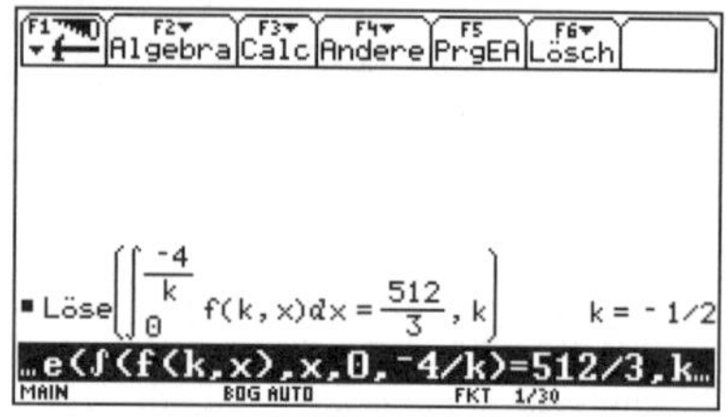

- Wegen der genannten und nachgewiesenen Symmetrie muss auch für $k = \frac{1}{2}$ der Graph von G_k mit der x-Achse eine Fläche von $\frac{512}{3}$ FE einschließen.

Schritt 5 (Probe):

- Mit dem CAS-Rechner werden die beiden Integrale $\int_0^{\frac{-4}{k}} f_k(x)$ für $k = \frac{1}{2}$ und $k = -\frac{1}{2}$ berechnet.

  Im ersten Fall ergibt sich als Flächeninhalt $\frac{512}{3}$ FE. Im zweiten Fall ergibt sich $-\frac{512}{3}$ FE. Das Minuszeichen ist dadurch zu erklären, dass für positive k die Integrationsgrenzen vertauscht werden müssen. Auch eine Flächenberechnung im Graphikbildschirm bestätigt die Ergebnisse.

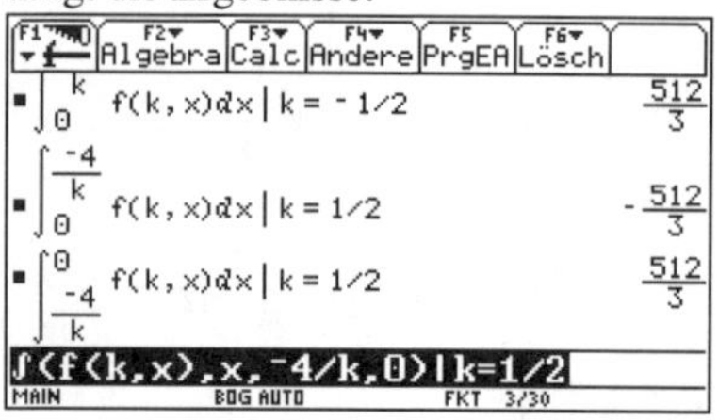

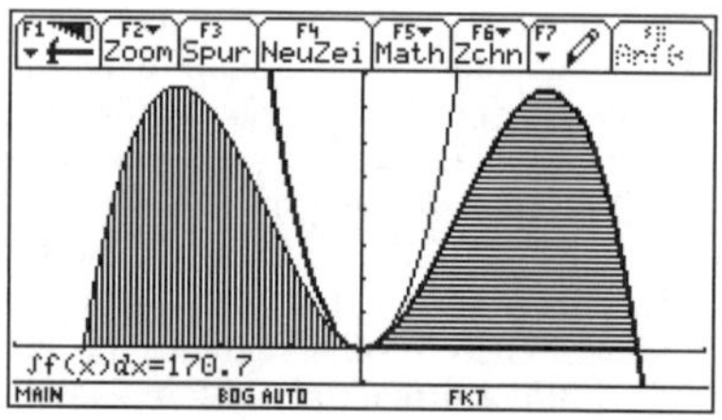

6 Hinweise und Tipps zum Lösen von Abituraufgaben mit CAS-Rechnern

Schülerinnen und Schüler, die im Unterricht der gymnasialen Oberstufe mit Taschencomputern gearbeitet haben, dürfen diese selbstverständlich auch im schriftlichen Abitur einsetzen. Damit Sie die damit verbundenen Vorteile auch effektiv nutzen können, sind hier einige Hinweise für das Lösen von Abituraufgaben mit CAS-Rechnern[2] aufgelistet.

1. Das Thüringer Kultusministerium verlangt wegen der Gleichwertigkeit der äußeren Bedingungen, dass bei der Prüfung verwendete Taschencomputer **vor dem Beginn des schriftlichen Mathematikabiturs** durch **ein RESET** in einen für alle Abiturien-

2 Diese Hinweise haben keinen Anspruch auf Vollständigkeit und können das Handbuch nicht ersetzen, sollen aber auf Sachverhalte hinweisen, die erfahrungsgemäß einigen Schülern Probleme bereiten.

ten einheitlichen Ausgangszustand mit leerem Arbeitsspeicher zurückgesetzt werden. Dieses RESET sollten Sie bereits spätestens am Vortag zu Hause vornehmen. So können Sie wichtige Dateien von Ihrem Taschencomputer auf einen PC übertragen und abspeichern, um sie später wieder zur Verfügung zu haben. Bei der Gelegenheit sollten Sie auch den technischen Zustand Ihres Taschencomputers überprüfen, eventuell neue Batterien einsetzen oder die Akkus aufladen. Schaden kann es auch nicht, wenn Sie Ersatzbatterien für den Prüfungstag bereithalten.

2. Empfehlenswert ist es auch, jede neue größere Aufgabe mit dem im Bildschirmausdruck angezeigten Befehl **NeuAufg**[3] zu beginnen. Dadurch werden alle aus einem Buchstaben bestehenden Variablen und der Bildschirm gelöscht, sodass es nicht so leicht zu Missverständnissen bei der Verwendung dieser Buchstaben im Zusammenhang mit der neuen Aufgabe kommen kann.

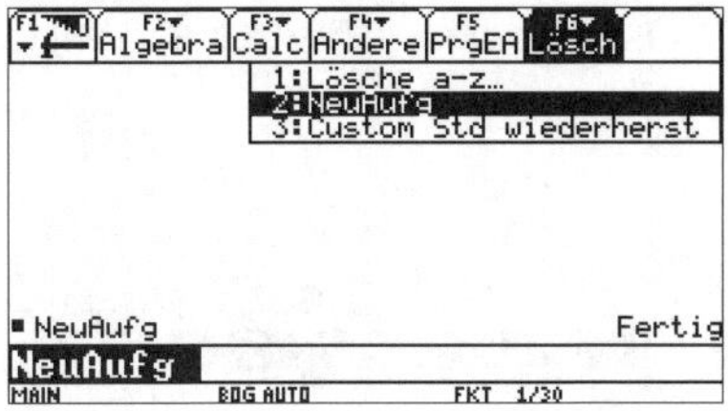

Ebenso ist es möglich, für jede neue Aufgabe einen entsprechenden Unterordner anzulegen[4] und zum Bearbeiten der Aufgabe in diesen Unterordner zu wechseln[5]. Dies hat den Vorteil, dass Sie die einmal gespeicherten Funktionen auch zu einem späteren Zeitpunkt immer zur Verfügung haben, da die Variablen sich nur auf den aktuellen Ordner beziehen.

3. Beim Abspeichern z. B. von Ableitungsfunktionen mit Parametern muss man **„dynamische Definitionen vermeiden“**.

Beispiel:
Für $f(x) = k \cdot x^2$ ist bekanntlich die 1. Ableitungsfunktion $f'(x) = 2k \cdot x$ und damit gilt für die 1. Ableitung von f an der Stelle k: $f'(k) = 2k^2$.
Der Taschencomputer gibt bei folgendem – **falschem!** – Vorgehen aber den Term $f'(k) = 3 \cdot k^2$ an.

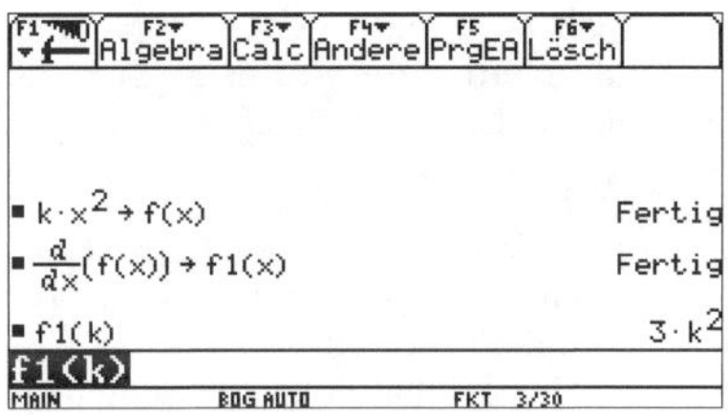

Woran liegt das? Speichert man wie im Beispiel nur die Vorschrift zum Bilden der 1. Ableitung unter dem Namen $f_1(x)$ ab, so rechnet der Taschencomputer erst den Wert von f(x) an der Stelle $x = k$ aus und bildet davon die 1. Ableitung nach k: $f(k) = k \cdot k^2 = k^3$ und damit $f'(k) = 3k^2$.

Man vermeidet dynamische Definitionen, indem man immer erst den Term der Ableitungsfunktion ausgeben lässt und den Funktionsterm dann (ggf. unter Verwendung der [ANS]-Taste) unter einem geeigneten Namen abspeichert, wie es für dieses Beispiel gezeigt wird:

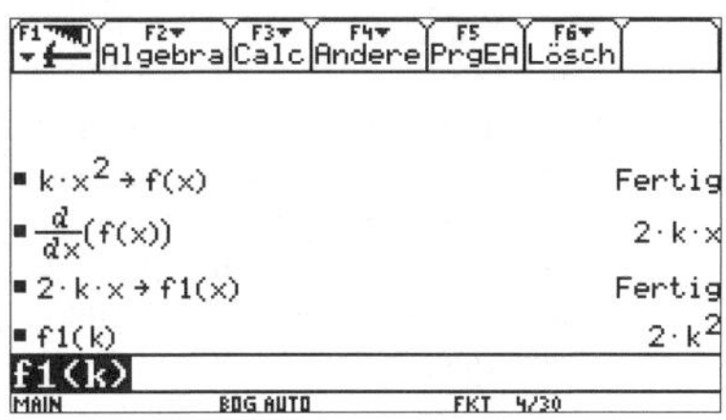

3 [HOME]; [F6]; 2: (engl: Newprob)
4 [VAR-LINK]; [F1]; 5: Verzeichnis anlegen (engl.: Create Folder)
5 [MODE] 2: akt. Verzeichnis (engl. Current Folder)

4. Es kommt nicht oft vor, aber man kann es nicht völlig ausschließen, dass der Taschencomputer an seine **technischen Grenzen** stößt. Deshalb sollte man **Warnhinweise** des Rechners **ernst nehmen** und versuchen, die **Lösung auf einem anderen Lösungsweg abzusichern**[6].

   Beispiel:
   Die Lösungen der Gleichung $\sin(x) = e^x$ werden mit dem Taschencomputer auf algebraischem Wege ermittelt.

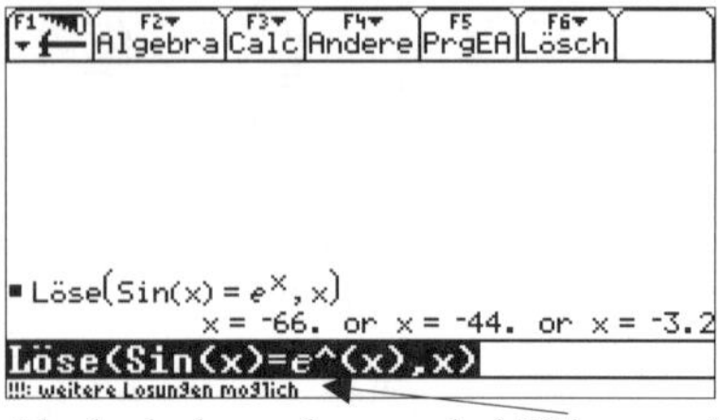

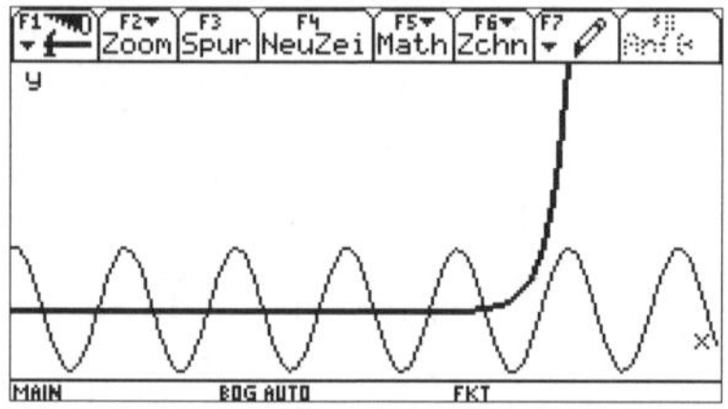

   Algebraisch werden nur drei Näherungslösungen ermittelt, aber es wird eine Warnung „weitere Lösungen möglich" angezeigt. In der grafischen Veranschaulichung erkennt man, dass es mehr als drei Lösungen geben muss. Durch inhaltliche Überlegungen (Periodizität der Sinusfunktion und asymptotisches Verhalten der e-Funktion bezüglich der negativen x-Achse) wird klar, dass es sogar unendlich viele Lösungen dieser Gleichung gibt.

5. Auch wenn der Taschencomputer keinen Warnhinweis anzeigt, kann die **Kontrolle auf einem anderen Lösungsweg** helfen, Fehler zu vermeiden, die z. B. durch falsche inhaltliche Überlegungen oder Eingabefehler entstehen können.

   Beispiele:

   a) Es soll die Gleichung der Tangente t an $f_k(x) = k \cdot x^2$ in $P(1; f_k(1))$ ermittelt werden.
   Durch inhaltliche Überlegungen kommt man zu der Tangentengleichung $y = t_k(x) = 2k \cdot x - k$.
   Man sollte es nicht versäumen, dieses algebraisch ermittelte Ergebnis anhand einiger Beispiele grafisch zu verifizieren.

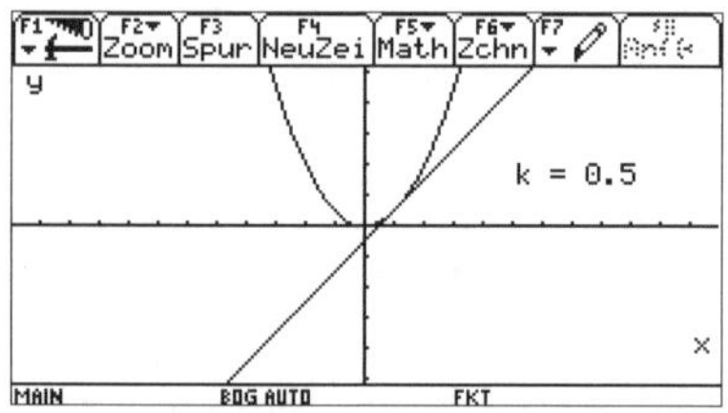

   b) Die Funktion $y = f(x) = \dfrac{(x-5)\cdot(x+3)}{x+4}$ soll auf lokale Extrempunkte untersucht werden.
   Sie besitzt genau zwei lokale Extrempunkte. Die grafische Darstellung[7] zeigt aber nur einen lokalen Tiefpunkt an, obwohl die Funktion auch einen lokalen Hochpunkt besitzt. Der Nachweis über die Existenz und Anzahl aller lokalen Extrempunkte gelingt letztlich nur mithilfe algebraischer Methoden.

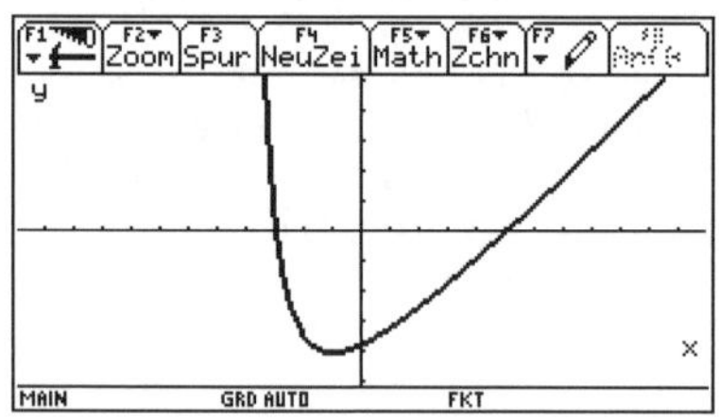

6 Nicht jeder Warnhinweis ist berechtigt.
7 Dies ist natürlich abhängig von den eingestellten Fensterparametern.

6. Rechnungen lassen sich weitgehend an den CAS-Rechner übertragen. Das spart Zeit und vermeidet Rechenfehler. Sie sollten stets sehr **sorgfältig die Eingabe** in den Rechner **kontrollieren,** um Eingabefehler zu vermeiden. Auch bei der Auswahl der Variablenbezeichnungen muss man aufpassen, dass keine rechnerinternen Überschneidungen entstehen.

   Beispiel:
   Es führt zu einem Fehler, innerhalb ein und derselben Aufgabe die Variable t gleichzeitig als Parameter für den Ortsvektor eines Punktes D(t) und außerdem als Bezeichnung eines anderen Objektes wie einer Geraden zu verwenden.

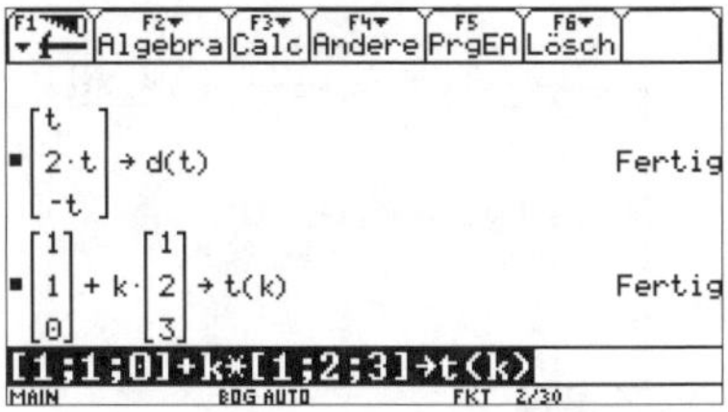

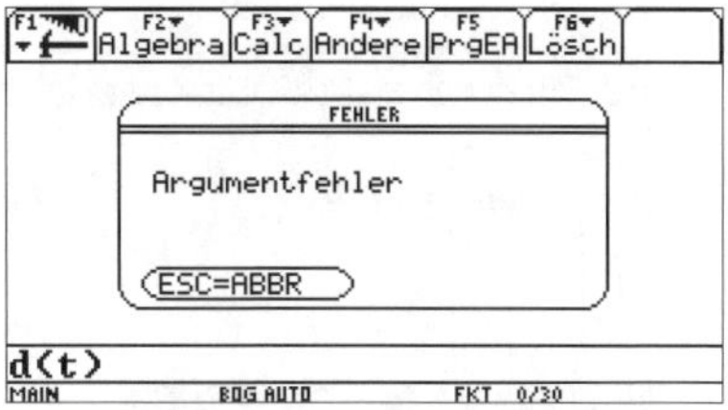

   Die Fehlermeldung kommt dadurch zustande, dass der Rechner bei d(t) für t die Eingabe einer Variablen oder Zahl erwartet, aber t hier als ein Vektor abgespeichert ist.

7. Um Rundungsfehler zu vermeiden, sollte man die **Zwischenergebnisse** direkt **über Kopieren und Einfügen** im weiteren Rechengang **nutzen.**[8]

   Beispiel:
   Eine Stadt hatte 70 000 Einwohner im Jahr 2000, im Jahre 2006 sind es 85 000. Unter der Annahme, dass exponentielles Wachstum vorliegt, soll das Jahr berechnet werden, in dem sich die Bevölkerungszahl gegenüber dem Jahr 2000 verdoppelt hat.
   Aus dem Ansatz ergibt sich ein exakter Wachstumsfaktor oder ein als Dezimalbruch angegebener Faktor mit vielen Nachkommastellen (siehe Bildschirmausdruck). Man ist versucht, mit einem gerundeten Wert weiterzurechnen, beispielsweise hier mit x = 1,03. Mit diesem gerundeten Zwischenergebnis erhält man eine Abweichung von fast zwei Jahren gegenüber dem Ergebnis, das aus dem nicht gerundeten Wert entsteht.

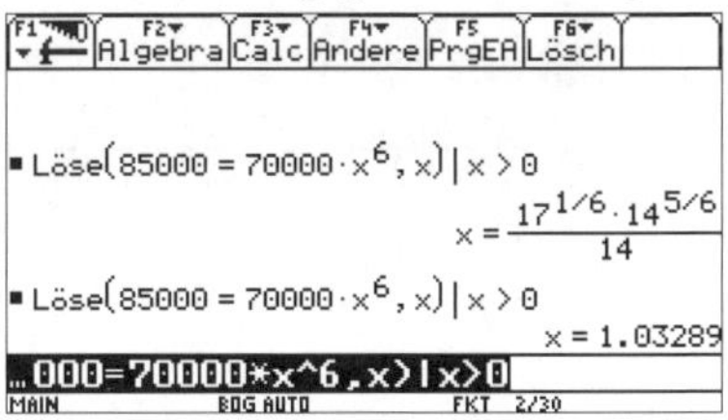

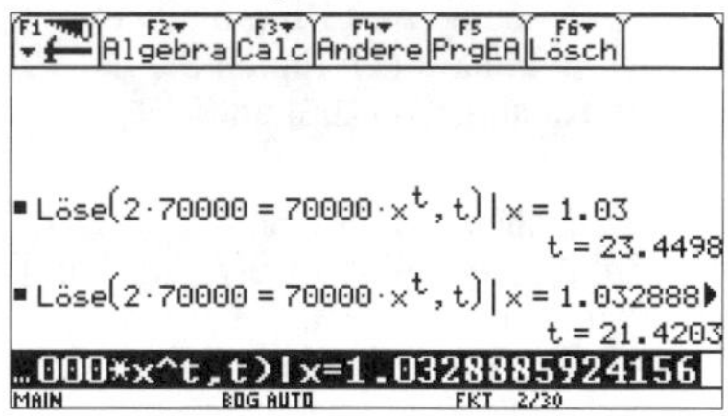

8. Weil der Taschencomputer Ihnen viel Arbeit abnimmt, kann es passieren, dass Ihre Lösungsdarstellung zu knapp ausfällt. Gewöhnen Sie sich beizeiten daran, den Lösungsweg immer so zu notieren, dass er von anderen gut nachvollzogen werden kann. **Kommentieren Sie Ihre Lösungsansätze, notieren Sie Zwischenschritte und nehmen Sie in der Antwort immer Bezug auf die gestellte Aufgabe.** So haben Sie eine nachträgliche Kontrolle, ob Sie wirklich alle gestellten Aufgabenteile bearbeitet haben. Eventuell ist es dann auch möglich, bei der Korrektur Folgefehler anzuerkennen. Selbstverständlich trägt eine saubere und übersichtliche Darstellung des Lösungsweges zu einem positiven Gesamteindruck Ihrer Abiturarbeit bei.

8 [HOME]; [F1]; 5 bzw. [HOME]; [F1]; 6

9. Für TI-Voyage200 und TI-89-Titanium gibt es seit dem Sommer 2005 das **Betriebssystem 3.10**.
Unter anderem bietet dieses Betriebssystem den Vorteil, Gleichungssysteme auch in vektorieller Form zu lösen. Solche kommen beispielsweise in der analytischen Geometrie häufig vor.

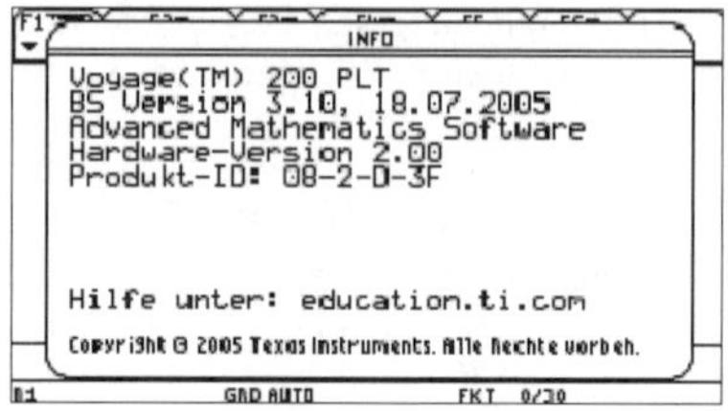

Beispiel Schnittgeraden:

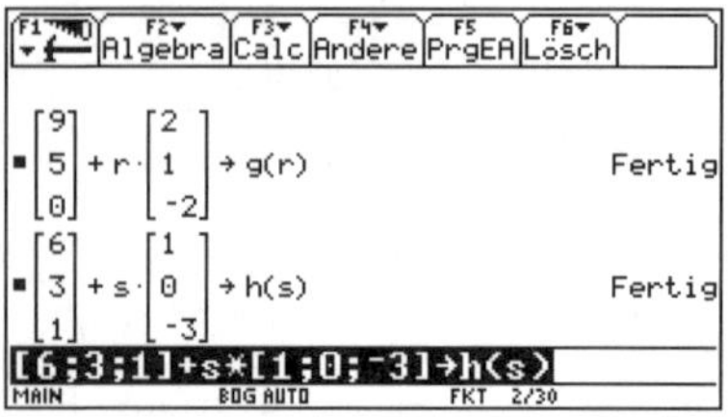

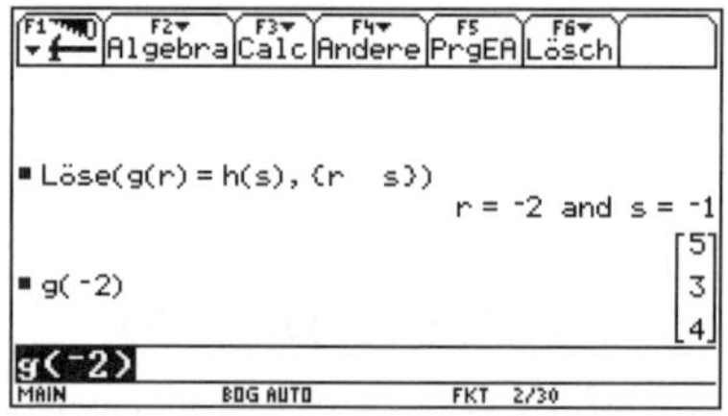

Hinweis: Dieses Verfahren funktioniert mit dem Betriebssystem 3.10 nur dann, wenn die beiden Geraden nicht in ein und derselben Koordinatenebene liegen.

10. Für Berechnungen in der Stochastik kann man sich kostenlos von der Internetseite www.education.ti.com die Flash-Applikation „Statistik mit Listeneditor“ herunterladen. Dieses Zusatzprogramm, das beim Reset nicht gelöscht wird, beinhaltet u. a. die Funktionen binompdf (berechnet eine diskrete Einzelwahrscheinlichkeit) und binomcdf (berechnet eine Intervallwahrscheinlichkeit) für die Berechnungen zu Binomialverteilungen. Diese Funktionen finden Sie dann z. B. im Katalog [CATALOG] unter [F3].

Beispiel:
Berechnen Sie für eine binomialverteilte Zufallsgröße die Einzelwahrscheinlichkeit für $n = 10$, $p = 0{,}8$ und $k = 8$ sowie die Intervallwahrscheinlichkeit für $8 \leq k \leq 10$.

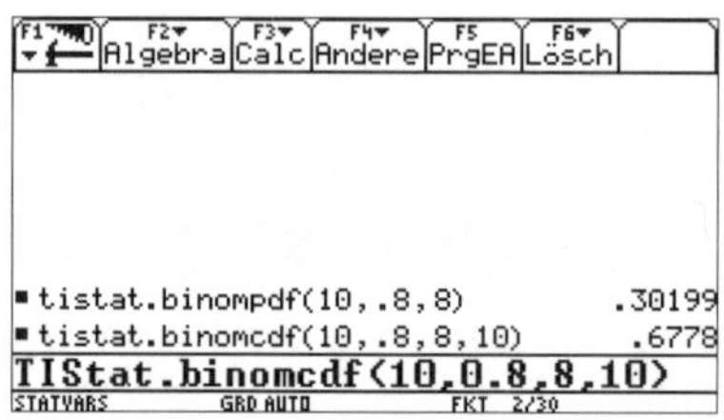

Leistungskurs Mathematik (Thüringen): Abiturprüfung 2003
Aufgabe A1: Analysis

Für jede reelle Zahl t mit $0 < t < 5$ ist eine Funktion f_t gegeben durch

$$y = f_t(x) = (5-t)\cdot\sqrt{t-x} \quad (x \in \mathbb{R};\ x \le t).$$

a) Untersuchen Sie für $t = 4$ den Graphen der Funktion f_4 auf Schnittpunkte mit den Koordinatenachsen sowie auf lokale Extrempunkte und geben Sie gegebenenfalls deren Koordinaten an!
Welche Information über das Verhalten der Funktion f_4 gewinnen Sie aus der Ableitungsfunktion f_4'?
Skizzieren Sie den Graphen von f_4 in einem geeigneten Intervall und berechnen Sie den Inhalt der Fläche A_4, die vom Graphen und den Koordinatenachsen vollständig eingeschlossen wird! (7 BE)

b) Die Gerade g mit der Gleichung $g(x) = \frac{1}{3}x$ teilt das Flächenstück A_4 aus Teilaufgabe a. Überprüfen Sie, ob die Gerade g die Fläche A_4 halbiert!
Die Geradenschar g_m mit der Gleichung $g_m(x) = mx$ $(m \in \mathbb{R};\ m > 0)$ hat für jedes m mit dem Graphen von f_4 genau einen Punkt T gemeinsam.
Ermitteln Sie den Wert des Anstiegs m für den Fall, dass die Tangente an den Graphen von f_4 im Punkt T senkrecht auf der Geraden g_m steht! (8 BE)

c) Es sei S der Schnittpunkt des Graphen der Funktion f_4 mit der x-Achse und O(0; 0) der Koordinatenursprung.
Zeigen Sie, dass es genau einen Punkt $P_0(x_0;\ f_4(x_0))$ des Graphen von f_4 gibt, sodass gilt: $\overline{OP_0} \perp \overline{SP_0}$! (3 BE)

d) Die Achsenabschnitte, die der Graph von f_4 mit den beiden Koordinatenachsen bildet, stehen im Verhältnis 1 : 2.
Untersuchen Sie, ob es Parameterwerte t gibt, sodass die Schnittpunkte des Graphen von f_t mit den Koordinatenachsen vom Koordinatenursprung O(0; 0) gleich weit entfernt sind!
Wir betrachten nun die Funktion p(t) mit $p(t) = f_t(2)$.
Für welchen Wert des Parameters t $(2 < t < 5)$ ist p(t) extremal?
Geben Sie diesen extremalen Funktionswert der Funktion p(t) an!

$$\left[\text{Kontrollergebnis: } p'(t) = \frac{9-3t}{2\sqrt{t-2}}\right]$$ (9 BE)

e) Diskutieren Sie, ob das Produkt $f_t(x)\cdot f_t'(x)$ mit $x < t$ positive Werte annehmen kann! (3 BE)

(30 BE)

Lösungen

$y = f_t(x) = (5-t)\cdot\sqrt{t-x};\quad x \in \mathbb{R}, x \le t, t \in \mathbb{R}$ mit $0 < t < 5$.

a) **Schnittpunkte mit den Koordinatenachsen für t = 4:**

x-Achse $\quad y = 0 \Rightarrow (5-4)\cdot\sqrt{4-x} = 0$

$$\sqrt{4-x} = 0$$

$$|4-x| = 0$$

$$x \le 4 \text{ also } 4-x = 0$$

$$x_0 = 4,\ S_x(4;0)$$

y-Achse: $\quad x = 0 \Rightarrow f_4(0) = \sqrt{4-0} = 2,\ S_y(0;2)$

Lokale Extrempunkte:

Ableitungen:

$f_4(x) = \sqrt{4-x}$

$f_4'(x) = \frac{1}{2}\cdot(4-x)^{-\frac{1}{2}}\cdot(-1)$ Potenz- und Kettenregel

$= -\frac{1}{2\sqrt{4-x}}$

notwendig: $f_4'(x) = 0 \Rightarrow -1 = 0$ Widerspruch, d. h. lokale Extrema existieren nicht.

Informationen über das Verhalten der Funktion f_4:

Für die Ableitungsfunktion f_4' gilt: $f_4' < 0$ für alle $x \le 4$.

Somit ist f_4 in diesem Intervall monoton fallend und der Graph eine Rechtskurve (s. Skizze des Graphen).

Skizze: $f_4(x) = \sqrt{4-x}$

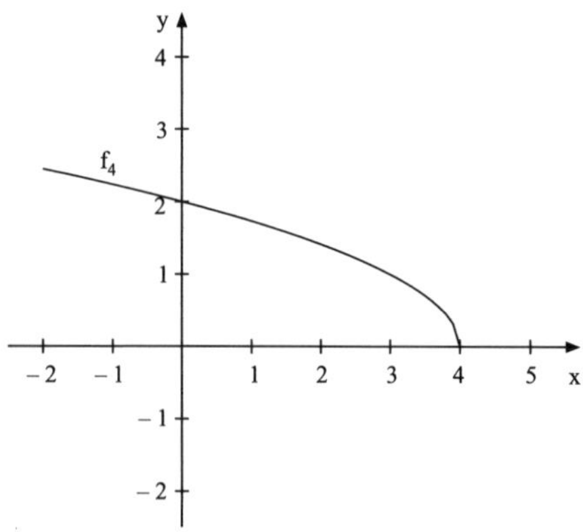

Fläche:

$$A_4 = \int_0^4 f_4(x)\,dx = \int_0^4 (4-x)^{\frac{1}{2}}\,dx$$

$$= \left[-\frac{2}{3}(4-x)^{\frac{3}{2}}\right]_0^4$$

$$= -\frac{2}{3}\cdot 0 - \left(-\frac{2}{3}\cdot 4^{\frac{3}{2}}\right)$$

$$= \frac{2}{3}\cdot\sqrt{4^3}$$

$$= \frac{2}{3}\cdot 8 = \frac{16}{3}\text{ FE.}$$

Substitution: $z = 4 - x$

$$\frac{dz}{dx} = -1$$

$$dx = -dz$$

$$\int z^{\frac{1}{2}}\cdot(-1)\,dz = -\frac{2}{3}z^{\frac{3}{2}}$$

b) **Überprüfung der Halbierung von A_4 bezüglich g:**
Ermittlung der Integrationsgrenzen für die Teilflächen von A_4:

$f_4(x) = g(x)$ mit $g(x) = \frac{1}{3}x$

$$\sqrt{4-x} = \frac{1}{3}x \Rightarrow \frac{1}{9}x^2 + x - 4 = 0$$

$$x^2 + 9x - 36 = 0$$

$$x_{1;2} = -\frac{9}{2} \pm \sqrt{\frac{81}{4} + 36} = -\frac{9}{2} \pm \sqrt{\frac{225}{4}}$$

$$x_1 = -\frac{9}{2} + \frac{15}{2} = 3$$

$x_2 = -\frac{9}{2} - \frac{15}{2} = -12$, entfällt, da A_4 im Intervall $0 \le x \le 4$.

$$A_1 = \int_0^3 \left(\sqrt{4-x} - \frac{1}{3}x\right)dx$$

$$= \left[-\frac{2}{3}(4-x)^{\frac{3}{2}}\right]_0^3 - \left[\frac{1}{6}x^2\right]_0^3 \qquad \int f_4(x)\,dx \text{ s. unter a}$$

$$= -\frac{2}{3}\cdot 1 - \left(-\frac{2}{3}\cdot 4^{\frac{3}{2}}\right) - \frac{1}{6}\cdot 9$$

$$= \frac{19}{6}\text{ FE}$$

$$A_2 = A_4 - A_1 = \frac{16}{3} - \frac{19}{6} = \frac{13}{6}\text{ FE}$$

$$A_1 : A_2 = \frac{19}{6} : \frac{13}{6}$$

$= 19 : 13$, d. h. offensichtlich keine Halbierung.

Skizze *(zur Veranschaulichung)*:

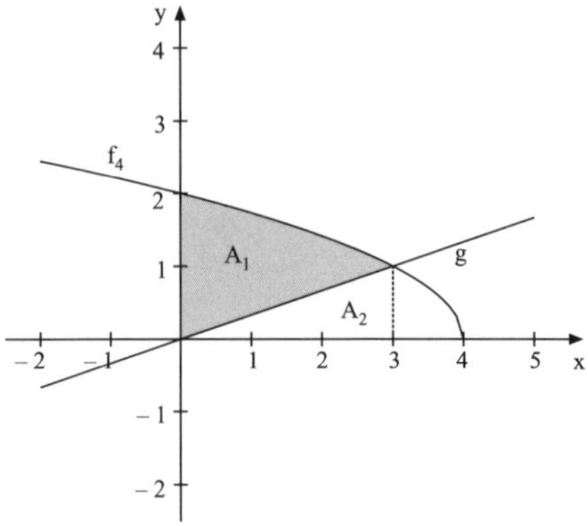

Ermittlung des Anstiegs m so, dass die Tangente an den Graphen von f_4 in T senkrecht auf g_m steht:

t-Tangente in T an f_4:

$$f_4'(x_T) = -\frac{1}{2\sqrt{4-x_T}} = m_T\,,\ \ x_T < 4$$

Die Geradenschar g_m mit $g_m(x) = mx$ schneidet den Graphen von f_4 in T senkrecht, sodass gilt

(1) $g_m(x_T) = f_4(x_T)$ und

(2) $m = -\frac{1}{m_T}$ wegen $g_m \perp t$.

Aus (1) und (2) folgt

$$m \cdot x_T = \sqrt{4-x_T}$$

$$-\frac{1}{\frac{-1}{2\sqrt{4-x_T}}} \cdot x_T = \sqrt{4-x_T}$$

$$2\sqrt{4-x_T} \cdot x_T = \sqrt{4-x_T} \qquad |: \sqrt{4-x_T},\ x_T < 4,\ m > 0$$

$$2 \cdot x_T = 1$$

$$x_T = \frac{1}{2} \quad \left(T\left(\frac{1}{2}; \frac{1}{2}\sqrt{14}\right) \text{ nicht verlangt}\right)$$

Der Wert des Anstiegs m ergibt sich aus (2)

$$m = -\frac{1}{m_T} = 2\sqrt{4-x_T} \quad \text{mit } x_T = \frac{1}{2}$$

$$= 2\sqrt{\frac{7}{2}}$$

$$= 2 \cdot \frac{1}{2} \cdot \sqrt{2 \cdot 7} = \sqrt{14}$$

Anmerkung:
Löst man die Gleichung $2\sqrt{4-x_T}\cdot x_T=\sqrt{4-x_T}$ durch Quadrieren, erhält man die kubische Gleichung $4x_T^3-16x_T^2-x_T+4=0$ mit den Lösungen $x_{T_1}=\frac{1}{2}, x_{T_2}=-\frac{1}{2}$ und $x_{T_3}=4$, wobei letztere entfallen wegen Quadrieren ($x_{T_2}=-\frac{1}{2}$ Scheinlösung) und $m>0$ ($x_{T_3}=4$).

Skizze *(dient zur Veranschaulichung, laut Aufgabenstellung nicht verlangt)***:**

Gleichung der Tangente t: $y=-\frac{1}{\sqrt{14}}\cdot x+\frac{15}{2\sqrt{14}}$

Gleichung der Geraden g_m: $y=\sqrt{14}\cdot x$

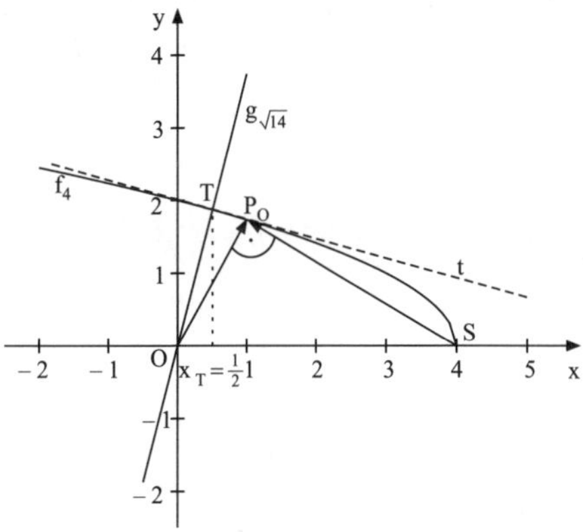

c) **Berechnung des Punktes $P_0(x_0; f_4(x_0))$:**
Zu zeigen ist die Einzigkeit des Punktes P_0 auf dem Graphen f_4, sodass gilt $\overline{OP_0}\perp\overline{SP_0}$ wobei O(0; 0), S(4; 0) (folgt aus $f_4(x)=\sqrt{4-x}=0$ mit $x\le 4$) und $P_0(x_0;\sqrt{4-x_0})$ vorgegeben sind.
Aus dem Skalarprodukt der Vektoren $\overrightarrow{OP_0}$ und $\overrightarrow{SP_0}$ mit $\overrightarrow{OP_0}\cdot\overrightarrow{SP_0}=0$ folgt deren Orthogonalität.

$$\overrightarrow{OP_0}\cdot\overrightarrow{SP_0}=\begin{pmatrix}x_0\\\sqrt{4-x_0}\end{pmatrix}\cdot\begin{pmatrix}x_0-4\\\sqrt{4-x_0}\end{pmatrix}=0$$

$$x_0\cdot(x_0-4)+(\sqrt{4-x_0})^2=0$$

$$x_0^2-4x_0+4-x_0=0$$

$$x_0^2-5x_0+4=0$$

$$x_{0_{1;2}}=\frac{5}{2}\pm\sqrt{\frac{25}{4}-\frac{16}{4}}$$

$$x_{0_1}=\frac{5}{2}+\frac{3}{2}=4 \text{ (entfällt, wäre der Punkt S selbst)}$$

$$x_{0_2}=\frac{5}{2}-\frac{3}{2}=1$$

Der Punkt $P_0(1; f_4(1)=\sqrt{3})$ ist der einzige Punkt mit der geforderten Eigenschaft (siehe Skizze zur Veranschaulichung unter b).

d) **Untersuchung über Parameterwerte t, sodass die Achsenabschnitte des Graphen von f_t gleich groß sind:**

Die Abschnitte der Funktionenschar $f_t(x) = (5-t)\sqrt{t-x}$ auf den Koordinatenachsen ergeben sich für die

x-Achse aus $f_t(x) = (5-t)\sqrt{t-x} = 0$

zu $x = t$ und für die

y-Achse aus $f_t(0) = (5-t)\sqrt{t-0}$

zu $f_t(0) = (5-t)\sqrt{t}$.

Beide Achsenabschnitte sollen gleich sein, d. h. es muss gelten:

$$t = (5-t)\sqrt{t} \qquad \Big| \text{ Quadrieren}$$

$$t^2 = (5-t)^2 \cdot t \qquad \Big| :t \quad (0 < t < 5)$$

$$t = 25 - 10t + t^2$$

$$t^2 - 11t + 25 = 0$$

$$t_{1,2} = \frac{11}{2} \pm \sqrt{\frac{121}{4} - 25} = \frac{11}{2} \pm \frac{1}{2}\sqrt{21}$$

$$t_1 = \frac{11}{2} + \frac{1}{2}\sqrt{21} \approx 7{,}79 > 5 \text{ entfällt}$$

$$t_2 = \frac{11}{2} - \frac{1}{2}\sqrt{21} \approx 3{,}21$$

Berechnung des extremalen Funktionswertes p(t):

Es sei $p(t) = f_t(2) = (5-t) \cdot \sqrt{t-2}$ mit $2 < t < 5$.

Ableitungen:

$$p'(t) = -1 \cdot \sqrt{t-2} + (5-t) \cdot \frac{1}{2}(t-2)^{-\frac{1}{2}} \cdot 1 \qquad \text{Produkt- und Kettenregel}$$

$$= -\sqrt{t-2} + \frac{5-t}{2\sqrt{t-2}}$$

$$= \frac{-2(\sqrt{t-2})^2 + 5 - t}{2\sqrt{t-2}} = \frac{9-3t}{2\sqrt{t-2}}$$

$$p''(t) = \frac{-3 \cdot 2\sqrt{t-2} - (9-3t) \cdot 2 \cdot \frac{1}{2}(t-2)^{-\frac{1}{2}}}{4(t-2)} \qquad \text{Quotienten- und Kettenregel}$$

$$= \frac{-6\sqrt{t-2} - \frac{(9-3t)}{\sqrt{t-2}}}{4(t-2)}$$

$$= \frac{3-3t}{4(t-2)\sqrt{t-2}}$$

Lokales Extremum:

notwendig: $p'(t) = 0 \Rightarrow 9 - 3t = 0$

$$t_E = 3$$

hinreichend: $p''(3) = \dfrac{3-9}{4(3-2)\sqrt{3-2}} = -\dfrac{6}{4} < 0$, d. h. lokales Maximum

$p_{max} = f_3(2) = (5-3) \cdot \sqrt{3-2} = 2$

Globales Extremum:

Die Untersuchung an den Intervallenden ergibt:

$$\lim_{t \to 2} p(t) = \lim_{t \to 2} [(5-t)\sqrt{t-2}] = 0 < p_{max}$$

$$\lim_{t \to 5} p(t) = \lim_{t \to 5} [(5-t)\sqrt{t-2}] = 0 < p_{max}.$$

Das lokale Maximum an der Stelle $t_E = 3$ ist gleichzeitig globales Maximum im Intervall $2 < t < 5$.

e) **Diskussion des Produktes $f_t(x) \cdot f_t'(x)$ mit $x < t$:**

$$f_t(x) \cdot f_t'(x) = (5-t) \cdot \sqrt{t-x} \cdot \frac{-(5-t)}{2\sqrt{t-x}}, \quad \text{mit } f_t'(x) = (5-t) \cdot \frac{1}{2}(t-x)^{-\frac{1}{2}} \cdot (-1) = -\frac{5-t}{2\sqrt{t-x}}$$

$$= -\frac{1}{2}(5-t)^2 < 0,$$

d. h. das Produkt ist stets negativ.

Leistungskurs Mathematik (Thüringen): Abiturprüfung 2003
Aufgabe A2: Analysis

Für jede positive reelle Zahl a seien Funktionen f_a und g_a gegeben durch

$y = f_a(x) = a - a \cdot \cos ax$ bzw.

$y = g_a(x) = (2a+1) + \sin x$ mit $x \in \mathbb{R}$.

a) Untersuchen Sie den Graphen der Funktion f_a auf Schnittpunkte mit der x-Achse, auf Extrem- und Wendepunkte und geben Sie gegebenenfalls deren Koordinaten an!
Untersuchen Sie den Graphen der Funktion f_a auf Symmetrie!
Geben Sie die kleinste Periode der Funktion f_a an!
Skizzieren Sie die Graphen der Funktionen $f_{\frac{1}{2}}$, f_2 und g_2 im Intervall $-1 \leq x \leq 7$ in ein und dasselbe Koordinatensystem!
Weisen Sie nach, dass der Punkt B mit $B\left(\frac{3}{2}\pi; 4\right)$ ein Berührungspunkt der Graphen von f_2 und g_2 ist! (16 BE)

b) Es sei x_0 die kleinste positive Nullstelle der Funktion f_a. Über dem Intervall $0 \leq x \leq x_0$ begrenzen der Graph der Funktion f_a und die Abszissenachse ein Flächenstück vollständig.
Berechnen Sie dessen Inhalt!
Welchen Einfluss hat der Parameter a auf den Flächeninhalt? (4 BE)

c) Welches ist der kleinste Funktionswert, den die Funktion g_a annehmen kann?
Welches ist der größte Funktionswert, den die Funktion f_a annehmen kann?
Für welche Werte a gibt es einen Punkt $B_a(x; f_a(x))$ mit $0 \leq x \leq 2\pi$, der sowohl zum Graphen von f_a als auch zum Graphen von g_a gehört? (5 BE)

d) Formulieren Sie eine Vermutung für die 2n-te Ableitung der Funktion f_a $(n \in \mathbb{N}; n \geq 1)$! (2 BE)

e) Für jede positive reelle Zahl a sei nun die Funktion h_a gegeben durch

$y = h_a(x) = -x^2 + 4a$ mit $x \in \mathbb{R}$.

Ermitteln Sie die Anzahl der Werte von a, für die $3 < a < 5$ gilt und für die die Funktionen f_a und h_a gemeinsame Nullstellen besitzen! (3 BE)

(30 BE)

Lösungen

$y = f_a(x) = a - a \cdot \cos ax$
$y = g_a(x) = (2a+1) + \sin x, \;$ mit $x \in \mathbb{R}, a \in \mathbb{R}, a > 0$

a) **Schnittpunkte mit der x-Achse:**

$$f_a(x) = 0 \;\Rightarrow\; a - a \cdot \cos ax = 0$$
$$a \cdot \cos ax = a$$
$$\cos ax = 1, \quad \textit{Substitution}: \; ax = z$$
$$\cos z = 1$$
$$z = 2k\pi, \quad k \in \mathbb{Z}$$
$$z = ax = 2k\pi$$
$$x_0 = \frac{2k}{a}\pi, \quad S_a\left(\frac{2k}{a}\pi; 0\right)$$

Extrem- und Wendepunkte:
Ableitungen:

$$f_a'(x) = -a \cdot (-\sin ax) \cdot a \qquad \text{Summen- und Kettenregel}$$
$$= +a^2 \cdot \sin ax$$
$$f_a''(x) = a^3 \cdot \cos ax$$
$$f_a'''(x) = -a^4 \cdot \sin ax$$

Extrempunkte:

notwendig: $f_a'(x) = 0 \;\Rightarrow\; a^2 \cdot \sin ax = 0$

$$\sin ax = 0, \quad \textit{Substitution}: \; ax = z$$
$$\sin z = 0$$
$$z = \ell\pi, \quad \ell \in \mathbb{Z}$$
$$z = ax = \ell\pi$$
$$x_E = \frac{\ell}{a}\pi$$

hinreichend: $f_a''(x_E) \neq 0$

Hier wird es notwendig, zwischen geradem und ungeradem ℓ zu unterscheiden:
$\ell = 2k$ (gerade) $k \in \mathbb{Z}$
$\ell = 2k + 1$ (ungerade), $k \in \mathbb{Z}$

$$f_a''\left(\frac{\ell}{a}\pi\right) = \begin{cases} f_a''\left(\frac{2k}{a}\pi\right) = a^3 \cdot \cos\underbrace{\left(a \cdot \frac{2k}{a}\pi\right)}_{=1} = a^3 > 0, & \text{lokales Minimum} \\ f_a''\left(\frac{2k+1}{a}\pi\right) = a^3 \cdot \cos\underbrace{\left(a \cdot \frac{2k+1}{a}\pi\right)}_{=-1} = -a^3 < 0, & \text{lokales Maximum} \end{cases}$$

$$f_a\left(\frac{2k}{a}\pi\right) = a - a\cdot\cos\left(a\cdot\frac{2k}{a}\pi\right) = a - a = 0;\quad \text{Tiefpunkte } T_a\left(\frac{2k}{a}\pi; 0\right)$$

$$f_a\left(\frac{2k+1}{a}\pi\right) = a - a\cdot\cos\left(a\cdot\frac{2k+1}{a}\pi\right) = a + a = 2a;\quad \text{Hochpunkte } H_a\left(\frac{2k+1}{a}\pi; 2a\right)$$

Wendepunkte:

notwendig: $f_a''(x) = 0 \;\Rightarrow\; a^3\cdot\cos ax = 0$

$$\cos ax = 0,\quad \textit{Substitution: } ax = z$$

$$\cos z = 0$$

$$z = \frac{\pi}{2} + k\pi,\quad k \in \mathbb{Z}$$

$$z = ax = (2k+1)\frac{\pi}{2}$$

$$x_W = \frac{2k+1}{2a}\pi$$

hinreichend: $f_a'''\left(\frac{2k+1}{2a}\pi\right) = -a^4\cdot\sin\left(a\cdot\frac{2k+1}{2a}\pi\right) = \left\{\begin{matrix} -a^4 & (\text{k gerade}) \\ a^4 & (\text{k ungerade}) \end{matrix}\right\} \neq 0$

$$f_a\left(\frac{2k+1}{2a}\pi\right) = a - a\cdot\underbrace{\cos\left(a\cdot\frac{2k+1}{2a}\pi\right)}_{=0} = a;\quad \text{Wendepunkte } W_a\left(\frac{2k+1}{2a}\pi; a\right)$$

Symmetrie:

$$f_a(-x) = a - a\cdot\cos(-ax)$$
$$= a - a\cdot\cos(ax) = f_a(x),$$

d. h. der Graph der Funktion f_a ist achsensymmetrisch zur y-Achse

kleinste Periode:

$p = \frac{2\pi}{B} = \frac{2\pi}{a}$ mit $B = a$ in $y = A\cdot\cos Bx + C$.

Skizze:

$$f_{\frac{1}{2}}(x) = \frac{1}{2} - \frac{1}{2}\cdot\cos\left(\frac{1}{2}x\right)$$
$$f_2(x) = 2 - 2\cdot\cos(2x)$$
$$g_2(x) = 5 + \sin x$$

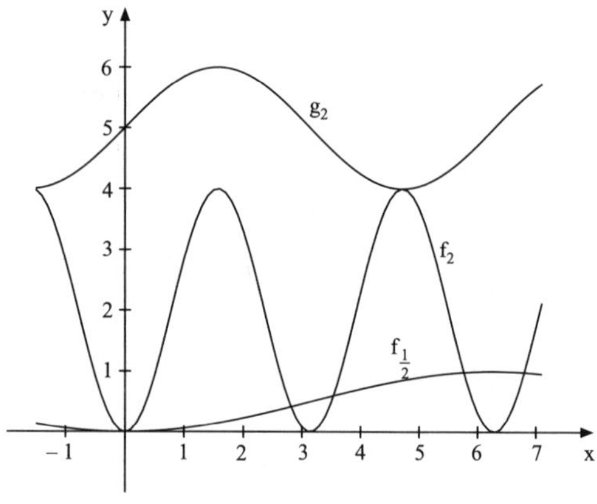

Nachweis, dass der Punkt B mit $B\left(\frac{3}{2}\pi; 4\right)$ ein Berührungspunkt der Graphen von f_2 und g_2 ist:

$$\left.\begin{array}{l} f_2\left(\frac{3}{2}\pi\right) = 2 - 2\cdot\underbrace{\cos\left(2\cdot\frac{3}{2}\pi\right)}_{=-1} = 4 \\ g_2\left(\frac{3}{2}\pi\right) = (2\cdot 2+1) + \underbrace{\sin\left(\frac{3}{2}\pi\right)}_{=-1} = 5-1 = 4 \end{array}\right\} = 4,$$

d. h. B ist gemeinsamer Punkt beider Graphen.

$$\left.\begin{array}{l} f_2'(x) = 4\cdot\sin 2x;\; f_2'\left(\frac{3}{2}\pi\right) = 4\cdot\underbrace{\sin\left(2\cdot\frac{3}{2}\pi\right)}_{=0} = 0 \\ g_2'(x) = \cos x;\; g_2'\left(\frac{3}{2}\pi\right) = \cos\left(\frac{3}{2}\pi\right) = 0 \end{array}\right\} = 0,$$

d. h. B ist Berührungspunkt beider Geraden, da sie beide in $x_B = \frac{3}{2}\pi$ eine waagrechte Tangente besitzen.

b) **Flächenstück für f_a in $0 \le x \le x_0$:**

Nullstellen $x_0 = \frac{2k}{a}\pi$, für k = 1 ist $x_0 = \frac{2\pi}{a}$ die kleinste positive Nullstelle.

$$A = \int_0^{x_0} f_a(x)dx = \int_0^{\frac{2\pi}{a}} (a - a\cdot\cos ax)dx$$

$$= \left[ax - \frac{a\cdot\sin ax}{a}\right]_0^{\frac{2\pi}{a}} = a\cdot\frac{2\pi}{a} - \underbrace{\sin\left(a\cdot\frac{2\pi}{a}\right)}_{=0} - 0$$

$$= 2\pi \text{ FE}$$

Der Flächeninhalt von 2π FE ist unabhängig von a, womit der Parameter a keinen Einfluss auf den Inhalt besitzt.

Skizze *(am Beispiel von f_2; dient zur Veranschaulichung, laut Aufgabenstellung nicht gefordert)*:

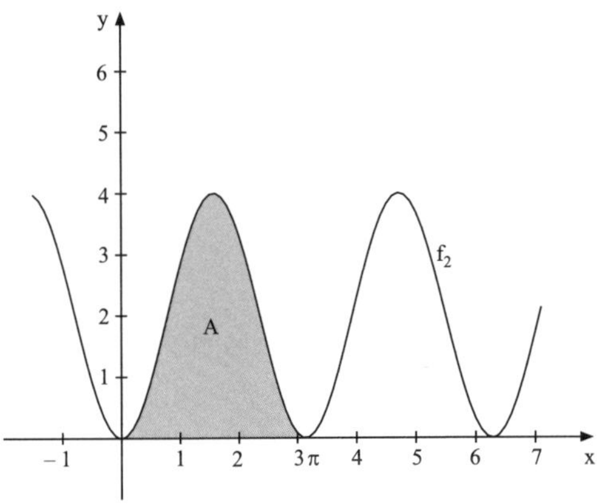

c) **Kleinster Funktionswert von g_a:**

$g_a(x) = (2a+1) + \sin x$, Wertebereich $-1 \le \sin x \le 1$

$g_{a_{min}}(x) = 2a + 1 - 1 = 2a$

Größter Funktionswert von f_a:

$f_a(x) = a - a \cdot \cos ax$, Wertebereich $-1 \le \cos ax \le 1$

$f_{a_{max}}(x) = a - a \cdot (-1) = 2a$

Punkt $B_a(x; f_a(x))$ mit $0 \le x \le 2\pi$, der sowohl zum Graphen von f_a als auch zum Graphen von g_a gehört:

Wie man aus obigen Überlegungen erkennen kann, haben die Funktionen g_a und f_a im Fall $\sin x = -1$ und $\cos ax = -1$ ihren kleinsten bzw. größten Funktionswert und beide stimmen in $g_{a_{min}}(x) = 2a = f_{a_{max}}(x)$ überein. Das sind genau die Stellen (hier Extremstellen), an denen die Tangenten beider Funktionen parallel zueinander verlaufen und gleich 0 sind.

$g_a'(x) = \cos x = 0 \;\Rightarrow\; x_E = \frac{2k+1}{2}\pi,\; k \in \mathbb{Z}$

Im Intervall $0 \le x \le 2\pi$ entfällt $x_{E_0} = \frac{\pi}{2}$ für $k = 0$, weil $\sin\frac{\pi}{2} = 1$.

Dafür gilt $x_{E_1} = \frac{3}{2}\pi$ für $k = 1$, denn $\sin\left(\frac{3}{2}\pi\right) = -1$.

$f_a'(x) = a^2 \cdot \sin ax = 0 \;\Rightarrow\; x_{E_1} = \frac{2k}{a}\pi$, entfällt, da $\cos\left(a \cdot \frac{2k}{a}\pi\right) = 1$

$x_{E_2} = \frac{2k+1}{a}\pi$, weil $\cos\left(a \cdot \frac{2k+1}{a}\pi\right) = -1$.

(siehe unter a Nachweis der Extremstellen)

Der Ansatz $\frac{3}{2}\pi = \frac{2k+1}{a}\pi$ liefert $a = (2k+1) \cdot \frac{2}{3}$, $k \in \mathbb{Z}$, d. h. alle ungeraden Vielfachen von $\frac{2}{3}$.

In der Tat ist für $k = 0$ $B_{\frac{2}{3}}\left(\frac{3}{2}\pi; \frac{4}{3}\right)$ in $0 \le x \le 2\pi$ der Punkt, der zu beiden Graphen gehört.

$$g_{\frac{2}{3}}\left(\frac{3}{2}\pi\right) = \left(2 \cdot \frac{2}{3} + 1\right) + \underbrace{\sin\left(\frac{3}{2}\pi\right)}_{=-1} = \frac{4}{3} = f_{\frac{2}{3}}\left(\frac{3}{2}\pi\right) = \frac{2}{3} - \frac{2}{3} \cdot \underbrace{\cos\left(\frac{2}{3} \cdot \frac{3}{2}\pi\right)}_{=-1}$$

d) **Vermutung für die 2n-te Ableitung von f_a:**

$$f_a(x) = a - a \cdot \cos ax$$
$$f_a'(x) = a^2 \cdot \sin ax$$
$$f_a''(x) = a^3 \cdot \cos ax$$

$$f_a'''(x) = -a^4 \cdot \sin ax$$
$$f_a^{(4)}(x) = -a^5 \cdot \cos ax$$

$\vdots$

$$f_a^{(2n)}(x) = (-1)^{n+1} \cdot a^{2n+1} \cdot \cos ax$$

e) **Anzahl der Werte von a:**
Gemeinsame Nullstellen der Funktion f_a und h_a:

$f_a(x) = a - a \cdot \cos ax,\ x_0 = \frac{2k}{a}\pi,\ k \in \mathbb{Z}$ (s. unter a)

$$h_a(x) = -x^2 + 4a = 0 \Rightarrow x^2 = 4a$$
$$|x| = 2\sqrt{a}$$
$$x_{0_{1;2}} = \pm 2\sqrt{a}$$

Ansatz: $\pm 2\sqrt{a} = \frac{2k}{a}\pi \quad |\text{Quadrieren}$

$$a = \frac{k^2\pi^2}{a^2}$$
$$a^3 = k^2\pi^2 \quad \text{mit } 3^3 < a^3 < 5^3$$
$$a = \sqrt[3]{k^2\pi^2} \quad \text{bzw. } 3 < a < 5$$

Für k = 2 folgt $a_2 = \sqrt[3]{4\pi^2} \approx 3{,}41$, für k = 3 folgt $a_3 = \sqrt[3]{9\pi^2} \approx 4{,}46$.

Leistungskurs Mathematik (Thüringen): Abiturprüfung 2003
Aufgabe B1: Lineare Algebra/Analytische Geometrie

Gegeben ist der Quader ABCDEFGH mit D(0; 0; 0) und F(1; 2; 1). Alle Seitenflächen liegen in bzw. parallel zu den Koordinatenebenen. P ist Mittelpunkt der Deckfläche EFGH. Außerdem sind die Punkte $R_r(0; 2; r)$ mit $0 \leq r \leq 1$ und $r \in \mathbb{R}$ gegeben.

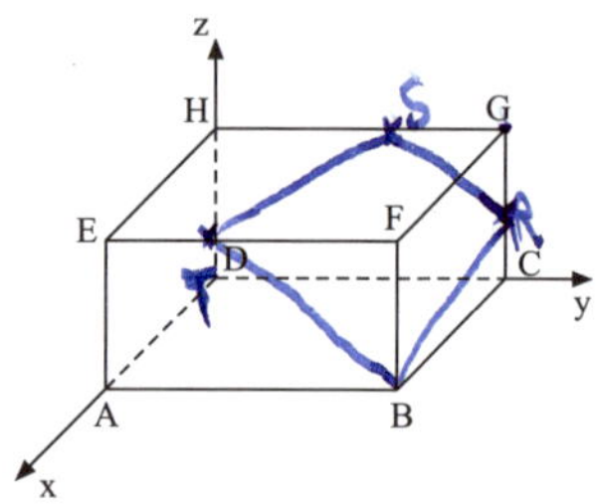

a) Bestimmen Sie die Koordinaten aller Eckpunkte des Quaders und die Koordinaten von P!
Beschreiben Sie die Menge der Punkte R_r in Bezug auf den Quader! (3 BE)

b) Durch B, P und R_r wird eine Ebene ε_r festgelegt.
Bestimmen Sie für $\varepsilon_{0,5}$ eine parameterfreie Form der Ebenengleichung, den Schnittwinkel mit der x-y-Ebene sowie die Schnittgerade mit der x-y-Ebene!
[Kontrollergebnis: $\varepsilon_{0,5}$: $2x + 3y + 4z = 8$] (5 BE)

c) Begründen Sie, dass die Punkte $S\left(0; \frac{4}{3}; 1\right)$ und $T\left(1; \frac{2}{3}; 1\right)$ auf den Kanten $\overline{HG}$ bzw. $\overline{EF}$ liegen!
Zeigen Sie, dass das Viereck $TBR_{0,5}S$ ein Trapez ist!
Berechnen Sie die Höhe des Trapezes! (6 BE)

d) Welche geometrische Form hat die Schnittfläche von ε_r mit dem Quader für $r = 1$?
Berechnen Sie den Flächeninhalt dieser Fläche! (4 BE)

e) Die Ebene ε_r mit $r = 0$ teilt den Quader in zwei Teilkörper.
In welchem Verhältnis stehen die Volumina der beiden Teilkörper zueinander? (2 BE)

(20 BE)

Lösungen

Quader ABCDEFGH mit D(0; 0; 0) und F(1; 2; 1)
P Mittelpunkt der Deckfläche EFGH
$R_r(0; 2; r)$ mit $0 \le r \le 1, r \in \mathbb{R}$

a) **Koordinaten aller Eckpunkte des Quaders und von P:**

A(1; 0; 0)	E(1; 0; 1)
B(1; 2; 0)	F(1; 2; 1) s. o.
C(0; 2; 0)	G(0; 2; 1)
D(0; 0; 0) s. o.	H(0; 0; 1)

$$\overrightarrow{OP} = \frac{1}{2}(\overrightarrow{OF} + \overrightarrow{OH}) = \begin{pmatrix} \frac{1}{2} \\ 1 \\ 1 \end{pmatrix}, \quad P\left(\frac{1}{2}; 1; 1\right)$$

Lage der Menge der Punkte R_r:

Die Menge der Punkte R_r variiert für r zwischen 0 und 1 einschließlich, d. h. sie stellen die Kante $\overline{CG}$ des Quaders dar.

$R_0(0; 2; 0) = C$ und $R_1(0; 2; 1) = G$.

b) **Ebenengleichung $\varepsilon_r(BPR_r)$:**

$$\varepsilon_r\colon \vec{x} = \overrightarrow{OB} + s \cdot \overrightarrow{BP} + t \cdot \overrightarrow{BR}_r$$

$$= \begin{pmatrix} 1 \\ 2 \\ 0 \end{pmatrix} + s \cdot \begin{pmatrix} -\frac{1}{2} \\ -1 \\ 1 \end{pmatrix} + t \cdot \begin{pmatrix} -1 \\ 0 \\ r \end{pmatrix}$$

$$\varepsilon_{0,5}\colon \vec{x} = \begin{pmatrix} 1 \\ 2 \\ 0 \end{pmatrix} + s \cdot \begin{pmatrix} -\frac{1}{2} \\ -1 \\ 1 \end{pmatrix} + t \cdot \begin{pmatrix} -1 \\ 0 \\ \frac{1}{2} \end{pmatrix} \quad \text{Parameterform}$$

$$\begin{array}{ll|l} (1) & x = 1 - \frac{1}{2}s - t & \cdot(-2) \text{ (zu (2) addieren)};\ \cdot 2 \text{ (zu (3) addieren)} \\ (2) & y = 2 - s & + \\ (3) & z = 0 + s + \frac{1}{2}t & + \end{array}$$

$$\begin{array}{ll|l} (2) & -2x + y = 2t & \cdot 3 \\ (3) & 2x + z = 2 - \frac{3}{2}t & \cdot 4 \quad + \end{array}$$

$2x + 3y + 4z = 8$ parameterfrei

Schnittwinkel mit der x-y-Ebene:

$$\cos\alpha = \left| \frac{\vec{n}_{\varepsilon_{0,5}} \cdot \vec{n}_{xy}}{|\vec{n}_{\varepsilon_{0,5}}| \cdot |\vec{n}_{xy}|} \right| \qquad \vec{n}_{\varepsilon_{0,5}} = \begin{pmatrix} 2 \\ 3 \\ 4 \end{pmatrix} \text{ Normalenvektor der Ebene } \varepsilon_{0,5}$$

$$= \left| \frac{2\cdot 0 + 3\cdot 0 + 4\cdot 1}{\sqrt{4+9+16}\cdot\sqrt{1}} \right| \qquad \vec{n}_{xy} = \begin{pmatrix} 0 \\ 0 \\ 1 \end{pmatrix} \text{ Normalenvektor der x-y-Ebene}$$

$$= \frac{4}{\sqrt{29}} \approx 0{,}7428$$

$$\Rightarrow \quad \alpha \approx 42{,}03°$$

Der Schnittwinkel zwischen der Ebene $\varepsilon_{0,5}$ und der x-y-Ebene beträgt $\alpha \approx 42{,}03°$.

Schnittgerade mit der x-y-Ebene:

$$\left.\begin{matrix} \varepsilon_{0,5}\text{: } 2x + 3y + 4z = 8 \\ \text{x-y-Ebene: } z = 0 \end{matrix}\right\} 2x + 3y = 8$$

Wähle $y = t^*$: $2x = 8 - 3t^* \Rightarrow x = 4 - \frac{3}{2}t^*$

$$\text{Somit ergibt sich: } \left.\begin{matrix} x = 4 - \frac{3}{2}t^* \\ y = t^* \\ z = 0 \end{matrix}\right\} \vec{x} = \begin{pmatrix} 4 \\ 0 \\ 0 \end{pmatrix} + t^* \begin{pmatrix} -\frac{3}{2} \\ 1 \\ 0 \end{pmatrix}$$

$$\text{bzw. } \vec{x} = \begin{pmatrix} 4 \\ 0 \\ 0 \end{pmatrix} + t \begin{pmatrix} -3 \\ 2 \\ 0 \end{pmatrix}, \; t \in \mathbb{R}, t = \frac{1}{2}t^*$$

c) **Begründung für die Lage der Punkte $S\left(0; \frac{4}{3}; 1\right)$ und $T\left(1; \frac{2}{3}; 1\right)$ auf $\overline{HG}$ bzw. $\overline{EF}$:**

$$g(HG)\text{: } \vec{x} = \overrightarrow{OH} + t_1 \cdot \overrightarrow{HG} = \begin{pmatrix} 0 \\ 0 \\ 1 \end{pmatrix} + t_1 \cdot \begin{pmatrix} 0 \\ 2 \\ 0 \end{pmatrix}$$

Die „Punktprobe“ $S \in g(HG)$ liefert:

$$\begin{pmatrix} 0 \\ \frac{4}{3} \\ 1 \end{pmatrix} = \begin{pmatrix} 0 \\ 0 \\ 1 \end{pmatrix} + t_1 \cdot \begin{pmatrix} 0 \\ 2 \\ 0 \end{pmatrix} \Rightarrow t_1 = \frac{2}{3} \text{ mit } 0 < \frac{2}{3} < 1,$$

d. h. S ist innerer Punkt der Strecke $\overline{HG}$ bzw. liegt auf der Kante $\overline{HG}$.

Analog ergibt sich für die Kante $\overline{EF}$:

$$g(EF)\text{: } \vec{x} = \overrightarrow{OE} + t_2 \cdot \overrightarrow{EF} = \begin{pmatrix} 1 \\ 0 \\ 1 \end{pmatrix} + t_2 \cdot \begin{pmatrix} 0 \\ 2 \\ 0 \end{pmatrix}$$

$$T \in g(EF)\text{: } \begin{pmatrix} 1 \\ \frac{2}{3} \\ 1 \end{pmatrix} = \begin{pmatrix} 1 \\ 0 \\ 1 \end{pmatrix} + t_2 \cdot \begin{pmatrix} 0 \\ 2 \\ 0 \end{pmatrix} \Rightarrow t_2 = \frac{1}{3} \text{ mit } 0 < \frac{1}{3} < 1,$$

d. h. T ist innerer Punkt der Strecke $\overline{EF}$ bzw. liegt auf der Kante $\overline{EF}$.

Nachweis Trapez:

O. B. d. A. (ohne Beschränkung der Allgemeinheit) habe das Trapez $TBR_{0,5}S$ nebenstehende Gestalt.

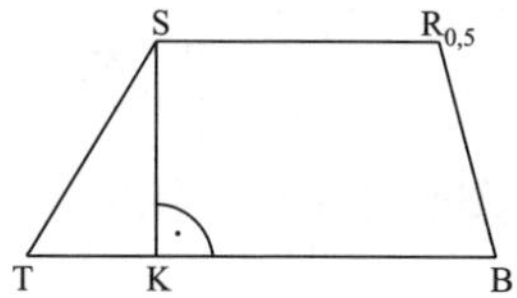

Es muss gelten:

$$\overrightarrow{TB} = \lambda \cdot \overrightarrow{SR_{0,5}}$$

$$\begin{pmatrix} 0 \\ \frac{4}{3} \\ -1 \end{pmatrix} = \lambda \cdot \begin{pmatrix} 0 \\ \frac{2}{3} \\ -\frac{1}{2} \end{pmatrix} \quad \text{mit } R_{0,5}\left(0; 2; \frac{1}{2}\right)$$

$$\left.\begin{array}{ll} (1) & 0 = \lambda \cdot 0 \\ (2) & \frac{4}{3} = \frac{2}{3}\lambda \\ (3) & -1 = -\frac{1}{2}\lambda \end{array}\right| \begin{array}{l} \\ \Rightarrow \lambda = 2 \\ \Rightarrow \lambda = 2, \text{ d. h. } \overline{TB} \parallel \overline{SR_{0,5}} \text{ und } TBR_{0,5}S \text{ ist ein Trapez.} \end{array}$$

Höhe des Trapezes:

Die Höhe $h = \overline{KS}$ steht senkrecht auf der Seite $\overline{TB}$ des Trapezes. Aus $\overrightarrow{TB} \cdot \overrightarrow{KS} = 0$ folgt die Orthogonalität der Vektoren $\overrightarrow{TB}$ und $\overrightarrow{KS}$.

Der Punkt K (Höhenfußpunkt) liegt auf der Geraden g(TB):

$$\vec{x} = \overrightarrow{OT} + k \cdot \overrightarrow{TB}, \quad k \in \mathbb{R}$$

$$\vec{x}_k = \begin{pmatrix} 1 \\ \frac{2}{3} \\ 1 \end{pmatrix} + k \cdot \begin{pmatrix} 0 \\ \frac{4}{3} \\ -1 \end{pmatrix} \quad \Rightarrow \quad \overrightarrow{KS} = \begin{pmatrix} 0 \\ \frac{4}{3} \\ 1 \end{pmatrix} - \begin{pmatrix} 1 \\ \frac{2}{3} + \frac{4}{3}k \\ 1 - k \end{pmatrix} = \begin{pmatrix} -1 \\ \frac{2}{3} - \frac{4}{3}k \\ k \end{pmatrix}$$

$$\overrightarrow{TB} \cdot \overrightarrow{KS} = \begin{pmatrix} 0 \\ \frac{4}{3} \\ -1 \end{pmatrix} \cdot \begin{pmatrix} -1 \\ \frac{2}{3} - \frac{4}{3}k \\ k \end{pmatrix} = 0 \cdot (-1) + \frac{4}{3}\left(\frac{2}{3} - \frac{4}{3}k\right) - k = 0$$

$$\frac{8}{9} - \frac{16}{9}k - k = 0$$

$$k = \frac{8}{25}$$

Die Koordinaten des Punktes K ergeben sich somit aus

$$\vec{x}_k = \begin{pmatrix} 1 \\ \frac{2}{3} \\ 1 \end{pmatrix} + \frac{8}{25}\begin{pmatrix} 0 \\ \frac{4}{3} \\ -1 \end{pmatrix} = \begin{pmatrix} 1 \\ \frac{82}{75} \\ \frac{17}{25} \end{pmatrix}, \quad K\left(1; \frac{82}{75}; \frac{17}{25}\right)$$

und die Koordinaten des Vektors

$$\overrightarrow{KS} = \begin{pmatrix} 0 \\ \frac{4}{3} \\ 1 \end{pmatrix} - \begin{pmatrix} 1 \\ \frac{82}{75} \\ \frac{17}{25} \end{pmatrix} = \begin{pmatrix} -1 \\ \frac{6}{25} \\ \frac{8}{25} \end{pmatrix}$$

Der Betrag des Vektors:

$$|\overrightarrow{KS}| = \sqrt{1^2 + \left(\frac{6}{25}\right)^2 + \left(\frac{8}{25}\right)^2} = \frac{1}{25}\sqrt{725} = \frac{1}{25}\sqrt{25 \cdot 29} = \frac{1}{5}\sqrt{29}\text{ LE}$$

ist gleich der gesuchten Höhe $h = |\overrightarrow{KS}| = \frac{1}{5}\sqrt{29}$ LE des Trapezes.

d) **Geometrische Form der Schnittfläche von ε_R mit dem Quader für r = 1:**

Für r = 1 gilt $R_1(0; 2; 1) = G(0; 2; 1)$.

Damit ergibt sich die Ebene $\varepsilon_1(BPR_1) = \varepsilon_1(BPG)$, die als Schnittfläche mit dem Quader das Dreieck BGE hinterlässt.

Flächeninhalt des Dreiecks BGE:

$$A = \frac{1}{2} \cdot |\overrightarrow{BE}| \cdot |\overrightarrow{BG}| \cdot \sin\beta,$$

$$\beta = \sphericalangle(\overrightarrow{BE}, \overrightarrow{BG})$$

$$\overrightarrow{BE} = \begin{pmatrix} 0 \\ -2 \\ 1 \end{pmatrix}, \quad \overrightarrow{BG} = \begin{pmatrix} -1 \\ 0 \\ 1 \end{pmatrix}$$

$$\cos\beta = \frac{\overrightarrow{BE} \cdot \overrightarrow{BG}}{|\overrightarrow{BE}| \cdot |\overrightarrow{BG}|} = \frac{1}{\sqrt{5} \cdot \sqrt{2}} = \frac{1}{\sqrt{10}} \approx 0{,}3162$$

$$\beta \approx 71{,}57°$$

$$\sin\beta = \sqrt{1 - \cos^2\beta} = \sqrt{1 - \frac{1}{10}} = \frac{3}{\sqrt{10}}$$

$$= \frac{1}{2} \cdot \sqrt{5} \cdot \sqrt{2} \cdot \frac{3}{\sqrt{10}}$$

$$= \frac{3}{2}\text{ FE.}$$

e) **Verhältnis der Volumina der beiden Teilkörper:**

Für r = 0 gilt $R_0(0; 2; 0) = C(0; 2; 0)$.

Die Ebene $\varepsilon_0(BPR_0) = \varepsilon_0(BPC)$ halbiert die rechte Hälfte des Quaders ABCDEFGH von der Kante $\overline{BC}$ aus diagonal zur Deckfläche nach oben und verlässt dort den Quader in einer Schnittlinie parallel zur Kante $\overline{FG}$ durch den Punkt P.

Damit wird praktisch ein Viertel des Quaders abgetrennt, die Volumina der beiden Teilkörper (größerer zum kleineren) verhalten sich wie 3 : 1.

$$V_{ges} = 1 \cdot 2 \cdot 1 = 2\text{ VE} \qquad \text{(Gesamtvolumen)}$$

$$V_2 = \frac{1}{2} \cdot 1 \cdot 1 \cdot 1 = \frac{1}{2}\text{ VE} \qquad \text{(kleineres Volumen)}$$

$$V_1 = V_{ges} - V_2 = \frac{3}{2}\text{ VE} \qquad \text{(größeres Volumen)}$$

$$V_1 : V_2 = \frac{3}{2} : \frac{1}{2} = 3 : 1.$$

Leistungskurs Mathematik (Thüringen): Abiturprüfung 2003
Aufgabe B2: Stochastik / Wahrscheinlichkeitsrechnung

Für den letzten Schultag bestellt ein Gymnasium in Thüringen für jeden Schüler der 12. Klasse ein mit einer Aufschrift versehenes T-Shirt.
Von der gelieferten Menge sind 96 % erste Wahl, der Rest ist zweite Wahl. Nach der Herstellung werden die T-Shirts in Kartons zu je 20 Stück abgepackt.

a) Wie groß ist die Wahrscheinlichkeit, dass sich in einem Karton höchstens ein T-Shirt zweiter Wahl befindet? (2 BE)

b) Für den Versand werden Container mit je 20 Kartons gefüllt.
Wie groß ist die Wahrscheinlichkeit, dass sich in einem Container genau ein Karton befindet, in dem genau ein T-Shirt zweiter Wahl vorhanden ist? (2 BE)

c) Ein gelieferter Karton enthält genau 2 T-Shirts zweiter Wahl.
Eine Schülerin entnimmt daraus genau 2 T-Shirts nacheinander ohne Zurücklegen.
Wie groß ist die Wahrscheinlichkeit, dass unter den entnommenen T-Shirts von jeder Wahl genau ein T-Shirt dabei ist? (2 BE)

d) Die T-Shirts zweiter Wahl haben einen geringfügigen Näh- oder Farbfehler.
Die Wahrscheinlichkeit dafür, dass ein T-Shirt einen Nähfehler hat, beträgt 0,02. Näh- und Farbfehler treten unabhängig voneinander auf.
Mit welcher Wahrscheinlichkeit hat ein geliefertes T-Shirt einen Farbfehler? (3 BE)

e) Durch eine Kontrolle soll die Auslieferung von T-Shirts zweiter Wahl reduziert werden. Dabei wird ein beliebiges T-Shirt mit einer Wahrscheinlichkeit von 0,046 als zweite Wahl ausgesondert. Allerdings wird auch ein T-Shirt erster Wahl mit einer Wahrscheinlichkeit von 0,01 irrtümlich als zweite Wahl ausgesondert.
Mit welcher Wahrscheinlichkeit wird ein T-Shirt zweiter Wahl ausgesondert?
Mit welcher Wahrscheinlichkeit ist ein ausgesondertes T-Shirt tatsächlich zweite Wahl? (4 BE)

f) Der Hersteller vermutet, dass sich der Anteil der produzierten T-Shirts zweiter Wahl vergrößert hat.
Falls bei einer Stichprobe von 500 zufällig ausgewählten T-Shirts mehr als 25 zweite Wahl sind, will er die Vermutung annehmen.
Mit welcher Wahrscheinlichkeit nimmt er irrtümlicherweise die Vermutung an, obwohl sich die Anzahl der produzierten T-Shirts zweiter Wahl nicht erhöht hat?
Mit welcher Wahrscheinlichkeit nimmt er die Vermutung nicht an, obwohl sich der Anteil der produzierten T-Shirts zweiter Wahl auf 4,5 % erhöht hat? (5 BE)

g) Ein anderer Karton enthält 10 T-Shirts, darunter höchstens eins zweiter Qualität.
Die Wahrscheinlichkeit, dass sich darunter genau ein T-Shirt zweiter Wahl befindet, sei p.
Wie groß ist die Wahrscheinlichkeit dafür, dass der Karton keine T-Shirts zweiter Wahl enthält, wenn ein zufällig entnommenes T-Shirt erste Wahl ist? (2 BE)

(20 BE)

Lösungen

a) **P(A) Wahrscheinlichkeit, dass sich in einem Karton höchstens ein T-Shirt zweiter Wahl befindet:**

$X = \{0; 1; 2; \ldots; 20\}$ Anzahl der T-Shirts

$p = 0{,}96$ (1. Wahl), $\overline{p} = 0{,}04$ (2. Wahl)

$$P(A) = P(X \le 1) = P(X = 0) + P(X = 1)$$

$$= \binom{20}{0} \cdot 0{,}04^0 \cdot 0{,}96^{20} + \underbrace{\binom{20}{1} \cdot 0{,}04^1 \cdot 0{,}96^{19}}_{\approx 0{,}3683}$$

$$\approx 0{,}8103 \approx 81{,}0\,\%$$

b) **P(B) Wahrscheinlichkeit, dass sich in einem Container genau ein Karton befindet, in dem genau ein T-Shirt zweiter Wahl vorhanden ist:**

$$P(B) = \binom{20}{1} \cdot [P(X = 1)]^1 \cdot [1 - P(X = 1)]^{19}$$

$$= 20 \cdot (\underbrace{20 \cdot 0{,}04^1 \cdot 0{,}96^{19}}_{\approx 0{,}3683 \text{ (siehe a)}})^1 \cdot (1 - 0{,}3683)^{19}$$

$$\approx 0{,}001194 \approx 0{,}12\,\%$$

c) **P(C) Wahrscheinlichkeit, dass unter den entnommenen T-Shirts von jeder Wahl genau ein T-Shirt dabei ist:**

Baumdiagramm:

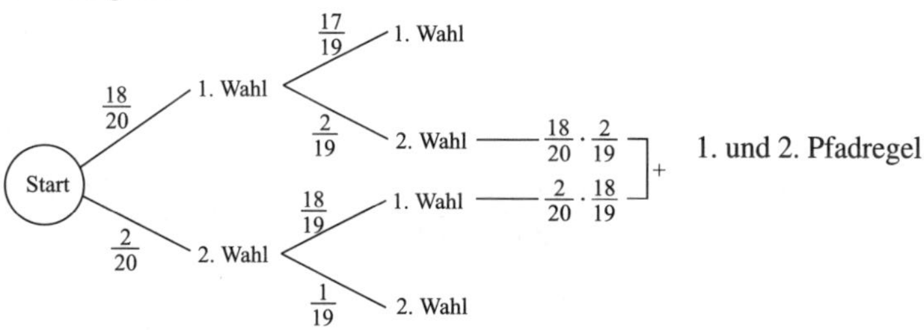

$$P(C) = 2 \cdot \frac{18}{20} \cdot \frac{2}{19} = \frac{18}{95}$$

$$\approx 0{,}1895 \approx 18{,}95\,\%$$

d) **P(D) Wahrscheinlichkeit für ein geliefertes T-Shirt mit Farbfehler:**

Baumdiagramm:

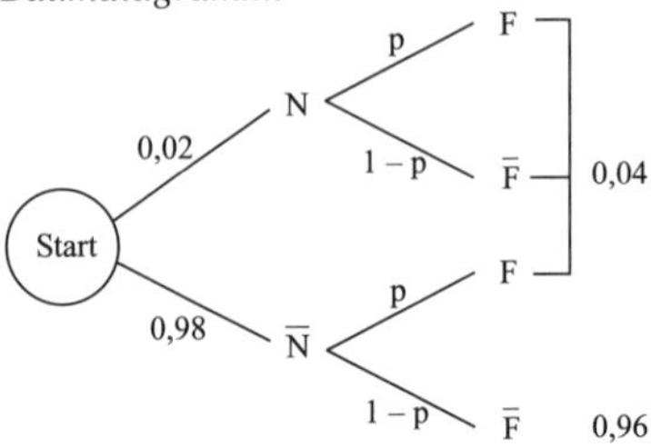

N – Nähfehler und F – Farbfehler unabhängig voneinander

Es gilt also: $0{,}98 \cdot (1 - p) = 0{,}96$

$$1 - p = \frac{0{,}96}{0{,}98} = \frac{48}{49}$$

$$P(D) = p = \frac{1}{19}$$

$$\approx 0{,}0204 \approx 2{,}04\,\%$$

e) **P(E) Wahrscheinlichkeit für ein ausgesondertes T-Shirt mit tatsächlich zweiter Wahl:**

Baumdiagramm:

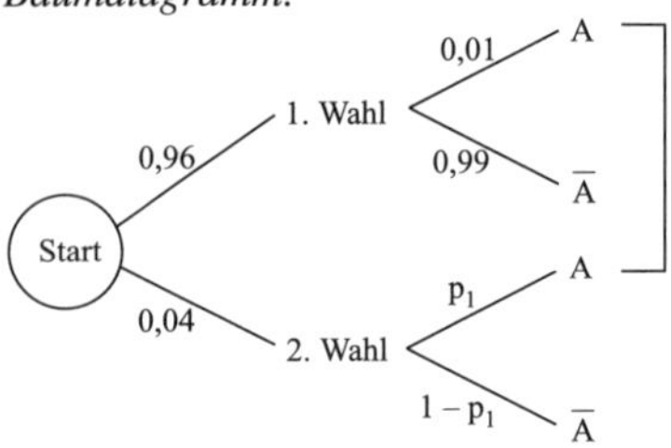

A – Aussondern

$0{,}046 = 0{,}96 \cdot 0{,}01 + 0{,}04 \cdot p_1$

$p_1 = 0{,}91$

(Wahrscheinlichkeit für ausgesondertes T-Shirt 2. Wahl)

$$P(E) = P_A(2.\,W.) = \frac{P(2.\,W.) \cdot P_{2.\,W.}(A)}{P(2.\,W.) \cdot P_{2.\,W.}(A) + P(1.\,W.) \cdot P_{1.\,W.}(A)}$$ Satz von Bayes

$$= \frac{0{,}04 \cdot 0{,}91}{0{,}04 \cdot 0{,}91 + 0{,}96 \cdot 0{,}01}$$

$$\approx 0{,}7913 \approx 79{,}13\,\%$$

f) **Fehlerwahrscheinlichkeiten:**

X gebe die Anzahl der T-Shirts 2. Wahl an. X ist binomialverteilt mit n = 500 und p = 0,04. Der Annahmebereich sei von 0 bis 25.
Näherung mithilfe von Moivre-Laplace:

$$X = \frac{k - \mu + 0{,}5}{\sigma} \qquad \begin{aligned} k &= 25 \\ \mu &= n \cdot p = 500 \cdot 0{,}04 = 20 \\ \sigma^2 &= n \cdot p \cdot (1-p) = 500 \cdot 0{,}04 \cdot 0{,}96 \\ &= 19{,}2 > 9 \text{ (Faustregel)} \\ \sigma &= \sqrt{19{,}2} \text{ Standardabweichung} \end{aligned}$$

$$X = \frac{25 - 20 + 0{,}5}{\sqrt{19{,}2}} \approx 1{,}255$$ (*ohne Korrekturwert 0,5 ergibt sich* $X \approx 1{,}141$)

$\Phi(1{,}26) \approx 0{,}89617$ Tabelle Normalverteilung

Fehlerwahrscheinlichkeit 1. Art:

$\alpha \approx 1 - 0{,}89617 \approx 0{,}10383 \approx 10{,}4\,\%$

ohne Korrekturwert 0,5:

$\Phi(1{,}14) \approx 0{,}87286 \Rightarrow \alpha \approx 1 - 0{,}87286 \approx 0{,}12714 \approx 12{,}7\,\%$

Der Hersteller nimmt die Vermutung , dass sich die Anzahl der produzierten T-Shirts 2. Wahl vergrößert hat, irrtümlicherweise mit 10,4 % (bzw. 12,7 %) an.

Fehlerwahrscheinlichkeit 2. Art:

p* = 0,045 (Fehleranteil hat sich auf 4,5 % erhöht)

$$X^* = \frac{k - \mu^* + 0{,}5}{\sigma^*} \qquad \begin{aligned} k &= 25 \\ \mu^* &= 500 \cdot 0{,}045 = 22{,}5 \\ (\sigma^*)^2 &= 500 \cdot 0{,}045 \cdot 0{,}955 \\ &= 21{,}4875 > 9 \text{ (Faustregel)} \\ \sigma^* &= \sqrt{21{,}4875} \end{aligned}$$

$$X^* = \frac{25 - 22{,}5 + 0{,}5}{\sqrt{21{,}4875}} \approx 0{,}6472$$ *(ohne Korrekturwert 0,5 ergibt sich X ≈ 0,5393)*

$\Phi(0{,}65) \approx 0{,}74215$ Tabelle Normalverteilung

$\beta \approx 74{,}2\,\%$

ohne Korrekturwert 0,5:

$\Phi(0{,}54) \approx 0{,}70540 \Rightarrow \beta \approx 70{,}5\,\%$

Mit einer Wahrscheinlichkeit von 74,2 % *(bzw. 70,5 %)*, die relativ hoch ist, nimmt der Hersteller die Vermutung nicht an, obwohl sich die Fehlerquote bei den produzierten T-Shirts 2. Wahl erhöht hat.

g) **Wahrscheinlichkeit, dass der Karton keine T-Shirts 2. Wahl enthält, wenn ein entnommenes T-Shirt 1. Wahl ist:**

Höchstens ein T-Shirt 2. Wahl heißt kein oder ein T-Shirt ist darunter.

Baumdiagramm:

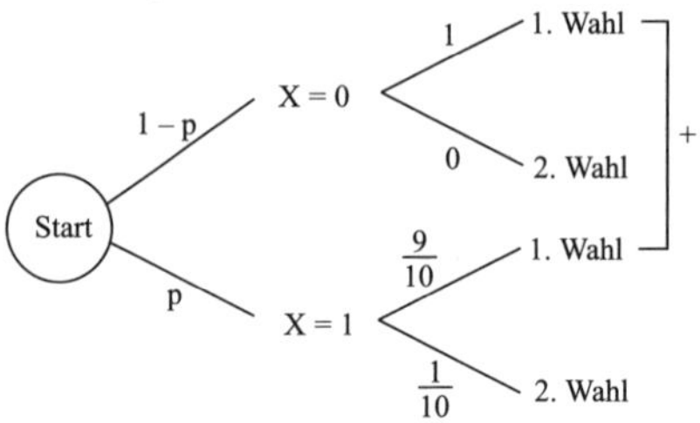

$$P_{X=0}(1.\,W.) = \frac{(1-p)\cdot 1}{(1-p)\cdot 1 + p\cdot \frac{9}{10}}$$ Satz von Bayes

$$= \frac{1-p}{1-p+\frac{9}{10}p} = \frac{1-p}{1-\frac{1}{10}p}$$

$$= \frac{10-10p}{10-p}$$

Leistungskurs Mathematik (Thüringen): Abiturprüfung 2003
Aufgabe C: Themenübergreifende Aufgabe

a) Lösen Sie folgende Gleichung!

$(1-e^{x-2})\cdot(1-\ln x)=0, \quad x\in\mathbb{R}.$ (2 BE)

b) Der Eckpunkt eines Würfels mit der Kantenlänge a sei gemeinsamer Anfangspunkt einer Raum- und einer Flächendiagonale. Welchen Winkel φ schließen diese Diagonalen miteinander ein? (2 BE)

c) Herr Schulz legt für n Jahre ($n\in\mathbb{N}$) 3 000 € bei einem Zinssatz von 4 % fest an. Nach Ablauf dieser Zeit hebt Herr Schulz den Gesamtbetrag von 3 650 € ab. Berechnen Sie n! (2 BE)

d) Die Graphen zweier Funktionen f und g verlaufen jeweils durch die Punkte A(0; 1) und B(4; 0); f und g sind Funktionen aus verschiedenen Funktionsklassen.
Ermitteln Sie jeweils eine Funktionsgleichung! (2 BE)

e) Ein Schüler will eine Tür aufschließen. Er hat fünf ähnliche Schlüssel, von denen nur genau einer passt, in der rechten Hosentasche.
Mit welcher Wahrscheinlichkeit passt der Schlüssel genau beim dritten Versuch, wenn er
1) einen Schlüssel probiert und diesen danach in die rechte Hosentasche zurücksteckt, wenn er nicht passt?
2) einen Schlüssel probiert und diesen danach in die linke Hosentasche steckt, wenn er nicht passt? (2 BE)

(10 BE)

Lösungen

a) **Lösung der Gleichung:**

$(1-e^{x-2})\cdot(1-\ln x)=0, \quad x\in\mathbb{R}$

Ein Produkt ist dann und nur dann null, wenn (mindestens) einer der Faktoren null ist.

1. Faktor:

$$1-e^{x-2}=0$$
$$e^{x-2}=1$$
$$(x-2)\cdot\underbrace{\ln e}_{=1}=\underbrace{\ln 1}_{=0} \quad \text{durch Logarithmieren beider Seiten}$$
$$x-2=0$$
$$x_1=2$$

2. Faktor:

$$1-\ln x=0$$
$$\ln x=1$$
$$x=e^1 \quad \text{nach Definition des Logarithmus}$$
$$x_2=e \quad (a^c=b \;\Leftrightarrow\; \log_a b=c)$$

b) **Winkel φ zwischen Raum- und Flächendiagonalen eines Würfels:**

1. Möglichkeit: elementargeometrisch

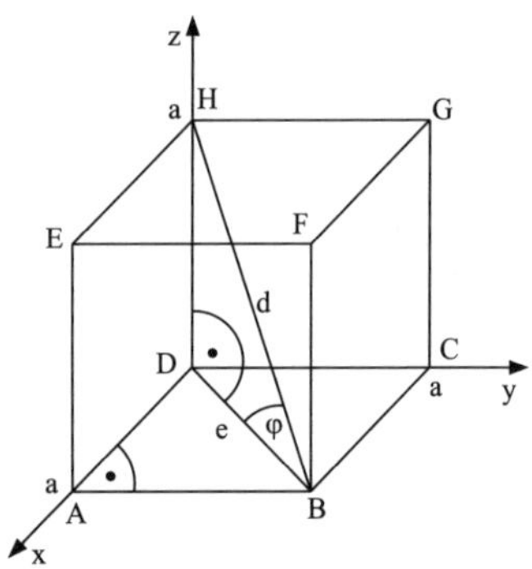

Flächendiagonale e

$e=\sqrt{a^2+a^2}=a\sqrt{2}$ Pythagoras

Raumdiagonale d

$d=\sqrt{e^2+a^2}$ Pythagoras

$\;\;=\sqrt{2a^2+a^2}=a\sqrt{3}$

$$\cos\varphi=\frac{e}{d}=\frac{a\sqrt{2}}{a\sqrt{3}}=\frac{\sqrt{2}}{\sqrt{3}}\approx 0{,}8165$$
$$\varphi\approx 35{,}26°$$

oder

$$\tan\varphi=\frac{a}{e}=\frac{a}{a\sqrt{2}}=\frac{1}{\sqrt{2}}\approx 0{,}7071$$
$$\varphi\approx 35{,}26°$$

2. Möglichkeit: analytisch

B(a; a; 0), D(0; 0; 0), H(0; 0; a)

$$\overrightarrow{BD}=\begin{pmatrix}-a\\-a\\0\end{pmatrix};\quad \overrightarrow{BH}=\begin{pmatrix}-a\\-a\\a\end{pmatrix}$$

$$\cos\varphi=\frac{\overrightarrow{BD}\cdot\overrightarrow{BH}}{|\overrightarrow{BD}|\cdot|\overrightarrow{BH}|}$$
$$=\frac{a^2+a^2+0}{\sqrt{2a^2}\cdot\sqrt{3a^2}}$$
$$=\frac{2a^2}{a\sqrt{2}\cdot a\sqrt{3}}=\frac{2}{\sqrt{6}}\approx 0{,}8165$$
$$\varphi\approx 35{,}26°$$

c) **Berechnung der Anzahl Jahre:**

$$K_n = K_0\left(1+\frac{p}{100}\right)^n$$

$K_n = 3\,650$ €

Zinseszins
$K_0 = 3\,000$ € Anfangkapital
$p = 4$ % Zinssatz
K_n-Kapital nach n Jahren

$$3650 = 3000\left(1+\frac{4}{100}\right)^n$$

$$1{,}04^n = \frac{3650}{3000}$$

$$n = \frac{\ln\frac{3650}{3000}}{\ln 1{,}04} \approx \frac{0{,}1961}{0{,}0392} \approx 5{,}0$$

$$n = 5, \quad n \in \mathbb{N}$$

Nach Ablauf von 5 Jahren kann Herr Schulz einen Gesamtbetrag von 3 650 € abheben.

d) **Ermittlung zweier Funktionsgleichungen:**

z. B. erste Art einer Funktion: linear
$y = f(x) = mx + n$ mit A(0; 1) und B(4; 0)

$$\begin{array}{ll} A \in f\text{: } f(0) = m\cdot 0 + n = 1 & \cdot(-1) \quad \Rightarrow \quad n = 1 \\ B \in f\text{: } f(4) = m\cdot 4 + n = 0 & + \end{array}$$

$$4m = -1$$

$$m = -\frac{1}{4} \qquad y = f(x) = -\frac{1}{4}x + 1$$

z. B. zweite Art einer Funktion: quadratisch

$$y = g(x) = ax^2 + bx + c$$

$$\begin{array}{ll} A \in f\text{: } g(0) = a\cdot 0 + b\cdot 0 + c = 1 & \Rightarrow \quad c = 1 \\ B \in g\text{: } g(4) = a\cdot 16 + b\cdot 4 + c = 0 & \end{array}$$

$$16a + 4b + 1 = 0 \qquad a \in \mathbb{R}\ (a \neq 0),\ b \in \mathbb{R}$$

Die Bedingungsgleichung $16a + 4b + 1 = 0$ ergibt für alle $a \neq 0$ unendlich viele quadratische Funktionen durch die beiden Punkte A und B.
z. B.: $a = -1$, so $-16 + 4b + 1 = 0$

$$b = \frac{15}{4}$$

$$y = g(x) = -x^2 + \frac{15}{4}x + 1$$

e) **Wahrscheinlichkeit beim dritten Versuch:**

Baumdiagramm:

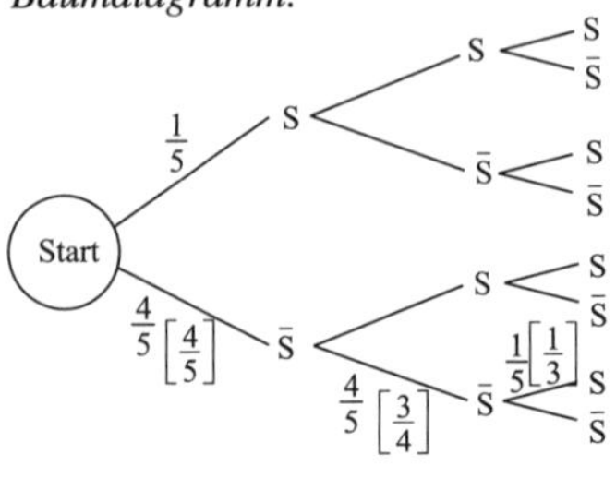

S-Schlüssel passt

$$\left\{\begin{array}{l} \frac{4}{5} \cdot \frac{4}{5} \cdot \frac{1}{5} \\ \left[\frac{4}{5}\right] \cdot \left[\frac{3}{4}\right] \cdot \left[\frac{1}{3}\right] \end{array}\right.$$ 1. Pfadregel

(1) Ziehen **mit** Zurücklegen

P(„S beim 3. Versuch“) $= \left(\frac{4}{5}\right)^2 \cdot \frac{1}{5} = \frac{16}{125}$

(2) Ziehen **ohne** Zurücklegen

P(„S beim 3. Versuch“) $= \left[\frac{4}{5}\right] \cdot \left[\frac{3}{4}\right] \cdot \left[\frac{1}{3}\right] = \frac{1}{5}$

Leistungskurs Mathematik (Thüringen): Abiturprüfung 2003
Aufgabe A1: Analysis mit CAS

Für jede reelle Zahl t mit $0<t<5$ ist eine Funktion f_t gegeben durch

$$y=f_t(x)=(5-t)\cdot\sqrt{t-x} \quad (x\in\mathbb{R};\quad x\leq t).$$

a) Untersuchen Sie für $t=4$ den Graphen der Funktion f_4 auf Schnittpunkte mit den Koordinatenachsen sowie auf lokale Extrempunkte und geben Sie gegebenenfalls deren Koordinaten an!
Welche Information über das Verhalten der Funktion f_4 gewinnen Sie aus der Ableitungsfunktion f_4'?
Berechnen Sie den Inhalt der Fläche A_4, die vom Graphen und den Koordinatenachsen vollständig eingeschlossen wird!
Berechnen Sie für $x>0$ die Koordinaten des Schnittpunktes S der Graphen von f_4 und seiner Umkehrfunktion $\overline{f_4}$! (7 BE)

b) Die Gerade g mit der Gleichung $g(x)=\frac{1}{3}x$ teilt das Flächenstück A_4 aus Teilaufgabe a). Überprüfen Sie, ob die Gerade g die Fläche A_4 halbiert!
Die Geradenschar g_m mit der Gleichung $g_m=m\cdot x$ $(m\in\mathbb{R};\ m>0)$ hat für jedes m mit dem Graphen von f_4 genau einen Punkt T gemeinsam. Ermitteln Sie den Wert des Anstiegs m für den Fall, dass die Tangente an den Graphen von f_4 im Punkt T senkrecht auf der Geraden g_m steht!
Die Teilfläche, die von der Geraden g, dem Graphen von f_4 und der x-Achse vollständig begrenzt wird, rotiert um die x-Achse.
Welches Volumen besitzt der entstehende Rotationskörper? (8 BE)

c) Es sei S der Schnittpunkt des Graphen der Funktion f_4 mit der x-Achse und O(0; 0) der Koordinatenursprung.
Zeigen Sie, dass es genau einen Punkt $P_0(x_0;\ f_4(x_0))$ des Graphen von f_4 gibt, so dass gilt: $\overline{OP_0}\perp\overline{SP_0}$! (3 BE)

d) Die Achsenabschnitte, die der Graph von f_4 mit den beiden Koordinatenachsen bildet, stehen im Verhältnis 1 : 2.
Untersuchen Sie, ob es Parameterwerte t gibt, so dass die Schnittpunkte des Graphen von f_t mit den Koordinatenachsen vom Koordinatenursprung O(0; 0) gleich weit entfernt sind!
Beweisen Sie, dass es genau ein $t\in\mathbb{R}$ gibt, sodass sich die Graphen von f_t und die Parabel $h(x)=3x-x^2$ im Punkt B(2; 2) berühren!
Diskutieren Sie, ob das Produkt $f_t(x)\cdot f_t'(x)$ mit $x<t$ positive Werte annehmen kann! (8 BE)

e) Wir betrachten nun die Funktion p(t) mit $p(t)=f_t(2)$.
Für welchen Wert des Parameters t $(2<t<5)$ ist p(t) extremal?
Geben Sie diesen extremalen Funktionswert der Funktion p(t) an! (4 BE)

(30 BE)

a) **Schnittpunkte des Graphen von f_t mit den Koordinatenachsen**

Die Funktion wird unter f(t, x) abgespeichert.

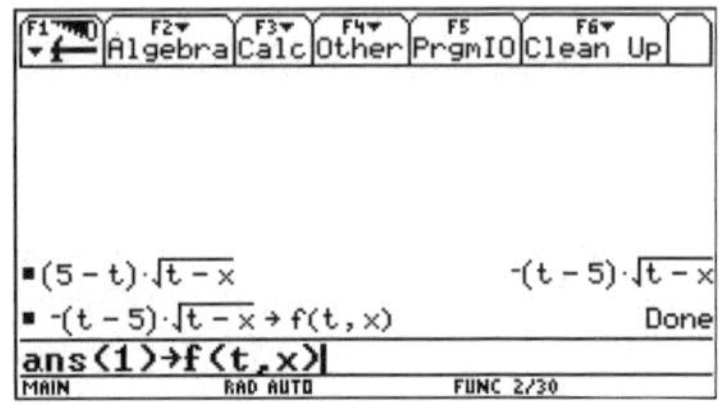

Schnittpunkte mit der x-Achse ergeben sich für $f(t, x) = 0$ für $0 < t < 5$ zu $S_x(t; 0)$.
Schnittpunkte mit der y-Achse sind die Funktionswerte f(t, 0), also $S_y(0; (5-t)\cdot\sqrt{t})$.
Für $t = 4$ heißen die Schnittpunkte $S_x(4; 0)$ und $S_y(0; 2)$.
Anmerkung: Die Koordinaten der Schnittpunkte mit den Achsen lassen sich natürlich hier auch leicht ohne Rechenhilfsmittel bestimmen.

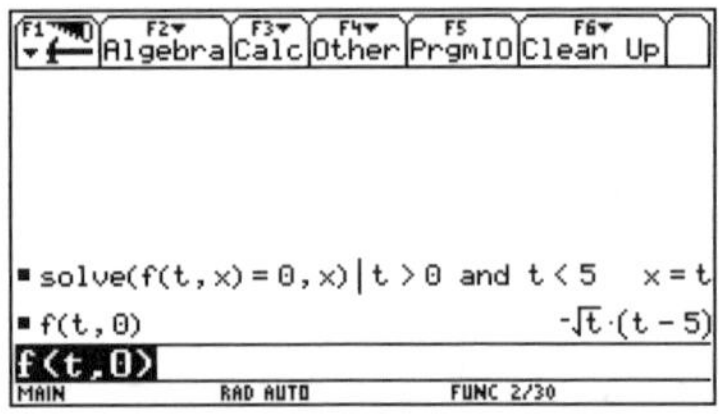

Für die **Bestimmung der Extremwerte** werden die 1. und 2. Ableitung von f_t benötigt und unter f1(t, x) bzw. f2(t, x) abgespeichert:

$$f_t'(x) = \frac{t-5}{2\cdot\sqrt{t-x}}$$

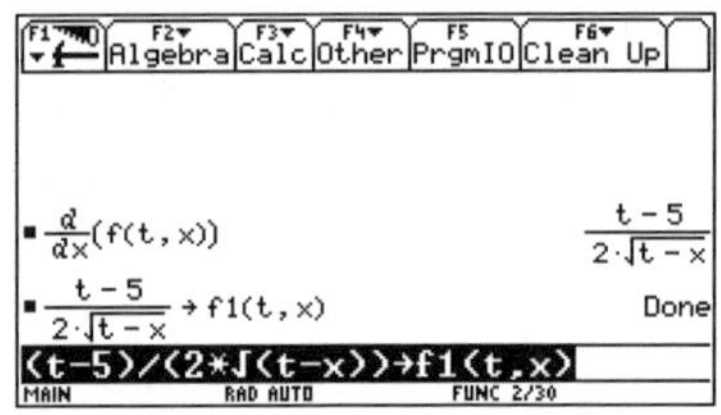

$$f_t''(x) = \frac{5-t}{4\cdot(x-t)\cdot\sqrt{t-x}}$$

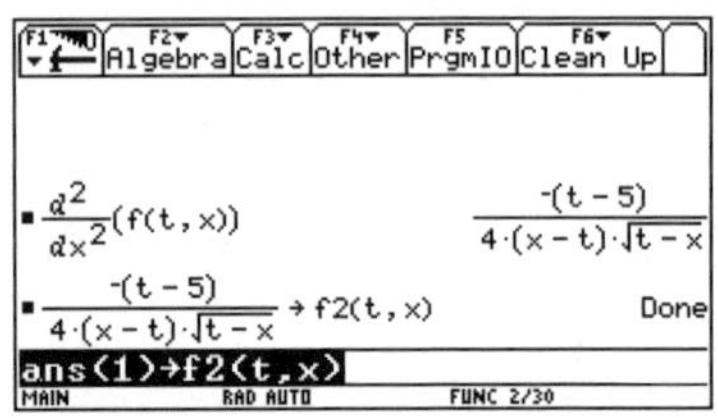

Für mögliche lokale Extremstellen wird die Funktion f_t' auf Nullstellen untersucht. Dabei ist die Bedingung $0 < t < 5$ zu beachten.
Da $f_t' = 0$ für $0 < t < 5$ keine Lösungen besitzt, ist die notwendige Bedingung für die Existenz von lokalen Extremstellen nicht erfüllt. Die Funktion f_t besitzt also keine lokalen Extrempunkte.

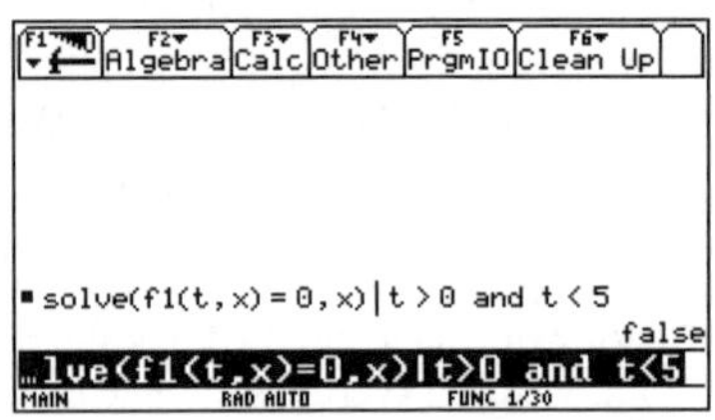

Anmerkung: Die Funktion f_t besitzt einen globalen Tiefpunkt für $x = t$. Es handelt sich hierbei um den Schnittpunkt mit der x-Achse.

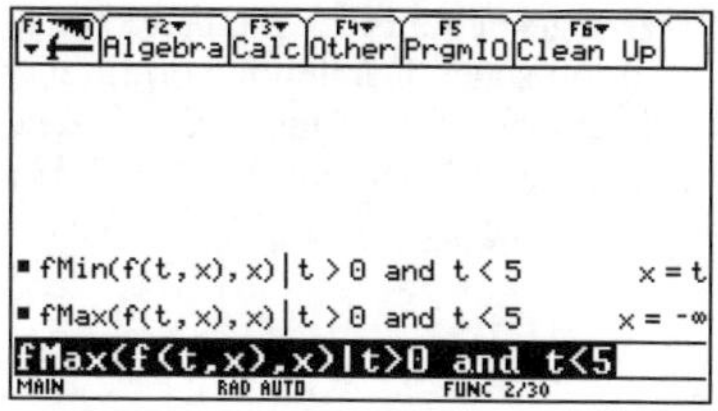

Aus $f_4'(x) = \dfrac{-1}{2 \cdot \sqrt{4-x}}$ lassen sich folgende

Informationen über das Verhalten von f_4 gewinnen:

- Weil der Term im Nenner stets positiv ist, gilt $f_4'(x) < 0 < 0$, d. h. die Funktion f_4 ist streng monoton fallend im gesamten Definitionsbereich.
- Der Graph von f_4 besitzt keine lokalen Extrempunkte.
- Für $x \to 4$ wird f_4' unendlich klein, d. h. der Graph von f_t mündet senkrecht zur x-Achse in die Nullstelle $x = 4$. Dies lässt sich durch eine Grenzwertbetrachtung mithilfe einer Testfolge (x_n) mit $x_n = 4 - \dfrac{1}{n}$ belegen: $\lim\limits_{n \to \infty} (f_4'(x_n)) = -\infty$
- Für $x \to -\infty$ geht f_4' gegen Null, d. h. der Anstieg wird in dieser Richtung immer flacher.

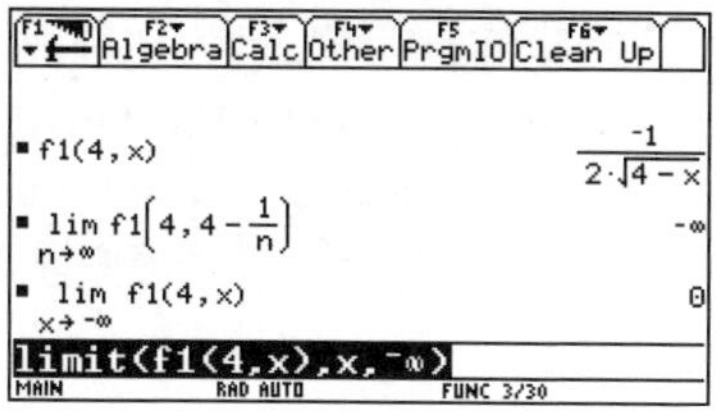

Die Funktion f_4 wird graphisch dargestellt, um Vermutungen für diese Betrachtungen zu gewinnen bzw. um die Erkenntnisse zu veranschaulichen.

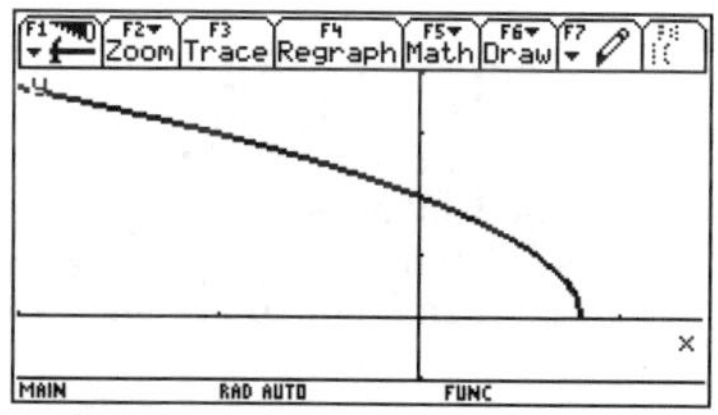

Da die von den Koordinatenachsen und dem Graphen von f_4 eingeschlossene Fläche A_4 vollständig über der x-Achse liegt, kann ihr Flächeninhalt durch das bestimmte Integral

$$\int_0^4 f_4(x)dx$$

bestimmt werden. Die Integrationsgrenzen ergeben sich aus den Schnittpunkten mit den Koordinatenachsen, die oben in Abhängigkeit von t ermittelt wurden, zu $a = 0$ und $b = 4$.

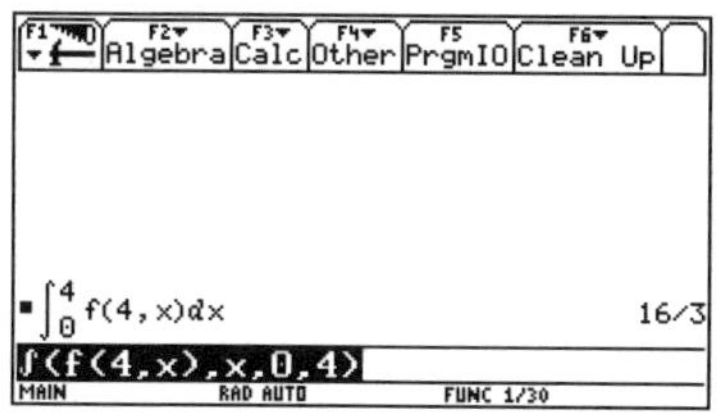

Der Flächeninhalt von A_4 beträgt $\dfrac{16}{3}$ FE.

Der gesuchte Flächeninhalt kann auch aus der graphischen Darstellung ermittelt werden. Hier erfolgt die Angabe des Flächeninhalts als dezimaler Näherungswert zu 5,33 FE.

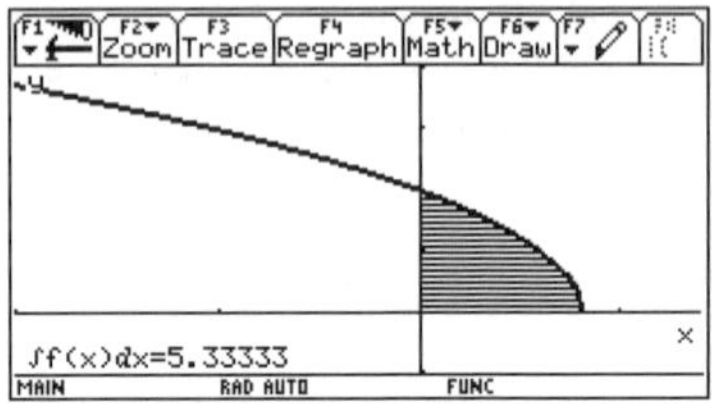

Für die Funktion f_4 gilt $y = \sqrt{4 - x}$.

Die Gleichung der **Umkehrfunktion** $\overline{f_4}$ wird durch Umstellen nach x und Vertauschen der Variablen zu $y = 4 - x^2$ mit $x \geq 0$ ermittelt.

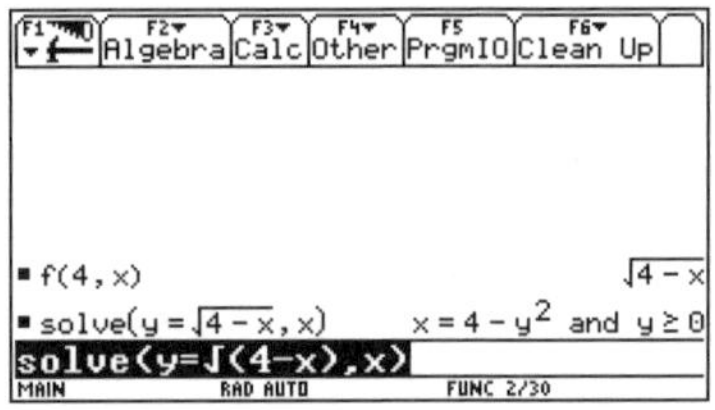

Für die Berechnung der **Koordinaten des Schnittpunktes** S beider Funktionen werden die Funktionsterme gleich gesetzt und die entstehende Gleichung nach x aufgelöst. Die x-Koordinate von S wird in eine der beiden Funktionsgleichungen eingesetzt und somit ist $S\left(\frac{\sqrt{17}-1}{2}; \frac{\sqrt{17}-1}{2}\right)$.

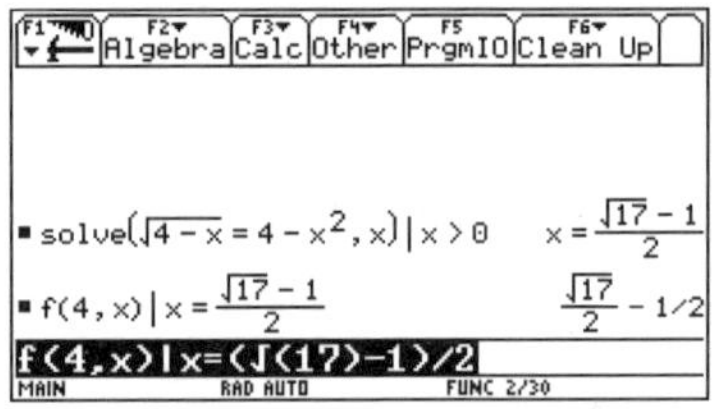

b) Die Gerade g mit $y = \frac{1}{3}x$ und die Funktion f_4 werden graphisch dargestellt. Um zu prüfen, ob **g die Fläche A_4 halbiert**, genügt es, den Inhalt einer der beiden Teilflächen zu ermitteln und mit dem Inhalt von A_4 zu vergleichen. Wegen des kleineren Rechenaufwandes ist es günstig, sich für die Berechnung der oberen Teilfläche zu entscheiden.

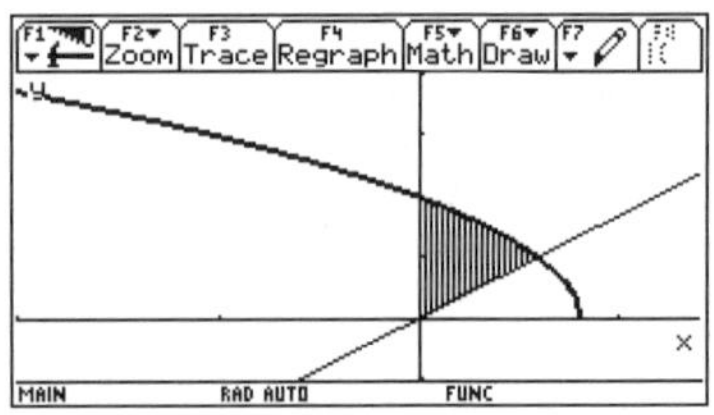

Für die Berechnung der oberen Teilfläche wird der Schnittpunkt beider Graphen bestimmt: P(3; 1)

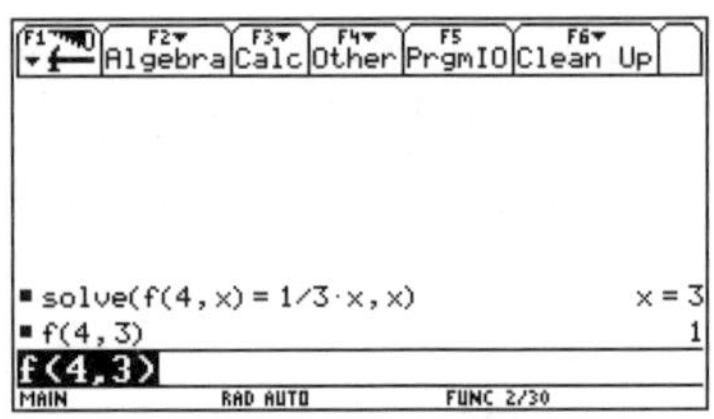

Für den Inhalt A* der oberen Teilfläche gilt:

$$A^* = \int_0^3 \left(f_4(x) - \frac{1}{3}x \right) dx = \frac{19}{6}$$

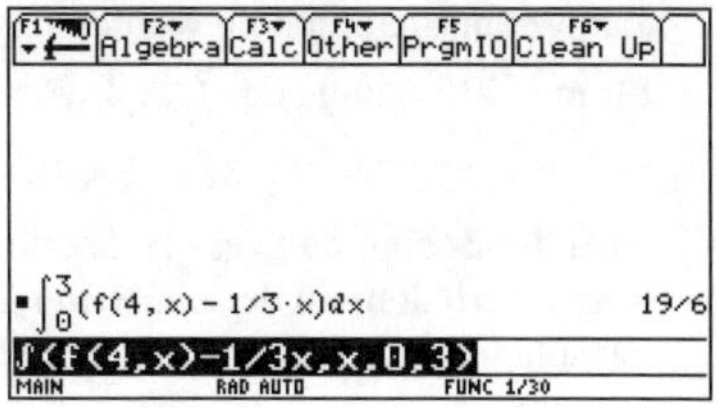

Wenn A* die Hälfte von A_4 wäre, müsste

$\frac{A_4}{2} = A^*$ sein.

Dies ist aber nicht der Fall, denn

$$\frac{19}{6} \neq \frac{1}{2} \cdot \frac{16}{3} = \frac{8}{3} = \frac{16}{6}.$$

Also ist die Behauptung falsch, dass g die Fläche A_4 halbiert.

Alternativ:
Der Ansatz, dass $A_4 = 2A^*$ ist, wird direkt überprüft. Der CAS-Rechner gibt für

$$\int_0^4 f_4(x)dx = 2 \cdot \int_0^3 \left(f_4(x) - \frac{1}{3}x \right) dx$$

das Ergebnis „false“ an, also halbiert die Gerade g nicht die Fläche A_4!

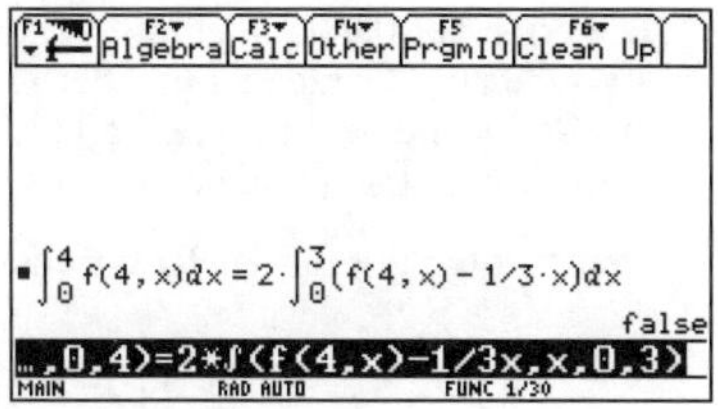

Wenn die **Tangente im Schnittpunkt von g_m mit f_4 senkrecht auf der Geraden g_m** stehen soll, müssen zwei Bedingungen für den Anstieg m und die Abszisse x_0 des Schnittpunktes erfüllt sein:

- Die Funktionswerte von f_4 und g an der Stelle x_0 müssen übereinstimmen: $m \cdot x_0 = f_4(x_0)$
- Der Anstieg der Tangente an den Graph von f_4 ist das negative Reziproke von m:

$$f_4'(x_0) = -\frac{1}{m}$$

Außerdem muss $m > 0$ gelten.
Diese Bedingungen ergeben als Lösung des zugehörigen Gleichungssystems $m = \sqrt{14}$ und $x_0 = \frac{1}{2}$.

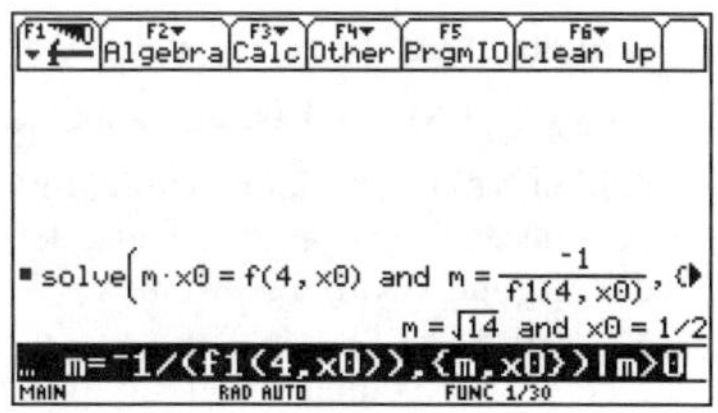

Alternativ:

Aus $f_4'(x_0) = -\frac{1}{m}$ wird mit $m > 0$ ermittelt:

$m = 2 \cdot \sqrt{4 - x}$

Die Gleichung $m \cdot x_0 = f_4(x_0)$ wird unter der Bedingung $m = 2 \cdot \sqrt{4 - x}$ gelöst und ergibt als Lösungsmenge $x = 4$ oder $x = \frac{1}{2}$.

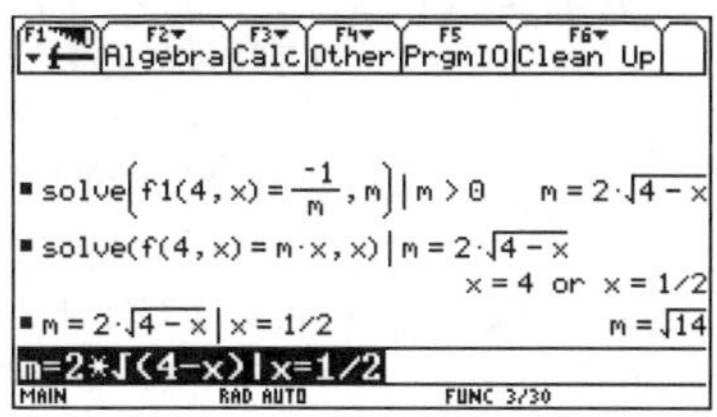

Das Ergebnis $x = 4$ kann ausgeschlossen werden. Mit $x = \frac{1}{2}$ ist $m = \sqrt{14}$.

Zur Veranschaulichung werden die Gerade g_m für $m = \sqrt{14}$ sowie den Graph von f_4 gezeichnet und die Tangente für $x_0 = \frac{1}{2}$ eingetragen. Dabei wird der Zoom4:dec verwendet, um eine Darstellung zu erhalten, in der man den rechten Winkel zwischen der Geraden g_m und der Tangente erkennt.

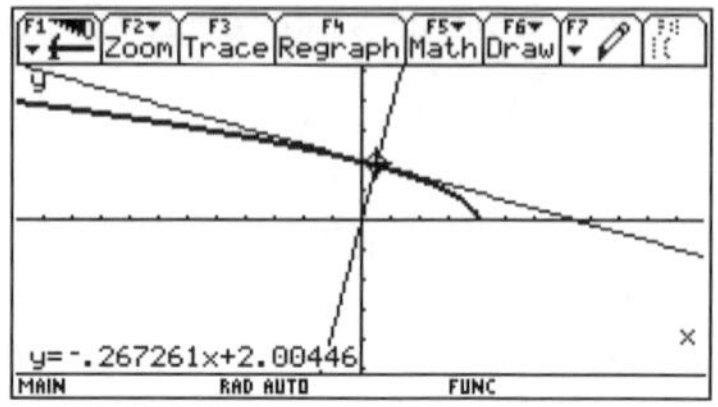

Die Fläche, die von der Geraden g, dem Graph von f_4 und der x-Achse begrenzt wird, kann für die Berechnung des Rotationsvolumens in zwei Teilflächen zerlegt werden.
Die erste Teilfläche liegt im Intervall [0; 3] zwischen der Geraden g und der x-Achse, die zweite Fläche liegt im Intervall [3; 4] zwischen dem Graph von f_4 und der x-Achse.

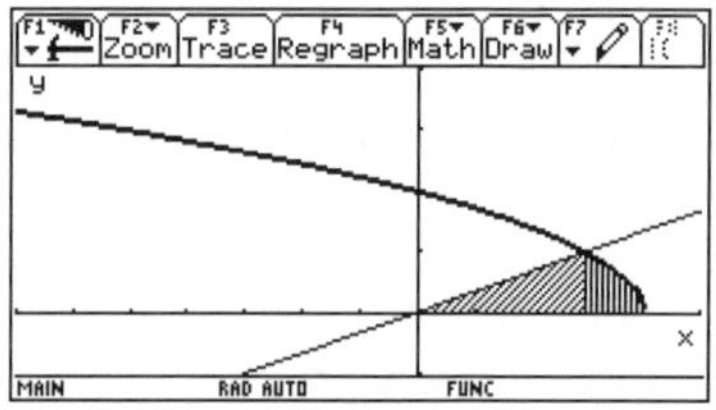

Demzufolge gilt für das **Rotationsvolumen V**:

$$V = \pi \cdot \left(\int_0^3 \left(\frac{1}{3} x \right)^2 dx + \int_3^4 (f_4(x))^2 dx \right) = \frac{3}{2} \pi \text{ VE}$$

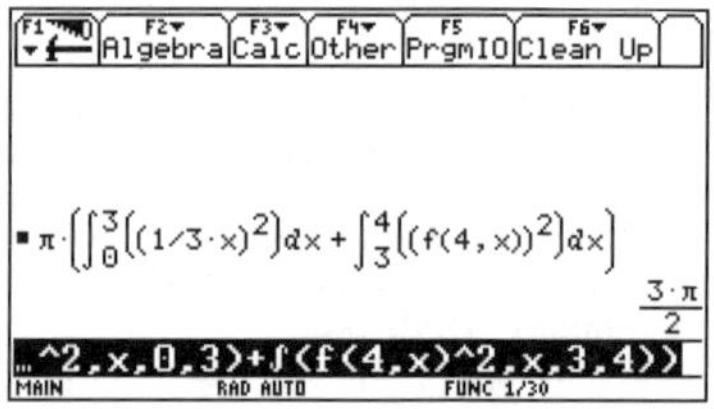

c) Der Schnittpunkt S des Graphen von f_4 mit der x-Achse ist S(4; 0) (Teilaufgabe a)).
Die **Strecken** $\overline{\mathbf{OP_0}}$ **und** $\overline{\mathbf{SP_0}}$ stehen genau dann **senkrecht aufeinander**, wenn das Skalarprodukt $\overrightarrow{OP_0} \circ \overrightarrow{SP_0} = 0$ ist und wenn keiner der beiden Vektoren gleich dem Nullvektor ist.
Für dieses Skalarprodukt weist der CAS-Rechner das Ergebnis Null aus, wenn $x = 4$ oder wenn $x = 1$ ist.

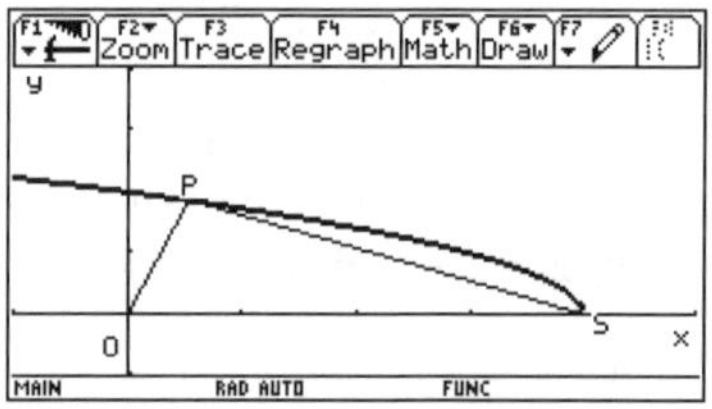

Der CAS-Rechner zeigt als Warnung „More solution may exist“ *(„Es können mehr Lösungen existieren.“)* an. Deshalb ist es sinnvoll, diese einfache Rechnung auch ohne CAS-Rechner durchzuführen und über die Anzahl der Lösungen nachzudenken:

$$\begin{pmatrix} x \\ \sqrt{4-x} \end{pmatrix} \circ \begin{pmatrix} x-4 \\ \sqrt{4-x} \end{pmatrix} = x^2 - 4x + 4 - x$$
$$= x^2 - 5x + 4 = 0.$$

Dies ist eine quadratische Gleichung. Sie kann nicht mehr als zwei Lösungen haben. Ihre Lösungen sind $x = 4$ oder $x = 1$.

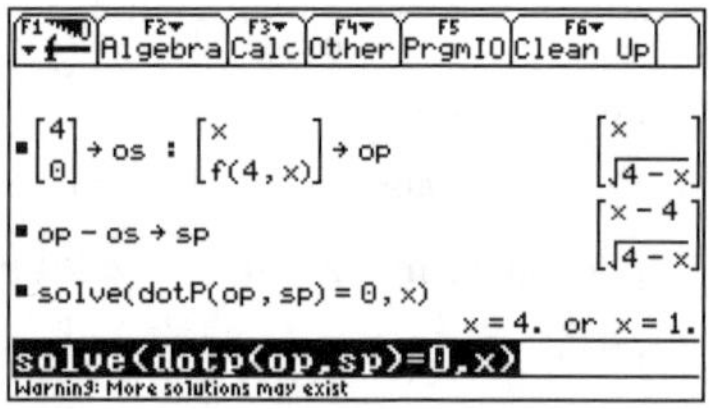

Es ist aber für $x = 4$ der Vektor

$\overrightarrow{SP_0} = \begin{pmatrix} x-4 \\ \sqrt{4-x} \end{pmatrix} = \begin{pmatrix} 0 \\ 0 \end{pmatrix}$,

also scheidet $x = 4$ als Lösung für das oben gestellte Problem aus. (Die Punkte S und P_0 fallen für $x = 4$ zusammen.)

Es ist $f_4(1) = \sqrt{4-1} = \sqrt{3}$, also ist der gesuchte Punkt $P_0(1; \sqrt{3})$.

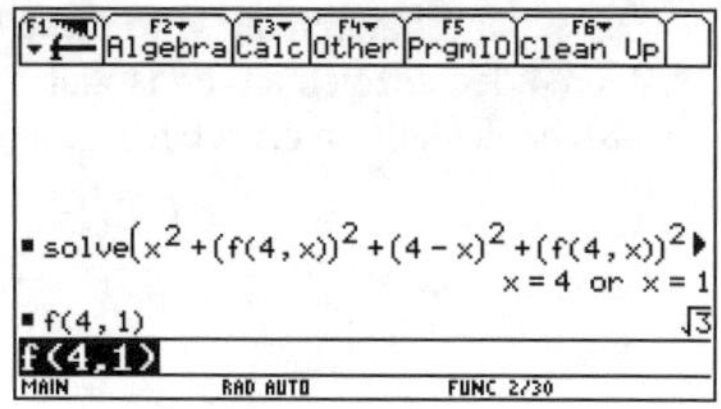

Alternativ: Wenn das Dreieck OP_0S rechtwinklig sein soll, muss der Satz des Pythagoras gelten: $\overline{OP_0}^2 + \overline{P_0S}^2 = \overline{OS}^2$.

Mit $P(x; f_4(x))$ ist also die Gleichung

$x^2 + (f_4(x))^2 + (4-x)^2 + (f_4(x))^2 = 16$ zu lösen. Dies ergibt $x = 4$ oder $x = 1$. Die Lösung $x = 4$ scheidet aus, weil dann P und S zusammen fallen. Der gesuchte Punkt P_0 hat die Koordinaten $P_0(1; \sqrt{3})$.

Zur Probe werden die Geraden durch O und P_0 $(y = \sqrt{3} \cdot x)$ sowie durch S und P_0 $\left(y = \frac{-\sqrt{3}}{3}x + \frac{4 \cdot \sqrt{3}}{3}\right)$ bestimmt.

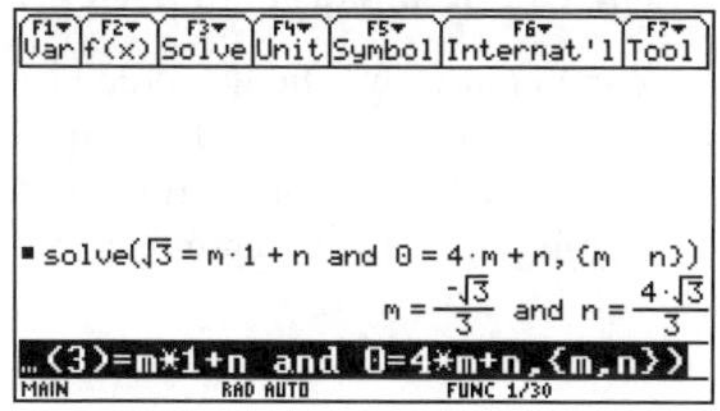

Für die Anstiege der beiden Geraden gilt

$\sqrt{3} \cdot \frac{-\sqrt{3}}{3} = -1$. Damit ist die Orthogonalitätsbedingung bereits bestätigt.

Außerdem kann man sich noch die beiden Geraden zusammen mit dem Graph von f_4 im Zoom4:dec zeichnen lassen, um eine Veranschaulichung der Lösung zu erhalten.

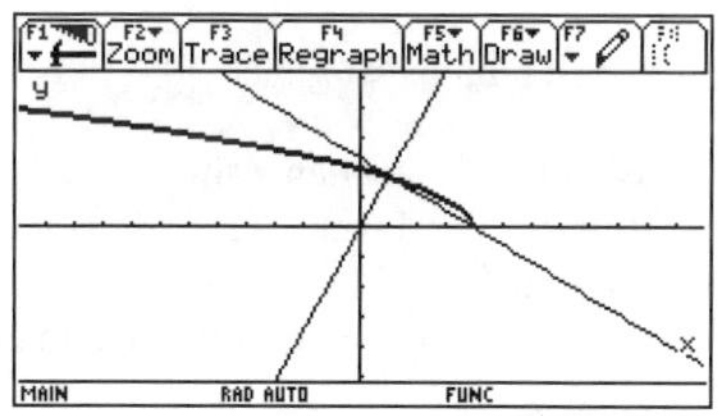

d) Schnittpunkte mit der x-Achse ergeben sich für $f(t, x) = 0$ für $0 < t < 5$ zu $S_x(t; 0)$.

Schnittpunkte mit der y-Achse sind die Funktionswerte $f(t, 0)$, also $S_y(0; (5-t) \cdot \sqrt{t})$ (siehe Teilaufgabe a)).

Wenn die Schnittpunkte vom Ursprung gleich weit entfernt sind, gilt $t = (5-t) \cdot \sqrt{t}$ mit

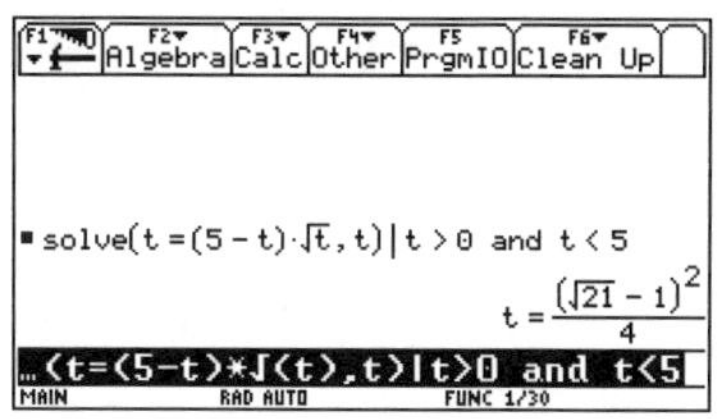

$0 < t < 5$. Die Lösung dieser Gleichung ist $t = \frac{(\sqrt{21}-1)^2}{4}$.

Für diesen Wert sind die Koordinatenschnittpunkte von den Achsen gleich weit entfernt.

Zur Veranschaulichung wird diese Funktion mit Zoom4:dec gezeichnet. Es ist gut zu erkennen, dass beide Achsen etwa bei 3 geschnitten werden.

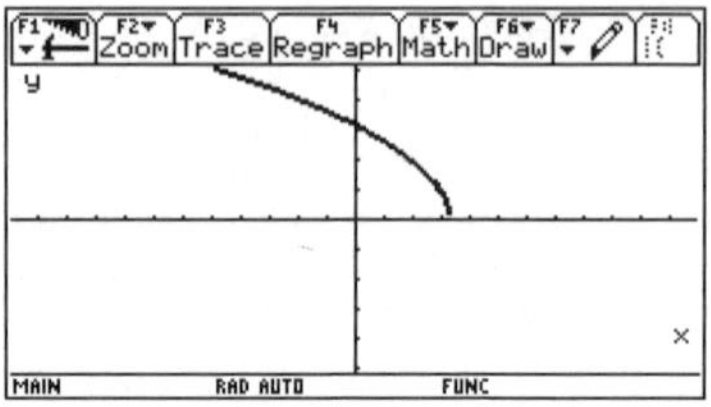

Die Graphen von f_t und $h(x) = 3x - x^2$ berühren sich genau dann im Punkt B(2; 2), wenn an der Stelle $x = 2$ die Funktionswerte und die 1. Ableitungen übereinstimmen.
Die Lösung der Gleichung $f_t(2) = h(2)$ ergibt als einzige Lösung $t = 3$ und die Überprüfung der 1. Ableitungen an der Stelle $x = 2$ für $f_3(x)$ und h(x) ergibt jeweils –1.
Also erfüllt nur die Funktion f_3 die gesuchte Eigenschaft der **Berührung vom Graphen einer Funktion $f_t(x)$ mit der Parabel h(x)**.

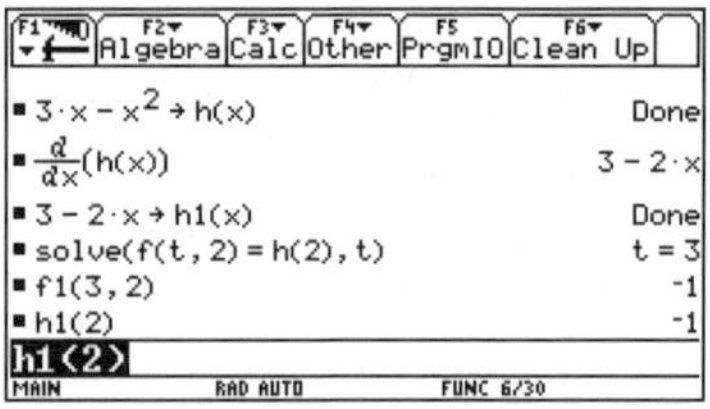

Zur Veranschaulichung werden beide Graphen gezeichnet. Dabei wird die Umgebung des Punktes B(2; 2) vergrößert dargestellt, damit die Berührung besser zu erkennen ist.

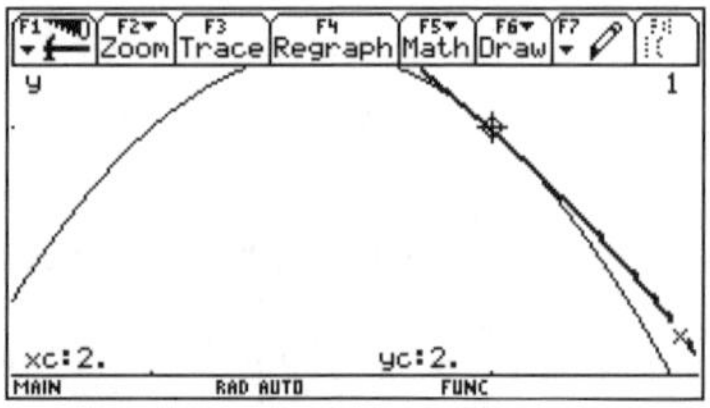

Das **Produkt $\mathbf{f_t(x) \cdot f_t'(x)}$** ist für alle t mit

$0 < t < 5$ und $x < t$ gleich $\frac{-(t-5)^2}{2}$.

Weil für alle reellen Zahlen t ($t \neq 0$), also auch für $0 < t < 5$, der Term $(t-5)^2 > 0$ ist, kann das Produkt nur negative (also keine positiven Werte und auch nicht den Wert null) annehmen.

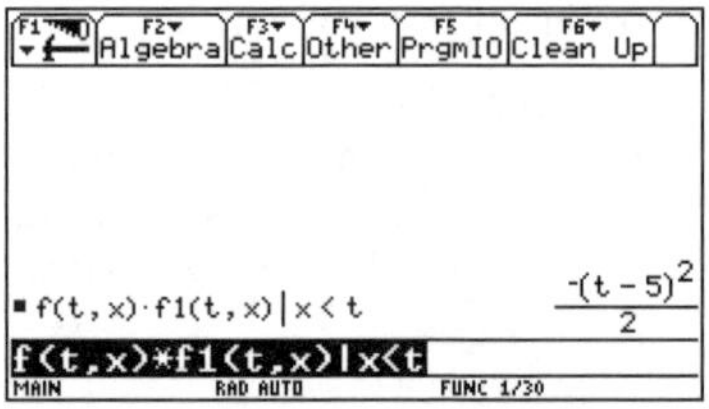

e) Die Funktion p(t) hat die Gleichung
$y = p(t) = (5 - t) \cdot \sqrt{t - 2}$.

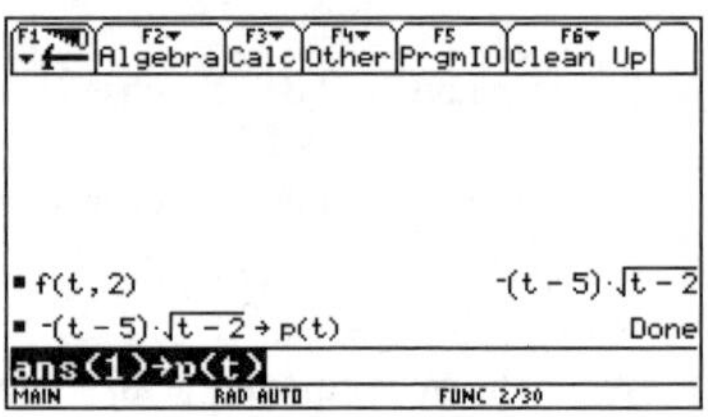

Die graphische Darstellung von p(t) im Intervall $2 < t < 5$ liefert die Vermutung, dass ein lokales Maximum, das auch globales Maximum ist, und ein globales Minimum existieren könnten.
Ein Minimum könnte am rechten Intervallende liegen. Weil aber ein nach beiden Seiten offenes Intervall vorliegt, gibt es an den Intervallenden von $2 < t < 5$ keine globalen Extrema.

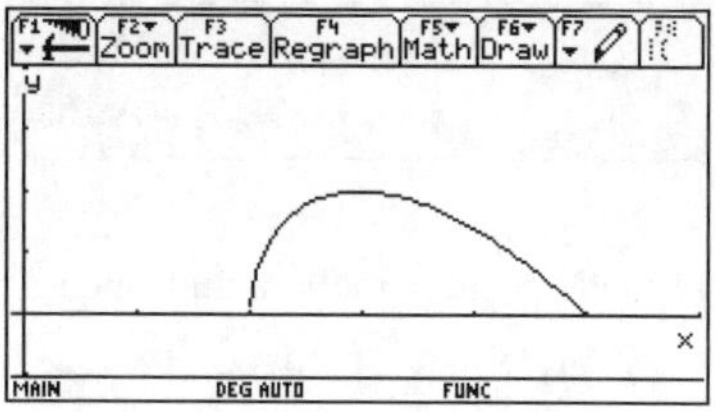

Das globale Maximum lässt sich mit dem Befehl fMax zu x = 3 ermitteln.

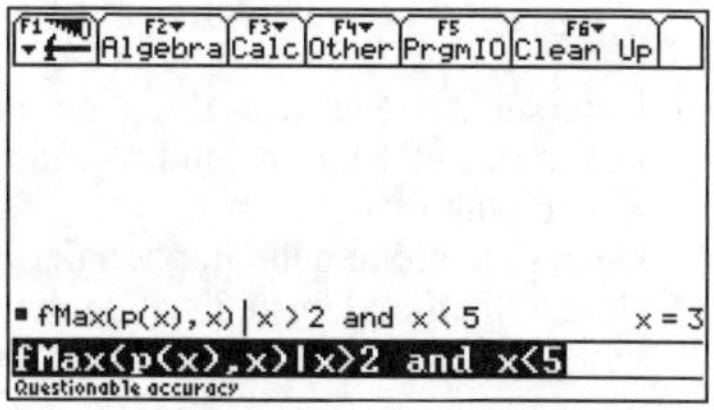

Weil der Rechner die Warnung „Questionable accuracy" *(„Fragliche Genauigkeit")* ausgibt, wird das globale **Extremum** noch auf anderem Wege ermittelt:

Die ersten beiden Ableitungen von p(t) sind

$$p'(t) = -\sqrt{t-2} - \frac{t-5}{2 \cdot \sqrt{t-2}}$$

$$p''(t) = \frac{-1}{2 \cdot \sqrt{t-2}} - \frac{t+1}{4 \cdot (t-2)^{\frac{3}{2}}}$$

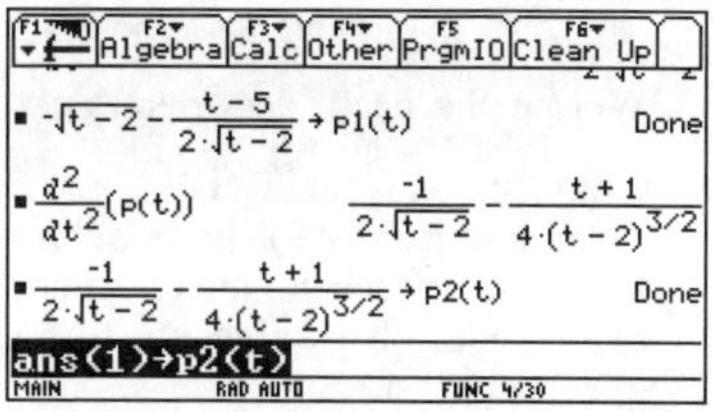

Mögliche Extremstellen liefert die Nullstelle der 1. Ableitung von p(t) zu t = 3.

Da $p''(3) = -\frac{3}{2} < 0$ ist, liegt bei t = 3 ein lokales Maximum vor. Es hat den Wert $y_{Max} = p(3) = 2$.

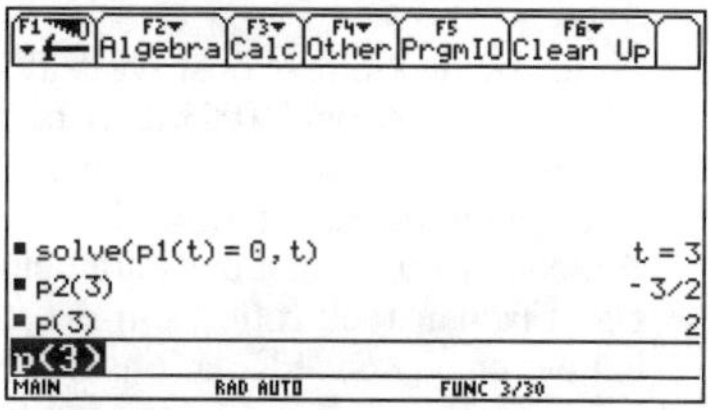

Die Grenzwerte der Funktion an den Intervallenden sind jeweils null. Das lokale Maximum ist also auch das globale Maximum.
Der Hochpunkt mit den Koordinaten (3; 2) ist der einzige Extrempunkt von p(t) im Intervall $2 < t < 5$.

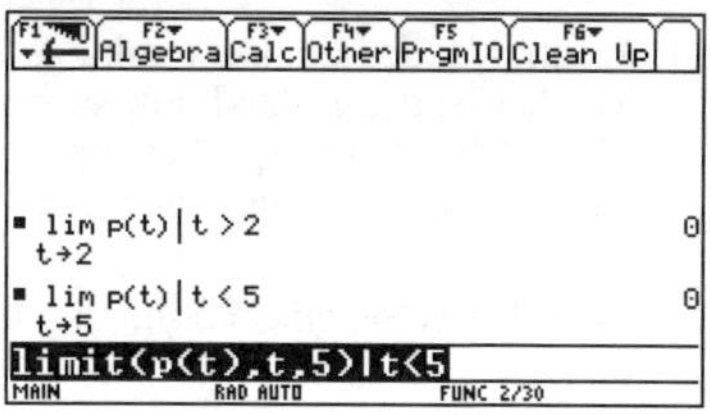

Leistungskurs Mathematik (Thüringen): Abiturprüfung 2003
Aufgabe A2: Analysis mit CAS

Für jede positive reelle Zahl t seien Funktionen f_t und g_t gegeben durch

$y = f_t(x) = t - t \cdot \cos tx$ bzw.

$y = g_t(x) = (2t+1) + \sin x$ mit $x \in \mathbb{R}$.

a) Untersuchen Sie den Graphen der Funktion f_t auf Schnittpunkte mit der x-Achse, auf Extrem- und Wendepunkte und geben Sie gegebenenfalls deren Koordinaten an!
Untersuchen Sie den Graphen der Funktion f_t auf Symmetrie!
Geben Sie die kleinste Periode der Funktion f_t an!
Skizzieren Sie die Graphen der Funktionen $f_{\frac{1}{2}}$, f_2 und g_2 im Intervall $-1 \le x \le 7$ in ein und dasselbe Koordinatensystem!
Weisen Sie nach, dass der Punkt B mit $B\left(\frac{3}{2}\pi; 4\right)$ ein Berührungspunkt der Graphen von f_2 und g_2 ist!
Zwei aufeinander folgende Schnittpunkte der Graphen von f_t mit der x-Achse sowie der zwischen ihnen liegende Maximumpunkt bilden ein Dreieck EFG. Prüfen Sie, ob es eine positive reelle Zahl t gibt, sodass das Dreieck EFG gleichseitig ist. (16 BE)

b) Es sei x_0 die kleinste positive Nullstelle der Funktion f_t.
Über dem Intervall $0 \le x \le x_0$ begrenzen der Graph der Funktion f_t und die Abszissenachse ein Flächenstück vollständig.
Berechnen Sie dessen Inhalt!
Welchen Einfluss hat der Parameter t auf den Flächeninhalt?
Das Flächenstück rotiert um die x-Achse. Für welchen Wert des Parameters t hat der entstehende Rotationskörper ein Volumen von π^2 Volumeneinheiten? (4 BE)

c) Welches ist der kleinste Funktionswert, den die Funktion g_t annehmen kann?
Welches ist der größte Funktionswert, den die Funktion f_t annehmen kann?
Für welche Werte t gibt es einen Punkt $B_t(x; f_t(x))$ mit $0 \le x \le 2\pi$, der sowohl zum Graphen von f_t als auch zum Graphen von g_t gehört? (5 BE)

d) Formulieren Sie eine Vermutung für die 2n-te Ableitung der Funktion f_t ($n \in \mathbb{N}$, $n \ge 1$)! (2 BE)

e) Für jede positive reelle Zahl t sei nun eine Funktion h_t gegeben durch
$y = h_t(x) = -x^2 + 4t$ mit $x \in \mathbb{R}$.
Ermitteln Sie die Anzahl der Werte von t, für die $3 < t < 5$ gilt und für die die Funktionen f_t und h_t gemeinsame Nullstellen besitzen! (3 BE)

(30 BE)

Lösungen

a) **Schnittpunkte des Graphen von f_t mit der x-Achse**

Bedingungen für die Schnittpunkte mit der x-Achse $f_t(x) = 0$ und $t > 0$.

Ergebnis:

$$S\left(\frac{2 \cdot k \cdot \pi}{t}; 0\right) \text{ mit } k \in \mathbb{Z}$$

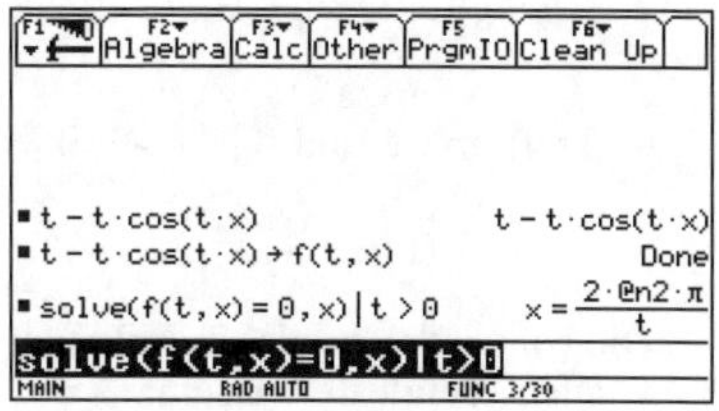

Für die **Extrem- und Wendepunkte** werden die ersten drei **Ableitungen von f_t** benötigt

$$f_t'(x) = t^2 \cdot \sin(t \cdot x)$$

$$f_t''(x) = t^3 \cdot \cos(t \cdot x)$$

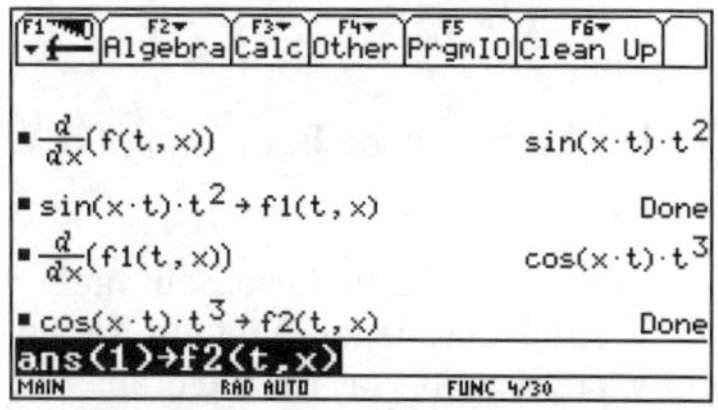

$$f_t'''(x) = -t^4 \cdot \sin(t \cdot x)$$

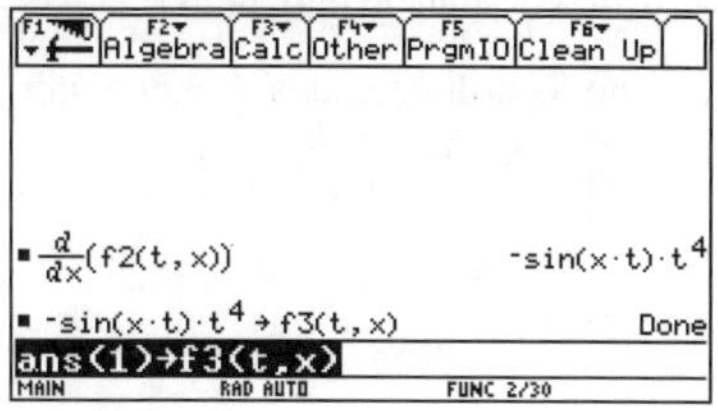

Die Nullstellen x_e der 1. Ableitungsfunktion liefern mögliche Extremstellen:

$$x_e = \frac{k \cdot \pi}{t} \text{ mit } k \in \mathbb{Z}.$$

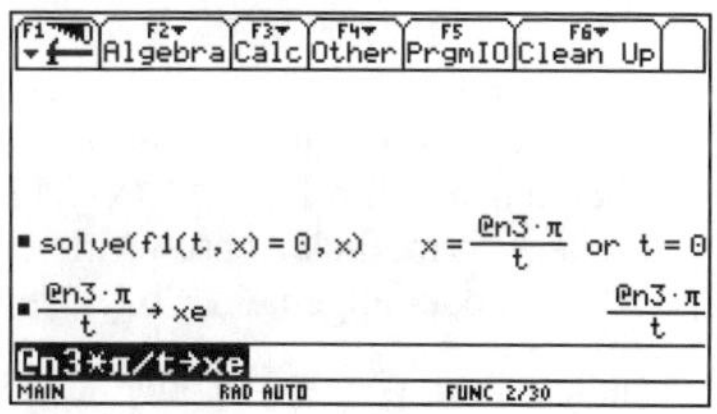

Für die Vorzeichen der 2. Ableitung an den Stellen x_e gilt:

$$f_t''(x_e) = (-1)^k \cdot t^3.$$

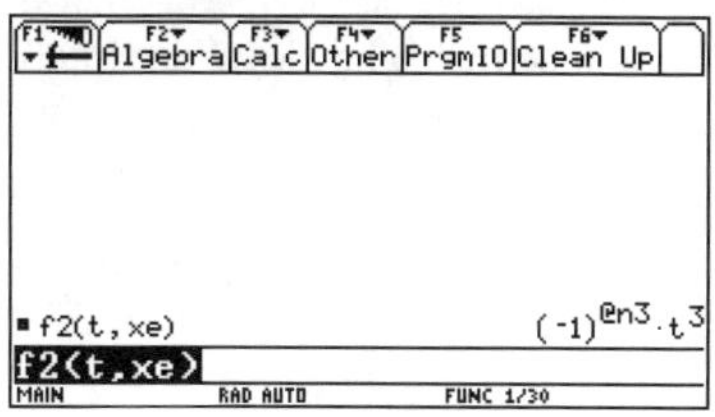

Wegen $t > 0$ sind diese Werte stets ungleich null; die hinreichende Bedingung für Extrempunkte ist erfüllt. Wenn k eine gerade Zahl ist, so ist $(-1)^k > 0$ und wegen $t > 0$ gilt auch $f_t''(x_e) > 0$.

Es liegen also Tiefpunkte vor. Für ungerades k sind es Hochpunkte, weil dann wegen $(-1)^k < 0$ und $t > 0$ gilt: $f_t''(x_e) < 0$.

Die Koordinaten der

- **Hochpunkte** sind $H\left(\frac{(2k+1)\cdot\pi}{t};\ 2t\right)$

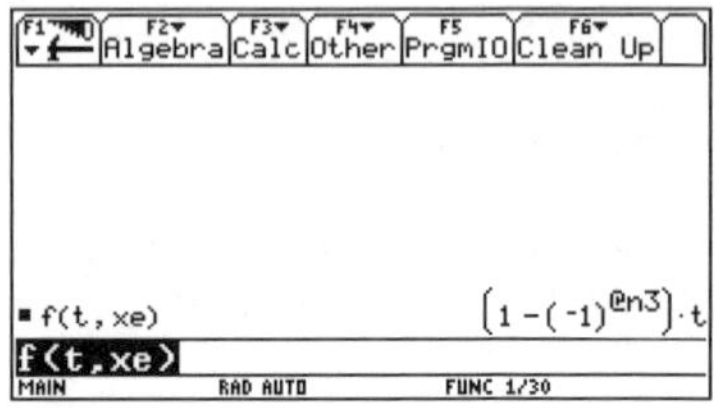

- **Tiefpunkte** sind $T\left(\frac{2k\cdot\pi}{t};\ 0\right)$ mit $k\in\mathbb{Z}$.

Die Nullstellen x_w der 2. Ableitungsfunktion können **Wendestellen** sein:

$x_w = \frac{(2k-1)\cdot\pi}{2t}$ mit $k\in\mathbb{Z}$.

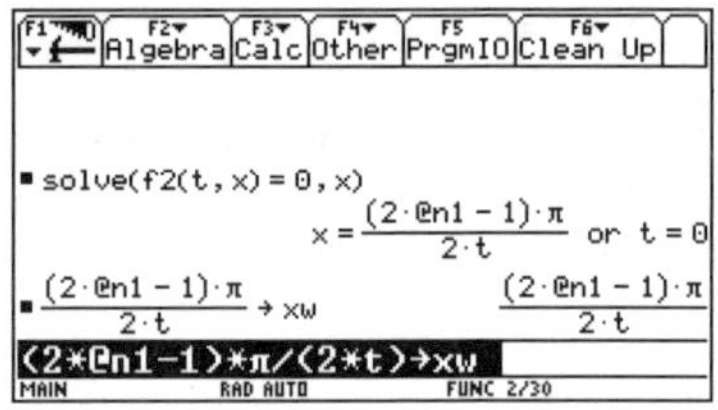

Die hinreichende Bedingung für Wendepunkte ist wegen $f_t'''(x_w) = (-1)^k\cdot t^4$ erfüllt, denn wegen $t>0$ kann diese Zahl nicht null sein. Wenn k gerade ist, liegt ein Rechts-Links-Wendepunkt vor, für ungerades k ist es ein Links-Rechts-Wendepunkt.

Die Koordinaten des Wendepunkts lauten

$W\left(\frac{(2k-1)\cdot\pi}{2t};\ t\right)$ mit $k\in\mathbb{Z}$.

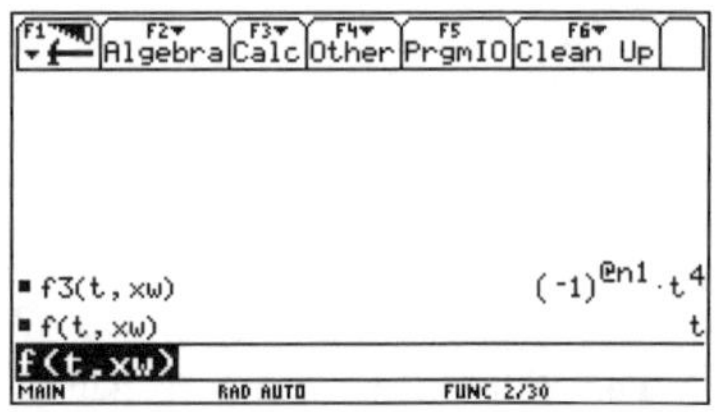

Symmetrie

Eine Vermutung zu Symmetrieeigenschaften ist über den Graph z. B. von $f_2(x)$ zu finden.

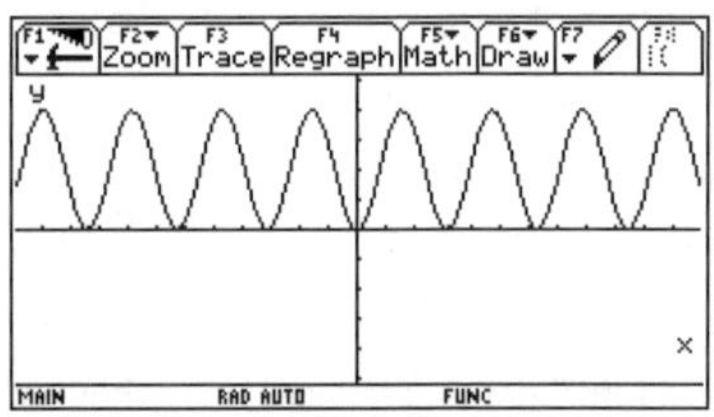

Es liegt vermutlich Achsensymmetrie bzgl. der y-Achse oder allgemeiner bzgl. jeder Extremstelle $x_e = k\cdot\frac{\pi}{t};\ k\in\mathbb{Z}$ oder auch Punktsymmetrie bzgl. jedes Wendepunktes $\left((2k-1)\cdot\frac{\pi}{2t};\ f_t\left((2k-1)\cdot\frac{\pi}{2t}\right)\right)$ $k\in\mathbb{Z}$ vor.

Für den Nachweis der **Achsensymmetrie** muss die Bedingung

$f_t(x_e + x) = f_t(x_e - x)$

für alle reellen Zahlen x erfüllt sein.

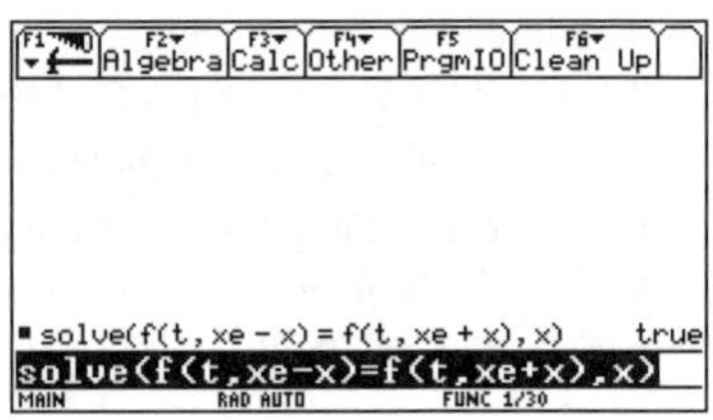

Für den Nachweis der **Punktsymmetrie** ist die Gültigkeit der Gleichung

$$f_t(x_w) - f_t(x_w - x) = f_t(x_w + x) - f_t(x)$$

für alle reellen Zahlen x zu bestätigen.

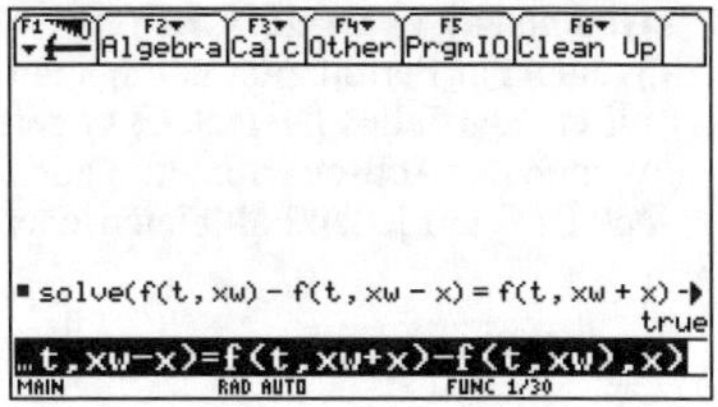

Da beide Gleichungen allgemeingültig sind, sind die Vermutungen bestätigt.

Kleinste Periode der Funktion f_t:
Vermutung aus dem Graph von f_2: Die kleinste Periode p entspricht dem Abstand zweier Nullstellen:

$$p = \frac{2\pi}{t}.$$

Für alle reellen Zahlen x gilt $f_t(x) = f_t\left(x + \frac{2\pi}{t}\right)$

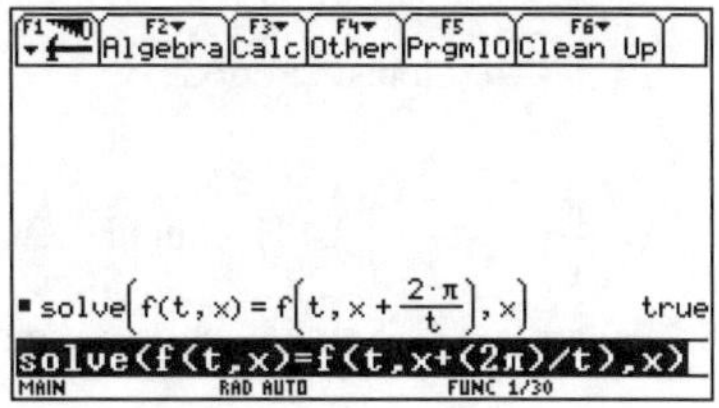

Zunächst wird die **Funktion g_t** eingegeben. Da im weiteren Verlauf der Aufgabe auch die 1. Ableitung von g_t gebraucht wird, wird diese Ableitungsfunktion ebenfalls gespeichert.

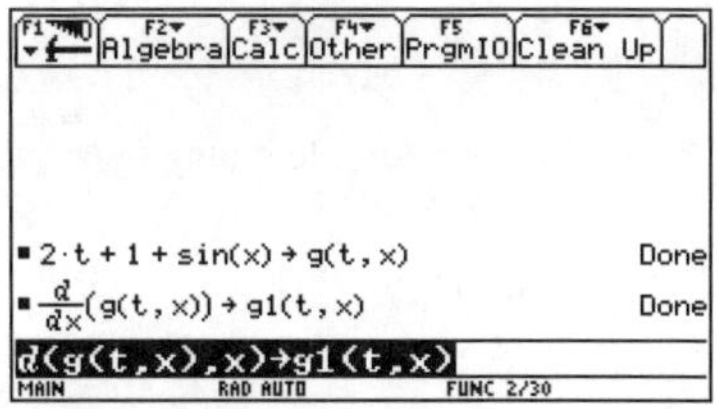

Um die **Graphen** der Funktionen $f_{\frac{1}{2}}$, f_2 und g_2 im Intervall $-1 \le x \le 7$ darzustellen, ist ein geeignetes Darstellungsfenster zu finden. Anhand der Tabellen ([TABLE]) können die Kurven leicht auf Papier übertragen werden.

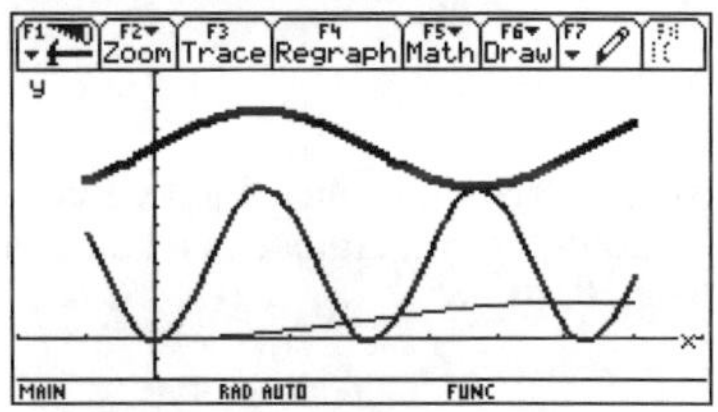

Die Gleichungen $f_2\left(\frac{3}{2}\pi\right) = g_2\left(\frac{3}{2}\pi\right)$ und $f_2'\left(\frac{3}{2}\pi\right) = g_2'\left(\frac{3}{2}\pi\right)$ führen jeweils auf eine wahre Aussage.
Damit ist der Nachweis, dass der Punkt B mit $B\left(\frac{3}{2}\pi; 4\right)$ ein **Berührungspunkt** der Graphen von f_2 und g_2 ist, wegen der Übereinstimmung der Funktionswerte und der Anstiege der beiden Funktionen an der Stelle $x_B = \frac{3}{2}\pi$ erbracht.

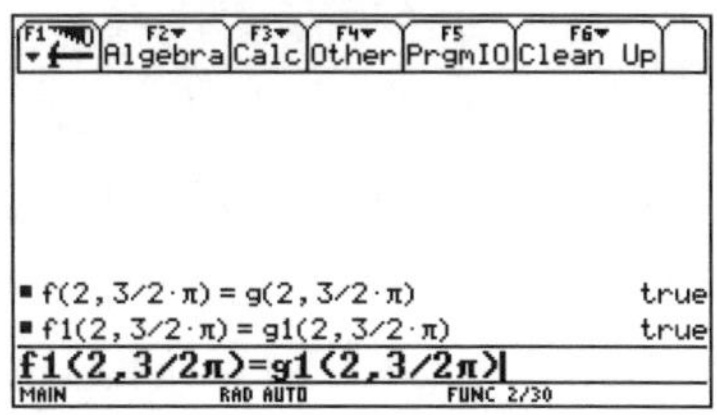

Gleichseitiges Dreieck EFG:
Wegen der Periodizität von f_t kann der Nachweis für ein spezielles Dreieck EFG geführt werden. Wegen der Achsensymmetrie zu G ist das Dreieck EFG auf jeden Fall gleichschenklig mit
$\overline{EG} = \overline{FG}$.
Es bleibt noch zu untersuchen, für welches t gilt:
$\overline{EF} = \overline{EG}$ (*)

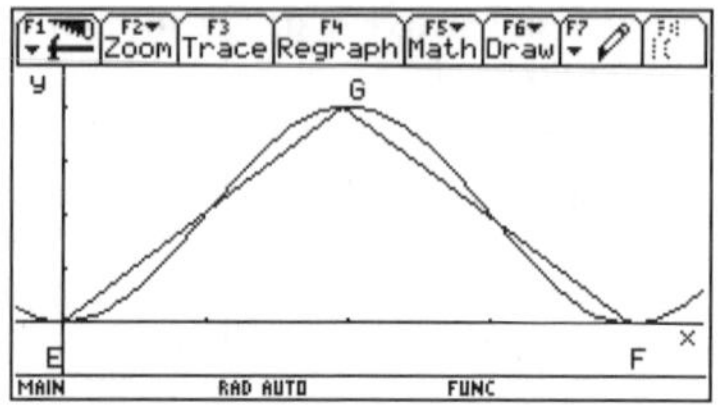

$\overline{EF} = \dfrac{2\pi}{t}$ (kleinste Periode)

$G\left(\dfrac{\pi}{t};\ f_t\left(\dfrac{\pi}{t}\right)\right)$ ist Hochpunkt, $\overrightarrow{EG}$ ist der Ortsvektor von G. Seine Länge wird mit norm bestimmt: $\overline{EF} = \dfrac{\sqrt{4t^2+\pi^2}}{t}$.

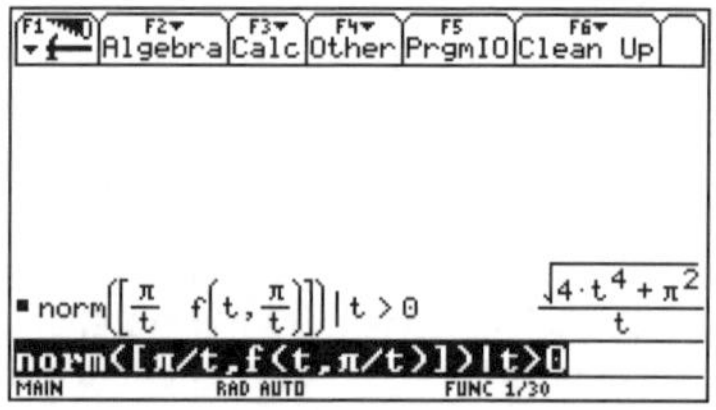

Die Lösung der Gleichung (*) ergibt den gesuchten Wert für
$t = \dfrac{\sqrt{2\pi}\cdot 3^{\frac{1}{4}}}{2}$.

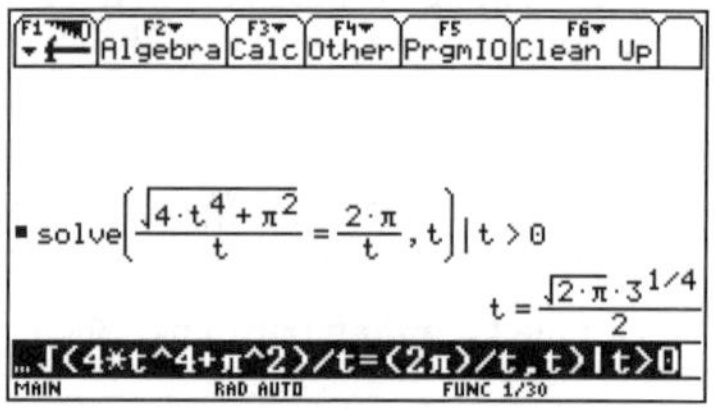

b) Eine Veranschaulichung der **Flächenberechnung** für $t = 2$ ergibt einen Flächeninhalt von ca. 6,28 FE.

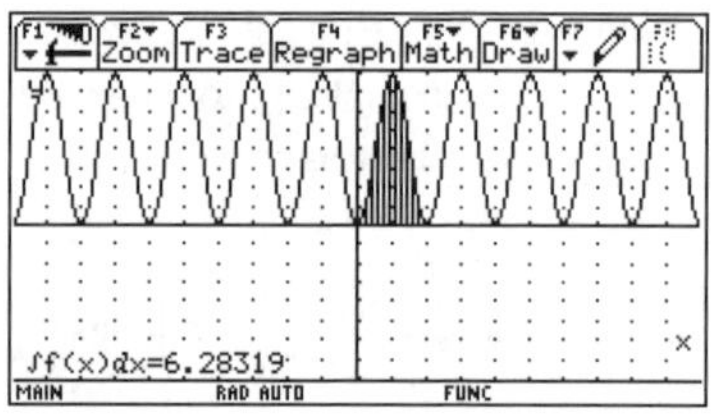

Die kleinste positive Nullstelle x_0 von f_t ist
$x_0 = \dfrac{2\pi}{t}$.
Das gesuchte Flächenstück liegt für alle $t > 0$ ganz über der x-Achse, weil die Tiefpunkte stets auf der x-Achse liegen und mit den Nullstellen übereinstimmen. Der Flächeninhalt wird deshalb mit dem bestimmten Integral ermittelt:

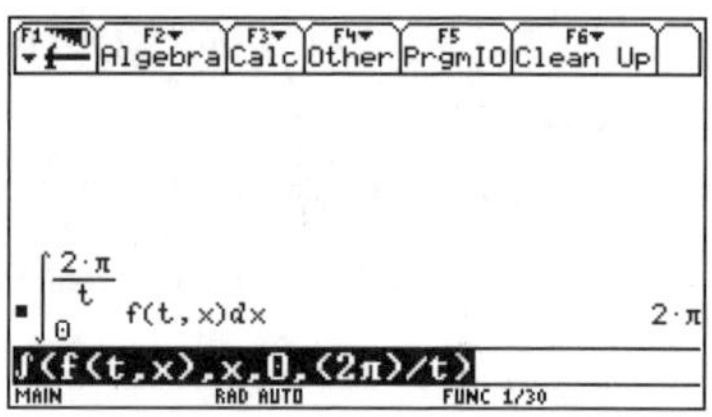

$$\int_0^{x_0} f_t(x) = 2\pi.$$

Der Flächeninhalt ist von t unabhängig.

Da der **Rotationskörper** ein Volumen von π^2 VE hat, lässt sich der zugehörige Parameter t aus dem Ansatz

$$\pi^2 = \pi \cdot \int_0^{\frac{2\pi}{t}} [f_t(x)]^2 dx \text{ ermitteln.}$$

Das Volumen von π^2 VE ergibt sich für $t = \frac{1}{3}$.

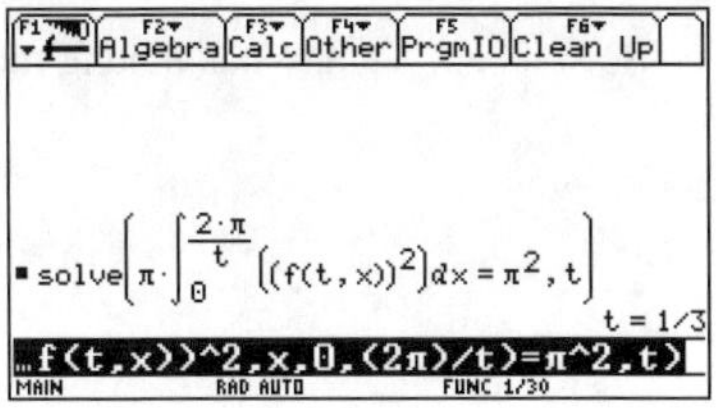

c) Der **kleinste Funktionswert für g_t** kann mit dem Befehl fMin ermittelt werden. Er existiert an der Stelle

$$x_{Min} = \frac{(4k-1)\cdot\pi}{2} \text{ und beträgt } g_t(x_{Min}) = 2t.$$

Anmerkung: Die Funktion $y = g_t(x) = (2t+1) + \sin x$ nimmt genau dann ihr Minimum an, wenn sin(x) minimal ist. Das Minimum von sin(x) ist -1, also ist das Minimum von $g_t(x)$:
$2t + 1 - 1 = 2t$.

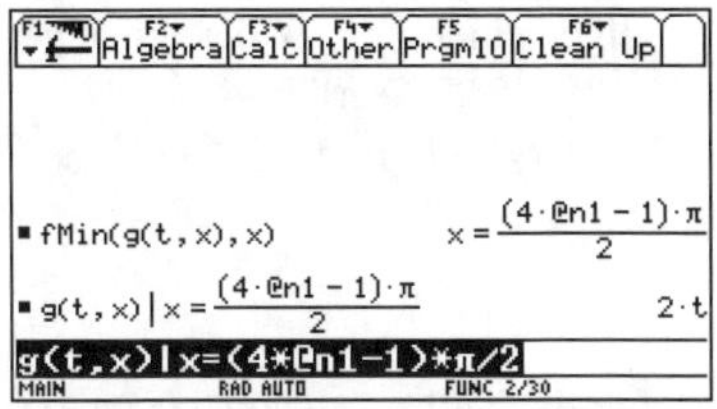

Der größte Funktionswert für f_t kann analog ermittelt werden, aber er ist ja bereits aus Aufgabe a) bekannt:

$$f_{Max}\left(\frac{(2k-1)\cdot\pi}{t}\right) = 2t$$

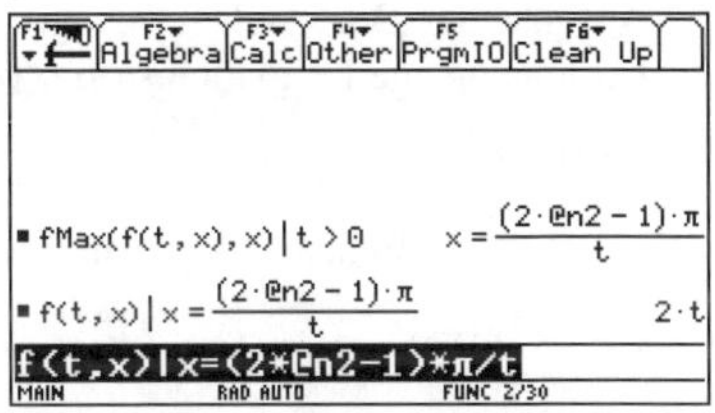

Einen **gemeinsamen Punkt $B_t(x; f_t(x))$** mit $0 \le x \le 2\pi$, der sowohl zum Graphen von f_t als auch zum Graphen von g_t gehört, kann es wegen der vorangegangenen Überlegungen nur dort geben, wo g ein Minimum und f ein Maximum hat.

Da unter den Minimumstellen x_{Min} von g mit $x_{Min} = \frac{(4k-1)}{2}\cdot\pi$ lediglich $\frac{3}{2}\pi$ (für $k = 1$) im Intervall $0 \le x \le 2\pi$ liegt, ergibt sich das gesuchte t aus dem Ansatz $\frac{3}{2}\pi = \frac{(2k-1)\cdot\pi}{t}$.

Es wird also ermittelt, für welches t die Funktion f_t Maximumstellen $x_{Max} = \frac{3}{2}\pi$ besitzt.

Dies ist für alle positiven ungeradzahligen Vielfachen von $\frac{2}{3}$ der Fall.

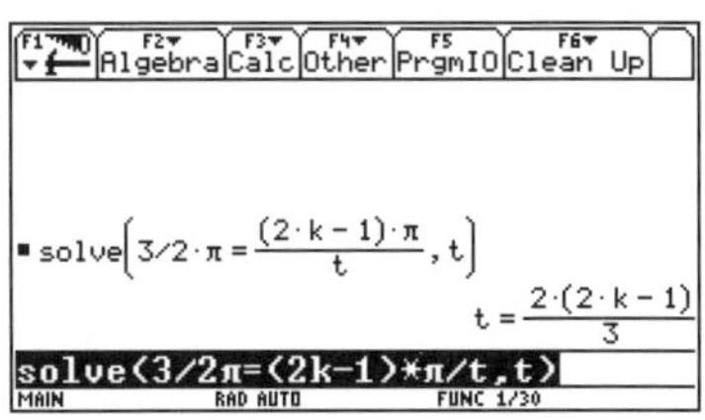

Beispiel zur Veranschaulichung für $t = \frac{2}{3} \cdot 3$:

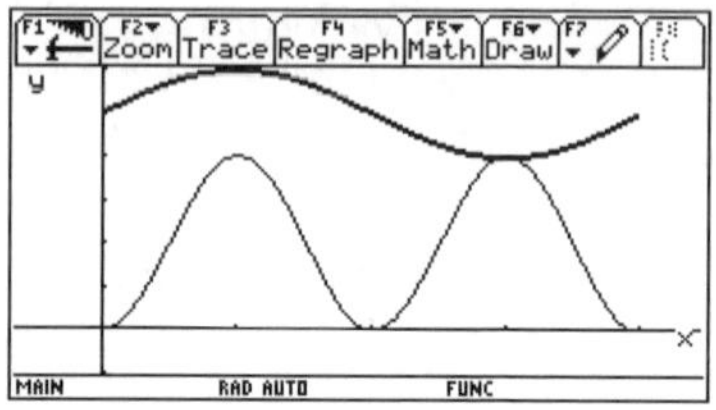

d) Eine **Vermutung für die 2n-te Ableitung** der Funktion f_t ($n \in \mathbb{N}$, $n \geq 1$) lässt sich durch Verallgemeinerung z. B. der ersten geradzahligen Ableitungen gewinnen:

$$f_t^{(2n)}(x) = (-1)^{n+1} \cdot t^{2n+1} \cdot \cos(t \cdot x)$$

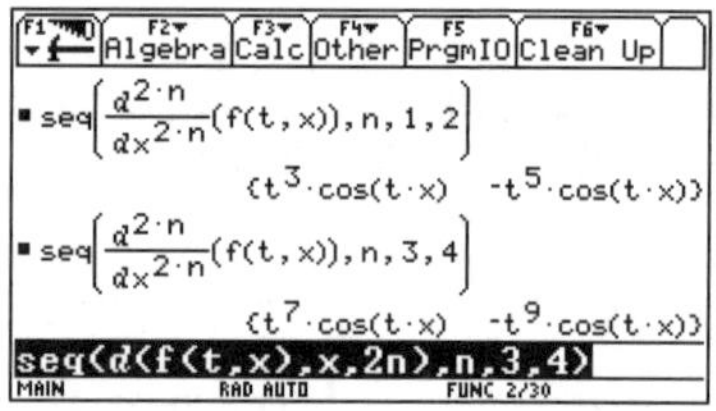

e) Für die Nullstellen von $h_t(x) = -x^2 + 4t$ mit $t > 0$ gilt $x_0 = \pm\sqrt{4t}$.

Die Nullstellen von f_t sind $x_0 = \frac{2k \cdot \pi}{t}$ (siehe Aufgabe a)). Durch Gleichsetzen ergibt sich als Lösungsmenge für **gemeinsame Nullstellen**: $t = (k \cdot \pi)^{\frac{2}{3}}$.

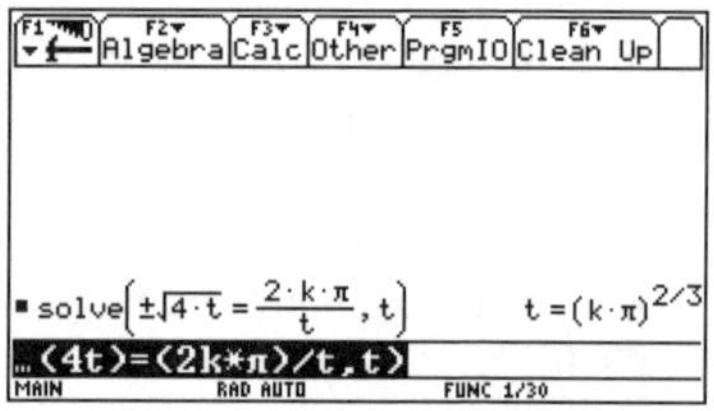

Für $3 < t < 5$ finden sich genau zwei Nullstellen, nämlich
$x_{01} \approx 3{,}405$ ($k = 2$) und $x_{02} \approx 4{,}462$ ($k = 3$).

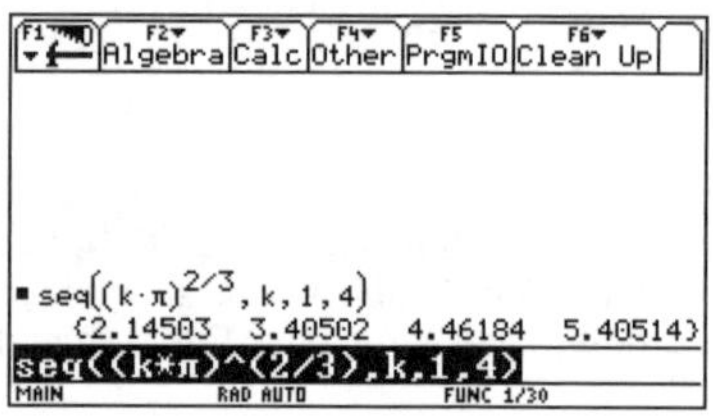

Leistungskurs Mathematik (Thüringen): Abiturprüfung 2003
Aufgabe B1: Lineare Algebra/Analytische Geomterie mit CAS

Die Aufgabenstellungen der Aufgabe B1 (mit CAS) finden Sie auf Seite 2003-14, weil sie mit denen von B1 (ohne CAS) identisch sind.

Lösungen

a) Die **Koordinaten** der Punkte sind
A(1; 0; 0), B(1; 2; 0), C(0; 2; 0), E(1; 0; 1)
G(0; 2; 1), H(0; 0; 1)
Weil sich die Diagonalen im Rechteck EFGH halbieren, ergeben sich die Koordinaten von P über die Vektorgleichung

$$\overrightarrow{OP} = \overrightarrow{OH} + \frac{1}{2} \cdot \overrightarrow{HF} = \begin{pmatrix} \frac{1}{2} \\ 1 \\ 1 \end{pmatrix}: \quad P\left(\frac{1}{2}; 1; 1\right).$$

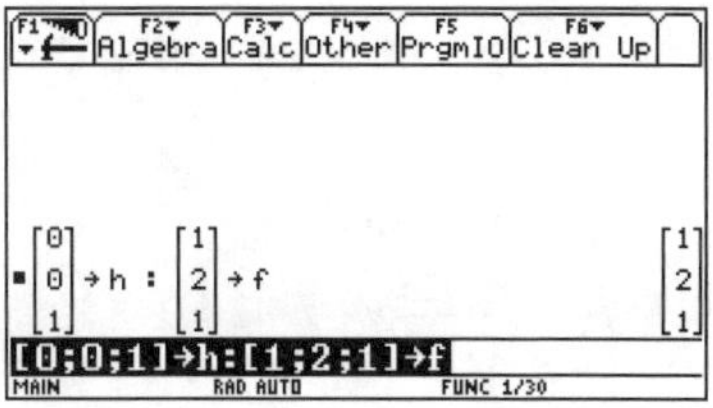

Der **Punkt R_r** beschreibt alle Punkte, die auf der Kante $\overline{CG}$ des Quaders liegen.

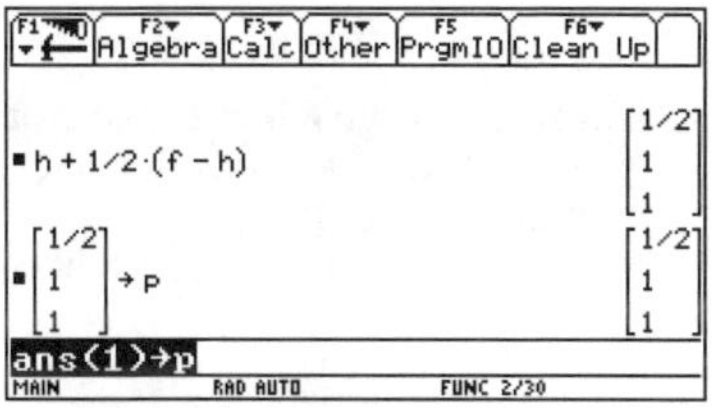

b) Zunächst werden die Ortskoordinaten der Punkte B und R_r gespeichert. Dabei ist darauf zu achten, dass die Variable für die z-Koordinate von R_r einen anderen Namen bekommt als der Ortsvektor selbst, weil es sonst zu einer Zirkulardefinition kommen kann.

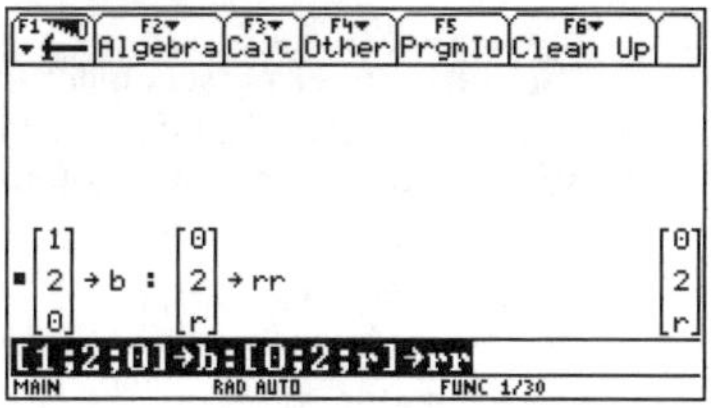

Der Normalenvektor $\vec{n}_r$ der **Ebene ε_r** wird über das Vektorprodukt ermittelt: $\vec{n}_r = \overrightarrow{BP} \times \overrightarrow{BR_r}$.

$$\vec{n}_r = \begin{pmatrix} -r \\ \frac{r}{2} - 1 \\ -1 \end{pmatrix}$$

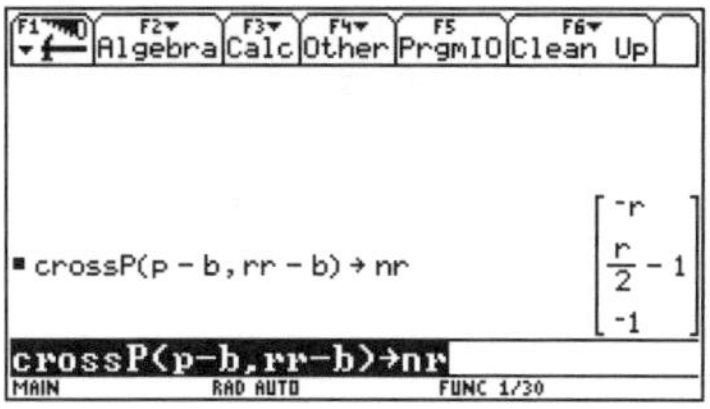

Eine Normalengleichung von ε_r wird über $\vec{n}_r \circ (\vec{x} - \overrightarrow{OB}) = 0$ gewonnen:

$$r \cdot \left(\frac{y}{2} - x \right) - y - z + 2 = 0$$

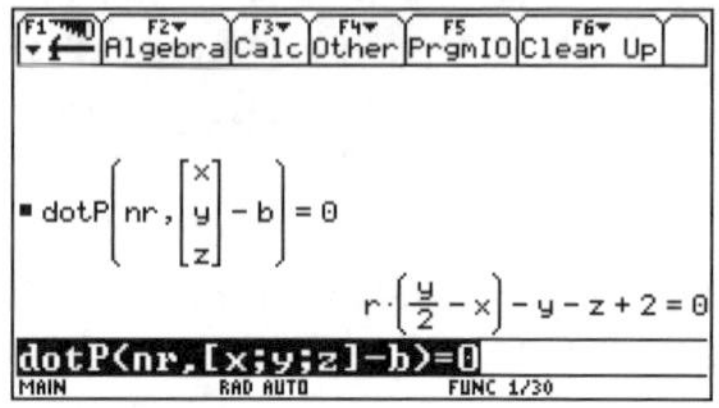

Diese Gleichung wird als Funktion e(x, y, z, r) gespeichert.

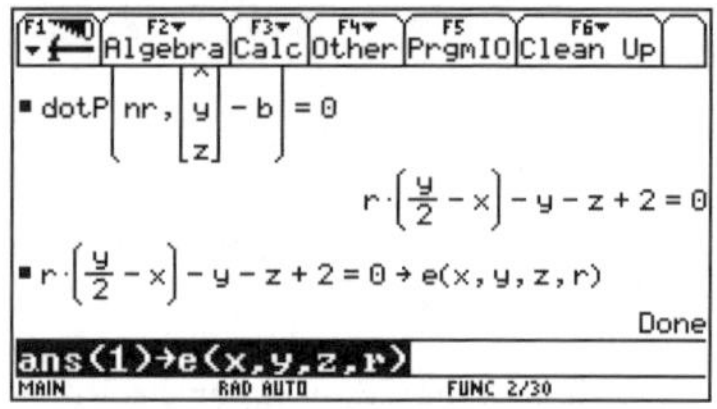

Für $r = 0{,}5$ ergibt sich

$$\varepsilon_{0,5}: \frac{-x}{2} - \frac{3}{4}y - z + 2 = 0$$

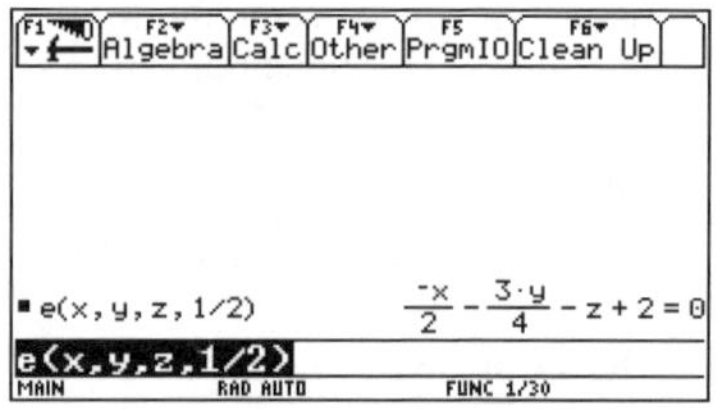

Um einen **Vergleich mit dem Kontrollergebnis** zu ermöglichen, kann diese Gleichung mit -4 multipliziert werden.
Beide Gleichnungen stimmen überein.

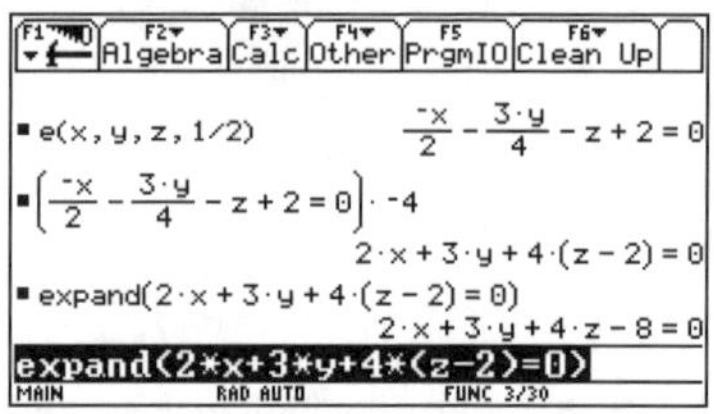

Der **Schnittwinkel** zwischen der Ebene $\varepsilon_{0,5}$ und der x-y-Ebene entspricht dem Schnittwinkel zwischen ihren Normalenvektoren

$$\vec{n}_{0,5} = \begin{pmatrix} 2 \\ 3 \\ 4 \end{pmatrix} \text{ und } \vec{m}_{xy} = \begin{pmatrix} 0 \\ 0 \\ 1 \end{pmatrix}.$$

Dieser Winkel wird über

$$\cos(\varphi) = \left| \frac{\vec{n}_{0,5} \circ \vec{m}_{xy}}{|\vec{n}_{0,5}| \cdot |\vec{m}_{xy}|} \right|$$

zu $\varphi = 42{,}03°$ ermittelt.

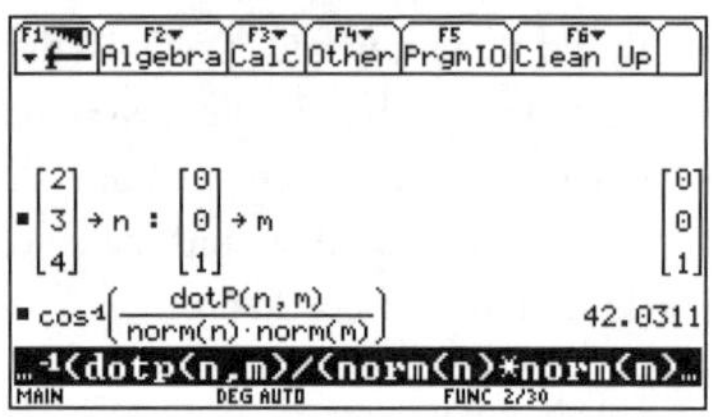

Die **Schnittgerade** zwischen $\varepsilon_{0,5}$ und der x-y-Ebene ergibt sich für $z = 0$ zu

$$y = \frac{-2}{3}x + \frac{8}{3}.$$

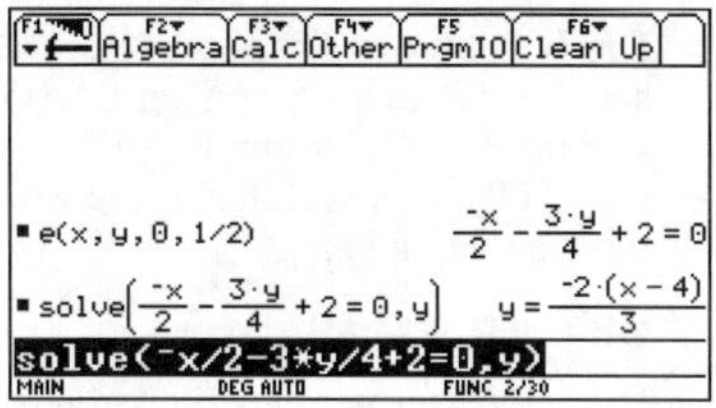

Alternativ:
Die x-y-Ebene hat die Gleichung $z = 0$. Das Gleichungssystem $z = 0$ und $2x + 3y + 4z - 8 = 0$ (für $\varepsilon_{0,5}$) hat die Lösung

$$\vec{x} = \begin{pmatrix} 4 \\ 0 \\ 0 \end{pmatrix} + k \cdot \begin{pmatrix} -\frac{3}{2} \\ 1 \\ 0 \end{pmatrix} \text{ mit } k \in \mathbb{R}.$$

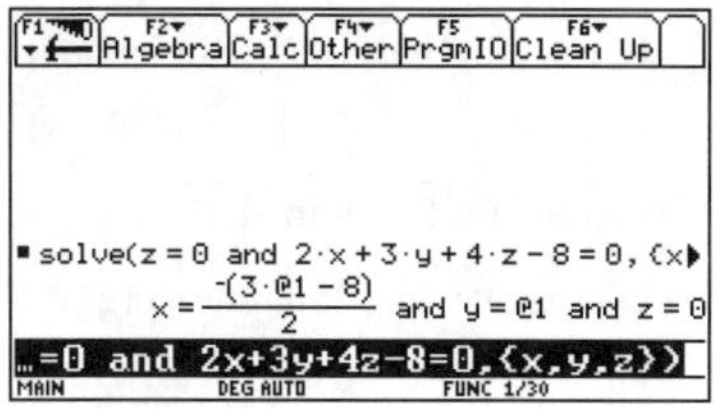

c) Die Punkte $S\left(0; \frac{4}{3}; 1\right)$ und $T\left(1; \frac{2}{3}; 1\right)$ liegen zwischen H(0; 0; 1) und G(0; 2; 1) bzw. zwischen E(1; 0; 1) und F(1; 2; 1), also **auf den Kanten** $\overline{HG}$ bzw. $\overline{EF}$, denn

$$0 < \frac{2}{3} < 2 \text{ und } 0 < \frac{4}{3} < 2.$$

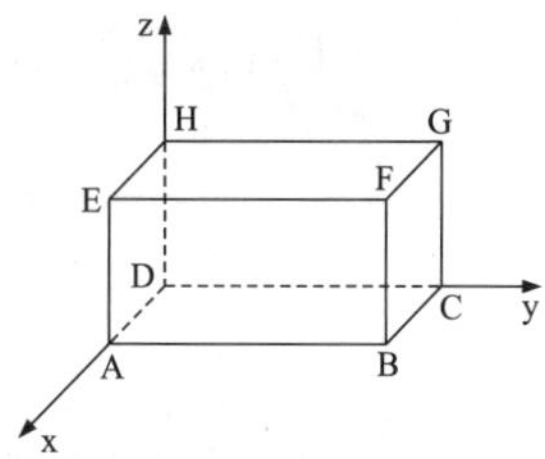

Das Viereck $TBR_{0,5}S$ ist ein **Trapez**, wenn es ein Paar paralleler Gegenseiten gibt.
Am ehesten kommen dafür die Viereckseiten in Frage, die in den gegenüberliegenden Seitenflächen des Quaders liegen.

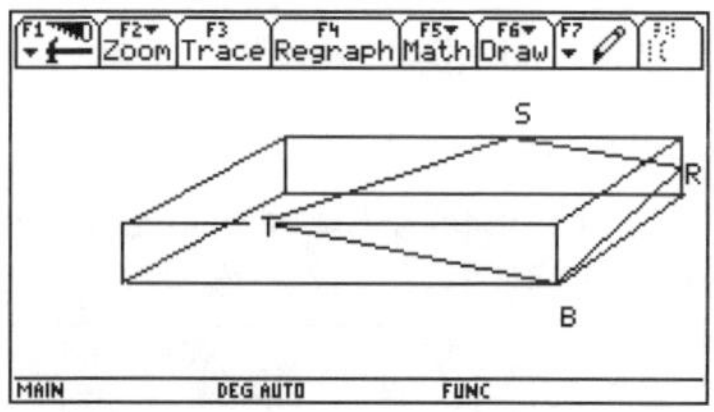

Die Vektoren $\overrightarrow{TB}, \overrightarrow{SR_r}$ werden für $r = \frac{1}{2}$ auf Parallelität geprüft. Es ist

$$\overrightarrow{TB} = \begin{pmatrix} 0 \\ \frac{4}{3} \\ -1 \end{pmatrix} \text{ und } \overrightarrow{SR_{0,5}} = \begin{pmatrix} 0 \\ \frac{2}{3} \\ -\frac{1}{2} \end{pmatrix} = \frac{1}{2} \cdot \overrightarrow{TB},$$

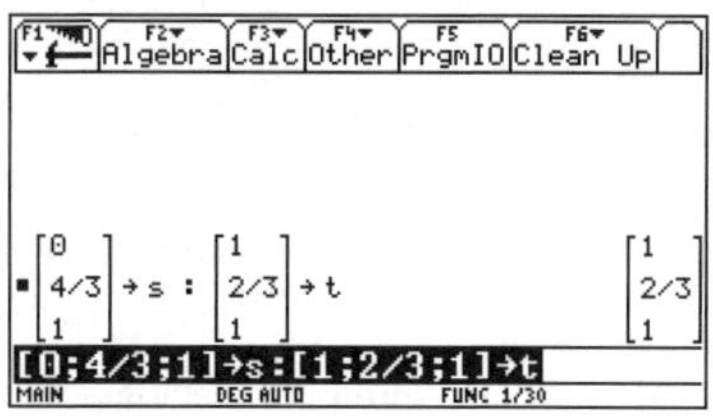

also sind die zugehörigen Seiten parallel.

Damit ist schon gezeigt, das das Viereck $TBR_{0,5}S$ ein Trapez ist.
Auf die Untersuchung des anderen Paares von Gegenseiten kann verzichtet werden.

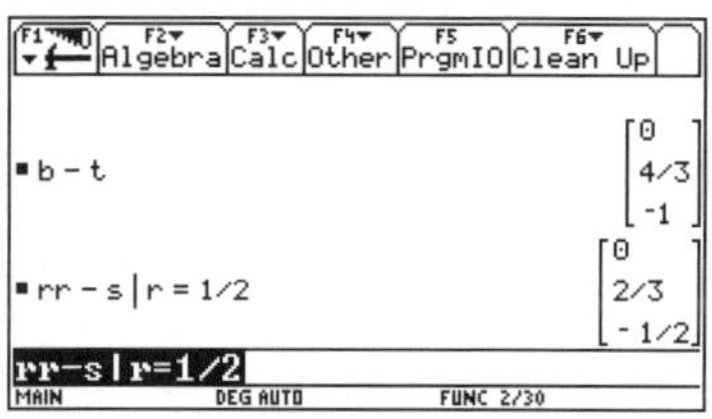

Die **Höhe h des Trapezes** entspricht dem Abstand des Punktes S von der Geraden durch die Punkte B und T. Wenn P* ein beliebiger Punkt auf g(TB) ist, so erfüllen seine Koordinaten die Gleichung von g(TB):

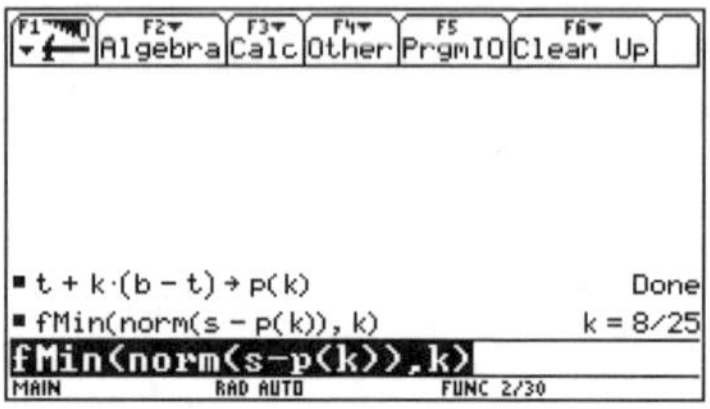

$$\overrightarrow{OP^*} = \overrightarrow{OT} + k \cdot \overrightarrow{TB}.$$

Dieser Vektor wird als Funktion p(k) gespeichert.

Für den Fall, dass P* dem Höhenfußpunkt von h entspricht, ist $|\overrightarrow{P^*S}|$ wegen der Orthogonalität von h zu $\overline{TB}$ minimal.

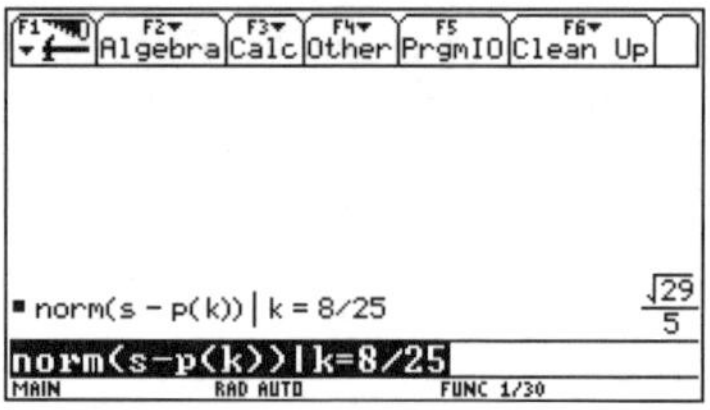

Dieses absolute Minimum ergibt sich für $k = \frac{8}{25}$.

Damit wird die Höhe h bestimmt:

$$h = |\overrightarrow{OS} - \overrightarrow{OP^*}| \quad \text{für } k = \frac{8}{25}, \text{ also } h = \frac{\sqrt{29}}{5} \text{ LE.}$$

d) Für r = 1 fällt der Punkt R mit dem Punkt G zusammen. Die **Schnittfläche** hat die Form eines Dreiecks mit den Eckpunkten E, B und G.
Für die Berechnung des Flächeninhalts dieses Dreiecks werden zunächst die Seitenlängen berechnet (Satz des Pythagoras):

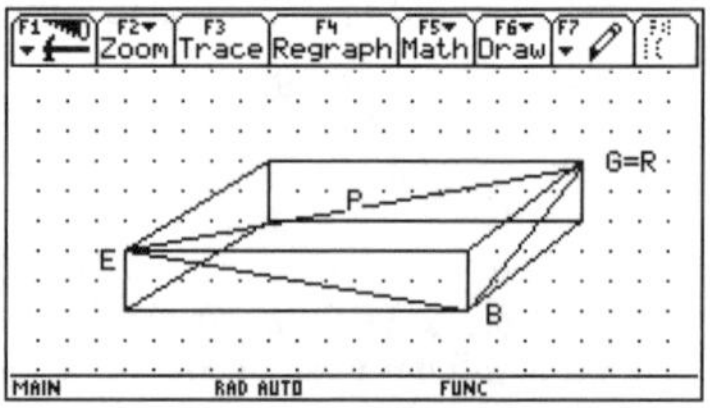

$$\overline{EB} = \sqrt{1^2 + 2^2} = \sqrt{5}$$

$$\overline{ER_1} = \sqrt{1^2 + 2^2} = \sqrt{5} \qquad \overline{BR_1} = \sqrt{1^2 + 1^2} = \sqrt{2}$$

Das Dreieck EBR ist also gleichschenklig. Seine Basishöhe h* lässt sich nach Pythagoras berechnen:

$$h^* = \sqrt{\overline{EB}^2 - \left(\frac{1}{2} \cdot \overline{BR_1}\right)^2} = \sqrt{(\sqrt{5})^2 - \left(\frac{1}{2} \cdot \sqrt{2}\right)^2} = \sqrt{\frac{9}{2}}$$

Für den Flächeninhalt A ergibt sich damit: $A = \frac{1}{2} \cdot \sqrt{2} \cdot \sqrt{\frac{9}{2}} = \frac{3}{2}$ FE.

e) Für r = 0 fällt R mit C zusammen. Die Ebene durch B, P und C zerlegt den Quader in zwei Prismen.
Das Prisma mit der dreieckigen Grundfläche BFM hat das Volumen

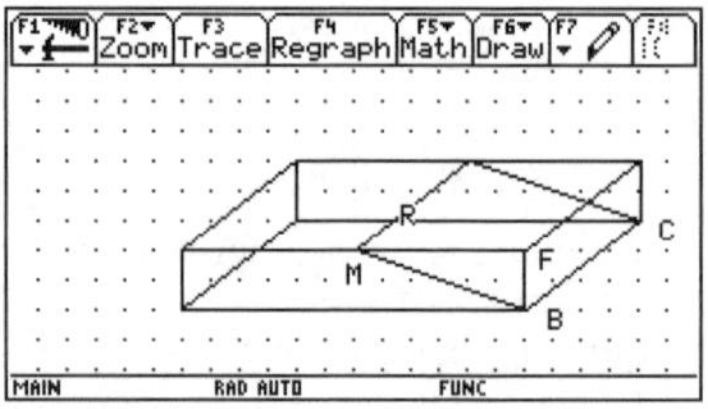

$$V_1 = \frac{1}{2} \cdot 1 \cdot 1 \cdot 1 = \frac{1}{2} \text{ VE,}$$

denn $\overline{BF} = \overline{FM} = \overline{BC} = 1$.
Der Quader hat das Volumen $V_Q = 2 \cdot 1 \cdot 1 = 2$ VE.
Das Volumen V_2 des anderen Prismas ergibt sich als Differenz: $V_2 = V_Q - V_1 = \frac{3}{2}$ VE.
Die Volumina der beiden Teilkörper stehen also im Verhältnis 3 : 1.

Leistungskurs Mathematik (Thüringen): Abiturprüfung 2003
Aufgabe B2: Stochastik mit CAS

Die Aufgabenstellungen der Aufgabe B2 (mit CAS) finden Sie auf Seite 2003-19, weil sie mit denen von B2 (ohne CAS) identisch sind.

Lösungen

a) Die Zufallsgröße X beschreibt die Anzahl von T-Shirts 2. Wahl in einem Karton. X ist binomialverteilt mit $n = 20$ und $p = 0{,}04$.
Die gesuchte Wahrscheinlichkeit ist

$$P(X \le 1) = P(X = 0) + P(X = 1)$$
$$= 0{,}96^{20} + 20 \cdot 0{,}04 \cdot 0{,}96^{19}$$

oder auch

$$P(X \le 1) = \sum_{i=0}^{1} \binom{20}{i} \cdot 0{,}04^{i} \cdot 0{,}96^{20-i} \approx 0{,}81$$

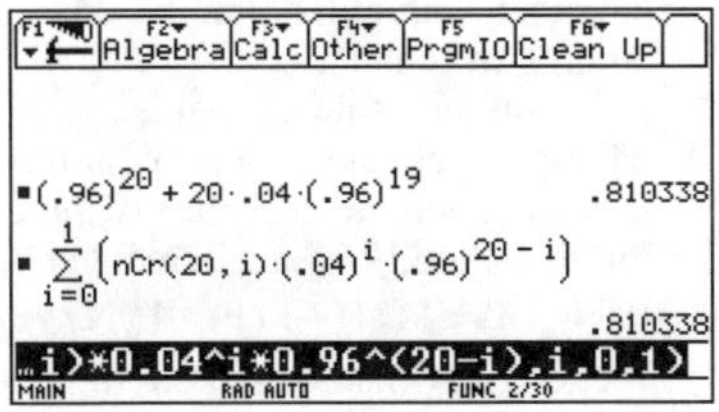

b) Die Wahrscheinlichkeit, dass ein Karton genau ein T-Shirt 2. Wahl enthält, ist

$$P(X = 1) = \binom{20}{1} \cdot 0{,}04^{1} \cdot 0{,}96^{19} = 0{,}3683.$$

Die Zufallsgröße Y beschreibe die Anzahl der Kartons mit genau einem T-Shirt zweiter Wahl in einem Container mit 20 Kartons.
Y ist binomialverteilt mit $n = 20$ und $p = 0{,}3683$.
Für die gesuchte Wahrscheinlichkeit gilt

$$P(Y = 1) = \binom{20}{1} \cdot 0{,}3683^{1} \cdot (1 - 0{,}3683)^{19} \approx 0{,}0012$$

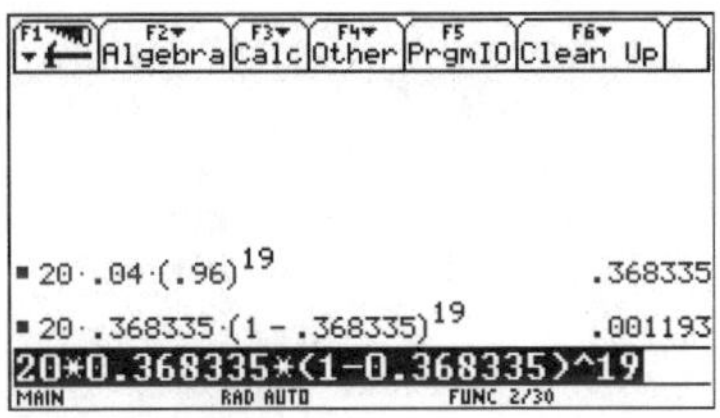

c) Berechnen der gesuchten Wahrscheinlichkeit p_c mit der „Lotto-Formel“:

$$p_c = \frac{\binom{18}{1} \cdot \binom{2}{1}}{\binom{20}{2}} = \frac{18}{95} \approx 0{,}1895$$

(Ziehen von zwei T-Shirts ohne Zurücklegen aus 20 Exemplaren, dabei wird genau eins aus den 18 T-Shirts 1. Qualität und genau eins aus den zwei T-Shirts 2. Qualität gezogen.)

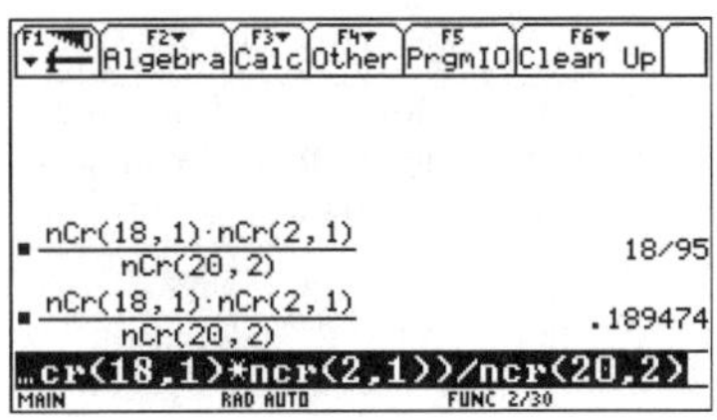

Alternativ:
Lösung mit Baumdiagramm

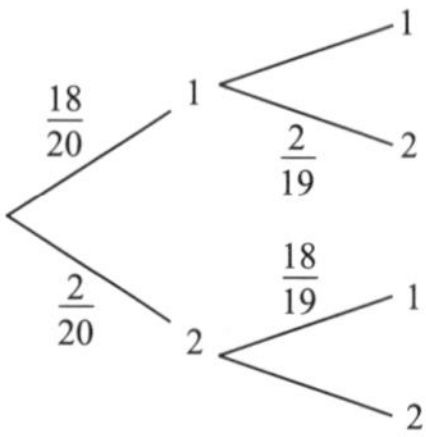

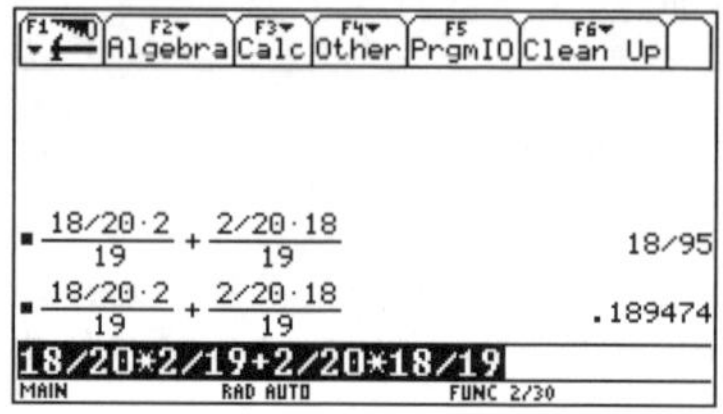

d) Wir definieren die Ereignisse N: „Das T-Shirt hat einen Nähfehler“ und F: „Das T-Shirt hat einen Farbfehler“.
Laut Aufgabe sind die beiden Ereignisse unabhängig voneinander, aber nicht unvereinbar. Deshalb kann die gesuchte Wahrscheinlichkeit mit dem Additionssatz berechnet werden.
$P(N \cup F) = P(N) + P(F) - P(N \cap F)$.
Wegen der Unabhängigkeit von N und F ist $P(N \cap F) = P(N) \cdot P(F)$.

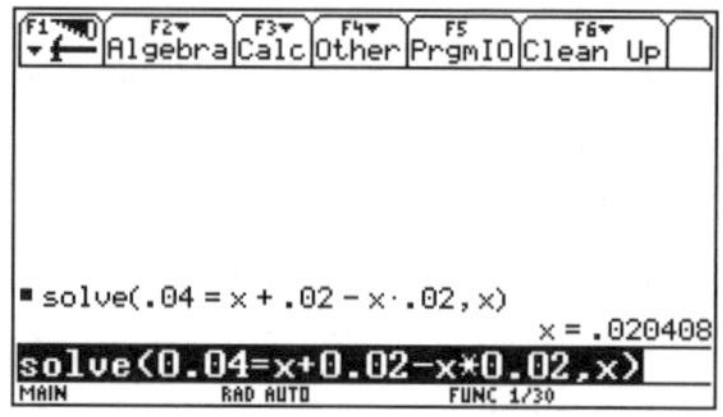

Da Näh- oder Farbfehler nur bei T-Shirts 2. Qualität auftreten, ist $P(N \cup F) = 0{,}04$.
Damit lässt sich die gesuchte Wahrscheinlichkeit P(N) durch die folgende Gleichung berechnen:
$0{,}04 = P(F) + 0{,}02 - P(F) \cdot 0{,}02$
$P(F) = 0{,}0204$

Alternativ:
kN: kein Nähfehler kF: kein Farbfehler
$P(N) = 0{,}02$ $P(F) = x$

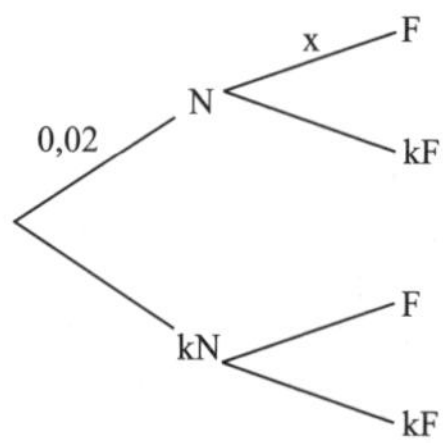

Es gilt einerseits
$P(kN \cap kF) = 0{,}96$ (T-Shirt 1. Wahl).
Aus dem Baumdiagramm kann man andererseits ablesen:
$P(kN \cap kF) = (1 - 0{,}02) \cdot (1 - x)$.
Durch Gleichsetzen und Lösen der Gleichung erhält man die gesuchte Wahrscheinlichkeit
$P(F) = x = 0{,}0204$.

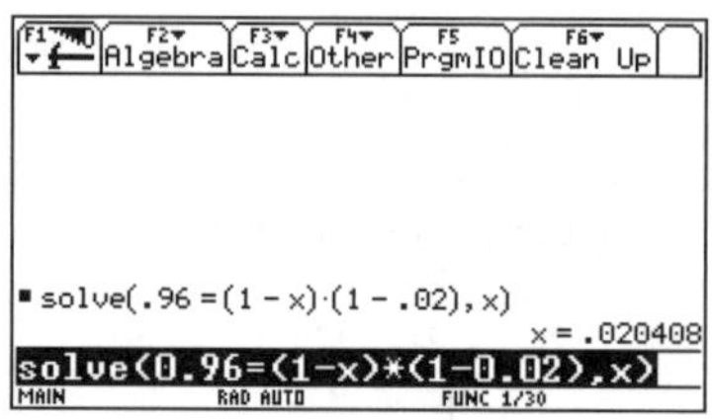

e) Wir definieren die Ereignisse
X: T-Shirt 2. Wahl
nX: T-Shirt 1. Wahl
A: ein T-Shirt wird ausgesondert
nA: ein T-Shirt wird nicht ausgesondert
Die gegebenen Daten lassen sich in einem Baumdiagramm darstellen:

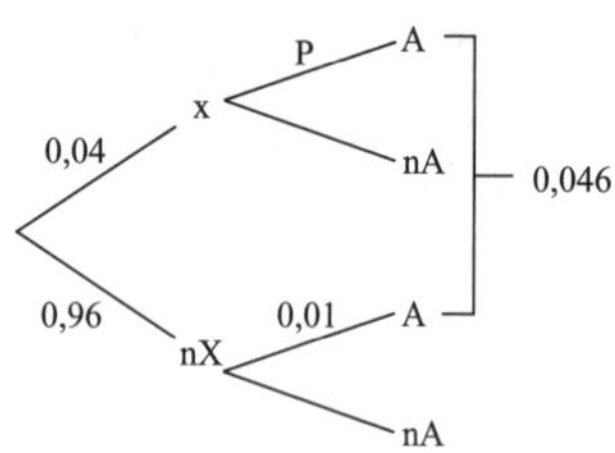

Es sei p die Wahrscheinlichkeit, dass ein T-Shirt 2. Wahl ausgesondert wird. Dann gilt nach den Pfadregeln:

$0{,}04 \cdot p + 0{,}96 \cdot 0{,}01 = 0{,}046$

Daraus erhält man $p = 0{,}91$.

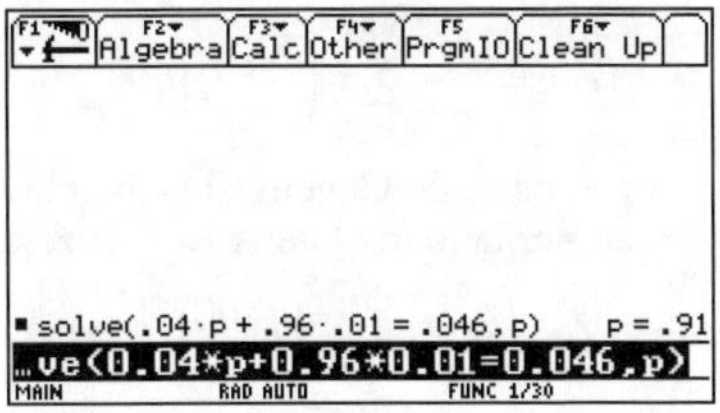

Die Frage, mit welcher Wahrscheinlichkeit ein ausgesondertes T-Shirt tatsächlich eines 2. Wahl ist, entspricht dem Verhältnis des Anteils der T-Shirts, die 2. Wahl sind und wirklich ausgesondert werden, an dem Anteil aller ausgesonderten T-Shirts:

$$\frac{0{,}04 \cdot 0{,}91}{0{,}046} \approx 0{,}791$$

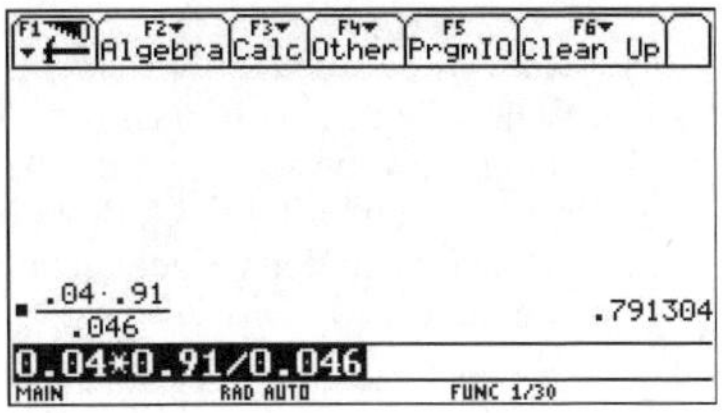

Alternativ:

Wir arbeiten auch mit bedingten Wahrscheinlichkeiten.

$P_X(A) = p; \quad P_{nX}(A) = 0{,}01.$

Totale Wahrscheinlichkeit für das Aussondern eines T-Shirts:

$P(X) \cdot P_X(A) + P(nX) \cdot P_{nX}(A) = 0{,}046$

Einsetzen:

$0{,}04 \cdot p + 0{,}96 \cdot 0{,}01 = 0{,}046$

(Lösung wie oben).

Satz von Bayes für

$$P_{\text{aussondern}}(2.\text{Wahl}) = P_A(X) = \frac{P(A \cap X)}{P(A \cap X) + P(A \cap nX)}$$

Multiplikationssatz anwenden und Einsetzen ergibt:

$$P_A(X) = \frac{0{,}04 \cdot 0{,}91}{0{,}04 \cdot 0{,}91 + 0{,}96 \cdot 0{,}01}$$

(Lösung wie oben)

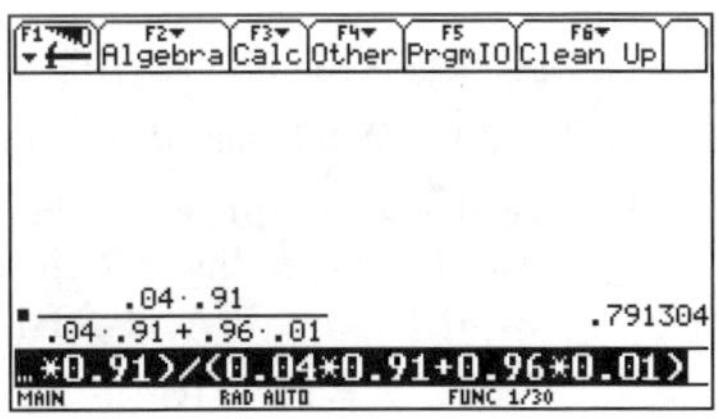

f) Die Vermutung wird irrtümlich angenommen, wenn trotz gleich gebliebener Wahrscheinlichkeit für ein T-Shirt 2. Wahl von $p = 0{,}04$ mehr als 25 T-Shirts in der Stichprobe mit $n = 500$ auftreten. Wenn Z die Zufallsgröße für die Anzahl der T-Shirts 2. Wahl unter den 500 T-Shirts angibt, können wir von einer binomialverteilten Zufallsgröße mit $p = 0{,}04$ und $n = 500$ ausgehen. Da wir eine Binomialverteilung zugrunde legen, beträgt die Wahrscheinlichkeit für mehr als 25 T-Shirts 2. Wahl.

$$P(Z > 25) = \sum_{i=26}^{500} \binom{500}{i} \cdot 0{,}04^i \cdot 0{,}96^{500-i}$$

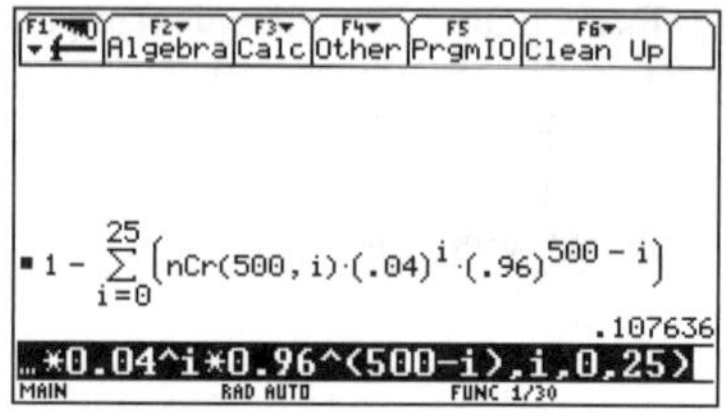

bzw. über die Gegenwahrscheinlichkeit (auch zur Vermeidung langer Rechenzeiten):

$$P(Z > 25) = 1 - \sum_{i=0}^{25} \binom{500}{i} \cdot 0{,}04^i \cdot 0{,}96^{500-i}$$

$$\approx 0{,}108$$

Die Wahrscheinlichkeit, dass die Vermutung abgelehnt wird, obwohl sich der Anteil der T-Shirts 2. Wahl auf 4,5 % erhöht hat, berechnet sich nach der vorgegebenen Entscheidungsregel aus

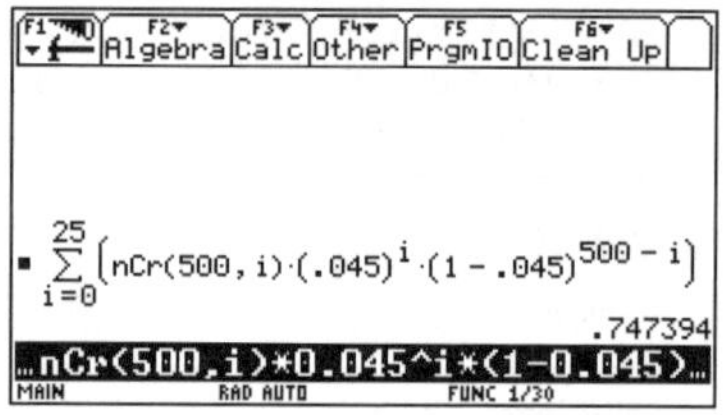

$$P(W \leq 25) = \sum_{i=0}^{25} \binom{500}{i} \cdot 0{,}045^i \cdot (1 - 0{,}045)^{500-i}$$

$$\approx 0{,}747$$

Analog zum ersten Fall ist W hier eine binomialverteilte Zufallsgröße mit $n = 500$ und $p = 0{,}045$.

g) Zur Lösung benötigen wir den Satz von Bayes.

Wir definieren die folgenden Ereignisse:

A: Der Karton enthält keine T-Shirts 2. Wahl.

Da höchstens ein T-Shirt 2. Wahl unter den zehn T-Shirts ist und die Wahrscheinlichkeit, dass genau ein T-Shirt 2. Wahl im Karton ist, laut Aufgabenstellung p sein soll, gilt

$P(A) = 1 - p.$

Das Gegenereignis $\overline{A}$ zu A ist dann beschrieben durch: „Im Karton ist genau ein T-Shirt 2. Wahl“ mit $P(\overline{A}) = p$.

B: Im ersten Zug wird ein T-Shirt 1. Wahl gezogen.

Gesucht ist die bedingte Wahrscheinlichkeit

$$P_B(A) = \frac{P(A) \cdot P_A(B)}{P(A) \cdot P_A(B) + P(\overline{A}) \cdot P_{\overline{A}}(B)} \quad (*)$$

Wenn keine T-Shirts 2. Wahl im Karton sind (Ereignis A), so gilt $P_A(B) = 1$.

Wenn genau ein T-Shirt 2. Wahl im Karton ist (Ereignis $\overline{A}$), so gilt $P_{\overline{A}}(B) = \frac{9}{10}$.

Diese Wahrscheinlichkeiten werden in (*) eingesetzt und wir erhalten die gesuchte Wahrscheinlichkeit

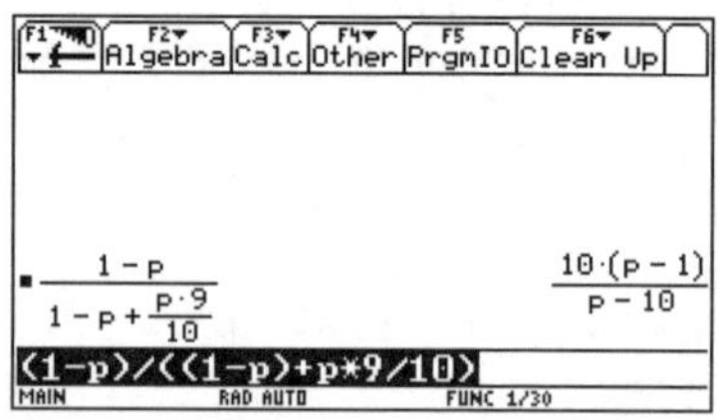

$$P_B(A) = \frac{(1-p) \cdot 1}{(1-p) \cdot 1 + p \cdot \frac{9}{10}} = \frac{10\,(1-p)}{10 - p}$$

Leistungskurs Mathematik (Thüringen): Abiturprüfung 2003
Aufgabe C: Pflichtaufgabe C mit CAS

a) Untersuchen Sie in Abhängigkeit vom Parameter $t \in \mathbb{R}$, wann die Funktion f_t mit
$f_t(x) = x^5 - (2003 - t) \cdot x$
genau eine bzw. genau drei Nullstellen hat! (2 BE)

b) Der Eckpunkt eines Würfels mit der Kantenlänge a sei gemeinsamer Anfangspunkt einer Raum- und einer Flächendiagonale. Welchen Winkel φ schließen diese Diagonalen miteinander ein? (2 BE)

c) Herr Schulz legt für n Jahre ($n \in \mathbb{N}$) 3 000 € bei einem Zinssatz von 4 % fest an.
Nach Ablauf dieser Zeit hebt Herr Schulz den Gesamtbetrag von 3 650 € ab. Berechnen Sie n! (2 BE)

d) Die Graphen zweier Funktionen f und g verlaufen jeweils durch die Punkte A(0; 1) und B(4; 0); f und g sind Funktionen aus verschiedenen Funktionsklassen. Ermitteln Sie jeweils eine Funktionsgleichung! (2 BE)

e) Ein Schüler will eine Tür aufschließen. Er hat fünf ähnliche Schlüssel, von denen nur genau einer passt, in der rechten Hosentasche.
Mit welcher Wahrscheinlichkeit passt der Schlüssel genau beim dritten Versuch, wenn er

1) einen Schlüssel probiert und diesen danach in die rechte Hosentasche zurücksteckt, wenn er nicht passt?

2) einen Schlüssel probiert und diesen danach in die linke Hosentasche steckt, wenn er nicht passt? (2 BE)

(10 BE)

Lösungen

a) Um die **Anzahl der Nullstellen** in Abhängigkeit von t zu bestimmen, wird der Funktionsterm faktorisiert und gleich null gesetzt:

$x^5-(2003-t)\cdot x = x\cdot[x^4-(2003-t)]=0.$

Ein Produkt ist null, wenn einer der Faktoren null ist. Es gibt deshalb stets die Lösung $x=0$ (erster Faktor).

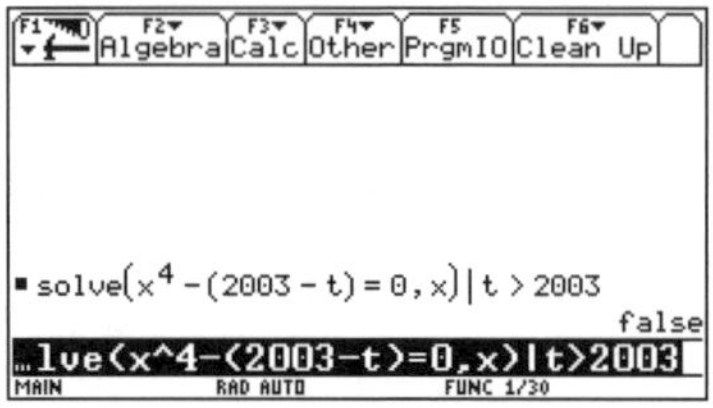

Der zweite Faktor $x^4-(2\,003-t)$ wird im Bereich der reellen Zahlen nur dann null, wenn $t\leq 2\,003$ ist.
Für $t=2\,003$ ergibt sich ebenfalls die Lösung $x=0$.
Genau zwei Lösungen für $x^4-(2\,003-t)=0$ existieren für $t<2\,003$.
Damit gilt:
$f_t(x)$ hat genau eine Lösung, wenn $t\geq 2\,003$ ist, und genau drei Lösungen, wenn $t<2\,003$ ist.

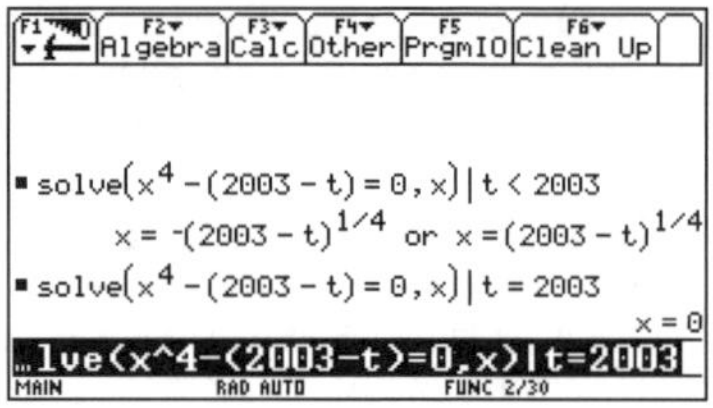

Alternativ:
Die Gleichung $x^5-(2\,003-t)\cdot x=0$ wird mit dem CAS-Rechner gelöst.
Die Lösungsmenge muss unter dem Aspekt der Aufgabenstellung interpretiert werden:
Lösungsmenge des CAS-Rechners:

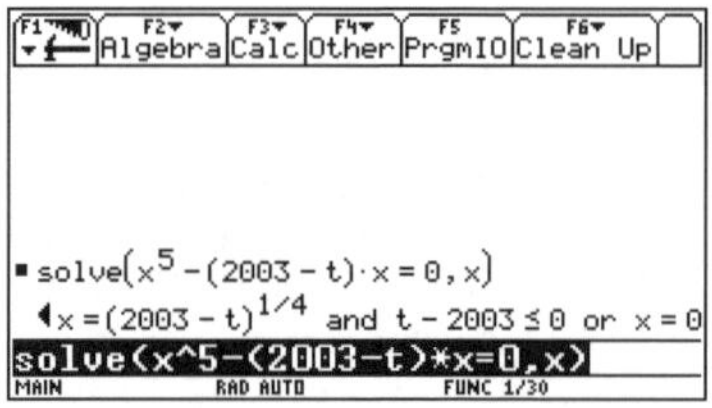

$x=-(2003-t)^{\frac{1}{4}}$ and $t-2003\leq 0$ or

$x=(2003-t)^{\frac{1}{4}}$ and $t-2003\leq 0$ or $x=0$

Ist $t=2003$, so ergeben alle drei Lösungen den Wert null. Ist $t>2\,003$, so fallen die ersten beiden Lösungen weg, weil die Lösungsbedingung nicht erfüllt ist, es gibt auch nur eine Lösung ($x=0$).
Ist $t<2\,003$, so sind alle drei Lösungen möglich und verschieden voneinander.

Damit gilt:
$f_t(x)$ hat genau eine Lösung, wenn $t\geq 2\,003$ ist, und genau drei Lösungen, wenn $t<2\,003$ ist.

b) Der gesuchte **Winkel zwischen Flächen- und Raumdiagonale** liegt in einem rechtwinkligen Dreieck, das aus diesen Diagonalen und einer Würfelkante gebildet wird.
Hat die Würfelkante die Länge a, so kann die Länge der Flächendiagonalen durch $a\cdot\sqrt{2}$ angegeben werden (Satz des Pythagoras).
Die Flächendiagonale und die Würfelkante schließen in diesem Dreieck den rechten Winkel ein.

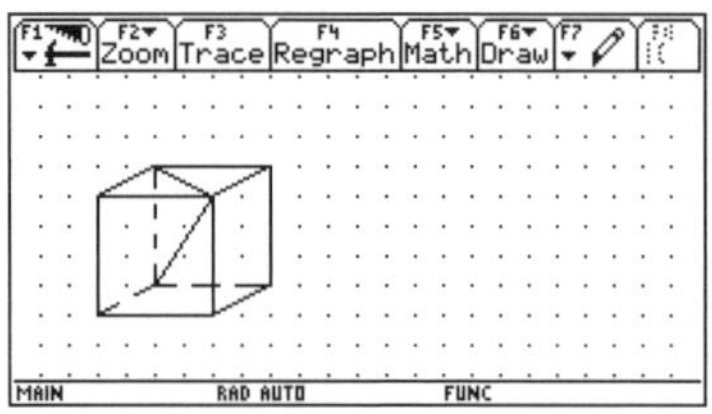

Deshalb kann der gesuchte Winkel aus

$$\tan\varphi = \frac{a}{a\cdot\sqrt{2}} = \frac{1}{2}\cdot\sqrt{2}$$

berechnet werden. Damit ergibt sich $\varphi \approx 35{,}26°$.

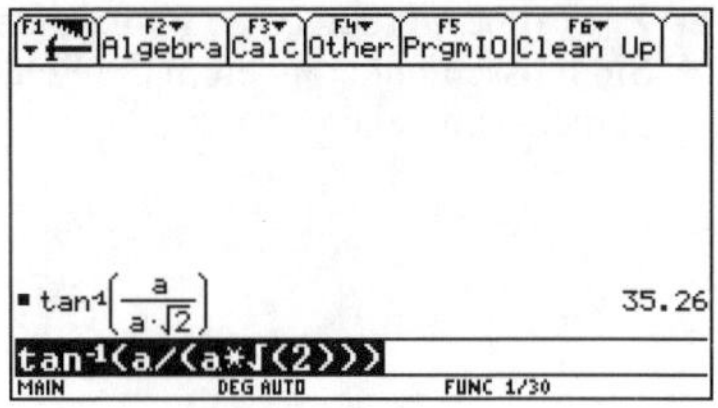

c) Die **Geldanlage** wird mit Zinseszins angelegt und es gilt $3\,650 = 3\,000 \cdot 1{,}04^n$, wobei n die Anzahl der Jahre nach Beginn der Geldanlage angibt.
Nach etwa fünf Jahren ist der Betrag von 3 650 € zu erwarten.

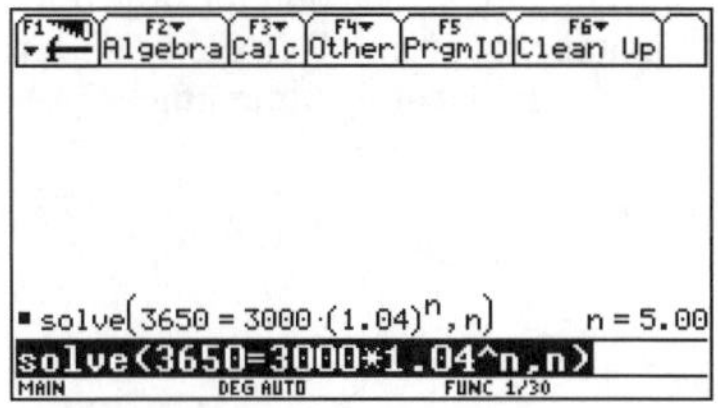

Alternativ kann dieser Zeitpunkt aus einer Tabelle oder einer graphischen Darstellung der Funktion

$$y = f(n) = 3000\cdot 1{,}04^n$$

abgelesen werden.

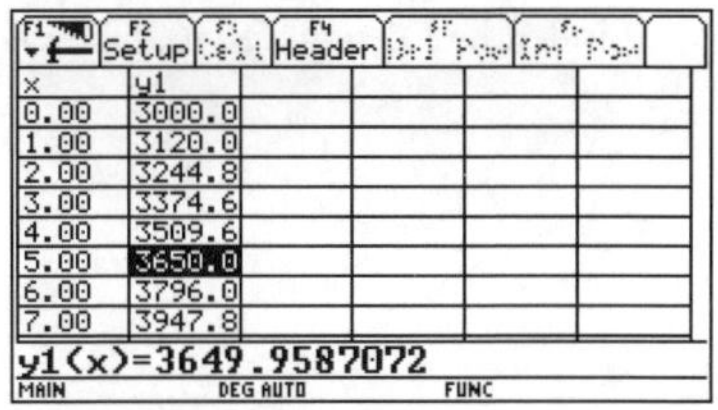

x	y1
0.00	3000.0
1.00	3120.0
2.00	3244.8
3.00	3374.6
4.00	3509.6
5.00	3650.0
6.00	3796.0
7.00	3947.8

y1(x)=3649.9587072

d) Für die **Graphen** zweier Funktionen f und g, die jeweils **durch die Punkte A(0; 1) und B(4; 0)** verlaufen, kann man zum Beispiel ansetzen:
f sei eine lineare Funktion $y = f(x) = m\cdot x + n$.
Nach Einsetzen der Koordinaten von A und B ergibt sich

$$y = f(x) = -\frac{1}{4}x + 1.$$

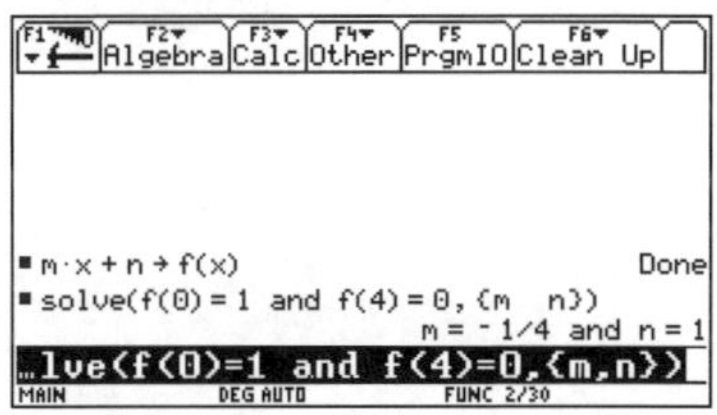

Da die Funktion g aus einer anderen Funktionsklasse sein soll, kann z. B. eine Winkelfunktion gewählt werden:
$y = g(x) = k + \sin(m\cdot x)$.

Einsetzen der Koordinaten und Lösen des Gleichungssystems ergibt k = 1 und (für @n2 = 1)

$$m = \frac{3}{8}\cdot\pi, \text{ also } y = g(x) = 1 + \sin\left(\frac{3}{8}\pi\cdot x\right).$$

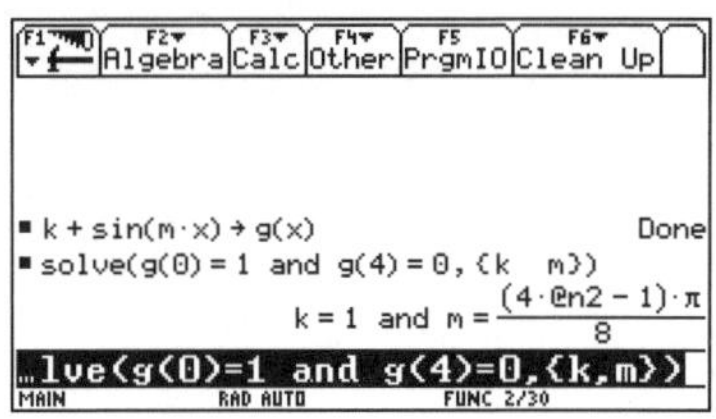

Zur Probe werden beide Funktionen gezeichnet. Sie müssen unter anderem die Punkte A und B gemeinsam haben.

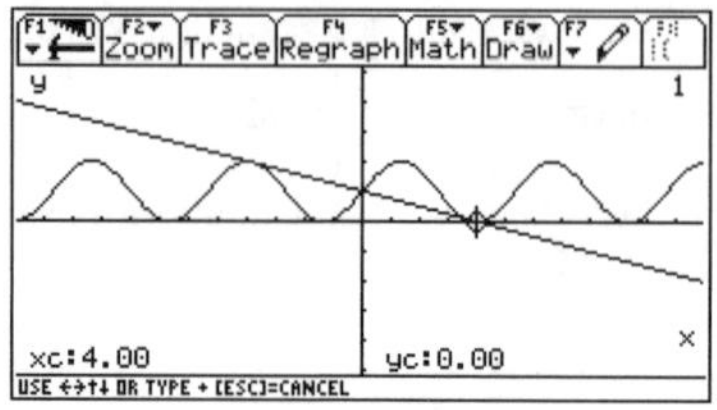

Auch eine Probe durch Einsetzen der x-Koordinaten von A und B in die Funktionsgleichungen zeigt die Übereinstimmung.

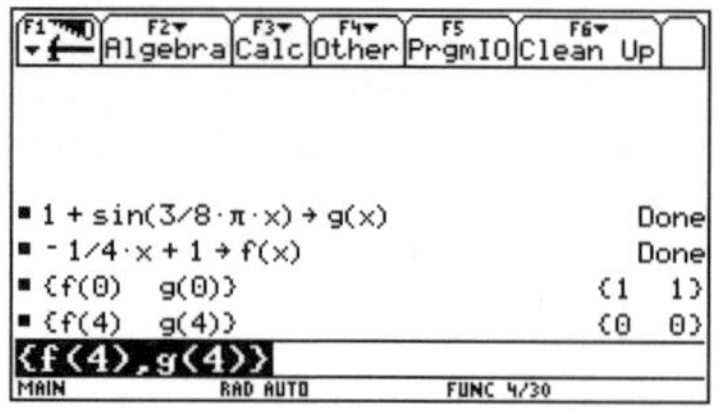

e) Vergleiche Lösung Teilaufgabe e) des Thüringer Abiturs 2003 ohne CAS (2003-28).

Leistungskurs Mathematik (Thüringen): Abiturprüfung 2004
Aufgabe A1: Analysis

Für jede reelle Zahl $t \geq 0$ ist eine Funktion f_t durch die Gleichung

$$y = f_t(x) = t \cdot x + \sin(2x) \quad \text{mit } x \in \mathbb{R}$$

gegeben.
Die Abbildung zeigt die Graphen der Funktionen f_0, f_1 und f_3 im Intervall $0 \leq x \leq 5$.

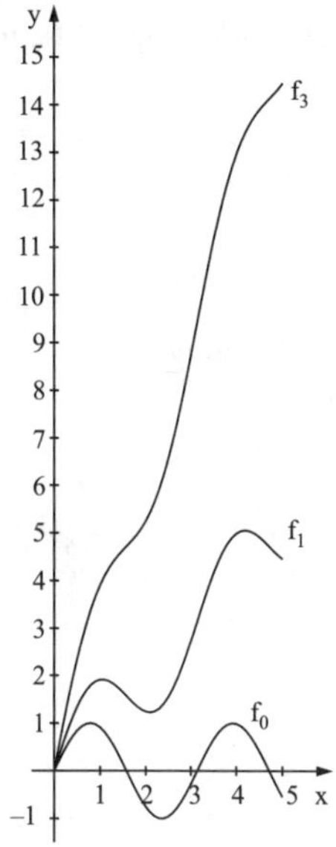

(Skizze nicht maßstäblich)

a) Berechnen Sie – falls sie existieren – die Koordinaten des jeweils ersten lokalen Maximumpunktes im I. Quadranten für die Graphen f_0, f_1 und f_3!
Diskutieren Sie anhand der drei Graphen der Funktionen f_0, f_1 und f_3 im vorgegebenen Intervall $0 \leq x \leq 5$, wie sich die Anzahl der Nullstellen, lokalen Extrempunkte bzw. der Wendepunkte ändert! (10 BE)

b) Die Parallelen zu den Koordinatenachsen durch den Punkt $P(\pi; f_t(\pi))$ des Graphen f_t mit $t > 1$ schneiden diese in den Punkten Q und S.
Für welche Parameterwerte t teilt der Graph von f_t die Fläche des Rechtecks OSPQ im Verhältnis 1 : 1?
Hinweise: O bezeichnet den Koordinatenursprung und alle Funktionswerte von f_t im Intervall $0 \leq x < \pi$ sind kleiner als $f_t(\pi)$. (6 BE)

Gegeben ist jetzt die Funktion f_1 mit $f_1(x) = x + \sin(2x)$ mit $x \in \mathbb{R}$.

c) Ermitteln Sie alle Punkte V des Graphen der Funktion f_1, die von den beiden Koordinatenachsen gleich weit entfernt sind!
Zeigen Sie, dass diese Punkte V Wendepunkte des Graphen von f_1 sind! (5 BE)

d) Die lokalen Maximumpunkte

$$H_k\left(\frac{\pi}{3} + k \cdot \pi; \frac{1}{2}\sqrt{3} + \frac{\pi}{3} + k \cdot \pi\right)$$

und die lokalen Minimumpunkte

$$T_k\left(\frac{2}{3}\pi + k \cdot \pi; -\frac{1}{2} \cdot \sqrt{3} + \frac{2}{3}\pi + k \cdot \pi\right)$$

des Graphen der Funktion f_1 mit $k \in \mathbb{Z}$ liegen jeweils auf einer Geraden.
Bestimmen Sie die Gleichungen dieser beiden Ortskurven sowie deren Abstand d! (6 BE)

e) Begründen Sie, dass für die Anstiege m ($m \in \mathbb{R}$) mit $m \geq 3$ die Gerade $y = mx$ genau einen gemeinsamen Punkt mit dem Graphen der Funktion f_1 hat! (3 BE)

(30 BE)

Lösungen

$y = f_t(x) = t \cdot x + \sin(2x);\quad x \in \mathbb{R};\ t \in \mathbb{R} \text{ mit } t \geq 0$

a) **Koordinaten der lokalen Maxima im I. Quadranten**

Ableitungen

$f_t(x) = tx + \sin(2x)$

$f_t'(x) = t + 2 \cdot \cos(2x)$

$f_t''(x) = -4 \cdot \sin(2x)$

$f_t'''(x) = -8 \cdot \cos(2x)$

Lokale Extrempunkte

notwendig:

$f_t'(x) = 0 \Rightarrow \cos(2x) = -\frac{t}{2}$

für t = 0 folgt: $\cos(2x) = 0,$ *Substitution:* $2x = z$

$$\cos z = 0$$

$$z = \frac{\pi}{2} + k\pi, \qquad k \in \mathbb{Z}$$

$$x_{E0} = \frac{\pi}{4} + k \cdot \frac{\pi}{2}, \qquad \text{im I. Quadr.: } x_{E0} = \frac{\pi}{4}$$

für t = 1 folgt: $\cos(2x) = -\frac{1}{2},$ *Substitution:* $2x = \tilde{z}$

$$|\cos \tilde{z}| = \frac{1}{2}$$

$$\tilde{z} = \frac{\pi}{3}$$

$$z_1 = \pi - \frac{\pi}{3} + 2k\pi = \frac{2}{3}\pi + 2k\pi, \quad k \in \mathbb{Z}$$

$$x_{E1} = \frac{\pi}{3} + k\pi, \qquad \text{im I. Quadr.: } x_{E1} = \frac{\pi}{3}$$

$$z_2 = \pi + \frac{\pi}{3} + 2k\pi = \frac{4}{3}\pi + 2k\pi$$

$$x_{E2} = \frac{2}{3}\pi + k\pi$$

für t = 3 folgt: $\cos(2x) = -\frac{3}{2}$ entfällt (außerhalb des Wertebereichs)

hinreichend:

$f_0''\left(\frac{\pi}{4}\right) = -4 \cdot \sin\left(2 \cdot \frac{\pi}{4}\right) = -4 < 0,$ d. h. lokales Maximum

$f_0\left(\frac{\pi}{4}\right) = \sin\left(2 \cdot \frac{\pi}{4}\right) = 1,$ Hochpunkt $H_0\left(\frac{\pi}{4}; 1\right)$

$$f_1''\left(\frac{\pi}{3}\right) = -4 \cdot \sin\left(2 \cdot \frac{\pi}{3}\right) = -4 \cdot \frac{1}{2}\sqrt{3} = -2\sqrt{3} < 0, \text{ d. h. lokales Maximum}$$

$$f_1\left(\frac{\pi}{3}\right) = 1 \cdot \frac{\pi}{3} + \sin\left(2 \cdot \frac{\pi}{3}\right) = \frac{\pi}{3} + \frac{1}{2}\sqrt{3}, \text{ Hochpunkt } H_1\left(\frac{\pi}{3}; \frac{\pi}{3} + \frac{1}{2}\sqrt{3}\right)$$

Diskussion anhand der drei Graphen von f_0, f_1, f_3 im Intervall $0 \le x \le 5$ über

(1) die Anzahl der Nullstellen

Die Anzahl der Nullstellen nimmt von vier bei f_0 sprungartig auf eine bei f_1 und f_3 ab.

Hinweis (laut Aufgabenstellung nicht gefordert):

Bei $t = \frac{1}{4}$ sind z. B. noch drei Nullstellen vorhanden. Für $0{,}43446 < t < 0{,}43447$ erfolgt dann der Wechsel auf zwei Nullstellen bzw. für $t > 0{,}43447$ auf nur eine Nullstelle, nämlich $x_0 = 0$.

(2) die Anzahl der lokalen Extrema

Die Anzahl der lokalen Extrema ändert sich von drei bei f_0 und f_1 auf null bei f_3.

Hinweis (laut Aufgabenstellung nicht gefordert):

Ab $t \ge 2$ treten keine Extrema mehr auf. Für $t = 2$ läge ein möglicher Extrempunkt bei $x_E = \frac{\pi}{2} + k\pi$ ($k \in \mathbb{Z}$), was aus $f_2'(x) = 0$ mit $\cos(2x) = -1$ folgen würde. An dieser Stelle liegt aber der Sattelpunkt $W(\frac{\pi}{2}; \pi)$.

(3) die Anzahl der Wendepunkte

Die Anzahl der Wendepunkte bleibt im angegebenen Intervall konstant bei vier für alle drei Graphen f_0, f_1 und f_3. Dies zeigt auch $f_t''(x) = -4 \cdot \sin(2x)$ mit $x_W = k \cdot \frac{\pi}{2}$, $k \in \mathbb{Z}$ unabhängig vom Parameter t.

Hinweis (laut Aufgabenstellung nicht gefordert):

$$f_t'''\left(k \cdot \frac{\pi}{2}\right) = -8 \cdot \cos\left(2 \cdot k \cdot \frac{\pi}{2}\right) = -8 \cdot \underbrace{\cos(k\pi)}_{\begin{cases} = -1, & k \text{ ungerade} \\ = +1, & k \text{ gerade} \end{cases}} \neq 0$$

b) **Parameterwerte t für Teilung der Rechteckfläche OSPQ im Verhältnis 1 : 1**

Die Parallelen zu den Koordinatenachsen durch den Punkt $P(\pi; f_t(\pi) = t \cdot \pi)$ schneiden die x-Achse in $S(\pi; 0)$ und die y-Achse in $Q(0; f_t(\pi) = t \cdot \pi)$ (s. nachfolgende Skizze).
Für den Flächeninhalt des Rechtecks OSPQ gilt

$$A_R = \overline{OS} \cdot \overline{OQ} = \pi \cdot t \cdot \pi = t \cdot \pi^2 \text{ FE.}$$

Skizze zu Teilaufgabe a) am Beispiel von $f_3(x) = 3x + \sin(2x)$
(laut Aufgabenstellung nicht gefordert)

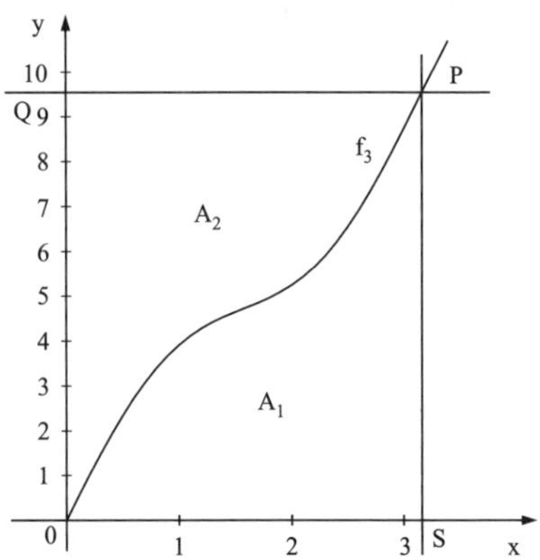

Der Inhalt der Fläche unter dem Graphen von f_t im Intervall [0; π] ergibt sich zu

$$A_1 = \int_0^{\pi} (tx + \sin(2x))\,dx$$

$$= \left[t \cdot \frac{x^2}{2} - \frac{1}{2}\cos(2x) \right]_0^{\pi}, \qquad \int \sin(2x)\,dx = -\frac{1}{2}\cos(2x) + c$$

$$= t \cdot \frac{\pi^2}{2} - \frac{1}{2}\underbrace{\cos(2\pi)}_{=1} - \left(0 - \frac{1}{2}\underbrace{\cos 0}_{=1} \right)$$

$$= t \cdot \frac{\pi^2}{2} - \frac{1}{2} + \frac{1}{2}$$

$$= \frac{t}{2}\pi^2 \text{ FE.}$$

$$A_2 = A_R - A_1 = t \cdot \pi^2 - \frac{t}{2} \cdot \pi^2 = \frac{t}{2}\pi^2 \text{ FE.}$$

Das Verhältnis der beiden Teilflächen, in welche der Graph von f_t die Rechteckfläche teilt, beträgt somit $A_1 : A_2 = \frac{t}{2}\pi^2 : \frac{t}{2}\pi^2 = 1:1$ für alle t > 1, d. h. unabhängig von t.

c) **Gegeben $f_1(x) = x + \sin(2x), x \in \mathbb{R}$**

Alle Punkte V des Graphen von f_1 mit gleicher Entfernung von beiden Koordinatenachsen:
Es muss gelten:

$$x_v = f_1(x_v)$$
$$x_v = x_v + \sin(2x_v)$$
$$\Rightarrow \sin(2x_v) = 0, \qquad \textit{Substitution: } 2x_v = z$$
$$z = k\pi, \; k \in \mathbb{Z}$$
$$x_v = \frac{k}{2}\pi$$

$$f_1\left(k \cdot \frac{\pi}{2}\right) = k \cdot \frac{\pi}{2} + \sin\left(2 \cdot k \cdot \frac{\pi}{2}\right)$$
$$= k \cdot \frac{\pi}{2} + \underbrace{\sin(k\pi)}_{=0}$$
$$= k \cdot \frac{\pi}{2}, \quad V\left(k\frac{\pi}{2}; k\frac{\pi}{2}\right).$$

Zu zeigen, dass Punkte V Wendepunkte von f_1 sind

notwendig: $f_1''(x) = 0 \Rightarrow -4\sin(2x) = 0$

$$x_W = k \cdot \frac{\pi}{2}, \; k \in \mathbb{Z} \text{ (s. Teilaufgabe a))}$$

hinreichend: $f_1'''\left(k \cdot \frac{\pi}{2}\right) = -8 \cdot \cos\left(2 \cdot k \cdot \frac{\pi}{2}\right)$

$$= \begin{cases} -8 \cdot (-1) = 8 \neq 0 & \text{für k ungerade} \\ -8 \cdot 1 = -8 \neq 0 & \text{für k gerade} \end{cases} \quad \text{d. h. Wendepunkte existieren.}$$

$$f_1\left(k\cdot\frac{\pi}{2}\right)=k\cdot\frac{\pi}{2}+\sin\left(2\cdot k\cdot\frac{\pi}{2}\right)=k\cdot\frac{\pi}{2}$$

Damit gilt $V=W\left(k\frac{\pi}{2};k\frac{\pi}{2}\right)$.

d) **Gleichungen der Ortskurven**

Aus $H_K\left(\frac{\pi}{3}+k\cdot\pi;\ \frac{1}{2}\sqrt{3}+\frac{\pi}{3}+k\cdot\pi\right)$ folgt die Parameterdarstellung

$$x=\frac{\pi}{3}+k\pi$$

$$y=\frac{1}{2}\sqrt{3}+\frac{\pi}{3}+k\pi \quad \text{mit dem Parameter k } (k\in\mathbb{Z})$$

für die Ortskurve der lokalen Maximumpunkte.

Mit $k=\frac{x-\frac{\pi}{3}}{\pi}$ ergibt sich $y=\frac{1}{2}\sqrt{3}+\frac{\pi}{3}+\pi\cdot\frac{x-\frac{\pi}{3}}{\pi}$

g_H: $y=x+\frac{1}{2}\sqrt{3}$ (Ortskurve).

Analog ergibt sich aus $T_k\left(\frac{2}{3}\pi+k\cdot\pi;-\frac{1}{2}\sqrt{3}+\frac{2}{3}\pi+k\cdot\pi\right)$

$$y=-\frac{1}{2}\sqrt{3}+\frac{2}{3}\pi+\pi\cdot\frac{x-\frac{2}{3}\pi}{\pi}$$

g_T: $y=x-\frac{1}{2}\sqrt{3}$

die Gleichung für die Ortskurve der lokalen Minimumpunkte.

Abstand der beiden Ortskurven:

Die beiden Ortskurven liegen parallel zueinander mit der Verschiebung $|n|=\frac{1}{2}\sqrt{3}$ auf der y-Achse (s. Skizze).

Elementargeometrisch:

$d=\overline{PQ}=\overline{RP}$ (aus Symmetriegründen)

$$\overline{RP}^2=\left(\frac{1}{2}\sqrt{3}\right)^2+\left(\frac{1}{2}\sqrt{3}\right)^2 \quad \text{(Pythagoras)}$$

$$=\frac{3}{4}+\frac{3}{4}$$

$$\overline{RP}=\sqrt{2\cdot\frac{3}{4}}=\frac{1}{2}\sqrt{6}=d \quad \text{(Abstand)}$$

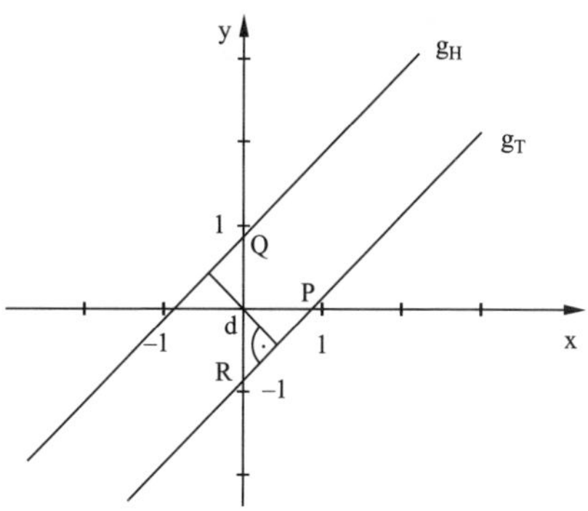

Vektoriell:

$Q\left(0;\frac{1}{2}\sqrt{3}\right)$, $R\left(0;-\frac{1}{2}\sqrt{3}\right)$

$$\left.\begin{aligned} g_H: \vec{x} &= \begin{pmatrix} 0 \\ \frac{1}{2}\sqrt{3} \end{pmatrix} + t_1 \begin{pmatrix} 1 \\ 1 \end{pmatrix} \\ g_T: \vec{x} &= \begin{pmatrix} 0 \\ -\frac{1}{2}\sqrt{3} \end{pmatrix} + t_2 \begin{pmatrix} 1 \\ 1 \end{pmatrix} \end{aligned}\right\} \Rightarrow \quad \vec{n} = \begin{pmatrix} -1 \\ 1 \end{pmatrix}$$

$$d(g_H; g_T) = \left| \frac{\begin{pmatrix} 0 \\ \frac{1}{2}\sqrt{3} \end{pmatrix} - \begin{pmatrix} 0 \\ -\frac{1}{2}\sqrt{3} \end{pmatrix}}{\sqrt{2}} \cdot \begin{pmatrix} -1 \\ 1 \end{pmatrix} \right| = \frac{\sqrt{3}}{\sqrt{2}} = \frac{1}{2}\sqrt{6}.$$

e) **Gerade $y = mx$ ($m \in \mathbb{R}$, $m \geq 3$) hat genau einen gemeinsamen Punkt mit dem Graphen von f_1**

Die Geraden $y = mx$ verlaufen sämtlich durch den Ursprung. Im Ursprung hat die Funktion f_1 den Anstieg

$$f_1'(x) = 1 + 2 \cdot \cos(2x)$$

$$f_1'(0) = 1 + 2 \cdot \underbrace{\cos 0}_{=1} = 3 = m \quad (= y' \text{ der Geraden})$$

und in O(0; 0) die Tangentengleichung $y = 3x$.
Außerdem wissen wir aus Teilaufgabe a), dass f_1 bei $x_W = k \cdot \frac{\pi}{2}$ Wendestellen besitzt, d. h. $y = 3x$ ist die Gleichung der Wendetangente in $x_W = 0$ für $k = 0$.
Falls $m < 3$ $(0 \leq m < 3)$ wäre, gäbe es mehr als einen gemeinsamen Punkt mit f_1. Die Funktion f_1 mit $f_1(x) = x + \sin(2x)$ ist im Intervall $-\frac{\pi}{3} \leq x \leq \frac{\pi}{3}$ monoton wachsend und außerdem punktsymmetrisch zum Ursprung O(0; 0).
Für $m = 3$ ist der Punkt $W_0(0; 0)$ der einzige gemeinsame Punkt (= Wendepunkt) mit f_1 und es bleibt für $m > 3$, somit für $m \geq 3$, genau der eine gemeinsame Punkt (= Schnittpunkt) mit dem Graphen von f_1.

Leistungskurs Mathematik (Thüringen): Abiturprüfung 2004
Aufgabe A2: Analysis

Für jede reelle Zahl k mit $k > 0$ ist eine Funktion f_k gegeben durch

$$y = f_k(x) = \frac{2e^{2x}}{k + e^{2x}} \quad (x \in \mathbb{R}).$$

a) Untersuchen Sie den Graphen von f_k auf Schnittpunkte mit den Koordinatenachsen, auf lokale Extrempunkte sowie auf Wendepunkte!
Geben Sie gegebenenfalls deren Koordinaten an!
(Auf einen möglicherweise notwendigen Nachweis der Wendepunkte kann verzichtet werden.)

Kontrollergebnis: $f_k''(x) = \dfrac{8k \cdot e^{2x} \cdot (k - e^{2x})}{(k + e^{2x})^3}$

Geben Sie die Asymptoten des Graphen von f_k an!
Skizzieren Sie die Graphen von f_1 und f_2 in ein und dasselbe Koordinatensystem! (12 BE)

b) Weisen Sie nach, dass die Funktion F_2 mit der Gleichung
$y = F_2(x) = \ln(2 + e^{2x})$ eine Stammfunktion von f_2 ist! (2 BE)

c) Die Koordinatenachsen, der Graph von f_2 und die Gerade $x = \frac{\ln 2}{2}$ begrenzen eine Fläche A_1 vollständig.
Die x-Achse, der Graph von f_2, die Gerade $x = \frac{\ln 2}{2}$ und die Gerade $x = u$ mit $u > \frac{\ln 2}{2}$ begrenzen eine Fläche A_2 vollständig. Es soll $A_1 = A_2$ gelten.
Berechnen Sie für diesen Fall u! (4 BE)

d) Für jede reelle Zahl n ist eine Funktion g_n gegeben durch

$$y = g_n(x) = -\frac{9}{8}x + n.$$

Zwei Graphen dieser Schar schneiden den Graphen von f_2 orthogonal.
Bestimmen Sie die Gleichungen dieser Funktionen! (5 BE)

e) Für jedes geordnete Paar a und b reeller Zahlen mit $a, b > 0$ und $t \in \mathbb{R}$, $t \geq 0$ ist eine Funktion $h_{a,b}$ gegeben durch

$$h_{a,b}(t) = \frac{a \cdot e^{\left(\frac{1}{10}\ln 15\right) \cdot t}}{b + e^{\left(\frac{1}{10}\ln 15\right) \cdot t}}.$$

Eine solche Funktion beschreibt z. B. die Anzahl der Hefezellen in einer Volumeneinheit in Abhängigkeit von der Zeit t.
Die Abbildung zeigt einen solchen Graphen.
Der Punkt Q(0; 50) liegt auf dem Graphen.
Der Punkt P ist der Punkt, in dem die Zuwachsrate der Hefezellen (Anstieg des Graphen) am größten ist.

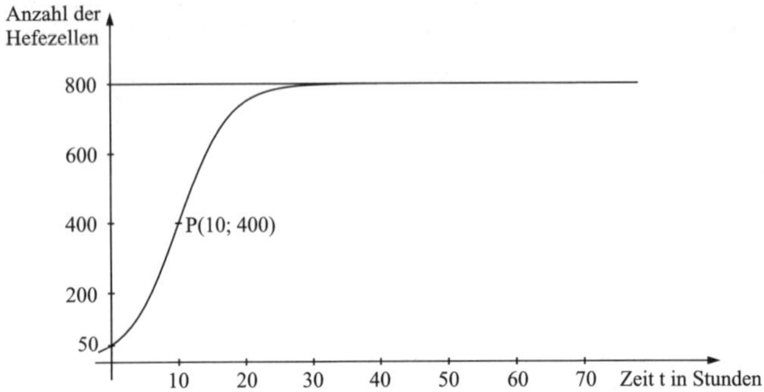

Bestimmen Sie die Werte der Parameter a und b!
Welche Informationen über die Hefekultur kann man dem Punkt Q(0; 50) einerseits und dem Parameter a andererseits entnehmen? (7 BE)

(30 BE)

Lösungen

$$y = f_k(x) = \frac{2e^{2x}}{k+e^{2x}};\ x \in \mathbb{R},\ k \in \mathbb{R} \text{ mit } k > 0$$

a) **Schnittpunkte mit den Koordinatenachsen**

x-Achse: $y = 0 \Rightarrow 2\underbrace{e^{2x}}_{\neq 0} = 0$, d. h. es existieren keine Schnittpunkte mit der x-Achse.

y-Achse: $x = 0 \Rightarrow f_k(0) = \frac{2e^0}{k+e^0} = \frac{2}{k+1},\ S_y\left(0; \frac{2}{k+1}\right)$

Ableitungen

$$f_k'(x) = \frac{4e^{2x}(k+e^{2x}) - 2e^{2x} \cdot 2e^{2x}}{(k+e^{2x})^2} \quad \text{Quotienten- und Kettenregel}$$

$$= \frac{4e^{2x} \cdot k + 4e^{4x} - 4e^{4x}}{(k+e^{2x})^2}, \quad e^{2x} \cdot e^{2x} = (e^{2x})^2 = e^{4x} \quad \text{Potenzgesetz}$$

$$= \frac{4ke^{2x}}{(k+e^{2x})^2}$$

$$f_k''(x) = \frac{8ke^{2x}(k+e^{2x})^2 - 4ke^{2x} \cdot 2(k+e^{2x})^1 \cdot 2e^{2x}}{(k+e^{2x})^4} \quad \text{Quotienten- und Kettenregel}$$

$$= \frac{\cancel{[k+e^{2x}]} \cdot (8ke^{2x}(k+e^{2x}) - 16ke^{4x})}{(k+e^{2x})^{\cancel{4}\,3}}$$

$$= \frac{8ke^{2x}(k+e^{2x} - 2e^{2x})}{(k+e^{2x})^3}$$

$$= \frac{8ke^{2x}(k-e^{2x})}{(k+e^{2x})^3}$$

Lokale Extrempunkte

notwendig: $f_k'(x) = 0 \Rightarrow 4k\underbrace{e^{2x}}_{\neq 0} = 0,\ k > 0$, d. h. lokale Extrempunkte existieren nicht

Wendepunkte

notwendig: $f_k''(x) = 0 \Rightarrow 8k\underbrace{e^{2x}}_{\neq 0}(k - e^{2x}) = 0$

$$(k - e^{2x}) = 0$$
$$e^{2x} = k$$
$$2x = \ln k$$
$$x_W = \frac{1}{2}\ln k,\ k > 0$$

hinreichend: *(laut Aufgabenstellung kann auf den Nachweis verzichtet werden)*

$f_k'''(x) = \dfrac{-32k^4}{16k^4} = -2 \neq 0$, d. h. Wendepunkte existieren

$f_k\left(\dfrac{1}{2}\ln k\right) = \dfrac{2e^{\ln k}}{k + e^{\ln k}} = \dfrac{2k}{2k} = 1,\quad W_k\left(\dfrac{1}{2}\ln k; 1\right)$

Asymptoten

Für die Nennerfunktion $v_k(x) = k + e^{2x}$ gilt stets $k + e^{2x} > 0$, $k > 0$, d. h. es existieren keine senkrechten Asymptoten.

$\lim\limits_{x \to \infty} \dfrac{2e^{2x}}{k + e^{2x}} = \lim\limits_{x \to \infty} \dfrac{2}{\frac{k}{e^{2x}} + 1} = \dfrac{2}{0+1} = 2$, d. h. y = 2 waagrechte Asymptote

$\lim\limits_{x \to -\infty} \dfrac{2e^{2x}}{k + e^{2x}} = \lim\limits_{x \to -\infty} \dfrac{2}{\frac{k}{e^{2x}} + 1} = 0$, denn $\lim\limits_{x \to -\infty} \dfrac{k}{e^{2x}} = \infty$ (divergent),

d. h. y = 0 waagrechte Asymptote

Skizze

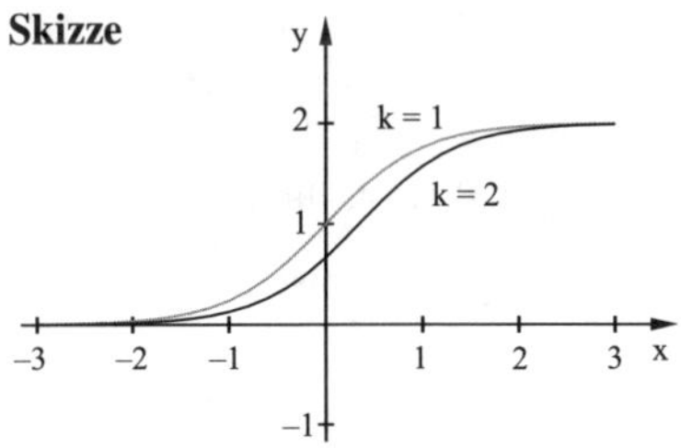

b) **Nachweis Stammfunktion**

$F_2(x) = \ln(2 + e^{2x})$

$F_2'(x) = \dfrac{1}{2 + e^{2x}} \cdot 2 \cdot e^{2x},\ (\ln z)' = \dfrac{1}{z} \cdot z'$ Ableitung der ln-Funktion und Kettenregel

$= \dfrac{2e^{2x}}{2 + e^{2x}} = f_2(x) = \dfrac{2e^{2x}}{2 + e^{2x}}$ q. e. d.

c) **Berechnung von u**

$$A_1 = \int_0^{\frac{\ln 2}{2}} f_2(x)\,dx$$ Fläche unter f_2 von Koordinatenachsen und Gerade $x = \frac{\ln 2}{2}$ begrenzt

$$= \int_0^{\frac{\ln 2}{2}} \frac{2e^{2x}}{2+e^{2x}}\,dx$$

$$= \left[\ln(2+e^{2x})\right]_0^{\frac{\ln 2}{2}}$$ s. Stammfunktion unter Teilaufgabe b)

$$= \ln(2+e^{\ln 2}) - \ln(2+e^0)$$

$$= \ln(2+2) - \ln(2+1)$$

$$= \ln 4 - \ln 3 = \ln\frac{4}{3} \text{ FE}$$

$$A_2 = \int_{\frac{\ln 2}{2}}^{u} \frac{2e^{2x}}{2+e^{2x}}\,dx$$ Fläche unter f_2 von x-Achse und den Geraden $x = \frac{\ln 2}{2}$ und $x = u$ mit $u > \frac{\ln 2}{2}$ begrenzt

$$= \left[\ln(2+e^{2x})\right]_{\frac{\ln 2}{2}}^{u}$$

$$= \ln(2+e^{2u}) - \ln 4$$ s. unter A_1

Es soll gelten $A_2 = A_1$:

$$\ln(2+e^{2u}) - \ln 4 = \ln 4 - \ln 3$$

$$\ln(2+e^{2u}) = 2\cdot\ln 4 - \ln 3$$

$$\ln(2+e^{2u}) = \ln\frac{16}{3},$$ denn $2\cdot\ln 4 = \ln 4^2$ und $\ln 4^2 - \ln 3 = \ln\frac{16}{3}$

$$2+e^{2u} = \frac{16}{3}$$

$$e^{2u} = \frac{10}{3}$$

$$u = \frac{1}{2}\ln\frac{10}{3}$$

Hinweis: Da der Flächeninhalt von A_1 nicht explizit gefordert ist, führt auch der Ansatz $A_1 = A_2$ über $\left[\ln(2+e^{2x})\right]_0^{\frac{\ln 2}{2}} = \left[\ln(2+e^{2x})\right]_{\frac{\ln 2}{2}}^{u}$ nach entsprechenden Umformungen direkt zum Ziel.

d) **Gleichungen der zum Graphen von f_2 orthogonalen Funktionen**

Aus der gegebenen linearen Funktion $y = g_n(x) = -\frac{9}{8}x + n,\ n \in \mathbb{R}$ ist der Anstieg $m_1 = -\frac{9}{8}$ abzulesen.

Für eine dazu orthogonale Funktion muss für deren Anstiege die Beziehung $m_2 = -\frac{1}{m_1}$ gelten.

Der Anstieg von f_2 ist

$$f_2'(x_0)=\frac{8e^{2x_0}}{(2+e^{2x_0})^2}=\frac{8}{9} \qquad \text{mit } m_2=\frac{8}{9},\ f_2'(x) \text{ s. unter Teilaufgabe a).}$$

$$8e^{2x_0}=\frac{8}{9}\cdot(2+e^{2x_0})^2$$

$$e^{2x_0}=\frac{1}{9}(4+4e^{2x_0}+e^{4x_0})$$

$$9e^{2x_0}=4+4e^{2x_0}+e^{4x_0}$$

$$e^{4x_0}-5e^{2x_0}+4=0 \qquad \text{biquadratische Gleichung}$$

$$z^2-5z+4=0 \qquad \textit{Substitution}: e^{2x_0}=z$$

$$z_{1/2}=\frac{5}{2}\pm\sqrt{\frac{25}{4}-\frac{16}{4}}=\frac{5}{2}\pm\frac{3}{2}$$

$$z_1=\frac{8}{2}=4 \Rightarrow e^{2x_0}=4$$
$$2x_0=\ln 4$$
$$x_{01}=\frac{1}{2}\ln 4=\ln\sqrt{4}=\ln 2$$

$$z_2=\frac{2}{2}=1 \Rightarrow e^{2x_0}=1$$
$$2x_0=\ln 1$$
$$x_{02}=0$$

Daraus gewinnt man die Berührungspunkte der Tangenten an den Graphen von f_2, die die gesuchten Geraden orthogonal schneiden.

$$f_2(\ln 2)=\frac{2\cdot e^{2\ln 2}}{2+e^{2\ln 2}}=\frac{2\cdot 4}{2+4}=\frac{8}{6}=\frac{4}{3}; \qquad P_1\left(\ln 2;\frac{4}{3}\right)$$

$$f_2(0)=\frac{2\cdot e^0}{2+e^0}=\frac{2\cdot 1}{2+1}=\frac{2}{3}; \qquad P_2\left(0;\frac{2}{3}\right)$$

Mit den Koordinaten der beiden Punkte bestimmt man die Verschiebung n der gesuchten Geraden.

$$P_1\left(\ln 2;\frac{4}{3}\right)\in g_n(x): g_1(\ln 2)=-\frac{9}{8}\cdot\ln 2+n=\frac{4}{3} \Rightarrow n=\frac{4}{3}+\frac{9}{8}\ln 2$$

$$y=g_1(x)=-\frac{9}{8}x+\frac{4}{3}+\frac{9}{8}\ln 2 \quad \text{Normalengleichung}$$

$$P_2\left(0;\frac{2}{3}\right)\in g_n(x): g_2(0)=-\frac{9}{8}\cdot 0+n=\frac{2}{3} \Rightarrow n=\frac{2}{3}$$

$$y=g_2(x)=-\frac{9}{8}x+\frac{2}{3} \quad \text{Normalengleichung}$$

e) **Bestimmung der Parameter a und b**

$$h_{a,b}(t)=\frac{a\cdot e^{\left(\frac{1}{10}\ln 15\right)\cdot t}}{b+e^{\left(\frac{1}{10}\ln 15\right)\cdot t}},\quad t\in\mathbb{R}, t\geq 0$$

Die 1. Ableitung $h_{a,b}'(t)$ ergibt die Zuwachsrate von $h_{a,b}$ und $(h_{a,b}'(t))'=h_{a,b}''(t)$ die maximale Zuwachsrate von $h_{a,b}$, d. h. im Punkt P ist die Zuwachsrate der Hefezellen am größten. Dieser Punkt entspricht dem Wendepunkt des Graphen von $h_{a,b}$.

$$h'_{a,b}(t) = \frac{a \cdot z \cdot e^{zt}(b+e^{zt}) - ae^{zt} \cdot z \cdot e^{zt}}{(b+e^{zt})^2} \quad \text{mit } z = \frac{1}{10}\ln 15$$

$$= \frac{abze^{zt} + az(e^{zt})^2 - az(e^{zt})^2}{(b+e^{zt})^2} \quad \text{Quotienten- und Kettenregel}$$

$$= \frac{abze^{zt}}{(b+e^{zt})^2}$$

$$h''_{a,b}(t) = \frac{abz^2 e^{zt} \cdot (b+e^{zt})^2 - abze^{zt} \cdot 2(b+e^{zt}) \cdot z \cdot e^{zt}}{(b+e^{zt})^4}$$

$$= \frac{(b+e^{zt}) \cdot [abz^2 e^{zt}(b+e^{zt}) - 2abz^2(e^{zt})^2]}{(b+e^{zt})^4}$$

$$= \frac{abz^2 e^{zt}(b-e^{zt})}{(b+e^{zt})^3}$$

Wendepunkt

notwendig: $h''_{a,b}(t) = 0 \Rightarrow b - e^{zt} = 0,\; abz^2e^{zt} \neq 0$

$$e^{zt} = b$$

$$zt = \ln b$$

$$t_W = \frac{\ln b}{z}$$

Der Nachweis des Wendepunktes ist hinfällig, der Wendepunkt ist vorgegeben mit P(10; 400). Daraus gewinnt man mit der Angabe $t_W = 10$

$$\ln b = zt_W$$

$$\ln b = \frac{1}{10}\ln 15 \cdot 10$$

$$b = 15$$

Der Punkt Q(0; 50) beschreibt die Anfangspopulation der Hefekultur zum Zeitpunkt t = 0:

$$h_{a,b}(0) = \frac{a \cdot e^0}{b+e^0} = \frac{a}{b+1} = 50$$

$$a = 50(b+1),\; b = 15$$

$$a = 800$$

Andererseits folgt aus dem Wendepunkt P(10; 400) ebenfalls:

$$h_{a,b}(10) = \frac{a \cdot e^{zt}}{b+e^{zt}} = 400$$

$$a = \frac{400 \cdot (b+e^{zt})}{e^{zt}}$$

$$= \frac{400 \cdot (b + e^{\frac{1}{10}\ln 15 \cdot 10})}{e^{\frac{1}{10}\ln 15 \cdot 10}}, \quad z = \frac{1}{10}\ln 15$$

$$= \frac{400\,(b+15)}{15}, \quad b = 15$$

$$a = 800$$

Somit sind zu Beginn des Versuchs 50 Hefezellen vorhanden, während der Parameter a die maximale Anzahl (Sättigungsbereich) von 800 Hefezellen in der Hefekultur angibt.

Leistungskurs Mathematik (Thüringen): Abiturprüfung 2004
Aufgabe B1: Lineare Algebra / Analytische Geometrie

Eine gerade dreiseitige Pyramide ABCS mit der gleichseitigen Grundfläche ABC soll in einem würfelförmigen Karton verpackt werden (siehe Skizze 1). Die Eckpunkte der Pyramidengrundfläche haben folgende Koordinaten: A(5; 2; 0), B(2; 5; 0) und C(5; 5; 3).
Die Innenmaße des Kartons betragen a = 5 LE.

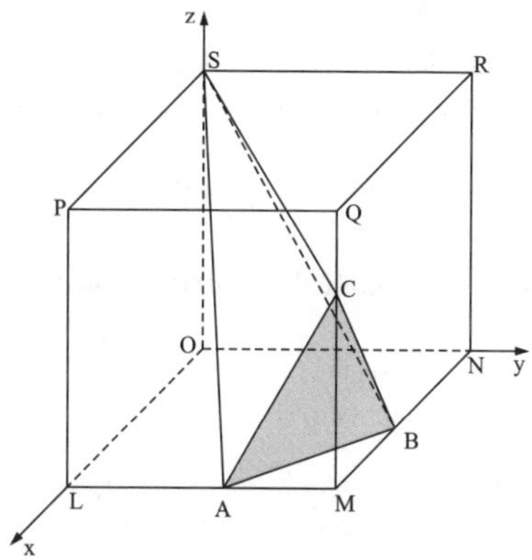

(Skizze 1 nicht maßstäblich)

a) Berechnen Sie die Länge der Seitenkante $\overline{AS}$!
Zeigen Sie, dass die Raumdiagonale des Würfels, die den Punkt S enthält, senkrecht zur Pyramidengrundfläche ABC verläuft!
Ermitteln Sie die Höhe h der Pyramide!
(Kontrollergebnis: $h = 4 \cdot \sqrt{3}$ LE)
Vor dem Verpacken stand die Pyramide mit ihrer Grundfläche ABC auf der x-y-Ebene. Um welchen Winkel α ist die Pyramide beim Verpacken aus dieser Lage zu neigen? (8 BE)

b) Berechnen Sie das Volumen und den Oberflächeninhalt der Pyramide! (5 BE)

c) Ein ebener Schnitt durch den Mittelpunkt des Würfels und parallel zur Grundfläche der Pyramide teilt die Pyramide in zwei Teilkörper, eine gerade Pyramide und einen geraden Pyramidenstumpf (siehe Skizze 2).
Geben Sie eine parameterfreie Gleichung der Schnittebene an!
Ermitteln Sie die Koordinaten des Punktes A', der Eckpunkt der kleinen Pyramide ist und auf der Seitenkante $\overline{AS}$ der großen Pyramide liegt! (4 BE)

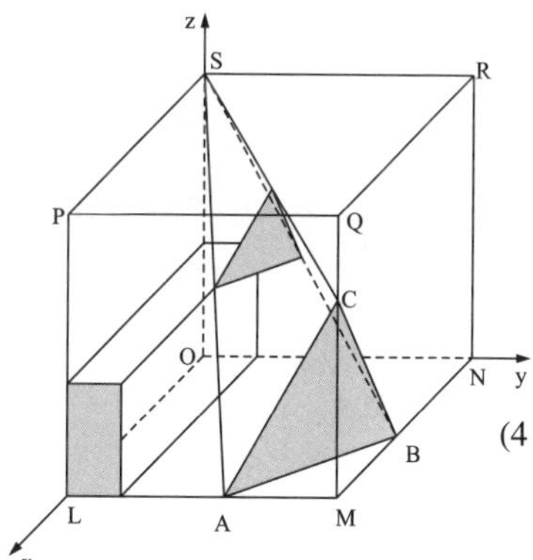

(Skizze 2 nicht maßstäblich)

d) Ist es möglich, gemeinsam mit der Pyramide noch einen Quader mit den Kantenlängen 5 LE, 1 LE und 2 LE in den Karton (siehe Skizze 2) zu verpacken? Begründen Sie Ihre Antwort! (3 BE)

(20 BE)

Lösungen

Gerade dreiseitige Pyramide ABCS in einem Würfel mit a = 5 LE,
Eckpunkte der Pyramidengrundfläche: A(5; 2; 0), B(2; 5; 0), C(5; 5; 3).

a) **Länge der Seitenkante $\overline{AS}$**

Aus der Skizze sind die Koordinaten der Spitze S(0; 0; 5) der Pyramide abzulesen.

$$\overrightarrow{AS} = \begin{pmatrix} -5 \\ -2 \\ 5 \end{pmatrix} \Rightarrow \overline{AS} = |\overrightarrow{AS}| = \sqrt{(-5)^2 + (-2)^2 + 5^2} = \sqrt{54} = 3\sqrt{6} \text{ LE}$$

Raumdiagonale des Würfels (mit Punkt S) orthogonal zur Pyramidengrundfläche ABC

Raumdiagonale $\overline{MS}$: $\overrightarrow{MS} = \begin{pmatrix} -5 \\ -5 \\ 5 \end{pmatrix}$, wobei M(5; 5; 0) aus Skizze 1 abzulesen ist.

Grundfläche (ABC):

$$\varepsilon(ABC): \vec{x} = \overrightarrow{OA} + r\overrightarrow{AB} + s\overrightarrow{AC}, \quad r, s \in \mathbb{R}$$

$$= \begin{pmatrix} 5 \\ 2 \\ 0 \end{pmatrix} + r\begin{pmatrix} -3 \\ 3 \\ 0 \end{pmatrix} + s\begin{pmatrix} 0 \\ 3 \\ 3 \end{pmatrix}, \quad \vec{n}^* = \begin{pmatrix} -3 \\ 3 \\ 0 \end{pmatrix} \times \begin{pmatrix} 0 \\ 3 \\ 3 \end{pmatrix} = \begin{pmatrix} 9 \\ 9 \\ -9 \end{pmatrix}$$

$$\vec{n} = \begin{pmatrix} 1 \\ 1 \\ -1 \end{pmatrix} \text{ Normalenvektor der Ebene } \varepsilon(ABC)$$

$$A(5;2;0) \in \quad x + y - z = d$$
$$5 + 2 - 0 = d$$
$$d = 7, \text{ d.h. } x + y - z = 7 \text{ parameterfreie Ebenengleichung}$$

Wenn $\overrightarrow{MS} = \lambda \cdot \vec{n}$, d. h. $\overrightarrow{MS} \parallel \vec{n}$, so gilt $\overrightarrow{MS} \perp \varepsilon(ABC)$:

$$\begin{pmatrix} -5 \\ -5 \\ 5 \end{pmatrix} = \lambda \cdot \begin{pmatrix} 1 \\ 1 \\ -1 \end{pmatrix} \Rightarrow \lambda = -5, \text{ also gilt die Orthogonalität.}$$

oder:

(1) $\overrightarrow{MS} \cdot \overrightarrow{AB} = \begin{pmatrix} -5 \\ -5 \\ 5 \end{pmatrix} \cdot \begin{pmatrix} -3 \\ 3 \\ 0 \end{pmatrix} = 15 - 15 + 0 = 0$, d. h. $\overrightarrow{MS} \perp \overrightarrow{AB}$

(2) $\overrightarrow{MS} \cdot \overrightarrow{AC} = \begin{pmatrix} -5 \\ -5 \\ 5 \end{pmatrix} \cdot \begin{pmatrix} 0 \\ 3 \\ 3 \end{pmatrix} = 0 - 15 + 15 = 0$, d. h. $\overrightarrow{MS} \perp \overrightarrow{AC}$

Aus beiden Bedingungen folgt $\overrightarrow{MS} \perp \varepsilon(ABC)$.

Höhe h der Pyramide

Für die Höhe der Pyramide benötigt man den Durchstoßpunkt der Raumdiagonalen des Würfels durch die Grundfläche ABC der Pyramide. Die Orthogonalität beider Objekte wurde bereits gezeigt.

$$h: \vec{x} = \overrightarrow{OS} + t \cdot \overrightarrow{MS},\ t \in \mathbb{R},\quad \vec{x} = \begin{pmatrix} 0 \\ 0 \\ 5 \end{pmatrix} + t \begin{pmatrix} -5 \\ -5 \\ 5 \end{pmatrix}$$

$$\varepsilon(ABC): x + y - z = 7$$

$$\text{h in } \varepsilon(ABC): (0-5t) + (0-5t) - (5+5t) = 7$$

$$-15t = 12$$

$$t = -\frac{12}{15} = -\frac{4}{5}$$

F – Fußpunkt der Höhe auf (ABC):

$$\vec{x}_F = \begin{pmatrix} 0 \\ 0 \\ 5 \end{pmatrix} - \frac{4}{5}\begin{pmatrix} -5 \\ -5 \\ 5 \end{pmatrix} = \begin{pmatrix} 4 \\ 4 \\ 1 \end{pmatrix},\quad F(4; 4; 1)$$

$$h = \overline{FS},\quad \overrightarrow{FS} = \begin{pmatrix} -4 \\ -4 \\ 4 \end{pmatrix},\quad \overline{FS} = |\overrightarrow{FS}| = \sqrt{(-4)^2 + (-4)^2 + 4^2} = \sqrt{3 \cdot 16} = 4\sqrt{3}\ \text{LE}$$

oder:

Die Berechnung des Abstandes des Punktes S von der Ebene ε(ABC) liefert ebenfalls die Höhe h.

$$d(S, \varepsilon(ABC)) = \left| \left[\begin{pmatrix} 0 \\ 0 \\ 5 \end{pmatrix} - \begin{pmatrix} 5 \\ 2 \\ 0 \end{pmatrix} \right] \cdot \begin{pmatrix} 1 \\ 1 \\ -1 \end{pmatrix} \cdot \frac{1}{\sqrt{3}} \right|$$

$$= \left| \frac{-5-2-5}{\sqrt{3}} \right| = \frac{12}{\sqrt{3}} = \frac{12 \cdot \sqrt{3}}{3}$$

$$= 4\sqrt{3}\ \text{LE}$$

Neigungswinkel α zwischen der Pyramidengrundfläche und der xy-Ebene

$$\vec{n} = \begin{pmatrix} 1 \\ 1 \\ -1 \end{pmatrix} \text{ Normalenvektor der Ebene } \varepsilon(ABC)$$

$$\vec{n}_{12} = \begin{pmatrix} 0 \\ 0 \\ 1 \end{pmatrix} \text{ Normalenvektor der xy-Ebene}$$

$$\cos\alpha = \left| \frac{\begin{pmatrix} 1 \\ 1 \\ -1 \end{pmatrix} \cdot \begin{pmatrix} 0 \\ 0 \\ 1 \end{pmatrix}}{\sqrt{3} \cdot 1} \right| = \left| \frac{-1}{\sqrt{3}} \right| = \frac{1}{\sqrt{3}} \approx 0{,}5774$$

$$\alpha \approx 54{,}74^\circ$$

oder:

Der Winkel α ergibt sich auch als Schnittwinkel zwischen den Geraden g(FC) und g(OM).

$$g(FC):\ \vec{x} = \overrightarrow{OF} + t_1\overrightarrow{FC} = \begin{pmatrix}4\\4\\1\end{pmatrix} + t_1\begin{pmatrix}1\\1\\2\end{pmatrix},\ t_1 \in \mathbb{R}$$

$$g(OM):\ \vec{x} = \overrightarrow{OO} + t_2\overrightarrow{OM} = \begin{pmatrix}0\\0\\0\end{pmatrix} + t_2\begin{pmatrix}5\\5\\0\end{pmatrix},\ t_2 \in \mathbb{R}$$

$$\cos\alpha = \left|\frac{\begin{pmatrix}1\\1\\2\end{pmatrix}\cdot\begin{pmatrix}5\\5\\0\end{pmatrix}}{\sqrt{6}\cdot\sqrt{50}}\right| = \left|\frac{5+5+0}{\sqrt{6}\cdot 5\sqrt{2}}\right| = \frac{10}{5\sqrt{2}\sqrt{6}} = \frac{2}{\sqrt{12}} = \frac{1}{3}\sqrt{3} \approx 0{,}5774 \quad\Rightarrow\quad \alpha \approx 54{,}74°$$

oder: elementargeometrisch

Ebener Schnitt durch die Raumdiagonale $\overline{MS}$ und die Flächendiagonale $\overline{MO}$ des Würfels.

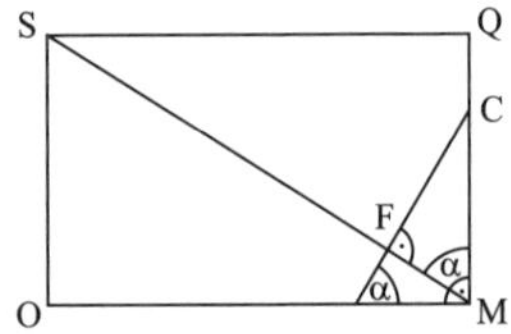

$$\sin\alpha = \frac{\overline{FC}}{\overline{MC}} = \frac{\sqrt{6}}{3}$$

mit $\overrightarrow{FC} = \begin{pmatrix}1\\1\\2\end{pmatrix} \quad\Rightarrow\quad \overline{FC} = |\overrightarrow{FC}| = \sqrt{1^2+1^2+2^2} = \sqrt{6}$

und $\overrightarrow{MC} = \begin{pmatrix}0\\0\\3\end{pmatrix} \quad\Rightarrow\quad \overline{MC} = |\overrightarrow{MC}| = 3$

Also: $\sin\alpha \approx 0{,}8165 \quad\Rightarrow\quad \alpha \approx 54{,}74°$

b) **Volumen der Pyramide**

$V = \frac{1}{3}A_G \cdot h$ elementargeometrisch

$= \frac{1}{3}\cdot\frac{9}{2}\sqrt{3}\cdot 4\sqrt{3}$ mit $A_G = \frac{a^2}{4}\sqrt{3}$

$= 18$ VE

Das Dreieck ABC ist gleichseitig, denn

$|\overrightarrow{AB}| = \sqrt{9+9} = |\overrightarrow{AC}| = |\overrightarrow{BC}| = 3\sqrt{2}$ LE $\hat{=}$ a in A_G,

$A_G = \frac{1}{4}(3\sqrt{2})^2\cdot\sqrt{3} = \frac{9}{2}\sqrt{3}$ FE.

oder:

$V = \frac{1}{6}|(\overrightarrow{AB}\times\overrightarrow{AC})\cdot\overrightarrow{AS}|$ Spatprodukt

$$= \frac{1}{6}\left|\begin{vmatrix}-3 & 0 & -5\\ 3 & 3 & -2\\ 0 & 3 & 5\end{vmatrix}\right|$$

$$= \frac{1}{6}|(-3(15+6)-0-5(9-0))|$$

$$= \frac{1}{6}|-63-45| = 18 \text{ VE}$$

Oberflächeninhalt der Pyramide:

$$A_O = A_G + 3 \cdot A_S$$

$$A_S = \frac{1}{2}|\overrightarrow{AB}| \cdot |\overrightarrow{SM}_{\overline{AB}}|; \quad M_{\overline{AB}}\left(\frac{7}{2}; \frac{7}{2}; 0\right)$$ Mittelpunkt der Seite $\overline{AB}$

$$= \frac{1}{2} \cdot 3\sqrt{2} \cdot \frac{3}{2}\sqrt{22}; \quad |\overrightarrow{SM}_{\overline{AB}}| = \sqrt{\frac{49}{4} + \frac{49}{4} + 25}$$

$$= \sqrt{\frac{198}{4}} = \frac{3}{2}\sqrt{22}$$

$$= \frac{9}{4} \cdot \sqrt{44} = \frac{9}{2}\sqrt{11} \text{ FE}$$

oder: $$A_S = \frac{1}{2}|\overrightarrow{AB} \times \overrightarrow{AS}| = \frac{1}{2}\left|\begin{pmatrix} -3 \\ 3 \\ 0 \end{pmatrix} \times \begin{pmatrix} -5 \\ -2 \\ 5 \end{pmatrix}\right|$$

$$= \frac{1}{2}\left|\begin{pmatrix} 15 \\ 15 \\ 21 \end{pmatrix}\right| = \frac{1}{2}\sqrt{15^2 + 15^2 + 21^2}$$

$$= \frac{1}{2}\sqrt{891} = \frac{9}{2}\sqrt{11} \text{ FE}$$

Damit gilt:

$$A_O = A_G + 3 \cdot A_S = \frac{9}{2}\sqrt{3} + 3 \cdot \frac{9}{2}\sqrt{11}$$

$$= \frac{9}{2}(\sqrt{3} + 3\sqrt{11}) \text{ FE}$$

$$\approx 52{,}57 \text{ FE}$$

c) **Schnittebene parallel zur Grundfläche der Pyramide**

Die Schnittebene η soll parallel zur Ebene $\varepsilon(ABC)$ verlaufen, die die Grundfläche der Pyramide enthält und außerdem durch den Mittelpunkt M_w des Würfels geht.

$\eta \parallel \varepsilon(ABC)$ bedeutet: $\vec{n}_\eta = \vec{n}$

η: $x + y - z = d$ und M_w: $\overrightarrow{OM}_w = \overrightarrow{OS} + \frac{1}{2}\overrightarrow{SM}$

$$= \begin{pmatrix} 0 \\ 0 \\ 5 \end{pmatrix} + \frac{1}{2}\begin{pmatrix} 5 \\ 5 \\ -5 \end{pmatrix} = \begin{pmatrix} \frac{5}{2} \\ \frac{5}{2} \\ \frac{5}{2} \end{pmatrix} \Rightarrow M_W\left(\frac{5}{2}; \frac{5}{2}; \frac{5}{2}\right)$$

$$M_W \in \eta: \quad \frac{5}{2} + \frac{5}{2} - \frac{5}{2} = d$$

$$d = \frac{5}{2}$$

$$x + y - z = \frac{5}{2}$$ parameterfreie Gleichung der Schnittebene

Koordinaten des Punktes A'

A' ist der Eckpunkt der kleinen Pyramide und liegt auf der Seitenkante $\overline{AS}$ der großen Pyramide. Wir erhalten demnach den Punkt A' als Schnittpunkt der Schnittebene η mit der Geraden

$$g(AS):\ \vec{x} = \overrightarrow{OA} + t \cdot \overrightarrow{AS},\ t \in \mathbb{R}$$

$$= \begin{pmatrix} 5 \\ 2 \\ 0 \end{pmatrix} + t \begin{pmatrix} -5 \\ -2 \\ 5 \end{pmatrix}$$

$$g(AS) \text{ in } \eta:\ (5-5t)+(2-2t)-5t = \frac{5}{2} \ \Rightarrow\ -12t = -\frac{9}{2}$$

$$t = \frac{3}{8}$$

$$A':\ \vec{x} = \begin{pmatrix} 5 \\ 2 \\ 0 \end{pmatrix} + \frac{3}{8}\begin{pmatrix} -5 \\ -2 \\ 5 \end{pmatrix} = \begin{pmatrix} \frac{25}{8} \\ \frac{10}{8} \\ \frac{15}{8} \end{pmatrix},\ A'\left(\frac{25}{8}; \frac{5}{4}; \frac{15}{8}\right)$$

d) **Diskussion eines Verpackungsproblems**

In der laut Skizze 2 vorgegebenen Lage des Quaders ist zu untersuchen, ob dieser gemeinsam mit der Pyramide „störungsfrei" in den Würfel passt. Schneidet die Seitenkante $\overline{AS}$ z. B. eine der beiden Ebenen, die entweder die Deckfläche (z = 2) oder die „rechte" Seitenfläche (y = 1) des Quaders enthält, in einem „inneren" Punkt, so wäre dies nicht möglich.

z = 2 parameterfreie Gleichung der Deckebene des Quaders

$$g(AS):\ \vec{x} = \begin{pmatrix} 5 \\ 2 \\ 0 \end{pmatrix} + t_1 \begin{pmatrix} -5 \\ -2 \\ 5 \end{pmatrix},\ t_1 \in \mathbb{R}$$

Aus $z = 2 = 5t_1$ folgt $t_1 = \frac{2}{5}$, Durchstoßpunkt $D_1\left(3; \frac{6}{5}; 2\right)$.

Die Koordinate $y_{D_1} = \frac{6}{5} > 1$ sagt aus, dass die Kante $\overline{AS}$ „rechts" neben dem Quader die Deckebene in der Höhe 2 durchstößt, also am Quader vorbeiläuft. Beide Körper können gemeinsam verpackt werden.

oder:

Analog gilt
y = 1 parameterfreie Gleichung der Seitenebene des Quaders

$$g(AS):\ \vec{x} = \begin{pmatrix} 5 \\ 2 \\ 0 \end{pmatrix} + t_2 \begin{pmatrix} -5 \\ -2 \\ 5 \end{pmatrix},\ t_2 \in \mathbb{R}$$

Aus $y = 1 = 2 - 2t_2$ folgt $t_2 = \frac{1}{2}$, Durchstoßpunkt $D_2\left(\frac{5}{2}; 1; \frac{5}{2}\right)$.

Hier ist die Koordinate $z_{D_2} = \frac{5}{2} > 2$ entscheidend, denn die Kante $\overline{AS}$ durchstößt „oberhalb" des Quaders die Seitenebene in der Entfernung 1 von der xz-Ebene, also ebenfalls am Quader vorbeiläuft.

oder:

Man zeigt die windschiefe Lage der Seitenkante $\overline{AS}$ der Pyramide und der „rechten oberen" Deckkante des Quaders und berechnet den Abstand beider in den Punkten G und H, wobei die Strecke $\overline{GH}$ orthogonal zu beiden Geraden ist.

$$g(AS):\ \vec{x} = \begin{pmatrix} 5 \\ 2 \\ 0 \end{pmatrix} + t\begin{pmatrix} -5 \\ -2 \\ 5 \end{pmatrix}$$

$$g(UV):\ \vec{x} = \begin{pmatrix} 5 \\ 1 \\ 2 \end{pmatrix} + m\begin{pmatrix} -5 \\ 0 \\ 0 \end{pmatrix},\ U(5;1;2), V(0;1;2)$$ Punkte auf der „rechten oberen" Deckkante

Ergebnis: $H\left(\frac{85}{29}; \frac{34}{29}; \frac{60}{29}\right) \in g(AS)$

$G\left(\frac{85}{29}; 1; 2\right) \in g(UV)$

Vergleich der Koordinaten:

$y_H = \frac{34}{29} > 1 = y_G$, H „liegt weiter rechts" als G

$z_H = \frac{60}{29} > 2 = z_G$, H „liegt über" G

Der Abstand beider windschiefer Geraden wäre

$$\overline{GH} = d(g(AS), g(UV)) = \left| \left[\begin{pmatrix} 5 \\ 2 \\ 0 \end{pmatrix} - \begin{pmatrix} 5 \\ 1 \\ 2 \end{pmatrix} \right] \cdot \begin{pmatrix} 0 \\ 5 \\ 2 \end{pmatrix} \cdot \frac{1}{\sqrt{29}} \right| = \frac{1}{\sqrt{29}} \text{ LE.}$$

Die Pyramidenkante $\overline{AS}$, die den Punkt H enthält, läuft an der Quaderkante $\overline{UV}$, die den Punkt G enthält, „rechts oberhalb" im Abstand $\overline{GH} = \frac{1}{\sqrt{29}}$ LE vorbei, womit Quader und Pyramide gemeinsam im Würfel verpackt werden können.

Hinweis:

Der Quader könnte gemeinsam mit der Pyramide im Würfel aus Symmetriegründen auch so verpackt werden, dass seine längste Kante parallel zur y-Achse verlaufen würde.

Leistungskurs Mathematik (Thüringen): Abiturprüfung 2004
Aufgabe B2: Stochastik/Wahrscheinlichkeitsrechnung

Der Biologe Dr. Falsch untersucht Fehlbildungen bei Blättern einiger einheimischer Baumarten. Dabei hat er bereits interessante Beobachtungen angestellt.
Eine Form von Fehlbildungen tritt bei der Baumart X mit einer Wahrscheinlichkeit von 3 %, der Baumart Y von 4 % und der Baumart Z von 0,5 % auf.

a) Ein Korb enthält sechzig Blätter der Baumart X, dreißig der Baumart Y und zehn der Baumart Z.
Ermitteln Sie die Wahrscheinlichkeiten folgender Ereignisse:
A:= „Ein zufällig entnommenes Blatt besitzt diese Fehlbildung."
B:= „Ein zufällig entnommenes Blatt ist von der Baumart X und besitzt die Fehlbildung nicht."
C:= „Zwei mit einem Griff zufällig entnommene Blätter gehören zu unterschiedlichen Baumarten."
Ein zufällig entnommenes Blatt besitzt diese Fehlbildung nicht.
Mit welcher Wahrscheinlichkeit ist es von der Baumart Z?
Mit welcher Wahrscheinlichkeit sind von fünf mit einem Griff zufällig entnommenen Blättern genau zwei von der Baumart Y? (8 BE)

Eine weitere Form von Fehlbildungen tritt mit einer Wahrscheinlichkeit von 3 % auf. Sie ist nur mikroskopisch erkennbar. Tritt diese Form der Fehlbildung auf, so wird sie beim Betrachten eines Blattteiles unter dem Mikroskop mit einer Wahrscheinlichkeit von 55 % erkannt.

b) Wie oft muss man mindestens Teile eines Blattes mit dieser Fehlbildung mikroskopisch untersuchen, um diese Fehlbildung mit einer Wahrscheinlichkeit von mindestens 95 % zu erkennen (also mindestens einmal zu beobachten)? (2 BE)

c) Bei einem speziellen Baum beträgt die Wahrscheinlichkeit, dass mindestens 700 Blätter diese Fehlbildung besitzen, 10,75 %.
Wie viele Blätter hat der Baum? (4 BE)

d) Herr Dr. Durchblick teilt mit, er habe ein Verfahren entwickelt, mit dem man auch ohne Mikroskop diese Fehlbildung mit einer Wahrscheinlichkeit von 70 % erkennen kann.
Stellen Sie einen Prüfplan auf, mit dem Herrn Dr. Durchblicks Aussage getestet werden kann! Dabei soll die Wahrscheinlichkeit, dass man irrtümlich annimmt, mit dieser Methode könne man diese Fehlbildung nur mit einer Wahrscheinlichkeit von weniger als 70 % erkennen, unter fünf Prozent bleiben. (4 BE)

e) In einem Gefäß befindet sich eine unbekannte Anzahl von Blättern, unter ihnen genau drei mit dieser Form der Fehlbildung.
Die Wahrscheinlichkeit, beim Entnehmen zweier Blätter mit einem Griff genau ein Blatt mit dieser Fehlbildung zu erhalten, beträgt 22 %.
Wie viele Blätter sind in dem Gefäß? (2 BE)

(20 BE)

Lösungen

a) **Wahrscheinlichkeiten**

Baumdiagramm:

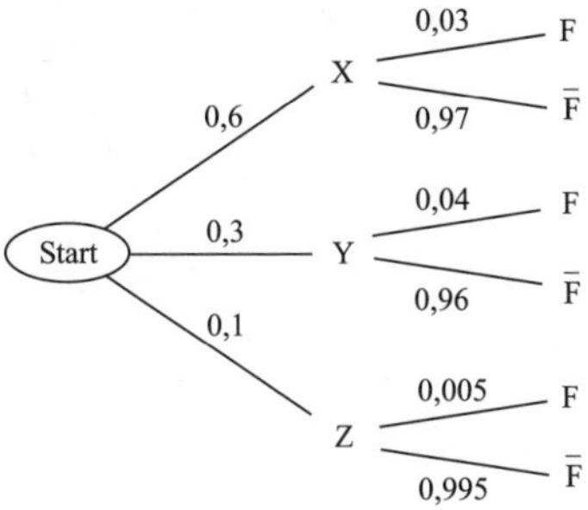

X, Y, Z – Baumarten
F – Fehlbildung

$$\begin{aligned} P(A) &= 0{,}6\cdot 0{,}03 + 0{,}3\cdot 0{,}04 + 0{,}1\cdot 0{,}005 \\ &= 0{,}018 + 0{,}012 + 0{,}0005 = 0{,}0305 \end{aligned}$$

1. und 2. Pfadregel

$$P(B) = 0{,}6\cdot 0{,}97 = 0{,}582$$

$$\begin{aligned} P(C) &= 1-(P(XX)+P(YY)+P(ZZ)) \\ &= 1-\left(\frac{60}{100}\cdot\frac{59}{99}+\frac{30}{100}\cdot\frac{29}{99}+\frac{10}{100}\cdot\frac{9}{99}\right) \\ &= \frac{6}{11} \end{aligned}$$

„zwei mit einem Griff“ heißt „Ziehen ohne Zurücklegen“
über Gegenereignis

oder:

$$P(C) = \frac{\binom{60}{1}\cdot\binom{30}{1}+\binom{60}{1}\cdot\binom{10}{1}+\binom{30}{1}\cdot\binom{10}{1}}{\binom{100}{2}} = \frac{6}{11}$$

mithilfe von Binomialkoeffizienten

$$\begin{aligned} P(D) &= \frac{0{,}1\cdot 0{,}995}{0{,}1\cdot 0{,}995+0{,}3\cdot 0{,}96+0{,}6\cdot 0{,}97} \\ &\approx 0{,}1026 \end{aligned}$$

Satz von Bayes
D – Blatt von Z ohne Fehlbildung

$$\begin{aligned} P(E) &= \binom{5}{2}\cdot\left(\frac{30}{100}\cdot\frac{29}{99}\cdot\frac{70}{98}\cdot\frac{69}{97}\cdot\frac{68}{96}\right) \\ &\approx 0{,}3162 \end{aligned}$$

E – von fünf mit einem Griff zufällig entnommenen Blättern genau zwei von Baumart Y

oder:

$$P(E) = \frac{\binom{30}{2}\cdot\binom{70}{3}}{\binom{100}{5}} \approx 0{,}3162$$

hypergeometrische Verteilung

b) **Wie viele Untersuchungen sind erforderlich?**

X – Anzahl der als fehlerhaft erkannten Blätter
X ist binomialverteilt mit p = 0,55

$$P(X \geq 1) \geq 0{,}95$$
$$1 - P(X = 0) \geq 0{,}95$$
$$1 - \binom{n}{0} \cdot 0{,}55^0 \cdot (1 - 0{,}55)^{n-0} \geq 0{,}95$$
$$1 - 0{,}45^n \geq 0{,}95$$
$$0{,}45^n \leq 0{,}05, \qquad \ln 0{,}45 < 0$$
$$n \geq 3{,}75 \qquad \Rightarrow n = 4$$

Es müssen mindestens 4 Untersuchungen durchgeführt werden.

c) **Wie viele Blätter hat der Baum?**

Y – Anzahl der mit der Fehlbildung behafteten Blätter an speziellem Baum
Y ist binomialverteilt mit p = 0,03 und k = 700.

Es gilt $P(Y \geq 700) = 0{,}1075$
$$1 - P(Y \leq 699) = 0{,}1075$$
$$P(Y \leq 699) = 0{,}8925$$

Näherung mithilfe von Moivre-Laplace:

$$P(Y \leq 699) \approx \Phi(Y) \text{ mit } Y = \frac{699 - 0{,}03n + 0{,}5}{\sqrt{0{,}03 \cdot 0{,}97 \cdot n}}$$
$$\mu = 0{,}03n; \quad \sigma = \sqrt{0{,}03 \cdot 0{,}97 \cdot n}$$
$$\sigma^2 = 0{,}0291n > 9 \quad \text{(Faustregel)}$$
$$Y = \frac{699 - 0{,}03n + 0{,}5}{\sqrt{0{,}0291n}} = 1{,}24, \quad \Phi(1{,}24) = 0{,}89251 \quad \text{Tabelle Normalverteilung}$$
$$699 - 0{,}03n = 1{,}24\sqrt{0{,}0291} \cdot \sqrt{n}, \quad \textit{Substitution}: \sqrt{n} = z$$
$$0{,}03z^2 + 0{,}21153z - 699{,}5 = 0$$
$$z^2 + 7{,}051z - 23316{,}\overline{6} = 0$$
$$z_{1/2} \approx -3{,}5255 \pm \sqrt{23329{,}1}$$
$$\sqrt{n} = z_1 \approx 149{,}21 \quad \Rightarrow \quad n_1 \approx 22\,264$$
$$\sqrt{n} = z_2 \approx 156{,}26 \quad \Rightarrow \quad n_2 \approx 24\,417 \quad \text{(entfällt wegen Mindestforderung)}$$

Der Baum hat etwa 22 264 Blätter.

d) **Prüfplan**

X sei die Anzahl der mit Fehlbildung behafteten Blätter, die nach dem neuen Verfahren erkannt werden.
Die Hypothese H_0: $p_0 \overset{(>)}{=} 0{,}7$ werde in $\overline{A} = \{0, \ldots, k\}$ (Ablehnungsbereich) verworfen, d. h. es muss gelten:

$P(X \leq k) \leq 0{,}05.$

Für n = 50 (untersuchte Blätter) liest man aus der Tabelle für die kumulative Binomialverteilung den Wert k = 29 ab, d. h. der Ablehnungsbereich ist $\overline{A} = \{0, \ldots, 29\}$.

Die Irrtumswahrscheinlichkeit beträgt dabei $P(\overline{A}) = P(X \leq 29) \approx 0{,}04776$ also ca. 4,8 %.
Bei n = 30 erhält man als Tabellenwert k = 16, d. h. der Ablehnungsbereich ergibt sich zu $\overline{A} = \{0, \ldots, 16\}$ mit einem Fehler von ca. 4 %.

e) **Wie viele Blätter sind in dem Gefäß?**

Baumdiagramm:

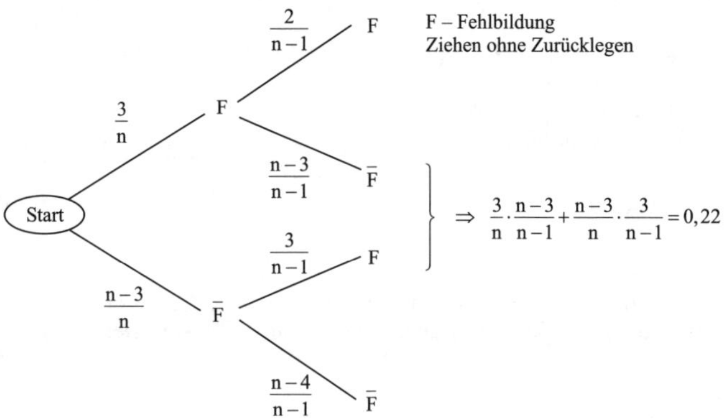

$$2 \cdot \left(\frac{3}{n} \cdot \frac{n-3}{n-1} \right) = 0{,}22$$

$$0{,}11n^2 - 3{,}11n + 9 = 0$$

$$n_{1/2} \approx 14{,}136 \pm 10{,}864$$

$$n_1 \approx 24{,}99 \;\Rightarrow\; n = 25$$

$$n_2 \approx 3{,}27 \text{ (entfällt)}$$

Es sind 25 Blätter in dem Gefäß.

Leistungskurs Mathematik (Thüringen): Abiturprüfung 2004
Aufgabe C: Themenübergreifende Aufgabe

a) Ermitteln Sie alle reellen Zahlen x, für die die Funktion f mit der Gleichung $f(x) = \sqrt{2-x} \cdot \ln x$ definiert ist! (2 BE)

b) Für eine Zahlenfolge (a_n) gelte: $a_{2000} = u$ $(u \neq 0)$ und $a_{2002} = v$.
Ermitteln Sie das Folgenglied a_{2004}, wenn
(1) (a_n) eine arithmetische Zahlenfolge bzw.
(2) (a_n) eine geometrische Zahlenfolge ist! (2 BE)

c) Bestimmen Sie $\int (x+1) \cdot \sin x \, dx$! (2 BE)

d) Erfahrungsgemäß sind 70 % aller Abiturienten Nichtraucher.
Mit welcher Wahrscheinlichkeit befinden sich in einem Kurs mit 25 Abiturienten mindestens 15 Nichtraucher. Wie viele Raucher sind unter 870 Abiturienten zu erwarten? (2 BE)

e) Gegeben sind die Vektoren

$$\vec{a} = \begin{pmatrix} 2 \\ -5 \\ 3 \end{pmatrix}, \vec{b}_t = \begin{pmatrix} -20 \\ t \\ 8 \end{pmatrix} \text{ und } \vec{c} = \begin{pmatrix} 6 \\ -3 \\ 1 \end{pmatrix}.$$

Bestimmen Sie t $(t \in \mathbb{R})$ so, dass die Vektoren $\vec{a}$, $\vec{b}_t$ und $\vec{c}$ linear abhängig sind! (2 BE)

(10 BE)

Lösungen

a) **Definitionsbereich**

$f(x) = \sqrt{2-x} \cdot \ln x$

Die Wurzelfunktion ist definiert, wenn der Radikand nicht negativ ist, d. h. es muss gelten $2 - x \geq 0$, also $x \leq 2$. Außerdem gilt für die Logarithmusfunktion, dass ihr Argument positiv reell sein muss, also $x > 0$.
Der Definitionsbereich lautet $0 < x \leq 2,\ x \in \mathbb{R}$.

b) **Folgenglied a_{2004}**

Bei einer arithmetischen Zahlenfolge (a_n) ist die Differenz zweier benachbarter Glieder konstant, es gilt $d = a_{n+1} - a_n$. Im gegebenen Falle erhalten wir

$$\begin{aligned} a_{2004} &= a_{2002} + 2d && \text{rekursiv} \\ &= a_{2000} + 2d + 2d \\ &= a_{2000} + 4d && \text{mit } d = \frac{a_{2002} - a_{2000}}{2} = \frac{v-u}{2} \\ &= u + 4 \cdot \frac{v-u}{2} \\ &= 2v - u \end{aligned}$$

Bei einer geometrischen Zahlenfolge (a_n) ist der Quotient zweier benachbarter Glieder konstant, es gilt $q = \frac{a_{n+1}}{a_n}$ $(a_n \neq 0)$.

$$\begin{aligned} a_{2004} &= a_{2002} \cdot q^2 && \text{rekursiv} \\ &= a_{2000} \cdot q^2 \cdot q^2 \\ &= a_{2000} \cdot q^4 && \text{mit } q^2 = \frac{a_{2002}}{a_{2000}} = \frac{v}{u} \\ &= u \cdot \left(\frac{v}{u}\right)^2 \\ &= \frac{v^2}{u},\quad u \neq 0. \end{aligned}$$

oder:

$a_k = a_1 + (k-1) \cdot d$ explizite Bildungsvorschrift der arithmetischen Zahlenfolge

$$\begin{aligned} &(1)\quad a_{2002} = a_1 + 2001 \cdot d \\ &(2)\quad a_{2000} = a_1 + 1999 \cdot d \quad \Big\downarrow - \end{aligned}$$

$$\begin{aligned} a_{2002} - a_{2000} &= 2d \\ v - u &= 2d \end{aligned}$$

in $\quad a_{2004} = a_{2002} + 2d = v + 2d = 2v - u$

$a_k = a_1 \cdot q^{k-1}$ explizite Bildungsvorschrift der geometrischen Zahlenfolge

$$\begin{aligned} &(1)\quad a_{2002} = a_1 \cdot q^{2001} \\ &(2)\quad a_{2000} = a_1 q^{1999} \quad \Big\downarrow : \end{aligned}$$

$$\begin{aligned} \frac{a_{2002}}{a_{2000}} &= q^2 \\ \frac{v}{u} &= q^2 \end{aligned}$$

in $\quad a_{2004} = a_{2002} \cdot q^2 = v \cdot \frac{v}{u} = \frac{v^2}{u}$ $(u \neq 0)$

c) $\int (\mathbf{x+1}) \cdot \mathbf{\sin x \, dx}$

$u(x) = x + 1, \quad u'(x) = 1$ partielle Integration

$v'(x) = \sin x, \quad v(x) = -\cos x$

$$\int (x+1) \cdot \sin x \, dx = (x+1) \cdot (-\cos x) + \int \cos x \, dx$$
$$= -(x+1) \cdot \cos x + \sin x + c$$

d) **Wahrscheinlichkeit**

X sei die Anzahl der Nichtraucher unter den Abiturienten. X ist binomialverteilt mit $p = 0{,}7$ und $n = 25$.

$$P(X \geq 15) = 1 - P(X \leq 14)$$
$$\approx 1 - 0{,}09780 \quad \text{(Tabellenwert)}$$
$$= 0{,}9022$$

Die Wahrscheinlichkeit der Nichtraucher in diesem Kurs beträgt etwa 90 %.

$$E(X) = n \cdot (1 - p) \quad \text{für Raucher}$$
$$= 870 \cdot 0{,}3$$
$$= 261$$

Es sind unter 870 Abiturienten 261 Raucher zu erwarten.

e) **Parameter t für lineare Abhängigkeit der Vektoren**

$$u \cdot \vec{a} + v \cdot \vec{b}_t + w \cdot \vec{c} = \vec{0}$$

$$u \begin{pmatrix} 2 \\ -5 \\ 3 \end{pmatrix} + v \begin{pmatrix} -20 \\ t \\ 8 \end{pmatrix} + w \begin{pmatrix} 6 \\ -3 \\ 1 \end{pmatrix} = \begin{pmatrix} 0 \\ 0 \\ 0 \end{pmatrix}$$

$$\begin{array}{ll|l} (1) & 2u - 20v + 6w = 0 & \downarrow + \quad \downarrow - \\ (2) & -5u + t \cdot v - 3w = 0 & \cdot 2 \\ (3) & 3u + 8v + w = 0 & \quad\quad \cdot 6 \\ \hline (1) & 2u - 20v + 6w = 0 & \\ (2) & -8u + (2t-20)v = 0 & \downarrow \cdot(-2) \\ (3) & -16u - 68v = 0 & \quad + \\ \hline \end{array}$$

$$-2(2t-20)v - 68v = 0$$
$$(-4t + 40 - 68)v = 0 \quad \text{für } v \neq 0 \text{ linear abhängig}$$
$$-4t - 28 = 0$$
$$t = -7$$

Für $t = -7$ sind die Vektoren $\vec{a}, \vec{b}_t$ und $\vec{c}$ linear abhängig.

oder:

Die Vektoren $\vec{a}, \vec{b}_t$ und $\vec{c}$ sind linear abhängig, wenn die zugehörige Koeffizientendeterminante gleich null ist.

$$D = \begin{vmatrix} 2 & -20 & 6 \\ -5 & t & -3 \\ 3 & 8 & 1 \end{vmatrix} = 2(t+24) - (-20)(-5+9) + 6(-40-3t) = 0$$
$$-112 - 16t = 0$$
$$t = -7$$

Leistungskurs Mathematik (Thüringen): Abiturprüfung 2004
Aufgabe A1: Analysis mit CAS

Für jede reelle Zahl $t \geq 0$ ist eine Funktion f_t durch die Gleichung

$$y = f_t(x) = t \cdot x + \sin(2x) \text{ mit } x \in \mathbb{R}$$

gegeben.
Die Abbildung zeigt die Graphen der Funktionen f_0, f_1 und f_3 im Intervall $0 \leq x \leq 5$.

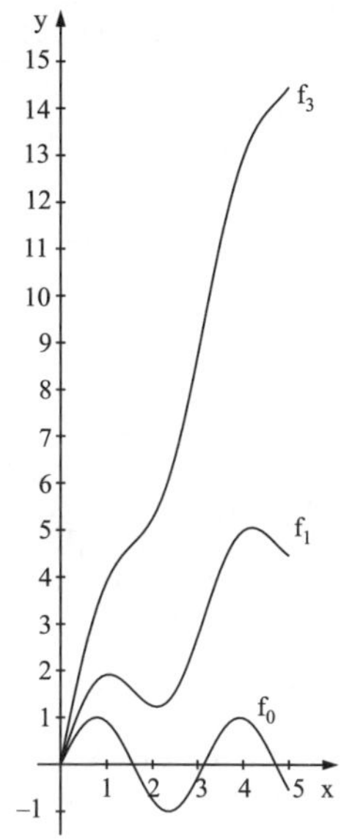

(Skizze nicht maßstäblich)

a) Berechnen Sie – falls sie existieren – die Koordinaten des jeweils ersten lokalen Maximumpunktes im I. Quadranten für die Graphen f_0, f_1 und f_3!
Diskutieren Sie anhand der drei Graphen der Funktionen f_0, f_1 und f_3 im vorgegebenen Intervall $0 \leq x \leq 5$, wie sich die Anzahl der Nullstellen, lokalen Extrempunkte bzw. der Wendepunkte ändert!
Das Flächenstück, das von den Graphen der Funktionen f_1 und f_3 sowie den Geraden mit den Gleichungen $x = 0$ und $x = \frac{\pi}{4}$ vollständig eingeschlossen wird, rotiert um die x-Achse.
Berechnen Sie das Volumen dieses Rotationskörpers! (10 BE)

b) Die Parallelen zu den Koordinatenachsen durch den Punkt $P(\pi; f_t(\pi))$ des Graphen f_t mit $t > 1$ schneiden diese in den Punkten Q und S.
Für welche Parameterwerte t teilt der Graph von f_t die Fläche des Rechtecks OSPQ im Verhältnis 1 : 1?
Hinweise: O bezeichnet den Koordinatenursprung und alle Funktionswerte von f_t im Intervall $0 \leq x < \pi$ sind kleiner als $f_t(\pi)$. (4 BE)

Gegeben ist jetzt die Funktion f_1 mit $f_1(x) = x + \sin(2x)$ mit $x \in \mathbb{R}$.

c) Ermitteln Sie alle Punkte V des Graphen der Funktion f_1, die von den beiden Koordinatenachsen gleich weit entfernt sind!
Zeigen Sie, dass diese Punkte V Wendepunkte des Graphen von f_1 sind! (3 BE)

d) Die lokalen Maximumpunkte

$$H_k\left(\frac{\pi}{3} + k \cdot \pi; \frac{1}{2}\sqrt{3} + \frac{\pi}{3} + k \cdot \pi\right)$$

und die lokalen Minimumpunkte

$$T_k\left(\frac{2}{3}\pi + k \cdot \pi; -\frac{1}{2} \cdot \sqrt{3} + \frac{2}{3}\pi + k \cdot \pi\right)$$

des Graphen der Funktion f_1 mit $k \in \mathbb{Z}$ liegen jeweils auf einer Geraden.
Bestimmen Sie die Gleichungen dieser beiden Ortskurven sowie deren Abstand d! (5 BE)

e) Untersuchen Sie, für welche Anstiege m mit $m \geq 1$ die Gerade $y = mx$ genau einen gemeinsamen Punkt mit dem Graphen der Funktion f_1 hat!
Begründen Sie Ihre Antwort! (4 BE)

f) Untersuchen Sie den Graphen der Funktion f_t mit
$y = f_t(x) = t \cdot x + \sin(2x)$ für $t \geq 0$ und $x \in \mathbb{R}$
auf Symmetrie sowie lokale Extrempunkte in Abhängigkeit vom Parameter t!
Auf den Nachweis der lokalen Extrempunkte wird verzichtet.
Zeigen Sie, dass der Graph von f_2 keine lokalen Extrempunkte besitzt! (4 BE)

(30 BE)

Lösungen

a) Die Lösung der Aufgabe sollte mit einem RESET begonnen werden, um alte Speicherinhalte zu löschen. Außerdem ist darauf zu achten, dass unter MODE das Winkelmaß RAD (Bogenmaß) eingestellt ist, damit die graphischen Darstellungen der Funktion gut gelingen.
Zunächst werden dann die Funktion f_t und ihre ersten drei Ableitungen unter f(t, x), f1(t, x), f2(t, x) und f3(t, x) auf dem CAS-Rechner gespeichert. Dabei ist es wichtig, dass jeweils die Terme der Funktionen und nicht nur ihre Bezeichnungen gespeichert werden, um dynamische Definitionen zu vermeiden.
Die **Gleichungen der Ableitungsfunktionen** sollten in der Niederschrift der Lösung notiert werden:

$$f_t'(x) = t + 2 \cdot \cos(2x);$$
$$f_t''(x) = -4\sin(2x)$$
$$f_t'''(x) = -8\cos(2x)$$

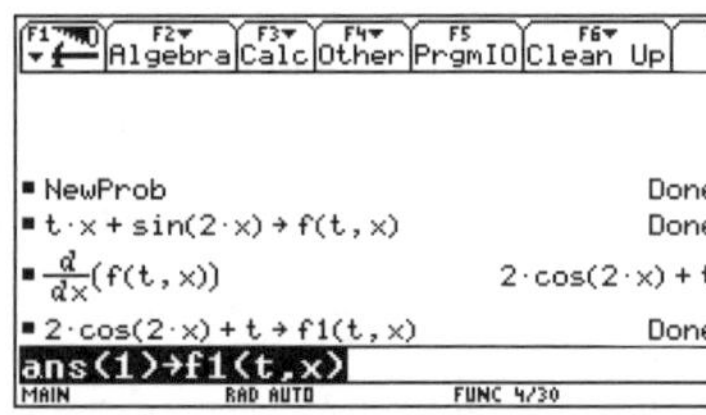

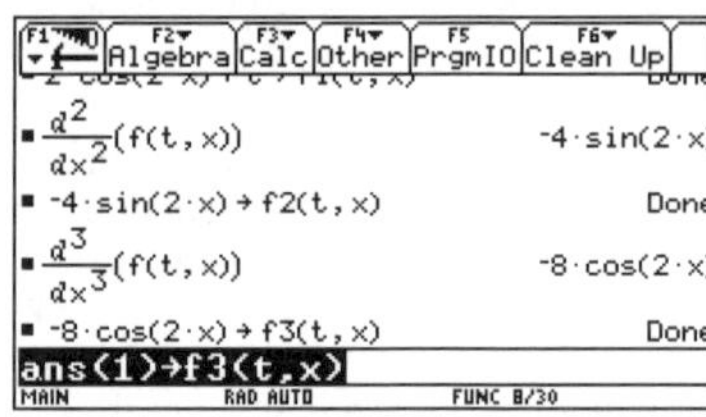

Die **ersten lokalen Maximumpunkte** im I. Quadranten müssen – falls sie existieren – nach der vorgegebenen Abbildung vermutlich im Intervall $0 < x < 2$ liegen. Dies kann bei der Berechnung ihrer Koordinaten berücksichtigt werden.
Für die Funktionen f_0 und f_1 werden die Nullstellen der 1. Ableitung im Intervall $0 < x < 2$ ermittelt (notwendige Bedingung für lokale Extrema), die Vorzeichen der 2. Ableitungsfunktion an dieser Stelle untersucht (hinreichende Bedingung) und der zugehörige Funktionswert ermittelt.

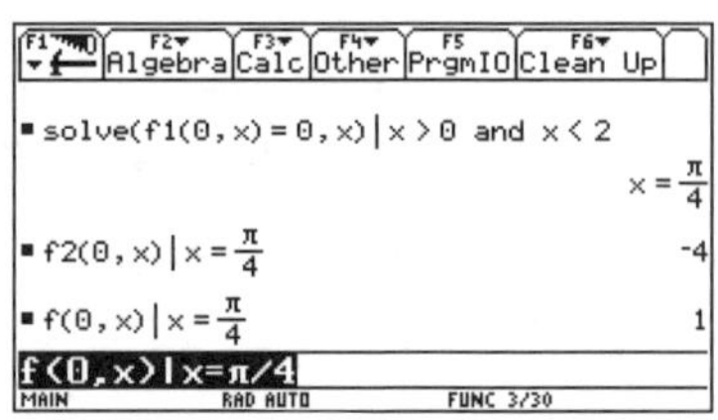

Ergebnisse:
Die Funktion f_0 hat den gesuchten Maximumpunkt in $H_0\left(\frac{\pi}{4};1\right)$ und die Funktion f_1 bei $H_1\left(\frac{\pi}{3};\frac{\sqrt{3}}{2}+\frac{\pi}{3}\right)$.

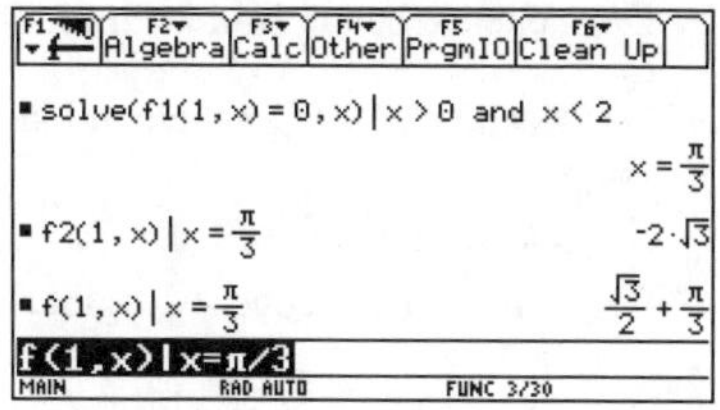

Hinweis:
Man kann anhand der graphischen Darstellung der Funktionen diese Ergebnisse überprüfen. Da aber die Aufgabenstellung die **Berechnung** der Punkte verlangt, sollte man sich nicht auf den Weg über die Graphik beschränken!

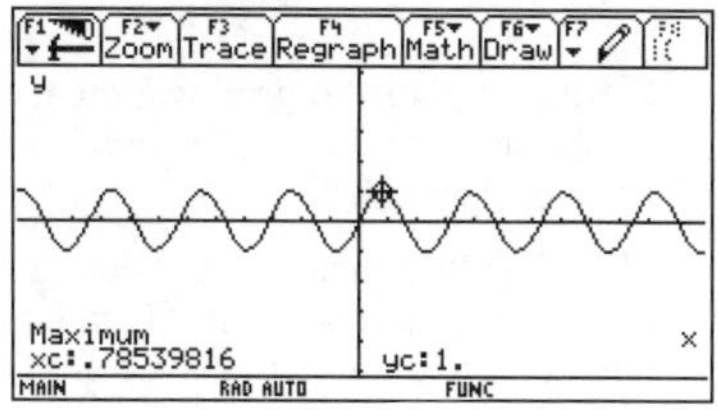

Für f_3 liegen im Intervall $0 < x < 2$ keine Nullstellen der 1. Ableitungsfunktion vor. Deshalb wird diese Ableitungsfunktion auf Nullstellen ohne Einschränkung des Intervalls untersucht. Auch dann gibt es keine Lösungen, so dass f_3 offensichtlich keine lokalen Extrempunkte besitzt, da die notwendige Bedingung nicht erfüllt ist.

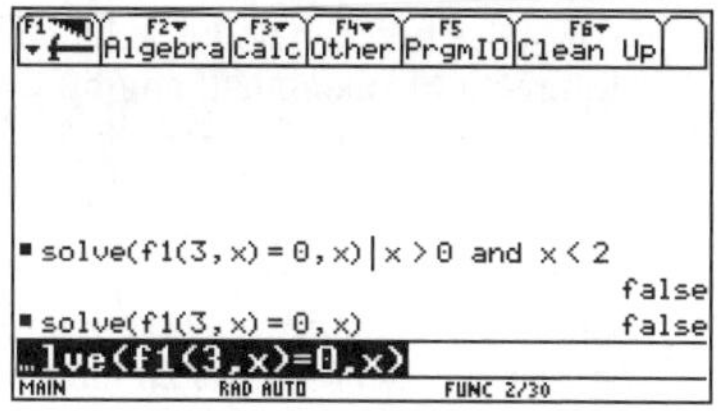

Diskussion der Anzahl von Nullstellen (NST), Extrempunkten (EP) und Wendepunkten (WP) im Intervall $0 \le x \le 5$.

	NST	EP	WP
f_0	4	3	4
f_1	1	3	4
f_3	1	0	4

Die Anzahl der Nullstellen und der Extrempunkte wird also kleiner, während die Anzahl der Wendepunkte gleich bleibt. Die Ursache liegt in dem linearen Summanden tx bzw. t der Funktionsgleichungen, der für f und f' durch den Parameter t beeinflusst wird, während er in f'' verschwindet und also auf die Anzahl der Wendepunkte keinen Einfluss hat. An der Funktionsgleichung für f' erkennt man, dass für alle Werte von t außerhalb des Intervalls $-2 < t < 2$ keine Extrempunkte existieren können. (Dies wird in Teilaufgabe f) genauer beschrieben.) Offensichtlich bleibt aber immer der Koordinatenursprung als Schnittpunkt mit der x-Achse erhalten.

Das **Volumen des Rotationskörpers** berechnet man aus der Differenz der Volumina der bei Rotation der Kurven f_3 und f_1 um die x-Achse im Intervall $0 \le x \le \frac{\pi}{4}$ entstehenden Rotationskörper:

$$V = \pi \cdot \int_0^{\frac{\pi}{4}} \left[(f_3(x))^2 - (f_1(x))^2\right] dx$$

$$= \frac{\pi \cdot (\pi^3 + 24)}{24}$$

$$\approx 7{,}2 \text{ VE}$$

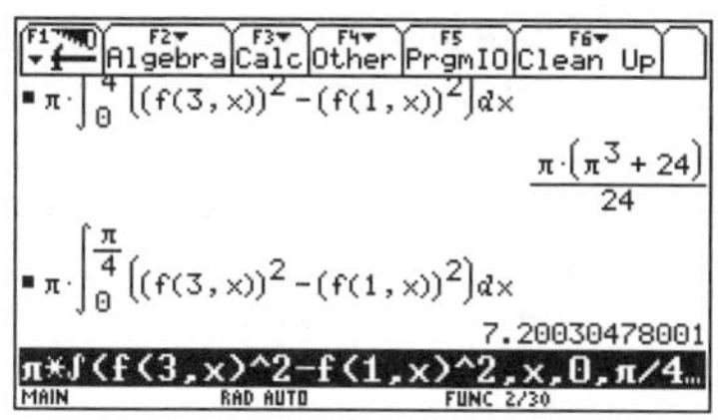

b) Das nebenstehende Bild zeigt die Situation für $t = 2$.
Das Rechteck OSPQ hat einen Flächeninhalt A_R von

$$A_R = \pi \cdot f_t(\pi) = \pi^2 \cdot t \text{ FE.}$$

Die schraffierte Fläche A_S ergibt sich zu

$$A_S = \int_0^{\pi} f_t(x)\,dx = \frac{\pi^2 \cdot t}{2} \text{ FE.}$$

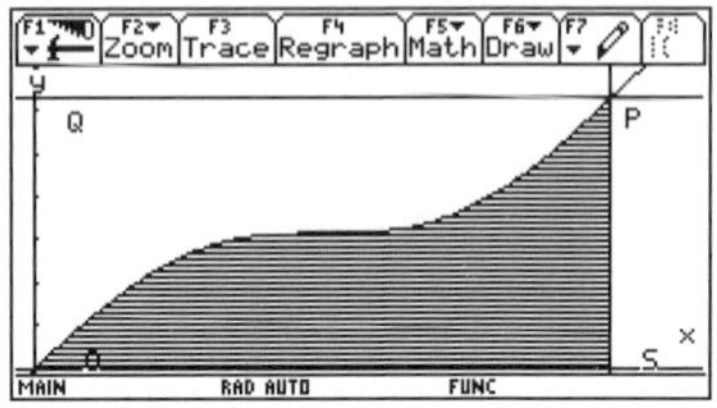

Sie ist also halb so groß wie die Gesamtfläche und demzufolge genau so groß wie der nicht schraffierte Anteil der Rechtecksfläche. Also stehen die beiden Teilflächen für jedes reelle $t > 1$ im **Verhältnis 1 : 1**.

Hinweis: Wie man der Abbildung in der Aufgabenstellung und den bisherigen Überlegungen entnehmen kann, liegt der Graph von f_t für $t > 1$ im Intervall $0 < x \leq \pi$ stets oberhalb der x-Achse, so dass das berechnete Integral tatsächlich den verlangten Flächeninhalt angibt.

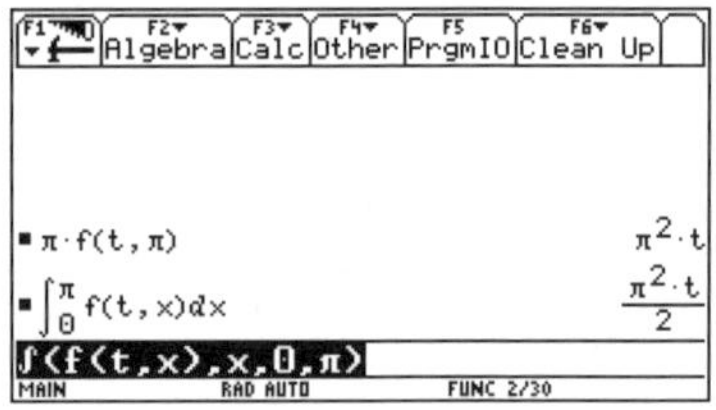

Alternativ:
Man berechnet, mit welchem Faktor k die Maßzahl der Rechtecksfläche zu multiplizieren ist, um die schraffierte Fläche zu erhalten. Das Ergebnis $k = \frac{1}{2}$ lässt sich so interpretieren, dass beide Teilflächen unabhängig von t ($t > 1$) im Verhältnis 1 : 1 stehen.

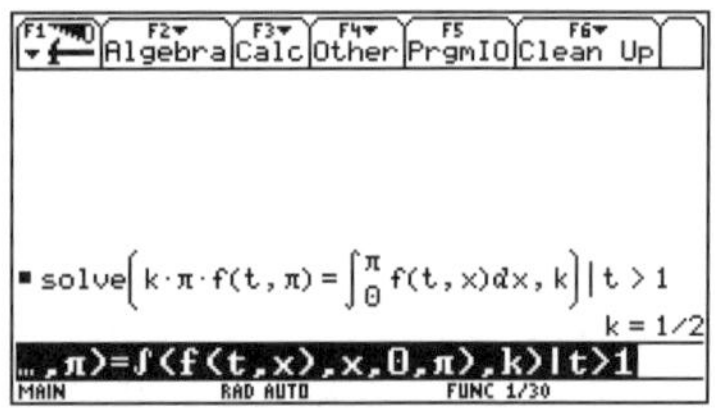

Oder:
Man berechnet wie oben die Rechtecksfläche zu $\pi \cdot f_t(\pi) = \pi^2 \cdot t$ FE und ermittelt dann mit

$$\int_0^{\pi} f_t(x)\,dx = \frac{\pi^2 \cdot t}{2},$$

dass alle reellen Zahlen t mit $t > 1$ diese Gleichung erfüllen.

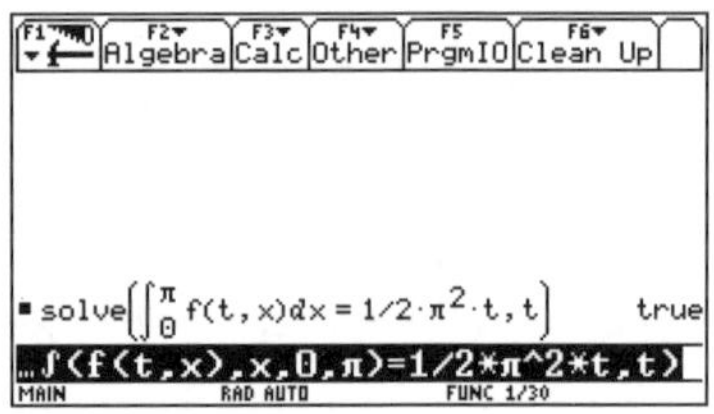

c) Für alle Punkte V von f_1, die **von den Koordinatenachsen gleich weit entfernt** sind, stimmen Abszisse und Ordinate überein. Es sind also die Lösungen der Gleichung $x = f_1(x)$ zu ermitteln. Die Lösungen sind $x = k \cdot \frac{\pi}{2}$ mit $k \in \mathbb{Z}$.
Sie stimmen überein mit den Nullstellen der 2. Ableitungsfunktion von f_t und erfüllen somit die notwendige Bedingung für Wendepunkte. Da die 3. Ableitung von $f_t(x)$ an diesen Stellen den Wert $-8 \cdot (-1)^k$ besitzt, ist auch die hinreichende Bedingung für Wendepunkte gesichert, denn diese Zahl wird niemals null. Für geradzahlige k ist sie negativ. Es liegt dann ein Links-Recht-Wendepunkt vor, sonst ein Rechts-Links-Wendepunkt.

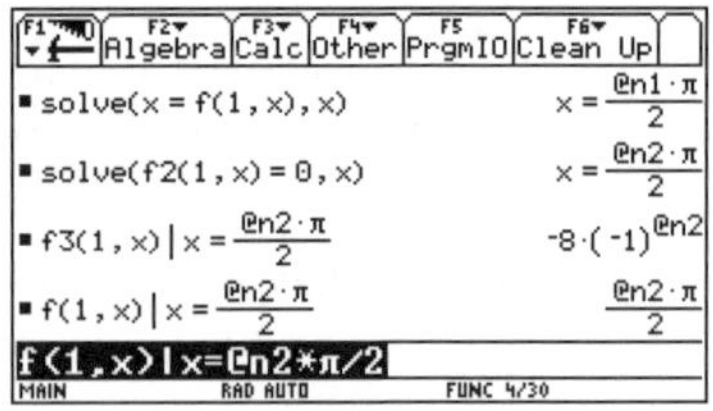

Für die y-Werte dieser Stellen gilt $y = k \cdot \frac{\pi}{2}$ mit $k \in \mathbb{Z}$, somit haben alle Punkte V die Koordinaten $V\left(k \cdot \frac{\pi}{2}; k \cdot \frac{\pi}{2}\right)$ mit $k \in \mathbb{Z}$.

d) Der Aufgabenstellung ist bereits zu entnehmen, dass die Hoch- bzw. Tiefpunkte jeweils auf einer Geraden liegen. Es genügt also, für jeden Fall zwei Hoch- bzw. Tiefpunkte zu berechnen und daraus die jeweilige **Geradengleichung** zu ermitteln.

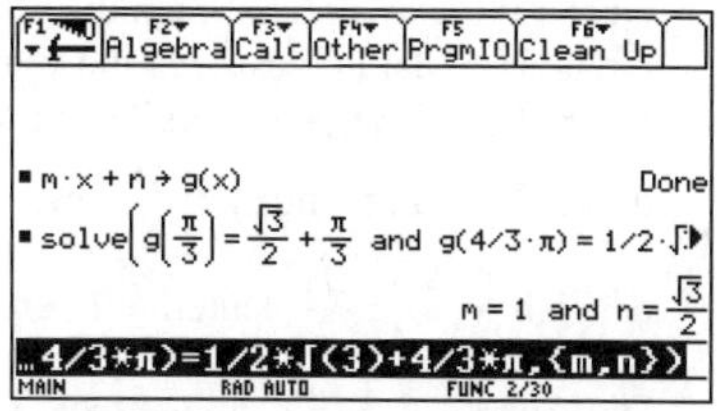

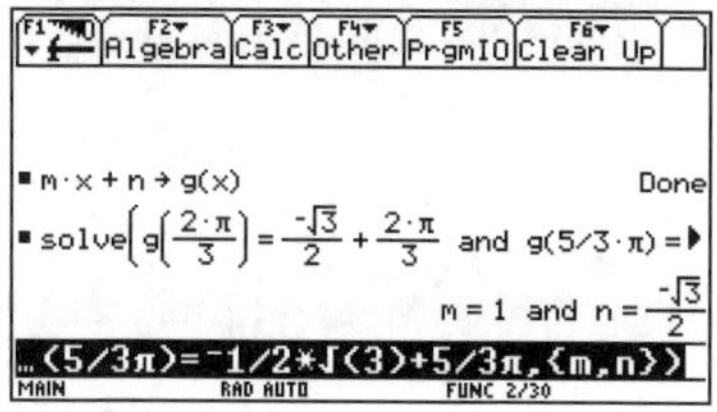

Aus $H_k\left(\frac{\pi}{3} + k \cdot \pi; \frac{1}{2}\sqrt{3} + \frac{\pi}{3} + k \cdot \pi\right)$ ergibt sich

für k = 0 der Punkt $H_0\left(\frac{\pi}{3}; \frac{\sqrt{3}}{2} + \frac{\pi}{3}\right)$ und für

k = 1 der Hochpunkt $H_1\left(\frac{4}{3}\pi; \frac{1}{2}\sqrt{3} + \frac{4}{3}\pi\right)$.

Beide Punkte müssen die Geradengleichung y = mx + n erfüllen. Die Lösungen des zugehörigen Gleichungssystems führen zu

$g_H: y = x + \frac{1}{2}\sqrt{3}.$

Analog ergibt sich für die Tiefpunkte $T_0\left(\frac{2}{3}\pi; -\frac{1}{2}\sqrt{3} + \frac{2}{3}\pi\right)$ und $T_1\left(\frac{5}{3}\pi; -\frac{1}{2}\sqrt{3} + \frac{5}{3}\pi\right)$,

Also: $g_T:\ y = x - \frac{1}{2}\sqrt{3}.$

Durch die graphische Darstellung von f_1, g_H und g_T überzeugt man sich von der Richtigkeit der Rechnung!

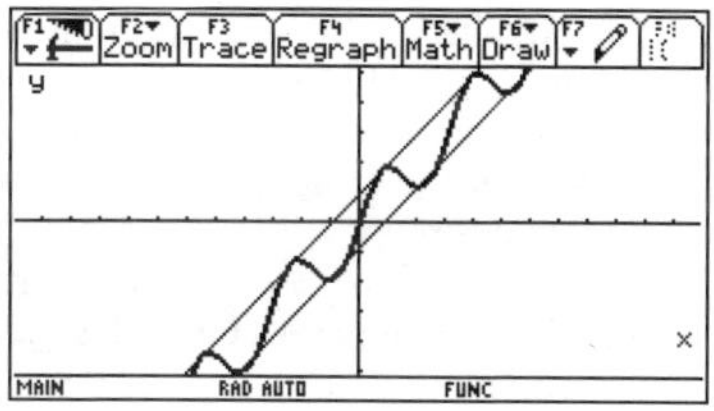

Der **Abstand d** der beiden zueinander parallelen Geraden g_H und g_T entspricht z. B. der Entfernung des Schnittpunktes S_Y von g_H mit der y-Achse und des Schnittpunktes S_X von g_T mit der x-Achse. Er wird berechnet mithilfe des Satzes von Pythagoras:

$$\overline{S_X S_Y} = \sqrt{\left(\frac{\sqrt{3}}{2}\right)^2 + \left(\frac{\sqrt{3}}{2}\right)^2} = \sqrt{2 \cdot \frac{3}{4}} = \frac{\sqrt{6}}{2} \approx 1{,}22 \text{ LE}$$

Alternativ:
Der Abstand der beiden Kurven lässt sich auch aus der graphischen Darstellung mit [F5] 9 : Distance ermitteln.

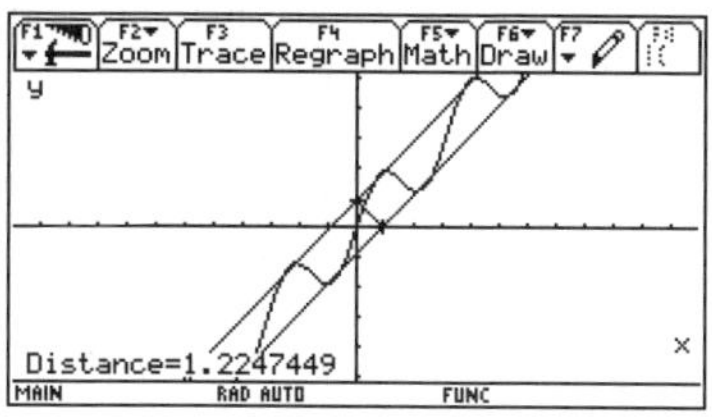

Die Gleichungen der Ortskurven lassen sich auch dadurch erzeugen, dass die Gleichung für x nach k aufgelöst und dieser Wert in die Gleichung für y eingesetzt wird.

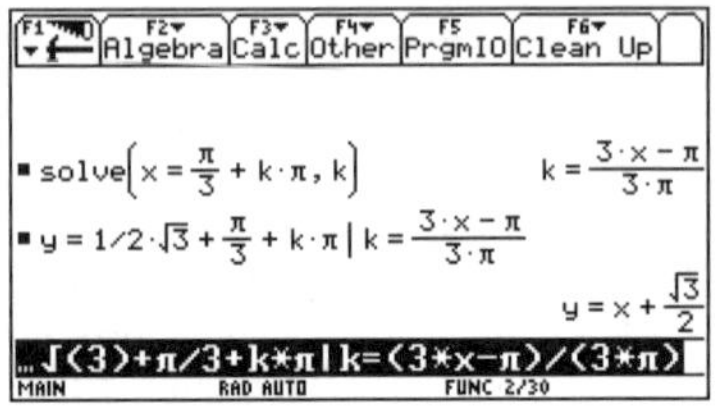

Noch einfacher erkennt man die Gleichungen der Ortskurven daran, dass sich die y-Werte der Hoch- bzw. Tiefpunkte von den x-Werten nur durch den Summanden $\pm\frac{\sqrt{3}}{2}$ unterscheiden und deshalb $y = x \pm \frac{\sqrt{3}}{2}$ lauten müssen.

Die Angabe der Gleichungen der Ortskurven in vektorieller Schreibweise sind

$$g_H: \vec{x} = \begin{pmatrix} 0 \\ \frac{\sqrt{3}}{2} \end{pmatrix} + t \cdot \begin{pmatrix} 1 \\ 1 \end{pmatrix} \text{ und}$$

$$g_T: \vec{x} = \begin{pmatrix} 0 \\ -\frac{\sqrt{3}}{2} \end{pmatrix} + r \cdot \begin{pmatrix} 1 \\ 1 \end{pmatrix} \text{ mit } r, t \in \mathbb{R}.$$

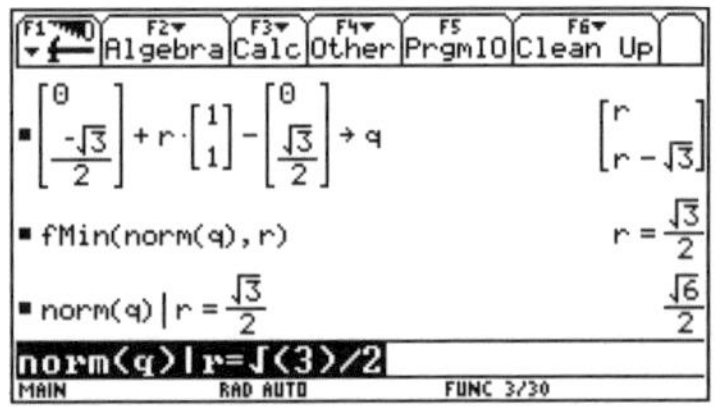

Der kleinste Abstand der beiden Geraden voneinander stimmt überein mit dem Minimum des Betrages des Vektors

$$\vec{q} = \begin{pmatrix} 0 \\ -\frac{\sqrt{3}}{2} \end{pmatrix} + r \cdot \begin{pmatrix} 1 \\ 1 \end{pmatrix} - \begin{pmatrix} 0 \\ \frac{\sqrt{3}}{2} \end{pmatrix}$$

e) Die Gerade $y = mx$ mit $m \geq 1$ und der Graph von f_1 haben stets den Koordinatenursprung als gemeinsamen Schnittpunkt. Abhängig von der Größe der Steigung m können weitere Schnittpunkte auftreten.

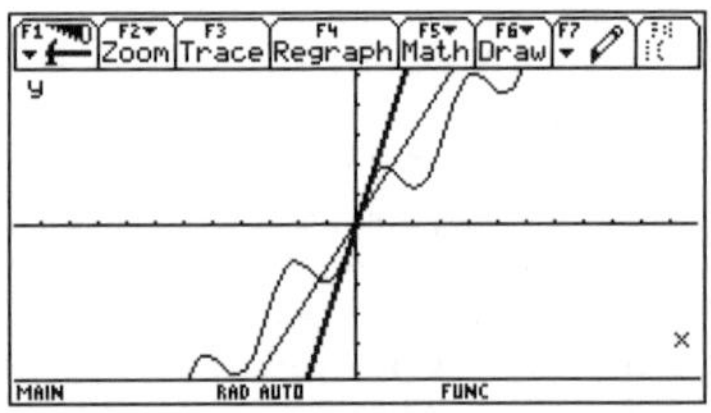

Offensichtlich ist der kleinste Wert von m mit $m \geq 1$, für den **genau ein Schnittpunkt** existiert, derjenige, für den $y = mx$ die Tangente an den Graph von f_1 im Koordinatenursprung ist. Dies ist für $m = 3$ der Fall, denn der Wert der 1. Ableitungsfunktion von f_1 an der Stelle $x = 0$ ist 3. Da es sich dort um einen Links-Rechts-Wendepunkt handelt, ist $m = 3$ der maximale Anstieg des Graphen in der Umgebung des Ursprungs. Alle Kurvenpunkte in der linksseitigen Umgebung des Ursprungs liegen oberhalb der Tangente, alle in der rechtseitigen Umgebung liegen unterhalb dieser Tangente. Wegen der bereits bekannten Eigenschaften über den Graphen von f_1 – z. B. über die Geraden, auf denen die Hoch- und Tiefpunkte liegen – kann es keine weiteren Schnittpunkte aller Geraden $y = mx$ $(m \geq 3)$ mit dem Graphen von f_1 geben.

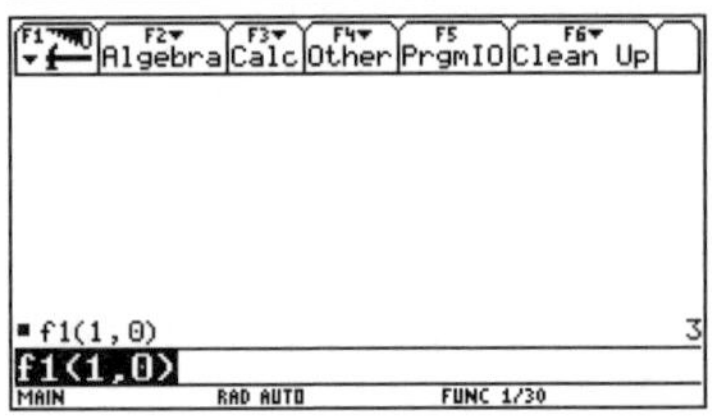

Also erfüllen alle reellen Zahlen $m \geq 3$ die Forderung.

f) Schon die in der Aufgabenstellung gegebenen Graphen lassen vermuten, dass **Punktsymmetrie** zum Ursprung, jedoch keine Achsensymmetrie vorliegen könnte.
Man untersucht, ob die Gleichungen
$f_t(-x) = -f_t(x)$ (Punktsymmetrie zum Ursprung) bzw.
$f_t(-x) = f_t(x)$ (Achsensymmetrie bezüglich der y-Achse)
für alle reellen Zahlen x und $t \geq 0$ erfüllt sind.
Die Vermutung wird bestätigt, es liegt Punktsymmetrie zum Ursprung vor.

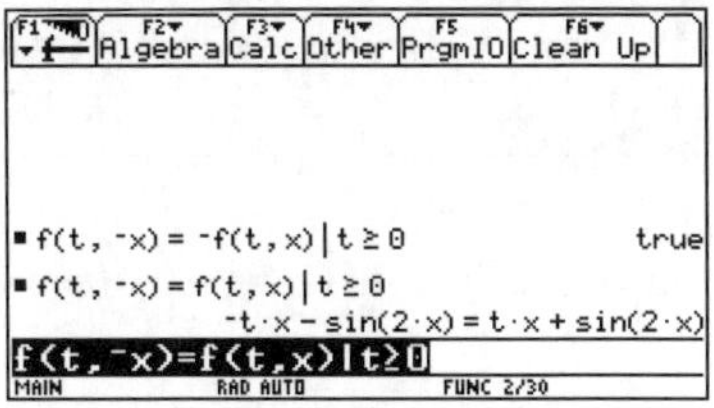

Hinweis: Man kann leicht nachweisen, dass sogar Punktsymmetrie bezüglich jedes Wendepunktes vorliegt (vgl. nebenstehendes Bild).

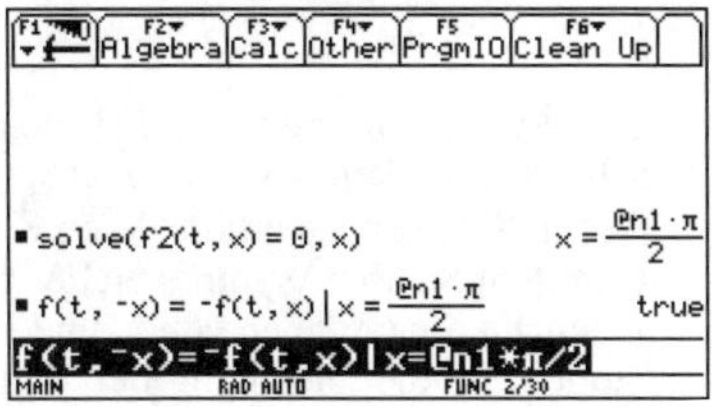

Lokale Extrempunkte können nur dann existieren, wenn die 1. Ableitungsfunktion Nullstellen besitzt.

$f_t'(x) = t + 2 \cdot \cos(2x)$ kann für $t > 2$ nicht null werden, denn aus $0 = t + 2 \cdot \cos(2x)$ folgt $\cos(2x) = \frac{-t}{2}$ und wegen des Definitionsbereichs der Kosinusfunktion existieren für $t > 2$ keine Lösungen dieser Gleichung, also auch keine Extrempunkte. Dies bestätigt auch die Anzeige des CAS-Rechners.
(Auf eine Untersuchung der hinreichenden Bedingung kann laut Aufgabenstellung verzichtet werden.)

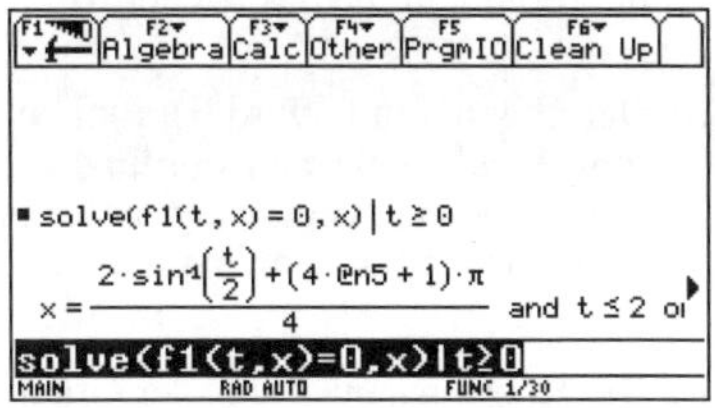

Für **t = 2** existieren zwar Nullstellen der 1. Ableitungsfunktion für $x = \frac{(2k-1) \cdot \pi}{2}$, jedoch ist die 2. Ableitung an diesen Stellen ebenfalls null, aber die 3. Ableitung ungleich null, so dass an diesen Stellen keine Extrempunkte, sondern Sattelpunkte existieren.

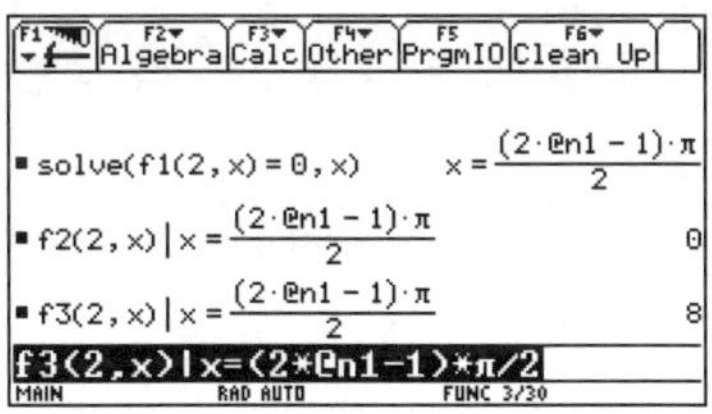

Leistungskurs Mathematik (Thüringen): Abiturprüfung 2004
Aufgabe A2: Analysis mit CAS

Für jede reelle Zahl t mit $t > 0$ ist eine Funktion f_t gegeben durch

$$y = f_t(x) = \frac{2e^{2x}}{t + e^{2x}} \quad (x \in \mathbb{R}).$$

a) Untersuchen Sie den Graphen von f_t auf Schnittpunkte mit den Koordinatenachsen, auf lokale Extrempunkte sowie auf Wendepunkte!
Geben Sie gegebenenfalls deren Koordinaten an!
Ermitteln Sie die Asymptoten des Graphen von f_t!
Zeichnen Sie Graphen von f_1 und f_2 in ein und dasselbe Koordinatensystem!
Stellen Sie die Gleichung der Wendetangente an den Graphen von f_t auf und interpretieren Sie das Ergebnis! (12 BE)

b) Der Graph von f_1 wird parallel zu den Koordinatenachsen so verschoben, dass sein Wendepunkt im Koordinatenursprung O(0; 0) liegt.
Geben Sie eine Gleichung dieser Funktion v an!
Untersuchen Sie den Graphen von v auf Symmetrie! (3 BE)

c) Die Koordinatenachsen, der Graph von f_2 und die Gerade $x = \frac{\ln 2}{2}$ begrenzen eine Fläche A_1 vollständig.
Die x-Achse, der Graph von f_2, die Gerade $x = \frac{\ln 2}{2}$ und die Gerade $x = u$ mit $u > \frac{\ln 2}{2}$ begrenzen eine Fläche A_2 vollständig. Es soll $A_1 = A_2$ gelten.
Berechnen Sie für diesen Fall u!
Interpretieren Sie den Wert des bestimmten Integrals

$$\pi \cdot \int_0^{\infty} [(f_2(x))^2 - (f_1(x))^2]\,dx$$ geometrisch! (6 BE)

d) Für jede reelle Zahl n ist eine Funktion g_n gegeben durch

$$y = g_n(x) = -\frac{9}{8}x + n.$$

Zwei Graphen dieser Schar schneiden den Graphen von f_2 orthogonal.
Bestimmen Sie die Gleichungen dieser Funktionen!
Untersuchen Sie, ob es eine Gerade g_n gibt, die Tangente an den Graphen von f_2 ist! (5 BE)

e) Für jedes Tripel (a, b, c) reeller Zahlen mit $a, b, c > 0$ und $t \in \mathbb{R}$, $t \geq 0$ ist eine Funktion $h_{a,b,c}$ gegeben durch

$$h_{a,b,c}(t) = \frac{a \cdot e^{c \cdot t}}{b + e^{c \cdot t}}.$$

Eine solche Funktion beschreibt z. B. die Anzahl der Hefezellen in einer Volumeneinheit in Abhängigkeit von der Zeit t. Die Abbildung zeigt einen solchen Graphen. Der Punkt Q(0; 50) liegt auf dem Graphen.
Der Punkt P(10; 400) ist der Punkt, in dem die Zuwachsrate der Hefezellen (Anstieg des Graphen) am größten ist.

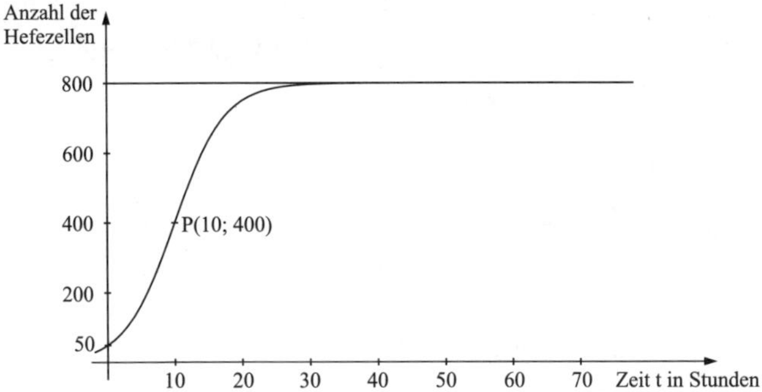

Bestimmen Sie aus der Darstellung die Werte der Parameter a, b und c! (4 BE)

(30 BE)

Lösungen

a) Die Lösung der Aufgabe sollte mit einem RESET begonnen werden, um alte Speicherinhalte zu löschen.
Zunächst werden dann die Funktion f_t und ihre ersten drei Ableitungen unter f(t, x), f_1(t, x), f_2(t, x) und f_3(t, x) auf dem CAS-Rechner gespeichert. Dabei ist darauf zu achten, dass jeweils die Terme der Funktionen und nicht nur ihre Bezeichnungen gespeichert werden, um dynamische Definitionen zu vermeiden. Die **Gleichungen der Ableitungsfunktionen** sollten in der Niederschrift der Lösung notiert werden:

$$f_t'(x) = \frac{4t \cdot e^{2x}}{(e^{2x}+t)^2}$$

$$f_t''(x) = \frac{-8t \cdot e^{2x} \cdot (e^{2x}-t)}{(e^{2x}+t)^3}$$

$$f_t'''(x) = \frac{16t \cdot e^{2x} \cdot (e^{4x} - 4t \cdot e^{2x} + t^2)}{(e^{2x}+t)^4}$$

(ohne Bildschirmausdruck)

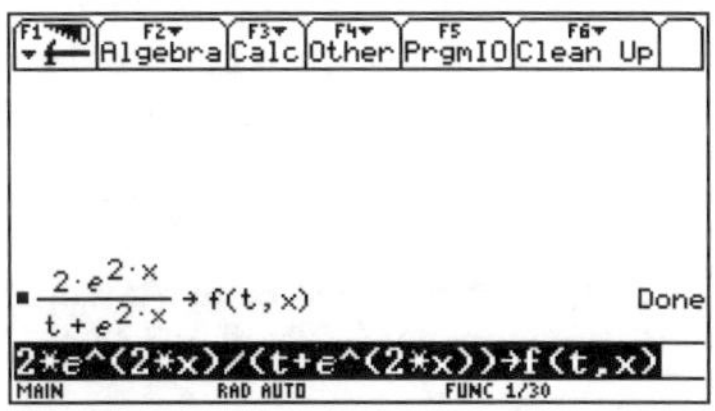

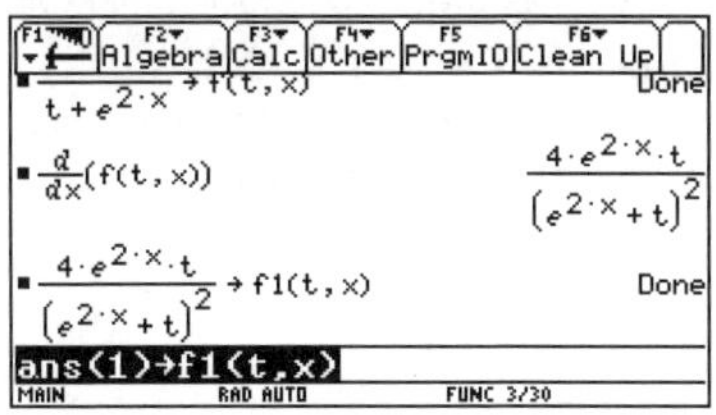

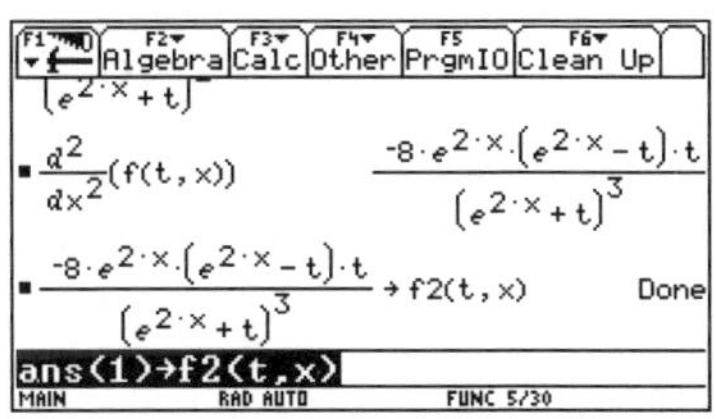

Schnittpunkte mit der y-Achse ergeben sich für $x = 0$:

$S_y\left(0; \frac{2}{t+1}\right)$.

Schnittpunkte mit der x-Achse gibt es nicht, weil der Zählerterm $2 \cdot e^{2x}$ von $y = f_t(x)$ für alle reellen Zahlen x niemals null werden kann.

Wegen $t > 0$ und $e^{2x} \neq 0$ ist auch $4t \cdot e^{2x} \neq 0$ und damit ist die notwendige Bedingung für lokale **Extrempunkte** $(f_t'(x) = 0)$ nicht erfüllbar. Es gibt also keine Extrempunkte.

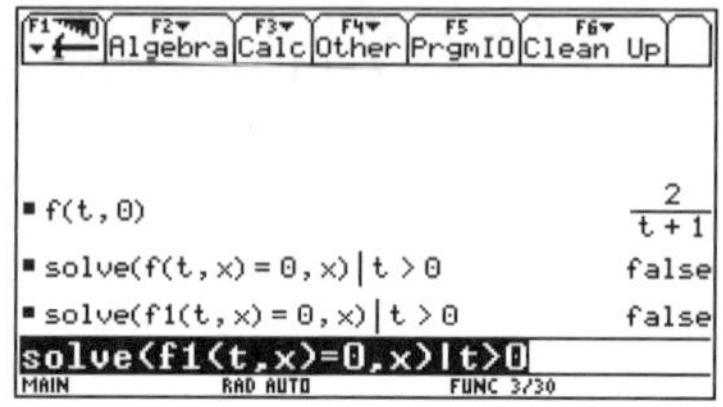

Die notwendige Bedingung für Wendepunkte $(f_t''(x) = 0)$ führt auf mögliche Wendestellen

$x = \frac{\ln(t)}{2}$.

Auch die hinreichende Bedingung für Wendepunkte ist erfüllt, denn es ist

$f_t'''\left(\frac{\ln(t)}{2}\right) = -2$.

Es liegt also ein Links-Rechts-Wendepunkt

$W\left(\frac{\ln(t)}{2}; 1\right)$ vor.

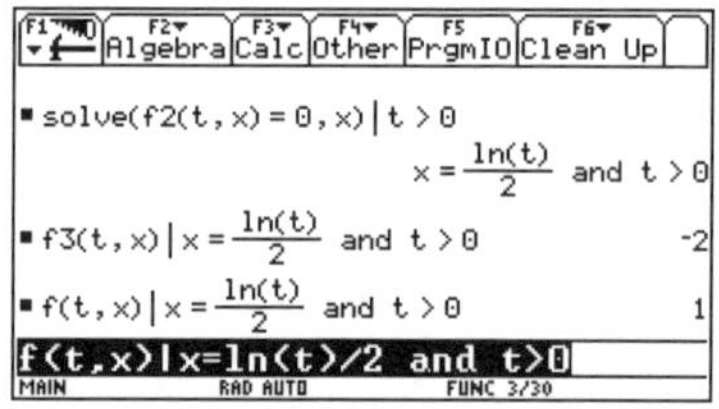

Der Graph von f_t kann keine senkrechten **Asymptoten** haben, weil wegen $t > 0$ und $e^{2x} > 0$ die Nennerfunktion nicht null werden kann. Es können also nur waagerechte oder schiefe Asymptoten für $x \to \pm\infty$ vorliegen.

Wegen $\lim\limits_{x \to \infty} f_t(x) = 2$ bzw. $\lim\limits_{x \to -\infty} f_t(x) = 0$ gilt:

Es gibt zwei waagerechte Asymptoten mit den Gleichungen $y = 2$ bzw. $y = 0$.

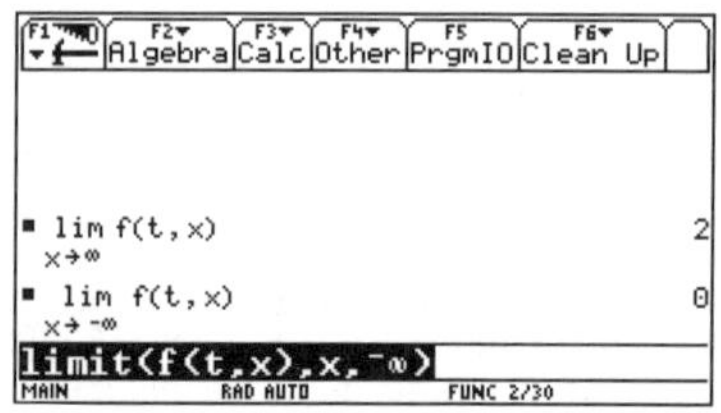

Die **Zeichnung** veranschaulicht den Kurvenverlauf für $t = 1$ und $t = 2$.

Hinweis: Die Zeichnung muss sorgfältig auf Papier übertragen werden!

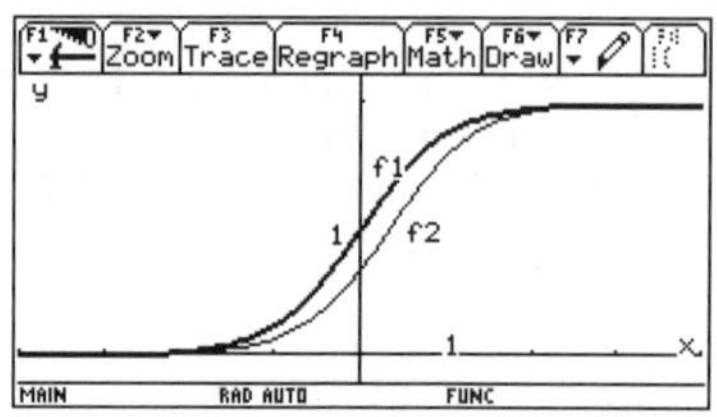

Die **Wendetangente** hat an der Stelle $x = \frac{\ln(t)}{2}$ den Anstieg $f_t'\left(\frac{\ln(t)}{2}\right) = 1$. Der Tangentenanstieg ist also $m = 1$. Den Achsendurchgang erhält man aus $y = mx + n$ mit

$1 = 1 \cdot \frac{\ln(t)}{2} + n \;\Rightarrow\; n = 1 - \frac{\ln(t)}{2}$.

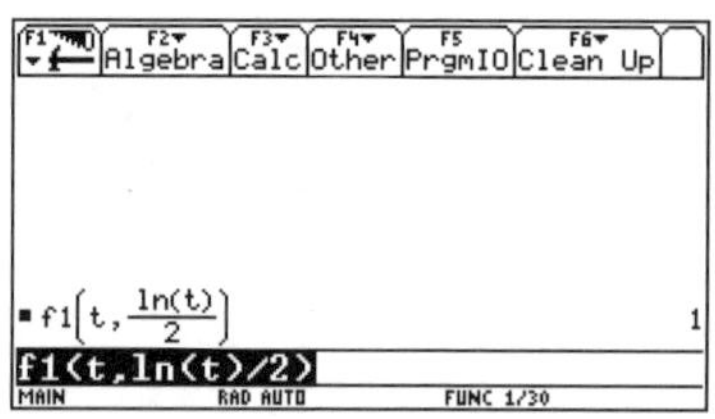

Die Wendetangente hat die Gleichung $y = x + 1 - \frac{\ln(t)}{2}$.

Interpretation: Alle Wendetangenten haben den gleichen Anstieg, sie bilden eine Schar paralleler Geraden, die wegen der strengen Monotonie der Funktion $y = \ln(x)$ stets voneinander verschieden sind.

b) Der Wendepunkt von f_1 ist $W_1(0; 1)$. Damit er in den Koordinatenursprung gelangt, muss f_1 um eine Einheit in y-Richtung nach unten **verschoben** werden.
Die Gleichung von v ist also $v(x) = f_1(x) - 1$,

bzw. $v(x) = \frac{2 \cdot e^{2x}}{1 + e^{2x}} - 1.$

Zur Veranschaulichung werden beide Funktionen graphisch dargestellt.
Aus der Zeichnung gewinnt man die Vermutung, dass v(x) **punktsymmetrisch** zum Ursprung ist.
Die Rechnung zeigt: Die Gleichung $v(-x) = -v(x)$ ist für alle reellen Zahlen x erfüllt, also stimmt die Vermutung.

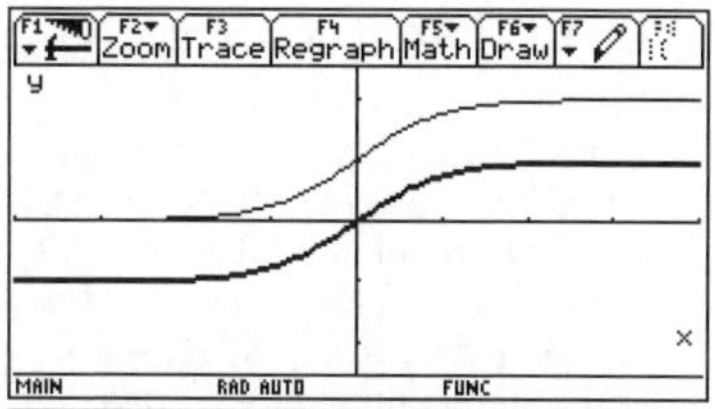

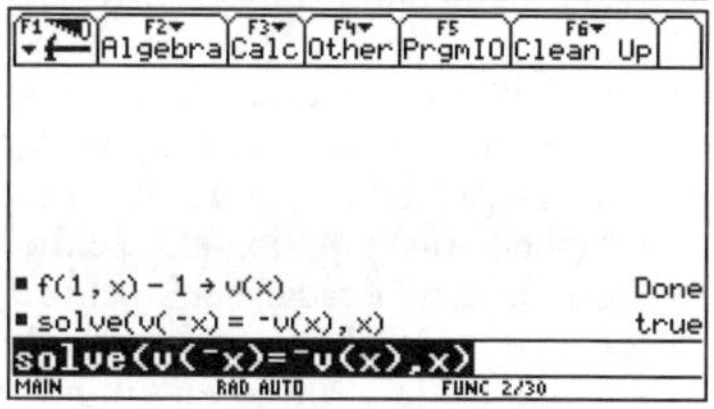

c) Der Inhalt der Fläche A_1 entspricht

$$A_1 = \int_0^{\frac{\ln(2)}{2}} f_2(x)\,dx = \ln\left(\frac{4}{3}\right),$$

da der Graph von f_1 vollständig oberhalb der x-Achse liegt. Die obere Grenze u ist dann als Lösung der Gleichung

$$\int_{\frac{\ln(2)}{2}}^{u} f_2(x)\,dx = \ln\left(\frac{4}{3}\right)$$

zu ermitteln.

Ergebnis: $u = \frac{\ln\left(\frac{10}{3}\right)}{2} \approx 0{,}602$

Alternativ:
Die Grenze u wird sofort als Lösung aus

$$\int_0^{\frac{\ln(2)}{2}} f_2(x)\,dx = \int_{\frac{\ln(2)}{2}}^{u} f_2(x)\,dx$$

ermittelt.

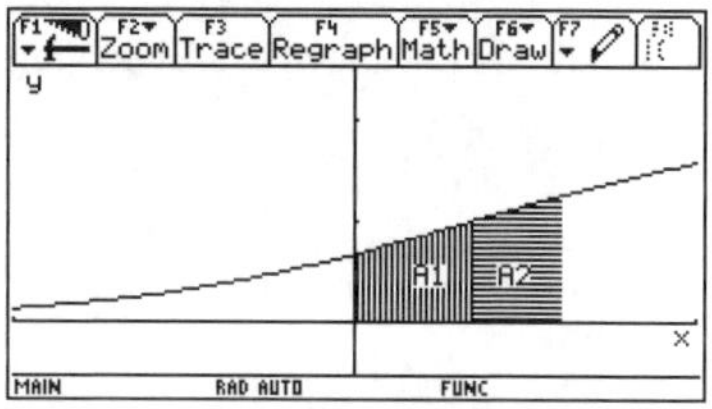

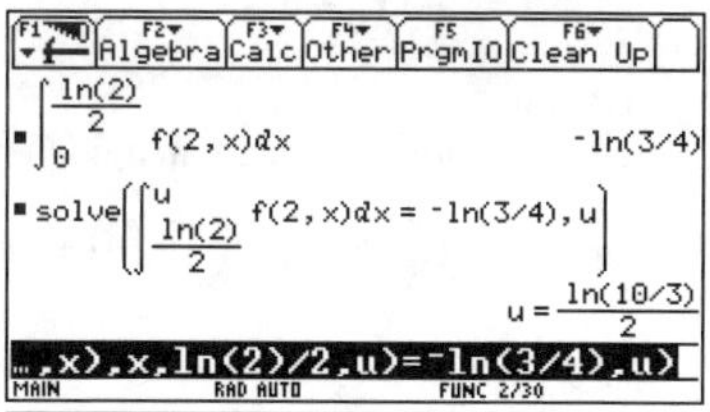

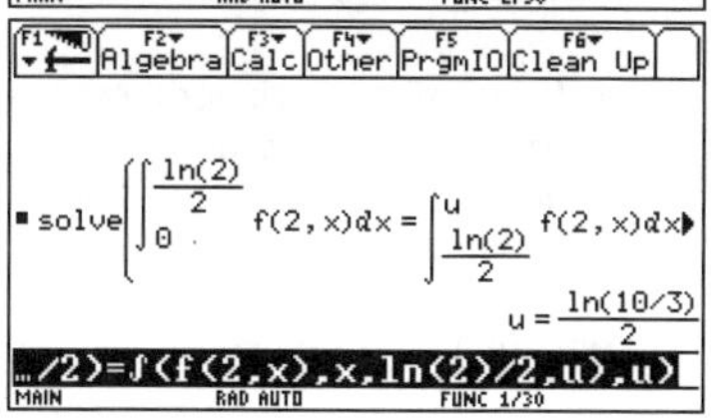

Man kann das uneigentliche Integral

$$K = \pi \cdot \int_0^{\infty} [(f_2(x))^2 - (f_1(x))^2]\,dx$$

zerlegen in die Differenz zweier Teilintegrale $K = K_2 - K_1$ mit

$$K_1 = \pi \cdot \int_0^{\infty} [(f_1(x))^2]\,dx \quad \text{und} \quad K_2 = \pi \cdot \int_0^{\infty} [(f_2(x))^2]\,dx.$$

Jedes Teilintegral beschreibt das Volumen eines bei Rotation um die x-Achse im Intervall $0 \le x < \infty$ entstehenden Rotationskörpers R_1 bzw. R_2. Weil f_1 oberhalb f_2 liegt (der Nenner von $f_1(x)$ ist kleiner als der von $f_2(x)$), ist $K_1 > K_2$. Deshalb hat $K = K_2 - K_1$ ein negatives Vorzeichen. K lässt sich also **interpretieren** als negative Maßzahl des Rotationsvolumens des „Differenzkörpers" $R_1 - R_2$.
(Eine Berechnung des Wertes des Rotationsvolumens ist nicht verlangt.)

d) Die Funktion g_n beschreibt eine Schar linearer Funktionen mit dem von n unabhängigen Anstieg $m_g = -\frac{9}{8}$. Wenn zwei Geraden dieser Schar den Graphen von f_2 **orthogonal schneiden**, müssen diese beiden Geraden senkrecht zu den Tangenten an den Graphen von f_2 verlaufen. Für den Anstieg m_t der Tangenten gilt $m_t \cdot m_g = -1$ und $m_t = f_2'(x_0)$. Man findet also die Stellen x_0 durch die Lösungen der Gleichung

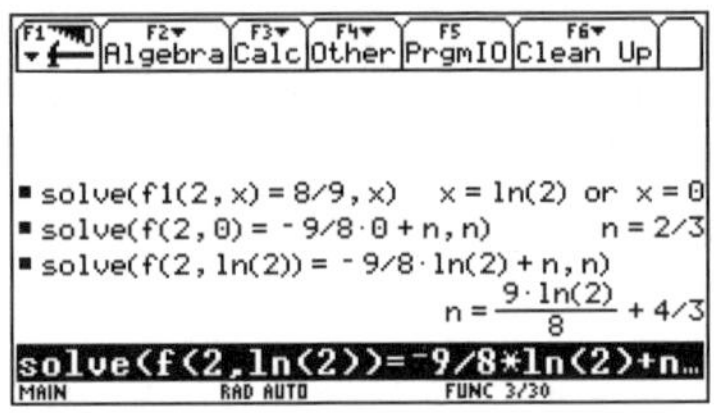

$$f_2'(x_0) = \frac{8}{9}.$$

Ergebnisse: $x_{01} = \ln(2)$ und $x_{02} = 0$
Damit werden nun für die beiden Geraden $g_{\ln(2)}$ und g_0 die Absolutglieder n aus der Gleichung

$$f_2(x_0) = -\frac{9}{8} \cdot x_0 + n$$

bestimmt.
Die Gleichungen der gesuchten Geraden sind

$$g_{\ln(2)}\colon y = -\frac{9}{8} \cdot x + \frac{4}{3} + \frac{9}{8} \cdot \ln(2)$$

$$g_0\colon y = -\frac{9}{8} \cdot x + \frac{2}{3}$$

Zur Kontrolle werden der Graph von f_2 und diese beiden Geraden im Zoom 4 : dec gezeichnet.
Es kann keine Gerade g_n geben, die **Tangente** an den Graphen von f_2 ist, denn alle Geraden g_n sind streng monoton fallend und der Graph von f_2 ist streng monoton steigend.

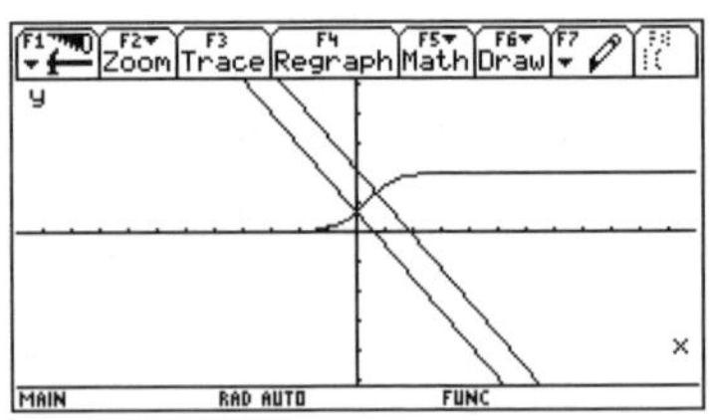

Alternativ:

Wenn es eine Gerade g_n gäbe, die Tangente an den Graph von f_2 ist, dann müsste es eine Stelle x_0 geben, an der die 1. Ableitung von f_2 den Wert $-\frac{9}{8}$ hat. Die Gleichung $f_2'(x) = -\frac{9}{8}$ besitzt aber keine Lösungen. Deshalb gibt es keine solche Gerade g_n.

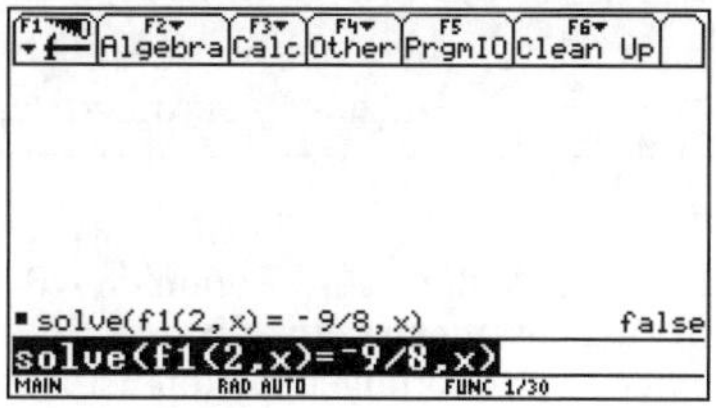

e) Die Parameter a, b und c für die Funktion

$$h_{a,b,c}(t) = \frac{a \cdot e^{c \cdot t}}{b + e^{c \cdot t}}$$

lassen sich aus folgenden Bedingungen bestimmen:

Weil P und Q auf dem Graphen von h liegen, müssen ihre Koordinaten die Funktionsgleichung erfüllen.

Der Punkt P muss mit dem Wendepunkt von h übereinstimmen, denn genau der beschreibt hier den Punkt, in dem die Zuwachsrate am größten ist. Deshalb muss gelten h''(10) = 0 (notwendige Bedingung für den Wendepunkt).

Zunächst werden die Funktionsgleichungen für h und h'' eingegeben und gespeichert. Dann löst man das Gleichungssystem aus den Gleichungen

h(0) = 50

h(10) = 400

h''(10) = 0

Es ergeben sich

$$a = 800,\ b = 15 \text{ und } c = \frac{\ln(15)}{10}.$$

Mit diesen Werten ergibt sich

$$h(t) = \frac{800 \cdot 15^{\frac{t}{10}}}{15 + 15^{\frac{t}{10}}}.$$

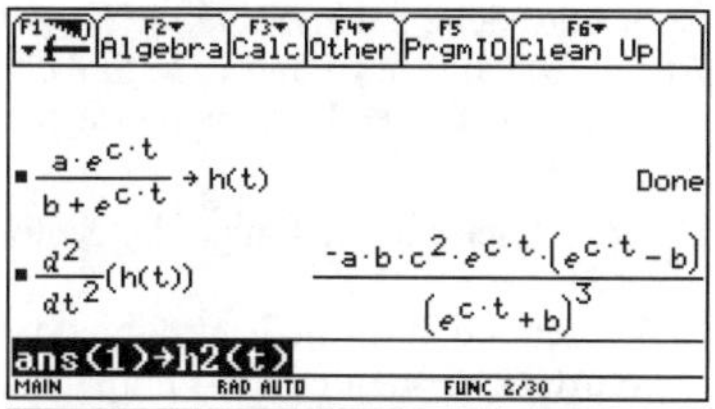

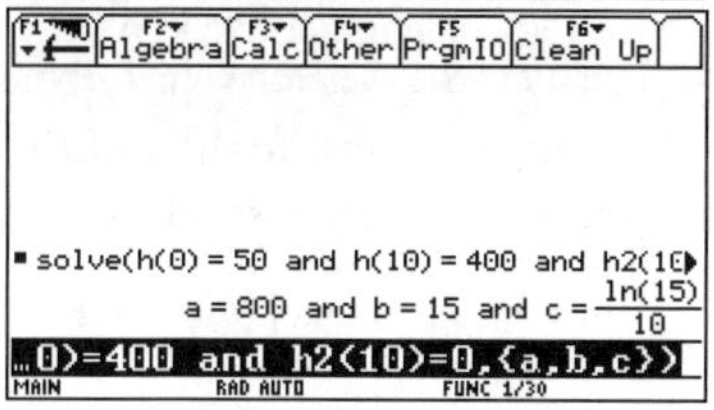

Zur Kontrolle wird h(t) gezeichnet und es wird überprüft, ob die Punkte P und Q auf dem Graphen liegen und ob P mit dem Wendepunkt übereinstimmt.

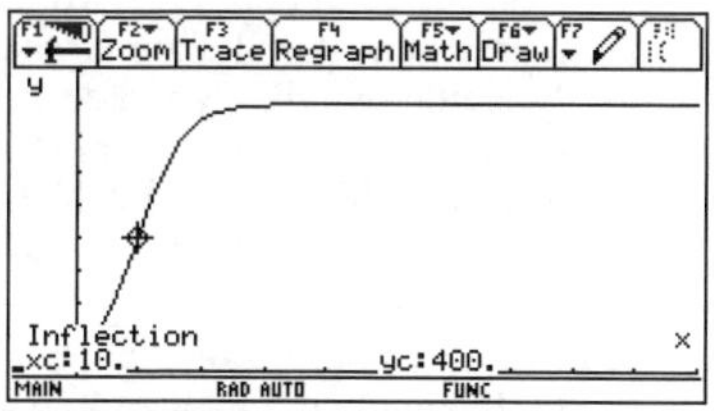

Alternativ:

Man begründet und nutzt die Punktsymmetrie des Graphen von h bezüglich P(10; 400).

Dann muss der Spiegelpunkt R von Q die Koordinaten R(20; 750) haben.

Das entsprechende Gleichungssystem führt ebenfalls zur gesuchten Gleichung.

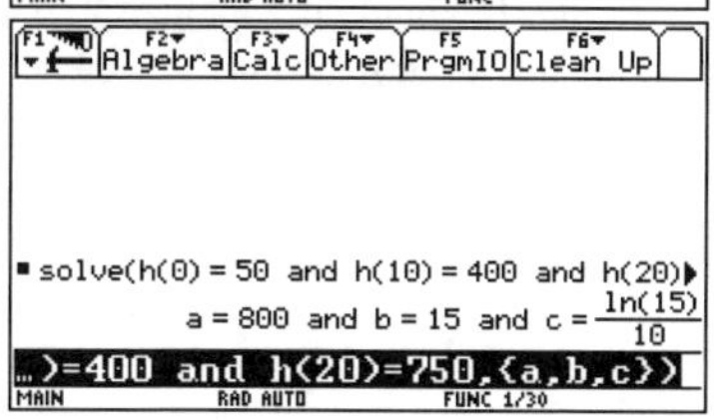

Leistungskurs Mathematik (Thüringen): Abiturprüfung 2004
Aufgabe B1: Analytische Geometrie / Vektorrechnung mit CAS

Eine gerade dreiseitige Pyramide ABCS mit der gleichseitigen Grundfläche ABC soll in einem würfelförmigen Karton verpackt werden (siehe Skizze 1). Die Eckpunkte der Pyramidengrundfläche haben folgende Koordinaten: A(5; 2; 0), B(2; 5; 0) und C(5; 5; 3).
Die Innenmaße des Kartons betragen a = 5 LE.

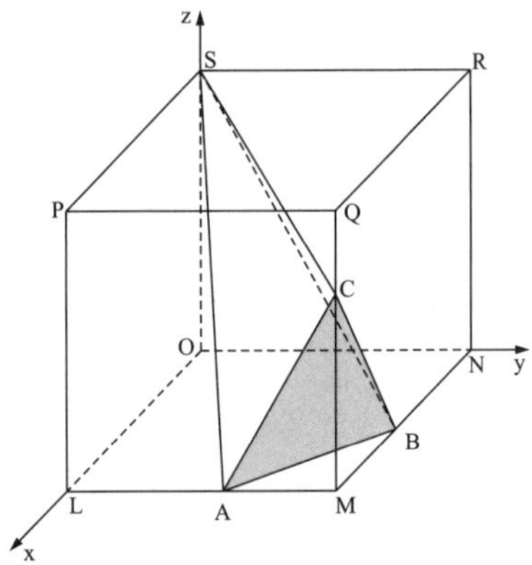

(Skizze 1 nicht maßstäblich)

a) Berechnen Sie die Länge der Seitenkante $\overline{AS}$!
Zeigen Sie, dass die Raumdiagonale des Würfels, die den Punkt S enthält, senkrecht zur Pyramidengrundfläche ABC verläuft!
Ermitteln Sie die Höhe h der Pyramide!
(Kontrollergebnis: $h = 4 \cdot \sqrt{3}$ LE)
Vor dem Verpacken stand die Pyramide mit ihrer Grundfläche ABC auf der x-y-Ebene. Um welchen Winkel α ist die Pyramide beim Verpacken aus dieser Lage zu neigen? (6 BE)

b) Berechnen Sie das Volumen und den Oberflächeninhalt der Pyramide! (4 BE)

c) Jede Raumdiagonale des Würfels, die den Punkt S nicht enthält, schneidet eine Seitenkante der Pyramide.
Berechnen Sie einen dieser Schnittwinkel! (4 BE)

d) Ein ebener Schnitt durch den Mittelpunkt des Würfels und parallel zur Grundfläche der Pyramide teilt die Pyramide in zwei Teilkörper, eine gerade Pyramide und einen geraden Pyramidenstumpf (siehe Skizze 2).
Geben Sie eine parameterfreie Gleichung der Schnittebene an!
Ermitteln Sie die Koordinaten des Punktes A', der Eckpunkt der kleinen Pyramide ist und auf der Seitenkante $\overline{AS}$ der großen Pyramide liegt! (4 BE)

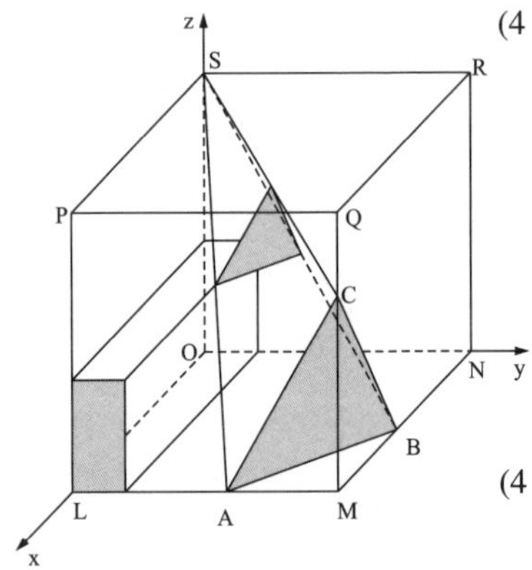

(Skizze 2 nicht maßstäblich)

e) Ist es möglich, gemeinsam mit der Pyramide noch einen Quader mit den Kantenlängen 5 LE, 1 LE und 2 LE in den Karton (siehe Skizze 2) zu verpacken?
Begründen Sie Ihre Antwort! (2 BE)

(20 BE)

a) Die Lösung der Aufgabe sollte mit einem RESET begonnen werden, um alte Speicherinhalte zu löschen. Zunächst werden die gegebenen Punkte und der Punkt S als Ortsvektoren eingegeben und abgespeichert.

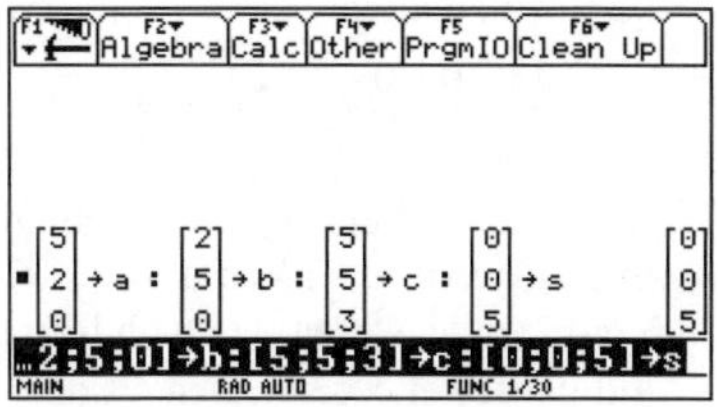

Die **Länge der Seitenkante $\overline{AS}$** entspricht dem Betrag des Vektors $\overrightarrow{AS}$ und beträgt $3 \cdot \sqrt{6}$ LE.
Die Raumdiagonale, die den Punkt S enthält, ist die Strecke $\overline{SM}$. Der Punkt M(5; 5; 0) wird eingegeben und der Vektor

$$\overrightarrow{SM} = \begin{pmatrix} 5 \\ 5 \\ -5 \end{pmatrix} \text{ berechnet.}$$

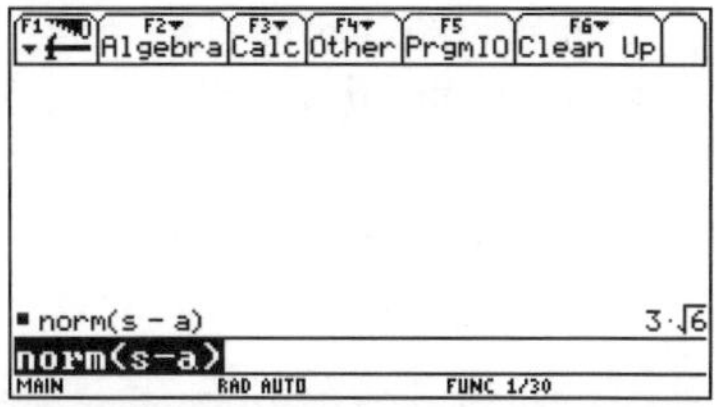

Dieser Vektor verläuft senkrecht zur Pyramidengrundfläche, wenn er parallel zum Normalenvektor $\vec{n}$ der Ebene E_{ABC} ist:

$$\vec{n} = \overrightarrow{AB} \times \overrightarrow{AC} = \begin{pmatrix} 9 \\ 9 \\ -9 \end{pmatrix}.$$

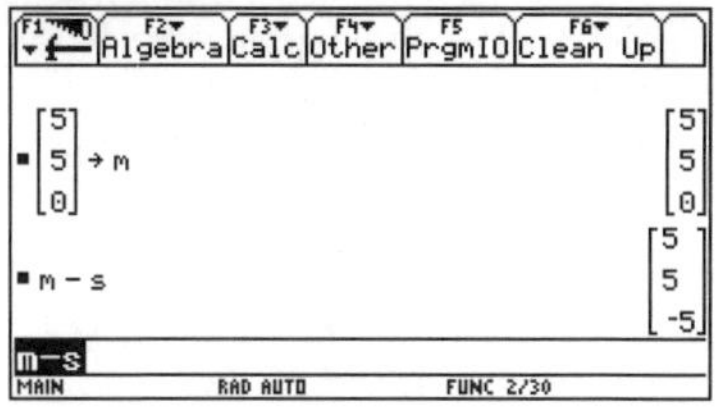

Man sieht sofort, dass $\vec{n}$ parallel zu $\overrightarrow{SM}$ ist, denn beide sind Vielfache des Vektors $\begin{pmatrix} 1 \\ 1 \\ -1 \end{pmatrix}$.

Die Raumdiagonale $\overline{SM}$ steht also senkrecht auf der Ebene E_{ABC}.

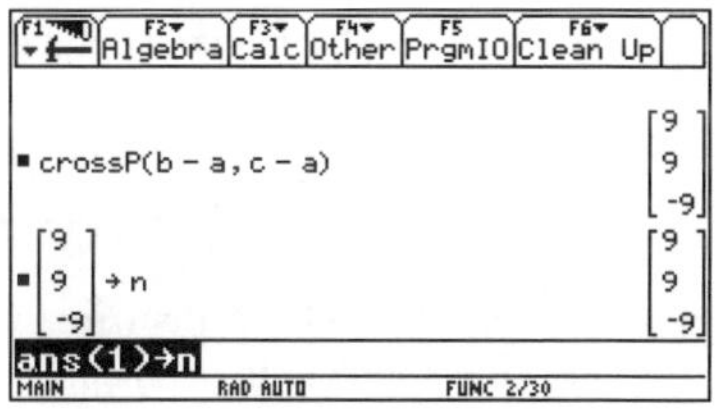

Die Höhe der Pyramide kann über den Abstand der Spitze S von der Ebene E_{ABC} berechnet werden. Dazu ist zunächst die Hesse'sche Normalenform der Ebenengleichung für E_{ABC} über den Ansatz $\vec{n}_0 \circ (\vec{x} - \vec{a}) = 0$ zu ermitteln:

$$\frac{\sqrt{3} \cdot (x + y - z - 7)}{3} = 0$$

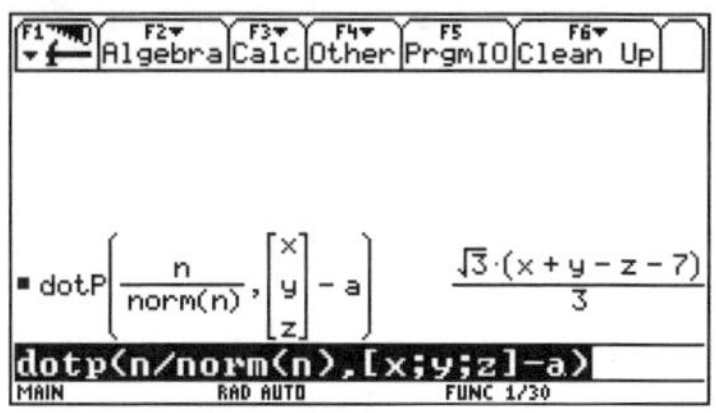

In die linke Seite der Gleichung werden die Koordinaten von S(0; 0; 5) eingesetzt, um den Abstand zu erhalten:

$$h = \left| \frac{\sqrt{3} \cdot (0 + 0 - 5 - 7)}{3} \right| = 4 \cdot \sqrt{3}$$

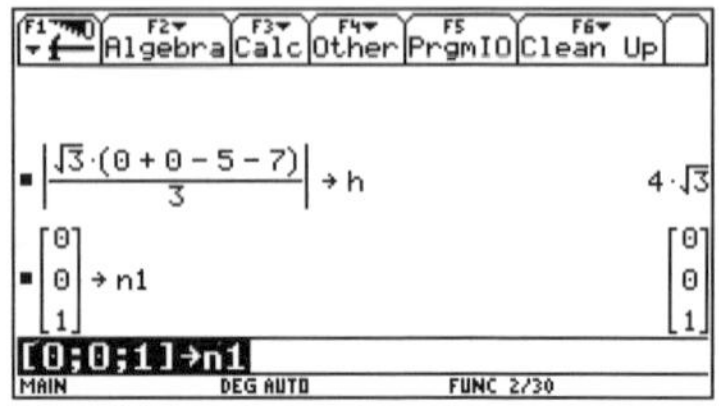

Da es sich um eine gerade Pyramide handelt, ist ihre Höhe vor dem Verpacken senkrecht zur x-y-Ebene gewesen. Deshalb lässt sich der **Neigungswinkel α** berechnen als der Winkel zwischen dem Normalenvektor $\vec{n}_1 = \begin{pmatrix} 0 \\ 0 \\ 1 \end{pmatrix}$ der x-y-Ebene und dem Vektor $\overrightarrow{MS}$:

$$\cos\alpha = \frac{\vec{n}_1 \circ \overrightarrow{MS}}{|\vec{n}_1| \cdot |\overrightarrow{MS}|} \approx 0{,}5774$$

Daraus ergibt sich $\alpha \approx 54{,}74°$.

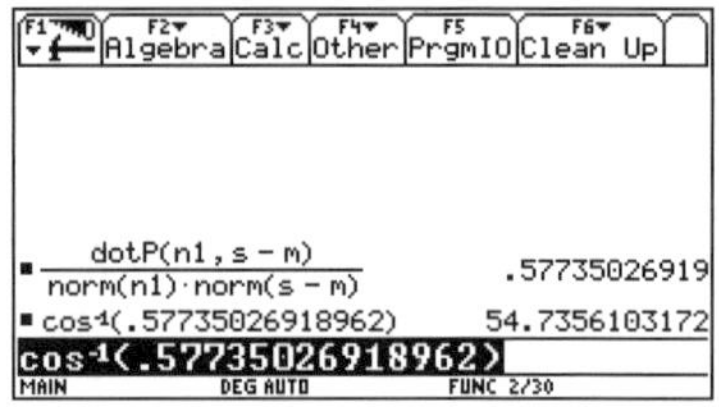

b) Die Berechnung des Volumens und der Oberfläche der Pyramide gelingt am besten, wenn man sich Folgendes klarmacht:

- Die Grundfläche ABC ist ein gleichseitiges Dreieck, denn $\overline{AB} = \overline{BC} = \overline{AC} = 3 \cdot \sqrt{2}$ LE.
  Ihr Flächeninhalt ist
  $$A_g = \frac{\overline{AC}^2}{4} \cdot \sqrt{3} = \frac{9 \cdot \sqrt{3}}{2} \text{ FE}$$
- Weil die Pyramide gerade und die Grundfläche ein gleichseitiges Dreieck ist, sind die Seitenfläche zueinander kongruente gleichschenklige Dreiecke mit der Seitenlänge $\overline{AS} = 3 \cdot \sqrt{6}$ LE und der Basis $3 \cdot \sqrt{2}$ LE.
- Daraus lässt sich mit dem Satz von Pythagoras die Seitenhöhe h_s berechnen:
  $$h_s = \sqrt{(\overline{AS})^2 - \left(\frac{\overline{AC}}{2}\right)^2} = \frac{3 \cdot \sqrt{22}}{2} \text{ LE}$$
- Der Inhalt einer Seitenfläche ist dann
  $$A_1 = \frac{1}{2} \cdot \overline{AC} \cdot h_s = \frac{9 \cdot \sqrt{11}}{2} \text{ FE}$$

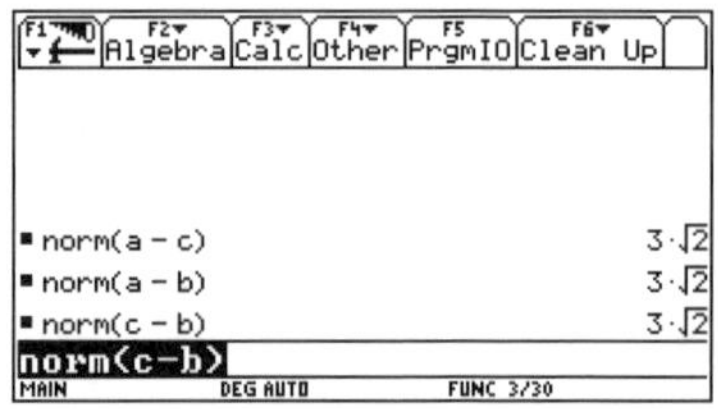

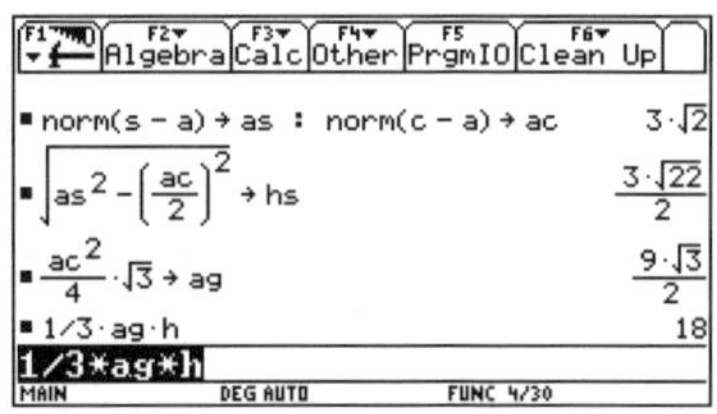

Damit erhält man unter Verwendung der in Teilaufgabe a) ermittelten Höhe $h = 4 \cdot \sqrt{3}$ das Volumen

$$V = \frac{1}{3} \cdot A_g \cdot h = 18 \text{ VE}$$

und die Oberfläche

$$A_O = A_g + 3 \cdot A_1 = \frac{27 \cdot \sqrt{11}}{2} + \frac{9 \cdot \sqrt{3}}{2} \text{ FE}$$

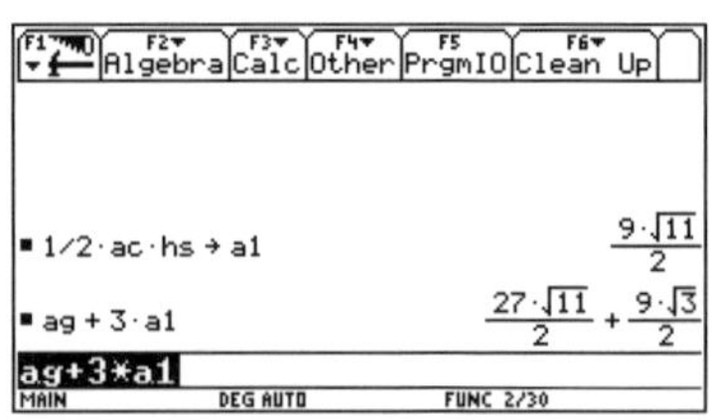

Alternativ:
Lösungen für die Flächenberechnungen mit dem Vektorprodukt:

Grundfläche $\frac{1}{2} \cdot |\overrightarrow{AB} \times \overrightarrow{AC}| = \frac{9 \cdot \sqrt{3}}{2}$

Seitenfläche $\frac{1}{2} \cdot |\overrightarrow{AS} \times \overrightarrow{AC}| = \frac{9 \cdot \sqrt{11}}{2}$

Daraus kann man wie oben die Oberfläche ermitteln.
Das Volumen kann mit dem Spatprodukt ermittelt werden:

$$V = \left| \frac{1}{6} \cdot (\overrightarrow{AC} \times \overrightarrow{AB}) \circ \overrightarrow{AS} \right| = 18 \text{ VE.}$$

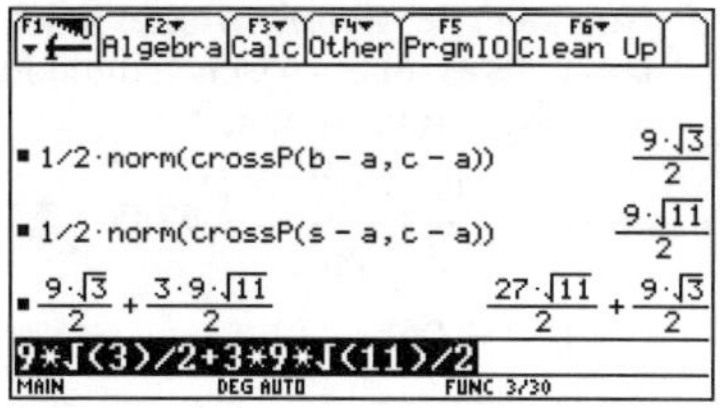

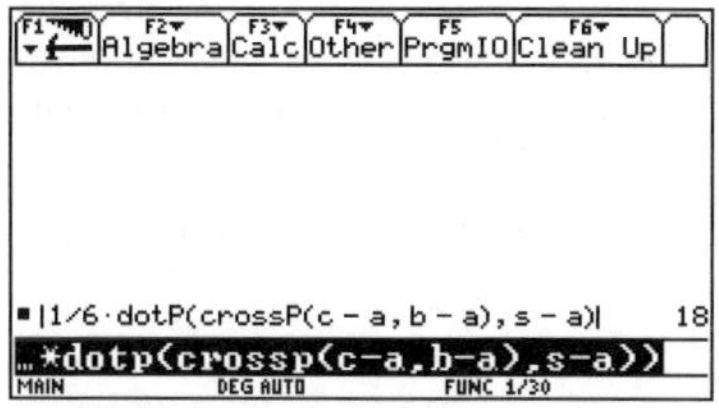

c) Zunächst überzeuge man sich davon, welche Seitenkante von der jeweiligen Raumdiagonale geschnitten wird. Am ehesten sieht man dies, wenn man die Raumdiagonale $\overline{OQ}$ und die Seitenkante $\overline{SC}$ auswählt. Beide Strecken liegen in der rechteckigen Schnittfläche OMQS des Würfels. Da sie nicht parallel zueinander sind, **müssen sich $\overline{OQ}$ und $\overline{SC}$ schneiden**.

Alternativ:
Rechnerische Überprüfung der gegenseitigen Lage der Geraden g(OQ) und h(SC):

$$g(OQ):\ \vec{x} = r \cdot \begin{pmatrix} 5 \\ 5 \\ 5 \end{pmatrix}$$

$$h(SC):\ \vec{x} = \begin{pmatrix} 0 \\ 0 \\ 5 \end{pmatrix} + t \cdot \begin{pmatrix} 5 \\ 5 \\ -2 \end{pmatrix}$$

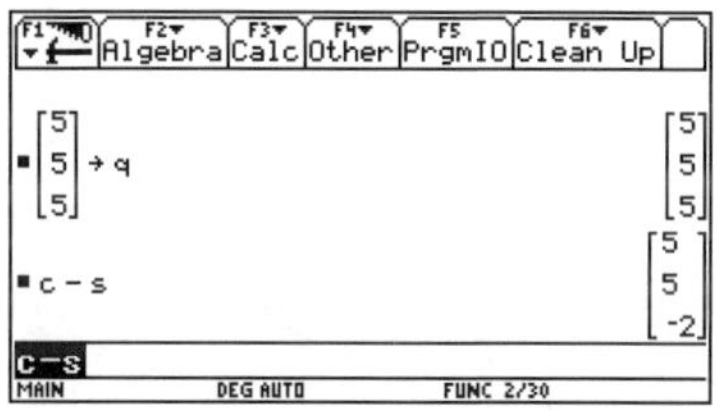

Da sich die beiden Richtungsvektoren nur in der z-Koordinate unterscheiden, sind sie nicht parallel. Die Geraden g und h sind also entweder windschief zueinander oder sie schneiden sich. Die Annahme, dass sie sich schneiden, führt zu dem Gleichungssystem

(I) $5r = 5t$
(II) $5r = 5t$
(III) $5r = 5 - 2t$

Die Lösungen sind $r = t = \frac{5}{7}$.

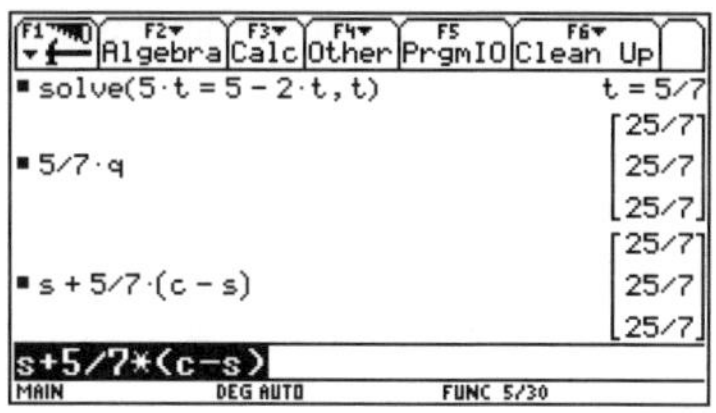

Da das Gleichungssystem eindeutig lösbar ist, schneiden sich die Geraden g und h. (Der Schnittpunkt hat die Koordinaten $\left(\frac{25}{7}; \frac{25}{7}; \frac{25}{7}\right)$. Die Berechnung ist nicht erforderlich.)

Nun kann der **Schnittwinkel β** der Geraden g und h als Winkel zwischen ihren Richtungsvektoren bestimmt werden:

$$\cos(\beta) = \frac{\overrightarrow{OQ} \circ \overrightarrow{SC}}{|\overrightarrow{OQ}| \cdot |\overrightarrow{SC}|} \approx 0{,}6285$$

$$\Rightarrow \quad \beta \approx 51{,}06°$$

Analog kann man für andere Raumdiagonalen und Seitenkanten vorgehen.

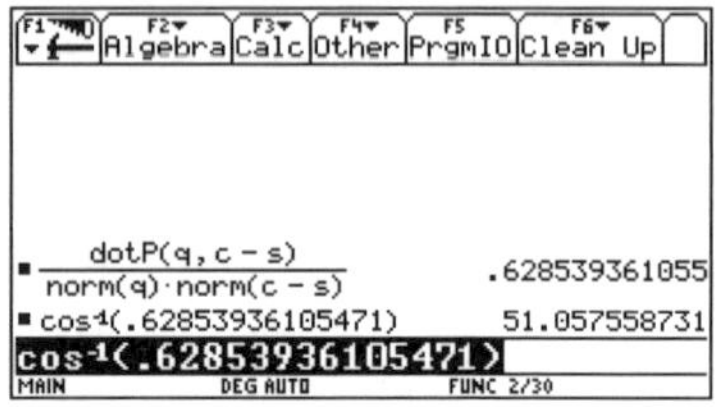

d) Der Mittelpunkt E des Würfels hat die Koordinate E(2,5; 2,5; 2,5). E und der Normalenvektor $\vec{n}$ der Grundfläche ABC bestimmen die **Gleichung der Schnittebene E_S**:

$\vec{n} \circ (\vec{x} - \overrightarrow{OE}) = 0$ führt auf

$$E_S\colon 9x + 9y - 9z - \frac{45}{2} = 0$$

bzw. nach Division durch 9 auf

$$E_S\colon x + y - z - \frac{5}{2} = 0.$$

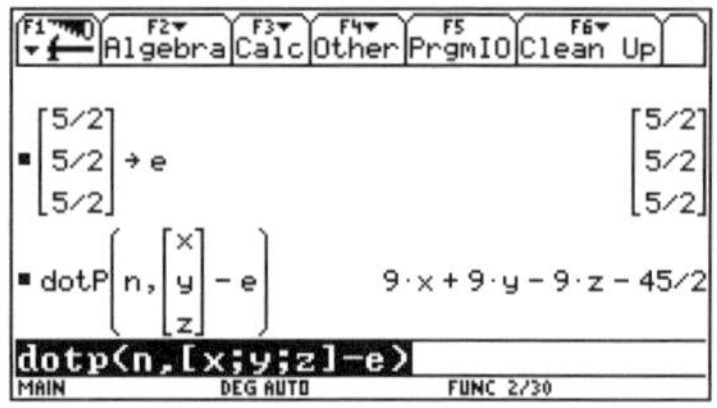

Die Koordinaten von A' erhält man als Schnittmenge der Geraden g(AS) mit der Ebene E_S:

$$g(AS)\colon \vec{x} = \begin{pmatrix} 0 \\ 0 \\ 5 \end{pmatrix} + t \cdot \begin{pmatrix} 5 \\ 2 \\ -5 \end{pmatrix}$$

zeilenweise einsetzen in die Gleichung von

$$E_S\colon 5t + 2t - (5 - 5t) - \frac{5}{2} = 0$$

Mit $t = \frac{5}{8}$ ergibt sich $A'\left(\frac{25}{8}; \frac{5}{4}; \frac{15}{8}\right)$.

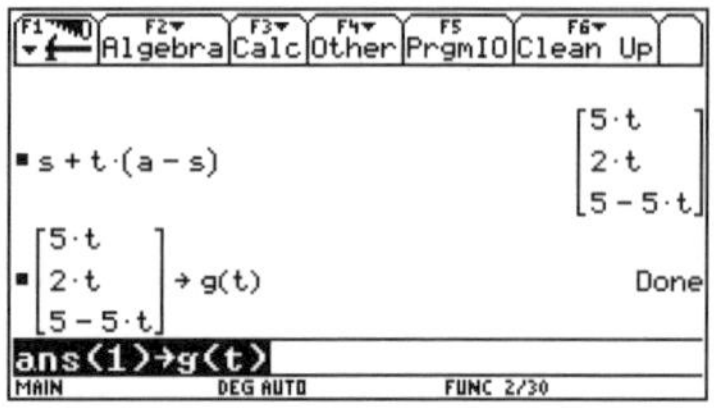

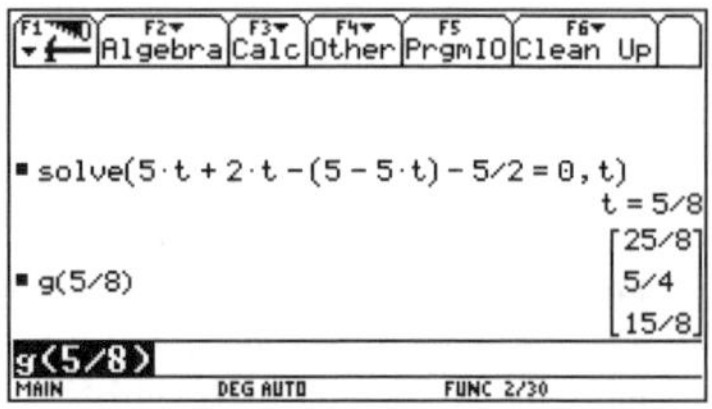

Alternativ:
Die Höhe h* der kleinen Pyramide entspricht der Länge der halben Raumdiagonalen:

$$h^* = \frac{5 \cdot \sqrt{3}}{2}.$$

Die Höhe h der ganzen Pyramide wurde in Teilaufgabe a) berechnet zu $h = 4 \cdot \sqrt{3}$. Damit ergibt sich ein Verhältnis dieser beiden Höhen

$$\frac{h^*}{h} = \frac{5}{8}.$$

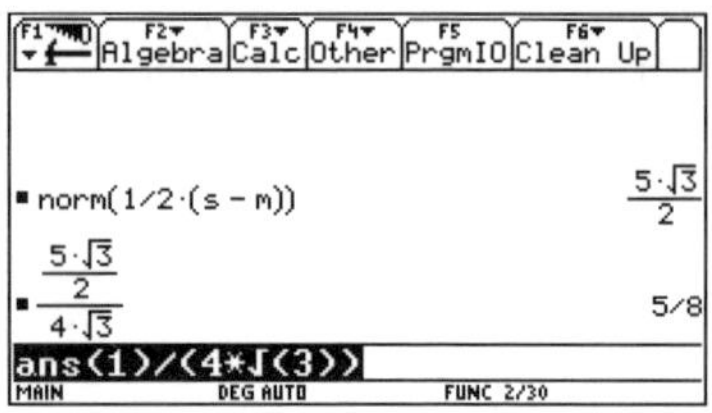

Somit gehen alle Strecken der neuen Pyramide mit diesem Verhältnis aus den Strecken der alten Pyramide hervor (zentrische Streckung mit Zentrum S und Streckungsfaktor $\frac{h^*}{h} = \frac{5}{8}$).

Deshalb gilt:

$$\overrightarrow{OA'} = \overrightarrow{OS} + \frac{5}{8} \cdot \overrightarrow{SA} = \begin{pmatrix} \frac{25}{8} \\ \frac{5}{4} \\ \frac{15}{8} \end{pmatrix}$$

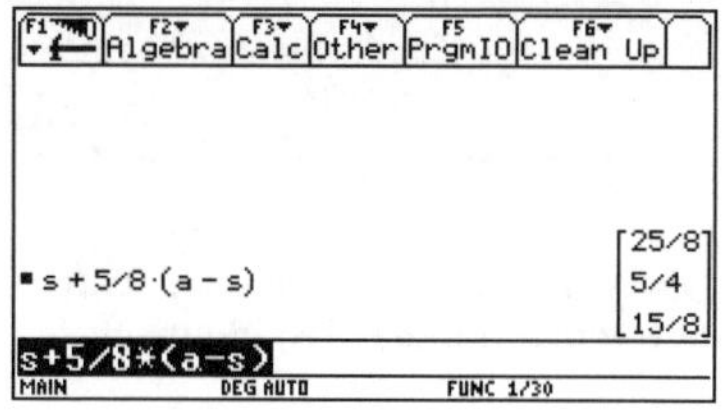

e) Man denke sich den Quader so in den Karton gelegt, dass er mit einer Seitenfläche von 5 LE × 2 LE die Seitenfläche OLPS berührt und mit einer Seitenfläche von 5 LE × 1 LE auf der Seitenfläche OLMN steht.
Schon eine maßstabsgerechte Zeichnung im Aufriss zeigt, dass **der Quader** dann noch in den Karton **passt**.

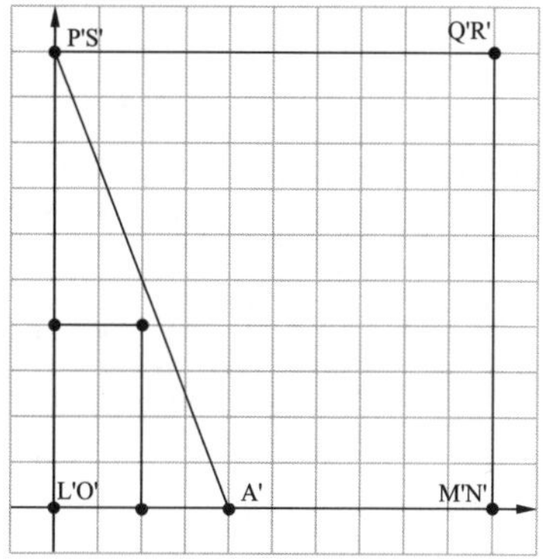

Alternativ:
Die Deckfläche des Quaders liegt in der Ebene z = 2. Die Gerade g(AS) schneidet diese Ebene im Punkt F(3; 1,2; 2). Da der y-Wert von F um 0,2 größer als 1 ist, liegt F rechts von der oberen rechten Kante und außerhalb des Quaders.

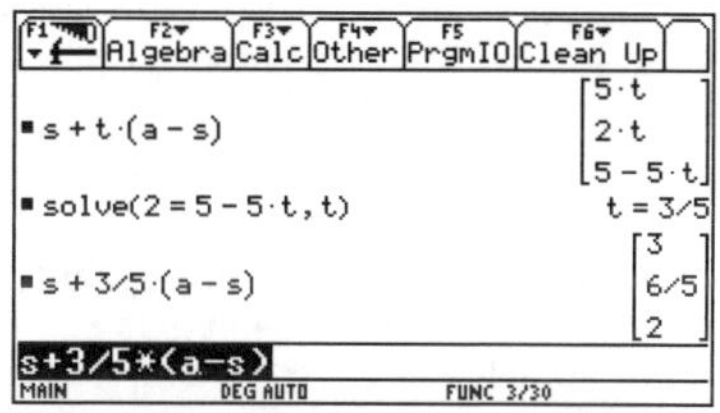

Die obere rechte Kante des Quaders liegt auf der Geraden

$$g\colon\ \vec{x} = \begin{pmatrix} 0 \\ 1 \\ 2 \end{pmatrix} + k \cdot \begin{pmatrix} 1 \\ 0 \\ 0 \end{pmatrix}.$$

Wenn der Quader nicht in den Karton passt, müsste g einen inneren Schnittpunkt mit dem Dreieck SAB haben, das in der Ebene E_{SAB} liegt.
Die Ebene E_{SAB} lässt sich beschreiben durch

$$\vec{x} = \overrightarrow{OS} + r \cdot \overrightarrow{SA} + t \cdot \overrightarrow{SB} = \begin{pmatrix} 0 \\ 0 \\ 5 \end{pmatrix} + r \cdot \begin{pmatrix} 5 \\ 2 \\ -5 \end{pmatrix} + t \cdot \begin{pmatrix} 2 \\ 5 \\ -5 \end{pmatrix}.$$

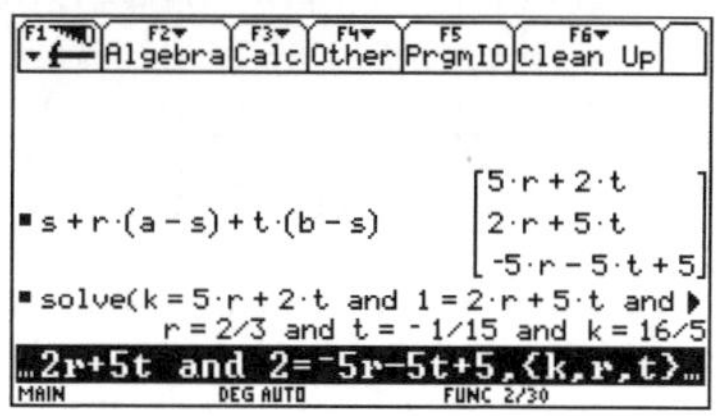

Gleichsetzen beider Gleichungen und Lösen des Gleichungssystems führt u. a. auf $t = -\frac{1}{15} < 0$. Das bedeutet, dass der Schnittpunkt der Geraden g mit der Ebene E_{SAB} außerhalb des Dreiecks SAB liegt.

Die Aufgabenstellungen der Aufgabe B2 (mit CAS) finden Sie auf Seite 2004-20, weil sie mit denen (ohne CAS) identisch sind.

Lösungen

a) Baumdiagramm

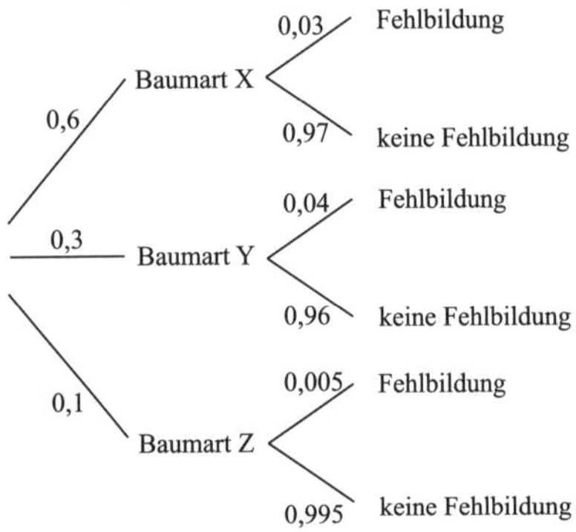

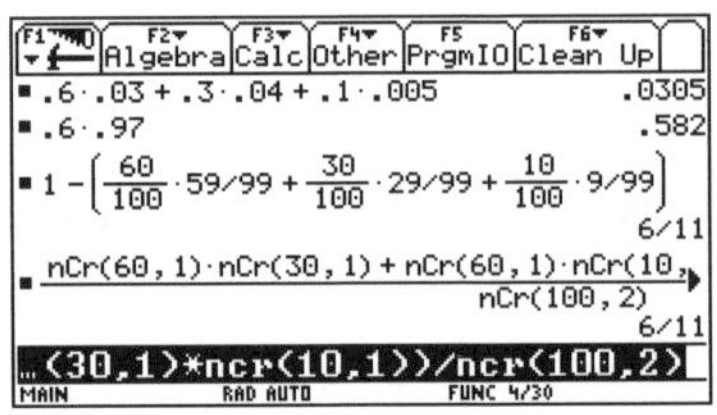

Dem Baumdiagramm sind mithilfe der Pfadregeln die Wahrscheinlichkeiten P(A) und P(B) zu entnehmen:

$$P(A) = 0{,}6\cdot 0{,}03 + 0{,}3\cdot 0{,}04 + 0{,}1\cdot 0{,}005$$
$$= 0{,}0305$$
$$P(B) = 0{,}6\cdot 0{,}97 = 0{,}582$$

C: Ziehen mit einem Griff (Ziehen ohne Zurücklegen)

Variante 1 (über die Gegenwahrscheinlichkeit):

P(C) = 1 – P(beide gehören zur gleichen Baumart)

$$= 1 - \left(\frac{60}{100}\cdot\frac{59}{99} + \frac{30}{100}\cdot\frac{29}{99} + \frac{10}{100}\cdot\frac{9}{99}\right) = \frac{6}{11}$$

oder

Variante 2 (über die „Lottoformel" ≙ hypergeometrische Verteilung):

P(C) = P(ein Blatt von X und ein Blatt von Y) + P(ein Blatt von X und ein Blatt von Z) + P(ein Blatt von Y und ein Blatt von Z)

$$= \frac{\binom{60}{1}\cdot\binom{30}{1} + \binom{60}{1}\cdot\binom{10}{1} + \binom{30}{1}\cdot\binom{10}{1}}{\binom{100}{2}} = \frac{6}{11}$$

Das Problem: „Ein zufällig entnommenes Blatt besitzt diese Fehlbildung nicht. Mit welcher Wahrscheinlichkeit ist es von der Baumart Z“ kann mit dem Satz von Bayes behandelt werden:

$$P_{\text{keine Fehlbildung}}(\text{Baumart Z}) = \frac{P(\text{Baumart Z} \cap \text{keine Fehlbildung})}{P(\text{keine Fehlbildung})}$$

Die Wahrscheinlichkeiten kann man obigem Baumdiagramm entnehmen:

$$P_{\text{keine Fehlbildung}}(\text{Baumart Z}) = \frac{0{,}1 \cdot 0{,}995}{0{,}6 \cdot 0{,}97 + 0{,}3 \cdot 0{,}96 + 0{,}1 \cdot 0{,}995} \approx 0{,}1026$$

Die Wahrscheinlichkeit für das Ereignis E: „Von fünf mit einem Griff zufällig entnommenen Blättern sind genau zwei von der Baumart Y“ wird mit der „Lottoformel“ berechnet:

$$P(E) = \frac{\binom{30}{2} \cdot \binom{70}{3}}{\binom{100}{5}} \approx 0{,}3163$$

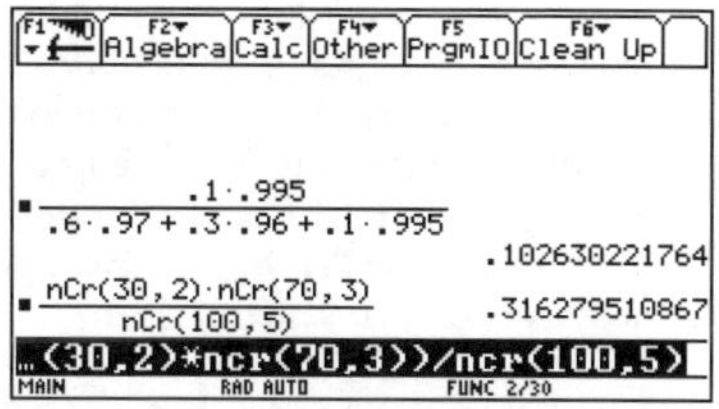

b) X beschreibe die Anzahl der bei Beobachtung als fehlerhaft erkannten Blätter. X ist binomialverteilt mit unbekanntem n und p = 0,55. Außerdem soll gelten
$P(X \geq 1) \geq 0{,}95.$
Man geht über die Gegenwahrscheinlichkeit $1 - P(X = 0) \geq 0{,}95$ und erhält die Ungleichung
$1 - \binom{n}{0} \cdot 0{,}55^0 \cdot 0{,}45^{n-0} \geq 0{,}95.$

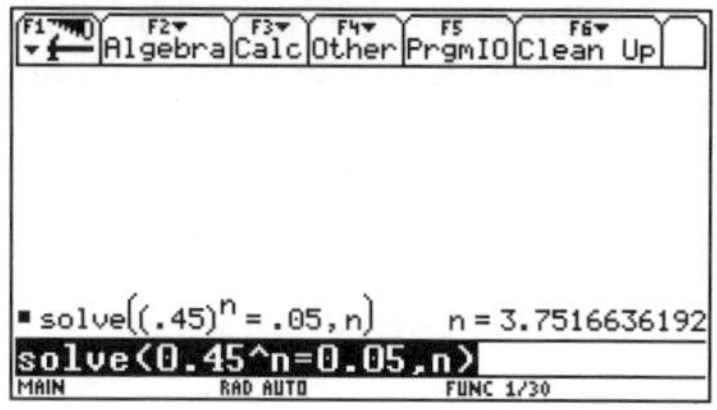

Sie lässt sich vereinfachen zu $0{,}45^n \leq 0{,}05.$
Die kleinste natürliche Zahl, die diese Ungleichung erfüllt, ist n = 4. Man muss also mindestens viermal beobachten.

c) Y beschreibe die Anzahl der Blätter mit der Fehlbildung an dem speziellen Baum. Gesucht ist die Anzahl n der Blätter mit $P(Y \geq 700) = 0{,}1075,$ wobei Y als binomialverteilt mit p = 0,03 und unbekanntem n vorausgesetzt werden darf. Geht man über die Gegenwahrscheinlichkeit, so kann man dafür schreiben

$$1 - P(Y \leq 699) = 0{,}1075$$
$$P(Y \leq 699) = 0{,}8925.$$

Gesucht ist also das kleinste n, für das erstmals gilt:

$$\sum_{k=0}^{699} \binom{n}{k} \cdot 0{,}03^k \cdot 0{,}97^{n-k} = 0{,}8925.$$

Der CAS-Rechner kann diese Aufgabe nicht in vertretbarer Zeit lösen, weil die große Anzahl an Summanden zu langen Rechenzeiten führt. Deshalb ist eine Näherungslösung über die Formel von Moivre-Laplace zu erarbeiten:

$$P(Y \leq 699) \approx \Phi\left(\frac{699 - n \cdot 0{,}03}{\sqrt{n \cdot 0{,}03 \cdot 0{,}97}}\right) = 0{,}8925$$

Aus der Tabelle der Normalverteilung ist zu entnehmen, dass dann gelten muss

$$\frac{699 - n \cdot 0{,}03}{\sqrt{n \cdot 0{,}03 \cdot 0{,}97}} = 1{,}24.$$

Aus dieser Gleichung wird n bestimmt zu $n \approx 22\,248$. Es sind also ungefähr 22 248 Blätter an diesem Baum.
(Wird mit Korrekturglied gerechnet, also

$$\frac{699+0{,}5-n\cdot 0{,}03}{\sqrt{n\cdot 0{,}03\cdot 0{,}97}}=1{,}24,$$

so liegt das Ergebnis bei ca. 22 265 Blättern.)

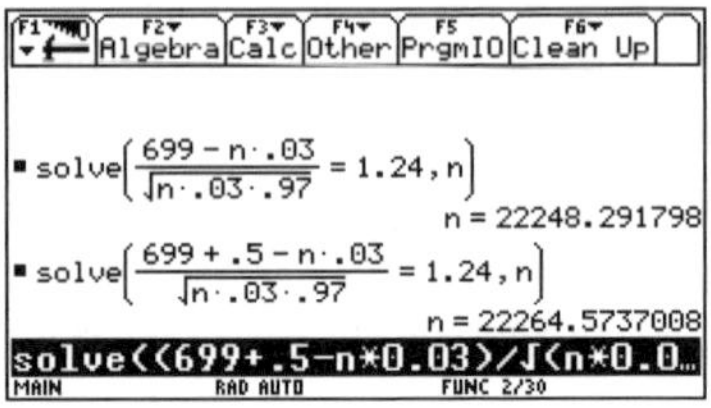

d) Es gelte die Nullhypothese: Das Verfahren erkennt mit $p_0 = 0{,}7$ diese Fehlbildung. Der Prüfplan sehe 50 Durchführungen des Verfahrens vor. Die Zufallsgröße Z beschreibe die Anzahl der ohne Mikroskop erkannten Fehlbildungen. Es liegt damit eine Binomialverteilung mit $n = 50$ und $p_0 = 0{,}7$ vor. Ihr Histogramm ist nebenstehend zu sehen.

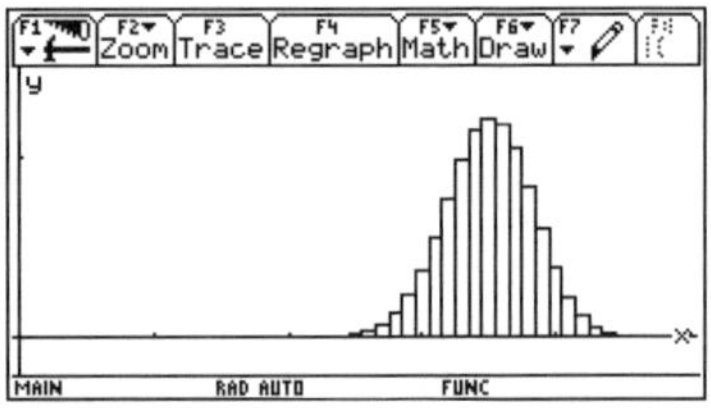

Wenn p_0 stimmt, bei der Stichprobe aber nur wenige Fehlbildungen erkannt werden, wird man die Nullhypothese ablehnen, obwohl sie richtig ist (Fehler 1. Art). Die Wahrscheinlichkeit dafür soll laut Aufgabe unter 5 % liegen, d. h. man sucht einen Ablehnungsbereich

$A = \{0, 1, 2, \ldots, k\}$ mit $P(Z \le k) \le 0{,}05$ bzw.

$$\sum_{i=0}^{k}\binom{50}{i}\cdot 0{,}7^{i}\cdot 0{,}3^{50-i} \le 0{,}05.$$

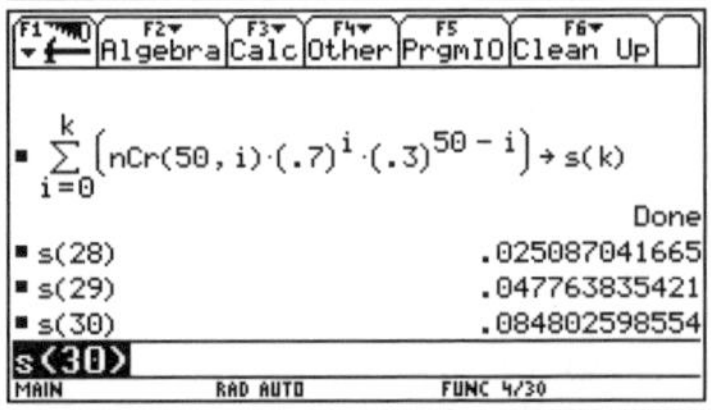

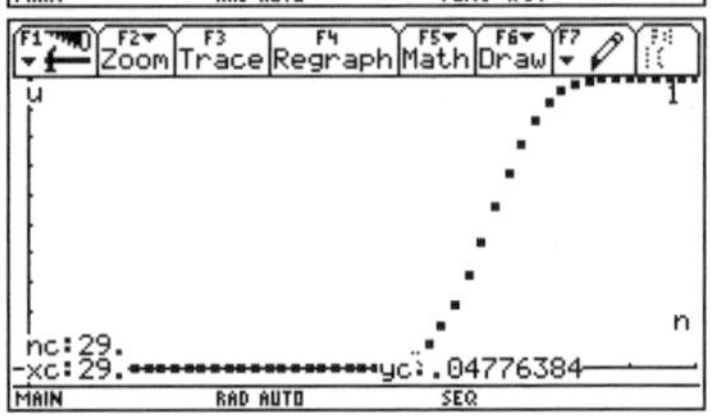

Diesen Wert kann man nun mit dem CAS-Rechner bestimmen und findet $k = 29$.

Hinweis: Der „solve“-Befehl hilft hier nicht weiter, wohl aber z. B. systematisches Probieren. Man lässt für verschiedene Werte von k die zugehörigen Wahrscheinlichkeiten $P(Z \le k)$ berechnen, bis man den richtigen Wert gefunden hat.
Man kann auch im Sequence-Modus die Folge s(k) darstellen, also die Summenfunktion der Binomialverteilung, und mit [F3] Trace „abfahren“, bis der größte y-Wert unter 0,05 erreicht ist. Allerdings ist diese Methode ziemlich zeitaufwändig.

Eine weitere Möglichkeit ist mit dem Data-Matrix-Editor und dem Befehl „cumsum“ gegeben:
Spalte c1: natürliche Zahlen von 0 bis 50
Spalte c2: zugehörige Werte der Binomialverteilung mit $p = 0{,}7$ und $n = 50$
Spalte c3: kumulierte Werte der Spalte c2, also Werte der Summenfunktion der Binomialverteilung

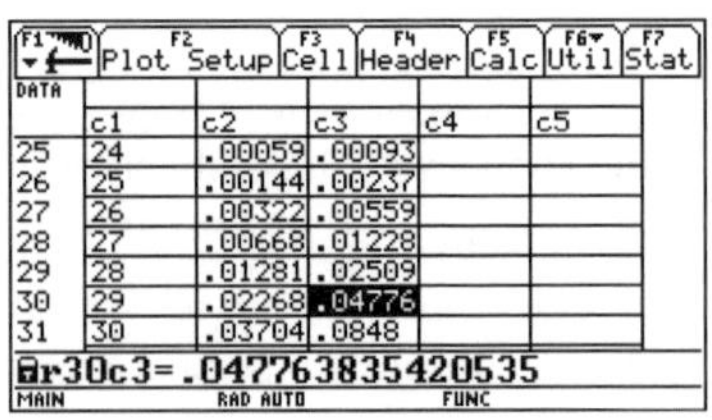

Man kann nach folgendem Prüfplan vorgehen:
Man teste das Verfahren 50-mal. Wenn dabei eine Fehlbildung 0-mal, 1-mal usw., jedoch höchstens 29-mal erkannt wird, lehnt man das Verfahren von Dr. Durchblick ab. Die Irrtumswahrscheinlichkeit beträgt dabei höchstens 5 %. Erkennt man Fehlbildungen 30-mal bis 50-mal, so gibt es keinen Grund, die Nullhypothese auf diesem Signifikanzniveau abzulehnen.

e) Beim Lösen dieser Aufgabe ist wieder die „Lottoformel“ anzuwenden:

$$\frac{\binom{3}{1}\cdot\binom{n-3}{1}}{\binom{n}{2}}=0,22$$

Von den beiden numerischen Lösungen kommt nur die ganzzahlige in Frage, es sind also 25 Blätter in dem Korb.

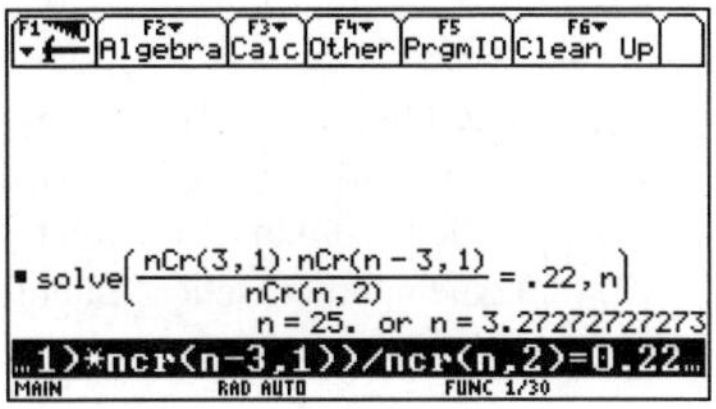

Leistungskurs Mathematik (Thüringen): Abiturprüfung 2004
Aufgabe C

a) Ermitteln Sie alle reellen Zahlen x, für die die Funktion f mit der Gleichung $f(x) = \sqrt{2-x} \cdot \ln x$ definiert ist! (2 BE)

b) Für eine Zahlenfolge (a_n) gelte: $a_{2000} = u$ $(u \neq 0)$ und $a_{2002} = v$.
Ermitteln Sie das Folgenglied a_{2004}, wenn
(1) (a_n) eine arithmetische Zahlenfolge bzw.
(2) (a_n) eine geometrische Zahlenfolge ist! (2 BE)

c) Es sei $f(x) = \sin(x)$ und $g(x) = \frac{1}{17}x$. Geben Sie die **Anzahl** aller gemeinsamen Punkte der Graphen dieser Funktionen an und beschreiben Sie Ihr Vorgehen! (2 BE)

d) Erfahrungsgemäß sind 70 % aller Abiturienten Nichtraucher.
Mit welcher Wahrscheinlichkeit befinden sich in einem Kurs mit 25 Abiturienten mindestens 15 Nichtraucher. Wie viele Raucher sind unter 870 Abiturienten zu erwarten? (2 BE)

e) Gegeben sind die Vektoren

$$\vec{a} = \begin{pmatrix} 2 \\ -5 \\ 3 \end{pmatrix}, \vec{b}_t = \begin{pmatrix} -20 \\ t \\ 8 \end{pmatrix} \text{ und } \vec{c} = \begin{pmatrix} 6 \\ -3 \\ 1 \end{pmatrix}.$$

Bestimmen Sie t $(t \in \mathbb{R})$ so, dass die Vektoren $\vec{a}$, $\vec{b}_t$ und $\vec{c}$ linear abhängig sind! (2 BE)

(10 BE)

Lösungen

a) Die Wurzelfunktion ist definiert für $2 - x \geq 0$, also $x \leq 2$. Die Logarithmusfunktion ist für alle positiven reellen Zahlen definiert, also $x > 0$. Der **Definitionsbereich** von $f(x) = \sqrt{2-x} \cdot \ln(x)$ ist $0 < x \leq 2$. Zur Kontrolle wird die Funktion graphisch dargestellt.

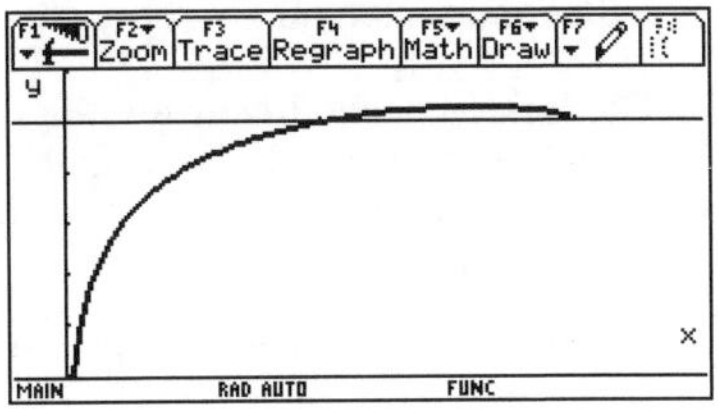

b) Wenn (a_n) eine **arithmetische Zahlenfolge** mit der Differenz $d = a_{n+1} - a_n$ ist, so muss gelten:

$$a_{2002} = a_{2000} + 2 \cdot d \Rightarrow v = u + 2 \cdot d$$
$$\Rightarrow 2d = v - u.$$

Damit ergibt sich:

$$a_{2004} = a_{2002} + 2 \cdot d = v + v - u = 2v - u.$$

Wenn (a_n) eine **geometrische Zahlenfolge** mit dem Quotienten $q = \frac{a_{n+1}}{a_n}$ ist, so gilt:

$$a_{2002} = a_{2000} \cdot q^2 \Rightarrow v = u \cdot q^2 \Rightarrow q^2 = \frac{v}{u}.$$

Deshalb ist:

$$a_{2004} = a_{2000} \cdot q^2 = v \cdot \frac{v}{u} = \frac{v^2}{u}.$$

c) Der erste Versuch, die **Anzahl der gemeinsamen Punkte** von $y = f(x) = \sin x$ und $y = g(x) = \frac{1}{17} x$ zu bestimmen, wird durch das Gleichsetzen beider Funktionen und das Lösen der entstehenden Gleichung unternommen. Der CAS-Rechner **warnt**, dass mehr Lösungen existieren können! Er zeigt insgesamt nur sieben Lösungen an. Deshalb wird eine graphische Ermittlung der gemeinsamen Punkte vorgenommen. Es gilt $g(17) = 1$ und $g(-17) = -1$ sowie $-1 \leq \sin(x) \leq 1$. Wegen des Wertebereichs der Sinusfunktion können außerhalb des Bereiches $-17 \leq x \leq 17$ keine Schnittpunkte existieren. Durch Abzählen aus der graphischen Darstellung ist zu erkennen, dass genau 11 gemeinsame Punkte existieren.

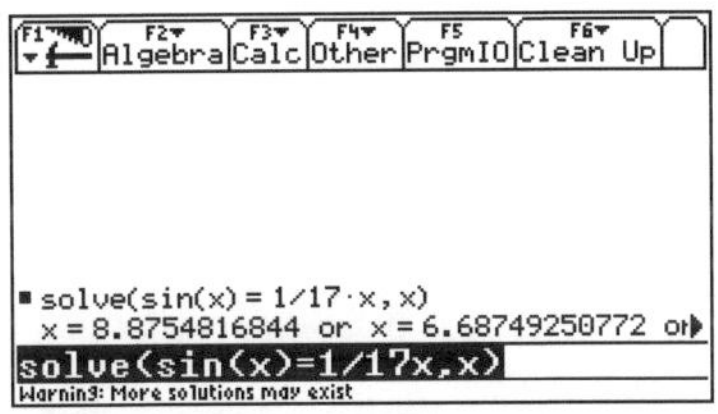

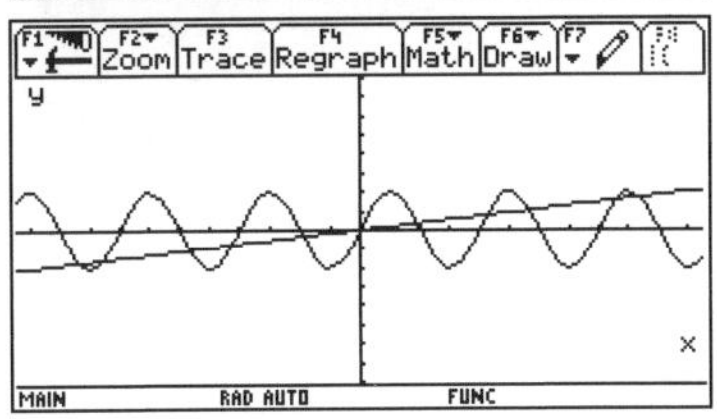

d) Die Zufallsgröße X sei definiert durch X: „Ein Schüler ist Nichtraucher."
Für die erste Frage ist X binomialverteilt mit $p = 0{,}7$ und $n = 25$.Die Wahrscheinlichkeit, dass unter 25 Kursteilnehmern **mindestens 15 Nichtraucher** sind, ist

$$P(X \geq 15) = \sum_{k=15}^{25} \binom{25}{k} \cdot 0{,}7^k \cdot 0{,}3^{25-k} \approx 0{,}9022.$$

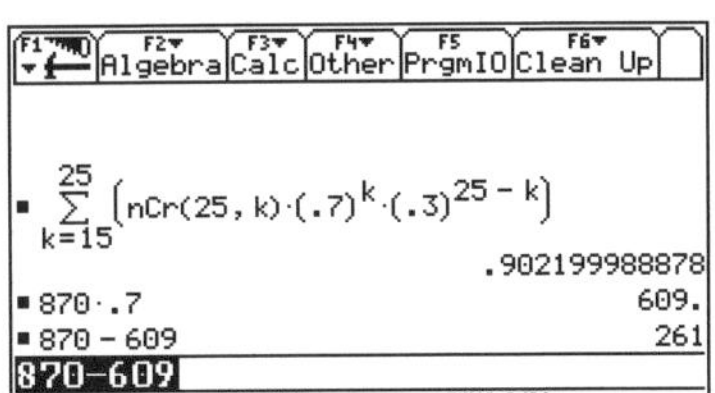

Für die zweite Frage ist X binomialverteilt mit n = 870 und p = 0,7. Der Erwartungswert für das Auftreten von Nichtrauchern ist damit E(X) = 870 · 0,7 = 609. Somit sind unter 870 Abiturienten 609 Nichtraucher, d. h. 870 – 609 = **261 Raucher** zu erwarten.

e) Die Vektoren sind **linear abhängig**, wenn sich einer von ihnen als Summe von Vielfachen der beiden anderen darstellen lässt, z. B.

$r \cdot \vec{a} + s \cdot \vec{c} = \vec{b}_t$.

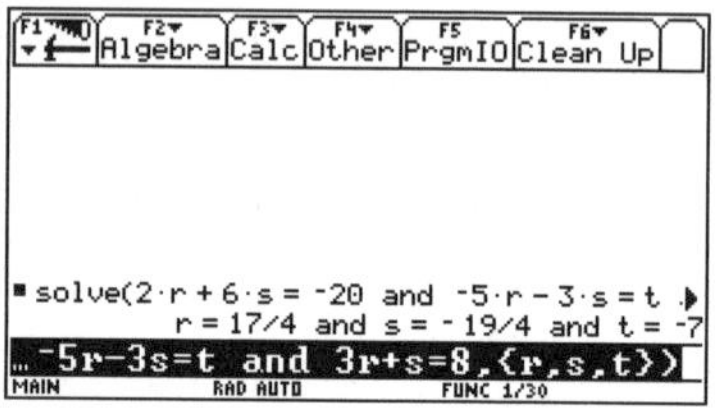

Das dadurch entstehende Gleichungssystem

(I) $2r + 6s = -20$

(II) $-5r - 3s = t$

(III) $3r + s = 8$

besitzt folgende Lösungen:

$r = \frac{17}{4}, \quad s = -\frac{19}{4}, \quad t = -7$

Für t = –7 sind die gegebenen Vektoren also linear abhängig.

Alternativ:
Die Vektoren sind linear abhängig, wenn der von ihnen aufgespannte Spat das Volumen null hat. Das Spatvolumen $(\vec{a} \times \vec{b}_t) \circ \vec{c}$ ist für t = –7 null, also sind für t = –7 die Vektoren linear abhängig.

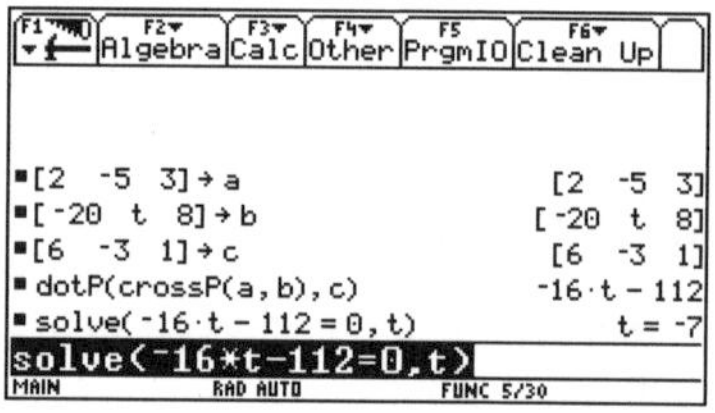

Leistungskurs Mathematik (Thüringen): Abiturprüfung 2005
Aufgabe A1: Analysis

Für jede reelle Zahl t ($t \neq 0$) ist eine Funktion f_t durch die Gleichung

$y = f_t(x) = \frac{t}{x} \cdot \ln x \quad (x \in \mathbb{R}, x > 0)$ gegeben.

a) Untersuchen Sie den Graphen von f_t auf Schnittpunkte mit der x-Achse, auf lokale Extrempunkte einschließlich ihrer Art sowie auf Wendepunkte! Berechnen Sie gegebenenfalls deren Koordinaten! (Auf einen möglicherweise notwendigen Nachweis der Wendepunkte kann verzichtet werden.)
Skizzieren Sie den Graphen von f_4 im Intervall $0 < x \leq 8$!
Beschreiben Sie, welche Beziehung zwischen den Graphen von f_t und f_{-t} besteht! (10 BE)

b) Weisen Sie durch Integration nach, dass

$F_t(x) = \frac{t}{2} \cdot (\ln x)^2$ eine Stammfunktion von f_t ist!

Geben Sie unter Verwendung der bisherigen Ergebnisse die mögliche lokale Extremstelle und die Wendestelle der Funktion F_t an! Begründen Sie Ihre Aussagen!
Berechnen Sie an der möglichen lokalen Extremstelle und an der Wendestelle die zugehörigen Funktionswerte!
Skizzieren Sie den Graphen von F_4 in das in Teilaufgabe a verwendete Koordinatensystem im Intervall $0 < x \leq 5$! (7 BE)

c) Der Graph der Funktion f_4, die x-Achse und die Parallele zur y-Achse durch den Punkt $P(e^2; f_4(e^2))$ begrenzen eine Fläche vollständig.
Berechnen Sie den Inhalt dieser Fläche!
Diese Fläche soll durch eine Gerade halbiert werden.
Ermitteln Sie eine Gleichung einer solchen Geraden! (4 BE)

d) An den Graphen der Funktion f_t wird im Punkt $P(e^2; f_t(e^2))$ die Tangente gelegt. Diese Tangente begrenzt für jedes t ($t > 0$) mit den Koordinatenachsen ein Dreieck. Berechnen Sie den Wert von t so, dass der Inhalt der Dreiecksfläche 9 FE beträgt! (4 BE)

e) Für jede positive reelle Zahl t ist eine Funktion g_t mit der Gleichung

$y = g_t(x) = \frac{t}{x} \quad (x \in \mathbb{R}, x > 0)$ gegeben.

Weisen Sie nach, dass die Stelle p ($p > e$), an der die Differenz $f_t(p) - g_t(p)$ ein Maximum annimmt, unabhängig von t ist!
(Auf den Nachweis des globalen Maximums wird verzichtet.)
Für welchen Wert von t beträgt diese maximale Differenz 1 LE? (5 BE)

(30 BE)

Lösungen

$$y = f_t(x) = \frac{t}{x} \cdot \ln x; \quad x \in \mathbb{R}, x > 0, t \in \mathbb{R}, t \neq 0$$

a) **Schnittpunkte mit der x-Achse**

$$y = 0 \Rightarrow \frac{t}{x} \cdot \ln x = 0, \quad x > 0$$
$$\ln x = 0$$
$$x_0 = 1, \quad S_x(1;0)$$

Ableitungen

$$f_t'(x) = -\frac{t}{x^2} \cdot \ln x + \frac{t}{x} \cdot \frac{1}{x} \qquad \text{Produktregel}$$
$$= \frac{t}{x^2}(1 - \ln x)$$
$$f_t''(x) = -\frac{2t}{x^3}(1 - \ln x) + \frac{t}{x^2}\left(-\frac{1}{x}\right)$$
$$= \frac{t}{x^3}(2\ln x - 3)$$

Lokale Extrempunkte

notwendig: $f_t'(x) = 0 \Rightarrow \frac{t}{x^2}(1 - \ln x) = 0, \quad x > 0, t \neq 0$
$$1 - \ln x = 0$$
$$\ln x = 1$$
$$x_E = e$$

hinreichend: $f_t''(e) = \frac{t}{e^3}(2 \cdot \underbrace{\ln e}_{=1} - 3)$
$$= -\frac{t}{e^3}\begin{cases} < 0 \text{ für } t > 0, & \text{d. h. lokales Maximum} \\ > 0 \text{ für } t < 0, & \text{d. h. lokales Minimum} \end{cases}$$
$$f_t(e) = \frac{t}{e} \cdot \ln e = \frac{t}{e}$$

Hochpunkte $H_t\left(e; \frac{t}{e}\right), \quad t > 0$

Tiefpunkte $T_t\left(e; \frac{t}{e}\right), \quad t < 0$

Wendepunkte

notwendig: $f_t''(x)=0 \Rightarrow \frac{t}{x^3}\cdot(2\ln x-3)=0,\ x>0, t\neq 0$

$$2\ln x-3=0$$
$$\ln x=\frac{3}{2}$$
$$x_W=e^{\frac{3}{2}}=e\sqrt{e}$$

hinreichend: *(laut Aufgabenstellung nicht erforderlich)*

$$f_t'''(e)=-\frac{3t}{x^4}(2\ln x-3)+\frac{t}{x^3}\cdot\frac{2}{x}$$
$$=\frac{t}{x^4}(11-6\ln x)$$

$f_t'''\left(e^{\frac{3}{2}}\right)=\frac{t}{e^6}\left(11-6\cdot\underbrace{\ln e^{\frac{3}{2}}}_{=\frac{3}{2}}\right)=\frac{2t}{e^6}\neq 0,\ t\neq 0,$ d. h. Wendepunkt existiert

$f_t\left(e^{\frac{3}{2}}\right)=\frac{t}{e^{\frac{3}{2}}}\cdot\ln e^{\frac{3}{2}}=\frac{3t}{2e\sqrt{e}},\ W_t\left(e\sqrt{e};\frac{3t}{2e\sqrt{e}}\right)$

Skizze

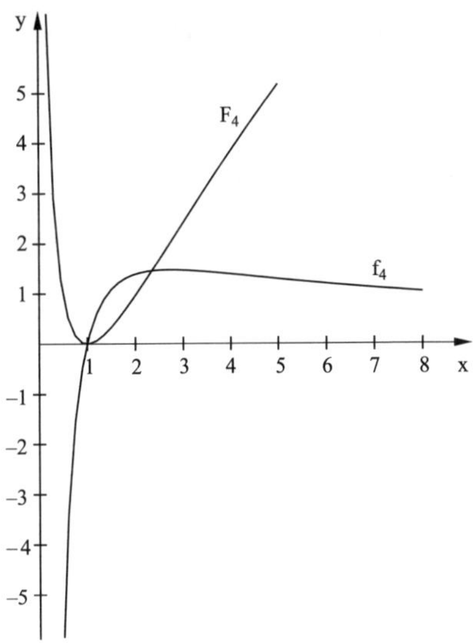

Beziehung zwischen den Graphen von f_t und f_{-t}

$f_{-t}(x)=\frac{-t}{x}\cdot\ln x=-\frac{t}{x}\cdot\ln x=-f_t(x),$ d. h. die Funktionswerte von f_t und f_{-t} sind entgegengesetzt, die Graphen liegen symmetrisch zur x-Achse.

b) **Nachweis Stammfunktion durch Integration**

$F_t(x) = \int f_t(x)\,dx$

$$\int f_t(x)\,dx = t \cdot \int \underset{\substack{|\\u'}}{\frac{1}{x}} \cdot \underset{\substack{|\\v}}{\ln x}\,dx, \quad t \neq 0 \quad \text{konstanter Faktor}$$

$u'(x) = \frac{1}{x}$, $v(x) = \ln x$

$u(x) = \ln x$, $v'(x) = \frac{1}{x}$

$\int u'(x) \cdot v(x)\,dx = u(x) \cdot v(x) - \int u(x) \cdot v'(x)\,dx$

partielle oder auch Produktintegration

$$t \cdot \int \frac{1}{x} \ln x\,dx = t \cdot \ln x \cdot \ln x - t \cdot \int \ln x \cdot \frac{1}{x}\,dx$$

$$2t \cdot \int \frac{1}{x} \ln x\,dx = t \cdot (\ln x)^2$$

$$t \cdot \int \frac{1}{x} \ln x\,dx = \frac{t}{2} \cdot (\ln x)^2 = F_t(x) \quad \text{q. e. d.}$$

Mögliche lokale Extremstelle und Wendestelle von F_t

Da für die Stammfunktion F_t von f_t gilt $F_t'(x) = f_t(x)$, entspricht die Nullstelle von f_t, nämlich $x_0 = 1 = x_{E_F}$ der möglichen Extremstelle von F_t ($F_t'(x) = 0$ notwendige Bedingung für lokales Extremum).

Analog gilt $F_t''(x) = f_t'(x)$, d. h. die Extremstelle von f_t entspricht der möglichen Wendestelle von F_t: $x_{E_f} = e = x_{W_F}$ ($F_t''(x) = 0$ notwendige Bedingung für Wendestelle).

zugehörige Funktionswerte

$$F_t(1) = \frac{t}{2} \cdot (\underbrace{\ln 1}_{=0})^2 = 0 \quad \Rightarrow \quad E_4(1; 0) \text{ für } F_4$$

$$F_t(e) = \frac{t}{2} \cdot (\underbrace{\ln e}_{=1})^2 = \frac{t}{2} \quad \Rightarrow \quad W_4(e; 2) \text{ für } F_4$$

Skizze für F_4 mit $F_4(x) = 2 \cdot (\ln x)^2$ siehe unter Teilaufgabe a.

c) **Inhalt der eingeschlossenen Fläche**

$$A = \int_1^{e^2} f_4(x)\,dx = [F_4(x)]_1^{e^2}$$

$$= [2(\ln x)^2]_1^{e^2}$$

$$= 2\,[(\underbrace{\ln e^2}_{=2})^2 - (\ln 1)^2]$$

$$= 2\,[4 - 0] = 8 \text{ FE}$$

Gleichung einer Geraden (z. B. parallel zur y-Achse), die die eingeschlossene Fläche halbiert

$$[2(\ln x)^2]_1^b = 4 \text{ FE}$$
$$2[(\ln b)^2 - (\ln 1)^2] = 4$$
$$2(\ln b)^2 = 4$$
$$\ln b = \sqrt{2}$$
$$b = e^{\sqrt{2}} \quad (\approx 4{,}11)$$

Eine mögliche Gerade, die die Fläche halbiert, hätte die Gleichung $x = e^{\sqrt{2}}$.

Skizze

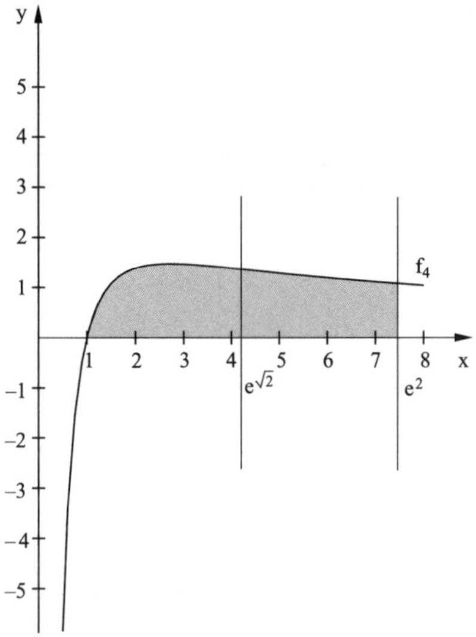

d) **Wert von t (t > 0) so, dass der Inhalt der Dreiecksfläche 9 FE beträgt**

Im Punkt $P\left(e^2; f_t(e^2) = \frac{t}{e^2} \cdot \ln e^2 = \frac{2t}{e^2}\right)$ wird an den Graphen von f_t die Tangente angelegt, die mit den Koordinatenachsen ein Dreieck begrenzt. Zunächst wird die Tangentengleichung ermittelt.

$$f_t'(e^2) = \frac{t}{e^4}(1 - \ln e^2) = -\frac{t}{e^4} = m$$

$$P \in y = mx + n \;\Rightarrow\; \frac{2t}{e^2} = -\frac{t}{e^4} \cdot e^2 + n \;\Rightarrow\; n = \frac{3t}{e^2}$$

$$y = -\frac{t}{e^4} \cdot x + \frac{3t}{e^2} \quad \text{Tangentengleichung}$$

Das gesuchte Dreieck hat die Eckpunkte $Q\left(0; \frac{3t}{e^2}\right)$ (Schnittpunkt der Tangente mit der y-Achse), O(0; 0) und $R(x_R; 0)$, wobei x_R die Nullstelle der Tangente ist.
Mit y = 0 folgt aus der Tangentengleichung

$$x_R = \frac{3t \cdot e^4}{e^2 \cdot t} = 3e^2 \ (\approx 22{,}17).$$

$$A_\Delta = \frac{1}{2} \cdot 3e^2 \cdot \frac{3t}{e^2} \underset{t=2}{=} 9 \text{ FE}$$

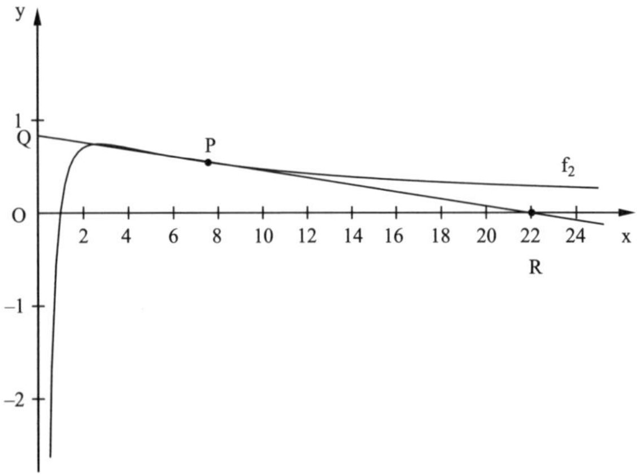

e) **Nachweis für Unabhängigkeit von t an der Stelle p**

$$y = g_t(x) = \frac{t}{x}, \quad x \in \mathbb{R}, \quad x > 0$$

Differenz d an der Stelle p (p > e):

$$\begin{aligned} d(p) &= f_t(p) - g_t(p) \\ &= \frac{t}{p} \cdot \ln p - \frac{t}{p} \\ &= \frac{t}{p}(\ln p - 1) \end{aligned}$$

$$\begin{aligned} d'(p) &= -\frac{t}{p^2}(\ln p - 1) + \frac{t}{p} \cdot \frac{1}{p} \quad \text{Produktregel} \\ &= \frac{t}{p^2}(2 - \ln p) \end{aligned}$$

$$\begin{aligned} d''(p) &= -\frac{2t}{p^3}(2 - \ln p) + \frac{t}{p^2} \cdot \left(-\frac{1}{p}\right) \\ &= \frac{t}{p^3}(2\ln p - 5) \end{aligned}$$

Lokales Extremum

notwendig:

$$d'(p)=0 \Rightarrow \frac{t}{p^2}(2-\ln p)=0,\ t>0,\ p>e$$

$$2-\ln p=0$$
$$\ln p=2$$
$$p=e^2 \text{ unabhängig von } t$$

hinreichend:

$$d''(e^2)=\frac{t}{(e^2)^3}\cdot(2\ln e^2-5)$$
$$=-\frac{t}{e^6}<0 \text{ weil } t>0, \text{ d. h. lokales Maximum}$$

Globales Maximum *(laut Aufgabenstellung nicht verlangt)*

$$d(p)=\frac{t}{e^2}(\ln e^2-1)=\frac{t}{e^2} \text{ maximal}$$

$$\lim_{p\to e}\left(\frac{t}{p}(\ln p-1)\right)=\frac{t}{e}(\ln e-1)=0<\frac{t}{e^2}$$

$$\lim_{p\to\infty}\left(\frac{t}{p}(\ln p-1)\right)=0<\frac{t}{e^2}$$

Damit ist das lokale Maximum $d(p)=\frac{t}{e^2}$ gleichzeitig globales Maximum.

$$d_{max}(p)=\frac{t}{e^2}=1 \Rightarrow t=e^2.$$

Für $t = e^2$ beträgt die maximale Differenz 1 LE.

Skizze

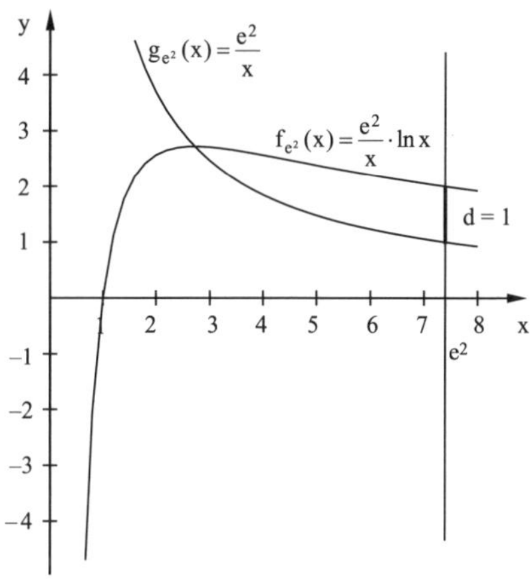

Für jede positive reelle Zahl t ist eine Funktion f_t gegeben durch

$$y = f_t(x) = x \cdot \sqrt{t - x^2}.$$

a) Bestimmen Sie den größtmöglichen Definitionsbereich von f_4!
Untersuchen Sie den Graphen der Funktion f_4 auf Symmetrie, gemeinsame Punkte mit den Koordinatenachsen sowie auf lokale Extrempunkte und Wendepunkte!
Ermitteln Sie gegebenenfalls deren Koordinaten!

Kontrollergebnis: $f_4''(x) = \dfrac{2x^3 - 12x}{(4 - x^2) \cdot \sqrt{4 - x^2}}$

(Auf den möglicherweise notwendigen Nachweis der Wendepunkte wird verzichtet.)
Geben Sie den Wertebereich von f_4 an!
Skizzieren Sie den Graphen von f_4 über dem gesamten Definitionsbereich! (13 BE)

b) Für jede reelle Zahl r ist eine Gleichung $r = f_4(x)$ gegeben.
Geben Sie die Anzahl der Lösungen dieser Gleichung in Abhängigkeit von r an! Nutzen Sie die Ergebnisse von Teilaufgabe a. (2 BE)

c) Weisen Sie nach, dass die Funktion F_4 mit $F_4(x) = -\frac{1}{3} \cdot \sqrt{(4 - x^2)^3} + 2005$ eine Stammfunktion von f_4 ist! Berechnen Sie den Inhalt des Flächenstücks, das vom Graphen der Funktion f_4 und der x-Achse im III. Quadranten vollständig eingeschlossen wird! (3 BE)

d) Die Abbildung zeigt den Graphen der Funktion g_4 mit $g_4(x) = \sqrt{4x^2 - x^4}$.
Zeigen Sie, dass $g_4(x) = |f_4(x)|$ gilt!
Geben Sie mindestens zwei Eigenschaften an, in denen sich die Funktionen f_4 und g_4 unterscheiden!
Begründen Sie, dass die Funktion g_4 an der Stelle x = 0 nicht differenzierbar ist!

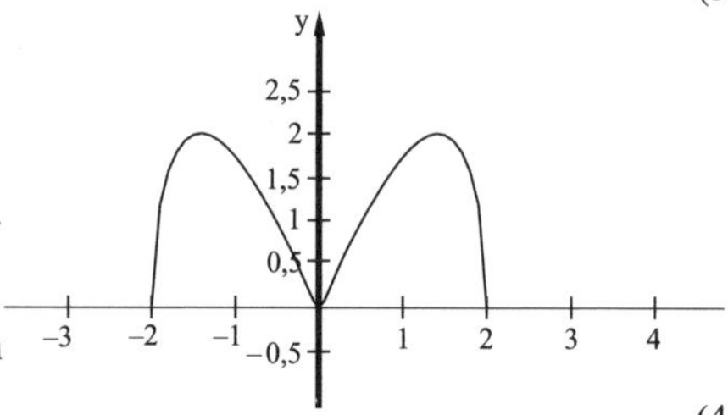

(4 BE)

e) Skizzieren Sie den Graphen der Funktion h mit $y = h(x) = x \cdot |x|$ in das Koordinatensystem aus Teilaufgabe a!
Der Graph jeder Funktion f_t besitzt genau zwei lokale Extrempunkte.
Zeigen Sie, dass diese lokalen Extrempunkte auf dem Graphen von h liegen!
(Auf den Nachweis der Extrempunkte wird verzichtet.) (4 BE)

f) Es seien $N_t(\sqrt{t}; 0)$, $O(0; 0)$ und $H_t\left(\frac{1}{2}\sqrt{2t}; \frac{t}{2}\right)$ drei Punkte des Graphen der Funktion f_t.
(1) Für welche positive reelle Zahl t hat das Dreieck ON_tH_t den Flächeninhalt A = 250 FE?
(2) Für welche positive reelle Zahl t ist das Dreieck ON_tH_t rechtwinklig? (4 BE)

(30 BE)

Lösungen

$y = f_t(x) = x \cdot \sqrt{t - x^2},\ t \in \mathbb{R},\ t > 0$

a) **Definitionsbereich von f_4**

$$f_4(x) = x \cdot \sqrt{4 - x^2},\quad 4 - x^2 \geq 0$$
$$x^2 \leq 4$$
$$|x| \leq 2,\ \text{d.h.} -2 \leq x \leq 2,\ x \in \mathbb{R}$$

Symmetrie

$$f_4(-x) = -x \cdot \sqrt{4 - (-x)^2} = -x \cdot \sqrt{4 - x^2} = -f_4(x)$$

Der Graph der Funktion f_4 ist symmetrisch zum Koordinatenursprung.

Gemeinsame Punkte mit den Koordinatenachsen

x-Achse: $y = 0 \Rightarrow x \cdot \sqrt{4 - x^2} = 0$

$$x_{01} = 0,\quad S_{x_1}(0; 0)$$
$$\sqrt{4 - x^2} = 0$$
$$|x| = 2$$
$$x_{02} = 2,\quad S_{x_2}(2; 0)$$
$$x_{03} = -2,\ S_{x_3}(-2; 0)$$

y-Achse: $x = 0 \Rightarrow f_4(0) = 0 \cdot \sqrt{4 - 0} = 0,\ S_y(0; 0) = S_{x_1}$

Ableitungen

$$f_4'(x) = 1 \cdot \sqrt{4 - x^2} + x \cdot \frac{1}{2}(4 - x^2)^{-\frac{1}{2}} \cdot (-2x) \quad \text{Produkt- und Kettenregel}$$

$$= \sqrt{4 - x^2} - \frac{x^2}{\sqrt{4 - x^2}} = \frac{4 - x^2 - x^2}{\sqrt{4 - x^2}} = \frac{-2x^2 + 4}{\sqrt{4 - x^2}}$$

$$f_4''(x) = \frac{(-4x) \cdot \sqrt{4 - x^2} - (-2x^2 + 4) \cdot \frac{1}{2}(4 - x^2)^{-\frac{1}{2}} \cdot (-2x)}{(4 - x^2)} \quad \text{Quotienten- und Kettenregel}$$

$$= \frac{(-4x) \cdot (4 - x^2) - (2x^3 - 4x)}{(4 - x^2) \cdot \sqrt{4 - x^2}}$$

$$= \frac{-16x + 4x^3 - 2x^3 + 4x}{(4 - x^2) \cdot \sqrt{4 - x^2}} = \frac{2x^3 - 12x}{(4 - x^2) \cdot \sqrt{4 - x^2}}$$

Lokale Extrempunkte

notwendig: $f_4'(x) = 0 \Rightarrow -2x^2 + 4 = 0$

$$x^2 = 2$$
$$|x| = \sqrt{2}$$
$$x_{E_1} = \sqrt{2}$$
$$x_{E_2} = -\sqrt{2}$$

hinreichend: $f_4''(\pm\sqrt{2}) = \dfrac{\pm 4\sqrt{2} \mp 12\sqrt{2}}{(4-2)\cdot\sqrt{4-2}}$

$$= \frac{\mp 8\sqrt{2}}{2\sqrt{2}} = \begin{cases} -4 < 0, & \text{d. h. lokales Maximum} \\ +4 > 0, & \text{d. h. lokales Minimum} \end{cases}$$

$$f_4''(\pm\sqrt{2}) = \pm\sqrt{2}\cdot\sqrt{4-2} = \pm 2$$

Hochpunkt $H(\sqrt{2}; 2)$, Tiefpunkt $T(-\sqrt{2}; -2)$

Wendepunkte

notwendig:

$$f_4''(x) = 0 \Rightarrow 2x^3 - 12x = 0$$
$$2x(x^2 - 6) = 0$$
$$x_W = 0, \quad W(0; 0) = S_{x_1}$$
$$x^2 = 6$$
$$|x| = \sqrt{6} \text{ entfällt, weil außerhalb des Definitionsbereichs}$$

hinreichend: *(laut Aufgabenstellung nicht verlangt)*

$$f_4'''(x) = \frac{(6x^2 - 12)\cdot\sqrt{(4-x^2)^3} - (2x^3 - 12x)\cdot\frac{3}{2}(4-x^2)^{\frac{1}{2}}\cdot(-2x)}{(4-x^2)^3}$$

$$= \frac{6x^6 - 54x^4 + 156x^2 - 192}{(4-x^2)^3\cdot\sqrt{4-x^2}}$$

$$f_4'''(0) = \frac{-192}{4^3\cdot\sqrt{4}} = -\frac{3}{2\sqrt{2}} \neq 0, \text{ d. h. Wendepunkt existiert}$$

Wertebereich

Im ermittelten Definitionsbereich $-2 \le x \le 2$ gilt an den Intervallenden $f_4(\pm 2) = 0$ und an den Extremstellen $f_4(\pm\sqrt{2}) = \pm 2$. Demnach ergibt sich bei gegebener Stetigkeit im gesamten Bereich als Wertebereich $-2 \le y \le 2$, $y \in \mathbb{R}$.

Skizze

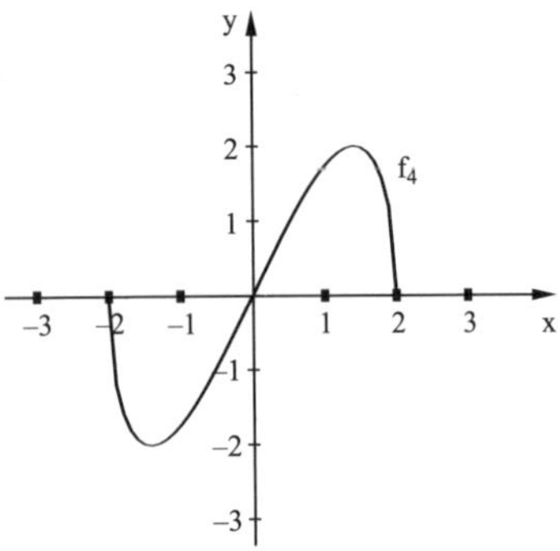

b) **Anzahl der Lösungen der Gleichung $r = f_4(x)$**

$r = 0 = f_4(x) \quad \Rightarrow x_{01} = 0,\ x_{02} = 2,\ x_{03} = -2,$ d. h. 3 Lösungen (Nullstellen)

$$\left.\begin{array}{ll} r = 2 = f_4(x) & \Rightarrow x_{E_1} = \sqrt{2} \\ r = -2 = f_4(x) & \Rightarrow x_{E_2} = -\sqrt{2} \end{array}\right\} \text{d. h. jeweils 1 Lösung (Extremstelle)}$$

$-2 < r = f_4(x) < 2\ (r \neq 0) \qquad \Rightarrow$ 2 Lösungen

$r = f_4(x) < -2$ oder $r = f_4(x) > 2 \Rightarrow$ keine Lösung, weil außerhalb des Definitionsbereiches

c) **Nachweis Stammfunktion**

$$F_4(x) = -\frac{1}{3} \cdot \sqrt{(4 - x^2)^3} + 2005$$

$$F_4'(x) = -\frac{1}{3} \cdot \frac{3}{2}(4 - x^2)^{\frac{1}{2}} \cdot (-2x) \quad \text{Potenz- und Kettenregel}$$

$$= x \cdot \sqrt{4 - x^2} = f_4(x) \quad \text{q. e. d.}$$

Eingeschlossene Fläche im III. Quadranten

$$A = \left| \int_{-2}^{0} f_4(x)\,dx \right| \quad \text{Betrag, weil Flächenstück unterhalb der x-Achse}$$

$$= \left| \left[-\frac{1}{3} \cdot \sqrt{(4 - x^2)^3} \right]_{-2}^{0} \right|$$

$$= \left| -\frac{1}{3}\left(\sqrt{4^3} - \sqrt{(4 - (-2)^2)^3} \right) \right|$$

$$= \left| -\frac{1}{3}(8 - 0) \right| = \frac{8}{3} \text{ FE}$$

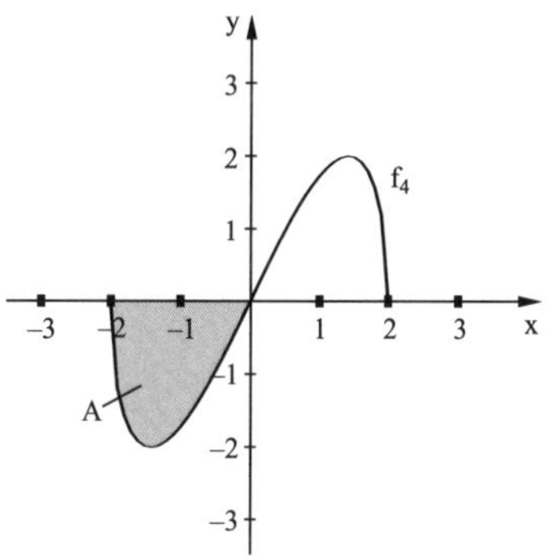

d) **Zu zeigen, dass $g_4(x) = |f_4(x)|$**

$$g_4(x) = \sqrt{4x^2 - x^4} = \sqrt{x^2 \cdot (4 - x^2)} = |x| \cdot \sqrt{4 - x^2}$$

$$= \begin{cases} x \cdot \sqrt{4 - x^2}, & 0 \le x \le 2 \\ -x \cdot \sqrt{4 - x^2} & -2 \le x \le 0 \end{cases}$$

$$= |x\sqrt{4 - x^2}|, \quad -2 \le x \le 2, x \in \mathbb{R}$$

$$= |f_4(x)|, \quad -2 \le x \le 2 \quad \text{q. e. d.}$$

Unterschiede zwischen f_4 und g_4

Symmetrie:

$f_4(-x) = -f_4(x)$ punktsymmetrisch zum Ursprung (siehe Teilaufgabe a)

$g_4(-x) = \sqrt{4(-x)^2 - (-x)^4} = \sqrt{4x^2 - x^4} = g_4(x)$, d. h. achsensymmetrisch zur y-Achse

Wertebereiche:

f_4: $-2 \le y \le 2$, $y \in \mathbb{R}$
g_4: $0 \le y \le 2$, $y \in \mathbb{R}$

Untersuchung von g_4 auf Differenzierbarkeit an der Stelle $x_0 = 0$

Laut Definition ist eine Funktion f an der Stelle x_0 differenzierbar, wenn sie
(1) in einer Umgebung von x_0 definiert ist und
(2) der Grenzwert des Differenzenquotienten $\lim\limits_{h \to 0} \frac{f(x_0 + h) - f(x_0)}{h}$ existiert.

Für $g_4(x) = \sqrt{4x^2 - x^4}$ trifft die Bedingung (1) offensichtlich zu.
Um Bedingung (2) zu prüfen, bilden wir den Grenzwert des Differenzenquotienten von g_4:

$$\lim_{h \to 0} \frac{|x_0 + h| \cdot \sqrt{4 - (x_0 + h)^2} - |x_0| \cdot \sqrt{4 - x_0^2}}{h}$$

$$= \lim_{h \to 0} \frac{|h| \cdot \sqrt{4 - h^2} - 0}{h} \quad \text{an der Stelle } x_0 = 0$$

$$= \begin{cases} \lim\limits_{h \to 0} \frac{\cancel{h} \cdot \sqrt{4 - h^2}}{\cancel{h}} = \lim\limits_{h \to 0} \sqrt{4 - h^2} = 2, & \text{für } h > 0 \\ \lim\limits_{h \to 0} \frac{-\cancel{h} \cdot \sqrt{4 - h^2}}{\cancel{h}} = \lim\limits_{h \to 0} (-\sqrt{4 - h^2}) = -2, & \text{für } h < 0 \end{cases}$$

Da hier erkennbar ist, dass zwar der linksseitige und der rechtsseitige Grenzwert von g_4 an der Stelle $x_0 = 0$ existieren, beide aber ungleich sind, existiert **der** Grenzwert des Differenzenquotienten von g_4 an der Stelle $x_0 = 0$ nicht. Wenn der Grenzwert einer Funktion f existiert, dann ist er eindeutig, was hier nicht zutrifft. Die Funktion g_4 ist somit an der Stelle $x_0 = 0$ nicht differenzierbar.

e) **Skizze von h**

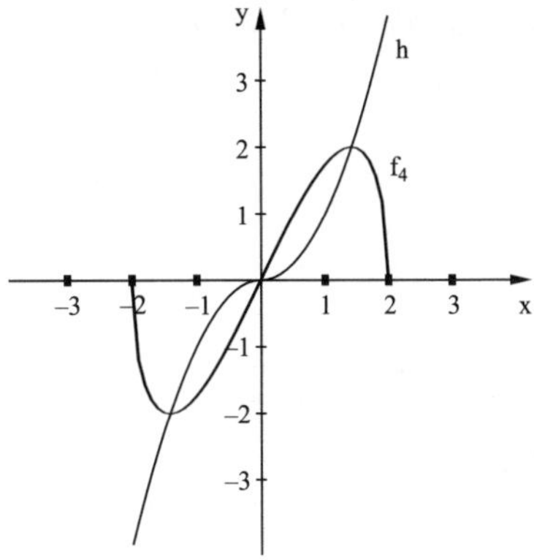

$$y = h(x) = x \cdot |x| = \begin{cases} x^2, & x > 0 \\ -x^2, & x < 0 \end{cases}$$

Lage der lokalen Extrempunkte von f_t

Ableitungen

$$f_t'(x) = 1 \cdot \sqrt{t - x^2} + x \cdot \frac{1}{2}(t - x^2)^{-\frac{1}{2}} \cdot (-2x) \quad \text{Produkt- und Kettenregel}$$

$$= \sqrt{t - x^2} - \frac{2x^2}{2\sqrt{t - x^2}}$$

$$= \frac{2(t - x^2) - 2x^2}{2\sqrt{t - x^2}} = \frac{t - 2x^2}{\sqrt{t - x^2}}$$

$$f_t''(x) = \frac{-4x\sqrt{t - x^2} - (t - x^2) \cdot \frac{1}{2}(t - x^2)^{-\frac{1}{2}} \cdot (-2x)}{(t - x^2)}$$ *(laut Aufgabenstellung nicht verlangt)*

$$= \frac{-4x(t - x^2) + x(t - 2x^2)}{(t - x^2)\sqrt{t - x^2}} = \frac{2x^3 - 3tx}{(t - x^2)\sqrt{t - x^2}}$$

Lokale Extrempunkte

notwendig:

$$f_t'(x) = 0 \Rightarrow t - 2x^2 = 0$$

$$x^2 = \frac{t}{2}$$

$$|x| = \sqrt{\frac{t}{2}} = \frac{1}{2}\sqrt{2t}, \quad t > 0, \ t \in \mathbb{R}$$

$$x_{E_{t_1}} = \frac{1}{2}\sqrt{2t}$$

$$x_{E_{t_2}} = -\frac{1}{2}\sqrt{2t}$$

hinreichend: *(laut Aufgabenstellung nicht verlangt)*

$$f_t''\left(\pm\sqrt{\frac{t}{2}}\right)=\frac{\pm 2\cdot\frac{t}{2}\sqrt{\frac{t}{2}}\mp 3\cdot t\sqrt{\frac{t}{2}}}{\left(t-\frac{t}{2}\right)\sqrt{t-\frac{t}{2}}}$$

$$=\frac{\mp 2\cdot t\cdot\sqrt{\frac{t}{2}}}{\frac{t}{2}\cdot\sqrt{\frac{t}{2}}}$$

$$=\begin{cases}-4<0, & \text{d. h. lokales Maximum}\\ \;\;4>0, & \text{d. h. lokales Minimum}\end{cases}$$

$$f_t\left(\pm\sqrt{\frac{t}{2}}\right)=\pm\sqrt{\frac{t}{2}}\cdot\sqrt{t-\frac{t}{2}}=\pm\frac{t}{2}$$

Hochpunkte $H_t\left(\frac{1}{2}\sqrt{2t};\frac{t}{2}\right)$, Tiefpunkte $T_t\left(-\frac{1}{2}\sqrt{2t};-\frac{t}{2}\right)$

Aus $H_t\left(\frac{1}{2}\sqrt{2t};\frac{t}{2}\right)$ mit $x=\frac{1}{2}\sqrt{2t}$ und $y=\frac{t}{2}$ (Parameterdarstellung der Ortskurve) folgt $y = x^2$, d. h. die Gleichung $y=x\cdot|x|=x^2$ $(x>0)$ ist die Ortskurve der lokalen Maximumpunkte der Funktion f_t.

Analog folgt aus $T_t\left(-\frac{1}{2}\sqrt{2t};-\frac{t}{2}\right)$ mit $x=-\frac{1}{2}\sqrt{2t}$ und $y=-\frac{t}{2}$ die Beziehung $y = -x^2$, d. h. die Gleichung $y=x\cdot|x|=-x^2$ $(x<0)$ ist die Ortskurve der lokalen Minimumpunkte der Funktion f_t.

Skizze *(dient der Veranschaulichung der Ortskurve)*

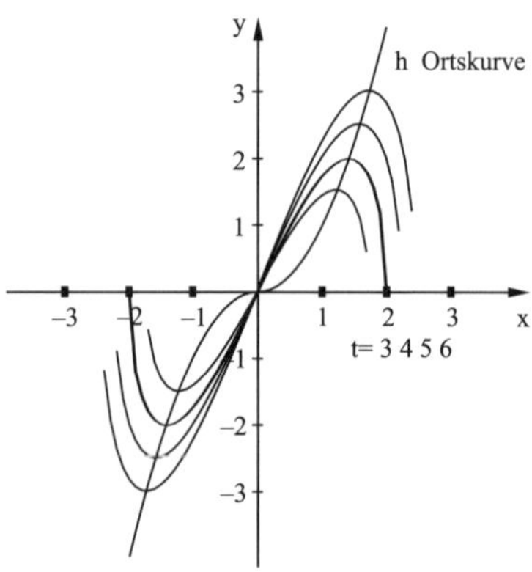

f) **Untersuchung des Dreiecks ON_tH_t bezüglich des Parameters $t > 0$, $t \in \mathbb{R}$**

(1) Den Flächeninhalt des gegebenen Dreiecks ON_tH_t erhält man aus $O(0; 0)$, $N_t(\sqrt{t}; 0)$, $H_t\left(\frac{1}{2}\sqrt{2t};\frac{t}{2}\right)$ zu

$$A = \frac{1}{2}\overline{ON_t} \cdot f_t\left(\frac{1}{2}\sqrt{2t}\right)$$

$$= \frac{1}{2}\sqrt{t} \cdot \frac{t}{2} = 250 \text{ FE}$$

$$t \cdot \sqrt{t} = 1000$$

$$\sqrt{t^3} = 1000$$

$$t^3 = 10^6$$

$$t = \sqrt[3]{10^6} = 100$$

Für t = 100 hat das Dreieck ON_tH_t den Flächeninhalt A = 250 FE.

(2) ΔON_tH_t ist rechtwinklig, wenn $\overrightarrow{H_tO} \cdot \overrightarrow{H_tN_t} = 0$.

$$\overrightarrow{H_tO} = \begin{pmatrix} \sqrt{\frac{t}{2}} \\ \frac{t}{2} \end{pmatrix}, \ \overrightarrow{H_tN_t} = \begin{pmatrix} \sqrt{t} - \sqrt{\frac{t}{2}} \\ -\frac{t}{2} \end{pmatrix}$$

$$\overrightarrow{H_tO} \cdot \overrightarrow{H_tN_t} = \sqrt{\frac{t}{2}}\left(\sqrt{t} - \sqrt{\frac{t}{2}}\right) - \left(\frac{t}{2}\right)^2 = 0$$

$$\frac{t}{\sqrt{2}} - \frac{t}{2} - \frac{t^2}{4} = 0$$

$$\frac{4t - 2\sqrt{2}t - \sqrt{2}t^2}{4\sqrt{2}} = 0$$

$$-\sqrt{2}t^2 + t(4 - 2\sqrt{2}) = 0$$

$$t((4 - 2\sqrt{2}) - \sqrt{2}t) = 0$$

$$t_1 = 0 \ \text{ entfällt}$$

$$\sqrt{2}t = 4 - 2\sqrt{2}$$

$$t_2 = \frac{1}{\sqrt{2}}(4 - 2\sqrt{2})$$

$$t_2 = 2\sqrt{2} - 2 \approx 0{,}828$$

Das Dreieck ON_tH_t ist für $t = 2\sqrt{2} - 2$ rechtwinklig.

Skizze *(zur Veranschaulichung)*

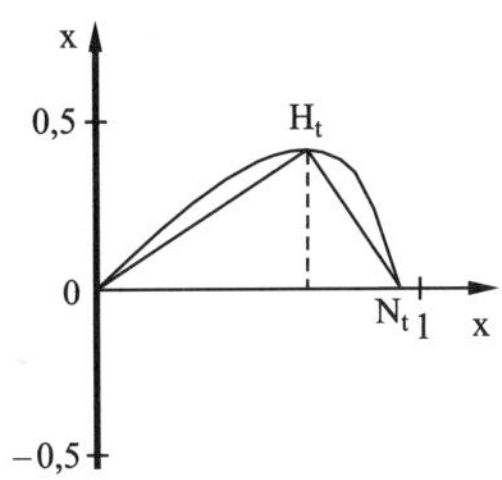

Leistungskurs Mathematik (Thüringen): Abiturprüfung 2005
Aufgabe B1: Lineare Algebra / Analytische Geometrie

Für jede reelle Zahl a $(a \neq 0)$ sind die Punkte $A_a(2a; a; a)$, $B_a(a; 2a; a)$ und $C_a(a; a; 2a)$ gegeben.

a) Zeigen Sie, dass A_a, B_a und C_a ein gleichseitiges Dreieck bilden!
ε_a sei die Ebene, in der das Dreieck $A_aB_aC_a$ liegt. Eine Ebenengleichung von ε_a ist $x + y + z = 4a$.
Erläutern Sie, wie man aus den Punkten A_a, B_a und C_a diese Gleichung gewinnen kann!
Bestimmen Sie die Werte von a, für die der Abstand des Koordinatenursprungs von ε_a den Wert 4 LE annimmt!
Berechnen Sie den Neigungswinkel von ε_a zur x-y-Ebene!
Bestimmen Sie eine Gleichung der Schnittgeraden von ε_a mit der x-y-Ebene. (8 BE)

b) In der Ebene ε_a gibt es einen Punkt $C_a' \neq C_a$, so dass das Dreieck $A_aB_aC_a'$ ebenfalls gleichseitig ist.
Bestimmen Sie die Koordinaten von C_a'! (2 BE)

Für die Teilaufgaben c und d sei a = 3.

c) Die Gerade g_1 verläuft durch die Punkte A_3 und C_3, die Gerade g_2 durch den Punkt B_3 mit dem Richtungsvektor $\vec{v} = \begin{pmatrix} 0 \\ 0 \\ 3 \end{pmatrix}$.
Zeigen Sie, dass die Geraden g_1 und g_2 windschief zueinander verlaufen!
Berechnen Sie den Abstand dieser Geraden und bestimmen Sie die Koordinaten der beiden Punkte der Geraden g_1 und g_2, die den kürzesten Abstand voneinander haben! (5 BE)

d) Die Gerade g mit $g: \vec{x} = r \cdot \begin{pmatrix} 1 \\ 1 \\ 1 \end{pmatrix}, r \in \mathbb{R}$, durchstößt die Ebene ε_3 in einem Punkt D_3.
Weisen Sie nach, dass dieser Punkt im Inneren des Dreiecks $A_3B_3C_3$ liegt!
Bestimmen Sie das Spiegelbild von P(1; 1; 1) bei Spiegelung an der Ebene ε_3! (5 BE)

(20 BE)

Lösungen

$A_a(2a;\ a;\ a)$
$B_a(a;\ 2a;\ a)$
$C_a(a;\ a;\ 2a),\ a \in \mathbb{R},\ a \neq 0$

a) **$\Delta A_aB_aC_a$ ist gleichseitig**

$$\overrightarrow{A_aB_a} = \begin{pmatrix} -a \\ a \\ 0 \end{pmatrix},\ |\overrightarrow{A_aB_a}| = \sqrt{(-a)^2 + a^2 + 0^2} = \sqrt{2a^2} = a\sqrt{2}$$

$$\overrightarrow{A_aC_a} = \begin{pmatrix} -a \\ 0 \\ a \end{pmatrix},\ |\overrightarrow{A_aC_a}| = \sqrt{(-a)^2 + 0^2 + a^2} = \sqrt{2a^2} = a\sqrt{2}$$

$$\overrightarrow{B_aC_a} = \begin{pmatrix} 0 \\ -a \\ a \end{pmatrix},\ |\overrightarrow{B_aC_a}| = \sqrt{0^2 + (-a)^2 + a^2} = \sqrt{2a^2} = a\sqrt{2}$$

$|\overrightarrow{A_aB_a}| = |\overrightarrow{A_aC_a}| = |\overrightarrow{B_aC_a}| = a\sqrt{2}$, d. h. $\Delta A_aB_aC_a$ gleichseitig. q. e. d.

Ebenengleichung von ε_a: $x + y + z = 4a$
Man gewinnt die Ebenengleichung z. B. aus:

1. Möglichkeit:

$$\vec{x} = \overrightarrow{OA_a} + r\overrightarrow{A_aB_a} + s\overrightarrow{A_aC_a} \quad \text{Parametergleichung}$$

$$= \begin{pmatrix} 2a \\ a \\ a \end{pmatrix} + r\begin{pmatrix} -a \\ a \\ 0 \end{pmatrix} + s\begin{pmatrix} -a \\ 0 \\ a \end{pmatrix},\quad r, s \in \mathbb{R}$$

$$\begin{array}{lrl|l} (1) & x = & 2a - ra - sa & \downarrow + \quad (*) \\ (2) & y = & a + ra & \\ (3) & z = & a \quad\ + sa & \\ \hline (1) + (2) & x + y = & 3a - sa & \downarrow + \\ (3) & z = & a + sa & \\ \hline & x + y + z = & 4a & \text{parameterfrei} \end{array}$$

2. Möglichkeit:

$$\overrightarrow{A_aB_a} \times \overrightarrow{A_aC_a} = \vec{n}_a \quad \text{Normalenvektor von } \varepsilon_a$$

$$\begin{pmatrix} -a \\ a \\ 0 \end{pmatrix} \times \begin{pmatrix} -a \\ 0 \\ a \end{pmatrix} = \begin{pmatrix} a^2 \\ -(-a^2) \\ a^2 \end{pmatrix} = \begin{pmatrix} a^2 \\ a^2 \\ a^2 \end{pmatrix} = \vec{n}_a$$

$$a^2x + a^2y + a^2z = d$$

$$A_a \in \varepsilon_a:\ a^2 \cdot 2a + a^2 \cdot a + a^2 \cdot a = d$$

$$d = 4a^3$$

$$a^2x + a^2y + a^2z = 4a^3 \quad |:a^2$$

$$x + y + z = 4a$$

Abstand des Koordinatenursprungs von ε_a

$$\frac{x+y+z-4a}{\sqrt{3}}=0 \quad \text{Hesse'sche Normalenform von } \varepsilon_a$$

$$d(0,\varepsilon_a)=\left|\frac{0+0+0-4a}{\sqrt{3}}\right|=4\text{ LE} \quad \text{Abstand}$$

$$\frac{4\cdot|a|}{\sqrt{3}}=4$$

$$|a|=\sqrt{3}$$

$$a_1=\sqrt{3}$$

$$a_2=-\sqrt{3}$$

Für $a_1=\sqrt{3}$ und $a_2=-\sqrt{3}$ nimmt der Abstand des Koordinatenursprungs von der Ebene ε_a den Wert 4 LE an.

Neigungswinkel zwischen ε_a und xy-Ebene

$$\cos\alpha=\left|\frac{\vec{n}_a\cdot\vec{n}_{xy}}{|\vec{n}_a|\cdot|\vec{n}_{xy}|}\right| \quad \text{mit } \vec{n}_a=\begin{pmatrix}a^2\\a^2\\a^2\end{pmatrix},\ \vec{n}_{xy}=\begin{pmatrix}0\\0\\1\end{pmatrix} \text{ Normalenvektor der xy-Ebene}$$

$$=\left|\frac{a^2}{\sqrt{(a^2)^2+(a^2)^2+(a^2)^2}\cdot 1}\right|=\left|\frac{a^2}{\sqrt{3a^4}}\right|=\left|\frac{a^2}{a^2\sqrt{3}}\right|=\frac{1}{\sqrt{3}}\approx 0{,}5774$$

$$\alpha\approx 54{,}74^\circ \quad \text{Neigungswinkel}$$

Schnittgerade s von ε_a mit xy-Ebene

1. Lösungsmöglichkeit: Für xy-Ebene gilt $z = 0$.

Daraus folgt mit

$\varepsilon_a:\ x+y+z=4a$ die Beziehung

$x+y\quad=4a.$

Setze $y = t$, so $x = 4a - t$

und $y = 0 + t$

bzw. $z = 0 + 0\cdot t.$

$$s:\ \vec{x}=\begin{pmatrix}4a\\0\\0\end{pmatrix}+t\begin{pmatrix}-1\\1\\0\end{pmatrix},\ t\in\mathbb{R} \quad \text{Schnittgerade}$$

2. Lösungsmöglichkeit:

Aus der Parameterform (*) erhält man mit $z=0$

aus (3) $0= a+sa \Rightarrow s=-1$

in (1) $x=3a-ra$

(2) $y= a+ra$ $\quad\downarrow +$

$x+y=4a$

Analog zur 1. Lösungsmöglichkeit ergibt sich dann

$$s:\ \vec{x}=\begin{pmatrix}4a\\0\\0\end{pmatrix}+t\begin{pmatrix}-1\\1\\0\end{pmatrix},\ t\in\mathbb{R}.$$

b) **Koordinaten von C_a'**

Das Dreieck $A_aB_aC_a$ geht bei Spiegelung an der Geraden $g(A_aB_a)$ in das Dreieck $A_aB_aC_a'$ über. Setzt man in Richtung der Mittelsenkrechten in $M_{A_aB_a}$ den Vektor $\overrightarrow{C_aM_{A_aB_a}}$ an, erhält man den Punkt C_a'.

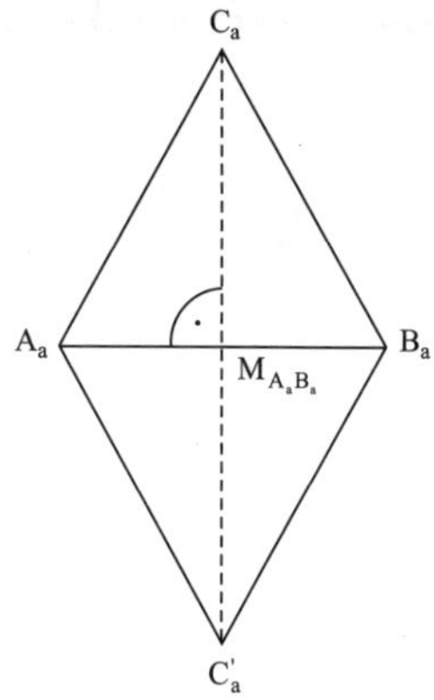

Prinzipskizze

$$M_{A_aB_a}\left(\frac{3}{2}a;\frac{3}{2}a;a\right),\quad \overrightarrow{C_aM_{A_aB_a}}=\begin{pmatrix}\frac{a}{2}\\ \frac{a}{2}\\ -a\end{pmatrix}$$

$$\overrightarrow{OC_a'}=\overrightarrow{OM_{A_aB_a}}+\overrightarrow{C_aM_{A_aB_a}}$$

$$=\begin{pmatrix}\frac{3}{2}a\\ \frac{3}{2}a\\ a\end{pmatrix}+\begin{pmatrix}\frac{a}{2}\\ \frac{a}{2}\\ -a\end{pmatrix}=\begin{pmatrix}2a\\ 2a\\ 0\end{pmatrix},\quad C_a'(2a;2a;0)$$

c) **Geraden g_1 und g_2 windschief zueinander**

$$g_1(A_3C_3):\ \vec{x}=\overrightarrow{OA_3}+t_1\overrightarrow{A_3C_3}\quad \text{mit } A_3(6;3;3),\ C_3(3;3;6)$$

$$=\begin{pmatrix}6\\3\\3\end{pmatrix}+t_1\begin{pmatrix}-3\\0\\3\end{pmatrix},\quad t_1\in\mathbb{R}$$

$$g_2:\ \vec{x}=\overrightarrow{OB_3}+t_2\vec{v}\quad \text{mit } B_3(3;6;3),\ \vec{v}=\begin{pmatrix}0\\0\\3\end{pmatrix}$$

$$=\begin{pmatrix}3\\6\\3\end{pmatrix}+t_2\begin{pmatrix}0\\0\\3\end{pmatrix},\quad t_2\in\mathbb{R}$$

Annahme: $g_1=g_2$

$$\left.\begin{array}{ll}(1) & 6-3t_1=3\\ (2) & 3\quad\ \ =6\\ (3) & 3+3t_1=3+3t_2\end{array}\right|\Rightarrow \text{Widerspruch}$$

Da außerdem für die Richtungsvektoren beider Geraden kein reelles λ existiert, so dass $\begin{pmatrix}-3\\0\\3\end{pmatrix}=\lambda\begin{pmatrix}0\\0\\3\end{pmatrix}$ gelten würde, sind die Geraden g_1 und g_2 windschief zueinander.

Abstand der windschiefen Geraden g_1 und g_2

$$d(g_1, g_2) = \left|(\vec{q} - \vec{p}) \cdot \vec{n}_0\right| \quad \text{wobei } \vec{p} = \begin{pmatrix} 6 \\ 3 \\ 3 \end{pmatrix} = \overrightarrow{OA_3}, \; \vec{q} = \begin{pmatrix} 3 \\ 6 \\ 3 \end{pmatrix} = \overrightarrow{OB_3}$$

und $\vec{n} = \overrightarrow{A_3C_3} \times \vec{v}$ Vektorprodukt

$$= \begin{pmatrix} -3 \\ 0 \\ 3 \end{pmatrix} \times \begin{pmatrix} 0 \\ 0 \\ 3 \end{pmatrix} = \begin{pmatrix} 0 \\ 9 \\ 0 \end{pmatrix} = \vec{n}$$

$\vec{n}_0 = \frac{1}{9} \cdot \begin{pmatrix} 0 \\ 9 \\ 0 \end{pmatrix}$ Normaleneinheitsvektor der beiden parallelen Ebenen, die jeweils g_1 bzw. g_2 enthalten

$$= \left| \left[\begin{pmatrix} 3 \\ 6 \\ 3 \end{pmatrix} - \begin{pmatrix} 6 \\ 3 \\ 3 \end{pmatrix} \right] \cdot \frac{1}{9} \begin{pmatrix} 0 \\ 9 \\ 0 \end{pmatrix} \right|$$

$$= \left| \frac{1}{9} \cdot \begin{pmatrix} -3 \\ 3 \\ 0 \end{pmatrix} \cdot \begin{pmatrix} 0 \\ 9 \\ 0 \end{pmatrix} \right| = \left| \frac{1}{9} \cdot 27 \right| = 3 \text{ LE Abstand}$$

Punkte G und H auf g_1 bzw. g_2 mit dem kürzesten Abstand

Skizze *(zur Veranschaulichung)*

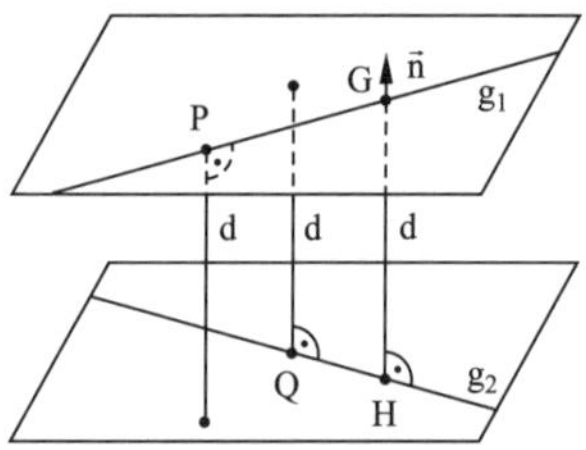

$$G \in g_1: \; \vec{x}_G = \begin{pmatrix} 6 \\ 3 \\ 3 \end{pmatrix} + t_G \begin{pmatrix} -3 \\ 0 \\ 3 \end{pmatrix},$$

$$H \in g_2: \; \vec{x}_H = \begin{pmatrix} 3 \\ 6 \\ 3 \end{pmatrix} + t_H \begin{pmatrix} 0 \\ 0 \\ 3 \end{pmatrix}$$

$\overrightarrow{GH} \parallel \vec{n}$, d. h. $\overrightarrow{GH} = \lambda \cdot \vec{n}$

$$\begin{pmatrix} 3 + 0t_H - (6 - 3t_G) \\ 6 + 0t_H - (3 + 0t_G) \\ 3 + 3t_H - (3 + 3t_G) \end{pmatrix} = \lambda \cdot \begin{pmatrix} 0 \\ 9 \\ 0 \end{pmatrix} \qquad \begin{array}{lrl|l} (1) & -3 + 3t_G & = 0 & \Rightarrow \; t_G = 1 \\ (2) & 3 & = 9\lambda & \Rightarrow \; \lambda = \frac{1}{3} \\ (3) & -3t_G + 3t_H & = 0 & \Rightarrow \; t_H = 1 \end{array}$$

$$G:\ \vec{x}_G = \begin{pmatrix} 6 \\ 3 \\ 3 \end{pmatrix} + 1 \cdot \begin{pmatrix} -3 \\ 0 \\ 3 \end{pmatrix} = \begin{pmatrix} 3 \\ 3 \\ 6 \end{pmatrix},\ G(3;3;6) = C_3$$

$$H:\ \vec{x}_H = \begin{pmatrix} 3 \\ 6 \\ 3 \end{pmatrix} + 1 \cdot \begin{pmatrix} 0 \\ 0 \\ 3 \end{pmatrix} = \begin{pmatrix} 3 \\ 6 \\ 6 \end{pmatrix},\ H(3;6;6)$$

d) **Durchstoßpunkt D_3**

$g:\ \vec{x} = r \cdot \begin{pmatrix} 1 \\ 1 \\ 1 \end{pmatrix}, r \in \mathbb{R}$ durchstößt ε_3: $x + y + z = 12$ in D_3

Setzt man die Koordinaten der Geraden g in ε_3 ein, erhält man

$$\begin{aligned} r + r + r &= 12 \\ 3r &= 12 \\ r &= 4 \text{ und } D_3(4;4;4). \end{aligned}$$

Andere Lösungsmöglichkeit:

$$\varepsilon_3:\ \vec{x} = \overrightarrow{OA_3} + t\overrightarrow{A_3B_3} + s\overrightarrow{A_3C_3},\ t, s \in \mathbb{R}$$
$$= \begin{pmatrix} 6 \\ 3 \\ 3 \end{pmatrix} + t\begin{pmatrix} -3 \\ 3 \\ 0 \end{pmatrix} + s\begin{pmatrix} -3 \\ 0 \\ 3 \end{pmatrix}$$

$\varepsilon_3 = g$

$$\begin{array}{ll|l} (1) & 6 - 3t - 3s = r & \\ (2) & 3 + 3t + 0s = r & \downarrow + \\ (3) & 3 + 0t + 3s = r & \end{array}$$

$$\begin{array}{ll|l} (1) & 6 - 3t - 3s = r & \\ (2) & 9 \quad - 3s = 2r & \downarrow + \\ (3) & 3 \quad + 3s = r & \end{array}$$

$$\begin{array}{ll|l} (1) & 6 - 3t - 3s = r & \Rightarrow t = \frac{1}{3} \\ (2) & 9 \quad - 3s = 2r & \Rightarrow s = \frac{1}{3} \\ (3) & 12 \quad = 3r & \Rightarrow r = 4 \end{array}$$

Aus der Geradengleichung g ergibt sich mit r = 4 bzw. aus der Ebenengleichung ε_3 mit $s = t = \frac{1}{3}$ der Durchstoßpunkt $D_3(4; 4; 4)$.

Nachweis, dass D_3 im Innern von $\Delta A_3B_3C_3$ liegt

Die Ebenengleichung ε_3 mit $\vec{x} = \overrightarrow{OA_3} + t\overrightarrow{A_3B_3} + s\overrightarrow{A_3C_3}$ beschreibt mit den beiden Parametern $t > 0$ und $s > 0$ die Menge aller Punkte in dem Winkelraum zwischen den Vektoren $\overrightarrow{A_3B_3}$ und $\overrightarrow{A_3C_3}$ und schränkt diese ein für $t + s < 1$ ($t, s \in \mathbb{R}$) auf die inneren Punkte des Dreiecks $A_3B_3C_3$.

Offensichtlich gilt hier $t = s = \frac{1}{3} > 0$ und $t + s = \frac{2}{3} < 1$ und damit ist $D_3(4; 4; 4)$ ein innerer Punkt des Dreiecks $A_3B_3C_3$.

Andere Lösungsmöglichkeit:

Aus geometrischer Sicht verläuft der Richtungsvektor $\begin{pmatrix}1\\1\\1\end{pmatrix}$ der Geraden g, der gleich dem Normalenvektor $\vec{n}_3 = \begin{pmatrix}1\\1\\1\end{pmatrix}$ der Ebene ε_3 ist, parallel zu einer Raumdiagonalen eines Würfels im I. Oktanden (s. Skizze) bzw. hier parallel zur Raumhöhe einer durch die Punkte A_3, B_3, C_3 und O gebildeten geraden dreiseitigen Pyramide mit der Spitze in O.

Der Punkt D_3 entspräche dem Fußpunkt der Höhe in dieser geraden Pyramide, womit dieser natürlich im Innern des Dreiecks $A_3B_3C_3$ liegt.

Skizze *(zur Veranschaulichung)*

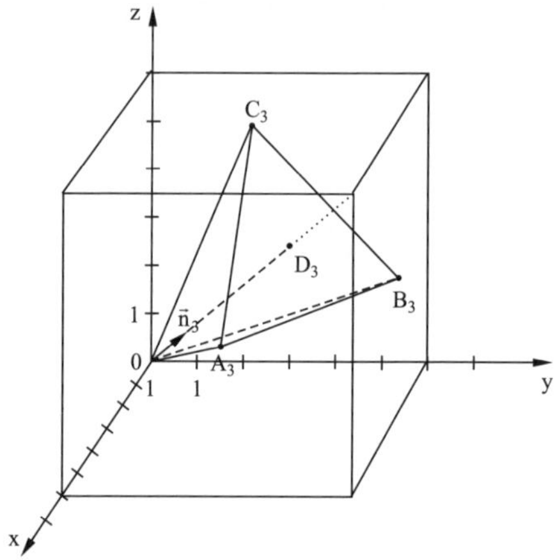

Spiegelbild von P(1; 1; 1) an ε_3

Bei der Spiegelung eines Punktes P an einer Ebene geht dieser in sein Spiegelbild P' mit gleichem Abstand „hinter" den Spiegel (= Ebene) über.

Die Gerade h mit $\vec{x} = \overrightarrow{OP} + p \cdot \vec{n}_3 = \begin{pmatrix}1\\1\\1\end{pmatrix} + p\begin{pmatrix}1\\1\\1\end{pmatrix}$, deren Richtungsvektor gleich dem Normalenvektor $\vec{n}_3$ von ε_3 ist, durchstößt ε_3 bereits orthogonal in D_3.

Setzt man nun in D_3 den Vektor $\overrightarrow{PD_3}$ in seiner Länge in Richtung $\vec{n}_3$ an, gelangt man zum Spiegelpunkt P'.

$$\overrightarrow{OP'} = \overrightarrow{OD_3} + \left|\overrightarrow{PD_3}\right| \cdot \vec{n}_{30}, \quad \overrightarrow{PD_3} = \begin{pmatrix}3\\3\\3\end{pmatrix}, \quad \left|\overrightarrow{PD_3}\right| = \sqrt{27} = 3\sqrt{3}$$

$$\vec{n}_{30} = \frac{1}{|\vec{n}_3|} \cdot \vec{n}_3 = \frac{1}{\sqrt{3}} \cdot \begin{pmatrix}1\\1\\1\end{pmatrix} \text{ Normaleneinheitsvektor von } \varepsilon_3$$

$$= \begin{pmatrix}4\\4\\4\end{pmatrix} + 3\sqrt{3} \cdot \frac{1}{\sqrt{3}}\begin{pmatrix}1\\1\\1\end{pmatrix} = \begin{pmatrix}7\\7\\7\end{pmatrix}, \text{ P'(7; 7; 7) Spiegelpunkt von P.}$$

Leistungskurs Mathematik (Thüringen): Abiturprüfung 2005
Aufgabe B2: Stochastik / Wahrscheinlichkeitsrechnung

Zum 500-jährigen Stadtjubiläum erhält die Stadt S eine neue Turnhalle.

a) Von den sieben Maurern der Firma „Träge“ ist bekannt, dass jeder unabhängig von den anderen an $\frac{1}{3}$ der Arbeitstage zu spät kommt.
Berechnen Sie die Wahrscheinlichkeiten für das Eintreten der folgenden Ereignisse an einem beliebigen Arbeitstag!
A:= „Genau 2 Maurer kommen zu spät.“
B:= „Höchstens ein Maurer kommt zu spät.“
C:= „Mindestens 5 Maurer sind pünktlich.“
Wie viele Arbeitstage muss der Auftrag mindestens dauern, damit die Wahrscheinlichkeit, dass wenigstens an einem Tag alle Maurer pünktlich sind, größer als 0,95 ist? (6 BE)

b) Eine Firma „Dreh“ liefert Schrauben in Packungen zu 1 000 Stück in zwei Qualitäten. Bei Packungen 1. Wahl sind 5 % Ausschuss, bei 2. Wahl 10 % Ausschuss enthalten. Von einer Packung ist die Beschriftung verloren gegangen. Durch einen Test soll die Qualität der Packung festgestellt werden. Dabei soll die Wahrscheinlichkeit, dass eine Packung 2. Wahl als 1. Wahl eingestuft wird, höchstens 0,1 betragen.
Planen und erläutern Sie einen entsprechenden Test mit einem Stichprobenumfang von 50!
Wie groß wäre in diesem Fall die Wahrscheinlichkeit, dass eine Packung 1. Wahl als 2. Wahl eingestuft wird? (5 BE)

c) Die Eröffnungsveranstaltung soll durch alle 28 Vereine der Stadt gestaltet werden.
Aus den Vereinen, darunter genau fünf Fußballvereine, werden genau drei durch Losentscheid ausgewählt.
Bestimmen Sie die Wahrscheinlichkeiten folgender Ereignisse!
D:= „Nur der dritte ausgeloste Verein ist ein Fußballverein.“
E:= „Mindestens ein ausgewählter Verein ist ein Fußballverein.“
Bei rein zufälliger Auswahl von genau zwei Vereinen betrage die Wahrscheinlichkeit dafür, genau einen Sportverein zu erhalten, $\frac{7}{18}$.
Wie viele Sportvereine gibt es folglich in dieser Stadt? (5 BE)

d) Zur Eröffnungsveranstaltung werden VIP-Karten verteilt. Aus Erfahrung weiß man, dass durchschnittlich nur 60 % der eingeladenen Personen auch teilnehmen.
Begründen Sie, dass höchstens 230 Karten verteilt werden dürfen, wenn 150 Plätze mit einer Mindestwahrscheinlichkeit von ca. 0,95 reichen sollen! (4 BE)

(20 BE)

Lösungen

a) **Wahrscheinlichkeiten**

$$P(A)=\binom{7}{2}\cdot\left(\frac{1}{3}\right)^2\cdot\left(\frac{2}{3}\right)^5\approx 0,3073$$

$$P(B)=\binom{7}{0}\cdot\left(\frac{1}{3}\right)^0\cdot\left(\frac{2}{3}\right)^7+\binom{7}{1}\cdot\left(\frac{1}{3}\right)^1\cdot\left(\frac{2}{3}\right)^6\approx 0,05853+0,20485\approx 0,2634$$

$$P(C)=\binom{7}{5}\cdot\left(\frac{2}{3}\right)^5\cdot\left(\frac{1}{3}\right)^2+\binom{7}{6}\cdot\left(\frac{2}{3}\right)^6\cdot\left(\frac{1}{3}\right)^1+\binom{7}{7}\cdot\left(\frac{2}{3}\right)^7\cdot\left(\frac{1}{3}\right)^0\approx 0,30727+0,20485+0,05853$$
$$\approx 0,5706$$

oder

$$P(C)=P(A)+P(B)\approx 0,5706$$

Mindestdauer des Arbeitsauftrages

$$1-(1-p)^n > 0,95$$

„3-mal Mindestensaufgabe" mit $p=1-\left(\frac{2}{3}\right)^7$ an einem Tag alle zu spät

$$1-\left(1-\left(\frac{2}{3}\right)^7\right)^n > 0,95$$

$$\left(1-\left(\frac{2}{3}\right)^7\right)^n < 0,05$$

$$n\cdot\ln\left(1-\left(\frac{2}{3}\right)^7\right) < \ln 0,05$$

$$n > \frac{\ln 0,05}{\ln\left(1-\left(\frac{2}{3}\right)^7\right)},\quad \ln\left(1-\left(\frac{2}{3}\right)^7\right)\approx -0,06031<0$$

$$n > 49,67$$

$$n_{\text{mind}}=50$$

Der Auftrag muss mindestens 50 Tage dauern, damit die Wahrscheinlichkeit, dass mindestens an einem Tag alle Maurer pünktlich sind, größer als 0,95 ist.

b) **Prüfplan**

X sei die Anzahl der defekten Schrauben in einer Packung.
Die Wahrscheinlichkeit, dass eine Packung 2. Wahl als 1. Wahl eingestuft wird, soll höchstens 0,1 betragen. Das bedeutet, dass die 2. Wahl abgelehnt und damit als 1. Wahl eingestuft wird, wenn zu „wenig" defekte Schrauben gefunden werden, d. h. es gilt die Hypothese H_0: $p_0 \overset{(>)}{=} 0,1$ mit $\overline{A}=\{0, \dots, k\}$ (Ablehnungsbereich).
Bei einem Stichprobenumfang von n = 50 liest man aus der Tabelle für die kumulative Binomialverteilung $B_{0,1}^{50}(X\le k)\le 0,1$ den Wert k = 1 (unter 5 % bleiben) ab, d. h. $\overline{A}=\{0;1\}$.

Wenn zwei oder mehr defekte Schrauben in der Strichprobe auftreten, wird man diese für 2. Wahl halten, d. h. für den Fehler, dass man 1. Wahl irrtümlich ablehnt, gilt:

$$B_{0,05}^{50}(X \geq 2) = 1 - B_{0,05}^{50}(X \leq 1)$$
$$\approx 1 - 0{,}27943 \approx 0{,}7206 \quad \text{Tabellenwert}$$

Die Fehlerwahrscheinlichkeit beträgt etwa 72,1 %.

c) **Wahrscheinlichkeiten**

$$P(D) = \frac{23}{28} \cdot \frac{22}{27} \cdot \frac{5}{26} \approx 0{,}1287$$

Mit einer Wahrscheinlichkeit von etwa 12,9 % ist nur der dritte ausgeloste Verein ein Fußballverein.

$$P(E) = 1 - \frac{\binom{23}{3}}{\binom{28}{3}} \qquad \text{P(„mindestens einer …") = 1 – P („keiner …")}$$

$$= 1 - \frac{1\,771}{3\,276} \approx 0{,}4594$$

Mit einer Wahrscheinlichkeit von etwa 45,9 % ist mindestens ein ausgewählter Verein ein Fußballverein.

Wie viele Sportvereine gibt es?

Baumdiagramm

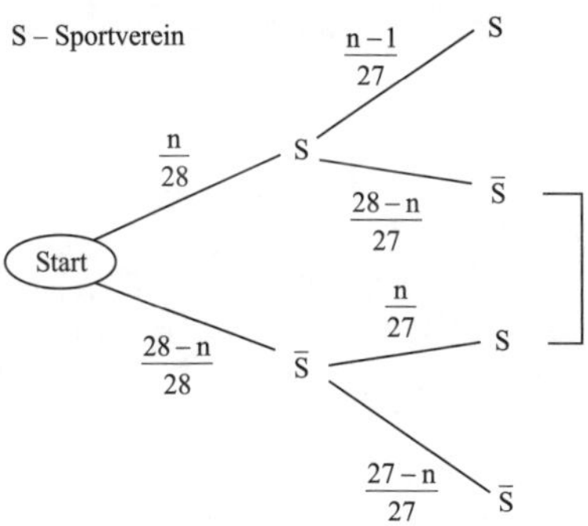

$$\Rightarrow \frac{7}{18} = 2 \cdot \frac{n \cdot (28 - n)}{28 \cdot 27}$$
$$2n(28 - n) \cdot 18 = 7 \cdot 27 \cdot 28$$
$$1\,008n - 36n^2 = 5\,292$$
$$n^2 - 28n + 147 = 0$$
$$n_1 = 21$$
$$n_2 = 7$$

Es gibt entweder 7 oder 21 Sportvereine in der Stadt.

d) **Begründung für höchstens 230 zu verteilende Karten**

X – Anzahl der Plätze
X ist binomial verteilt mit p = 0,6, k = 150, n
Es soll gelten: $P(X \leq 150) \geq 0{,}95$.
Näherung mithilfe von Moivre-Laplace:

$$P(X \leq 150) \approx \Phi\underbrace{\left(\frac{150 - n \cdot 0{,}6 + 0{,}5}{\sqrt{n \cdot 0{,}6 \cdot 0{,}4}}\right)}_{\geq 1{,}65} \geq 0{,}95 \quad \textit{mit Stetigkeitskorrektur}$$

(Tabelle Normalverteilung)

$$\frac{150 - n \cdot 0{,}6 + 0{,}5}{\sqrt{n \cdot 0{,}6 \cdot 0{,}4}} \geq 1{,}65, \quad \mu = 0{,}6n, \quad \sigma = \sqrt{0{,}6n \cdot 0{,}4}$$

$$\sigma^2 = 0{,}24n > 9 \text{ (Faustregel)}$$

$$150{,}5 - 0{,}6n \geq 1{,}65 \cdot \sqrt{0{,}24} \cdot \sqrt{n}, \text{ Substitution } \sqrt{n} = z$$

$$0{,}6z^2 + 0{,}80833z - 150{,}5 \leq 0$$
$$z^2 + 1{,}3472z - 250{,}8333 \leq 0$$

$$\sqrt{n} = z_1 \leq 15{,}1764 \Rightarrow n_1 \leq 230{,}32; \; n = 230$$
$$\sqrt{n} = z_2 = -16{,}5266 \text{ (entfällt)}$$

Es dürfen höchstens 230 Karten verteilt werden, wenn 150 Plätze bei einer Mindestwahrscheinlichkeit von 0,95 reichen sollen.

Leistungskurs Mathematik (Thüringen): Abiturprüfung 2005
Aufgabe C: Themenübergreifende Aufgabe

a) Bestimmen Sie den Grenzwert der Zahlenfolge (a_n) mit

$$a_n = \frac{2n^k + 3}{n^2 + 1}$$

in Abhängigkeit von k ($k \in \mathbb{N}$)! (3 BE)

b) Ermitteln Sie alle Lösungen der Gleichung $\sin 2x + \sin x = 0$ im Intervall $0 \leq x \leq 2\pi$! (3 BE)

c) Weisen Sie nach, dass in jedem Rhombus die Diagonalenvektoren orthogonal zueinander sind!

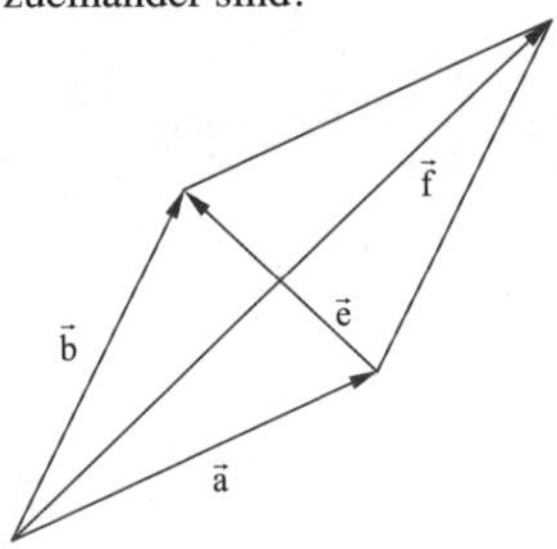

(2 BE)

d) Zwei ideale Würfel werden einmal geworfen.
Wie groß ist die Wahrscheinlichkeit dafür, dass die Augensumme durch 5 teilbar ist? (2 BE)

(10 BE)

Lösungen

a) **Grenzwert der Zahlenfolge (a_n)**

$$\lim_{n\to\infty} a_n = \lim_{n\to\infty} \frac{2n^k+3}{n^2+1}, \quad k \in \mathbb{N}$$

$$= \lim_{n\to\infty} \frac{2n^{k-2}+\frac{3}{n^2}}{1+\frac{1}{n^2}} = \begin{cases} 2 & \text{für} \quad k=2 \\ 0 & \text{für} \quad k<2 \\ \infty & \text{für} \quad k>2 \text{ (bestimmt divergent)} \end{cases}$$

b) **Lösungen der Gleichung sin2x + sinx = 0 in $0 \le x \le 2\pi$**

$$\sin 2x + \sin x = 0$$

$$2\sin x \cdot \cos x + \sin x = 0, \quad \sin 2x = 2\sin x \cos x \qquad \text{Additionstheorem}$$

$$\sin x(2\cos x + 1) = 0$$

$$\sin x = 0 \Rightarrow x = k\pi, \quad k \in \mathbb{Z}$$

$$x_1 = 0, \quad x_2 = \pi, \quad x_3 = 2\pi$$

$$2\cos x + 1 = 0$$

$$\cos x = -\frac{1}{2}$$

$$\cos \tilde{x} = \frac{1}{2}$$

$$\tilde{x} = \frac{\pi}{3}$$

$$x_{II} = \left(\pi - \frac{\pi}{3}\right) + 2k\pi = \frac{2}{3}\pi + 2k\pi, \quad k \in \mathbb{Z}$$

$$x_4 = \frac{2}{3}\pi \quad \text{im II. Quadranten}$$

$$x_{III} = \left(\pi + \frac{\pi}{3}\right) + 2k\pi = \frac{4}{3}\pi + 2k\pi, \quad k \in \mathbb{Z}$$

$$x_5 = \frac{4}{3}\pi \quad \text{im III. Quadranten}$$

c) **Nachweis der Orthogonalität**

Aus der Skizze ergeben sich die Diagonalenvektoren

$\vec{e} = \vec{b} - \vec{a}$ und $\vec{f} = \vec{a} + \vec{b} = \vec{b} + \vec{a}$

$$\vec{e} \cdot \vec{f} = (\vec{b} - \vec{a}) \cdot (\vec{b} + \vec{a}) = \vec{b}^2 - \vec{a}^2 \qquad \text{binomische Formel}$$

$$= |\vec{b}|^2 - |\vec{a}|^2 \qquad \vec{a}^2 = \vec{a} \cdot \vec{a} = |\vec{a}| \cdot |\vec{a}| \cdot \underbrace{\cos \sphericalangle(\vec{a}, \vec{a})}_{=1} = |\vec{a}|^2$$

$$= 0, \text{ weil im Rhombus } |\vec{a}| = |\vec{b}|$$

Das Skalarprodukt der Diagonalenvektoren ergibt Null, d. h. sie sind orthogonal zueinander.

d) **Wahrscheinlichkeit beim Würfeln**

Die Augensumme ist durch 5 teilbar bei folgenden Paarungen: 1, 4; 4, 1; 2, 3; 3, 2; 4, 6; 6, 4 und 5, 5 (tritt nur einmal auf), das sind 7 von 36 Möglichkeiten, also ist $p = \frac{7}{36}$.

Mathematik (Thüringen): Abiturprüfung 2005
Aufgabe A1: Analysis mit CAS

Für jede reelle Zahl t ($t \neq 0$) ist eine Funktion f_t durch die Gleichung

$$y = f_t(x) = \frac{t}{x} \cdot \ln(x) \quad (x \in \mathbb{R}, x > 0) \text{ gegeben.}$$

a) Untersuchen Sie den Graphen von f_t auf Schnittpunkte mit den Koordinatenachsen, auf lokale Extrempunkte einschließlich ihrer Art sowie auf Wendepunkte! Berechnen Sie gegebenenfalls deren Koordinaten!
Skizzieren Sie den Graphen von f_4 im Intervall $0 < x \leq 8$! Beschreiben Sie, welche Beziehung zwischen den Graphen von f_t und f_{-t} besteht!
Bestimmen Sie, für welche $t > 0$ die Graphen der Funktionen f_t und f_{-t} in ihrem Schnittpunkt orthogonal zueinander stehen! (10 BE)

b) Weisen Sie durch Integration nach, dass

$$F_t(x) = \frac{t}{2} \cdot (\ln(x))^2$$

eine Stammfunktion von f_t ist!
Geben Sie unter Verwendung der bisherigen Ergebnisse die mögliche lokale Extremstelle und die Wendestelle der Funktion F_t an! Begründen Sie Ihre Aussagen!
Berechnen Sie für die mögliche lokale Extremstelle und die Wendestelle jeweils den zugehörigen Funktionswert!
Skizzieren Sie den Graphen von F_4 in das in Teilaufgabe a verwendete Koordinatensystem im Intervall $0 < x \leq 5$!
Berechnen Sie die Koordinaten der Schnittpunkte der Graphen von f_4 und F_4! (7 BE)

c) Der Graph der Funktion f_4, die x-Achse und die Parallele zur y-Achse durch den Punkt $P(e^2; f_4(e^2))$ begrenzen eine Fläche vollständig.
Berechnen Sie den Inhalt dieser Fläche!
Diese Fläche soll durch eine Gerade im Verhältnis 1 : 3 geteilt werden.
Ermitteln Sie eine Gleichung einer solchen Geraden! (4 BE)

d) An den Graphen der Funktion f_t wird im Punkt $P(e^2; f_t(e^2))$ die Tangente gelegt. Diese Tangente begrenzt für jedes t ($t > 0$) mit den Koordinatenachsen ein Dreieck. Berechnen Sie den Wert von t so, dass der Inhalt der Dreiecksfläche 9 FE beträgt. (4 BE)

e) Für jede positive reelle Zahl t ist eine Funktion g_t mit der Gleichung

$$y = g_t(x) = \frac{t}{x} \quad (x \in \mathbb{R}, x > 0) \text{ gegeben.}$$

Weisen Sie nach, dass die Stelle p ($p > e$), an der die Differenz $f_t(p) - g_t(p)$ ein Maximum annimmt, unabhängig von t ist!
Untersuchen Sie, für welchen Wert von t diese maximale Differenz 1 LE beträgt! (5 BE)

(30 BE)

Lösungen

a) Die Funktion f_t wird in den CAS-Rechner eingegeben, ihre **Ableitungen** werden mit dem CAS-Rechner erzeugt und unter den angegebenen Bezeichnungen gespeichert. Vorsicht vor dynamischen Definitionen! (vgl. zum Beispiel Seite 2004-28)

	Gleichung	Bezeichnung
Funktion	$f_t(x) = \frac{t}{x} \cdot \ln(x)$	f(t, x)
1. Ableitung	$f_t'(x) = \frac{t}{x^2} - \frac{\ln(x) \cdot t}{x^2}$	f1(t, x)
2. Ableitung	$f_t''(x) = \frac{2 \cdot \ln(x) \cdot t}{x^3} - \frac{3 \cdot t}{x^3}$	f2(t, x)
3. Ableitung	$f_t'''(x) = \frac{11 \cdot t}{x^4} - \frac{6 \cdot \ln(x) \cdot t}{x^4}$	f3(t, x)

Schnittpunkte mit den Achsen ergeben sich durch Lösen entsprechender Gleichungen.

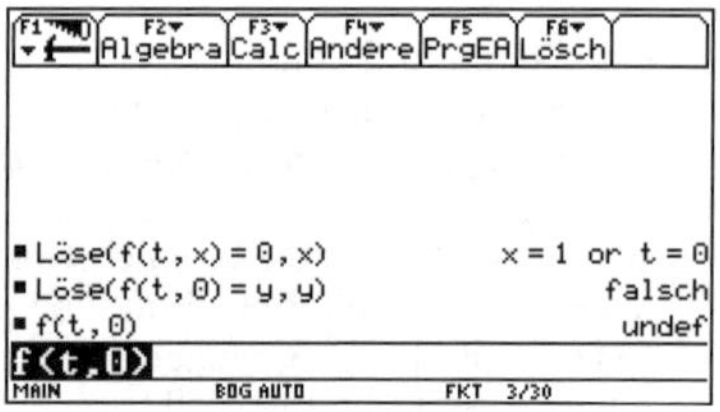

x-Achse: Bedingung $y = 0$
y-Achse: Bedingung $x = 0$
Interpretation der Bildschirmanzeige:
Da $t \neq 0$ vorausgesetzt wurde, ist der Schnittpunkt $S_x(1; 0)$.
Es existiert kein Schnittpunkt mit der y-Achse. Das liegt auch daran, dass $x > 0$ vorausgesetzt werden musste.

Lokale Extrempunkte ermitteln:

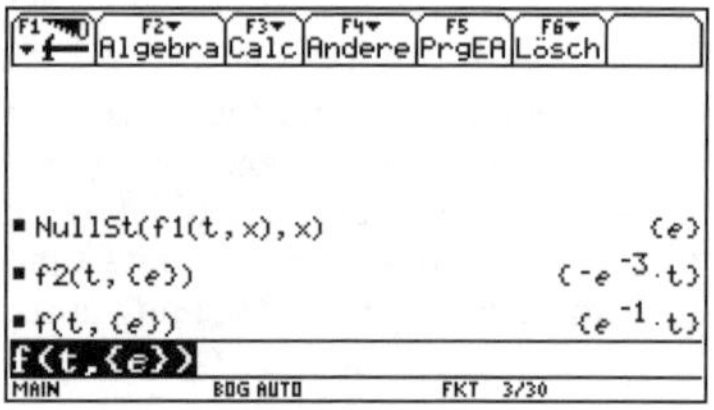

Notwendige Bedingung:

$f_t'(x) = 0$

$x = e$ kommt als mögliche Extremstelle in Frage.

Hinreichende Bedingung:

$f_t''(e) \neq 0$

Interpretation der Rechneranzeige:

Für $t > 0$ ist $-e^{-3} \cdot t$ wegen $e^{-3} = \frac{1}{e^3} > 0$ stets negativ, dann liegt also ein lokales Maximum vor.
Für $t < 0$ folgt analog die Existenz eines lokalen Minimums.

Ergebnis: Es existiert genau ein lokaler Extrempunkt $E\left(e; \frac{t}{e}\right)$.

Für $t > 0$ ist dies ein Hochpunkt, für $t < 0$ ein Tiefpunkt.

Wendepunkt bestimmen:

Die notwendige Bedingung $f_t''(x) = 0$ ergibt:

Es könnte ein Wendepunkt bei $x = e^{\frac{3}{2}}$ existieren.

Die hinreichende Bedingung $f_t'''(e^{\frac{3}{2}}) \neq 0$ ist erfüllt, denn $t \neq 0$ ist vorausgesetzt und es gilt immer:

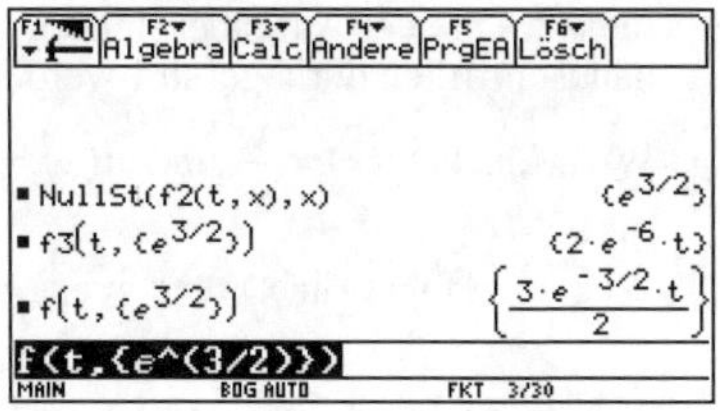

Wegen $e^{-6} = \frac{1}{e^6} > 0$ ist $f_t'''(e^{\frac{3}{2}})$ für $t > 0$ positiv und für $t < 0$ negativ, die Existenz des Wendepunktes also gesichert.

Ergebnis:
Die Funktion besitzt einen R-L-Wendepunkt für $t > 0$, L-R-Wendepunkt für $t < 0$ mit

$$W\left(e^{\frac{3}{2}};\ \frac{3 \cdot e^{-\frac{3}{2}} \cdot t}{2}\right).$$

Eine **Skizze des Graphen** von f_4 im Intervall $0 < x \leq 8$ ist mit dem CAS-Rechner rasch erstellt und wird sauber auf Papier übertragen (Im Bild dünn gezeichnet.).

Um eine Vermutung über den Zusammenhang von f_t und f_{-t} zu erhalten, zeichnet man neben dem Graphen von f_4 auch den von f_{-4} (fett gezeichnet). Das Beispiel führt zur Vermutung, dass die **Graphen von f_t und f_{-t} spiegelbildlich zur x-Achse** liegen.

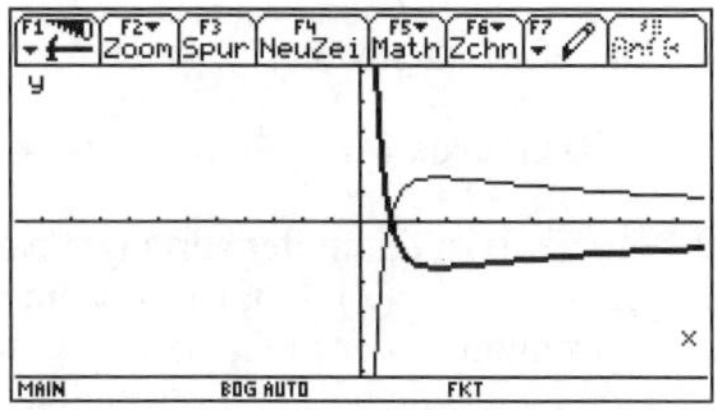

Diese Vermutung lässt sich auch rasch bestätigen, denn es gilt offensichtlich $f_t(x) = -f_{-t}(x)$.

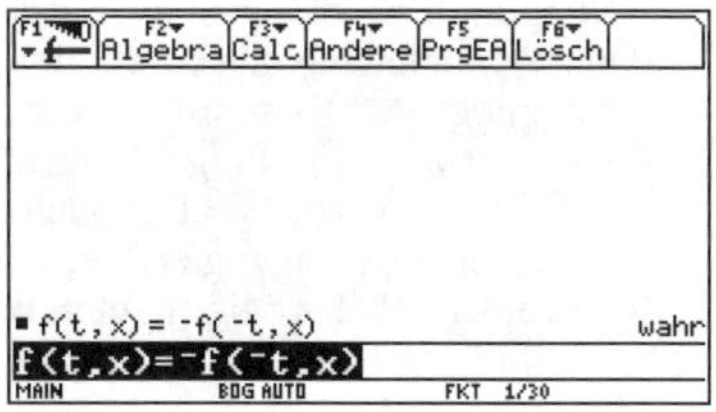

Der Schnittpunkt der Graphen von f_t und f_{-t} muss auf der x-Achse liegen und ist nach obiger Überlegung $S_x(1\,|\,0)$. Die Graphen von f_t und f_{-t} stehen senkrecht in diesem Punkt aufeinander, wenn ihre Tangenten orthogonal zueinander sind.

Dies ist genau dann der Fall, wenn das Produkt der Tangentenanstiege gleich –1 ist. Die Tangentenanstiege an der Stelle x = 1 ergeben sich durch die 1. Ableitungen der Funktionen f_t und f_{-t} an dieser Stelle.
Wir suchen also die Lösungen für t der Gleichung

$f_t'(1) \cdot f_{-t}'(1) = -1 \mid t > 0$

Der CAS-Rechner ermittelt dazu das nebenstehende Ergebnis t = 1.

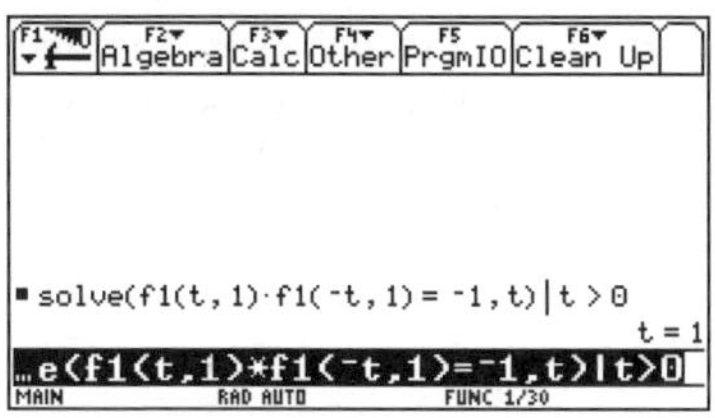

b) Eine Stammfunktion von f_t erhalten wir zum Beispiel durch partielle Integration. Diese muss wegen der Aufgabenstellung „Weisen Sie durch ein Integrationsverfahren nach …“ handschriftlich durchgeführt werden.

Wir wählen $v'(x) = \frac{t}{x}$ und $u(x) = \ln(|x|)$. Da x > 0 gilt, ist $u(x) = \ln(x)$.

Wegen $v(x) = t \cdot \ln(x)$ und $u'(x) = \frac{1}{x}$ erhalten wir damit

$$\int \frac{t}{x} \cdot \ln(x)\,dx = t \cdot \ln(x) \cdot \ln(x) - \int t \cdot \ln(x) \cdot \frac{1}{x}\,dx + c \quad (*).$$

Da die beiden Integrale links und rechts übereinstimmen, wird die Gleichung (*) durch Addition von $\int \frac{t}{x} \cdot \ln(x)\,dx$ übergeführt in $2 \cdot \int \frac{t}{x} \cdot \ln(x)\,dx = t \cdot (\ln(x))^2 + c$. Nach Division durch 2 ergibt sich mit c = 0 die verlangte Stammfunktion $F_t(x) = \frac{t}{2} \cdot (\ln(x))^2$.

Alternative Lösung: Integration durch Substitution

Wir setzen u(x) = ln (x) (Substitution).

$$u'(x) = \frac{du}{dx} = \frac{1}{x} \Rightarrow dx = x \cdot du$$

Damit erhalten wir:

$$\int \frac{t}{x} \cdot \ln(x)\,dx = t \cdot \int \frac{1}{x} \cdot u \cdot x\,du = t \cdot \int u\,du = t \cdot \frac{u^2}{2} + c = t \cdot \frac{(\ln(x))^2}{2} + c$$

Für c = 0 ist damit der verlangte Nachweis erbracht.

Da $F_t'(x) = f_t(x)$ gilt, kann F_t ein lokales Extremum an der Stelle haben, an der f_t eine Nullstelle besitzt (notwendige Bedingung). An dieser Stelle muss dann f_t' ungleich Null sein (hinreichende Bedingung). Als Extremstelle von F_t kommt also x = 1 in Frage (Nullstelle von f_t). Wegen f1(t, 1) = t ist auch die hinreichende Bedingung erfüllt, also hat F_t einen lokalen Minimumpunkt bei x = 1, falls t > 0, sonst einen lokalen Maximumpunkt.

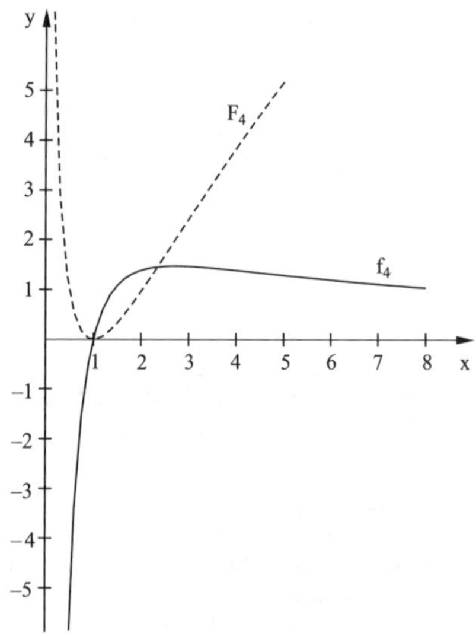

Analoge Überlegungen führen zur Wendestelle von F_t: Die Extremstelle x = e von f_t muss wegen $F_t'(x) = f_t(x)$ mit der Wendestelle von F_t übereinstimmen. Die zugehörigen Funktionswerte berechnen wir zu

$$F_t(1) = \frac{t}{2} \cdot \ln(1) = 0 \text{ bzw.}$$

$$F_t(e) = \frac{t}{2} \cdot \ln(e) = \frac{t}{2}.$$

Die Zeichnung des Graphen von F_4 ist mit dem CAS-Rechner rasch erstellt. Sie kann mit einigen tabellierten Werten auf Papier übertragen werden.

Die oben beschriebenen Eigenschaften für F_t können am Graphen von F_4 verifiziert werden! (Selbstkontrolle!)

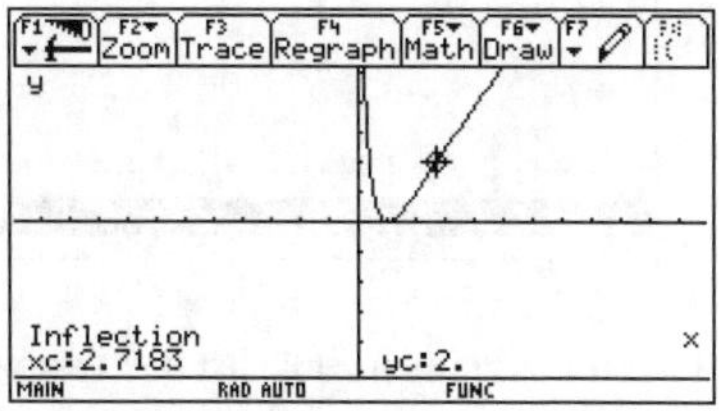

Die Abszissen der Schnittpunkte von f_4 und F_4 erhalten wir durch Lösen der Gleichung $f(4, x) = 2(\ln(x))^2$ zu $x = 1$ oder $x \approx 2{,}35$. Die zugehörigen y-Werte erhalten wir durch Einsetzen in eine der beiden Funktionsgleichungen. So ergeben sich die Koordinaten der **Schnittpunkte** S(1; 0) bzw. gerundet T(2,35; 1,45). Eine Möglichkeit der Selbstkontrolle ist mit dem Ermitteln der Schnittpunkte aus der graphischen Darstellung gegeben!

c) Die Flächenberechnung kann algebraisch oder aus der graphischen Darstellung heraus vorgenommen werden. Die untere Integrationsgrenze ist nach a) die Stelle x = 1. Es ergibt sich ein Flächeninhalt von 8 FE.

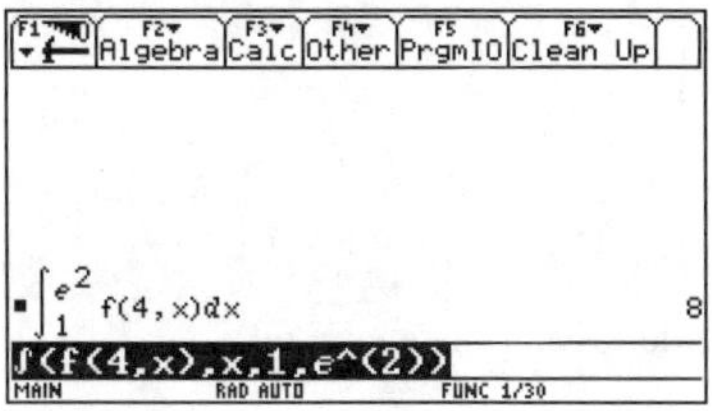

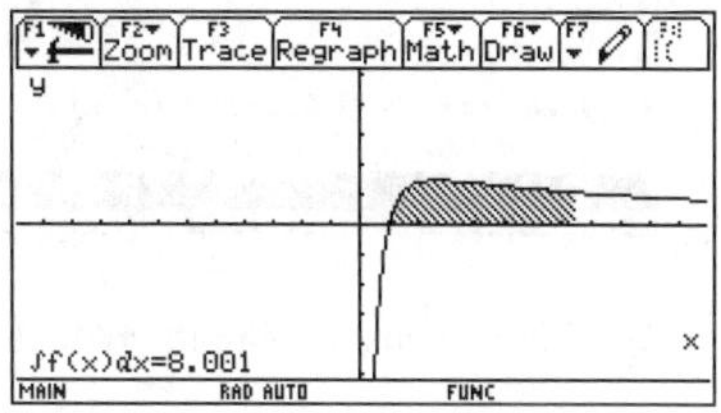

Die einfachste Möglichkeit einer Teilung dieser Fläche im Verhältnis 1 : 3 wird durch eine zur x-Achse senkrechte Gerade erreicht. Der Flächeninhalt der kleineren Fläche muss dann ein Viertel der ganzen Fläche sein, also 2 FE.

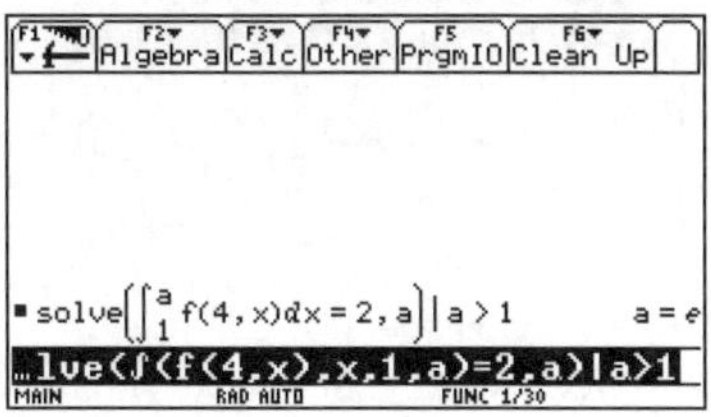

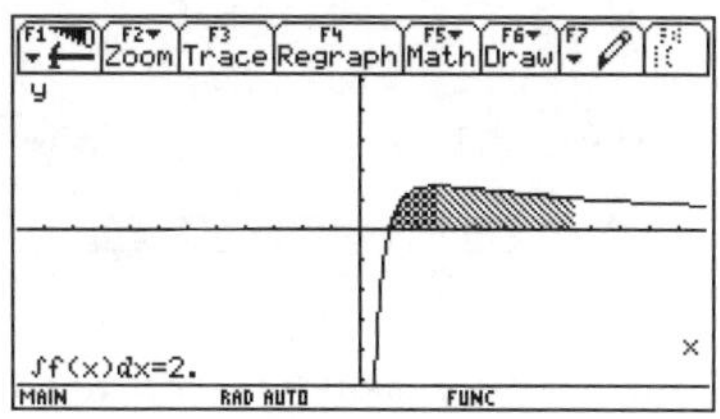

Hier würde also die Gleichung der Geraden x = e lauten.
Wenn wir nicht durch das Verhältnis 1 : 3 eine Reihenfolge der Teilflächen verlangt sehen, in der links die kleinere Teilfläche liegt, so zeigen die folgenden zwei Bilder eine andere Möglichkeit. Hier lautet die Gleichung der senkrechten Geraden $x = e^{\sqrt{3}}$.

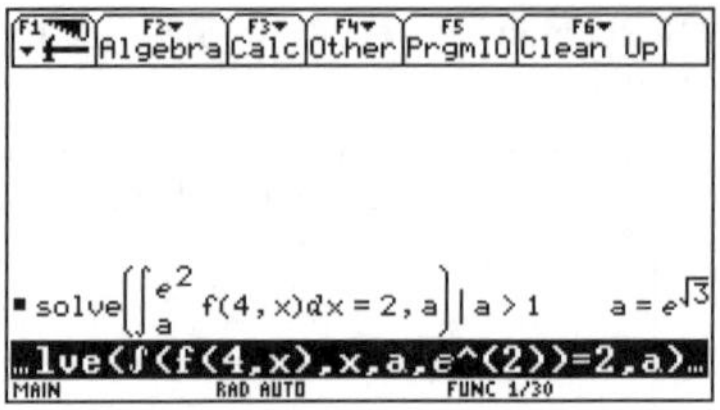

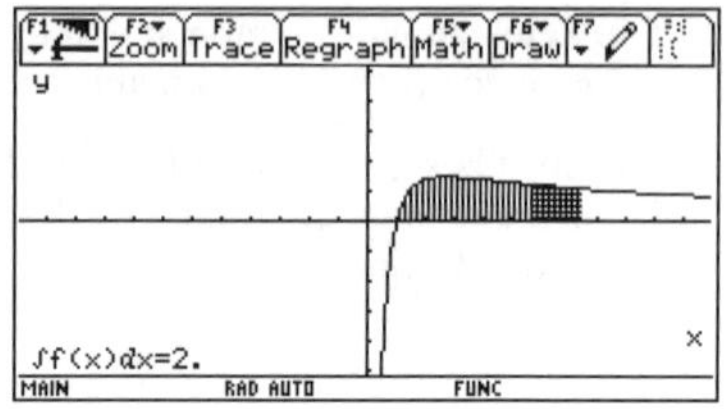

d) Wir bestimmen zunächst die **Tangentengleichung** $y = mx + n$ im Punkt $P(e^2; f_t(e^2)) = P(e^2; 2te^{-2})$.
Den Anstieg m ermitteln wir mit $m = f_t'(e^2)$ und den Durchgang n durch die y-Achse über die Lösung der Gleichung $f_t(e^2) = f_t'(e^2) \cdot e^2 + n$. Die Ergebnisse zeigt der folgende Bildschirmausdruck:

Anzeige des CAS-Rechners

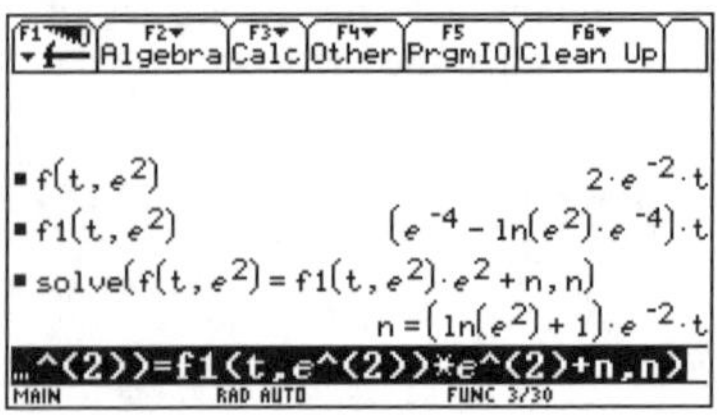

Interpretation

Wegen $\ln(e^2) = 2\ln(e) = 2$ erhalten wir für die Tangente $y = mx + n$ mit $m = -e^{-4} \cdot t$ und $n = 3 \cdot e^{-2} \cdot t$

Wir berechnen die Schnittpunkte der Tangente mit den Koordinatenachsen.

Anzeige des CAS-Rechners

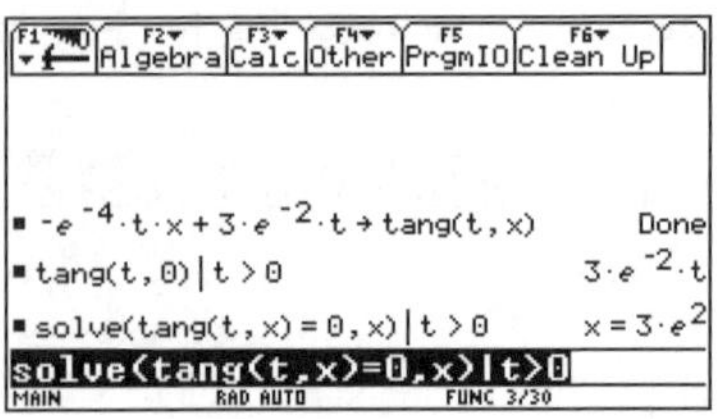

Interpretation

Der Schnittpunkt mit der y-Achse ergibt sich mit n zu $A(0;\ 3 \cdot e^{-2} \cdot t)$ und der Schnittpunkt mit der x-Achse für $y = 0$ zu $B(3e^2; 0)$.

Das Dreieck AOB (O sei der Koordinatenursprung) ist rechtwinklig. Sein Flächeninhalt beträgt deshalb $A_\Delta = \frac{1}{2} \cdot \overline{OA} \cdot \overline{OB} = \frac{1}{2} \cdot 3 \cdot e^{-2} \cdot t \cdot 3 \cdot e^2 = \frac{9}{2} \cdot t$. Dieser Flächeninhalt wird genau für $t = 2$ den Wert 9 FE annehmen.

e) Die Funktion g_t wird in den CAS-Rechner eingegeben und unter dem Namen g(t, x), die Differenz

$$d_t(x) = f_t(x) - g_t(x) = t \cdot \left(\frac{\ln(x)}{x} - \frac{1}{x} \right)$$

unter d(t, x) gespeichert. Die Ableitungen von d(t, x) werden mit dem CAS-Rechner bestimmt und unter d1(t, x) bzw. d2(t, x) gespeichert.

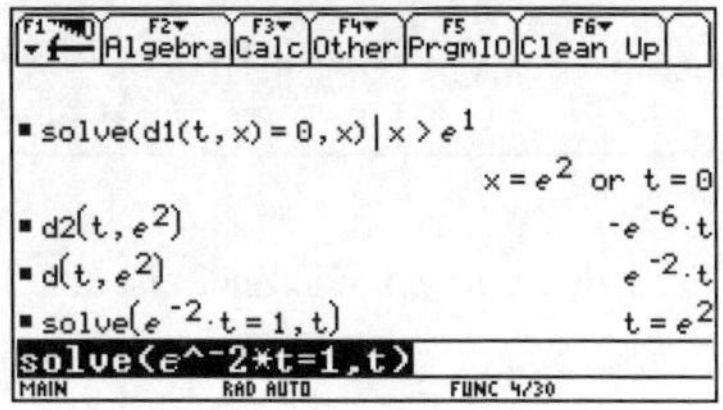

Wir setzen d1(t, x) = 0 und erhalten die Stelle $x = e^2$ als mögliche lokale Extremstelle. Wegen $d2(t, e^2) = -e^{-6} \cdot t$ und $t > 0$ ist $d2(t, e^2) < 0$, es liegt eine lokale **Maximumstelle** vor; sie ist **also unabhängig von t**.
Die Differenz an dieser Stelle beträgt $d(e^2) = e^{-2} \cdot t$.
Sie wird genau dann den Wert 1 LE haben, wenn $t = e^2$ ist.

Leistungskurs Mathematik (Thüringen): Abiturprüfung 2005
Aufgabe A2: Analysis mit CAS

Für jede positive reelle Zahl t ist eine Funktion f_t gegeben durch

$$y = f_t(x) = x \cdot \sqrt{t - x^2}.$$

a) Bestimmen Sie den größtmöglichen Definitionsbereich von f_4!
Untersuchen Sie den Graphen der Funktion f_4 auf Symmetrie, gemeinsame Punkte mit den Koordinatenachsen sowie auf lokale Extrempunkte und Wendepunkte!
Berechnen Sie gegebenenfalls deren Koordinaten!
Geben Sie den Wertebereich von f_4 an!
Skizzieren Sie den Graphen von f_4 über dem gesamten Definitionsbereich!
Für welche reellen Zahlen $m > 0$ haben die Graphen der Funktion h mit $h(x) = m \cdot x$ und der Funktion f_4 genau einen Punkt gemeinsam? (13 BE)

b) Für jede reelle Zahl r ist eine Gleichung $r = f_4(x)$ gegeben.
Geben Sie die Anzahl der Lösungen dieser Gleichung in Abhängigkeit von r an! Nutzen Sie die Ergebnisse von Teilaufgabe a). (2 BE)

c) Berechnen Sie den Inhalt des Flächenstücks, das vom Graphen der Funktion f_4 und der x-Achse im III. Quadranten vollständig eingeschlossen wird!
Welche Gerade mit der Gleichung $x = c$, $-2 < c < 0$, halbiert dieses Flächenstück? (3 BE)

d) Die Abbildung zeigt den Graphen der Funktion g_4 mit $g_4(x) = \sqrt{4x^2 - x^4}$.

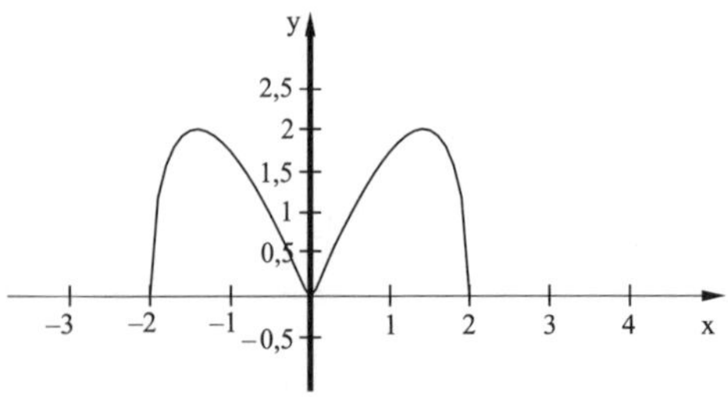

Zeigen Sie, dass $g_4(x) = |f_4(x)|$ gilt!
Geben Sie mindestens zwei Eigenschaften an, in denen sich die Funktionen f_4 und g_4 unterscheiden!
Begründen Sie, dass die Funktion g_4 an der Stelle $x = 0$ nicht differenzierbar ist! (4 BE)

e) Der Graph jeder Funktion f_t hat genau zwei lokale Extrempunkte.
Zeigen Sie, dass diese lokalen Extrempunkte der Graphen aller Funktionen f_t auf dem Graphen der Funktion k mit $k(x) = x \cdot |x|$ liegen!
Berechnen Sie, für welches t der Abstand der lokalen Extrempunkte des Graphen der Funktion f_t die Länge $2 \cdot \sqrt{2}$ hat! (4 BE)

f) Es seien $N_t(\sqrt{t}; 0)$, $O(0; 0)$ und $H_t\left(\frac{1}{2}\sqrt{2t}; \frac{t}{2}\right)$ drei Punkte des Graphen der Funktion f_t.
H_t sei lokaler Maximumpunkt.
(1) Für welche positive reelle Zahl t hat das Dreieck ON_tH_t den Flächeninhalt $A = 250$ FE? Geben Sie für diesen Fall eine Höhe des Dreiecks an!
(2) Für welche positive reelle Zahl t ist das Dreieck ON_tH_t rechtwinklig? (4 BE)

(30 BE)

Lösungen

a) Die Funktion f_t wird in den CAS-Rechner eingegeben, ihre Ableitungen werden mit dem CAS-Rechner erzeugt und unter den angegebenen Bezeichnungen gespeichert.
Vorsicht vor dynamischen Definitionen! (vgl. zum Beispiel Seite 2004-28)

	Gleichung	Bezeichnung
Funktion	$y = f_t(x) = x \cdot \sqrt{t - x^2}$	f(t, x)
1. Ableitung	$y = f_t'(x) = \sqrt{t - x^2} - \frac{x^2}{\sqrt{t - x^2}}$	f1(t, x)
2. Ableitung	$y = f_t''(x) = \frac{-3x}{\sqrt{t - x^2}} - \frac{x^3}{(t - x)^{\frac{3}{2}}}$	f2(t, x)
3. Ableitung	$y = f_t'''(x) = \frac{-(-3x^2 - 3t)}{(x^2 - t) \cdot \sqrt{t - x^2}} - \frac{3x^4}{(t - x^2)^{\frac{5}{2}}}$	f3(t, x)

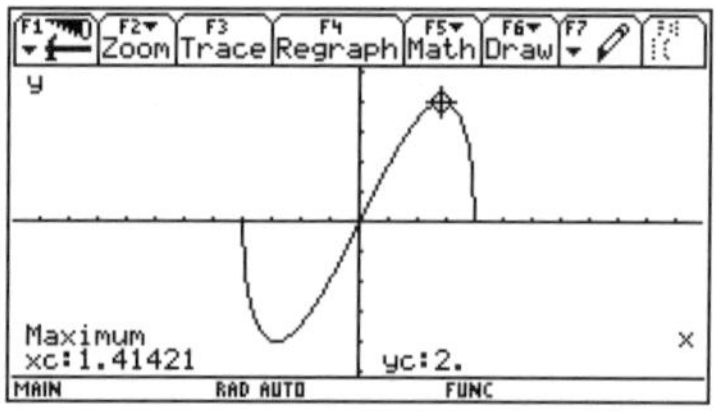

Zunächst lassen wir uns den Graphen von f_4 zeichnen, um eine qualitative Vorstellung von den zu untersuchenden Eigenschaften zu erhalten.

Zusammen mit der graphischen Ermittlung des Maximums ergeben sich folgende Vermutungen:

- Definitionsbereich $-2 \le x \le 2$
- Die Funktion ist symmetrisch zum Koordinatenursprung.
- Gemeinsame Punkte mit den Achsen $N_1(-2; 0)$, $N_2(0; 0)$ und $N_3(2; 0)$.
- Lokaler Hochpunkt bei etwa H(1,41; 2), lokaler Tiefpunkt ca. (–1,41; –2) (Punktsymmetrie!)
- Wendepunkt im Ursprung
- Wertebereich $-2 \le y \le 2$

Wir bestätigen diese Vermutungen durch die geforderten Berechnungen und Überlegungen anhand des Funktionsterms.

- Der **maximale Definitionsbereich** wird durch den Term $4 - x^2$ unter der Wurzel bestimmt. Dieser darf keine negativen Werte annehmen, d. h. es muss gelten $-2 \le x \le 2$ mit $x \in \mathbb{R}$.
- **Symmetrie** zum Koordinatenursprung liegt genau dann vor, wenn die Gleichung $f(4, -x) = -f(4, x)$ für alle x aus dem Definitionsbereich erfüllt ist.
Der CAS-Rechner bestätigt dies durch die Anzeige „true“ bzw. „wahr“.

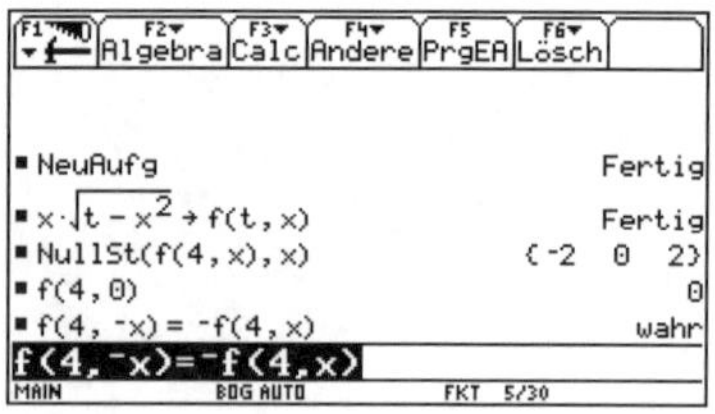

- Gemeinsame Punkte mit den Achsen erhalten wir durch Berechnung von $f(4, 0) = 0$ und Lösen der Gleichung $f(4, x) = 0$. Diese hat die Lösungsmenge $\{-2, 0, 2\}$.
Gemeinsame Punkte mit den Achsen sind also: $N_1(-2; 0)$, $N_2(0; 0)$ und $N_3(2; 0)$.

- **Lokale Extrempunkte:**
  Notwendige Bedingung: Das Lösen der Gleichung f1(4, x) = 0 ergibt die Werte $x = \pm\sqrt{2}$ als mögliche Extremstellen.
  Hinreichende Bedingung:
  Einsetzen dieser Werte in die 2. Ableitung ergibt $f2(4,-\sqrt{2}) = 4$ und $f2(4,\sqrt{2}) = -4$.
  Damit existiert ein lokaler Hochpunkt bei $H(\sqrt{2}; 2)$ und ein lokaler Tiefpunkt bei $T(-\sqrt{2}; -2)$.

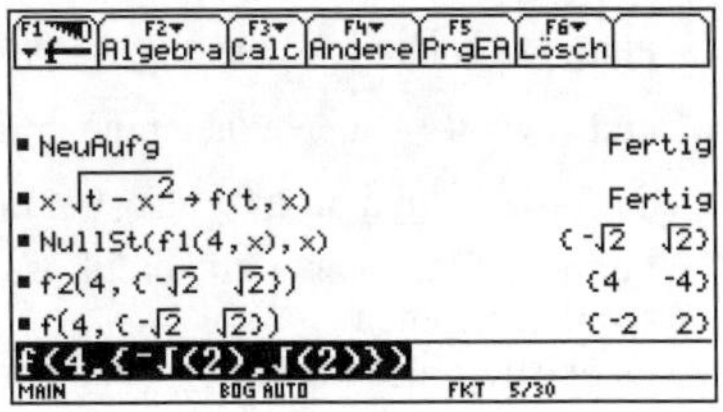

- **Wendepunkt:**
  Notwendige Bedingung: Das Lösen der Gleichung f2(4, x) = 0 ergibt die Lösungsmenge $\{-\sqrt{6}, 0, \sqrt{6}\}$. Die Werte $\pm\sqrt{6}$ liegen außerhalb des Definitionsbereichs und können für die weitere Betrachtung vernachlässigt werden.
  Hinreichende Bedingung:
  $f3(4, 0) = -\frac{3}{2}$.
  Damit ist die Existenz des Wendepunktes $W(0\,|\,0)$ gesichert. Es handelt sich um einen Links-Rechts-Wendepunkt.

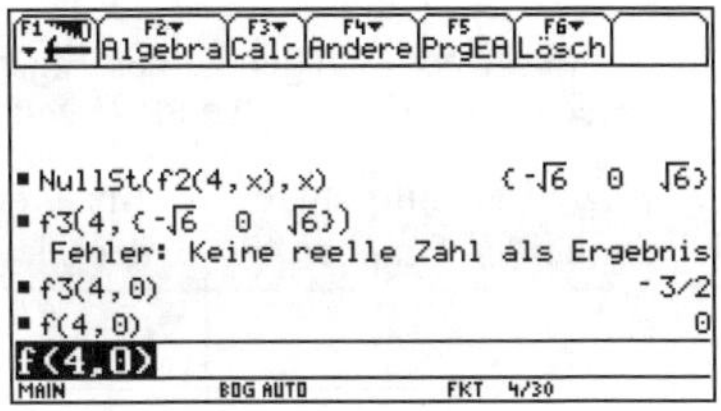

- Die globalen Extrempunkte von f_4 werden mit f_{Max} bzw. f_{Min} ermittelt. Sie stimmen mit den lokalen Extrempunkten überein. Aus den bisherigen Ergebnissen (Schnittpunkte mit den Achsen, lokale Extrempunkte) ergibt sich deshalb als **Wertebereich** von f_4: $-2 \le y \le 2$

Somit sind die Vermutungen alle bestätigt worden.
Für die geforderte Skizze werden mit dem CAS-Rechner noch einige Funktionswerte tabelliert und in ein geeignetes Koordinatensystem sauber und sorgfältig auf Papier übertragen.
Der Anstieg der Funktion f_4 an der Stelle x = 0 ist f1(4, 0) = 2.
Das Bild der Funktion h ist eine Gerade durch den Ursprung mit dem Anstieg m. Für $m \ge 2$ verläuft diese Gerade steiler als der Graph von f_4 und es existiert in diesem Falle nur der gemeinsame Punkt O(0; 0).
Alternativ kann man auch die Lösungsmenge der Gleichung $m \cdot x = f(4, x)$ mit dem CAS-Rechner bestimmen und interpretieren.

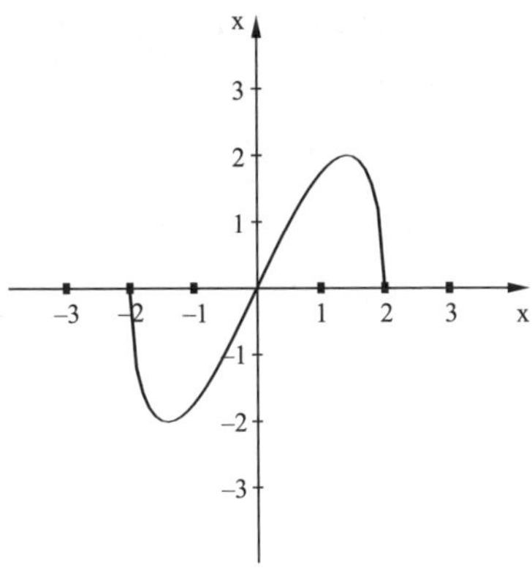

Der Rechner zeigt drei Lösungen mit Bedingungen an. Die Lösungen $x_1 = -\sqrt{4-m^2}$ und $x_2 = \sqrt{4-m^2}$ existieren nur dann, wenn $m^2 - 4 \leq 0$ <u>und</u> $m \geq 0$, also $0 \leq m \leq 2$ ist.
Für m = 2 fallen aber alle drei Lösungen zu x = 0 zusammen.
Es existiert also nur dann genau eine Lösung x = 0, wenn $m^2 - 4 \geq 0$, also $m \geq 2$.

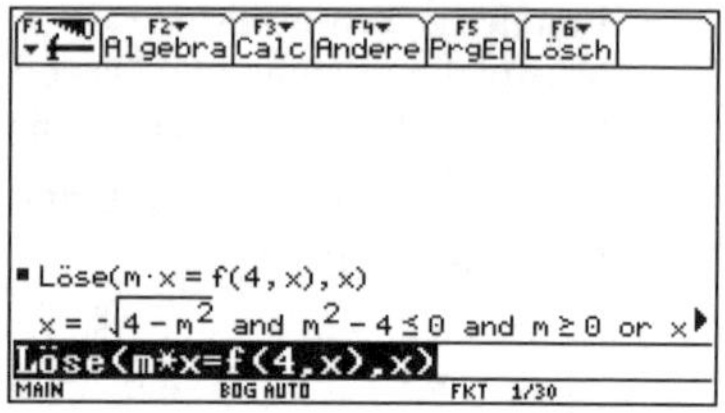

b) Die Lösungsmenge der Gleichung $r = f_4(x)$ können wir uns veranschaulicht denken durch den Schnitt der Geraden y = r (Parallele zur x-Achse im Abstand r) und den Graphen von f_4.
Mit den Überlegungen zu den Eigenschaften des Graphen von f_4 im Aufgabenteil a ergeben sich damit folgende Ergebnisse:

Anzahl Schnittpunkte der beiden Graphen	Anzahl Lösungen der Gleichung $r = f_4(x)$	r
keine	0	$\lvert r\rvert > 2$
genau einer	1	$r = \pm 2$
zwei	2	$-2 < r < 2$ und $r \neq 0$
drei	3	$r = 0$

c) Wir berechnen den **Flächeninhalt** durch $A = \left| \int_{-2}^{0} f_4(x)\,dx \right|$, weil der zugehörige Graph unterhalb der x-Achse liegt. Der CAS-Rechner ermittelt den Flächeninhalt zu $\frac{8}{3}$ FE.
Zur Selbstkontrolle wird der Flächeninhalt auch über die graphische Darstellung bestimmt.

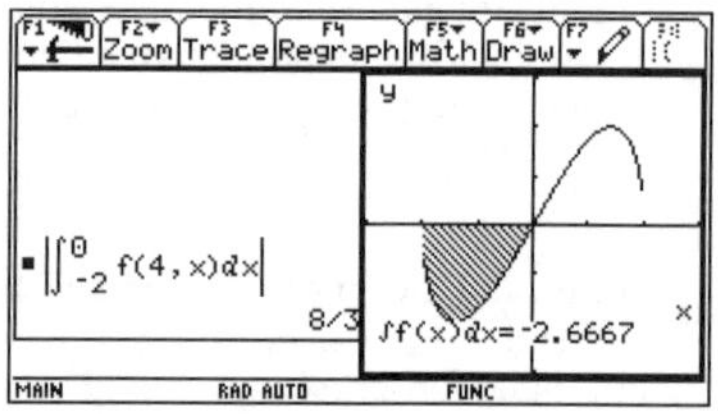

Soll der **Flächeninhalt halbiert** werden, muss z. B. die obere Integrationsgrenze

$-2 < c < 0$ so bestimmt werden, dass gilt $\left| \int_{-2}^{c} f_4(x)\,dx \right| = \frac{8}{6}$.

Der CAS-Rechner ermittelt dazu den Wert $c = -\sqrt{-2 \cdot (2^{\frac{1}{3}} - 2)} \approx -1{,}22$.
Denkbar wäre auch die Ermittlung einer unteren Integrationsgrenze c über

$$\left| \int_{c}^{0} f_4(x)\,dx \right| = \frac{8}{6}.$$

Wegen der Halbierung der Fläche ergibt sich derselbe c-Wert wie im ersten Ansatz.
Analog zum obigen Vorgehen ist eine Selbstkontrolle mithilfe der graphischen Darstellung möglich!

d) Die **Gleichheit** von $g_4(x) = |f_4(x)|$ wird durch folgende Überlegungen festgestellt:

$g_4(x) = \sqrt{4x^2 - x^4} = \sqrt{x^2 \cdot (4 - x^2)} = |x| \cdot \sqrt{4 - x^2}$ (Wurzelgesetze, $\sqrt{x^2} = |x|$)

$|f_4(x)| = |x \cdot \sqrt{4 - x^2}| = |x| \cdot \sqrt{4 - x^2}$ ($\sqrt{4 - x^2} \geq 0$)

Hinweis:

Eine Lösung mit dem CAS-Rechner ohne Reflektion des Ergebnisses kann zu einem Irrtum führen! Der CAS-Rechner gibt für $|f_4(x)|$ an: $\sqrt{|x^2 - 4|} \cdot |x|$. Dies ist nicht exakt, denn die Betragsstriche unter der Wurzel verändern den Definitionsbereich von $-2 \leq x \leq 2$ auf alle reellen Zahlen. Der Unterschied ist deutlich in der graphischen Abbildung von $|f_4(x)| = |x| \cdot \sqrt{4 - x^2}$ (fett gezeichnet) und $k(x) = \sqrt{|x^2 - 4|} \cdot |x|$ zu erkennen:

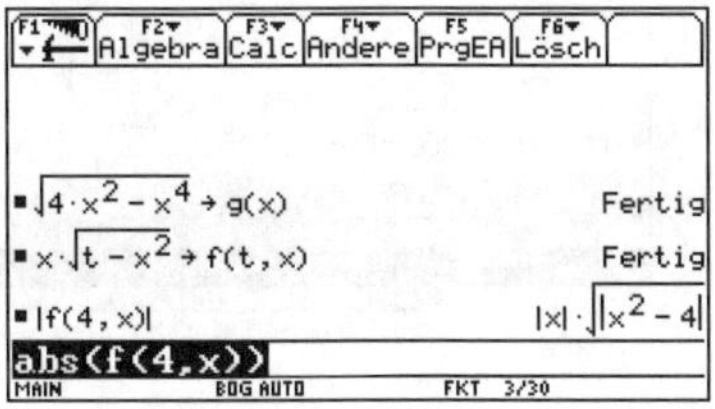

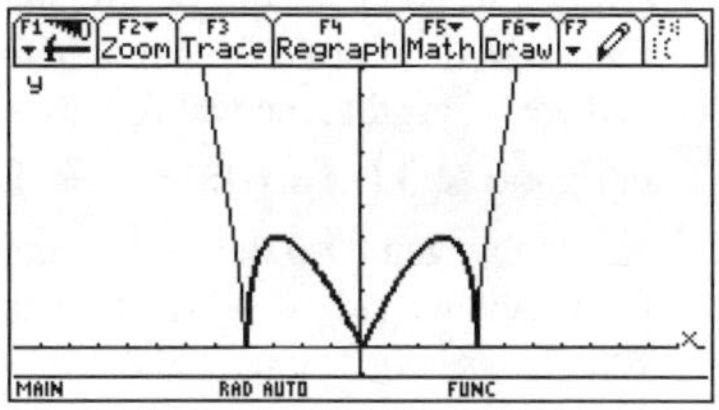

(Die Ursache dafür liegt wohl darin begründet, dass der CAS-Rechner intern mit komplexen Zahlen rechnet.)

Unterschiede zwischen f_4 und g_4:

Eigenschaft	f_4	g_4
Symmetrie	punktsymmetrisch zum Ursprung	achsensymmetrisch zur y-Achse
Wendepunkt	genau einer	keiner
Wertebereich	$-2 \leq y \leq 2$	$0 \leq y \leq 2$
Differenzierbarkeit	an der Stelle $x = 0$ differenzierbar	an der Stelle $x = 0$ nicht differenzierbar

Begründungen dafür, dass g_4 an der Stelle $x = 0$ nicht differenzierbar ist:

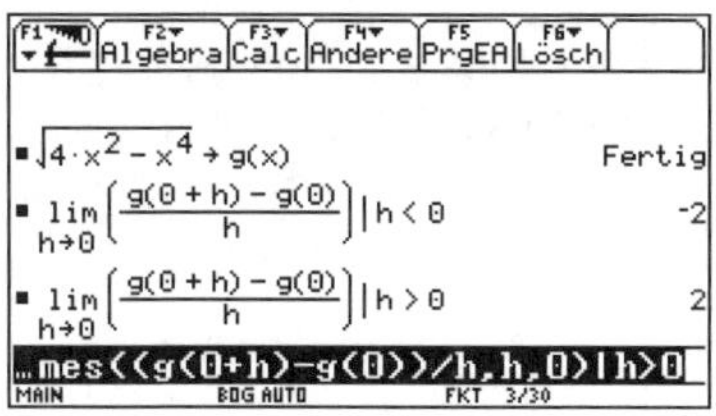

- Der Grenzwert des Differenzenquotienten von g_4 existiert für $x = 0$ nicht, denn linksseitiger und rechtsseitiger Grenzwert des Differenzenquotienten an der Stelle $x = 0$ von g_4 sind $g_{links} = -2$ bzw. $g_{rechts} = 2$, also verschieden voneinander.
- Eine mehr anschauliche Begründung:
  An der Stelle $x = 0$ hat der Graph einen „Knick“, deshalb lässt sich dort nicht eindeutig eine Tangente an den Graphen von g_4 legen.

e) Die **lokalen Extrempunkte von f_t** werden über die notwendige und hinreichende Bedingung bestimmt. Der Bildschirmausdruck zeigt alle notwendigen Rechnungen.

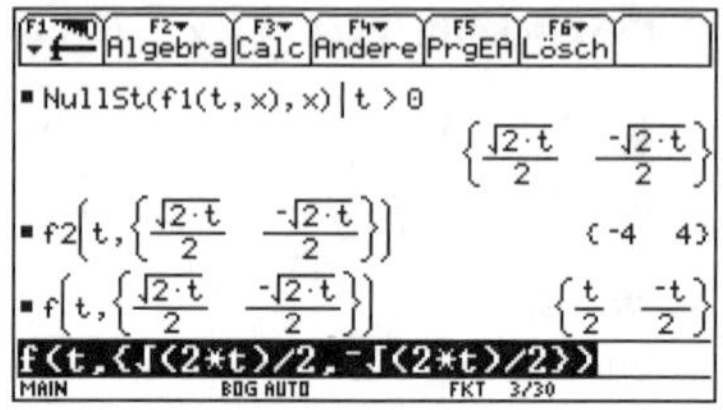

Ergebnis:

lokaler Hochpunkt $H_t\left(\frac{\sqrt{2t}}{2}; \frac{t}{2}\right)$

lokaler Tiefpunkt $T_t\left(-\frac{\sqrt{2t}}{2}; -\frac{t}{2}\right)$

Nachweis für die Lage von H_t und T_t auf $k(x) = x \cdot |x|$:

Für $x > 0$ ist $k(x) = x \cdot |x| = x^2$. Die Hochpunkte erfüllen wegen $t > 0$ die Bedingung $x > 0$. Einsetzen der x- bzw. y-Werte in die Gleichung von $y = x^2$ ergibt eine wahre Aussage.

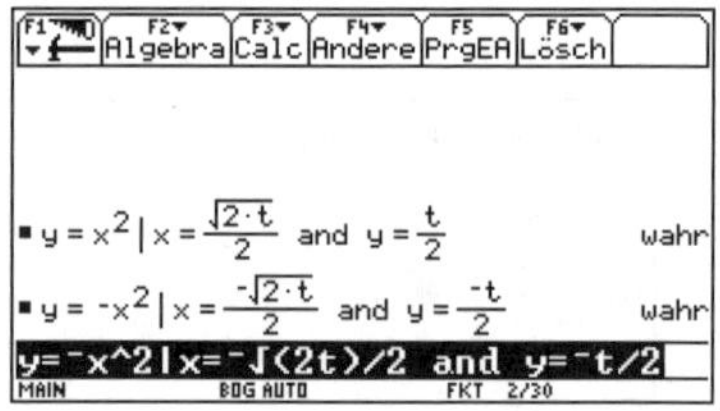

Für $x < 0$ ist $k(x) = x \cdot |x| = -x^2$. Die Tiefpunkte erfüllen wegen $t > 0$ die Bedingung $x < 0$. Einsetzen der x- bzw. y-Werte in die Gleichung von $y = -x^2$ ergibt eine wahre Aussage.

Der **Abstand der Extrempunkte** lässt sich als Betrag der Differenz ihrer Ortsvektoren zu $a(t) = \sqrt{t \cdot (t+2)}$ bestimmen. Setzen wir für $t > 0$ $a(t) = 2 \cdot \sqrt{2}$, so ergibt sich $t = 2$.

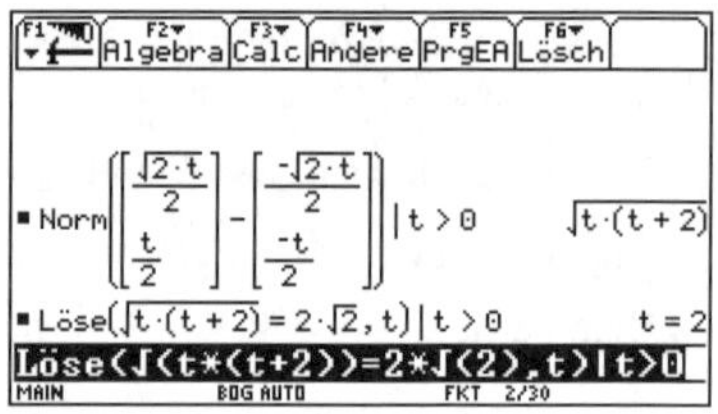

Alternativ:

Wegen der Punktsymmetrie des Graphen von f_t liegen Hoch- und Tiefpunkt auf ein und derselben Geraden durch den Ursprung. Deshalb lässt sich der Abstand d der Extrempunkte mit dem Satz des Pythagoras bestimmen:

Der Ansatz $d = 2 \cdot \sqrt{x_{max}^2 + y_{max}^2} = 2 \cdot \sqrt{2}$ führt ebenfalls auf $t = 2$.

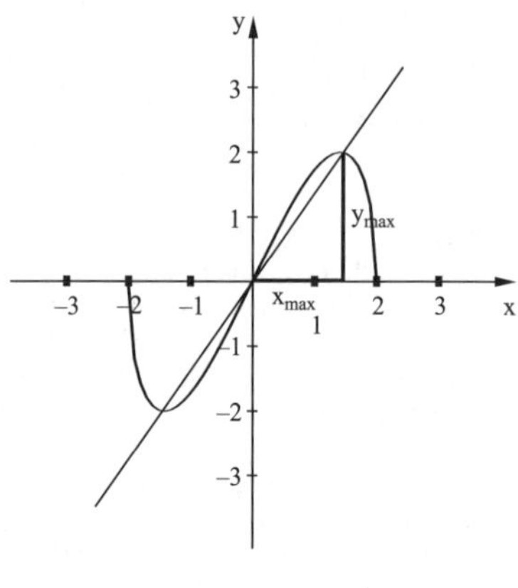

f) Der Punkt N_t ist der rechte Schnittpunkt des Graphen von f_t mit der x-Achse, denn $f_t(\sqrt{t}) = 0$.

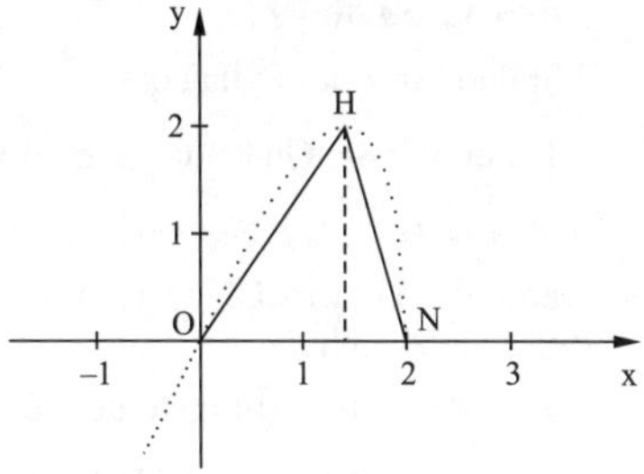

(1) Der Flächeninhalt des Dreiecks ON_tH_t

ist $A_\Delta = \frac{1}{2} \cdot \sqrt{t} \cdot \frac{t}{2} = \frac{t^{\frac{3}{2}}}{4}$. Setzen wir diesen Term gleich 250 FE, so ergibt sich t = 100. Die Höhe des Dreiecks entspricht z. B. dem y-Wert des Maximumpunktes und ist in diesem Falle $\frac{t}{2} = \frac{100}{2} = 50$.

Alternativ:

$$A_\Delta = \frac{1}{2} \cdot |\, \overrightarrow{OH_t} \times \overrightarrow{H_tN_t} \,|$$

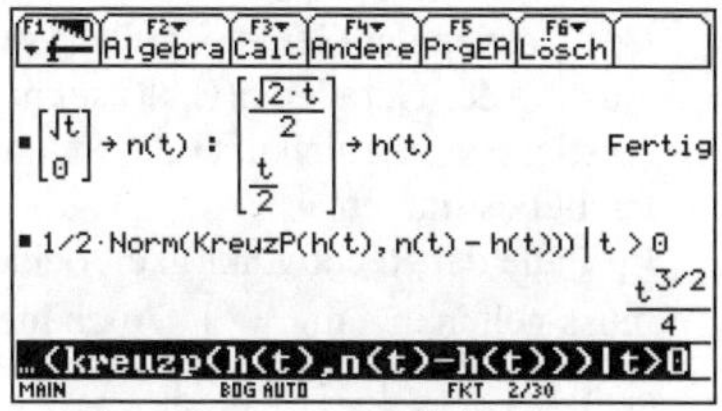

(2) Damit das Dreieck ON_tH_t rechtwinklig ist, muss das Skalarprodukt der Vektoren $\overrightarrow{OH_t}$ und $\overrightarrow{H_tN_t}$ null werden. Dies ist für $t = 2 \cdot (\sqrt{2} - 1) \approx 0{,}83$ der Fall.

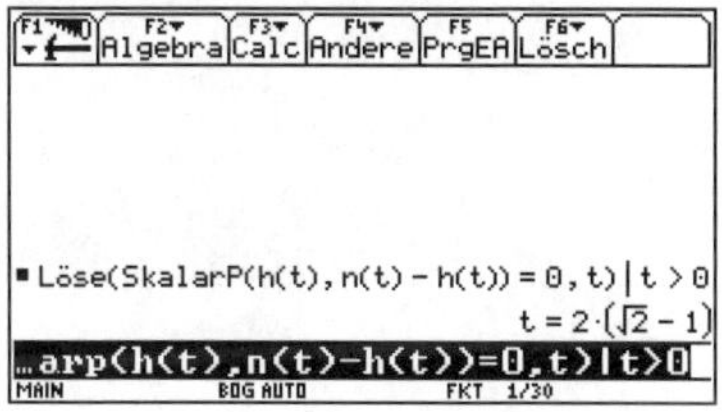

Alternative Lösung 1:

Wenn das Dreieck ON_tH_t rechtwinklig ist, muss H_t auf dem Thaleskreis um $M\left(\frac{\sqrt{t}}{2}; 0\right)$ mit dem Radius $\frac{\sqrt{t}}{2}$ liegen.

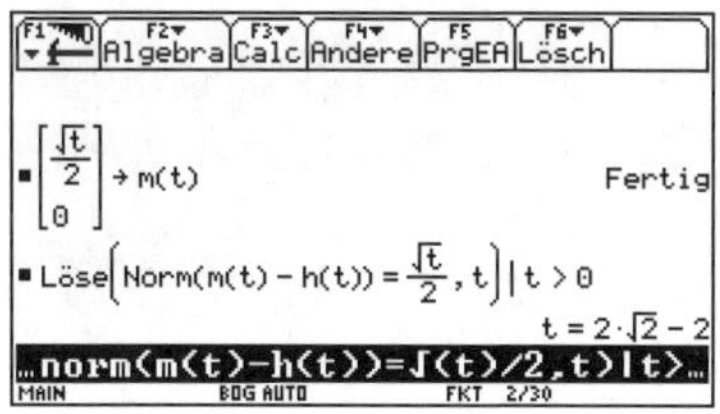

Aus dem Ansatz $|\, \overrightarrow{OM} - \overrightarrow{OH_t} \,| = \frac{\sqrt{t}}{2}$ ergibt sich dieselbe Lösung $t = 2 \cdot (\sqrt{2} - 1) \approx 0{,}83$.

Alternative Lösung 2:

Mit dem Satz des Pythagoras und $N_t(\sqrt{t};0)$ erhalten wir die Gleichungen $b^2 = x_{max}^2 + y_{max}^2$ und $a^2 = (\sqrt{t} - x_{max})^2 + y_{max}^2$.

Damit das Dreieck ON_tH_t rechtwinklig wird, muss die Gleichung

$(\sqrt{t})^2 = a^2 + b^2$ erfüllt werden. Dies ist für $t = 2 \cdot (\sqrt{2} - 1) \approx 0,83$ der Fall.

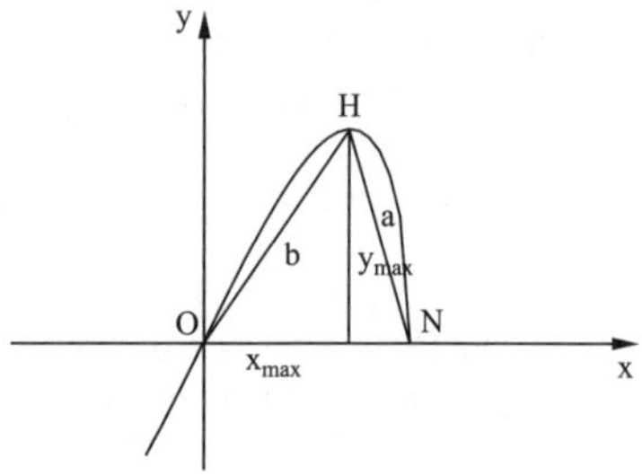

Alternative Lösung 3:

Der Anstieg der Geraden $g(OH_t)$ sei m_1, der Anstieg der Geraden $h(H_tNt)$ sei m_2. Beide Anstiege lassen sich über die Steigungsdreiecke leicht bestimmen.

Im Falle der Rechtwinkligkeit beider Geraden muss gelten $m_1 \cdot m_2 = -1$. Auch hieraus ergibt sich $t = 2 \cdot (\sqrt{2} - 1) \approx 0,83$.

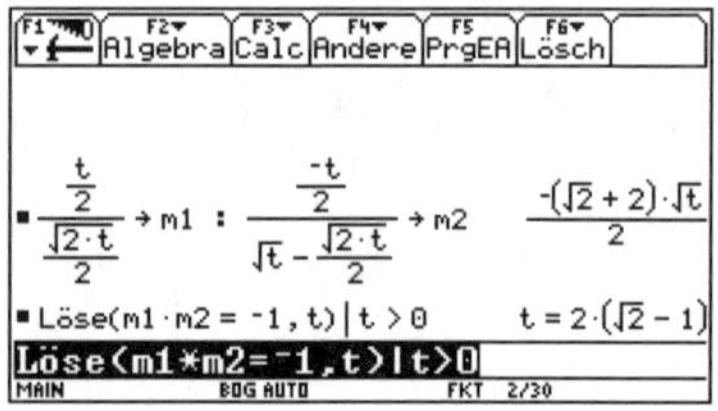

Die Aufgabenstellungen der Aufgabe B1 mit CAS finden Sie auf Seite 2005-17, weil sie mit denen ohne CAS identisch sind.

Lösungen

a) Die Punkte $A_a(2a;\, a;\, a)$, $B_a(a;\, 2a;\, a)$ und $C_a(a;\, a;\, 2a)$ werden als Ortsvektoren va(a), vb(a) und vc(a) im CAS-Rechner gespeichert. Dabei bedienen wir uns nebenstehender Abkürzungen.

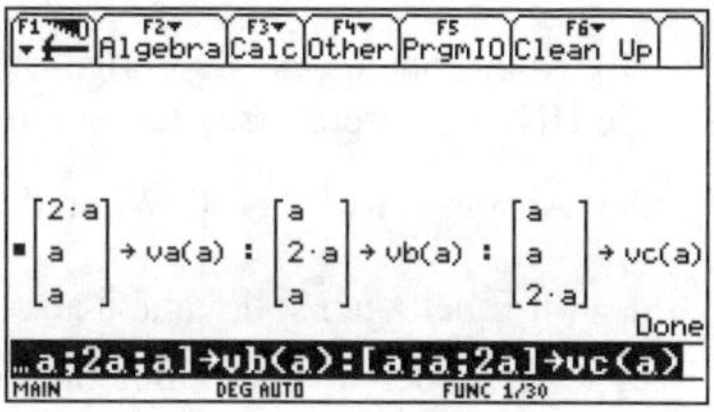

Die **Gleichseitigkeit des Dreiecks $A_aB_aC_a$** lässt sich am einfachsten mit dem Nachweis erbringen, dass alle drei Seiten gleich lang sind. Die gemeinsame Länge ist $|a| \cdot \sqrt{2}$.

Wir erkennen an diesem Ergebnis auch, dass die drei Punkte nicht auf ein und derselben Geraden liegen, also wirklich für jede reelle Zahl $a \neq 0$ ein (gleichseitiges) Dreieck bilden.

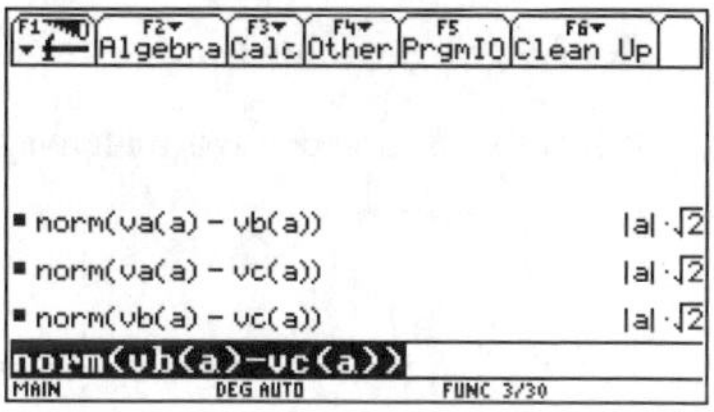

Die **Gleichung der Ebene ε_a** können wir zum Beispiel über die Normalengleichung

(*) $\overrightarrow{vn}(a) \circ (\vec{x} - va(a)) = 0$ gewinnen.

Dazu wird der Normalenvektor

$$\overrightarrow{vn}(a) = \overrightarrow{A_aB_a} \times \overrightarrow{A_aC_a} = \begin{pmatrix} a^2 \\ a^2 \\ a^2 \end{pmatrix}$$ berechnet und

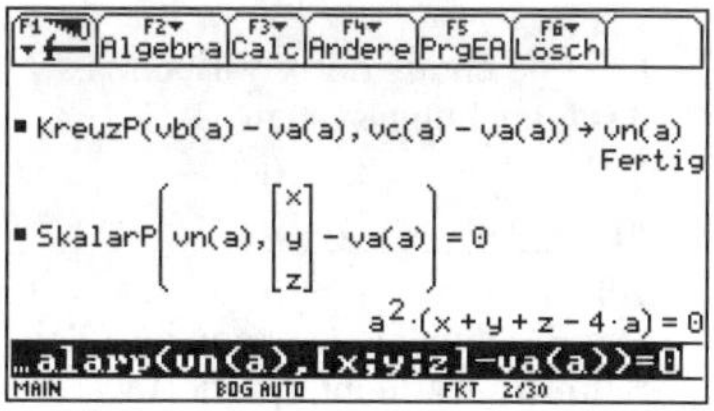

unter vn(a) abgespeichert.

Wir erhalten aus (*) als Ebenengleichung $a^2 \cdot (x + y + z - 4 \cdot a) = 0$.

Wegen $a^2 \neq 0$ können wir diese Gleichung durch a^2 dividieren, dann 4a addieren und erhalten die angegebene Ebenengleichung für ε_a: $x + y + z = 4a$.

Alternative Lösung:

Aus der Parameterdarstellung der Ebenengleichung $\vec{x} = \overrightarrow{OA} + r \cdot \overrightarrow{AB} + s \cdot \overrightarrow{AC}$ ergibt sich ein Gleichungssystem.

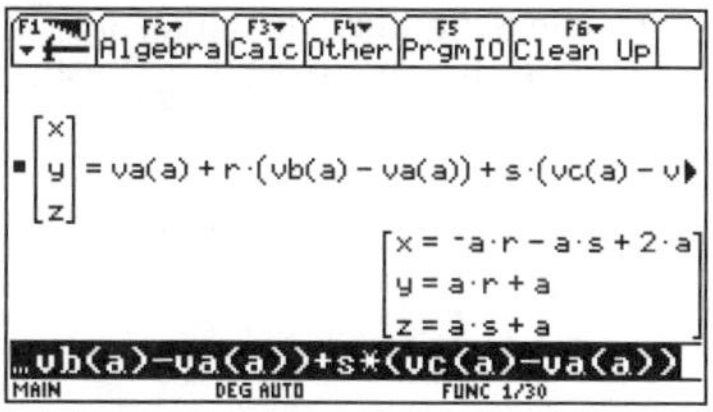

Dieses System lösen wir nach r und s auf und entnehmen der Lösungsmenge u. a. die gesuchte Ebenengleichung x = –(y + z – 4a).

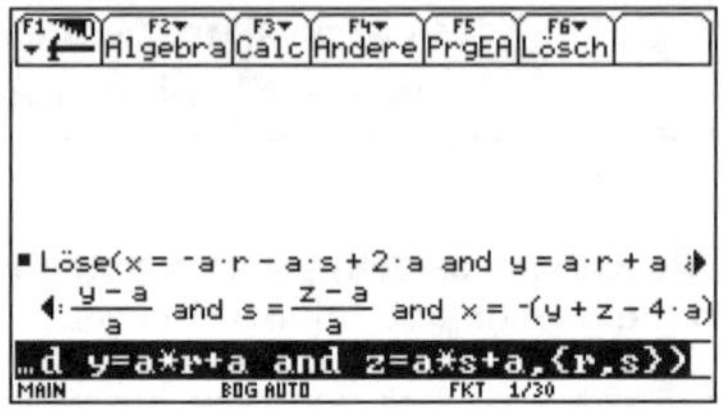

Um den **Abstand der Ebene vom Koordinatenursprung** zu finden, wird die Hesse'sche Normalenform (HNF) von ε_a gebraucht:

HNF: $\frac{x+y+z-4a}{\sqrt{3}}=0.$

Die Koordinaten des Ursprungs O(0; 0; 0) in die HNF eingesetzt, erhalten wir als Term für den Abstand $d=\left|\frac{-4a}{\sqrt{3}}\right|$. Wenn der Abstand d = 4 LE betragen soll, kann a also die Werte $a_1=-\sqrt{3}$ oder $a_2=\sqrt{3}$ annehmen.

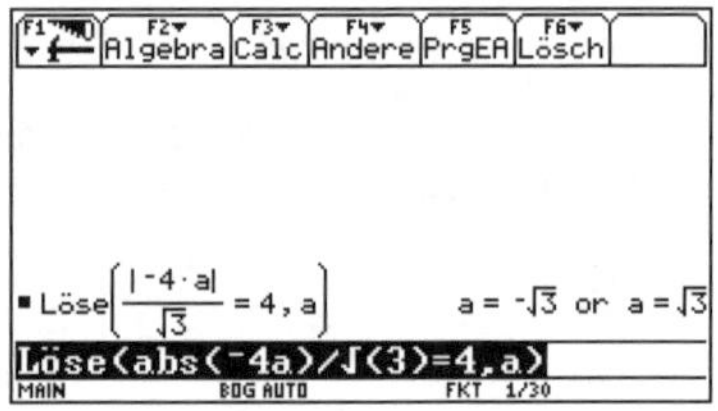

Der **Neigungswinkel** φ zwischen der x-y-Ebene und ε_a ist gleichbedeutend mit dem Winkel zwischen den Normalenvektoren $\begin{pmatrix}0\\0\\1\end{pmatrix}$ bzw. $\begin{pmatrix}1\\1\\1\end{pmatrix}$ beider Ebenen:

$$\cos(\varphi)=\left|\frac{\begin{pmatrix}0\\0\\1\end{pmatrix}\circ\begin{pmatrix}1\\1\\1\end{pmatrix}}{\left|\begin{pmatrix}0\\0\\1\end{pmatrix}\right|\cdot\left|\begin{pmatrix}1\\1\\1\end{pmatrix}\right|}=\frac{1}{\sqrt{1}\cdot\sqrt{3}}\right|=\frac{\sqrt{3}}{3}\Rightarrow\varphi\approx 54{,}74°$$

Die Gleichung der x-y-Ebene ist z = 0. Um die Schnittgerade mit ε_a zu bestimmen, wird das Gleichungssystem

$$\begin{array}{ll}\text{I} & x+y+z-4a=0\\ \text{II} & \underline{\qquad\qquad z=0}\end{array}$$

gelöst.
Die Ergebnismenge kann als Gleichung der **Schnittgerade** interpretiert werden:

$$\vec{x}=\begin{pmatrix}4a\\0\\0\end{pmatrix}+\lambda\cdot\begin{pmatrix}-1\\1\\0\end{pmatrix}\text{ und }\lambda\in\mathbb{R}.$$

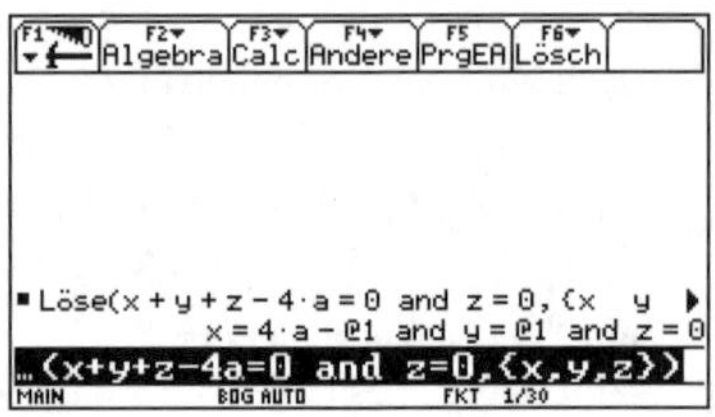

Alternative Lösung 1:
Da die Schnittgerade vollständig in der x-y-Ebene liegt, können wir ihre Gleichung wegen z = 0 auch in der Form x + y = 4a angeben.

Alternative Lösung 2:
Wir arbeiten mit den Parameterdarstellungen der beiden Ebenen. Für die Ebene ε_a gilt:

$\vec{x} = \begin{pmatrix} 2a \\ a \\ a \end{pmatrix} + r \cdot \begin{pmatrix} -a \\ a \\ 0 \end{pmatrix} + s \cdot \begin{pmatrix} -a \\ 0 \\ a \end{pmatrix}$ und für die x-y-Ebene:

$\vec{x} = m \cdot \begin{pmatrix} 1 \\ 0 \\ 0 \end{pmatrix} + n \cdot \begin{pmatrix} 0 \\ 1 \\ 0 \end{pmatrix}.$

Wir setzen beide Gleichungen gleich und lösen das Gleichungssystem

$$\begin{aligned} 2a - r \cdot a - s \cdot a &= m \\ a + r \cdot a \qquad &= n \\ a \qquad + s \cdot a &= 0 \end{aligned}$$

mit dem CAS-Rechner nach r, s, m und n auf.
Von den drei Lösungsmengen

$L_1 = \left\{ r = \frac{k_1 - a}{a}; s = -1; m = 4a - k_1; n = k_1 \right\},$

$L_2 = \{r = k_2; s = -1; a = 0; m = 0; n = 0\}$ und

$L_3 = \{r = k_4; s = k_3; a = 0; m = 0; n = 0\}$

können wir wegen $a = 0$ die beiden Lösungsmengen L_2 und L_3 vernachlässigen.
Durch Einsetzen der Lösungen aus L_1 in die beiden Ebenengleichungen erhalten wir die

Gleichung der Schnittgeraden $\vec{x} = \begin{pmatrix} 4a \\ 0 \\ 0 \end{pmatrix} + \lambda \cdot \begin{pmatrix} -1 \\ 1 \\ 0 \end{pmatrix}.$

b) Der Punkt D_a hat als Mittelpunkt der Strecke $\overline{A_a B_a}$ die Koordinaten $D_a\left(\frac{3a}{2}; \frac{3a}{2}; a\right)$.

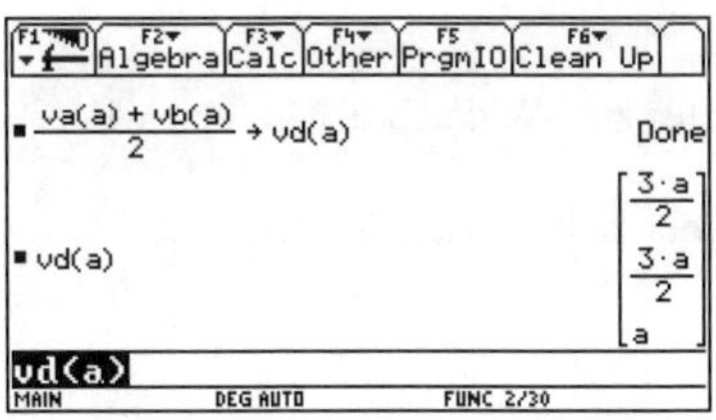

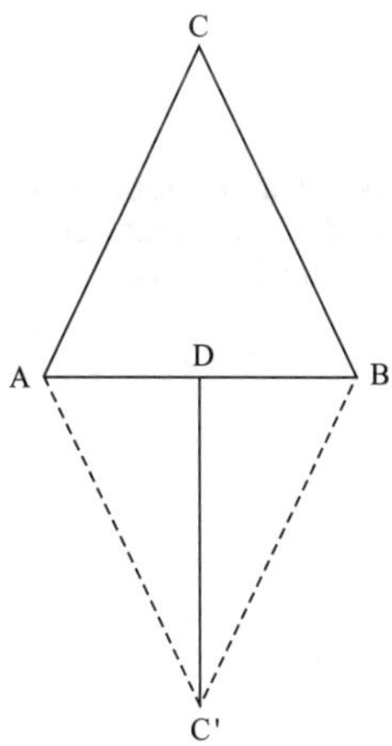

Der Punkt C_a' muss durch Spiegelung von C_a an der Strecke $\overline{A_a B_a}$ hervorgehen und mit den Punkten A_a, B_a und C_a in ein und derselben Ebene ε_a liegen. Deshalb ist das Viereck $A_a C_a' B_a C_a$ ein Rhombus.

Die Koordinaten von C' ergeben sich durch die Vektoraddition $\overrightarrow{OC'} = \overrightarrow{OD} + (-\overrightarrow{DC}) = \begin{pmatrix} 2a \\ 2a \\ 0 \end{pmatrix}$.

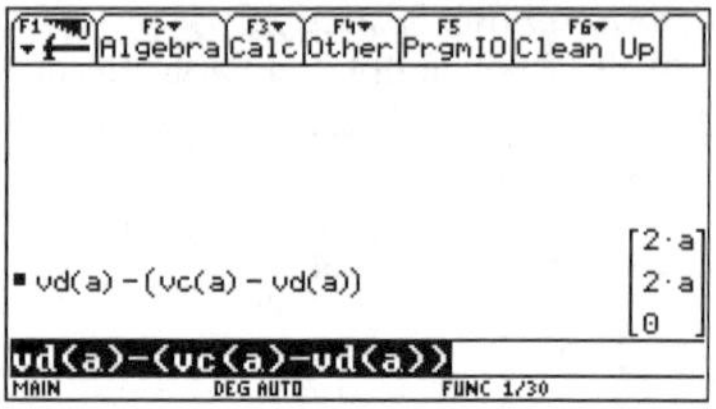

Koordinaten von C' sind also C'(2a; 2a; 0).

Alternative Lösung:
Da im Rhombus gegenüberliegende Seiten gleich lang und parallel sind, ergibt sich C' aus dem Ansatz $\overrightarrow{OC'} = \overrightarrow{OB} + \overrightarrow{CA} = \begin{pmatrix} a \\ 2a \\ a \end{pmatrix} + \begin{pmatrix} a \\ 0 \\ -a \end{pmatrix} = \begin{pmatrix} 2a \\ 2a \\ 0 \end{pmatrix}$.

c) Geradengleichungen

g_1: zum Beispiel $\vec{x} = \begin{pmatrix} 6 \\ 3 \\ 3 \end{pmatrix} + t \cdot \begin{pmatrix} -3 \\ 0 \\ 3 \end{pmatrix}$ mit $t \in \mathbb{R}$

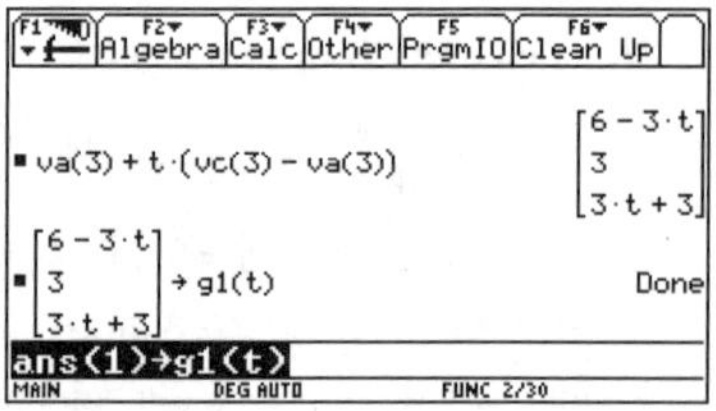

g_2: $\vec{x} = \begin{pmatrix} 3 \\ 6 \\ 3 \end{pmatrix} + r \cdot \begin{pmatrix} 0 \\ 0 \\ 3 \end{pmatrix}$ mit $r \in \mathbb{R}$

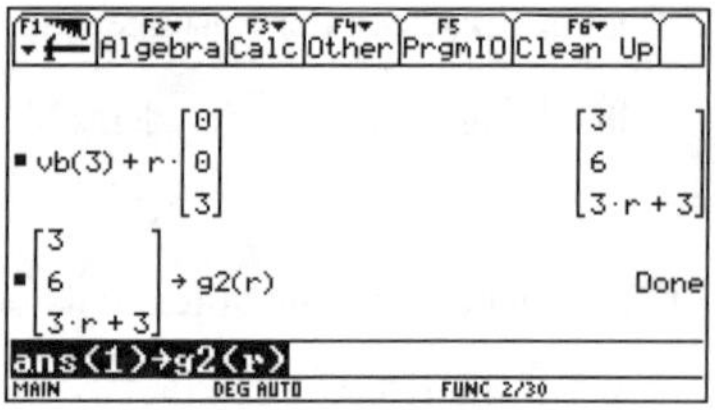

Die **Geraden verlaufen windschief** zueinander, weil
(1) die Richtungsvektoren nicht parallel sind und
(2) die Annahme eines gemeinsamen Schnittpunktes zum Widerspruch geführt wird.

Nachweis zu (1): $\begin{pmatrix} -3 \\ 0 \\ 3 \end{pmatrix} \neq \lambda \cdot \begin{pmatrix} 0 \\ 0 \\ 3 \end{pmatrix}$, denn die erste Zeile liefert einen Widerspruch.

Es gibt kein λ mit $-3 = \lambda \cdot 0$.

Nachweis zu (2): Setzen wir die beiden Geradengleichungen gleich, in der Annahme, es gäbe einen Schnittpunkt, so liefert die zweite Zeile des entstehenden Gleichungssystems einen Widerspruch: $3 + t \cdot 0 = 6 + r \cdot 0$ ist für keine reelle Zahl t oder r erfüllbar.

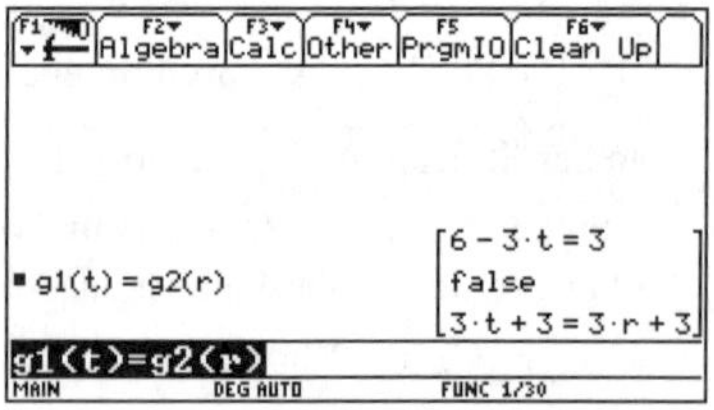

Für die **Berechnung des Abstandes** wählen wir das Lotfußpunktverfahren, weil damit gleichzeitig die Koordinaten der Lotfußpunkte ermittelt werden können.

Sei P der Lotfußpunkt auf g_1 und Q der auf g_2. Dann erfüllen die Punkte die jeweilige Geradengleichung $g_1(p)$ bzw. $g_2(q)$. Außerdem steht der Vektor $\overrightarrow{PQ} = g_2(q) - g_1(p)$ senkrecht sowohl auf dem Richtungsvektor von g_1 als auch auf dem von g_2. Es muss also gelten:

$$(g_2(q) - g_1(p)) \circ \begin{pmatrix} -3 \\ 0 \\ 3 \end{pmatrix} = 0 \text{ und}$$

$$(g_2(q) - g_1(p)) \circ \begin{pmatrix} 0 \\ 0 \\ 3 \end{pmatrix} = 0$$

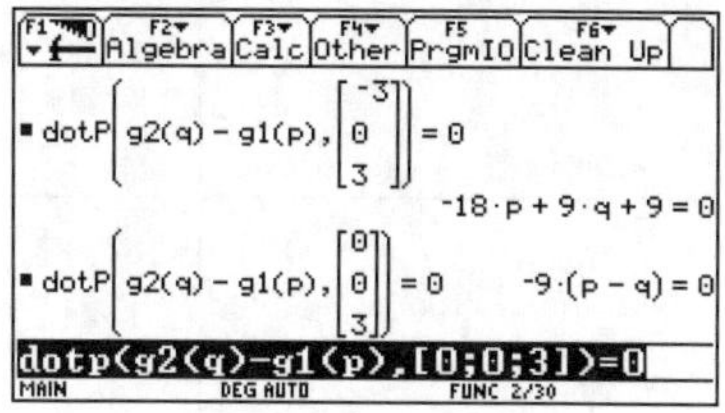

Das führt auf das Gleichungssystem

$$\begin{aligned} -18p + 9q + 9 &= 0 \\ -9(p - q) &= 0 \end{aligned}$$

Dessen Lösungen sind $p = q = 1$.

Diese Werte von p bzw. q in die zugehörigen Geradengleichungen eingesetzt, ergeben die Ortsvektoren $\overrightarrow{vp} = \begin{pmatrix} 3 \\ 3 \\ 6 \end{pmatrix}$ bzw. $\overrightarrow{vq} = \begin{pmatrix} 3 \\ 6 \\ 6 \end{pmatrix}$ der **Lotfußpunkte** P(3 | 3 | 6) bzw. Q(3 | 6 | 6).

Ihr Abstand ermittelt sich aus $|\overrightarrow{PQ}| = 3$ LE.

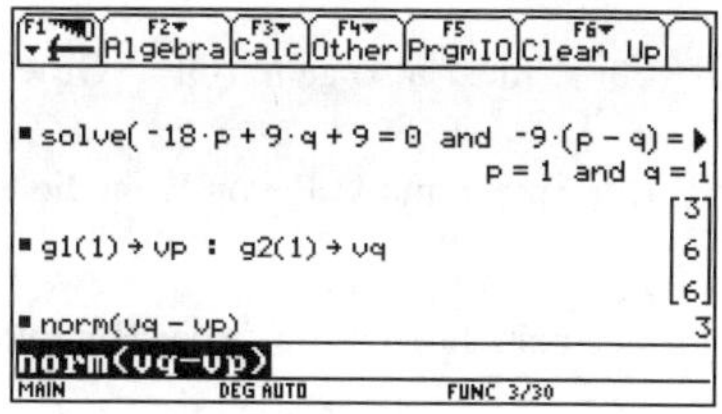

d) Die Gleichung der Ebene ε_3 lautet x + y + z = 12. Um den Durchstoßpunkt D_3 der Geraden g mit $\vec{x} = r \cdot \begin{pmatrix} 1 \\ 1 \\ 1 \end{pmatrix}$ zu berechnen, setzen wir die Koordinaten von g in die Ebenengleichung ein: r + r + r = 12, also r = 4. Damit hat D_3 die Koordinaten $D_3(4; 4; 4)$.
Alle Punkte P, die **im Inneren des Dreiecks $A_3B_3C_3$** liegen, werden durch die folgende Gleichung beschrieben:

$\overrightarrow{OP} = \overrightarrow{OA_3} + \lambda \cdot \overrightarrow{A_3B_3} + \mu \cdot \overrightarrow{A_3C_3}$, wobei $\lambda, \mu \in \mathbb{R}$ und $0 < \lambda < 1$ bzw. $0 < \mu < 1$ und $\lambda + \mu < 1$.

Wir überprüfen, ob diese Bedingungen für $P = D_3$ erfüllt sind:

$$\begin{pmatrix} 4 \\ 4 \\ 4 \end{pmatrix} = \begin{pmatrix} 6 \\ 3 \\ 3 \end{pmatrix} + \lambda \cdot \begin{pmatrix} -3 \\ 3 \\ 0 \end{pmatrix} + \mu \cdot \begin{pmatrix} -3 \\ 0 \\ 3 \end{pmatrix}$$

Dieses Gleichungssystem liefert als Lösungen $\lambda = \mu = \frac{1}{3}$. Wegen $\lambda + \mu = \frac{2}{3} < 1$ ist damit gezeigt, dass D_3 im Inneren des Dreiecks liegt.

Alternative Lösung:
Da die Punkte A_3, B_3, C_3 und D_3 in ein und derselben Ebene liegen und außerdem D_3 von den Eckpunkten des Dreiecks $A_3B_3C_3$ denselben Abstand $\sqrt{6}$ hat, ist D_3 der Umkreismittelpunkt dieses Dreiecks, der bei einem gleichseitigen Dreieck immer im Inneren des Dreiecks liegt.

Aus den bisherigen Betrachtungen können wir schon zwei Informationen zur **Bestimmung des Spiegelpunktes P' von P** gewinnen:

- Die Gerade g ist Lotgerade zu ε_3.
- Der Punkt D_3 ist der Lotfußpunkt von g bezüglich ε_3.

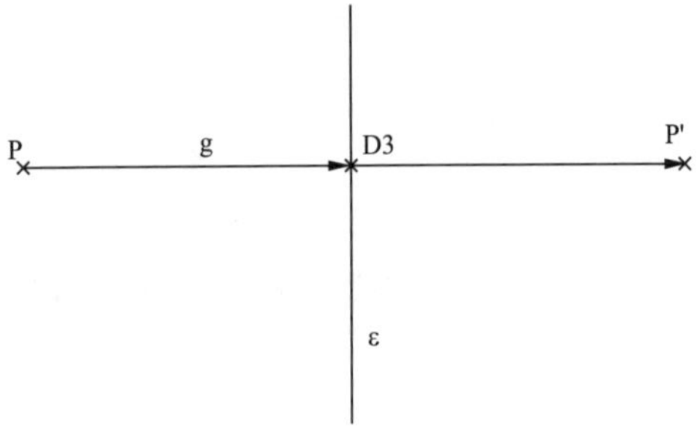

Für P' muss also gelten $\overrightarrow{OP'} = \overrightarrow{OP} + 2 \cdot \overrightarrow{PD_3} = \begin{pmatrix} 1 \\ 1 \\ 1 \end{pmatrix} + 2 \cdot \begin{pmatrix} 4-1 \\ 4-1 \\ 4-1 \end{pmatrix} = \begin{pmatrix} 7 \\ 7 \\ 7 \end{pmatrix}$.

Der Spiegelpunkt P' von P hat die Koordinaten P'(7; 7; 7).

Alternative Lösung:
Wir berechnen mithilfe der HNF von ε_3 den Abstand d von P zu ε_3:

$$\left| \frac{1+1+1-12}{\sqrt{3}} \right| = 3 \cdot \sqrt{3} = d.$$

Wir gelangen mithilfe des normierten Normalenvektors von ε_3 vom Punkt P zum Spiegelpunkt P' durch

$$\overrightarrow{OP'} = \overrightarrow{OP} + 2 \cdot (3 \cdot \sqrt{3}) \cdot \begin{pmatrix} \frac{1}{\sqrt{3}} \\ \frac{1}{\sqrt{3}} \\ \frac{1}{\sqrt{3}} \end{pmatrix} = \begin{pmatrix} 7 \\ 7 \\ 7 \end{pmatrix}.$$

Die Koordinaten von P' sind P'(7; 7; 7).

Leistungskurs Mathematik (Thüringen): Abiturprüfung 2005
Aufgabe B2: Stochastik / Wahrscheinlichkeitsrechnung mit CAS

Die Aufgabenstellungen der Aufgabe B2 mit CAS finden Sie auf Seite 2005-24, weil sie mit denen ohne CAS identisch sind.

Lösungen

a) Die Zufallsgröße X zählt die zu spät kommenden Maurer.

X ist binomialverteilt mit $n = 7$ und $p = \frac{1}{3}$.

Damit gilt:

$$P(A) = P(X = 2) = \binom{7}{2} \cdot \left(\frac{1}{3}\right)^2 \cdot \left(\frac{2}{3}\right)^5 \approx 0{,}3073$$

$$P(B) = P(X \leq 1) = \binom{7}{0} \cdot \left(\frac{1}{3}\right)^0 \cdot \left(\frac{2}{3}\right)^7 + \binom{7}{1} \cdot \left(\frac{1}{3}\right)^1 \cdot \left(\frac{2}{3}\right)^6 \approx 0{,}2634$$

Hinweis:
Zur effektiveren Berechnung solcher Wahrscheinlichkeiten mit dem CAS-Rechner können wir einen Baustein definieren:

$$\sum_{k=a}^{b} \binom{n}{k} \cdot p^k \cdot (1-p)^{n-k} = \text{bin}(n, p, a, b)$$

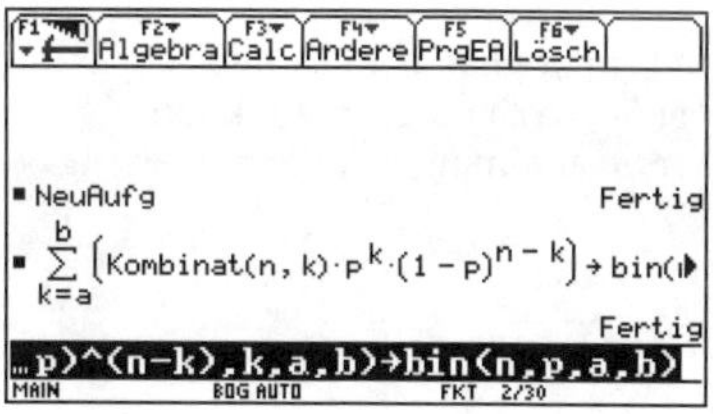

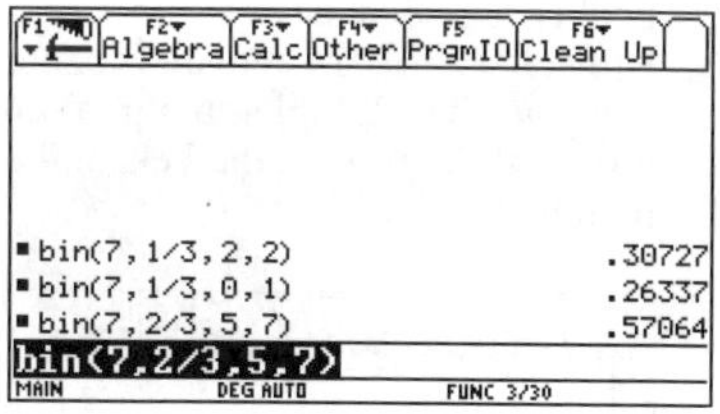

Die Wahrscheinlichkeit des Ereignisses C mit C: = „Mindestens 5 Maurer sind pünktlich.“ ist dieselbe wie die Summe der Wahrscheinlichkeiten der beiden (unvereinbaren) Ereignisse A: = „Genau 2 Maurer kommen zu spät.“ und B: = „Höchstens ein Maurer kommt zu spät.“.

$P(C) = P(A) + P(B) \approx 0{,}5707.$

Alternative Lösung:
Die Zufallsgröße Y zählt die pünktlich kommenden Maurer.

Y ist binomialverteilt mit $n = 7$ und $p = \frac{2}{3}$.

Damit erhalten wir unter Verwendung des Bausteins „bin(n, p, a, b)“:

$P(C) = P(Y \geq 5) = \text{bin}\left(7, \frac{2}{3}, 5, 7\right) \approx 0{,}57064.$

Es sei T_i das Ereignis, dass einem beliebigen Tag i alle sieben Maurer pünktlich sind.

Die Wahrscheinlichkeit dafür ist $P(T_i) = \left(\frac{2}{3}\right)^7$.

Das Ereignis N sei definiert durch „An wenigstens einem von n Tagen sind alle Maurer pünktlich.“
Dann gilt $N = T_1 \cup T_2 \cup \ldots \cup T_n$.
Die Wahrscheinlichkeit $P(N) = P(T_1 \cup T_2 \cup \ldots \cup T_n)$ lässt sich am einfachsten über die Gegenwahrscheinlichkeit ausrechnen. Unter Beachtung der Regeln von de Morgan und der vorausgesetzten Unabhängigkeit erhalten wir:

$$P(N) = 1 - P(\overline{T_1 \cup T_2 \cup \ldots \cup T_n} = 1 - P(\overline{T_1} \cap \overline{T_2} \cap \ldots \overline{T_n}) = 1 - P(\overline{T_1}) \cdot P(\overline{T_2}) \cdot \ldots \cdot P(\overline{T_n}).$$

Mit $P(\overline{T_i}) = 1 - \left(\frac{2}{3}\right)^7$ ist $P(N) = 1 - \left(1 - \left(\frac{2}{3}\right)^7\right)^n$.

Diese Wahrscheinlichkeit soll größer als 0,95 sein.

Zu lösen ist die Ungleichung $1 - \left(1 - \left(\frac{2}{3}\right)^7\right)^n > 0{,}95$. Wir definieren die Funktion $p(n) = 1 - \left(1 - \left(\frac{2}{3}\right)^7\right)^n$ und ermitteln die Lösung der Gleichung p(n) = 0,95 mit dem CAS-Rechner algebraisch und auch graphisch (zur Selbstkontrolle und Veranschaulichung der Monotonie) zu $n \approx 49{,}672$. Weil die Funktion p(n) streng monoton steigend ist und $n \in \mathbb{N}$ gilt, ergibt sich $n \geq 50$. Der Auftrag muss also mindestens 50 Tage dauern, damit die **Wahrscheinlichkeit, dass an wenigstens einem Tage alle Maurer pünktlich sind, größer als 95 % ist.**
Hinweis: Von der strengen Monotonie der Funktion p(n) können wir uns überzeugen, wenn wir ihre 1. Ableitung p'(n) bilden. Dies führt auf eine Exponentialfunktion $p'(n) \approx 0{,}06 \cdot 0{,}94^n$, die bekanntlich nur positive Werte annimmt, so dass p(n) streng monoton steigend ist.

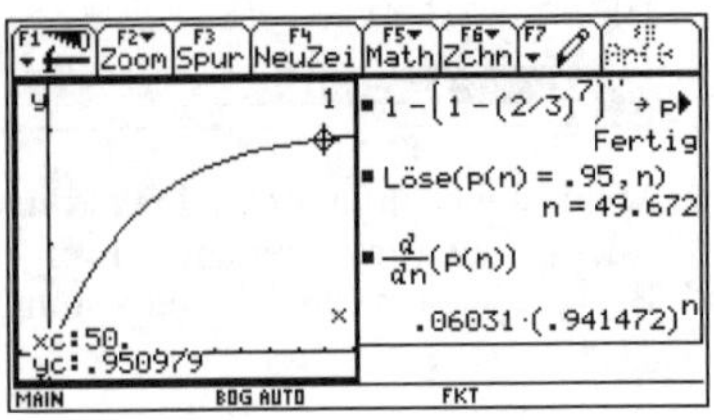

Alternative Lösung:

$$1-\left(1-\left(\frac{2}{3}\right)^7\right)^n > 0{,}95$$

$$\left(1-\left(\frac{2}{3}\right)^7\right)^n < 0{,}05$$

$$n > \frac{\ln 0{,}05}{\ln\left(1-\left(\frac{2}{3}\right)^7\right)} \approx 49{,}672$$

b) Bei dieser **Testaufgabe** ist die Nullhypothese indirekt durch die Bemerkung „ Dabei soll die Wahrscheinlichkeit, dass eine Packung 2. Wahl als 1. Wahl eingestuft wird, höchstens 0,1 betragen.“ vorgegeben. Die Irrtumswahrscheinlichkeit ist bekanntlich die Wahrscheinlichkeit, die Nullhypothese H_0: $p = p_0$ aufgrund des Stichprobenergebnisses irrtümlich abzulehnen, obwohl p_0 wahr ist. Deshalb muss in diesem Falle die Nullhypothese lauten: H_0: „Die Packung ist 2. Wahl.“ mit $p_0 = 0{,}1$.
Man wird diese Nullhypothese dann irrtümlich ablehnen, wenn wenige Schrauben 2. Wahl in der Stichprobe vorliegen, obwohl ihr Anteil bei 10 % angenommen wird.
Der Ablehnungsbereich muss also links liegen.

Skizze (nicht maßstäblich):

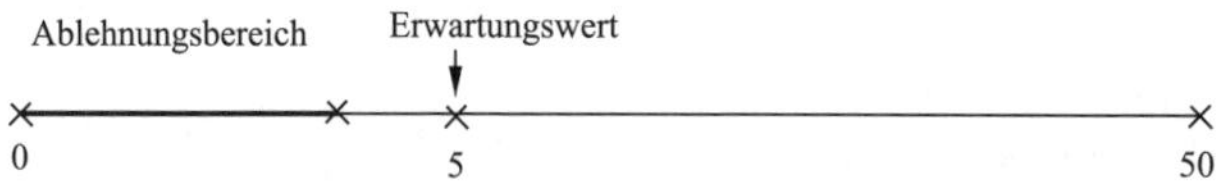

Der Stichprobenumfang ist mit n = 50 vorgegeben.

Wir können uns schon überlegen, dass wegen des Erwartungswertes $\mu = n \cdot p = 50 \cdot 0{,}1 = 5$ die rechte Grenze des Ablehnungsbereiches vermutlich kleiner als 5 ist.
Um die rechte Grenze g_r des Ablehnungsbereiches zu finden, muss ermittelt werden, für welche größte ganze Zahl g_r gilt:

$$\sum_{k=0}^{g_r} \binom{50}{k} \cdot 0{,}1^k \cdot 0{,}9^{50-k} \leq 0{,}1.$$

Dazu benutzen wir unseren Baustein bin(n, p, a, b) aus Teilaufgabe 2 a mit n = 50, p = 0,1, a = 0 und für b setzen wir nacheinander und in aufsteigender Folge ganze Zahlen $n \geq 0$ ein, bis erstmals bin(50, 0.1,0, b) den Wert 0,1 erreicht oder übersteigt.

Das ist hier für b = 2 der Fall. Für die rechte Grenze g_r des Ablehnungsbereiches gilt dann $g_r = b - 1 = 1$.
Der Ablehnungsbereich A' entspricht hier der Menge $A' = \{0; 1\}$.
Die Wahrscheinlichkeit, dass eine Packung 1. Wahl als 2. Wahl eingestuft wird, wäre in diesem Fall der Fehler 2. Art, nämlich die Nullhypothese anzunehmen, obwohl sie falsch ist. Das Stichprobenergebnis müsste in diesem Falle im Annahmebereich liegen, und wir müssten mit p = 0,05 (für 1. Wahl) rechnen:

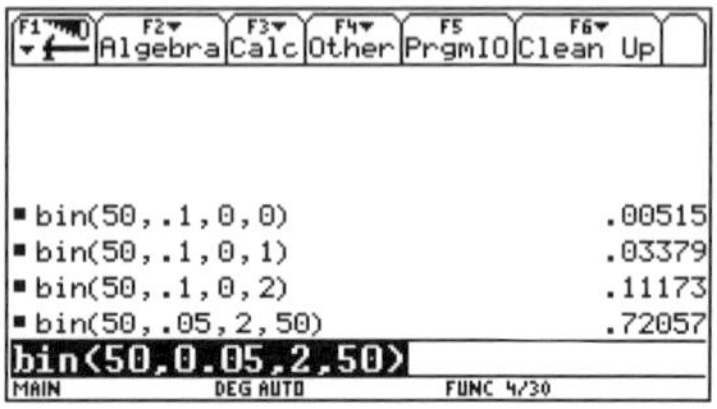

$$\sum_{k=2}^{50} \binom{50}{k} \cdot 0{,}05^k \cdot 0{,}95^{50-k} = \text{bin}(50, 0.05, 2, 50) \approx 0{,}72057$$

Zusammenfassung:
Wir entnehmen der Schachtel mit 1 000 Schrauben genau 50 Schrauben und prüfen, ob diese 1. Wahl oder 2. Wahl sind. Sind unter den 50 Schrauben keine oder genau eine Schraube 2. Wahl, so wird die Nullhypothese „Die ganze Schachtel ist 2. Wahl" verworfen, anderenfalls kann sie auf dem Signifikanzniveau von 10 % nicht abgelehnt werden.

c) Wir definieren das Ereignis F: „Ein zufällig ausgeloster Verein ist ein Fußballverein." und können das dreimalige Auslosen („ohne Zurücklegen"!) durch folgendes Baumdiagramm veranschaulichen:

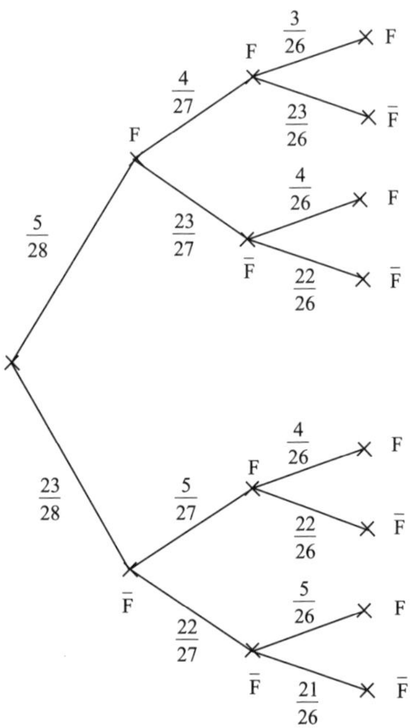

Wir erkennen:
D:= „Nur der dritte ausgeloste Verein ist ein Fußballverein.“

$$P(D) = P(\{\overline{F}\,\overline{F}F\}) = \frac{23}{28}\cdot\frac{22}{27}\cdot\frac{5}{26} = \frac{1265}{9828} \approx 0{,}129$$

E: = „Mindestens ein ausgewählter Verein ist ein Fußballverein.“
Die Wahrscheinlichkeit P(E) lässt sich am einfachsten über die Gegenwahrscheinlichkeit ermitteln:

$P(E) = 1 - P(\overline{E}) = 1 -$ P(„Kein ausgewählter Verein ist ein Fußballverein.“)

$$P(E) = 1 - P(\{\overline{F}\,\overline{F}\,\overline{F}\}) = 1 - \frac{23}{28}\cdot\frac{22}{27}\cdot\frac{21}{26} = \frac{215}{468} \approx 0{,}459$$

Aus der Textanalyse geht hervor, dass es unter den 28 Vereinen eine unbekannte Anzahl x von Sportvereinen gibt. Es werden rein zufällig genau zwei Vereine ausgewählt.
Wir veranschaulichen dies durch ein zweistufiges Baumdiagramm, in dem S für „Der gezogene Verein ist ein Sportverein.“ steht.

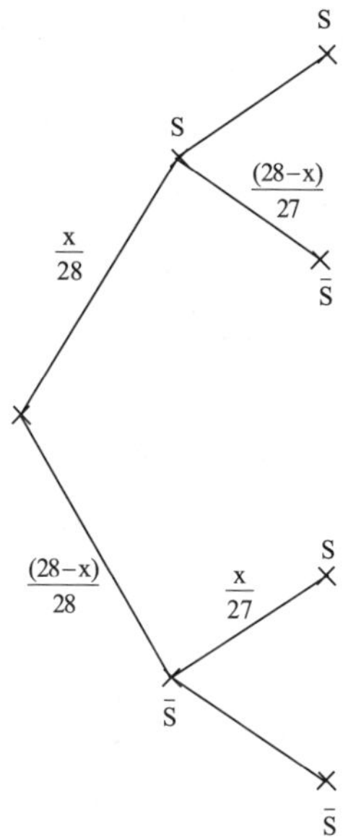

Die **Wahrscheinlichkeit, genau einen Sportverein auszulosen**, berechnet sich aus $P(\{S\overline{S}, \overline{S}S\})$.
Sie soll $\frac{7}{18}$ betragen. Nach den Pfadregeln erhalten wir dafür die Gleichung

$$\frac{x}{28}\cdot\frac{28-x}{27} + \frac{28-x}{28}\cdot\frac{x}{27} = \frac{7}{18}.$$

Sie hat die Lösungen x = 7 oder x = 21.

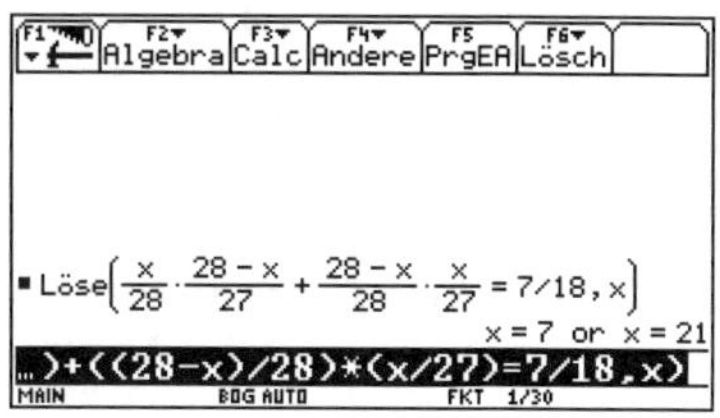

Alternativer Lösungsweg:
Die Lösungen lassen sich auch mit dem Ansatz über eine hypergeometrische Verteilung („Lottoformel“) ermitteln:

$$\frac{\binom{x}{1}\cdot\binom{28-x}{1}}{\binom{28}{2}} = \frac{7}{18}$$

d) Ob eine **VIP-Karte** genutzt wird oder nicht, kann als Bernoulli-Experiment mit p = 0,6 aufgefasst werden. Gesucht ist hier die Länge n der zugehörigen Bernoulli-Kette.
Die Zufallsgröße X zählt die genutzten VIP-Karten.
X ist binomialverteilt mit unbekanntem n und p = 0,6. Außerdem soll gelten
$P(X \le 150) \ge 0{,}95$ (*), also

$\sum_{k=0}^{150} \binom{n}{k} \cdot 0{,}6^k \cdot 0{,}4^{n-k} \ge 0{,}95$. Diese Gleichung lässt sich mit dem CAS-Rechner nicht direkt lösen. Es kann aber eine Lösung durch sinnvolles Probieren gefunden werden.
Wir verwenden dazu den in Teilaufgabe a) verwendeten Baustein

$\sum_{k=a}^{b} \binom{n}{k} \cdot p^k \cdot (1-p)^{n-k} = \text{bin}(n, p, a, b)$ mit p = 0,6, a = 0 und b = 150. Für n setzen wir einige natürliche Zahlen in der Umgebung von 230 ein, denn es soll ja begründet werden, dass höchstens 230 Karten verteilt werden dürfen.

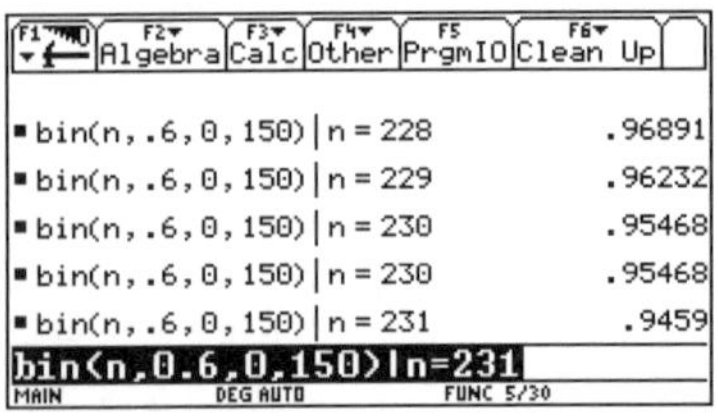

Es ist deutlich zu sehen, dass die Bedingung (*) für $n \le 230$ erfüllt ist, aber für n = 231 nicht gilt.

Alternative Lösung:
Da wegen der recht hohen Anzahl von Summanden die Rechenzeit des CAS-Rechners schon etwas hoch ist, kann man sich auch eine Lösung mit der Näherungsformel von Moivre-Laplace überlegen:

$$\sum_{k=0}^{150} \binom{n}{k} \cdot 0{,}6^k \cdot 0{,}4^{n-k} \approx \Phi\left(\frac{150 - n \cdot 0{,}6}{\sqrt{n \cdot 0{,}6 \cdot 0{,}4}}\right) \ge 0{,}95$$

Man entnimmt der Tabelle der Normalverteilung für $\Phi(x) \ge 0{,}95$ als kleinsten Wert x = 1,65.

Die Lösung von $\frac{150 - n \cdot 0{,}6}{\sqrt{n \cdot 0{,}6 \cdot 0{,}4}} = 1{,}65$ ergibt n = 229,59.

Da die 1. Ableitung von $f(n) = \frac{150 - n \cdot 0{,}6}{\sqrt{n \cdot 0{,}6 \cdot 0{,}4}}$ negativ ist, fällt f(n) streng monoton.
Die Funktion $\Phi(x)$ ist streng monoton steigend. Deshalb nimmt mit steigendem n auch $\Phi(x) = \Phi(f(n))$ ab, d. h. die Wahrscheinlichkeit liegt dann nicht mehr bei mindestens 95 %, sondern darunter.
Es dürfen also höchstens 230 VIP-Karten verteilt werden.

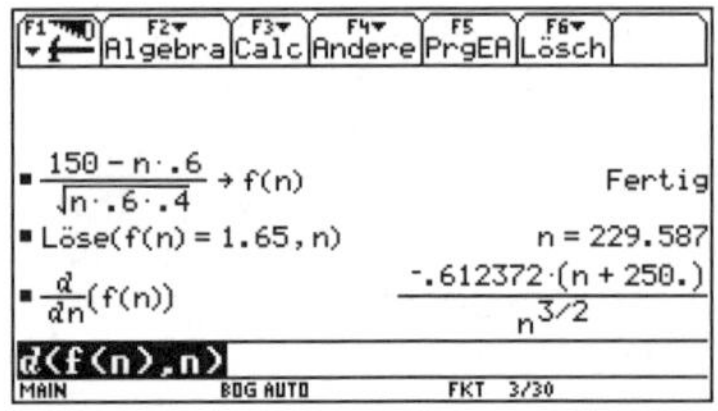

Leistungskurs Mathematik (Thüringen): Abiturprüfung 2005
Aufgabe C mit CAS

a) Bestimmen Sie den Grenzwert der Zahlenfolge (a_n) mit

$$a_n = \frac{2n^k + 3}{n^2 + 1}$$

in Abhängigkeit von k ($k \in \mathbb{N}$)! (3 BE)

b) Die Funktion f mit $f(x) = a \cdot \sin(2x) + c$ ($a > 0$) hat den Wertebereich $1 \le x \le 9$.
Geben Sie die Zahlenwerte von a und c an!

Berechnen Sie das Integral $\int_0^c f(x)\,dx$! (3 BE)

c) Weisen Sie nach, dass in jedem Rhombus die Diagonalenvektoren orthogonal zueinander sind!

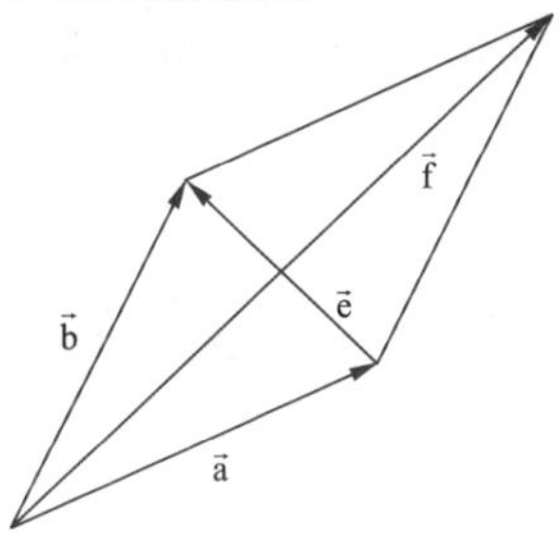

(2 BE)

d) Zwei ideale Würfel werden einmal geworfen.
Wie groß ist die Wahrscheinlichkeit dafür, dass die Augensumme durch 5 teilbar ist? (2 BE)

(10 BE)

Lösungen

a) Den **Grenzwert der Zahlenfolge** (a_n) mit $a_n = \frac{2n^k + 3}{n^2 + 1}$ bestimmen wir in Abhängigkeit von k ($k \in \mathbb{N}$) durch Zerlegung des Terms in zwei Brüche: $\frac{2n^k + 3}{n^2 + 1} = \frac{2n^k}{n^2 + 1} + \frac{3}{n^2 + 1}$.

Der zweite Summand geht für $n \to \infty$ immer gegen 0, so dass die Existenz eines Grenzwertes nur noch durch den ersten Summanden $\frac{2n^k}{n^2 + 1}$ bestimmt wird.

Der Grenzwert g von (a_n) ist abhängig von k:

$k < 2$: Auch der erste Summand ist eine Nullfolge, also gilt $\lim\limits_{n \to \infty} (a_n) = 0$.

$k = 2$: Der erste Summand hat wegen $\lim\limits_{n \to \infty} \frac{2n^2}{n^2 + 1} = \lim\limits_{n \to \infty} \frac{2}{1 + \frac{1}{n^2}} = 2$ den Grenzwert 2.

Damit gilt auch $\lim\limits_{n \to \infty} (a_n) = 2$.

$k > 2$: Der Grad der Zählerfunktion des ersten Summanden ist größer als der der Nennerfunktion, also gibt es keinen Grenzwert.
Die Zahlenfolge (a_n) ist divergent.

Mithilfe des CAS-Rechners überprüfen wir die Ergebnisse (Selbstkontrolle!):

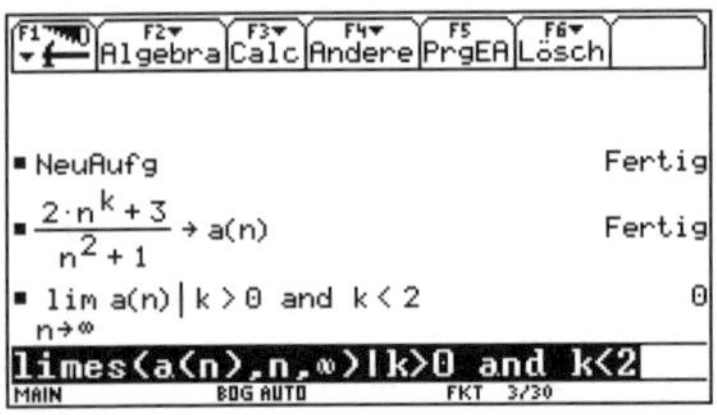

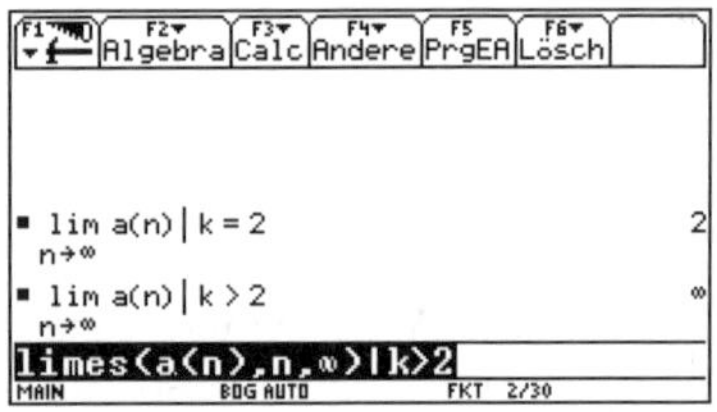

b) Die Funktion f mit $f(x) = a \cdot \sin(2x) + c$ ($a > 0$) mit dem Wertebereich $1 \leq y \leq 9$ geht aus $y = \sin(x)$ durch folgende Abbildungen hervor:

(1) Die Periodenlänge wird halbiert. (Das ist für diese Aufgabe nicht relevant.)
(2) Die Amplitude wird vervierfacht, denn der „Höhenunterschied“ zwischen Maxima und Minima in y-Richtung ist 8.
(3) Die Funktion wird um 5 Einheiten in positive y-Richtung (nach oben) verschoben.

Deshalb muss gelten: **a = 4 und c = 5.**
Wir kontrollieren das Ergebnis mit dem CAS-Rechner.
(Winkelmaß in Bogenmaß einstellen.)
Die Funktion $y = 4 \cdot \sin 2x + 5$ ist fettgedruckt. Mit [F3] Trace kontrollieren wir die y-Werte von Maxima und Minima hinsichtlich des verlangten Wertebereichs.

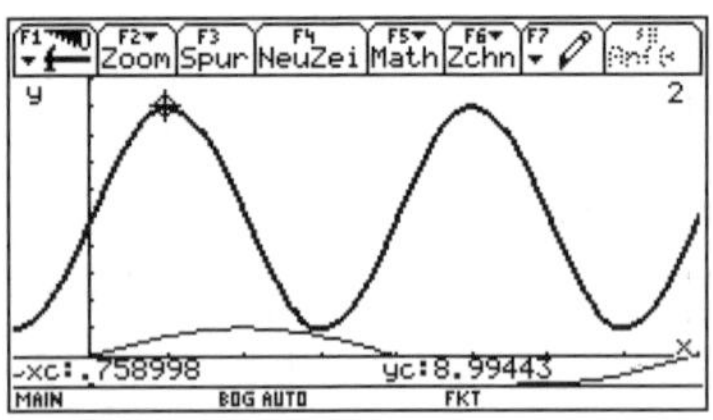

Für die **Berechnung des Integrals** erhalten wir:

$$\int_0^5 (4 \cdot \sin(2x) + 5)\,dx = \left[\frac{-4}{2} \cdot \cos(2x) + 5x\right]_0^5 = [-2 \cdot \cos(10) + 25] - [-2 \cdot \cos(0) + 0]$$
$$= 27 - 2 \cdot \cos(10)$$

Das Integral $\int_0^c f(x)\,dx$ ist mit dem CAS-Rechner leicht berechnet, wir müssen nur auch hier die Einstellung des Winkelmaßes in Bogenmaß beachten:

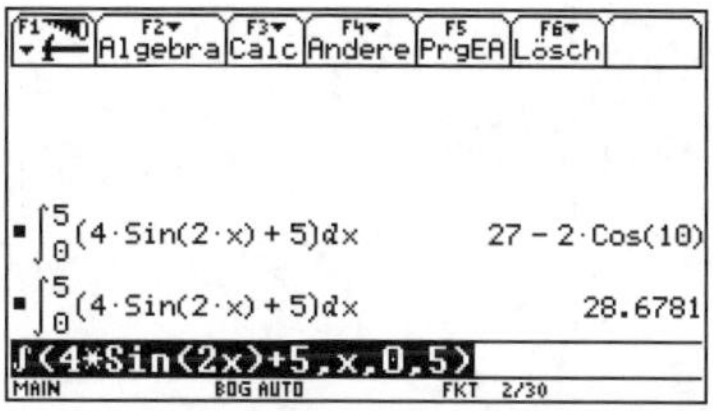

c) **Weisen Sie nach, dass in jedem Rhombus die Diagonalenvektoren orthogonal zueinander sind!**

Beispiel für einen Beweis:

Voraussetzung: Das Viereck ist ein Rhombus, d. h.

(1) $\vec{a} \neq \vec{0}, \vec{b} \neq \vec{0}$

(2) $|\vec{b}| = |\vec{a}|$

(3) Gegenüberliegende Seitenvektoren sind parallel.

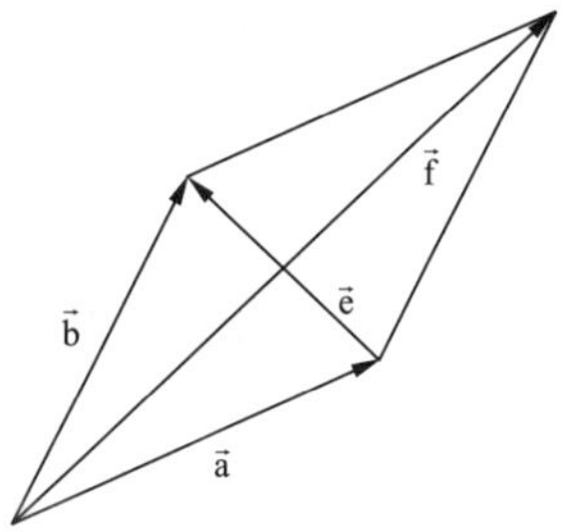

Behauptung: Die Diagonalenvektoren stehen senkrecht aufeinander.

Beweis:

Nach Voraussetzung (3) gilt $\vec{a} + \vec{b} = \vec{f}$, und wegen $\vec{a} + \vec{e} = \vec{b}$ gilt $\vec{e} = \vec{b} - \vec{a}$.

Die Diagonalenvektoren stehen genau dann senkrecht aufeinander, wenn ihr Skalarprodukt null ist oder wenn einer von ihnen dem Nullvektor gleich ist. Letzteres können wir wegen Voraussetzung (1) ausschließen. Wir bilden dieses Skalarprodukt und multiplizieren es unter Beachtung der Gültigkeit des Distributivgesetzes für die skalare Multiplikation von Vektoren und der Voraussetzung (2) aus:

$\vec{e} \circ \vec{f} = (\vec{b} - \vec{a}) \circ (\vec{a} + \vec{b}) = \vec{b} \circ \vec{b} - \vec{a} \circ \vec{a} = |\vec{b}|^2 - |\vec{a}|^2 = |\vec{a}|^2 - |\vec{a}|^2 = 0$ w. z. b. w.

Hinweis:

Auch elementargeometrische Beweise dürfen angegeben werden.

d) Beim einmaligen Werfen zweier Würfel gibt es eine Ergebnismenge mit 36 Ergebnissen (a, b), wobei a die Augenzahl des ersten Würfels mit $a \in \{1, 2, 3, 4, 5, 6\}$ und b die Augenzahl des zweiten Würfels mit $b \in \{1, 2, 3, 4, 5, 6\}$bedeuten.
Die Ergebnismenge ist in folgender Tabelle übersichtlich dargestellt.

a ↓ b →	1	2	3	4	5	6
1	(1,1)	(1,2)	(1,3)	(1,4)	(1,5)	(1,6)
2	(2,1)	(2,2)	(2,3)	(2,4)	(2,5)	(2,6)
3	(3,1)	(3,2)	(3,3)	(3,4)	(3,5)	(3,6)
4	(4,1)	(4,2)	(4,3)	(4,4)	(4,5)	(4,6)
5	(5,1)	(5,2)	(5,3)	(5,4)	(5,5)	(5,6)
6	(6,1)	(6,2)	(6,3)	(6,4)	(6,5)	(6,6)

Die zugehörigen Augensummen stehen in der zweiten Tabelle:

a ↓ b →	1	2	3	4	5	6
1	2	3	4	5	6	7
2	3	4	5	6	7	8
3	4	5	6	7	8	9
4	5	6	7	8	9	10
5	6	7	8	9	10	11
6	7	8	9	10	11	12

Die Augensumme AS ist genau dann durch 5 teilbar, wenn AS = 5 oder AS = 10 gilt.
Dies trifft in genau 7 Fällen zu. Sie sind in der zweiten Tabelle optisch hervorgehoben.
Die Wahrscheinlichkeit, beim einmaligen Werfen zweier Würfel eine durch 5 teilbare Augensumme zu erhalten, beträgt $\frac{7}{36} \approx 0{,}1944$.

Zur Selbstkontrolle ist ein kleines Programm geeignet, welches das einmalige Werfen zweier Würfel simuliert:

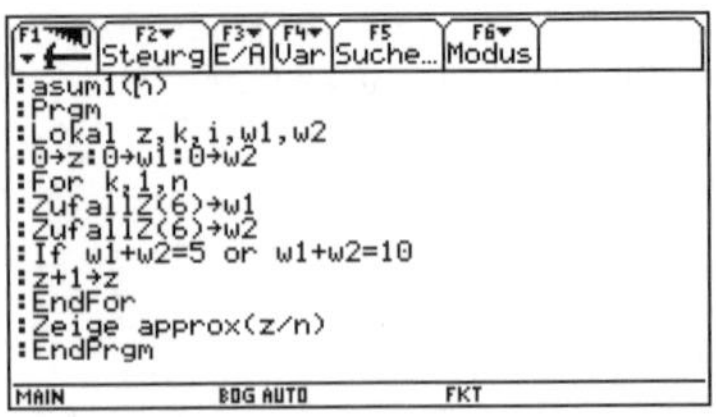

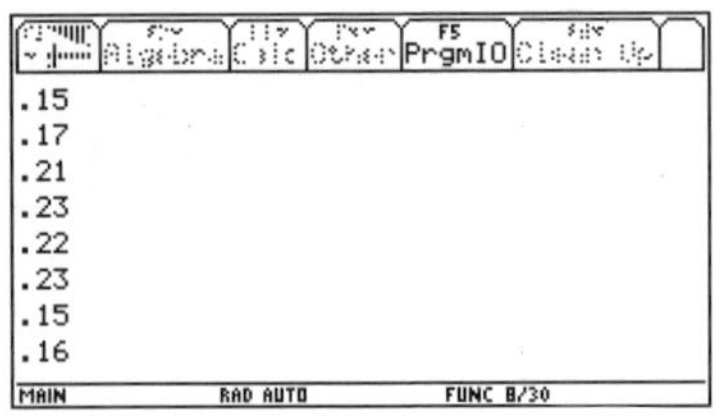

Der rechte Bildschirmausdruck zeigt mehrere Simulationsergebnisse für n = 100.
Ihr Mittelwert liegt bei 0,19, also recht nahe am theoretisch ermittelten Wert.
Bei einem Programmdurchlauf für n = 10 000 wurde ein Simulationsergebnis von 0,1942 erreicht. (Lange Rechenzeit!)

Leistungskurs Mathematik (Thüringen): Abiturprüfung 2006
Aufgabe A1: Analysis

Für jede natürliche Zahl n ($n \geq 1$) ist eine Funktion f_n gegeben durch

$$y = f_n(x) = \frac{1}{n}x^n + (-1)^n\left(\frac{1}{n}+1\right)x^{n-2}.$$

a) Untersuchen Sie den Graphen von f_1 auf Asymptoten, Schnittpunkte mit der x-Achse und lokale Extrempunkte! Geben Sie gegebenenfalls die Koordinaten dieser Punkte an!
Skizzieren Sie die Graphen von f_1 und f_2 in ein gemeinsames Koordinatensystem!
Begründen Sie, dass der Graph von f_2 eine Lücke besitzt! (7 BE)

b) Bestimmen Sie die x-Koordinaten derjenigen Punkte auf dem Graphen von f_1, die vom Koordinatenursprung den kleinsten Abstand besitzen!
Auf den Nachweis des lokalen Minimums kann verzichtet werden, der Nachweis des globalen Minimums ist zu führen. (5 BE)

c) Zeigen Sie, dass es keine Gerade durch den Koordinatenursprung gibt, die zugleich Tangente an den Graphen von f_1 ist! (2 BE)

d) Untersuchen Sie den Graphen von f_3 auf Schnittpunkte mit der x-Achse, lokale Extrempunkte und Wendepunkte. Geben Sie gegebenenfalls deren Koordinaten an!
Skizzieren Sie den Graphen von f_3 in das Koordinatensystem aus Teilaufgabe a)! (5 BE)

e) Für $x > 0$ begrenzen die Graphen von f_1 und f_3 eine Fläche vollständig.
Berechnen Sie deren Inhalt! (5 BE)

f) Der Funktionsterm der gegebenen Funktion f_n lässt sich umformen in

$$f_n(x) = \frac{1}{n}\cdot x^{n-2}\cdot(x^2 + (-1)^n(n+1)).$$

Untersuchen Sie den Graphen von f_n in Abhängigkeit von n auf Symmetrie und bestimmen Sie die Anzahl der Nullstellen von f_n in Abhängigkeit von n! (6 BE)

(30 BE)

Hinweise und Tipps

Aufgabe a

- Setzen Sie im Funktionsterm von f_n für n den Wert $n = 1$ ein und vereinfachen Sie den Funktionsterm von f_1.

Asymptoten

- Senkrechte Asymptoten können an Stellen auftreten, an denen die Nennerfunktion null wird.
- Untersuchen Sie, ob dies für die Funktion f_1 der Fall ist und berechnen Sie die Grenzwerte der Funktion bei Annäherung an diese Stelle „von rechts" und „von links".
- Untersuchen Sie, ob die Funktion für $x \to \pm\infty$ einen endlichen Grenzwert besitzt.
- Untersuchen Sie für die Funktion f_1, ob eine lineare Funktion g als schräge Asymptote in Frage kommt.
- Untersuchen Sie, ob für g gilt: $\lim\limits_{x \to \pm\infty} (f(x) - g(x)) = 0$

Schnittpunkte, Extrempunkte

- Schnittpunkte mit der x-Achse erhalten Sie, wenn Sie in der Funktionsgleichung $y = 0$ setzen und die zugehörigen x-Werte berechnen.
- Geben Sie die Schnittpunkte als geordnete Paare (x; 0) an.
- Bilden Sie die 1. und die 2. Ableitung von f_1.
- Mögliche lokale Extremstellen finden Sie, wenn Sie die 1. Ableitung der Funktion null setzen und die zugehörigen Lösungen ermitteln.
- Ergeben sich für diese notwendige Bedingung keine Lösungen, so existieren keine lokalen Extremstellen.

Skizze

- Setzen Sie im Funktionsterm von f_n für n den Wert $n = 2$ ein und vereinfachen Sie den Funktionsterm von f_2.
- Verwenden Sie zum Skizzieren des Graphen von f_1 die bereits ermittelten Eigenschaften und berechnen Sie einige weitere Werte, um die Funktion besser zeichnen zu können.

Lücke

- Beachten Sie: Der Funktionsterm von f_2 ähnelt dem einer quadratischen Funktion, er enthält jedoch einen Summanden, in dem x^0 vorkommt.
- Um zu begründen, weshalb der Graph von f_2 keinen Extrempunkt besitzt, sollten Sie bedenken, dass 0^0 nicht definiert ist.

Aufgabe b

Abstand

- Veranschaulichen Sie den Sachverhalt in einer Skizze.
- Der Abstand zweier Punkte kann z. B. mit dem Satz von Pythagoras ermittelt werden.
- Stellen Sie eine Gleichung für den Abstand d(x) der Punkte O(0; 0) und $P(x; f_1(x))$ auf.
- Mögliche lokale Minimumstellen x_E für den Abstand d(x) bestimmen Sie mithilfe der Nullstellen der 1. Ableitung von d(x). Auf die hinreichende Bedingung können Sie laut Aufgabenstellung verzichten.

Globales Minimum

- Bilden Sie den Grenzwert $\lim\limits_{x \to \pm\infty} d(x)$ und vergleichen Sie mit $d(x_E)$.

Aufgabe c

- Für eine Tangente t an den Graphen von f_1 im Punkt $P_0(x_0; f_1(x_0))$ stimmen in P_0 Anstieg und Funktionswert von t und f_1 überein.
- Für den Anstieg m der Tangente gilt $f_1'(x_0) = m$.
- Einer Gerade durch den Ursprung hat die Gleichung $y = mx$.
- Wenn es eine Tangente durch den Ursprung an den Graphen von f_1 gibt, dann muss die Tangentengleichung sich aus dem Ansatz $f_1(x_0) = f_1'(x_0) \cdot x_0$ ermitteln lassen.
- Setzen Sie in diesen Ansatz die Terme für $f_1(x_0)$ und $f_1'(x_0)$ ein.
- Vereinfachen Sie diese Gleichung und zeigen Sie, dass die Gleichung zu einem Widerspruch führt.

Aufgabe d

- Setzen Sie im Funktionsterm von f_n für n den Wert $n = 3$ ein und vereinfachen Sie den Funktionsterm von f_3.

Schnittpunkte, Extrempunkte

- Schnittpunkte mit der x-Achse erhalten Sie, wenn Sie in der Funktionsgleichung $y = 0$ setzen und die zugehörigen x-Werte ausrechnen.
- Bilden Sie die 1. und die 2. Ableitung von f_3.
- Mögliche lokale Extremstellen finden Sie, wenn Sie die 1. Ableitung der Funktion gleich null setzen und die zugehörigen Lösungen ermitteln.
- Falls sich aus der notwendigen Bedingung mögliche Extremstellen ergeben, überprüfen Sie, ob die 2. Ableitung der Funktion an diesen Stellen ungleich null ist (hinreichende Bedingung). Sie können so auch gleichzeitig die Art des lokalen Extrempunktes ermitteln.

Wendestelle

- Analog zum Vorgehen bei der Untersuchung auf lokale Extremstellen gehen Sie bei der Bestimmung möglicher Wendestellen vor.
- Die Nullstellen der 2. Ableitung sind mögliche Wendestellen (notwendige Bedingung) und die 3. Ableitung an diesen Stellen muss ungleich null sein (hinreichende Bedingung).

Skizze

- Skizzieren Sie den Graphen von f_3 mithilfe der ermittelten Nullstellen, Extrempunkte und des Wendepunktes in dasselbe Koordinatensystem, das Sie für die Graphen von f_1 und f_2 angelegt haben.

Aufgabe e

- Veranschaulichen Sie sich die zu berechnende Fläche anhand der bereits angefertigten Skizze.
- Die Flächenberechnung können Sie mithilfe des bestimmten Integrals durchführen.
- Um die Integrationsgrenzen zu bestimmen, ermitteln Sie die Schnittstellen beider Graphen rechnerisch.
- Bestimmen Sie dazu die Lösungen der Gleichung $f_1(x) = f_3(x)$ für $x > 0$.
- Dieser Ansatz führt auf eine biquadratische Gleichung. Substituieren Sie $x^2 = z$ und ermitteln Sie die Lösungen der quadratischen Gleichung mit der Unbekannten z.
- Überlegen Sie, welche der Lösungen durch die Bedingung $x > 0$ wegfallen.
- Überprüfen Sie Ihr rechnerisches Ergebnis mithilfe der Skizze.

Aufgabe f

Symmetrie

- Überlegen Sie, was Sie aus den bisherigen Untersuchungen für die Graphen von f_1, f_2 und f_3 über deren Eigenschaften wissen.
- Anhand der Skizzen können Sie vermuten, dass Symmetrie zur y-Achse (f_2) bei geradzahligem n und Punktsymmetrie bezüglich des Ursprungs (f_1 und f_3) bei ungeradzahligem n auftritt.
- Um Symmetrie zur y-Achse nachzuweisen, müssen Sie untersuchen, für welche der Funktionen f_n die Gleichung $f_n(-x) = f_n(x)$ eine wahre Aussage ist.
- Überprüfen Sie, ob die Gleichung $f_n(-x) = f_n(x)$ für alle geraden n eine wahre Aussage ist.
- Punktsymmetrie bezüglich des Ursprungs liegt für alle diejenigen Funktionen f_n vor, für die $f_n(-x) = -f_n(x)$ wahr ist.
- Weisen Sie nach, dass die Gleichung $f_n(-x) = -f_n(x)$ für alle ungeraden n wahr ist.

Nullstellen

- Über die Anzahl der Nullstellen der Funktionen f_n in Abhängigkeit von n können Sie anhand der Beispiele f_1, f_2 und f_3 eine Fallunterscheidung beginnen.
- Die Nullstellen ergeben sich aus der Gleichung $\frac{1}{n} \cdot x^{n-2} \cdot (x^2 + (-1)^n (n+1)) = 0$.
- Die linke Seite dieser Gleichung enthält zwei Faktoren $\frac{1}{n} x^{n-2}$ und $x^2 + (-1)^n (n+1)$.
- Das Produkt dieser beiden Faktoren wird null, wenn einer der Faktoren null ist.
- Der erste Faktor wird für alle $n > 1$ für $x = 0$ den Wert null annehmen, für $n = 1$ ist er ungleich null.
- Für $n > 1$ und n gerade kann der zweite Faktor $x^2 + (-1)^n (n+1)$ nicht null werden, denn dann ist $(-1)^n = 1$.
- Für $n > 2$ und n ungerade, hat die quadratische Gleichung $x^2 + (-1)^n (n+1)$ stets genau zwei Lösungen, denn dann ist $(-1)^n = -1$.

Lösungen

$$y = f_n(x) = \frac{1}{n}x^n + (-1)^n\left(\frac{1}{n}+1\right)x^{n-2}, \quad n \in \mathbb{N}, \quad n \geq 1$$

a) **Asymptoten des Graphen von f_1**

$f_1(x) = x - 2 \cdot x^{-1}, \quad x \neq 0$

Damit ergibt sich eine Asymptote mit der Gleichung $x = 0$, die y-Achse.

Nachweis von links: $\lim\limits_{x \to -0} f_1(x) = \lim\limits_{x \to -0}\left(x - \frac{2}{x}\right) = +\infty$ (divergent)

Nachweis von rechts: $\lim\limits_{x \to +0} f_1(x) = \lim\limits_{x \to +0}\left(x - \frac{2}{x}\right) = -\infty$ (divergent)

D. h. die senkrechte Asymptote mit der Gleichung $x = 0$ existiert.

Der Term $x - \frac{2}{x}$ lässt eine zweite Asymptote mit der Gleichung $y = g(x) = x$ vermuten.

Ansatz: $\lim\limits_{x \to \pm\infty}(f_1(x) - g(x)) = \lim\limits_{x \to \pm\infty}\left(x - \frac{2}{x} - x\right) = \lim\limits_{x \to \pm\infty}\left(-\frac{2}{x}\right) = 0$

In der Tat, $y = x$ ist die Gleichung einer schrägen Asymptote, die Winkelhalbierende des I. und III. Quadranten.

Schnittpunkte mit der x-Achse

$$y = 0 \Rightarrow f_1(x) = x - \frac{2}{x} = 0$$

$$x^2 = 2$$

$$|x| = \sqrt{2}, \quad x_{01} = \sqrt{2}, \quad S_1(\sqrt{2}; 0)$$

$$x_{02} = -\sqrt{2}, \quad S_2(-\sqrt{2}; 0)$$

Ableitungen

$$f_1'(x) = 1 + \frac{2}{x^2}$$

$$f_1''(x) = -\frac{4}{x^3}$$

Lokale Extrempunkte

notwendig: $f_1'(x) = 0 \quad \Rightarrow \quad 1 + \frac{2}{x^2} = 0$

$$\frac{x^2 + 2}{x^2} = 0, \quad x \neq 0$$

Wenn $f_1'(x) = 0$ werden soll, muss der Zähler gleich null werden. Hier gilt stets $x^2 + 2 > 0$, d. h. der Zähler kann nicht null werden. Es existieren demnach keine lokalen Extremstellen, wonach die Untersuchung der 2. Ableitung (hinreichende Bedingung) entfällt.

Skizze

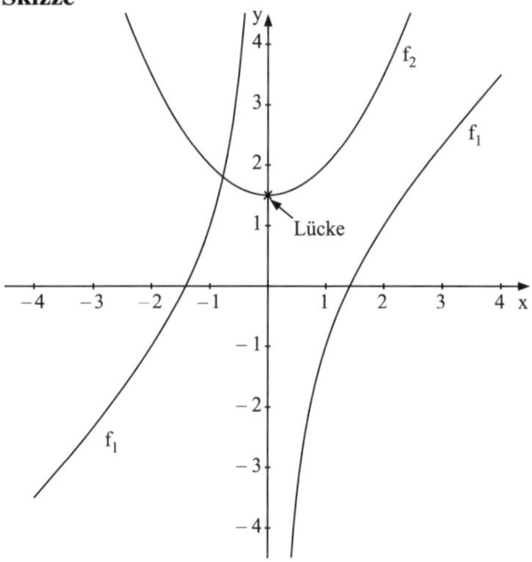

Begründung der Lücke

$f_2(x) = \frac{1}{2}x^2 + \frac{3}{2}x^0$ besitzt in $x = 0$ eine Lücke, denn 0^0 ist nicht definiert.

b) **Kleinster Abstand vom Koordinatenursprung**

Für alle Punkte P auf f_1 gilt: $P\left(x; f_1(x) = x - \frac{2}{x}\right)$

$d(x) = \sqrt{(f_1(x) - 0)^2 + (x - 0)^2}$ ist die Abstandsfunktion der Punkte P vom Koordinatenursprung O(0; 0).

$$d(x) = \sqrt{\left(x - \frac{2}{x} - 0\right)^2 + (x-0)^2} = \sqrt{x^2 - 4 + \frac{4}{x^2} + x^2} = \sqrt{2x^2 - 4 + \frac{4}{x^2}}$$

Wenn man die 1. Ableitung der Abstandsfunktion d gleich null setzt (notwendige Bedingung), erhält man die möglichen Extremstellen.

$$d'(x) = \frac{1}{2}\left(2x^2 - 4 + \frac{4}{x^2}\right)^{-\frac{1}{2}} \cdot \left(4x - \frac{8}{x^3}\right) = \frac{4x - \frac{8}{x^3}}{2 \cdot \sqrt{2x^2 - 4 + \frac{4}{x^2}}}$$

$$= \frac{4x^4 - 8}{2x^3\sqrt{2x^2 - 4 + \frac{4}{x^2}}} = \frac{2x^4 - 4}{x^3\sqrt{2x^2 - 4 + \frac{4}{x^2}}}$$

$d'(x) = 0 \Rightarrow 2x^4 - 4 = 0$ (Zähler muss null werden.)

$x^4 = 2$

$|x| = \sqrt[4]{2}, \quad x_1 = \sqrt[4]{2} \approx 1{,}19$

$x_2 = -\sqrt[4]{2} \approx -1{,}19$

Der Abstand selbst ist laut Aufgabenstellung nicht verlangt.

Er wäre $d(\pm\sqrt[4]{2}) = \sqrt{2\sqrt{2} - 4 + \frac{4}{\sqrt{2}}} = \sqrt{\frac{8 - 4\sqrt{2}}{\sqrt{2}}} \approx 1{,}29$ LE.

Nachweis des globalen Minimums

$$\lim_{x \to \pm\infty} d(x) = \lim_{x \to \pm\infty} \sqrt{2x^2 - 4 + \frac{4}{x^2}} = +\infty \quad \text{(divergent)}$$

Mit beliebig kleinen (großen) x-Werten wächst der Abstand der Punkte auf dem Graphen von f_1 zum Koordinatenursprung über alle Grenzen, d. h. die lokalen Minima sind gleichzeitig die globalen Minima.

c) **Nachweis**

Der Anstieg einer Tangente an den Graphen von f_1 ergibt sich aus $f_1'(x_0) = 1 + \frac{2}{x_0^2} = m$.

Setzt man diesen Wert in $y = mx$ ein und den neu entstehenden Term mit dem Term $f_1(x) = x - \frac{2}{x}$ gleich, so erhält man:

$$\left(1 + \frac{2}{x_0^2}\right) \cdot x_0 = x_0 - \frac{2}{x_0}, \qquad x = x_0 \neq 0$$

$$x_0 + \frac{2}{x_0} = x_0 - \frac{2}{x_0}$$

$$\frac{2}{x_0} = -\frac{2}{x_0} \qquad \text{Widerspruch}$$

Damit gibt es für $1 < m < +\infty$ keine gemeinsamen Punkte, weder Schnitt- noch Berührungspunkte. D. h. im Winkelraum zwischen den beiden Asymptoten $y = x$ und $x = 0$ gibt es keine Gerade durch den Koordinatenursprung, die zugleich Tangente an den Graphen von f_1 wäre.

d) **Untersuchung des Graphen von f_3**

$$f_3(x) = \frac{1}{3}x^3 - \frac{4}{3}x$$

Schnittpunkte mit der x-Achse

$$y = 0 \Rightarrow \frac{1}{3}x^3 - \frac{4}{3}x = 0$$

$$\frac{1}{3}x(x^2 - 4) = 0$$

$$x_{01} = 0, \qquad N_1(0; 0)$$

$$x^2 - 4 = 0$$

$$x^2 = 4$$

$$|x| = 2$$

$$x_{02} = 2, \qquad N_2(2; 0)$$

$$x_{03} = -2, \qquad N_3(-2; 0)$$

Ableitungen

$f_3'(x) = x^2 - \frac{4}{3}, \quad f_3''(x) = 2x, \quad f_3'''(x) = 2$

Lokale Extrema

notwendig: $f_3'(x) = 0 \Rightarrow x^2 - \frac{4}{3} = 0$

$$|x| = \frac{2}{\sqrt{3}} = \frac{2}{3}\sqrt{3}$$

$$x_{E_1} = \frac{2}{3}\sqrt{3}; \quad x_{E_2} = -\frac{2}{3}\sqrt{3}$$

hinreichend: $f_3''\left(\frac{2}{3}\sqrt{3}\right) = \frac{4}{3}\sqrt{3} > 0,$ d. h. lokales Minimum

$f_3''\left(-\frac{2}{3}\sqrt{3}\right) = -\frac{4}{3}\sqrt{3} < 0,$ d. h. lokales Maximum

$$f_3\left(\pm\frac{2}{3}\sqrt{3}\right) = \frac{1}{3}\left(\pm\frac{2}{3}\sqrt{3}\right)^3 - \frac{4}{3}\left(\pm\frac{2}{3}\sqrt{3}\right) = \pm\frac{8}{81}\cdot 3\sqrt{3} \mp \frac{8}{9}\sqrt{3} = \mp\frac{16}{27}\sqrt{3}$$

$T\left(\frac{2}{3}\sqrt{3}; -\frac{16}{27}\sqrt{3}\right)$ Tiefpunkt

$H\left(-\frac{2}{3}\sqrt{3}; \frac{16}{27}\sqrt{3}\right)$ Hochpunkt

Wendepunkt

notwendig: $f_3''(0) = 0 \Rightarrow 2x = 0$

$$x_w = 0, \quad W(0;0)$$

hinreichend: $f_3'''(0) = 2 \neq 0,$ d. h. Wendepunkt existiert.

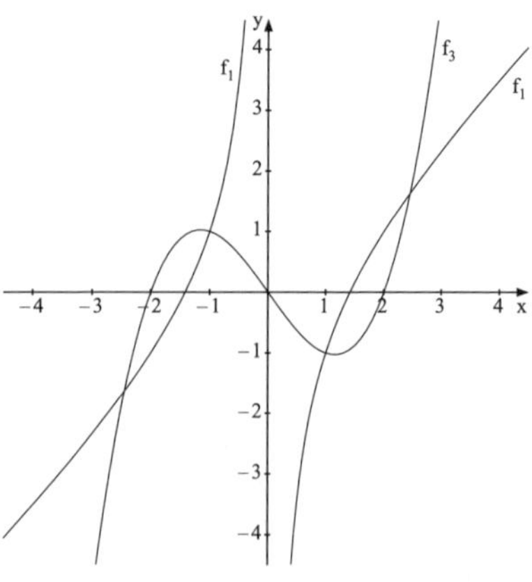

e) **Flächenberechnung**

Die Graphen von f_1 und f_3 schließen für $x > 0$ eine Fläche vollständig ein. Zur Berechnung der Grenzen werden beide Funktionsterme gleichgesetzt.

$$f_3(x) = f_1(x)$$

$$\frac{1}{3}x^3 - \frac{4}{3}x = x - \frac{2}{x}$$

$$\frac{1}{3}x^3 - \frac{7}{3}x + \frac{2}{x} = 0$$

$$\frac{\frac{1}{3}x^4 - \frac{7}{3}x^2 + 2}{x} = 0, \qquad x > 0$$

$$\frac{1}{3}x^4 - \frac{7}{3}x^2 + 2 = 0$$

$$x^4 - 7x^2 + 6 = 0 \qquad \text{biquadratische Gleichung}$$

$$z^2 - 7z + 6 = 0 \qquad \text{mit Substitution } x^2 = z$$

$$z_{1,2} = \frac{7}{2} \pm \sqrt{\frac{49}{4} - \frac{24}{4}} = \frac{7}{2} \pm \sqrt{\frac{25}{4}}$$

$$z_1 = \frac{7}{2} + \frac{5}{2} = \frac{12}{2} = 6 \text{ und } z_2 = \frac{7}{2} - \frac{5}{2} = \frac{2}{2} = 1$$

Resubstitution: $z_1 = 6 = x^2$

$$|x| = \sqrt{6}$$

$$x_{11} = \sqrt{6}, \qquad x_{12} = -\sqrt{6} < 0 \text{ entfällt}$$

$$z_2 = 1 = x^2$$

$$|x| = 1$$

$$x_{21} = 1, \qquad x_{22} = -1 < 0 \text{ entfällt}$$

Die Fläche zwischen zwei Graphen berechnet sich aus

$$A = \int_{x_1}^{x_2} (f_1(x) - f_2(x))dx, \text{ wobei } f_1(x) \geq f_2(x) \text{ im Intervall } [x_1; x_2].$$

$$A = \int_1^{\sqrt{6}} \left[x - \frac{2}{x} - \left(\frac{1}{3}x^3 - \frac{4}{3}x\right)\right]dx = \int_1^{\sqrt{6}} \left(\frac{7}{3}x - \frac{2}{x} - \frac{1}{3}x^3\right)dx$$

$$= \left[\frac{7}{6}x^2 - 2\ln|x| - \frac{1}{12}x^4\right]_1^{\sqrt{6}} = \left[7 - 2\ln\sqrt{6} - \frac{36}{12} - \left(\frac{7}{6} - 2\underbrace{\ln 1}_{=0} - \frac{1}{12}\right)\right]$$

$$A = \left(\frac{35}{12} - 2\ln\sqrt{6}\right)\text{FE} = \left(\frac{35}{12} - 2 \cdot \frac{1}{2}\ln 6\right)\text{FE} = \left(\frac{35}{12} - \ln 6\right)\text{FE} \approx 1{,}125 \text{ FE}$$

f) **Untersuchung des Graphen von f_n auf Symmetrie und Anzahl der Nullstellen**
Symmetrie

$$f_n(x) = \frac{1}{n} \cdot x^{n-2} \cdot (x^2 + (-1)^n (n+1))$$

$$f_n(-x) = \frac{1}{n} \cdot (-x)^{n-2} \cdot ((-x)^2 + (-1)^n (n+1))$$

$$= \begin{cases} \frac{1}{n} \cdot x^{n-2} \cdot (x^2 + (-1)^n (n+1)) = f_n(x), & \text{falls n gerade} \\ -\frac{1}{n} \cdot x^{n-2} \cdot (x^2 + (-1)^n (n+1)) = -f_n(x), & \text{falls n ungerade} \end{cases}$$

Wenn n gerade ist, so auch $(n-2)$, d. h. die Funktion ist symmetrisch zur y-Achse.
Wenn n ungerade ist, so auch $(n-2)$ und damit gilt $(-x)^{n-2} = -x^{n-2}$, d. h. die Funktion ist symmetrisch zum Koordinatenursprung, auch punktsymmetrisch zum Ursprung.

Anzahl der Nullstellen

$$f_n(x) = 0 \;\Rightarrow\; \frac{1}{n} \cdot x^{n-2} \cdot (x^2 + (-1)^n (n+1)) = 0$$

Fallunterscheidung:

$n = 1 \;\Rightarrow$ $\quad \frac{1}{x}(x^2 - 2) = x - \frac{2}{x} = 0$

$x_{01} = \sqrt{2},\ x_{02} = -\sqrt{2}$ siehe bei a: 2 Nullstellen

$n = 2 \;\Rightarrow\; \frac{1}{2} x^0 (x^2 + 3) = \frac{1}{2} x^2 + \frac{3}{2} x^0 = 0$ siehe bei a: keine Nullstelle

n gerade und $n > 2$

$$\Rightarrow \frac{1}{n} \cdot x^{n-2} (\underbrace{x^2 + n + 1}_{\neq 0}) = 0$$

$$\frac{1}{n} \cdot x^{n-2} = 0$$

$x_0 = 0$ eine Nullstelle

n ungerade und $n > 1$

$$\Rightarrow \frac{1}{n} \cdot x^{n-2} (x^2 - (n+1)) = 0$$

1. Faktor $\frac{1}{n} \cdot x^{n-2} = 0, \quad x_0 = 0$ eine Nullstelle
2. Faktor $x^2 - (n+1) = 0$
   $|x| = \sqrt{n+1}$ zwei Nullstellen

} drei Nullstellen

Mathematik (Thüringen): Abiturprüfung 2006
Aufgabe A1: Analysis mit CAS

Für jede natürliche Zahl n ($n \geq 1$) ist eine Funktion f_n gegeben durch

$$y = f_n(x) = \frac{1}{n}x^n + (-1)^n\left(\frac{1}{n}+1\right)x^{n-2}.$$

a) Untersuchen Sie den Graphen von f_n für die Spezialfälle $n = 1$, $n = 2$ und $n = 3$ auf Asymptoten, Schnittpunkte mit der x-Achse, lokale Extrempunkte und Wendepunkte!
Geben Sie gegebenenfalls die Koordinaten dieser Punkte an!
Begründen Sie, dass der Graph von f_2 keine lokalen Extrempunkte besitzt! (16 BE)

b) Untersuchen Sie, ob auf dem Graphen von f_1 im 4. Quadranten ein Punkt P liegt, der vom Koordinatenursprung einen minimalen Abstand besitzt! (4 BE)

c) Zeigen Sie, dass es keine Gerade durch den Koordinatenursprung gibt, die zugleich Tangente an den Graphen von f_1 ist! (2 BE)

d) Für $x > 0$ begrenzen die Graphen von f_1 und f_3 eine Fläche vollständig.
Berechnen Sie deren Inhalt!
Die Graphen der Funktionen f_2 und g mit $g(x) = x$ begrenzen im Intervall $1 \leq x \leq k$ eine Fläche. Diese Fläche rotiert um die x-Achse.
Berechnen Sie k so, dass das Volumen des dabei entstehenden Rotationskörpers $\frac{342}{5}\pi$ VE beträgt! (4 BE)

e) Für $n > 3$ lässt sich der Funktionsterm von f_n umformen in

$$f_n(x) = \frac{1}{n} \cdot x^{n-2} \cdot (x^2 + (-1)^n(n+1)).$$

Untersuchen Sie für $n > 3$ den Graphen von f_n in Abhängigkeit von n auf Symmetrie und bestimmen Sie die Anzahl der Nullstellen von f_n in Abhängigkeit von n!
Geben Sie für die jeweiligen Fälle diese Nullstellen an! (4 BE)

(30 BE)

Hinweise und Tipps

Aufgabe a

- Setzen Sie im Funktionsterm von f_n für n die Werte $n = 1$, $n = 2$ und $n = 3$ ein und notieren Sie die vom Taschencomputer vereinfachten Funktionsterme.
- Stellen Sie die Funktionen f_1, f_2, und f_3 grafisch dar.
- Formulieren Sie anhand der Graphen Vermutungen über die Eigenschaften dieser Funktionen.

Asymptote

Siehe Tipps Aufgabe a, Asymptoten Seite 2006-2.

Schnittpunkte, Extrempunkte

Siehe Tipps Aufgabe a, Schnittpunkt Seite 2006-2.

- Falls sich aus der notwendigen Bedingung mögliche Extremstellen ergeben, überprüfen Sie, ob die 2. Ableitung der Funktion an diesen Stellen ungleich null ist (hinreichende Bedingung). Sie können so auch gleichzeitig die Art des lokalen Extrempunktes ermitteln.

Wendepunkte

- Analog zum Vorgehen bei der Untersuchung auf lokale Extremstellen gehen Sie bei der Bestimmung möglicher Wendestellen vor.
- Die Nullstellen der 2. Ableitung sind mögliche Wendestellen (notwendige Bedingung) und die 3. Ableitung an diesen Stellen muss ungleich null sein (hinreichende Bedingung).

Lücke

Siehe Tipps Aufgabe a, Lücke Seite 2006-2.

Aufgabe b

- Der Abstand zweier Punkte kann z. B. mit dem Satz von Pythagoras ermittelt werden.
- Stellen Sie eine Gleichung für den Abstand d(x) der Punkte O(0; 0) und $P(x; f_1(x))$ auf.
- Mögliche lokale Minimumstellen x_E für den Abstand d(x) bestimmen Sie mithilfe der Nullstellen der 1. Ableitung von d(x).
- Da nur Punkte von f_1 im IV. Quadranten interessieren, können Sie die Untersuchungen für $x > 0$ führen und müssen dann prüfen, ob der zugehörige y-Wert negativ ist.
- Überprüfen Sie, ob die hinreichende Bedingung $d''(x_E) > 0$ erfüllt ist.
- Überprüfen Sie, ob das lokale Minimum auch globales Minimum ist.

Aufgabe c

Siehe Tipps Aufgabe c Seite 2006-3.

Aufgabe d

- Veranschaulichen Sie beide Funktionen im Grafikfenster Ihres Taschenrechners und klären Sie die Lage der zu berechnenden Fläche.
- Der Flächeninhalt kann mithilfe des bestimmten Integrals berechnet werden.
- Ermitteln Sie die Schnittpunkte beider Graphen, um die Integrationsgrenzen festzustellen.
- Beachten Sie, dass es sich bei der Volumenberechnung um andere Funktionen handelt als bei der Flächenberechnung.

Setzen Sie $x = k$ als obere Grenze und $x = 1$ als untere Grenze des zugehörigen bestimmten Integrals ein.

Setzen Sie das Integral dem gegebenen Volumenwert gleich und bestimmen Sie k aus dieser Gleichung.

Aufgabe e

Was vermuten Sie über die Symmetrie beim Betrachten einiger Beispiele (Graph und Term)?

Für $n > 3$ ergeben sich für f_n ganzrationale Funktionen. Symmetrie bezüglich des Ursprungs ist gegeben, wenn $f_n(-x) = -f_n(x)$ für alle reellen $x \in D_f$ gilt. Symmetrie bezüglich der y-Achse liegt vor, falls $f_n(-x) = f_n(x)$ für alle $x \in D_f$ nachgewiesen werden kann.

Zur Bestimmung der Nullstellen können Sie die faktorisierte Darstellung gut nutzen, denn ein Produkt ist null, wenn einer der Faktoren null wird.

Lösungen

a) **Untersuchung der Funktion** $\mathbf{f_1(x) = x - \frac{2}{x}}$

Stellen Sie eine Vermutung über die verlangten Eigenschaften aus dem Graph und dem Term auf, soweit das „auf den ersten Blick“ möglich ist.

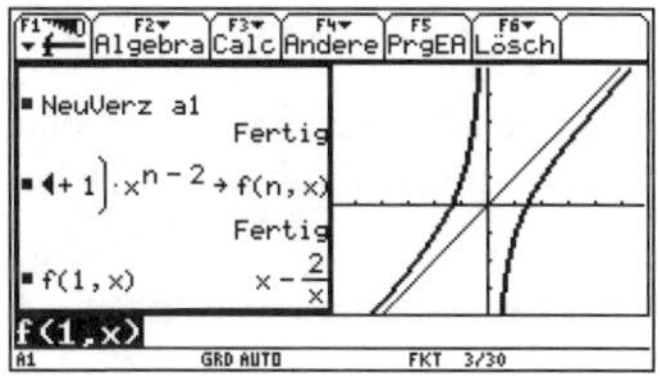

Eigenschaft	Vermutung
Asymptoten	senkrechte Asymptote $x = 0$
	schräge Asymptote $y = x$
Schnittpunkte mit der x-Achse	bei $x_{01} \approx -1{,}4$ und $x_{02} \approx 1{,}4$
Extrempunkte	keine
Wendepunkte	keine

Sichern Sie Ihre Vermutungen durch Anwenden der Definitionen und Sätze ab, die in Zusammenhang mit den verlangten Eigenschaften stehen:

Senkrechte Asymptote $x = 0$, denn $\lim\limits_{x \to 0^+} \left(x - \frac{2}{x} \right) = -\infty$ und $\lim\limits_{x \to 0^-} \left(x - \frac{2}{x} \right) = +\infty$.

Schräge Asymptote $y = x$, denn $\lim\limits_{x \to \infty} \left(x - \frac{2}{x} - x \right) = 0$.

Schnittpunkte mit der x-Achse ergeben sich für $y = 0$ zu $N_1(\sqrt{2}; 0)$ und $N_2(-\sqrt{2}; 0)$.

Für die Existenz von Extremstellen muss die notwendige Bedingung $f_1'(x) = \frac{2}{x^2} + 1 = 0$ erfüllt sein. Diese Gleichung hat aber keine Lösungen, deshalb existieren für f_1 keine Extrempunkte.

Die zweite Ableitung von f_1 ist $f_1''(x) = \frac{-4}{x^3}$. Sie kann nicht null werden, sodass die notwendige Bedingung für Wendestellen nicht erfüllt ist. Es gibt für f_1 keine Wendepunkte.

Untersuchung der Funktion $f_2(x) = \frac{x^2}{2} + \frac{3}{2} \cdot x^0$

Es scheint sich um eine gestauchte und in y-Richtung um 1,5 nach oben verschobene Parabel zu handeln.

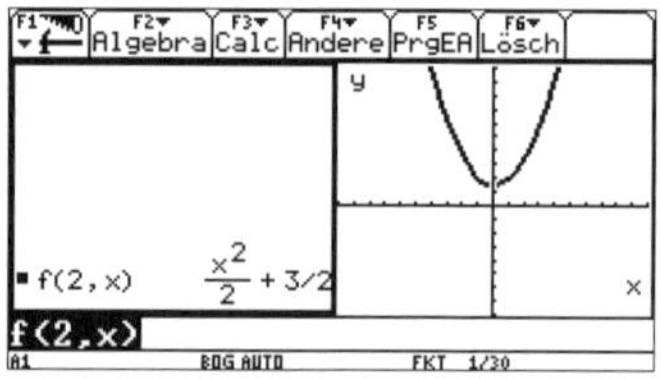

Der Term ist aus $y = f_n(x) = \frac{1}{n} x_n + (-1)^n \left(\frac{1}{n} + 1\right) x^{n-2}$ für $n = 2$ entstanden. In diesem Ausdruck kommt der Faktor x^{n-2} vor, der für $x = 0$ und $n = 2$ zu 0^0 wird. 0^0 ist aber nicht definiert, sodass f_2 an der Stelle $x = 0$ eine Definitionslücke hat. Für alle Stellen des Definitionsbereichs (außer bei $x = 0$) stimmt die Funktion f_2 mit der quadratischen Funktion $y = \frac{1}{2}x^2 + \frac{3}{2}$ überein. Von dieser elementaren quadratischen Funktion ist bekannt, dass sie keine Asymptoten, keine Wendepunkte und keine Schnittpunkte mit der x-Achse besitzt. Wegen der Definitionslücke bei $x = 0$ besitzt die Funktion keinen lokalen Extrempunkt.

Untersuchung der Funktion $f_3(x) = \frac{x^3}{3} + \frac{4x}{3}$

Es handelt sich bei f_3 um eine für alle reellen Zahlen definierte ganzrationale Funktion 3. Grades.

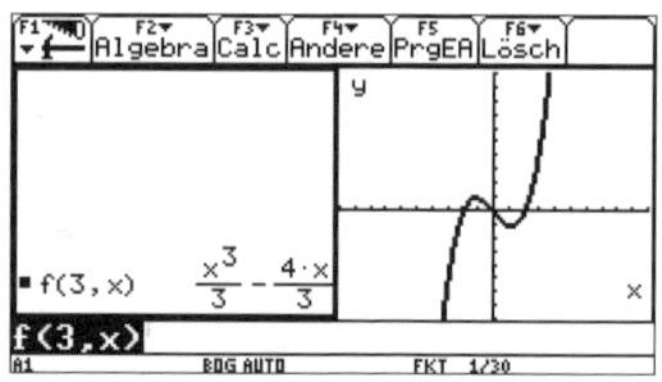

Solch eine Funktion besitzt keine Asymptoten. Bereits aus der Zeichnung ist zu erkennen, dass der Graph von f_3 drei Schnittpunkte mit der x-Achse, zwei lokale Extrempunkte und einen Wendepunkt besitzt. Die Koordinaten der Punkte werden durch schriftliche Rechnung oder mithilfe des Taschencomputers ermittelt.

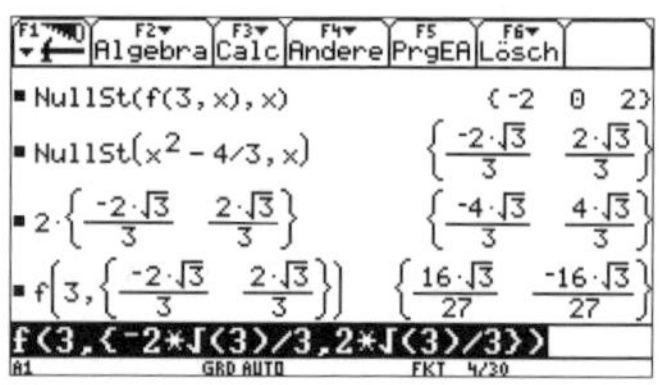

Die Schnittpunkte mit der x-Achse erhält man, indem man $y = 0$ setzt:

$N_1(-2; 0)$, $N_2(0; 0)$ und $N_3(2; 0)$

Die ersten drei Ableitungen von f_3 sind:

$f_3'(x) = x^2 - \frac{4}{3}$, $f_3''(x) = 2x$ und $f_3'''(x) = 2$

Extrempunkte:
notwendige Bedingung: $f_3'(x) = 0$
hinreichende Bedingung: $f_3''(x) \neq 0$

Mit dem Taschencomputer werden der lokale Hochpunkt zu $H\left(\frac{-2\cdot\sqrt{3}}{3}; \frac{16\cdot\sqrt{3}}{27}\right)$ und der lokale Tiefpunkt zu $T\left(\frac{2\cdot\sqrt{3}}{3}; \frac{-16\cdot\sqrt{3}}{27}\right)$ ermittelt.

Wendepunkte:
notwendige Bedingung: $f_3''(x) = 0$, also $2x = 0 \Rightarrow x_W = 0$ ist mögliche Wendestelle
hinreichende Bedingung: $f_3'''(x) \neq 0; f_3'''(0) = 2 > 0 \Rightarrow x_W = 0$ ist Wendestelle
Der Wendepunkt hat die Koordinaten W(0; 0).

b) Eine Zeichnung zeigt, dass der gesuchte Abstand d in einem rechtwinkligen Dreieck liegt.
Für die Abstandsfunktion d gilt (Satz des Pythagoras):
$d(x) = \sqrt{x^2 + [f_1(x)]^2}$ mit $x > 0$
Für die Ermittlung einer lokalen Extremstelle genügt die Untersuchung des Radikanden $r(x) = d(x)^2 = x^2 + [f_1(x)]^2$ durch die notwendige und die hinreichende Bedingung.
Zur Kontrolle wird das lokale Minimum auch aus dem Graphen von d ermittelt.

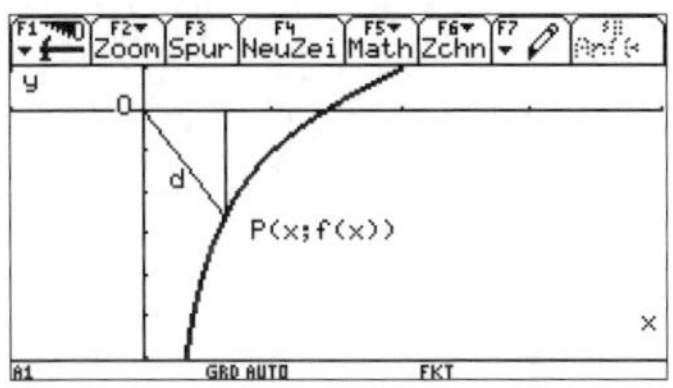

Aus dem Ansatz für die Abstandsfunktion ergibt sich die Funktion r zu
$$r(x) = \frac{2\cdot(x^4 - 2x^2 + 2)}{x^2}.$$
Die Ableitungen von r sind:
$$r'(x) = \frac{4\cdot(x^4 - 2)}{x^3} \text{ und } r''(x) = \frac{4\cdot(x^4 + 6)}{x^4}$$
Mit der notwendigen Bedingung $r'(x) = 0$ wird unter Beachtung von $x > 0$ die mögliche Extremstelle $x_e = 2^{\frac{1}{4}} \approx 1{,}189$ bestimmt. An dieser Stelle ist $r''(x_e) = 16 > 0$, sodass die hinreichende Bedingung für ein lokales Minimum erfüllt ist.

Der zugehörige y-Wert ist: $y_e = 2^{\frac{1}{4}} - 2^{\frac{3}{4}} \approx -0{,}49$
Da $-0{,}49 < 0$ liegt der lokale Minimumpunkt wirklich im IV. Quadranten.

Eine Kontrolle über die grafische Darstellung von d bestätigt die Lösung.
Da die Grenzwerte von d(x) für $x \to \infty$ und $x \to 0$ beide ∞ ergeben, ist bestätigt, dass das lokale auch das globale Minimum ist.

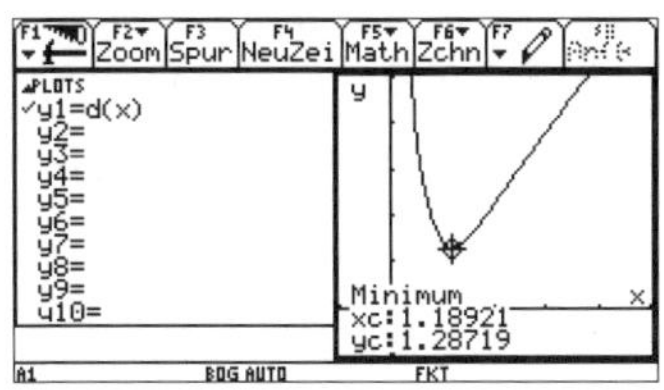

Ergebnis:

Die Untersuchung hat also nachgewiesen, dass es genau einen Punkt $P(2^{\frac{1}{4}}; 2^{\frac{1}{4}} - 2^{\frac{3}{4}})$ auf dem Graphen von f_1 im IV. Quadranten gibt, der vom Ursprung minimalen Abstand hat.

Alternative Lösung

Dieselbe Lösung können Sie durch die Minimierung des Betrages des Vektors $\vec{v} = \begin{pmatrix} x \\ f_1(x) \end{pmatrix}$ erhalten.

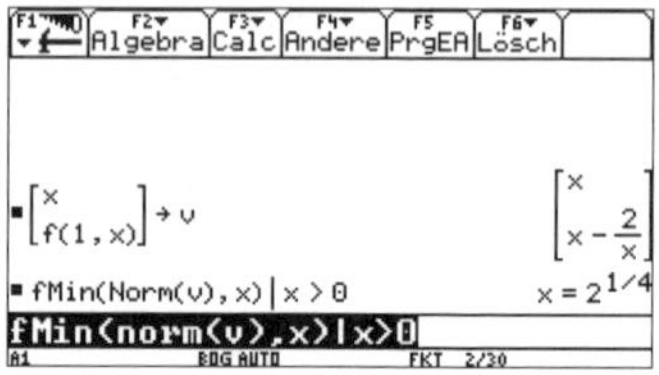

c) Indirekter Beweis:
Annahme: Es gibt eine Tangente an den Graphen mit der Gleichung $y = mx$.
Herleitung der Tangentengleichung:
Die 1. Ableitungsfunktion zur Funktion $f_1(x) = x - \frac{2}{x}$ ist: $f_1'(x) = 1 + \frac{2}{x^2}$

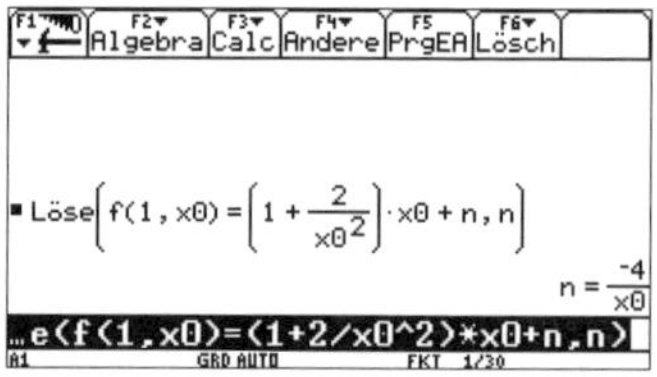

Durch Einsetzen von $P_0(x_0; f_1(x_0))$ und $f_1'(x_0) = 1 + \frac{2}{x_0^2}$ in die Geradengleichung $y = x + n$ ergibt sich: $n = \frac{-4}{x_0}$

Der Term kann für keine reelle Zahl x_0 gleich null werden. Damit ist die Annahme zu einem Widerspruch geführt, es gibt also keine Gerade durch den Koordinatenursprung, die zugleich Tangente t an den Graphen von f_1 ist.

d) Eine Veranschaulichung der zu berechnenden Fläche hilft beim Lösen:
- Schnittstellen x_1 und x_2 von f_1 und f_3 für $x > 0$ bestimmen
- $A = \int_{x_1}^{x_2} [f_1(x) - f_3(x)]dx$ ermitteln

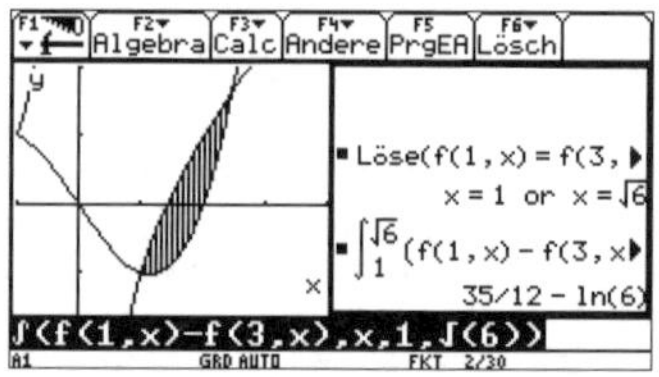

Schnittstellen: $x_1 = 1$ und $x_2 = \sqrt{6}$

Der gesuchte Flächeninhalt beträgt $\frac{35}{12} - \ln(6) \approx 1{,}12$ FE.

Auch für die Berechnung der oberen Grenze k für das verlangte Volumen ist es sinnvoll, sich den Sachverhalt zunächst zu veranschaulichen.
k erhält man aus dem Ansatz:

$$\pi \cdot \int_1^k ((f_2(x)^2 - x^2)dx = \frac{342}{5} \cdot \pi$$

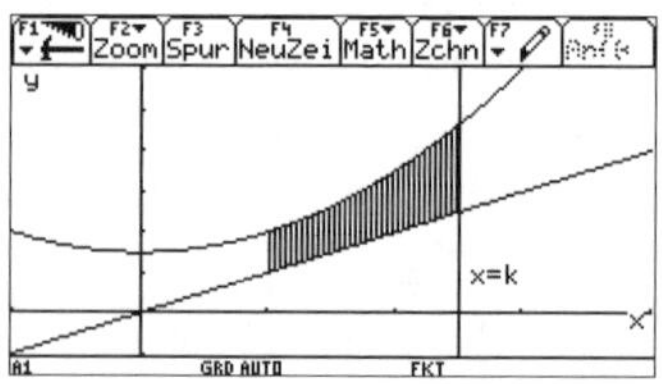

Als Lösung ergibt sich $k = 4$ als obere Grenze des Integrationsintervalls.

e) Anhand der Graphen von einigen Beispielen ist zu vermuten, dass für ungerade n Punktsymmetrie bezüglich des Ursprungs und für gerade n Achsensymmetrie bezüglich der y-Achse vorliegt.

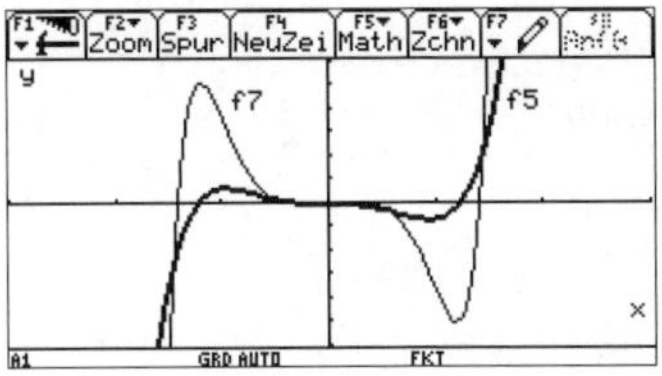

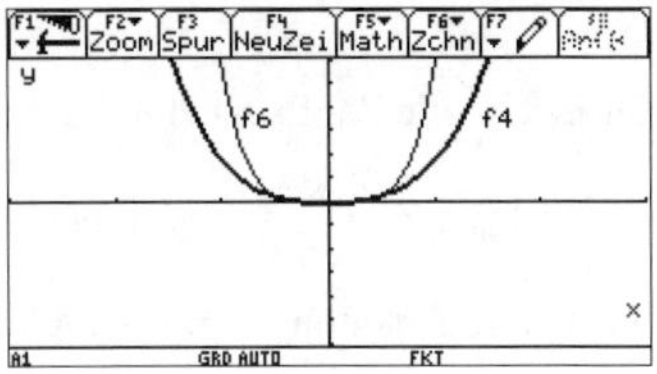

Untersuchung des gegebenen Funktionsterms $\mathbf{f_n(x) = \frac{1}{n} \cdot x^{n-2} \cdot (x^2 + (-1)^n (n+1))}$

Fall 1:

Für $n = 2k$, $k > 1$ ergibt sich mit $f_n(-x) = f_n(x)$:

$$\frac{1}{2k} \cdot (-x)^{2k-2} \cdot ((-x)^2 + (-1)^{2k}(2k+1)) = \frac{1}{2k} \cdot x^{2k-2} \cdot (x^2 + (-1)^{2k}(2k+1))$$

Dies ist eine wahre Aussage für alle reellen x und $n > 3$, denn es treten nur geradzahlige Exponenten auf. Also sind diese Funktionen achsensymmetrisch bezüglich der y-Achse.

Fall 2:

Für $n = 2k - 1$, $k > 2$ erhält man mit $f_n(-x) = -f_n(x)$:

$$\frac{1}{2k-1} \cdot (-x)^{2k-3} \cdot ((-x)^2 + (-1)^{2k-1}(2k)) = -\frac{1}{2k-1} \cdot x^{2k-3} \cdot (x^2 + (-1)^{2k-1}(2k))$$

Dies ist ebenfalls eine wahre Aussage für alle $n > 3$, denn $(-x)^{2k-3} = -x^{2k-3}$ (ungerader Exponent) und $(-x)^2 = x^2$ (gerader Exponent). Hier liegt also Punktsymmetrie bezüglich des Ursprungs vor.

Da der Funktionsterm aus zwei Faktoren besteht, in denen x vorkommt, wird jeder dieser Faktoren gleich null gesetzt und auf die Lösungsmenge in Abhängigkeit von n untersucht:

(1) $x^{n-2} = 0$ wird wegen $n > 3$ nur für $x = 0$ zu null, es gibt also immer diese Nullstelle $x = 0$.

(2) $(x^2 + (-1)^n(n+1)) = 0$ ergibt für gerades n keine reellen Nullstellen, weil dann $(-1)^n = 1$ ist. Für ungerades n wird aber $(-1)^n = -1$, sodass dann diese rein quadratische Gleichung für $n > 3$ zwei reelle Lösungen $x = \pm\sqrt{n+1}$ hat.

Ergebnis:

Für gerades $n > 3$ hat f_n genau eine Nullstelle $x_0 = 0$. Für ungerades $n > 3$ hat f_n genau drei Nullstellen: $x_{01} = 0$, $x_{02} = \sqrt{n+1}$ und $x_{03} = -\sqrt{n+1}$

Leistungskurs Mathematik (Thüringen): Abiturprüfung 2006
Aufgabe A2: Analysis

Für jede reelle Zahl a ist eine Funktion f_a durch die Gleichung

$$y = f_a(x) = \frac{4(x+a)}{(x+1)^2} \text{ gegeben.}$$

Die zweite Ableitung von f_a lautet:

$$f_a''(x) = \frac{8(x+3a-2)}{(x+1)^4}.$$

a) Geben Sie den maximalen Definitionsbereich der Funktion f_a an!
Untersuchen Sie die Funktion f_a in Abhängigkeit von a auf Nullstellen, Polstellen, lokale Extremstellen und Wendestellen!
(Auf den Nachweis möglicher Wendestellen wird verzichtet.)
Ermitteln Sie gegebenenfalls die Koordinaten der lokalen Extrempunkte und die der Wendepunkte!
Geben Sie alle Asymptoten des Graphen von f_a an!
Skizzieren Sie die Graphen der Funktionen f_0 und f_1 in ein und dasselbe Koordinatensystem!
Nennen Sie zwei Eigenschaften der Funktion f_1, in denen sie sich von den übrigen Funktionen dieser Funktionsschar unterscheidet! (16 BE)

b) Zeigen Sie, dass die Funktion F_0 mit der Gleichung

$$F_0(x) = 4\ln(x+1) + \frac{4}{x+1} \quad (x > -1) \text{ eine Stammfunktion von } f_0 \text{ ist!}$$

Zwischen dem Graphen der Funktion f_0 und der x-Achse liegt im I. Quadranten eine nach rechts offene Fläche.
Prüfen Sie, ob diese Fläche einen endlichen Flächeninhalt hat! (4 BE)

c) Die Funktion f_1 soll für $x > -1$ durch eine Exponentialfunktion $g_{c,\,b}$ der Gestalt $y = g_{c,\,b}(x) = c \cdot e^{bx}$ näherungsweise beschrieben werden.
Wie sind c und b zu wählen, damit sich die Graphen von f_1 und $g_{c,\,b}$ an den Stellen $x_1 = 0$ und $x_2 = 1$ schneiden?
Berechnen Sie für die gewählten Werte c und b den Winkel, unter dem sich die Graphen von f_1 und $g_{c,\,b}$ im Schnittpunkt mit der y-Achse schneiden! (5 BE)

d) Zeigen Sie durch vollständige Induktion, dass für die n-te Ableitung der Funktion f_0 gilt:

$$f_0^{(n)}(x) = (-1)^n \cdot n! \cdot \frac{4(x-n)}{(x+1)^{n+2}} \quad (n \in \mathbb{N},\, n \geq 1)!$$ (5 BE)

(30 BE)

Hinweise und Tipps

Aufgabe a

Definitionsbereich

- Es liegt eine gebrochen-rationale Funktion vor.
- Der maximale Definitionsbereich einer solchen Funktion ergibt sich durch Ausschluss der Nullstellen der Nennerfunktion.
- Berechnen Sie die Nullstelle der Nennerfunktion $q(x) = (x+1)^2$.

Nullstellen, Polstellen

- Die Nullstellen von f_a sind die Stellen, an denen die Zählerfunktion $p(x) = 0$ und die Nennerfunktion $q(x) \neq 0$ ist.
- Beachten Sie, dass Sie deshalb bei der Angabe der Nullstellen einen Wert für a ausschließen müssen.
- Die Polstellen von f_a sind die Stellen, an denen die Zählerfunktion $p(x) \neq 0$ und die Nennerfunktion $q(x) = 0$ ist.
- Sie müssen auch bei der Angabe der Polstelle einen Wert für a ausschließen.

Extrem- und Wendestellen

- Bilden Sie die 1. Ableitungsfunktion $y = f_a'(x)$. Die 2. Ableitung von f ist gegeben. Da auf den Nachweis der hinreichenden Bedingung für Wendestellen verzichtet wird, brauchen Sie auch die 3. Ableitung von f nicht zu bilden.
- Mögliche Extremstellen x_E erhalten Sie durch Berechnen der Lösungen von $f_a'(x) = 0$. Beachten Sie, dass auch hier überprüft werden muss, für welchen Wert von a die Nennerfunktion der 1. Ableitung von f_a null wird. Schließen Sie diesen Wert aus.
- Bei der Untersuchung der hinreichenden Bedingungen $f_a''(x_E) \neq 0$ müssen Sie eine Fallunterscheidung hinsichtlich a vornehmen.
- Mögliche Wendestellen x_W erhalten Sie durch Berechnen der Lösungen von $f_a''(x) = 0$. Beachten Sie, dass auch hier überprüft werden muss, für welchen Wert von a die Nennerfunktion der 2. Ableitung von f_a null wird. Schließen Sie diesen Wert aus.
- Geben Sie die Koordinaten der Extrem- und Wendepunkte als geordnete Paare (x; y) an. Beachten Sie die notwendigen Fallunterscheidungen!

Asymptoten

- Es muss wegen der Polstelle eine senkrechte Asymptote geben.
- Untersuchen Sie das Verhalten der Funktion im Unendlichen, um eine waagerechte Asymptote nachzuweisen.

Skizze

- Skizzieren Sie mithilfe der bisher ermittelten Ergebnisse die Graphen von f_0 und f_1.
- Da es sich bei der Funktion f_1 um die Funktion handelt, die bei den allgemeinen Untersuchungen von Eigenschaften der Funktionen f_a ausgeschlossen werden musste, können die Eigenschaften von f_1 sich von denen der anderen Funktionen von f_a unterscheiden.
- Ermitteln Sie die Eigenschaften von f_1.

Aufgabe b

Beweis

- Erinnern Sie sich an den Zusammenhang zwischen Funktion und zugehörigen Stammfunktionen.
- Weisen Sie durch Anwenden von Ableitungsregeln nach, dass $F_0'(x) = f_0(x)$ ist.

Fläche

- Veranschaulichen Sie die beschriebene Fläche anhand der Skizze von f_0.
- Legen Sie die Integrationsgrenzen fest.
- Sie müssen prüfen, ob das uneigentliche Integral $\int_0^{\infty} f_0(x)dx$ existiert.
- Für die Berechnung des Integrals verwenden Sie die in der Aufgabe angegebene Stammfunktion F_0.
- Überprüfen Sie, ob der Grenzwert dieses Integrals für $x \to \infty$ existiert.

Aufgabe c

Näherung

- Wenn sich die Funktionen f_1 und g in zwei Punkten schneiden sollen, so müssen dort ihre Funktionswerte übereinstimmen.
- Setzen Sie in die Funktionsgleichungen von g und f_1 jeweils $x_1 = 0$ und $x_2 = 1$ ein.
- Lösen Sie das so entstandene Gleichungssystem nach b und c auf.

Schnittwinkel

- Der Schnittwinkel zweier Graphen in ihrem Schnittpunkt ist als Schnittwinkel ihrer Tangenten in diesem Punkt definiert.

Es gibt z. B. folgende Möglichkeiten, den Winkel zu berechnen:

- (1) Den Schnittwinkel zweier Geraden können Sie mit $\tan(\varphi) = \left| \frac{m_2 - m_1}{1 + m_1 \cdot m_2} \right|$ berechnen.
- Die Anstiege m_1 und m_2 ermitteln Sie als Werte der 1. Ableitungen beider Funktionen f_1 und g an der Stelle $x_1 = 0$.
- (2) Berechnen Sie die Schnittwinkel φ_g und φ_{f_1} beider Tangenten mit der x-Achse und ermitteln Sie dann den Winkel zwischen den Tangenten.
- Der Anstiegswinkel φ einer Geraden ist durch $m = f'(x_0) = \tan(\varphi)$ zu berechnen.
- Da der Taschenrechner für negatives m auch negative Winkel ausgibt, berechnen Sie den Schnittwinkel durch $|\varphi_{f_1}| - |\varphi_g|$.

Aufgabe d

- Zeigen Sie in der Induktionsvoraussetzung, dass die Aussage für $n = 1$ richtig ist.
- Weisen Sie im Induktionsschritt nach, dass aus der Gültigkeit der Aussage für ein beliebiges $k > 0$ die Gültigkeit für $k + 1$ folgt.
- Berechnen Sie die 1. Ableitung der k-ten Ableitung von f_0 (Induktionsvoraussetzung verwenden) und formen Sie den Term um.

$$y = f_a(x) = \frac{4(x+a)}{(x+1)^2}, \quad a \in \mathbb{R}$$

$$f_a''(x) = \frac{8(x+3a-2)}{(x+1)^4}$$

a) **Maximaler Definitionsbereich**

$x \in \mathbb{R}$, $x \neq -1$ oder andere Schreibweise: $x \in \mathbb{R} \setminus \{-1\}$

Nullstellen

Eine gebrochen rationale Funktion ist in der Form Zählerfunktion p durch Nennerfunktion q darstellbar.

$$f_a(x) = 0 \;\Rightarrow\; p(x) = 4(x+a) = 0$$

$$x_0 = -a, \quad \text{falls } a \neq 1, \quad \text{somit } q(x_0) = (x_0+1)^2 \neq 0$$

Polstellen

$$q(x) = (x+1)^2 = 0$$

$$x_p = -1 \quad \text{und } p(x_p) = 4(x_p + a) \neq 0 \quad \text{mit } a \neq 1$$

Ableitungen

$$f_a'(x) = \frac{4(x+1)^2 - 4(x+a)\cdot 2(x+1)^1 \cdot 1}{(x+1)^4} \quad \text{nach Quotientenregel}$$

$$= \frac{\cancel{(x+1)}^1 [4(x+1) - 8(x+a)]}{(x+1)^{\cancel{4}3}}$$

$$= \frac{-4x - 8a + 4}{(x+1)^3} = -\frac{4(x+2a-1)}{(x+1)^3}$$

Lokale Extremstellen

notwendig: $f_a'(x) = 0 \;\Rightarrow\; 4(x+2a-1) = 0$

$$x_E = 1-2a, \quad a \neq 1, \quad \text{somit } (x+1)^3 \neq 0$$

hinreichend: $f_a''(1-2a) = \dfrac{8(1-2a+3a-2)}{(1-2a+1)^4}$

$$= \frac{8(a-1)}{(2-2a)^4} \begin{cases} > 0 \text{ für } a > 1, & \text{d. h. lok. Minimum} \\ < 0 \text{ für } a < 1, & \text{d. h. lok. Maximum} \end{cases}$$

$$f_a(1-2a) = \frac{4(1-2a+a)}{(1-2a+1)^2} = \frac{4(1-a)}{(2-2a)^2} = \frac{4(1-a)}{4(1-a)^2} = \frac{1}{1-a}, \quad a \neq 1$$

Tiefpunkte $T_a\left(1-2a; \dfrac{1}{1-a}\right)$, $a > 1$

Hochpunkte $H_a\left(1-2a; \dfrac{1}{1-a}\right)$, $a < 1$

Wendepunkte

notwendig: $f_a''(x)=0 \;\Rightarrow\; 8(x+3a-2)=0$

$$x_W = 2-3a, \quad a \neq 1, \quad \text{somit } (x+1)^4 \neq 0$$

$$f_a(2-3a)=\frac{4(2-3a+a)}{(2-3a+1)^2}=\frac{4(2-2a)}{(3-3a)^2}=\frac{8\cancel{(1-a)}^{1}}{9(1-a)^{\cancel{2}1}}=\frac{8}{9(1-a)}, \quad a\neq 1$$

$$W\left(2-3a; \frac{8}{9(1-a)}\right), \quad a\neq 1$$

Asymptoten

Die Funktionenschar f_a mit $f_a(x)=\dfrac{4(x+a)}{(x+1)^2}$ hat für alle $a\neq 1$ eine senkrechte Asymptote mit der Gleichung $x=-1$.
Außerdem gilt

$$\lim_{x\to\pm\infty}\frac{4x+4a}{x^2+2x+1}=\lim_{x\to\pm\infty}\frac{\frac{4}{x}+\frac{4a}{x^2}}{1+\frac{2}{x}+\frac{1}{x^2}}=\frac{0+0}{1+0+0}=0.$$

Damit besitzt die Funktionenschar f_a für alle $a\neq 1$ noch eine waagerechte Asymptote mit der Gleichung $y=0$.

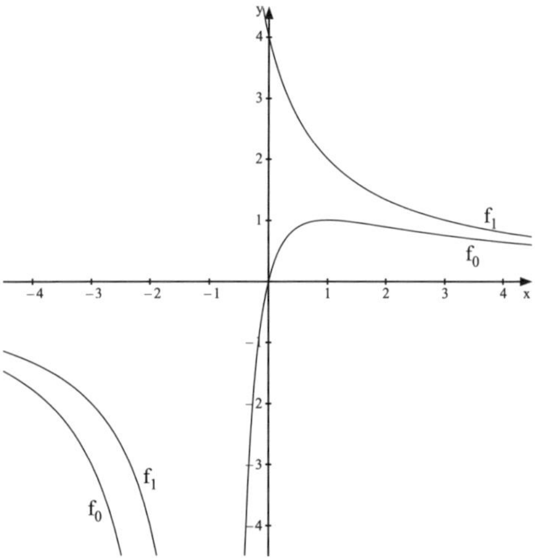

Betrachtung der Funktion f_1 mit $f_1(x)=\dfrac{4}{x+1}$, $x\neq -1$

Die Funktion f_1 besitzt im Unterschied zu allen anderen Funktionen der Schar keine Nullstelle, denn der Zähler kann nicht null werden. Es gibt aber wie bei allen Funktionen der Schar zwei Asymptoten mit den Gleichungen $x=-1$ und $y=0$, wobei hier die Polstelle $x=-1$ ungerade ist. Am Graphen kann man erkennen, dass keine Extrem- und Wendestellen existieren. Dies wird durch die Berechnung bestätigt, da in beiden Fällen im Unterschied zu den übrigen Funktionen der Schar $a=1$ ausgeschlossen wird.

b) **Nachweis Stammfunktion**

Eine Funktion F, die in einem Intervall I definiert und für alle $x \in I$ differenzierbar ist und für die $F'(x) = f(x)$ gilt, heißt eine Stammfunktion von f in I.

$$F_0(x) = 4\ln(x+1) + \frac{4}{x+1}, \qquad x > -1$$

$$F_0'(x) = 4 \cdot \frac{1}{x+1} + \frac{0(x+1) - 4 \cdot 1}{(x+1)^2} = \frac{4(x+1)-4}{(x+1)^2} = \frac{4x}{(x+1)} = f_0(x) \qquad \text{q. e. d.}$$

Prüfung der Fläche auf endlichen Inhalt

$$A(k) = \int_0^k f_0(x)dx, \quad k \in \mathbb{R}, \quad k > 0$$

$$= \left[4\ln(x+1) + \frac{4}{x+1}\right]_0^k = 4\ln(k+1) + \frac{4}{k+1} - (4\underbrace{\ln 1}_{=0} + 4)$$

$$= 4\ln(k+1) + \frac{4-4(k+1)}{k+1} = 4\ln(k+1) - \frac{4k}{k+1}$$

Grenzwert:

$$\lim_{k\to\infty} A(k) = \lim_{k\to\infty}\left(4\ln(k+1) - \frac{4k}{k+1}\right) = \underbrace{\lim_{k\to\infty}(4\ln(x+1))}_{\substack{\text{unbeschränkt} \\ \text{wachsend}}} - \underbrace{\lim_{k\to\infty}\frac{4}{1+\frac{1}{k}}}_{=4} = \infty \quad \text{(divergent)}$$

Die Fläche zwischen dem Graphen von f_0 und der x-Achse im I. Quadranten wächst unbeschränkt und besitzt demnach keinen endlichen Inhalt.

c) **Näherung der Funktion f_1 durch eine Exponentialfunktion $g_{c,\,b}$**

Um die beiden Parameter c und b erhalten zu können, setzen wir die Funktionsgleichungen gleich.

$$f_1(x) = \frac{4}{x+1} = c \cdot e^{bx} = g_{c,\,b}(x), \; x > -1$$

An der Stelle $x_1 = 0$: $\quad 4 = c \cdot \underbrace{e^0}_{=1} \Rightarrow c = 4$

An der Stelle $x_2 = 1$: $\quad \frac{4}{2} = 4 \cdot e^b \Rightarrow e^b = \frac{1}{2} \Leftrightarrow b = \ln\frac{1}{2} = \underbrace{\ln 1}_{=0} - \ln 2 = -\ln 2$

Damit heißt die Exponentialfunktion: $g_{c,\,b}(x) = 4 \cdot e^{-x \cdot \ln 2}$

Schnittwinkel beider Graphen von f_1 und $g_{c,\,b}$ im Schnittpunkt mit der y-Achse

$$f_1'(x) = \frac{0(x+1) - 4 \cdot 1}{(x+1)^2} = -\frac{4}{(x+1)^2}, \qquad f_1'(0) = -4 = m_1$$

$$g_{c,\,b}'(x) = 4 \cdot e^{-x \cdot \ln 2} \cdot (-\ln 2) = -4\ln 2 \cdot e^{-x \cdot \ln 2} \qquad \text{nach Kettenregel}$$

$$g_{c,\,b}'(0) = -4\ln 2 \cdot \underbrace{e^0}_{=1} = -4\ln 2 = m_2$$

$$\tan\varphi = \left|\frac{-4\ln 2 + 4}{1 + (-4)\cdot(-4\ln 2)}\right| = \left|\frac{4(1-\ln 2)}{1+16\ln 2}\right| \approx \left|\frac{1{,}227}{12{,}090}\right| \approx 0{,}1015 \Leftrightarrow \varphi \approx 5{,}80°$$

d) **Beweis durch vollständige Induktion**

$$f_0^{(n)}(x) = (-1)^n \cdot n! \cdot \frac{4(x-n)}{(x+1)^{n+2}}, \quad n \in \mathbb{N}, \quad n \geq 1$$

Induktionsanfang für $n = 1$ ist richtig:

$$f_0^{(1)}(x) = (-1)^1 \cdot 1! \cdot \frac{4(x-1)}{(x+1)^{1+2}} = -\frac{4(x-1)}{(x+1)^3} = f_0'(x) = -\frac{4(x+0-1)}{(x+1)^3}$$

(siehe 1. Ableitung bei Teilaufgabe a für $a = 0$)

Induktionsschritt

Induktionsvoraussetzung für $n = k$ sei richtig: $f_0^{(k)}(x) = (-1)^k \cdot k! \cdot \frac{4(x-k)}{(x+1)^{k+2}}$

Induktionsbehauptung für $n = k+1$ sei dann auch richtig:

$$f_0^{(k+1)}(x) = (-1)^{k+1} \cdot (k+1)! \cdot \frac{4(x-(k+1))}{(x+1)^{k+3}}$$

$$f_0^{(k+1)}(x) = [f_0^{(k)}(x)]'$$

$$= (-1)^k \cdot k! \cdot \frac{4 \cdot (x+1)^{k+2} - 4(x-k) \cdot (k+2) \cdot (x+1)^{k+1} \cdot 1}{((x+1)^{k+2})^2} \quad \text{Quotienten- und Kettenregel}$$

$$= (-1)^k \cdot k! \cdot \frac{\cancel{(x+1)^{k+1}}^{\,1} \cdot [4(x+1) - 4(x-k) \cdot (k+2)]}{(x+1)^{\cancel{2k+4}\; k+3}}$$

$$= (-1)^k \cdot k! \cdot \frac{4[x+1-(x-k) \cdot (k+2)]}{(x+1)^{k+3}}$$

$$= (-1)^k \cdot k! \cdot \frac{4(x+1-xk-2x+k^2+2k)}{(x+1)^{k+3}}$$

$$= (-1)^k \cdot k! \cdot \frac{4(-x-xk+k^2+2k+1)}{(x+1)^{k+3}}$$

$$= (-1)^k \cdot k! \cdot \frac{4[(-1)x(k+1)+(k+1)^2]}{(x+1)^{k+3}} \quad \text{binomische Formel}$$

$$= (-1)^k \cdot k! \cdot \frac{(-1) \cdot 4 \cdot (k+1) \cdot [x-(k+1)]}{(x+1)^{k+3}}$$

$$= (-1)^k \cdot (-1) \cdot k! \cdot (k+1) \cdot \frac{4(x-(k+1))}{(x+1)^{k+3}}, \quad k! \cdot (k+1) = (k+1)!$$

$$= (-1)^{k+1} \cdot (k+1)! \cdot \frac{4(x-(k+1))}{(x+1)^{k+3}} \quad \text{q. e. d.}$$

Induktionsschluss

Damit ist die Induktionsbehauptung und nach dem Prinzip der vollständigen Induktion die n-te Ableitung der Funktion mit

$$f_0^{(n)}(x) = (-1)^n \cdot n! \cdot \frac{4(x-n)}{(x+1)^{n+2}}$$

für alle natürlichen $n \geq 1$ bewiesen.

Leistungskurs Mathematik (Thüringen): Abiturprüfung 2006
Aufgabe A2: Analysis mit CAS

Für jede reelle Zahl a sei eine Funktion f_a durch die Gleichung $y = f_a(x) = \frac{4(x+a)}{(x+1)^2}$ gegeben.

a) Geben Sie den maximalen Definitionsbereich der Funktion f_a an!
Untersuchen Sie die Funktion f_a in Abhängigkeit von a auf Nullstellen, lokale Extremstellen und Wendestellen! Geben Sie gegebenenfalls die Koordinaten der lokalen Extrempunkte und die der Wendepunkte an!
Geben Sie alle Asymptoten des Graphen von f_a an! (11 BE)

b) Eine Summendarstellung der Funktion f_a lautet $f_a(x) = \frac{4}{x+1} + \frac{4(a-1)}{(x+1)^2}$.
Ermitteln Sie mittels Integrationsverfahren alle Stammfunktionen F_a von f_a! Geben Sie (ohne weitere Rechnung) die Extrem- und Wendestellen der Funktion F_a an! (4 BE)

c) Die Graphen der Funktionen f_0 und f_a $(a \neq 0)$ schneiden die y-Achse in den Punkten P und Q. Bestimmen Sie den Parameter a so, dass die Tangenten an die Graphen von f_0 und f_a in P und Q zueinander orthogonal stehen! (3 BE)

d) $R(x_R; f_a(x_R))$ sei ein Punkt des I. Quadranten, der auf dem Graphen der Funktion f_a mit $a > 2$ liegt. S ist der Fußpunkt des Lotes von R auf die x-Achse. O ist der Koordinatenursprung. Ermitteln Sie x_R so, dass der Flächeninhalt des Dreiecks OSR ein lokales Extremum ist! Geben Sie die Art des lokalen Extremums an! Nennen Sie alle Zahlen a, für die die zugehörige lokale Extremstelle ebenfalls ganzzahlig ist! (4 BE)

e) Die Funktion f_1 soll für $x > -1$ durch eine Exponentialfunktion $g_{c,b}$ der Gestalt $y = g_{c,b}(x) = c \cdot e^{bx}$ näherungsweise beschrieben werden.
Wie sind c und b zu wählen, damit sich die Graphen von f_1 und $g_{c,b}$ an den Stellen $x_1 = 0$ und $x_2 = 1$ schneiden?
Berechnen Sie für die gewählten Werte c und b den Winkel, unter dem sich die Graphen von f_1 und $g_{c,b}$ im Schnittpunkt mit der y-Achse schneiden! (4 BE)

f) Zeigen Sie durch vollständige Induktion, dass für die n-te Ableitung der Funktion f_0 gilt:
$f_0^{(n)}(x) = (-1)^n \cdot n! \cdot \frac{4(x-n)}{(x+1)^{n+2}}$ $(n \in \mathbb{N}, n \geq 1)$! (4 BE)

(30 BE)

Hinweise und Tipps

Aufgabe a

Definitionsbereich
Siehe Tipps Aufgabe a, Definitionsbereich S. 2006-19.

Nullstellen

- Die Nullstellen von f_a sind die Stellen, an denen die Zählerfunktion $p(x) = 0$ und die Nennerfunktion $q(x) \neq 0$ sind.
- Beachten Sie, dass Sie deshalb bei den Nullstellen einen Wert für a ausschließen müssen.

Extrem- und Wendestellen
Siehe Tipps Aufgabe a, Extrem- und Wendestellen S. 2006-19.

Asymptoten
Siehe Tipps Aufgabe a, Asymptoten S. 2006-19.

- Bei den bisherigen Untersuchungen wurde stets ein Wert des Parameters a ausgeschlossen. Ermitteln Sie, welche Eigenschaften die Funktion f_a für diesen Wert hat.

Aufgabe b

- Die Aufgabenstellung verlangt die Bestimmung aller Stammfunktionen durch ein Integrationsverfahren. Ermitteln Sie die Stammfunktionen durch schriftliche Rechnung und weisen Sie auf die verwendeten Integrationsregeln hin. Kontrollieren Sie Ihr Ergebnis mit dem CAS.
- Für die Angabe aller Stammfunktionen ist eine Integrationskonstante anzugeben!
- Um ohne Rechnung die Extrem- und Wendestellen der Funktion F_a zu finden, ist der Zusammenhang zwischen Funktion und Stammfunktion zu beachten.
- Aus dem Zusammenhang $F_a'(x) = f_a(x)$ können Sie auf die notwendigen und hinreichenden Bedingungen für die interessierenden Stellen aus der Rechnung in Teilaufgabe a schließen.

Aufgabe c

- Tangenten stehen aufeinander senkrecht, wenn das Produkt ihrer Anstiege –1 ergibt.
- Den Anstieg einer Funktion f an einer Stelle x_0 können Sie als 1. Ableitung $f'(x_0)$ ermitteln.
- Da die Tangenten in die Schnittpunkte der Funktionen f_0 und f_a mit der y-Achse gelegt werden sollen, muss $x_0 = 0$ gelten.
- Den gesuchten Wert des Parameters a können Sie aus $f_0'(0) \cdot f_a'(0) = -1$ ermitteln.
- Kontrollieren Sie Ihr Ergebnis durch eine grafische Darstellung. Achten Sie dabei auf eine Darstellung mit gleichgeteilten Koordinatenachsen.

Aufgabe d

Flächeninhalt

- Veranschaulichen Sie den Sachverhalt für ein konkretes Beispiel mit $a > 2$.
- Das Dreieck ΔRSO ist rechtwinklig bei S.
- Der Flächeninhalt rechtwinkliger Dreiecke kann aus $A = \frac{1}{2} \cdot a \cdot b$ bestimmt werden, wobei a und b die Längen der Katheten sind.
- Eine Kathete entspricht dem x-Wert x_R des Punktes R, die andere Kathete ergibt sich aus der y-Koordinate $f_a(x_R)$ von R.
- Untersuchen Sie die Zielfunktion $A(x_R) = \frac{1}{2} \cdot x_R \cdot f_a(x_R)$ auf lokale Extrema.
- Aus der notwendigen Bedingung $A'(x_R) = 0$ ergeben sich mögliche Extremstellen x_{RE}.
- Mithilfe der hinreichenden Bedingung $A''(x_{RE}) < 0$ bzw. $A''(x_{RE}) > 0$ können Sie auf ein lokales Maximum bzw. Minimum schließen.

Ganzzahligkeit

- Die Ganzzahligkeit der Extremstelle können Sie zunächst durch Probieren für einige Werte $a > 2$ überprüfen.
- Zerlegen Sie den Term für die Extremstelle in zwei Partialbrüche.
- Überlegen Sie, für welche ganzen Zahlen a der Nenner des echtgebrochen-rationalen Partialbruchs größer als sein Zähler ist.

Aufgabe e, f

Siehe Tipps Aufgabe c, d Seite 2006-20.

Lösungen

a) Es liegt eine gebrochen-rationale Funktion vor. Die Nullstelle der Nennerfunktion $n(x) = (x+1)^2$ ist $x_p = -1$. Diese Zahl muss für den maximalen Definitionsbereich ausgeschlossen werden.

Der **maximale Definitionsbereich** ist $x \in \mathbb{R}\setminus\{-1\}$.

Die **Nullstelle** von f_a ist die Stelle $x_0 = -a$ mit $a \neq 1$.

Für diese Stelle wird die Zählerfunktion $z(x) = 4 \cdot (x+a)$ null. Da die Nennerfunktion ungleich null sein muss, ist für die Existenz von Nullstellen $a \neq 1$ zu fordern, denn dann wäre $x_0 = -1$.

Für $a = 1$ ist $f_a(x) = f_1(x) = \dfrac{4}{x+1}$.

Diese elementare Funktion besitzt keine Nullstellen.

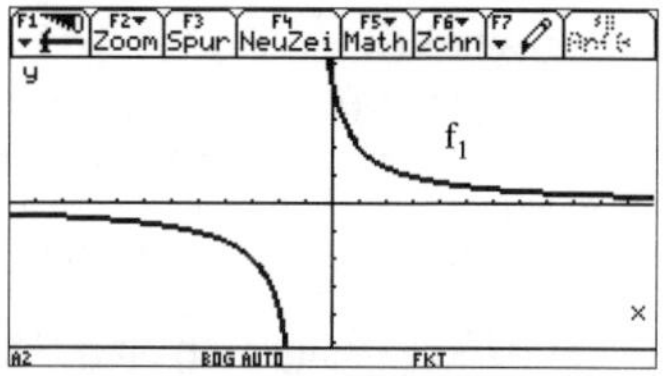

Bei der Berechnung von Nullstellen mit dem Taschencomputer wird der Ausschluss von $a = 1$ u. U. nicht angezeigt. Sie müssen durch inhaltliche Überlegungen diesen Schluss selber ziehen.

Ableitungen berechnen und abspeichern:

$$f_a'(x) = \frac{-4 \cdot (x + 2a - 1)}{(x+1)^3}$$

$$f_a''(x) = \frac{8 \cdot (x + 3a - 2)}{(x+1)^4}$$

$$f_a'''(x) = \frac{-24 \cdot (x + 4a - 3)}{(x+1)^5}$$

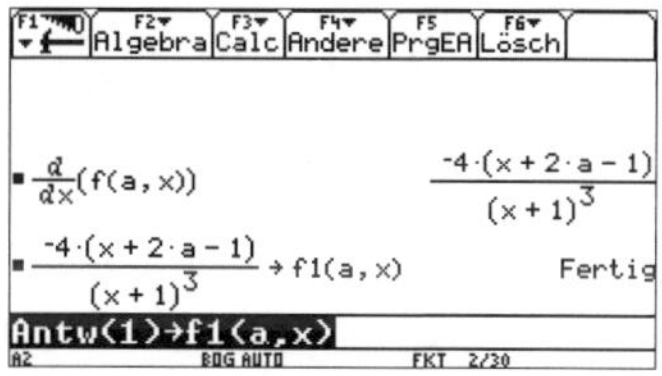

Lokale Extremstellen

Bei der Untersuchung der notwendigen Bedingung $f_a'(x) = 0$ ergibt sich $x_e = 1 - 2a$ als mögliche Extremstelle. Dabei ist $a = 1$ wieder auszuschließen, weil in diesem Fall $x_e = -1$ ist, und damit die Nennerfunktion von $f_a'(x)$ null würde.

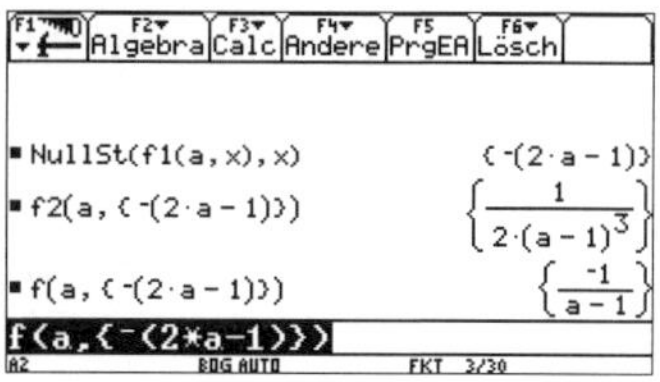

Die hinreichende Bedingung $f_a''(x_e)$ ergibt den Term $\dfrac{1}{2 \cdot (a-1)^3}$. Er wird für $a < 1$ negativ und für $a > 1$ positiv.

Ergebnis:

Extrempunkte haben die Koordinaten $E_a\left(1 - 2a; \dfrac{-1}{a-1}\right)$. Für $a < 1$ liegt ein lokales Maximum und für $a > 1$ ein lokales Minimum vor. Für $a = 1$ gibt es keine Extrempunkte.

Wendestellen

Analoge Überlegungen ergeben mit der notwendigen Bedingung $f_a''(x) = 0$ und der hinreichenden Bedingung $f_a'''(x) \neq 0$ die Existenz von Wendepunkten:

$$W_a\left(2-3a; \frac{-8}{9\cdot(a-1)}\right) \quad \text{für } a \neq 1$$

Für $a = 1$ gibt es keine Wendepunkte.

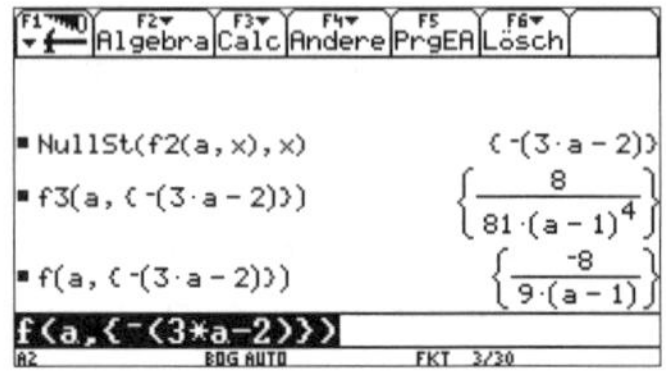

Asymptoten

An der Nullstelle der Nennerfunktion $x_p = -1$ (Polstelle) muss es eine senkrechte Asymptote geben.
Die Betrachtung einiger Graphen legt die Vermutung nahe, dass es außerdem nur eine waagerechte Asymptote $y = 0$ gibt.
Diese Vermutung wird durch die Berechnung der Grenzwerte bestätigt.
Da f_a eine echt gebrochen-rationale Funktion ist, gibt es keine schräge Asymptote.

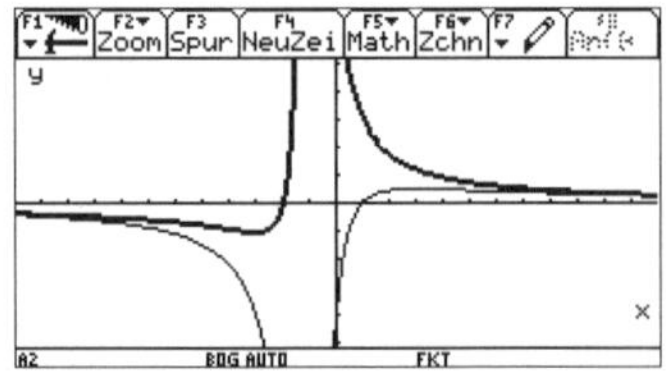

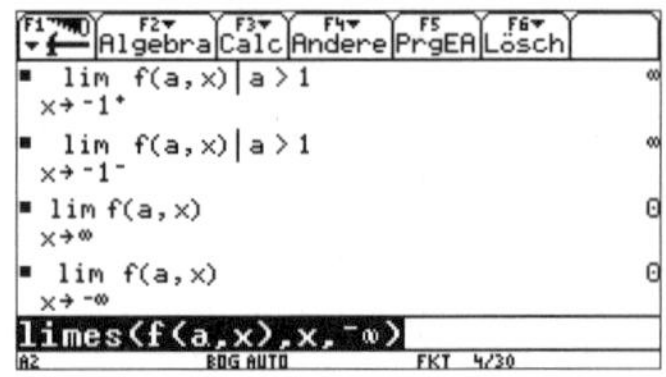

b) Die Menge aller Stammfunktionen F_a von f_a ist das unbestimmte Integral $\int f_a(x)dx$.

$F_a(x) = \int f_a(x)dx = \int\left(\frac{4}{x+1} + \frac{4\cdot(a-1)}{(x+1)^2}\right)dx$	Definition „Stammfunktion“
$F_a(x) = 4\cdot\int\frac{1}{x+1}dx + 4\cdot(a-1)\cdot\int\frac{1}{(x+1)^2}dx$	Summenregel, Faktorregel
$F_a(x) = 4\cdot\ln\lvert x+1\rvert + 4\cdot(a-1)\cdot(-1)\cdot(x+1)^{-1} + c$	Anwendung von Grundintegralen für Potenzfunktionen
$F_a(x) = 4\cdot\ln\lvert x+1\rvert - \frac{4\cdot(a-1)}{x+1} + c \quad c \in \mathbb{R}$	Termumformung

Kontrolle mit dem CAS:

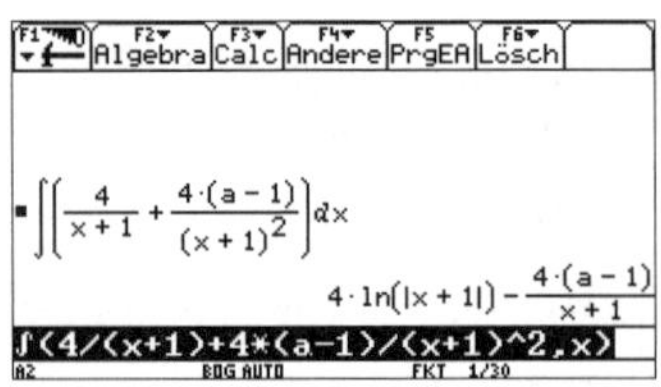

Wegen $F_a'(x) = f_a(x)$ gilt auch $F_a''(x) = f_a'(x)$ und $F_a'''(x) = f_a''(x)$, d. h. die Nullstellen von f_a sind die Extremstellen von F_a und die Extremstellen von f_a sind die Wendestellen von F_a.

Extremstelle von F_a ist die Stelle $x_0 = -a$ mit $a \neq 1$.

Wendestellen von F_a sind die Stellen $x_e = 1 - 2a$ mit $a \neq 1$.

c) Aus der Bedingung $f_0'(0) \cdot f_a'(0) = -1$ ergibt sich

als Lösung: $a = \dfrac{17}{32}$

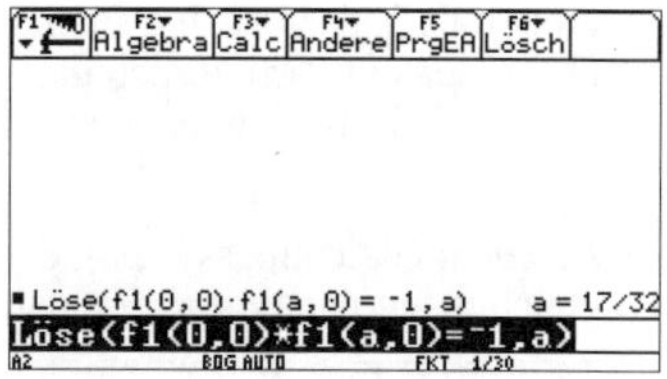

Zur Kontrolle ist eine grafische Darstellung hilfreich.
Sie liefert auch die beiden Tangentengleichungen $y = 4x$ und $y = -0{,}25x + 2{,}125$.
Es ist leicht nachzuprüfen, dass das Produkt der Anstiege wirklich –1 ergibt: $4 \cdot (-0{,}25) = -1$

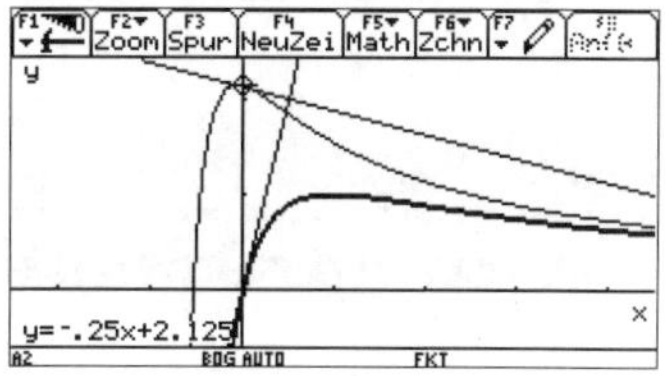

d) Veranschaulichung für f_3 führt zum Ansatz für den Flächeninhalt:

$$A(x_R) = \frac{1}{2} \cdot x_R \cdot f_a(x_R) \text{ mit } x > 0 \text{ und } a > 2$$

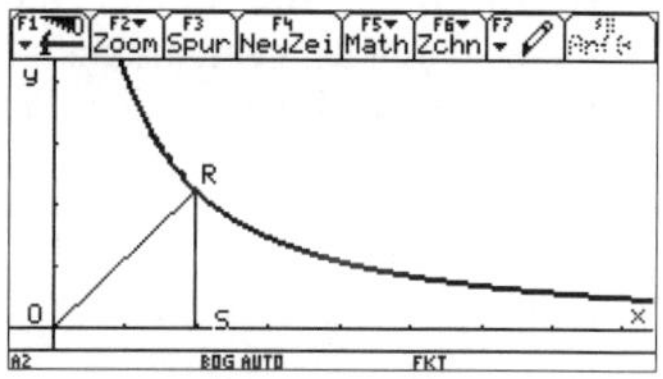

Es ergibt sich als Zielfunktion $A(x_R) = \dfrac{2x \cdot (x+a)}{(x+1)^2}$ mit $x > 0$ und $a > 2$.

Ihre 1. Ableitung ist: $A'(x_R) = \dfrac{-2((a-2)x - a)}{(x+1)^3}$

Die Nullstelle der 1. Ableitung ist eine mögliche Extremstelle $x_{RE} = \dfrac{a}{a-2}$ mit $a > 2$ (notwendige Bedingung).

Die 2. Ableitung der Zielfunktion ergibt für x_{RE}: $A''\left(\dfrac{a}{a-2}\right) = \dfrac{-(a-2)^4}{4 \cdot (a-1)^3}$

Der Faktor $(a-2)^4$ ist wegen des geraden Exponenten immer positiv, ebenso ist $(a-1)^3$ wegen $a > 2$ immer positiv, sodass die zweite Ableitung an der Stelle x_{RE} negativ ist. Es liegt also ein lokales Maximum für den Flächeninhalt des Dreiecks OSR vor.

Durch Probieren findet man, dass die Extremstelle $x_{RE} = \dfrac{a}{a-2}$ für $a = 3$ und $a = 4$ ganzzahlig ist, aber z. B. nicht ganzzahlig ist für $a = 5$ oder $a = 6$.

Zerlegt man $x_{RE} = \frac{a}{a-2} = \frac{a-2+2}{a-2} = 1 + \frac{2}{a-2}$ in zwei Partialbrüche, so ist zu erkennen, dass der Summand $\frac{2}{a-2}$ nur für a = 3 und a = 4 ganzzahlig wird, denn für a > 4 ist der Nenner immer größer als 3, der Bruch also nicht ganzzahlig.

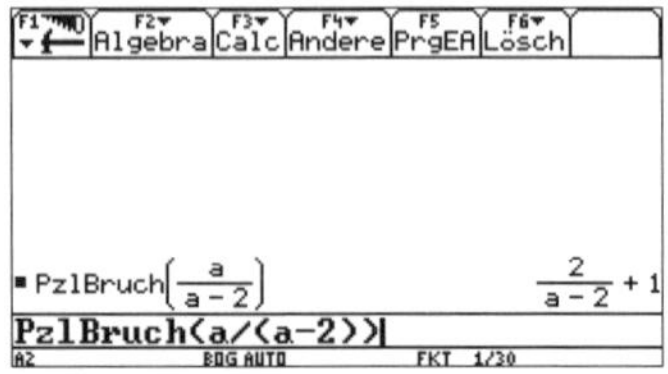

Da der andere Partialbruch ganzzahlig ist, sind a = 3 und a = 4 die einzigen ganzen Zahlen, für die die Extremstelle ebenfalls ganzzahlig ist.

e) Aus dem Gleichungssystem, das durch Einsetzen von $x_1 = 0$ und $x_2 = 1$ in die Funktionsgleichungen von g bzw. f_1 entsteht, werden b = –ln(2) und c = 4 ermittelt.

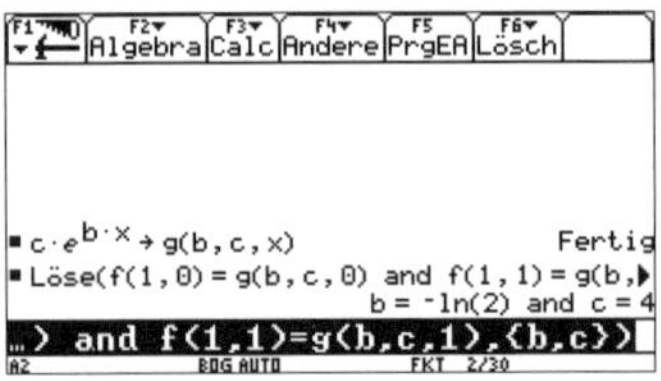

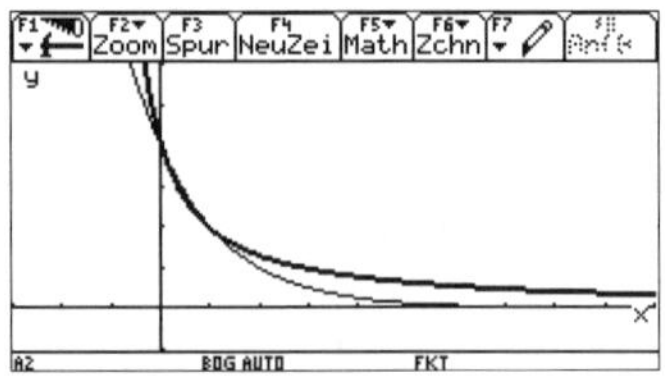

Eine Kontrolle durch die grafische Darstellung bestätigt die gelungene **näherungsweise Beschreibung von f_1** durch $g(x) = 4 \cdot e^{-\ln(2) \cdot x} = 4 \cdot 2^{-x}$ und den Durchgang beider Funktionen durch die gemeinsamen Punkte (0; 4) bzw. (1; 2).
Der Punkt (0; 4) ist auch der Punkt, in dem sich die beiden Funktionen auf der y-Achse schneiden.

Die Anstiege beider Funktionen an der Stelle x = 0 sind $f_1'(0) = -4$ bzw. $g_{-\ln(2);4}(0) = -4 \cdot \ln(2)$.

Einsetzen in $\tan(\varphi) = \frac{m_2 - m_1}{1 + m_1 \cdot m_2}$ ergibt als

Schnittwinkel: $\varphi \approx 5{,}8°$

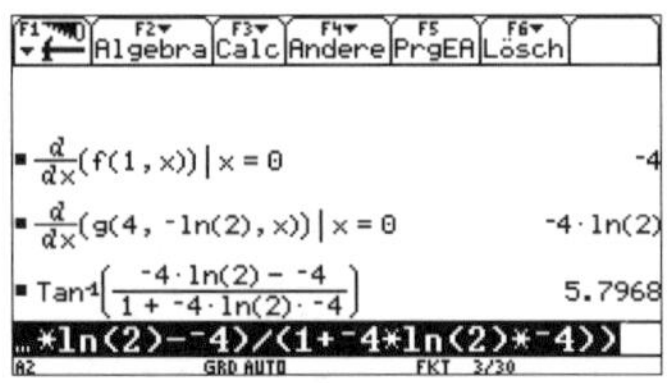

Alternative Lösung

Aus der grafischen Darstellung kann man die beiden Tangentengleichungen und damit die Anstiege an der Stelle x = 0 ermitteln. Damit ergeben sich die Anstiegswinkel der beiden Geraden. Der Schnittwinkel $\varphi \approx 5{,}8$ ergibt sich als Differenzwinkel der Beträge der Anstiegswinkel.

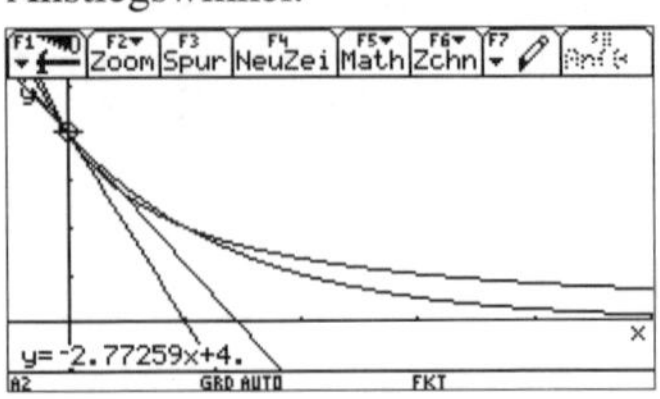

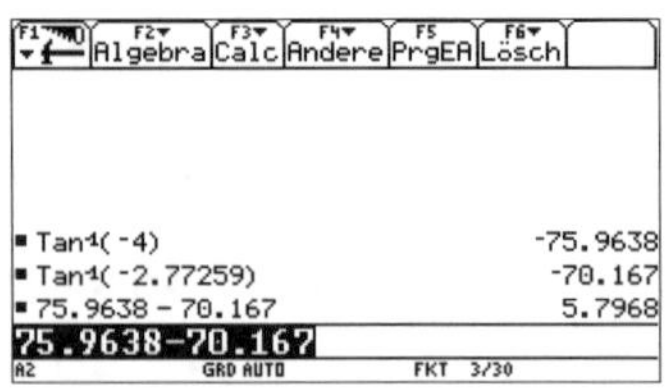

f) Der Term für die n-te Ableitung von f_0 wird unter „abl(n,x)“ gespeichert.

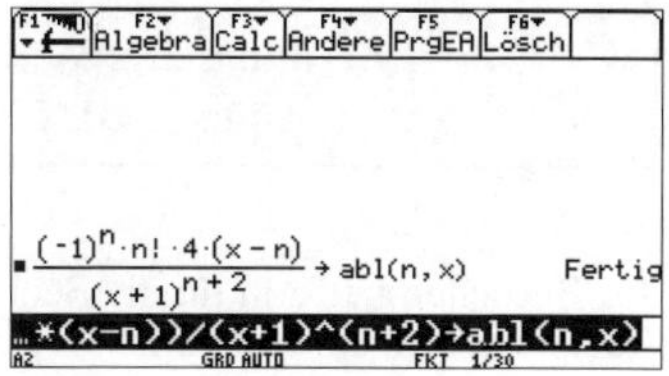

Im Induktionsanfang ist für $n = 1$ nachzuweisen:
$f_0'(x) = abl(1, x)$.
Der Taschencomputer bestätigt diese Aussage.

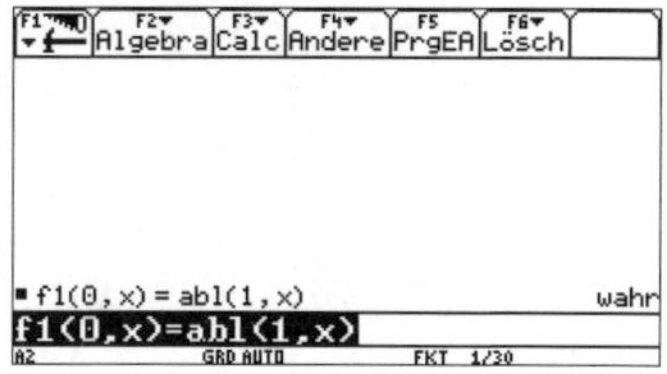

Die Induktionsvoraussetzung setzt die Gültigkeit von $f_0^{(n)}(x)$ für ein beliebiges $n > 0$ voraus. Es ist nachzuweisen, dass dann auch die Aussage für $f_0^{(n+1)}(x)$ richtig ist.

Die $(n+1)$-te Ableitung erhält man durch Bilden der 1. Ableitung der n-ten Ableitung von f_0.

Im Induktionsschritt ist also die Wahrheit von $(abl(n, x))' = abl(n+1, x)$ zu zeigen.
Der Taschencomputer bestätigt auch diese Aussage.

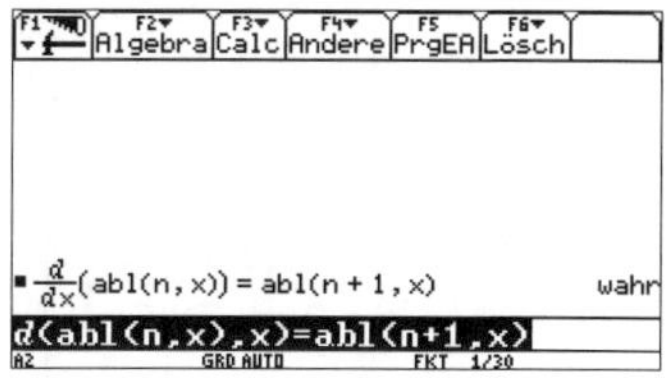

Damit wurde gezeigt, dass die zu beweisende Aussage für $n = 1$ richtig ist und dass sie, falls sie für irgendein $n > 0$ gilt, auch für den Nachfolger $n + 1$ gültig ist. Damit ist sie für alle natürlichen Zahlen $n > 0$ wahr.

Eine ausführliche schriftliche Darstellung des Induktionsbeweises finden Sie vorne auf Seite 2006-24.

Leistungskurs Mathematik (Thüringen): Abiturprüfung 2006
Aufgabe B1: Lineare Algebra/Analytische Geometrie

Als Besucherplattform für die Beobachtung der Nachstellung der Schlacht von Jena und Auerstedt wird ein Holzturm auf einer ebenen Fläche errichtet:

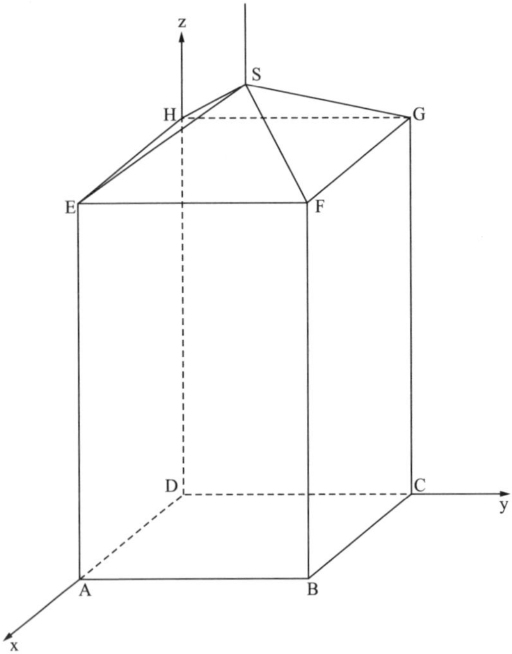

(Skizze nicht maßstäblich)

Er besteht aus einem Quader mit aufgesetzter gerader Pyramide. Die Koordinaten folgender Punkte seien gegeben: A(9; 0; 0), B(9; 12; 0), C(0; 12; 0) und E(9; 0; 20). Eine Einheit im Koordinatensystem betrage einen Meter in der Realität. Die Höhe der Pyramide betrage fünf Meter.

a) Berechnen Sie die Größe des Winkels, den die Dachfläche SFG mit der Grundfläche der Pyramide einschließt! (2 BE)

b) Die Gerade g durch die Dachkante $\overline{SF}$ und die Gerade h durch die Diagonale $\overline{EG}$ verlaufen windschief zueinander.
Berechnen Sie den Abstand beider Geraden! (3 BE)

c) Auf der Spitze der Pyramide stehe eine 3 m hohe Antenne. Die Richtung des Sonnenlichtes werde durch den Vektor $\vec{a} = \begin{pmatrix} 1 \\ 3 \\ -3 \end{pmatrix}$ beschrieben.

Untersuchen Sie, ob der Schatten der Antenne vollständig in der Dachfläche SFG liegt! (4 BE)

d) Von der Dachspitze S aus soll eine gerade Lichterkette so bis zum Boden gespannt werden, dass der Dachfirst $\overline{SE}$ Teil dieser Geraden ist.
Berechnen Sie die Länge der Lichterkette unter Beachtung der Tatsache, dass man für die Befestigung noch ca. 5 % hinzuaddieren muss! (3 BE)

e) Gegeben sei nun die Ebenenschar
$\varepsilon_a : 2a \cdot x + (2a-1) \cdot z - 270 = 0 \quad (a \in \mathbb{R})$.
Beschreiben Sie die Lage der Ebenen dieser Ebenenschar im Koordinatensystem!
Für welches a enthält eine Ebene dieser Schar die Fläche EFS? (4 BE)

f) In der Seitenfläche BCGF liegt ein ebener Reflektor. Außerhalb des Gebäudes befindet sich einen halben Meter über dem Boden ein Scheinwerfer L(12; 16; 0,5). Er ist so abgeschirmt, dass der von ihm ausgehende Lichtstrahl den Reflektor nur im Punkt R(8; 12; 1) trifft.

Begründen Sie, dass das Licht in Richtung $\overrightarrow{RP} = \begin{pmatrix} -4 \\ 4 \\ 0{,}5 \end{pmatrix}$ reflektiert wird!

Auf einem Gartenweg, der 8 m vom Gebäude entfernt und parallel zur Gebäudekante $\overline{BC}$ verläuft, geht ein Mensch, dessen Augenhöhe 1,50 m beträgt.
Untersuchen Sie, ob dieser Mensch vom reflektierten Licht geblendet werden kann! (4 BE)

(20 BE)

Hinweis: Die Skizze erläutert das Reflexionsgesetz.

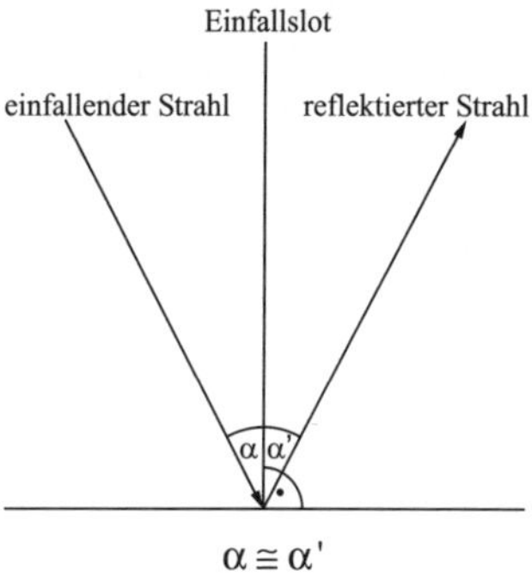

$\alpha \cong \alpha'$

Einfallender Strahl, Einfallslot und reflektierter Strahl liegen in einer Ebene.

Hinweise und Tipps

Die Aufgabenstellungen für die Aufgabe B1 im CAS-Abitur 2006 stimmen mit denen für die Prüfungsteilnehmer ohne CAS-Rechner vollständig überein. Deshalb wird aus Platzgründen nur die Lösung ohne CAS-Rechner ausführlich dargestellt.

Aufgabe a

Ermitteln Sie zunächst die Koordinaten der fehlenden Punkte des Turms und der Antenne.

Es gibt verschiedene Möglichkeiten, den Winkel zu bestimmen, z. B.:

(1) Die Grundfläche EFGH der Pyramide und die Dachfläche SFG liegen in zwei sich schneidenden Ebenen E_{EFG} und E_{SFG}, ihre Schnittgerade ist durch die Punkte F und G bestimmt.

Der gesuchte Winkel stimmt überein mit dem Winkel, den die beiden Ebenen E_{EFG} und E_{SFG} miteinander bilden.

Der Schnittwinkel zwischen zwei Ebenen kann aus dem Winkel, den ihre Normalenvektoren miteinander bilden, bestimmt werden.

Ermitteln Sie die Normalenvektoren der Ebenen E_{EFG} und E_{SFG} und berechnen Sie mithilfe des Skalarprodukts den Winkel, den diese beiden Vektoren miteinander einschließen. Beachten Sie, dass sich ein spitzer Winkel ergeben muss und vergessen Sie nicht, Ihren Rechner auf Gradmaß einzustellen.

(2) Stellen Sie sich eine Ebene vor, die senkrecht zur Grundfläche der Pyramide, sowie durch den Punkt S und den Mittelpunkt M der Kante $\overline{FG}$ verläuft. In dieser Ebene liegt ein rechtwinkliges Stützdreieck MSS'. Der Punkt S' ist der Fußpunkt des Lotes von S in die Fläche EFGH.

In diesem rechtwinkligen Stützdreieck können Sie den gesuchten Winkel α z. B. über $\tan(\alpha)$ berechnen.

Wenn Sie das Stützdreieck maßstabsgerecht zeichnen, haben Sie sogar eine zeichnerische Kontrolle für Ihr rechnerisches Ergebnis.

Aufgabe b

Es gibt verschiedene Lösungsmöglichkeiten, z. B.:

(1) Stellen Sie Geradengleichungen für die beiden Geraden g(SF) und h(EG) auf.

Legen Sie durch eine der beiden Geraden eine Ebene η so, dass diese Ebene η parallel zur anderen Geraden ist. Damit ist jeder Punkt der parallelen Geraden gleich weit von dieser Ebene entfernt und Sie können das Problem zurückführen auf die Berechnung des Abstandes eines Punktes von einer Ebene.

Eine Gleichung für η können Sie mithilfe der Richtungsvektoren der beiden Geraden g und h sowie eines der beiden Stützvektoren finden.

Bilden Sie die Hesse'sche Normalenform (HNF) von η.

Setzen Sie die Koordinaten eines Punktes der zu η parallelen Geraden in die HNF ein und berechnen Sie den Wert d dieses Zahlenterms. Der Betrag von d gibt den Abstand an.

(2) Sie können dem Tafelwerk eine fertige Abstandsformel entnehmen und verwenden:

$d(g, h) = |(\vec{q}_0 - \vec{p}_0) \cdot \vec{n}_0|$

Dabei sind $\vec{q}_0$ und $\vec{p}_0$ Ortsvektoren je eines Punktes auf den Geraden g bzw. h und $\vec{n}_0$ ist der Normaleneinheitsvektor der Ebene, die beide Geraden aufspannen.

Aufgabe c

Es gibt verschiedene Lösungsmöglichkeiten, z. B.:

(1) Sie können das Problem zurückführen auf die Grundaufgabe „Schnitt einer Geraden mit einer Ebene“, denn der Schatten der Antenne endet mit dem „Durchstoßpunkt“ des Sonnenstrahls durch die Ebene E_{FSG}.

Ermitteln Sie den Schnittpunkt der Geraden s_g, die den Sonnenstrahl beschreibt, mit der Ebene E_{FSG}.

Sie können den Richtungsvektor für s_g der Aufgabe entnehmen. Ein fester Punkt von s_g ist durch den Punkt an der Spitze der Antenne gegeben.

Eine Gleichung für die Ebene E_{FSG} können Sie über die drei Punkte F, G und S finden.

Ermitteln Sie aus der Gleichung $s_g(k) = \overrightarrow{OS} + r \cdot \overrightarrow{SF} + s \cdot \overrightarrow{SG}$ die Unbekannten k, s und r. Wenn $r \geq 0$, $s \geq 0$ und $r + s \leq 1$ ist, dann liegt der Schnittpunkt im Dreieck FSG, anderenfalls außerhalb. Prüfen Sie diese Bedingungen.

(2) Ermitteln Sie durch Einsetzen oder Gleichsetzen aus der Geraden- und der Ebenengleichung den Schnittpunkt X von s_g mit E_{FSG}.

Prüfen Sie, ob die Koordinaten von X in der Dachfläche FSG liegen können.

Für diese Überprüfung können Sie sich z. B. überlegen, wie groß die y-Koordinate y_{max} eines Punktes der Dachfläche FSG höchstens sein kann, und y_{max} mit der y-Koordinate von Punkt X vergleichen.

(3) Zeichnen Sie einen maßstabsgerechten Aufriss des Turmes mit der Antenne in der y-z-Ebene.

Zeichnen Sie von der Antennenspitze aus auch den maßstabsgerechten Aufriss des Richtungsvektors.

Setzen Sie dazu die x-Koordinate des Richtungsvektors gleich null.

Zeichnen Sie nun den Verlauf des Sonnenstrahls im Aufriss und kontrollieren Sie, ob der Strahl den Aufriss der Dachfläche FSG schneidet.

Aufgabe d

(1) Sie können die Grundaufgabe „Schnitt einer Geraden mit einer Ebene“ anwenden.

Die Gerade ℓ_k, auf der die Lichterkette liegt, lässt sich z. B. durch den festen Punkt S und den Richtungsvektor $\overrightarrow{SE}$ beschreiben.

Es interessiert der Durchstoßpunkt Y von ℓ_k mit der x-y-Ebene (mit der Gleichung $z = 0$).

Bestimmen Sie mithilfe von $z = 0$ den zugehörigen Parameter in der Geradengleichung von ℓ_k.

Mit diesem Parameter können Sie die anderen Koordinaten des Durchstoßpunktes Y ermitteln.

Den Abstand a der Punkte S und Y können Sie als Betrag des Vektors $\overrightarrow{SY}$ berechnen.

Die Länge der Lichterkette muss dann wegen der 5 % Zugabe 1,05a sein.

(2) Stellen Sie sich eine schneidende Ebene durch den Turm längs der Punkte S, E und G vor.

Sie erhalten eine Strahlensatzfigur mit dem Zentrum Y und den Parallelen $\overline{AE}$ und $\overline{SS''}$. S" ist der Fußpunkt des Lotes von S in die Fläche ABCD.

$\overline{SY}$ können Sie als einen Strahlenabschnitt in dieser Figur mit dem Strahlensatz und dem Satz des Pythagoras berechnen.

Aufgabe e

- Die Gleichung der Ebenenschar ε_a enthält keine y-Koordinate. Aus dieser Eigenschaft können Sie eine Beschreibung der Lage der Ebenenschar ableiten.
- Wenn eine der Koordinaten x, y oder z in einer Koordinatengleichung $ax + by + cz = d$ fehlt, so ist die Ebene parallel zur entsprechenden Koordinatenachse bzw. senkrecht zu der Koordinatenebene, die durch die beiden anderen Achsen aufgespannt wird.
- Um zu überprüfen, für welches a eine Ebene dieser Schar die Fläche EFS enthält, können Sie eine Koordinatengleichung der Ebene E_{EFS} aufstellen und durch Koeffizientenvergleich den zugehörigen Wert von a ermitteln.
- Alternativ können Sie die Koordinaten der Punkte E, F, S in die Gleichung von ε_a einsetzen und die zugehörigen Werte von a ausrechnen. Stimmen sie überein, so haben Sie den gesuchten Parameterwert für a gefunden.

Aufgabe f

- Zur Begründung der Reflektionsrichtung vergleichen Sie den Vektor $\overrightarrow{RP}$ des ausfallenden Lichtes mit dem Vektor $\overrightarrow{LR}$ des einfallenden Lichtstrahls. Beide Vektoren müssen mit dem Vektor $\vec{w}$ des Einfallslotes in ein und derselben Ebene liegen und mit $\vec{w}$ gleich große Winkel einschließen.
- Das Einfallslot muss senkrecht zur Seitenfläche BCGF sein, also parallel zur y-Achse verlaufen.
- Der Vektor $\vec{w}$ kann angegeben werden durch $\vec{w} = \begin{pmatrix} 0 \\ 1 \\ 0 \end{pmatrix}$.
- Berechnen und vergleichen Sie mithilfe des Skalarprodukts die Winkel zwischen $\vec{w}$ und $\overrightarrow{RP}$ bzw. zwischen $\vec{w}$ und $\overrightarrow{RL}$.
- Drei Vektoren liegen in ein und derselben Ebene, wenn sie linear abhängig voneinander sind. Überprüfen Sie das für die Vektoren $\overrightarrow{RP}, \overrightarrow{LR}$ und $\vec{w}$.
- *Alternativ* können Sie auch überprüfen, ob die Addition der beiden gleich langen Vektoren $\overrightarrow{RP}$ und $\overrightarrow{RL}$ ein Vielfaches des Vektors $\vec{w}$ ergibt, denn in diesem Falle ist $\vec{w}$ der winkelhalbierende Vektor, der durch die Vektoraddition zudem mit den beiden anderen Vektoren in ein und derselben Ebene liegt.
- Alle Punkte M auf Augenhöhe des Menschen in 8 m Entfernung von der Seitenfläche BCGF haben die Koordinaten M(x; 20; 1,5).
- Prüfen Sie, ob diese Punkte M auf der Geraden g(RP) liegen.
- *Alternativ* können Sie untersuchen, ob sich die Geraden g(RP) und $g(M_1M_2)$ schneiden. Dabei sind M_1 und M_2 zwei Punkte aus der Menge M(x; 20; 1,5).
- Stellen Sie beide Geradengleichungen auf, setzen Sie diese gleich und überprüfen Sie das Gleichungssystem auf Lösbarkeit.
- *Alternativ* oder *zur Kontrolle* können Sie das Problem anschaulich durch eine maßstabsgerechte Projektion in die y-z-Ebene lösen.

Lösungen

a) **Winkel zwischen Dachfläche SFG und Grundfläche EFGH der Pyramide**

Der Schnittwinkel α zweier Ebenen lässt sich nach der Formel

$$\cos\alpha = \left| \frac{\vec{n}_1 \cdot \vec{n}_2}{|\vec{n}_1| \cdot |\vec{n}_2|} \right|$$

berechnen, wobei $\vec{n}_1$ und $\vec{n}_2$ die Normalenvektoren der beiden Ebenen sind.

Der Normalenvektor $\vec{n}_1$ der Grundfläche lässt sich sofort angeben, da die Grundfläche parallel zur xy-Ebene liegt. Es gilt $\vec{n}_1 = \begin{pmatrix} 0 \\ 0 \\ 1 \end{pmatrix}$, der Vektor ist parallel zur z-Achse. Den Normalenvektor $\vec{n}_2$ gewinnt man aus der Ebenengleichung der Dachfläche.

$\varepsilon(SFG)\colon \vec{x} = \overrightarrow{OS} + r\,\overrightarrow{SF} + s\,\overrightarrow{SG},\quad r, s \in \mathbb{R}$ Parameterform

$$\vec{x} = \begin{pmatrix} 4{,}5 \\ 6 \\ 25 \end{pmatrix} + r\begin{pmatrix} 4{,}5 \\ 6 \\ -5 \end{pmatrix} + s\begin{pmatrix} -4{,}5 \\ 6 \\ -5 \end{pmatrix}$$

mit S(4,5; 6; 25), F(9; 12; 20), G(0; 12; 20).

$$\begin{array}{lrcl|l|l}
(1) & x &=& 4{,}5 + 4{,}5r - 4{,}5s & \cdot 6 & \cdot 5 \\
(2) & y &=& 6 + 6r + 6s & \cdot 4{,}5 + & \\
(3) & z &=& 25 - 5r - 5s & & \cdot 4{,}5 - \\
\hline
(2) & 6x + 4{,}5y &=& 54 + 54r & \cdot 45 & \\
(3) & 5x - 4{,}5z &=& -90 + 45r & \cdot 54 - & \\
\hline
 & 202{,}5y + 243z &=& 7\,290 & :40{,}5 & \\
 & 5y + 6z &=& 180 & \text{parameterfrei} &
\end{array}$$

Aus dieser Koordinatengleichung der Ebene ist der Normalenvektor $\vec{n}_2$ direkt ablesbar:

$$\vec{n}_2 = \begin{pmatrix} 0 \\ 5 \\ 6 \end{pmatrix}$$

Außerdem erkennt man ihre parallele Lage zur x-Achse.

Alternative Lösung

$\vec{n}_2^* = \overrightarrow{SF} \times \overrightarrow{SG}$ Vektorprodukt

$$= \begin{pmatrix} 4{,}5 \\ 6 \\ -5 \end{pmatrix} \times \begin{pmatrix} -4{,}5 \\ 6 \\ -5 \end{pmatrix} = \begin{pmatrix} 0 \\ 45 \\ 54 \end{pmatrix} = 9 \cdot \begin{pmatrix} 0 \\ 5 \\ 6 \end{pmatrix}, \quad \vec{n}_2 = \begin{pmatrix} 0 \\ 5 \\ 6 \end{pmatrix}$$

$$\cos\alpha = \left| \frac{0 \cdot 0 + 0 \cdot 5 + 1 \cdot 6}{1 \cdot \sqrt{25 + 36}} \right| = \frac{6}{\sqrt{61}} \approx 0{,}7682 \Rightarrow \alpha \approx 39{,}81°$$

Die Dachfläche SFG schließt mit der Grundfläche EFGH der Pyramide einen Winkel von etwa 39,81° ein.

Alternative Lösung

Legt man durch die Spitze S der Pyramide und den Mittelpunkt M der Kante $\overline{FG}$ senkrecht zur Grundfläche EFGH einen ebenen Schnitt, so erhält man ein rechtwinkliges Stützdreieck MSS' (S' ist Fußpunkt des Lotes von S in der Grundfläche), in dem der gesuchte Neigungswinkel α der Dachfläche zur Grundfläche über $\tan\alpha$ zu berechnen ist.

Prinzipskizze:

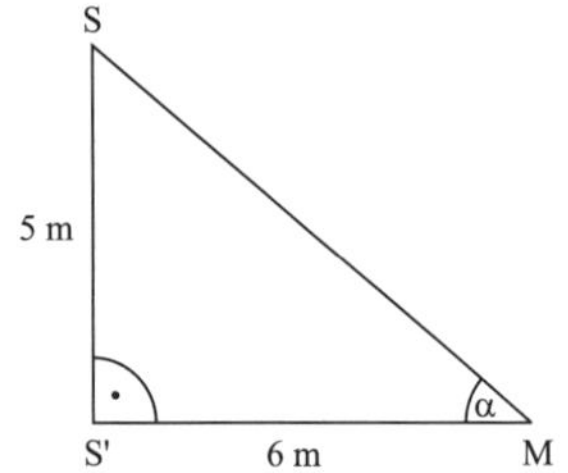

$$\tan\alpha = \frac{5}{6} \approx 0{,}8333$$
$$\alpha \approx 39{,}81°$$

Lösungshinweise für das CAS-Abitur

Ordner B1 einrichten.

Ortsvektoren der Punkte eingeben.

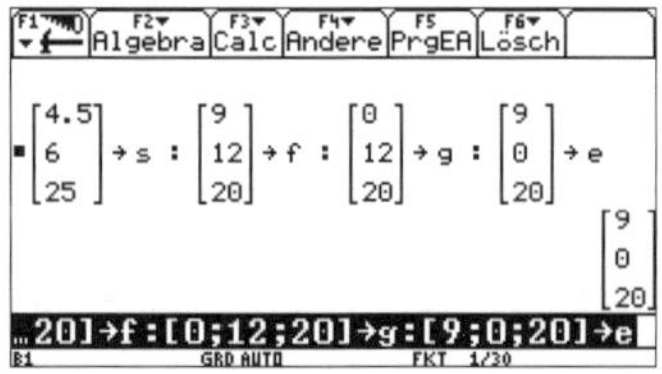

Normalenvektoren ermitteln und abspeichern, Winkel berechnen.

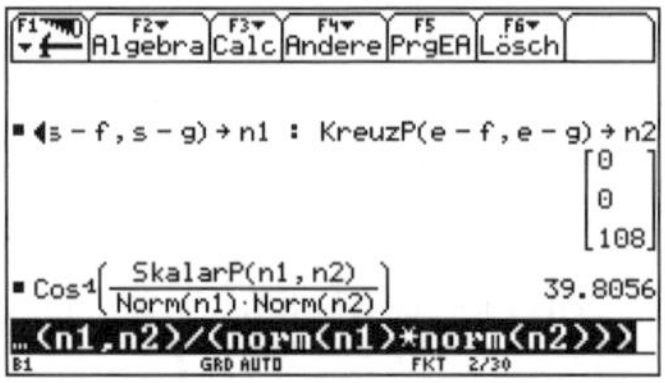

b) **Abstand der windschiefen Geraden g und h**

$$g(SF):\quad \vec{x} = \overrightarrow{OS} + t_1\overrightarrow{SF} = \begin{pmatrix} 4{,}5 \\ 6 \\ 25 \end{pmatrix} + t_1\begin{pmatrix} 4{,}5 \\ 6 \\ -5 \end{pmatrix},\quad t_1 \in \mathbb{R}$$

$$h(EG):\quad \vec{x} = \overrightarrow{OE} + t_2\overrightarrow{EG} = \begin{pmatrix} 9 \\ 0 \\ 20 \end{pmatrix} + t_2\begin{pmatrix} -9 \\ 12 \\ 0 \end{pmatrix},\quad t_2 \in \mathbb{R}$$

$$\vec{n} = \begin{pmatrix} 4{,}5 \\ 6 \\ -5 \end{pmatrix} \times \begin{pmatrix} -9 \\ 12 \\ 0 \end{pmatrix} = \begin{pmatrix} 60 \\ 45 \\ 108 \end{pmatrix}$$

$$\vec{n}_0 = \frac{1}{\sqrt{60^2 + 45^2 + 108^2}} \cdot \begin{pmatrix} 60 \\ 45 \\ 108 \end{pmatrix} = \frac{1}{3\sqrt{1921}} \cdot \begin{pmatrix} 60 \\ 45 \\ 108 \end{pmatrix}$$ Normaleneinheitsvektor

$$d(g, h) = |\ (\vec{q} - \vec{p}) \cdot \vec{n}_0\ | = \left| \left[\begin{pmatrix} 9 \\ 0 \\ 20 \end{pmatrix} - \begin{pmatrix} 4,5 \\ 6 \\ 25 \end{pmatrix} \right] \cdot \frac{1}{3\sqrt{1921}} \cdot \begin{pmatrix} 60 \\ 45 \\ 108 \end{pmatrix} \right| \quad \text{mit } \vec{q} = \overrightarrow{OE} \text{ und } \vec{p} = \overrightarrow{OS}$$

$$= \left| \begin{pmatrix} 4,5 \\ -6 \\ -5 \end{pmatrix} \cdot \begin{pmatrix} 60 \\ 45 \\ 108 \end{pmatrix} \cdot \frac{1}{3\sqrt{1921}} \right| = \left| \frac{-540}{3\sqrt{1921}} \right| = \frac{180}{\sqrt{1921}} \approx 4{,}11 \text{ LE} \mathrel{\hat{=}} 4{,}11 \text{ m}$$

Der Abstand beider Geraden beträgt etwa 4,11 m.

Alternative Lösung

Jeder Punkt der parallelen Geraden g(SF) zur Ebene η, die die Gerade h(EG) enthält, hat denselben Abstand zur Ebene η. Damit lässt sich der Abstand eines Punktes (z. B. S(4,5; 6; 25)) von der Ebene η mithilfe der Hesse'schen Normalenform (HNF) berechnen.

$$\eta:\ 60x + 45y + 180z = d \qquad \text{mit } \vec{n} = \begin{pmatrix} 60 \\ 45 \\ 108 \end{pmatrix}$$

$E(9; 0; 20) \in \eta$:

$$60 \cdot 9 + 45 \cdot 0 + 108 \cdot 20 = d = 2\,700$$

$$\frac{60x + 45y + 108z - 2\,700}{3\sqrt{1921}} = 0 \qquad \text{HNF von } \eta$$

Abstand Punkt-Ebene:

$$d(S, \eta) = \left| \frac{60 \cdot 4{,}5 + 45 \cdot 6 + 108 \cdot 25 - 2\,700}{3\sqrt{1921}} \right| = \frac{540}{3\sqrt{1921}} \approx 4{,}11 \text{ LE}$$

Lösungshinweise für das CAS-Abitur

Lösung mit der Abstandsformel.

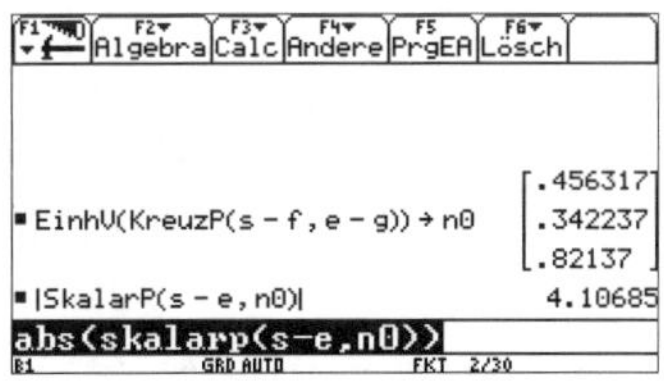

c) **Schatten der Antenne**

Eine Antenne, die 3 m über die Spitze der Pyramide hinausragt, wirft ihren Schatten in die Dachfläche SFG. Ob dieser Schatten vollständig im Inneren dieser Dachfläche (= Dreiecksfläche) liegt, soll nun durch die Lage des Durchstoßpunktes des Schattens durch die Ebene der Dachfläche geprüft werden.

$$s_g:\ \vec{x} = \overrightarrow{OU} + t_3\,\vec{a} = \begin{pmatrix} 4,5 \\ 6 \\ 28 \end{pmatrix} + t_3 \begin{pmatrix} 1 \\ 3 \\ -3 \end{pmatrix}, \quad t_3 \in \mathbb{R} \text{ – Gerade des Sonnenlichts}$$

mit U(4,5; 6; 28) Antennenspitze und $\vec{a} = \begin{pmatrix} 1 \\ 3 \\ -3 \end{pmatrix}$ Richtungsvektor des Sonnenlichts

Schnitt von $\varepsilon(SFG)$ und s_g:

$$\begin{array}{ll|l}
(1) & 4{,}5+4{,}5r-4{,}5s = 4{,}5+t_3 & \\
(2) & 6+6r+6s = 6+3t_3 & \\
(3) & 25-5r-5s = 28-3t_3 & \\
\hline
(1) & 4{,}5r-4{,}5s-t_3 = 0 & \cdot 4 \quad \cdot 10 \\
(2) & 6r+6s-3t_3 = 0 & \cdot 3- \\
(3) & -5r-5s+3t_3 = 3 & \cdot 9+ \\
\hline
(1) & 4{,}5r-4{,}5s-t_3 = 0 & \\
(2) & -36s+5t_3 = 0 & \cdot 5 \\
(3) & -90s+17t_3 = 27 & \cdot 2- \\
\hline
(1) & 4{,}5r-4{,}5s-t_3 = 0 & \Rightarrow r = \frac{13}{6} \\
(2) & -36s+5t_3 = 0 & \Rightarrow s = \frac{5}{6} \\
(3) & -9t_3 = -54 & \Rightarrow t_3 = 6
\end{array}$$

Q: $\vec{x} = \begin{pmatrix} 4{,}5 \\ 6 \\ 28 \end{pmatrix} + 6\begin{pmatrix} 1 \\ 3 \\ -3 \end{pmatrix} = \begin{pmatrix} 10{,}5 \\ 24 \\ 10 \end{pmatrix}$, Q(10,5; 24; 10) Durchstoßpunkt

Liegt nun der Schatten vollständig in der Dachfläche SFG?

Die Dachfläche SFG liegt in der Ebene $\varepsilon(SFG)$: $\vec{x} = \overrightarrow{OS} + r \cdot \overrightarrow{SF} + s \cdot \overrightarrow{SG}$ (siehe bei a)

Skizze zur Veranschaulichung:

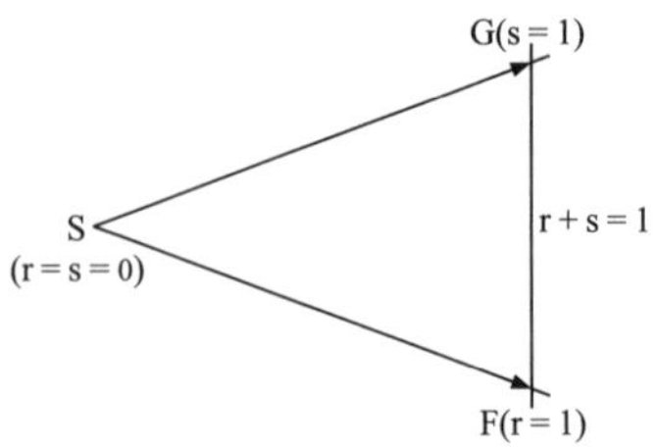

Die Parameter r und s beschreiben die Punktmenge der Ebene. Für $r \geq 0$ und $s \geq 0$ liegen die Punkte der Ebene im Winkelraum zwischen $\overrightarrow{SF}$ und $\overrightarrow{SG}$. Für $r + s = 1$ liegen alle Punkte auf der Geraden FG. Für $r, s \geq 0$ <u>und</u> $r + s \leq 1$ wird die Punktmenge eingeschränkt auf die Punkte des Δ SFG.

Im vorliegenden Fall ist $r = \frac{13}{6} > 0$, $s = \frac{5}{6} > 0$ und $r + s = \frac{18}{6} = 3 > 1$, d. h. Q liegt nicht im Inneren des Δ SFG. Demnach liegt der Schatten nicht vollständig in der Dachfläche SFG.

Alternative Lösung

Beurteilt wird die Lage des Punktes Q(10,5; 24; 10) allein nach der Größe seiner Koordinaten.
Von der Antennenspitze U aus gesehen liegt der Punkt Q „hinter" der Ebene ABFE (Vorderfläche des Quaders) mit $x = 9 < 10{,}5 = x_Q$, ebenfalls „hinter" der Ebene BCGF (Seitenfläche des Quaders) mit $y = 12 < 24 = y_Q$ und „unterhalb" der Ebene EFGH (Grundfläche der Pyramide) mit $z = 20 > 10 = z_G$. Damit kann der Punkt Q nicht „innerhalb" der Dachfläche SFG liegen, d. h. der Antennenschatten ragt über diese hinaus.

Lösungshinweise für das CAS-Abitur

Speichern Sie die Geradengleichung für den Sonnenstrahl ab. Sie brauchen die Ebenengleichung gar nicht anzugeben, sondern nur den Schnitt beider Punktmengen zu ermitteln.

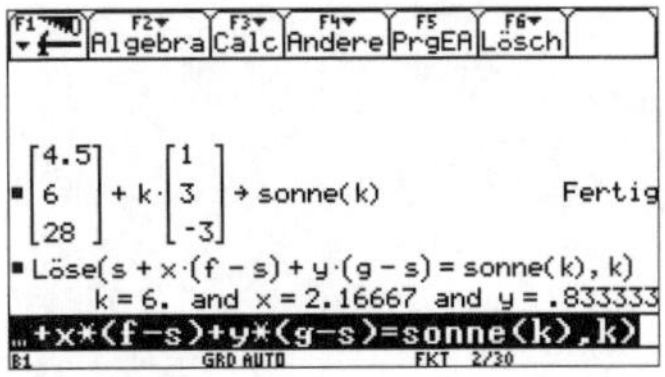

Eine inhaltliche Interpretation des Ergebnisses geht natürlich nur ohne Rechner.

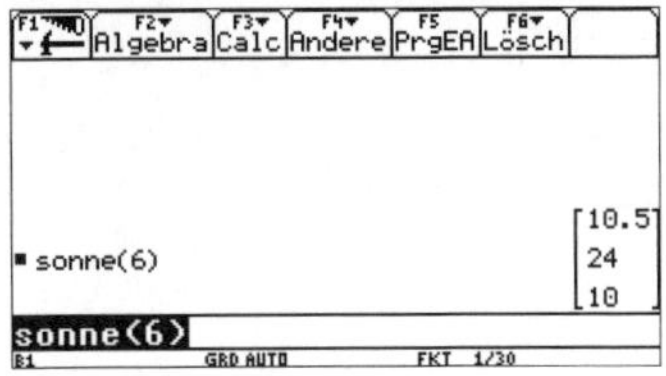

d) **Länge der Lichterkette**

Die Lichterkette ℓ_k wird von der Dachspitze S in Richtung der Dachkante $\overline{SE}$ bis zum Boden gespannt, wo sie dort im Punkt T verankert wird. Die Strecke $\overline{ST}$ ist dann die gesuchte Länge der Lichterkette.

$$\ell_k\colon\quad \vec{x} = \overrightarrow{OS} + \ell \cdot \overrightarrow{SE}, \quad \ell \in \mathbb{R}$$
$$= \begin{pmatrix} 4{,}5 \\ 6 \\ 25 \end{pmatrix} + \ell \cdot \begin{pmatrix} 4{,}5 \\ -6 \\ -5 \end{pmatrix}$$

Am Boden (Grundfläche des Quaders) gilt $z = 0$.

$$\begin{array}{lll|l} (1) & x = 4{,}5 + 4{,}5\ell & & \Rightarrow\ x = 27 \\ (2) & y = \ \ 6 - \ \ 6\ell & & \Rightarrow\ y = -24 \\ (3) & z = 25 - \ \ 5\ell = 0 & & \Rightarrow\ \ell = 5 \end{array}$$

In T(27; –24; 0) wird die Lichterkette am Boden verankert, T entspricht dem Durchstoßpunkt mit der xy-Ebene ($z = 0$).

$$\overrightarrow{ST} = \begin{pmatrix} 22{,}5 \\ -30 \\ -25 \end{pmatrix}, \quad |\overrightarrow{ST}| = \sqrt{22{,}5^2 + 30^2 + 25^2} \approx 45{,}07 \text{ LE} \mathrel{\hat{=}} 45{,}07 \text{ m}$$

Gibt man noch 5 % der Länge zur Befestigung hinzu, erhält man $45{,}07\text{ m} \cdot 1{,}05 \approx 47{,}32\text{ m}$ für die Länge der Lichterkette.

Alternative Lösung

Führt man durch den Turm entlang der Dachkante $\overline{SE}$ und längs der Diagonalen $\overline{EG}$ der Pyramidengrundfläche einen ebenen Schnitt, so erhält die Schnittfläche die gesuchte Länge der Lichterkette $\overline{ST}$. Die dabei entstehende Strahlensatzfigur mit dem Zentrum T am Boden ist in nachfolgender Skizze (nicht maßstäblich) dargestellt.

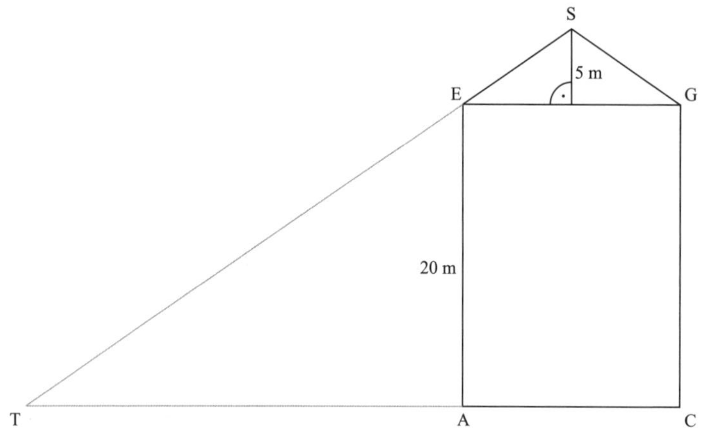

$$(*) \qquad \overline{ST} : \overline{ET} = 25 : 20 \qquad \text{Strahlensatz}$$

$$(\overline{SE} + \overline{ET}) : \overline{ET} = 5 : 4 \qquad \text{mit} \quad \overline{ST} = \overline{SE} + \overline{ET}$$

$$5 \cdot \overline{ET} = 4 \cdot (\overline{SE} + \overline{ET})$$

$$\overline{ET} = 4 \cdot \overline{SE} \qquad \text{wobei } \overline{SE} = \sqrt{\left(\frac{\overline{EG}}{2}\right)^2 + 5^2}$$

$$\text{und} \quad \overline{EG} = \sqrt{9^2 + 12^2} = 15 \text{ LE}$$

(Diagonale der Grundfläche EFGH)

$$\text{also} \quad \overline{SE} = \sqrt{7{,}5^2 + 5^2} = \sqrt{81{,}25} \text{ LE}$$

$$\overline{ET} = 4 \cdot \sqrt{81{,}25} \text{ LE}$$

Aus (*) folgt: $\overline{ST} = \frac{5}{4} \cdot \overline{ET} = \frac{5}{4} \cdot 4 \cdot \sqrt{81{,}25}$ LE

$$= 5 \cdot \sqrt{81{,}25} \text{ LE} \approx 45{,}07 \text{ LE} \mathrel{\hat{=}} 45{,}07 \text{ m}$$

Bei 5 %iger Verlängerung ergibt sich eine Länge von etwa 47,32 m.

Lösungshinweise für das CAS-Abitur

Stellen Sie die Geradengleichung licht(v) für den Lichtstrahl auf.
Wenn Sie in der letzten Zeile der Geradengleichung $z = 25 - 5v = 0$ setzen (Schnittbedingung) ergibt sich $v = 5$.
Damit ist der Abstand des Durchstoßpunktes licht(5) zur Antennenspitze S inklusive 5 %iger Zugabe über den Betrag des zugehörigen Vektors zu berechnen.

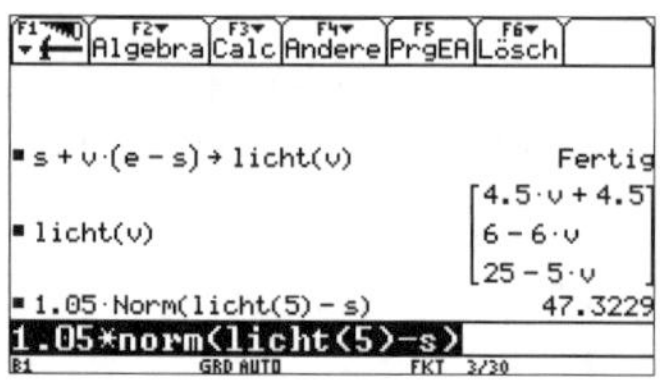

e) **Ebenenschar**

ε_a: $2a \cdot x + (2a-1) \cdot z - 270 = 0, \quad a \in \mathbb{R}$

Die allgemeine Koordinatengleichung einer Ebene lautet $ax + by + cz = d$, falls die Koeffizienten a, b, c nicht alle null sind.

Laut Aufgabenstellung liegt hier ein Sonderfall der Ebenengleichung vor: $ax + cz = d$ *(Bemerkung: dieses a ist nicht identisch mit dem a in der Aufgabenstellung!).*
Alle Ebenen der Schar ε_a liegen parallel zur y-Achse ($x = 0$ und $z = 0$), denn es gibt keinen Wert $y \in \mathbb{R}$, sodass Punkte der Form P(0; y; 0) auf ε_a liegen würden. Für $a = 0$ liegt die Ebene ε_0: $z = -270$ noch zusätzlich parallel zur x-Achse und damit parallel zur xy-Ebene.

Berechnung von a für die Fläche EFS

$$\varepsilon(EFS): \quad \vec{x} = \overrightarrow{OE} + v \cdot \overrightarrow{EF} + w \cdot \overrightarrow{ES}, \quad v, w \in \mathbb{R}$$

$$= \begin{pmatrix} 9 \\ 0 \\ 20 \end{pmatrix} + v \cdot \begin{pmatrix} 0 \\ 12 \\ 0 \end{pmatrix} + w \cdot \begin{pmatrix} -4{,}5 \\ 6 \\ 5 \end{pmatrix}$$

$$\begin{array}{llll} (1) & x = 9 & -4{,}5w & \cdot 5 \\ (2) & y = & 12v + 6w & \\ (3) & z = 20 & + 5w & \cdot 4{,}5 + \\ \hline & 5x + 4{,}5z = 135 & & \text{parallel zur y-Achse} \end{array}$$

Der Koeffizientenvergleich dieser Ebene $\varepsilon(EFS)$ mit ε_a liefert die Lösung für a:

$$\begin{array}{ll} \varepsilon_a: & 2a \cdot x + (2a-1) \cdot z = 270 \\ \varepsilon(EFS): & 10x + \quad 9 \cdot z = 270 \\ \hline & 2a = 10 \text{ bzw. } 2a - 1 = 9 \;\Rightarrow\; a = 5 \end{array}$$

Für $a = 5$ ist die Fläche EFS in der Ebenenschar ε_a enthalten.

Lösungshinweise für das CAS-Abitur

Speichern Sie die Gleichung der Ebene.
Prüfen Sie, für welche Werte des Parameters a die Punkte E(9; 0; 20), F(9; 12; 20) und S(4,5; 6; 25) die Ebenengleichung erfüllen.
Es sind nur zwei Rechnungen notwendig, da die y-Koordinate keine Rolle spielt. E und F stimmen in den x- bzw. z-Koordinaten überein.

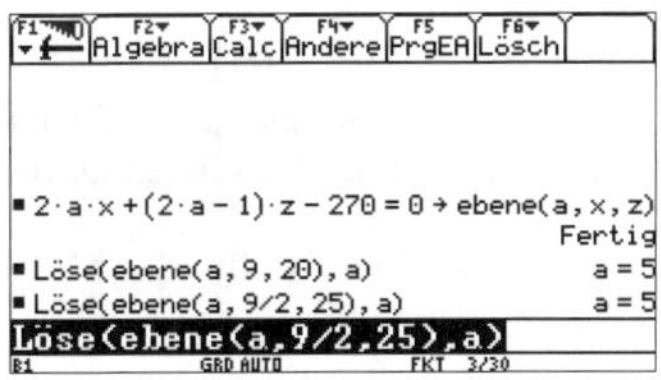

f) **Reflexion des Lichtes in Richtung $\overrightarrow{RP}$**

Zu begründen ist, dass der Lichtstrahl von L ausgehend vom Reflektor R in Richtung $\overrightarrow{RP}$ reflektiert wird.
Nach dem Reflexionsgesetz ist der Einfallswinkel α gleich dem Reflexionswinkel α'.

$$\cos\alpha = \left| \frac{\overrightarrow{LR} \cdot \vec{b}}{|\overrightarrow{LR}| \cdot |\vec{b}|} \right| \quad \text{mit} \quad \overrightarrow{LR} = \begin{pmatrix} -4 \\ -4 \\ 0{,}5 \end{pmatrix}$$ Vektor in Richtung des einfallenden Lichts

$$\vec{b} = \begin{pmatrix} 0 \\ 1 \\ 0 \end{pmatrix}$$ Vektor in Richtung des Einfallslotes (parallel zur y-Achse)

$$\cos\alpha = \left| \frac{-4}{\sqrt{32,25 \cdot 1}} \right| = \frac{4}{\sqrt{32,25}} \quad \Rightarrow \quad \alpha \approx 45,22°$$

$$\cos\alpha' = \left| \frac{\overrightarrow{RP} \cdot \vec{b}}{|\overrightarrow{RP}| \cdot |\vec{b}|} \right| \quad \text{mit } \overrightarrow{RP} = \begin{pmatrix} -4 \\ 4 \\ 0,5 \end{pmatrix} \quad \text{Vektor in Richtung des reflektierten Lichts}$$

$$\cos\alpha' = \left| \frac{4}{\sqrt{32,25 \cdot 1}} \right| = \frac{4}{\sqrt{32,25}}, \qquad \alpha' \approx 45,22°.$$

Weiter müssen die 3 Vektoren $\overrightarrow{RP}, \vec{b}$ und $\overrightarrow{LR}$ in einer Ebene liegen:

$$\overrightarrow{RP}, \vec{b} \text{ und } \overrightarrow{LR} \text{ linear abhängig} \Leftrightarrow \det \begin{vmatrix} -4 & 0 & -4 \\ -4 & 1 & 4 \\ 0,5 & 0 & 0,5 \end{vmatrix} = 0 \Leftrightarrow -2-(-2) = 0$$

Da die 3 Vektoren $\overrightarrow{RP}, \vec{b}$ und $\overrightarrow{LR}$ in einer Ebene liegen und $\alpha = \alpha' \approx 45,22°$ gilt, wird das Licht in Richtung $\overrightarrow{RP}$ reflektiert.

Untersuchung der Blendwirkung

Um die Blendwirkung des reflektierten Lichtstrahls auf den Menschen zu prüfen, genügt zu zeigen, dass die Punkte auf Augenhöhe des Menschen nicht auf der Geraden RP liegen.

$$g(RP): \quad \vec{x} = \overrightarrow{OR} + \lambda \cdot \overrightarrow{RP} = \begin{pmatrix} 8 \\ 12 \\ 1 \end{pmatrix} + \lambda \cdot \begin{pmatrix} -4 \\ 4 \\ 0,5 \end{pmatrix}, \quad \lambda \in \mathbb{R}$$

M(x; 20; 1,5) Punkte in Augenhöhe des Menschen, der sich 8 m vom Gebäude entfernt parallel zur Gebäudekante $\overline{BC}$ bewegt.

Ist $M \in g(RP)$?

$$\begin{array}{lrcl|l} (1) & x & = & 8 - 4\lambda & \\ (2) & 20 & = & 12 + 4\lambda & \cdot 1 \\ (3) & 1,5 & = & 1 + 0,5\lambda & \cdot 8 - \\ \hline & 8 & = & 4 & \text{Wsp.} \end{array}$$

Damit liegt M nicht auf g(RP), d. h. der Mensch wird nicht geblendet, unabhängig von der Stelle x auf der Parallelen zum Gebäude.

Lösungshinweise für das CAS-Abitur

Zeigen Sie $|\overrightarrow{RP}| = |\overrightarrow{RL}|$ und überprüfen Sie, ob der winkelhalbierende Vektor $\overrightarrow{RP} + \overrightarrow{RL}$ ein Vielfaches des Vektors $\vec{w} = \begin{pmatrix} 0 \\ 1 \\ 0 \end{pmatrix}$ ist.

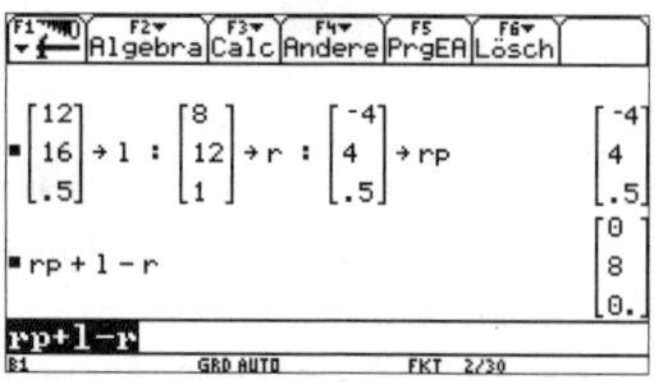

Führen Sie die Annahme, dass sich die Geraden g(RP) und $g(M_1M_2)$ schneiden, zu einem Widerspruch. Damit haben Sie nachgewiesen, dass der Mensch vom reflektierten Lichtstrahl nicht geblendet wird.

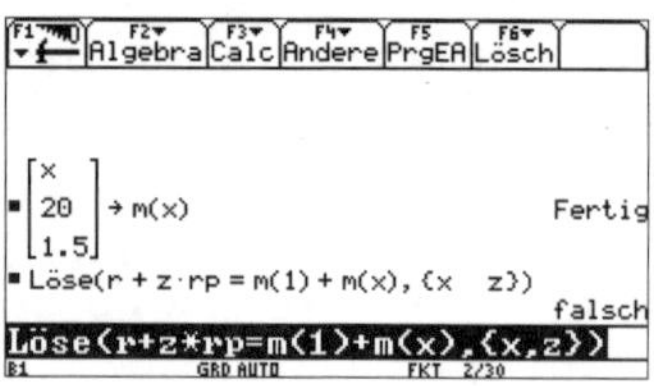

Leistungskurs Mathematik (Thüringen): Abiturprüfung 2006
Aufgabe B2: Stochastik / Wahrscheinlichkeitsrechnung

1 Auf einem Flughafen werden die aufgegebenen Gepäckstücke unabhängig voneinander auf ein Förderband gelegt. Die Wahrscheinlichkeit, dass ein rein zufällig ausgewähltes Gepäckstück das Ziel Erfurt hat, sei p.
Für die Teilaufgaben a) und b) wird $p = 0{,}22$ angenommen.

a) Es werden genau zehn aufeinanderfolgende Gepäckstücke betrachtet.
Berechnen Sie die Wahrscheinlichkeiten der Ereignisse A bis D!
A: = „Höchstens drei Gepäckstücke haben Erfurt als Ziel."
B: = „Das zehnte Gepäckstück ist das dritte nach Erfurt."
C: = „Genau zwei Gepäckstücke haben Erfurt als Ziel und liegen direkt hintereinander."
D: = „Genau drei Gepäckstücke haben Erfurt als Ziel, wobei genau zwei dieser drei direkt hintereinander liegen."
Beschreiben Sie im obigen Sachzusammenhang zwei Ereignisse E und F, die die Wahrscheinlichkeiten
$P(E) = 0{,}22^3 \cdot 0{,}78^7$ und $P(F) = \binom{8}{3} \cdot 0{,}22^5 \cdot 0{,}78^5$ besitzen! (8 BE)

b) Beim Transport kommt es vor, dass Gepäckstücke fehlgeleitet werden. Der Anteil der fehlgeleiteten Gepäckstücke beträgt 2 %.
Davon haben 10 % den Flughafen Erfurt als Ziel.
Berechnen Sie die Wahrscheinlichkeit dafür, dass ein Gepäckstück mit dem Ziel Erfurt richtig weitergeleitet wird! (3 BE)

c) Die Wahrscheinlichkeit dafür, dass von zwei aufeinanderfolgenden Gepäckstücken mindestens eines nicht das Ziel Erfurt hat, betrage 0,88.
Ermitteln Sie für diesen Fall die Wahrscheinlichkeit p! (2 BE)

2 Das Gepäck wird mit einem Strichcode, der sich auf Papieraufklebern befindet, gekennzeichnet. Mit dessen Hilfe wird der Zielflughafen ermittelt, was in 12,5 % der Fälle fehlschlägt.
Untersuchen Sie, wie viele derartige Papieraufkleber mindestens gelesen werden müssen, damit mit einer Wahrscheinlichkeit von mindestens 0,999 wenigstens ein Lesefehler auftritt! (2 BE)

3 Dem Flughafen werde ein Lesegerät für das Sortieren der Gepäckstücke auf der Basis von Mikrochips angeboten. Der Hersteller verspricht, dass Lesefehler nur mit einer Wahrscheinlichkeit von weniger als 0,01 auftreten. Der Flughafenbetreiber will seine Hypothese H_0: „Die Lesefehlerwahrscheinlichkeit beträgt mindestens 0,01." auf einem Signifikanzniveau von $\alpha = 0{,}02$ an 3 000 mit einem Mikrochip gekennzeichneten Gepäckstücken testen.
Ermitteln Sie eine Entscheidungsregel für diesen Test! (5 BE)

(20 BE)

Hinweise und Tipps

Tipps für das CAS-Abitur

Die Aufgabenstellungen für die Aufgabe B2 im CAS-Abitur 2006 stimmen mit denen für die Prüfungsteilnehmer ohne CAS-Rechner vollständig überein. Deshalb wird aus Platzgründen nur die Lösung ohne CAS-Rechner ausführlich dargestellt.

Aufgabe 1

Teilaufgabe a

Ereignis A: Wenn X: „Ein zufällig ausgewähltes Gepäckstück hat Erfurt als Ziel“ als binomialverteilte Zufallsgröße mit $n = 10$ und $p = 0{,}22$ angenommen wird, so können Sie P(A) mithilfe der Bernoulli-Formel ermitteln als $P(X \leq 3)$.

Ereignis B: Die Wahrscheinlichkeit, dass das zehnte Gepäckstück das dritte nach Erfurt ist, beträgt $p = 0{,}22$.

Sie können dafür, dass unter den ersten neun die zwei restlichen Gepäckstücke nach Erfurt sind, die Zufallsgröße Y: „Ein zufällig ausgewähltes Gepäckstück hat Erfurt als Ziel“ jetzt als binomialverteilte Zufallsgröße mit $n = 9$ und $p = 0{,}22$ annehmen.

Es gilt also $P(B) = P(Y = 2) \cdot p$.

Ereignis C: Hier hilft die Binomialverteilung nicht weiter, denn die zwei Gepäckstücke nach Erfurt können keine beliebige Stelle unter den 10 Gepäckstücken annehmen, sondern sie sollen direkt hintereinander liegen.

Überlegen Sie, wie viele Möglichkeiten für das Nacheinanderliegen der beiden Gepäckstücke nach Erfurt unter den zehn Gepäckstücken es gibt.

Z. B. Das erste und zweite, oder das zweite und dritte oder … Gepäckstück gehen nach Erfurt.

Sie können berechnen $P(C) = 9 \cdot p^2 \cdot (1 - p)^{10-2}$.

Ereignis D: Verschaffen Sie sich eine Vorstellung über die möglichen Anordnungen der Gepäckstücke nach Erfurt und der, die nicht nach Erfurt gehen, z. B. durch eine Zeichnung:

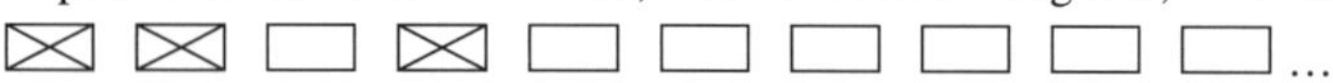

Nehmen Sie eine Fallunterscheidung vor bezüglich der direkt hintereinander liegenden Gepäckstücke.
1. Fall: Die beiden hintereinander liegenden Gepäckstücke sind die beiden ersten oder die beiden letzten.
2. Fall: Die beiden hintereinander liegenden Gepäckstücke sind nicht die beiden ersten oder nicht die beiden letzten Gepäckstücke.

Ermitteln Sie aus diesen Vorüberlegungen die Gesamtzahl der Anordnungsmöglichkeiten. Sie muss multipliziert werden mit der Wahrscheinlichkeit, dass genau drei Gepäckstücke nach Erfurt und sieben nicht nach Erfurt gehen.

Ereignis E: Der angegebenen Wahrscheinlichkeit können Sie entnehmen, dass z. B. genau drei von zehn Gepäckstücken nach Erfurt gehen, aber die Anordnungsmöglichkeiten nicht beliebig sind.

Ereignis F: Dem Exponenten von $0{,}22^5$ können Sie entnehmen, dass genau fünf von zehn Gepäckstücken nach Erfurt gehen.

Da der Binomialkoeffizient $\binom{8}{3}$ in der Wahrscheinlichkeit P(F) steht, können Sie z. B. annehmen, dass 3 der 5 nach Erfurt gehenden Gepäckstücke gemäß einer Binominalverteilung vorkommen und für die zwei anderen nach Erfurt adressierten Gepäckstücke der Platz feststeht.

Teilaufgabe b

- Zeichnen Sie ein zweistufiges Baumdiagramm.
- In der 1. Stufe stellen Sie das **Ereignis F** „Ein Gepäckstück wurde fehlgeleitet“ dar.
- Zur 2. Stufe gehört das **Ereignis E** „Ein zufällig ausgewähltes Gepäckstück hat Erfurt als Ziel“.
- Neben den im Aufgabentext für Teilaufgabe 1 b gegebenen Wahrscheinlichkeiten müssen Sie auch die Wahrscheinlichkeit $p = 0{,}22$ für das **Ereignis E** „Ein zufällig ausgewähltes Gepäckstück hat Erfurt als Ziel“ aus dem weiter oben stehenden Aufgabentext verwenden.
- Da der Anteil der richtig weiter geleiteten Gepäckstücke an allen nach Erfurt gehenden Gepäckstücken gesucht ist, muss die bedingte Wahrscheinlichkeit $P_E(\overline{F})$ ermittelt werden.
- Sie können diese Wahrscheinlichkeit z. B. mit dem Satz von Bayes berechnen.

Teilaufgabe c

- Zeichnen Sie ein zweistufiges Diagramm für die voneinander unabhängigen Ereignisse Erf_1 „Das 1. Gepäckstück hat Erfurt als Ziel“ und Erf_2 „Das 2. Gepäckstück hat Erfurt als Ziel“.
- Sie können jetzt nicht mehr von der Wahrscheinlichkeit $p = P(Erf) = 0{,}22$ ausgehen! Die Wahrscheinlichkeit „Ein zufällig ausgewähltes Gepäckstück hat Erfurt als Ziel“ soll jetzt neu berechnet werden.
- Kennzeichnen Sie im Baumdiagramm alle Pfade, die für das Ereignis M: „Mindestens eines der beiden Gepäckstücke hat nicht das Ziel Erfurt“ relevant sind, und berechnen Sie die gesuchte Wahrscheinlichkeit mithilfe der Pfadregeln.
- *Alternativ oder zur Kontrolle:* Nutzen Sie das Gegenereignis von M.
- Das Gegenereignis beschreiben Sie durch $\overline{M}$ „Beide Gepäckstücke haben Erfurt als Ziel“.
- Verwenden Sie $P(\overline{M}) = 1 - P(M)$ zur Berechnung der gesuchten Wahrscheinlichkeit.

Aufgabe 2

- Die Zufallsgröße X: „Ein Papieraufkleber wird richtig gelesen“ kann als binomialverteilt betrachtet werden mit $p = 0{,}125$ und unbekanntem n.
- Gesucht ist die Wahrscheinlichkeit $P(X \geq 1) \geq 0{,}999$.
- Hier ist es sinnvoll, über die Gegenwahrscheinlichkeit zu gehen: $P(X \geq 1) = 1 - P(X = 0) \geq 0{,}999$
- Verwenden Sie für $P(X = 0)$ die Bernoulli-Formel.

Aufgabe 3

- Eine Entscheidungsregel finden Sie, indem Sie einen einseitigen Signifikanztest annehmen.
- Die Hypothese H_0: „Die Lesefehlerwahrscheinlichkeit beträgt mindestens 0,01.“ wird abgelehnt, wenn in der Stichprobe von $n = 3\,000$ nur wenige Geräte mit Lesefehler auftreten. Deshalb gehen Sie von einem linksseitigen Ablehnungsbereich (linksseitigen Signifikanztest) aus.
- Sie müssen wegen des vorgegebenen Signifikanzniveaus von $\alpha = 0{,}02$ die rechte Grenze k des Ablehnungsbereiches $\{0;\ 1;\ \ldots;\ k\}$ durch den Ansatz $P(Z \leq k) \leq 0{,}02$ finden. Dabei ist die Zufallsgröße Z: „Das Gerät hat einen Lesefehler“ binomialverteilt mit $n = 3\,000$ und $p = 0{,}01$.
- Da Sie für ein so großes n nicht mit einer Tabelle der Binomialverteilung arbeiten können, verwenden Sie die Näherungsformel von MOIVRE-LAPLACE und die Tafel der standardisierten Normalverteilung.
- Prüfen Sie zunächst, ob die „Faustregel“ $n \cdot p \cdot (1 - p) > 9$ erfüllt ist.
- Da die Standardnormalverteilung üblicherweise nur für $\Phi(x) \geq 0{,}5$ tabelliert ist, müssen Sie unter Ausnutzung der Symmetrie der Verteilung die Eigenschaft $\Phi(-x) = 1 - \Phi(x)$ benutzen.

Lösungen

1 a) **Wahrscheinlichkeiten**

X = Anzahl der Gepäckstücke, X ist binomialverteilt mit n = 10 und p = 0,22.

A: „Höchstens drei Gepäckstücke“ heißt 0, 1, 2 oder 3.

$P(A) = P(X \le 3)$

$= \binom{10}{0} \cdot 0{,}22^0 \cdot 0{,}78^{10} + \binom{10}{1} \cdot 0{,}22^1 \cdot 0{,}78^9 + \binom{10}{2} \cdot 0{,}22^2 \cdot 0{,}78^8 + \binom{10}{3} \cdot 0{,}22^3 \cdot 0{,}78^7$

$\approx 0{,}8413 \approx 84{,}1\,\%$

B: „Das zehnte ist das dritte Gepäckstück“, d. h. 2 der vorherigen 9 gehen nach Erfurt.

$P(B) = \binom{9}{2} \cdot 0{,}22^2 \cdot 0{,}78^7 \cdot \underbrace{0{,}22}_{\text{das 10.}} \approx 0{,}0673 \approx 6{,}7\,\%$

C: „Genau zwei Gepäckstücke … liegen direkt hintereinander“, z. B.:

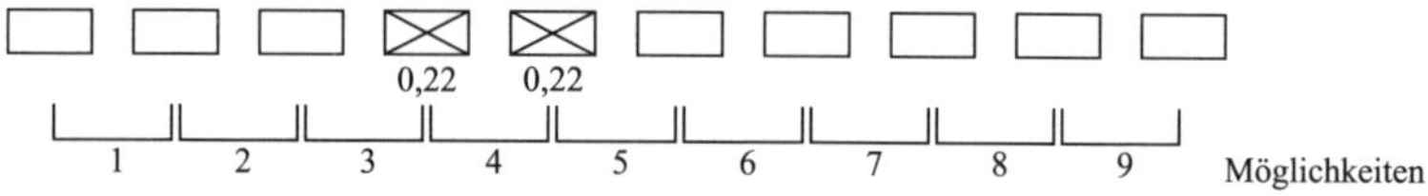

$P(C) = 9 \cdot 0{,}22^2 \cdot 0{,}78^8 \approx 0{,}0597 \approx 6{,}0\,\%$

D: „Genau drei Gepäckstücke haben Erfurt als Ziel, wobei genau zwei dieser drei direkt hintereinander liegen“, z.B.:

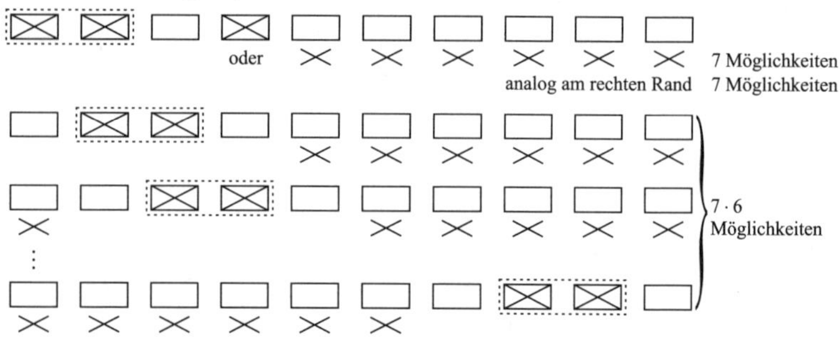

$P(D) = (2 \cdot 7 + 7 \cdot 6) \cdot 0{,}22^3 \cdot 0{,}78^7 = 56 \cdot 0{,}22^3 \cdot 0{,}78^7 \approx 0{,}1047 \approx 10{,}5\,\%$

E: $P(E) = 0{,}22^3 \cdot 0{,}78^7$ könnte z. B. bedeuten, dass „genau die ersten drei Gepäckstücke Erfurt als Ziel“ haben.

F: $P(F) = \binom{8}{3} \cdot 0{,}22^5 \cdot 0{,}78^5$

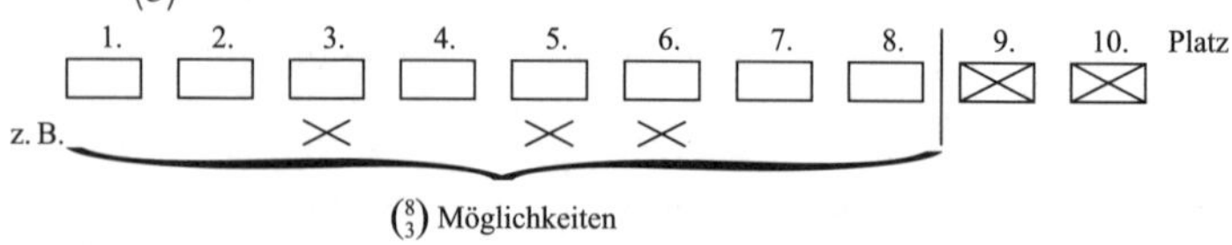

Genau 5 Gepäckstücke haben das Ziel Erfurt. Darunter liegen z. B. auf dem 9. und 10. Platz das 4. und 5. Gepäckstück nach Erfurt. Dann verbleiben für die restlichen 8 Plätze noch $\binom{8}{3}$ Möglichkeiten, diese mit 3 Gepäckstücken zu belegen.

Lösungshinweise für das CAS-Abitur

Definieren Sie eine Funktion bin(n, p, k) für die Binomialverteilung.
Damit können Sie binomialverteilte Zufallsgrößen berechnen.

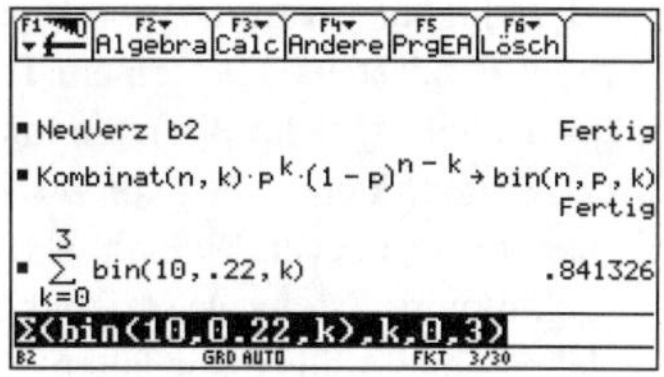

b) **Wahrscheinlichkeit**

Im vorliegenden Fall ist die Wahrscheinlichkeit der richtig weitergeleiteten Gepäckstücke zu berechnen, die Erfurt als Ziel haben.

Baumdiagramm:

E – Erfurt
F – fehlgeleitet

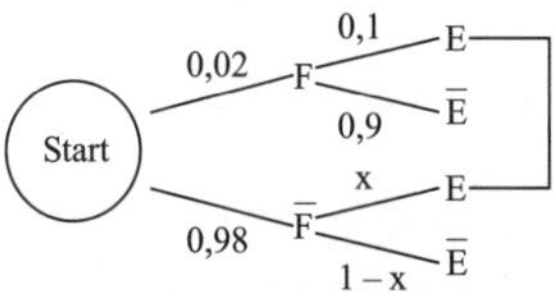

$$\Rightarrow \quad 0{,}02 \cdot 0{,}1 + 0{,}98 \cdot x = 0{,}22$$
$$x = 0{,}2224$$

Anteil der Gepäckstücke, die sowohl fehl- als auch richtig nach Erfurt geleitet werden.

Satz von Bayes:

$$P_E(\overline{F}) = \frac{P(\overline{F} \cap E)}{P(E)} = \frac{0{,}98 \cdot 0{,}2224}{0{,}22} \approx 0{,}9907 \approx 99{,}1\,\% \qquad P(E) = p = 0{,}22 \quad \text{siehe a}$$

Mit etwa 99,1 % wird ein Gepäckstück mit dem Ziel Erfurt richtig weitergeleitet.

c) **Wahrscheinlichkeit**

„Von zwei aufeinanderfolgenden Gepäckstücken hat mindestens eines nicht das Ziel Erfurt" bedeutet, dass genau eines nicht das Ziel Erfurt hat, das andere doch oder umgekehrt. Oder keines der Gepäckstücke das Ziel Erfurt besitzt.

$$\begin{aligned}
P(\text{genau eines nach Erfurt}) + P(\text{keines nach Erfurt}) &= 0{,}88\\
2 \cdot p \cdot (1-p) \quad + \quad (1-p)^2 &= 0{,}88\\
2p - 2p^2 + 1 - 2p + p^2 &= 0{,}88\\
1 - p^2 &= 0{,}88\\
p^2 &= 0{,}12\\
p &\approx 0{,}3464 \approx 34{,}6\,\%, \quad p > 0
\end{aligned}$$

Die Wahrscheinlichkeit, dass genau ein Gepäckstück das Ziel Erfurt hat, beträgt etwa 34,6 %.

2 **Wie viele Papieraufkleber müssen mindestens gelesen werden?**

$$1 - \binom{n}{0} \cdot 0{,}125^0 \cdot 0{,}875^n \geq 0{,}999 \qquad \text{mit } P(X=0) = \binom{n}{0} \cdot 0{,}125^0 \cdot 0{,}875^n$$

$$\begin{aligned}
1 - 0{,}875^n &\geq 0{,}999\\
0{,}875^n &\leq 1 - 0{,}999\\
n &\geq \frac{\ln 0{,}001}{\ln 0{,}875}, \qquad \ln 0{,}875 < 0\\
n &\geq 51{,}73 \quad \Rightarrow \quad n \geq 52
\end{aligned}$$

Es müssen mindestens 52 Papieraufkleber gelesen werden, damit mit einer Wahrscheinlichkeit von mindestens 0,999 wenigstens ein Lesefehler auftritt.

3 **Entscheidungsregel**

Der Flughafenbetreiber will seine Hypothese H_0: „Die Lesefehlerwahrscheinlichkeit beträgt mindestens 0,01" einem Test (Signifikanztest) unterziehen. Dabei sollen 3 000 Gepäckstücke (Stichprobe), die mit einem Mikrochip gekennzeichnet sind, getestet werden. Das Signifikanzniveau von $\alpha = 0{,}02$ (Fehler 1. Art) als obere Schranke legt den so genannten kritischen Bereich $\overline{A}$ (auch Ablehnungsbereich) fest, auf dem die Entscheidung gefällt wird. Ist der Ausfall der Stichprobe signifikant, so wird die Hypothese H_0 abgelehnt, andernfalls beibehalten. Z sei die Anzahl der Lesefehler beim Sortieren der Gepäckstücke, Z ist binomialverteilt mit $n = 3\,000$, $p_0 \geq 0{,}01$.

Entscheidungsregel:

	gegen H_0, wenn $Z \in \{0, \ldots, k\} = \overline{A}$	für H_0, wenn $Z \in \{k+1, \ldots, 3\,000\} = A$
$p_0 \geq 0{,}01$	Signifikanzniveau $\alpha = 0{,}02$	

$B_{0,01}^{3\,000}(Z \leq k) \leq 0{,}02$ mit $\mu = n \cdot p = 3\,000 \cdot 0{,}01 = 30$ Erwartungswert

$$\sigma^2 = n \cdot p \cdot (1-p) = 3\,000 \cdot 0{,}01 \cdot 0{,}99 = 29{,}7 > 9 \quad \text{(Faustregel erfüllt)}$$

$$\sigma = \sqrt{29{,}7} \quad \text{Standardabweichung}$$

Näherung mithilfe von Moivre-Laplace:

$$B_{0,01}^{3\,000}(Z \leq k) \approx \Phi\left(\frac{k-30+0{,}5}{\sqrt{29{,}7}}\right) \leq 0{,}02$$

$$\frac{k-29{,}5}{\sqrt{29{,}7}} \leq -2{,}0538$$

nach Tabelle „Quantile der Standardnormalverteilung" (Ehrenwirth-Verlag)

$$k - 29{,}5 \leq -2{,}0538 \cdot \sqrt{29{,}7}$$

$$k \leq 18{,}31$$

$$\Rightarrow k \leq 18$$

Entscheidung:

Wenn höchstens 18 Lesefehler auftreten, wird die Hypothese H_0 auf dem 0,02-Signifikanzniveau abgelehnt.

Falls nur die Tabelle aus der Aufgabenstellung zur Verfügung steht, ist die Symmetriebeziehung $\Phi(-x) = 1 - \Phi(x)$ der Gaußschen Integralfunktion zu verwenden. Es ergibt sich:

$$\Phi\left(-\frac{k-29{,}5}{\sqrt{29{,}7}}\right) \geq 1 - 0{,}02 \Rightarrow k \leq 18{,}27 \Rightarrow k \leq 18$$

Lösungshinweise für das CAS-Abitur

Nebenstehend sehen Sie, wie die rechte Grenze des Ablehnungsbereiches in der Teilaufgabe 3 durch systematisches Probieren zu finden ist. Sie brauchen die Näherungsformel von MOIVRE-LAPLACE nicht zu benutzen, wenn Sie erklären, wie Sie beim systematischen Probieren vorgehen.

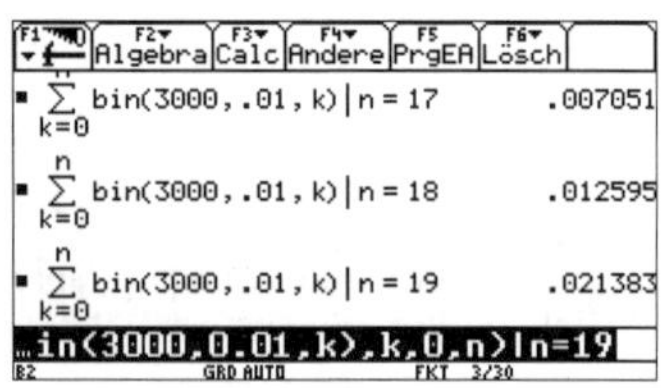

Leistungskurs Mathematik (Thüringen): Abiturprüfung 2006
Aufgabe C: Themenübergreifende Aufgabe

a) Zeigen Sie durch Integration, dass

$$\int (x \cdot \cos x + 2006)\,dx = \cos x + x \cdot \sin x + 2006x + c$$

gilt! (2 BE)

b) Zeigen Sie, dass in jedem Halbkreis der Peripheriewinkel über dem Durchmesser ein rechter Winkel ist (Satz des THALES).

$\overline{AM} = \overline{MB} = \overline{MC} = r$

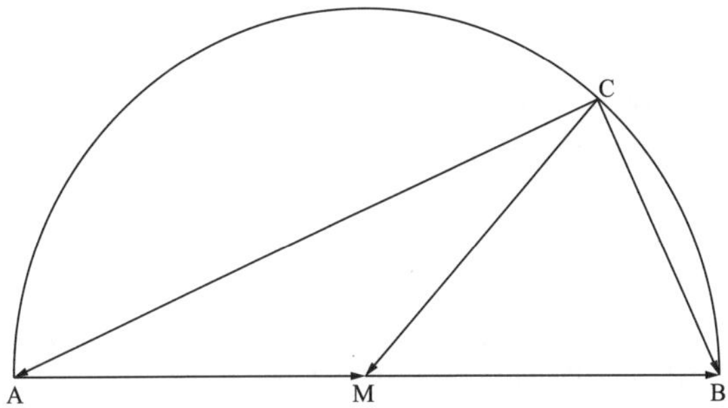

(2 BE)

c) In einem Kasten befinden sich genau neun Kugeln, drei blaue, drei grüne und drei rote. Dem Kasten werden nacheinander und ohne Zurücklegen Kugeln entnommen.
Berechnen Sie die Wahrscheinlichkeit dafür, dass die ersten zwei entnommenen Kugeln die gleiche Farbe besitzen!
Geben Sie an, wie viele Kugeln mindestens entnommen werden müssen, um mit Sicherheit darunter zwei Kugeln gleicher Farbe zu haben! (3 BE)

d) Für jede reelle Zahl a ist eine Funktion f_a gegeben durch

$$f_a(x) = \begin{cases} x^2 & \text{für } x \leq 1 \\ ax + 1 - a & \text{für } x > 1 \end{cases}.$$

Skizzieren Sie den Graphen von f_a für $a = 1$!
Für welche reelle Zahl a ist f_a an der Stelle $x_0 = 1$ differenzierbar? (3 BE)

(10 BE)

Hinweise und Tipps

Tipps für Prüfungsteilnehmer, die einen CAS-Rechner zur Verfügung haben

Die Aufgabenstellungen für die Aufgabe C im CAS-Abitur 2006 stimmen im Wesentlichen mit denen für die Prüfungsteilnehmer ohne CAS-Rechner überein. Auf eine umfangreiche Darstellung der Lösungen mit dem CAS-Rechner wird deshalb an dieser Stelle aus Platzgründen verzichtet. Sie können alle inhaltlichen Hinweise und Tipps zur Lösung berücksichtigen, denn sie sind vom Hilfsmittel unabhängig.

Aufgabe a

- Wenden Sie die Summenregel an.
- Eines der beiden Teilintegrale können Sie durch partielle Integration bestimmen.
- Wählen Sie beim Ansatz der partiellen Integration

$$\int u(x) \cdot v'(x)dx = u(x) \cdot v(x) - \int u'(x) \cdot v(x)dx$$

geschickt aus, welche Teilfunktion Sie für u(x) verwenden.

- Wählen Sie $u(x) = x$.

Tipps für das CAS-Abitur

- Bei dieser Teilaufgabe ist das unbestimmte Integral für die Prüfungsteilnehmer ohne CAS-Rechner als Kontrollergebnis gegeben.

Prüfungsteilnehmer mit CAS-Rechner können bei dieser Teilaufgabe das Ergebnis ihrer schriftlichen Rechnung mit dem Taschencomputer selbst kontrollieren.

Aufgabe b

Sie können den Beweis vektoriell oder elementargeometrisch führen.

- Beachten Sie den Hinweis $\overline{AM} = \overline{BM} = \overline{CM} = r$.
- (1) Für den vektoriellen Beweis führen Sie den Nachweis, dass das Skalarprodukt $\overrightarrow{CA} \circ \overrightarrow{CB} = 0$ ist.
  - Drücken Sie beide Vektoren als Vektorsumme in den Teildreiecken der Beweisfigur aus.
  - Berücksichtigen Sie, dass die Vektoren $\overrightarrow{AM}$, $\overrightarrow{BM}$ und $\overrightarrow{MC}$ gleiche Beträge haben.
  - Für Vektoren $\vec{a}$ und $\vec{b}$ mit gleichem Betrag gilt $\vec{a} \circ \vec{a} = \vec{b} \circ \vec{b}$, also $|\vec{a}|^2 = |\vec{b}|^2$.
- (2) Für den elementargeometrischen Beweis können Sie gleichschenklige Dreiecke in der Figur finden.
  - In diesen Dreiecken ergeben sich gleich große Basiswinkel.
  - Die Winkel $\sphericalangle AMC$ und $\sphericalangle CMB$ ergänzen sich zu 180°.
  - *Alternativ* können Sie außerdem mit dem Zentri-Peripheriewinkel-Satz argumentieren.
  - Nach dem Zentri-Peripheriewinkel-Satz ist jeder Peripheriewinkel halb so groß wie der zugehörige Zentriwinkel über demselben Kreisbogen.
  - Als Zentriwinkel liegt hier ein gestreckter Winkel vor.

Aufgabe c

Wahrscheinlichkeit für gleiche Farbe

- Zeichnen Sie ein zweistufiges Baumdiagramm für die erste Teilaufgabe.
- Kennzeichnen Sie alle Pfade dafür, dass die beiden gezogenen Kugeln gleichfarbig sind, und berechnen Sie die zugehörige Wahrscheinlichkeit mit den Pfadregeln.

Anzahl der Kugeln

- Im „ungünstigsten Fall" sind die ersten drei gezogenen Kugeln verschiedenfarbig.

Aufgabe d

- Eine Funktion ist an der Stelle x_0 differenzierbar, wenn sie bei x_0 definiert ist und die links- und rechtsseitige Ableitung übereinstimmen.
- Grafisch bedeutet das, dass der Funktionsgraph bei x_0 „ohne Knick" verläuft.
- Da die Funktion abschnittsweise definiert ist, betrachten Sie für $x \le 1$ die Funktion $y = x^2$ und für $x > 1$ die Funktion $y = ax + 1 - a$.
- Überlegen Sie, wie groß a sein muss, damit an der Stelle $x_0 = 1$ die links- und rechtsseitige Ableitung übereinstimmen.

Lösungen

a) **Nachweis durch Integration**

$$\int (x \cdot \cos x + 2\,006)dx = \int x \cdot \cos x\, dx + \int 2\,006 \cdot dx \quad \text{Summenregel der Integration}$$

$$\int \underset{u}{x} \cdot \underset{v'}{\cos x}\, dx \qquad u = x, \quad v' = \cos x \qquad u' = 1, \quad v = \sin x$$

$$= \underset{u}{x} \cdot \underset{v}{\sin x} - \int \underset{u'}{1} \cdot \underset{v}{\sin x}\, dx$$

$$= x \cdot \sin x + \cos x + c, \qquad \int \sin x\, dx = -\cos x + c$$

$$\int (x \cdot \cos x + 2\,006)dx = x \cdot \sin x + \cos x + 2\,006x + c \quad \text{q. e. d.}$$

b) **Beweis des Thalessatzes**

vektoriell: s. vorgegebene Skizze

Voraussetzung: $|\overrightarrow{AM}| = |\overrightarrow{MB}| = |\overrightarrow{CM}| = r$

Behauptung: $\overrightarrow{CA} \perp \overrightarrow{CB}$, d. h. $\overrightarrow{CA} \cdot \overrightarrow{CB} = 0$

Beweis:

$$\begin{aligned}
\overrightarrow{CA} \cdot \overrightarrow{CB} &= (\overrightarrow{CM} - \overrightarrow{AM}) \cdot (\overrightarrow{CM} + \overrightarrow{MB}) \\
&= (\overrightarrow{CM} - \overrightarrow{AM}) \cdot (\overrightarrow{CM} + \overrightarrow{AM}) && \text{mit } \overrightarrow{MB} = \overrightarrow{AM} \\
&= \overrightarrow{CM}^2 - \overrightarrow{AM}^2 && \text{binomische Formel} \\
&= |\overrightarrow{CM}|^2 - |\overrightarrow{AM}|^2 && \text{wegen Skalarprodukt (s. Hinweis)} \\
&= 0, \quad \text{da laut Voraussetzung} && |\overrightarrow{AM}| = |\overrightarrow{CM}| = r
\end{aligned}$$

elementargeometrisch:

(1) Der Peripheriewinkel über der Sehne eines Kreises ist halb so groß wie der zugehörige Zentriwinkel über derselben Sehne (Peripheriewinkelsatz).
Danach ist der Thalessatz ein Spezialfall mit dem Durchmesser des Kreises als Sehne. Der Zentriwinkel beträgt 180°, woraus sich der Peripheriewinkel mit 90° ergibt.

(2) *alternativ:* Aus der Skizze ist ersichtlich, dass das Δ ABC in zwei gleichschenklige Dreiecke Δ CAM und Δ BCM zerlegt werden kann, in denen jeweils die Basiswinkel gleich groß sind.

Weiterhin gilt:

$2\alpha + 2\beta = 180°$ Innenwinkelsatz

$\alpha + \beta = 90°$

$\alpha + \beta = 90°$ ist der Peripheriewinkel über dem Durchmesser.

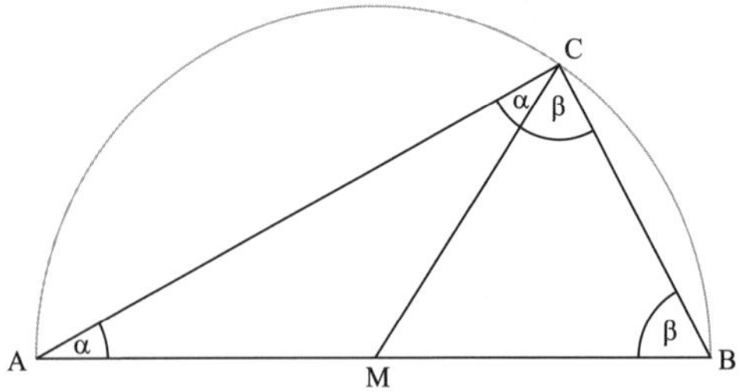

c) **Wahrscheinlichkeit**

Baumdiagramm Ziehen ohne Zurücklegen

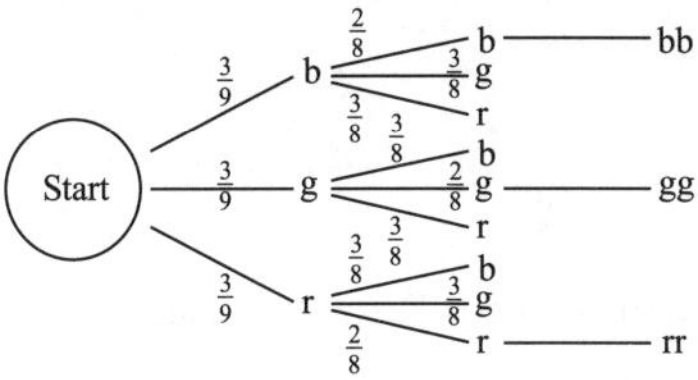

$$P(bb, gg, rr) = 3 \cdot \frac{3}{9} \cdot \frac{2}{8} = \frac{1}{4}$$

Die Wahrscheinlichkeit für die ersten beiden entnommenen Kugeln gleicher Farbe ist $\frac{1}{4}$.

Anzahl

Im günstigsten Fall könnten bereits die ersten beiden Kugeln gleichfarbig sein. Das wäre aber noch nicht die Antwort auf die Frage.

Im ungünstigsten Fall müsste man mindestens 4 Ziehungen vornehmen. Die ersten drei Kugeln sind alle verschiedenfarbig, dann hat die 4. Kugel mit Sicherheit eine der drei Farben b, g, r, die dann die zweite Kugel gleicher Farbe ist.

d) **Differenzierbarkeit**

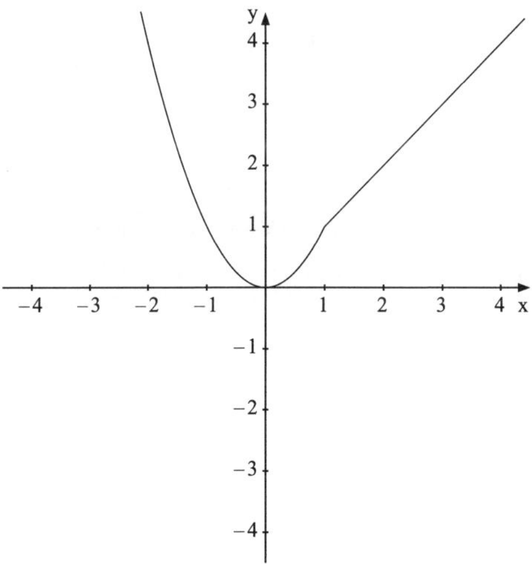

$$f_1(x) = \begin{cases} x^2 & \text{für } x \le 1 \\ x & \text{für } x > 1 \end{cases}$$

Eine Funktion f ist differenzierbar in x_0, wenn gilt

(1) f ist in x_0 definiert und

(2) f besitzt in x_0 den Differentialquotienten

$$\lim_{h \to 0} \frac{f(x_0 + h) - f(x_0)}{h}.$$

Überprüfen beider Bedingungen für $f_a(x)=\begin{cases} x^2, x \le 1 \\ ax+1-a, x>1 \end{cases}$

an der Stelle $x_0 = 1$.

(1) $f_a(1) = 1^2 = 1$ mit $x_0 = 1$ ist erfüllt.

(2) $$\lim_{h\to 0}\frac{(x_0+h)^2-x_0^2}{h}=\lim_{h\to 0}\frac{x_0^2+2x_0h+h^2-x_0^2}{h}=\lim_{h\to 0}\frac{\cancel{h}^1(2x_0+h)}{\cancel{h}^1}=2x_0$$

für $x_0 = 1$ ist der Grenzwert $= 2$; linksseitiger Grenzwert des Differenzenquotienten.

$$\lim_{h\to 0}\frac{a(x_0+h)+1-a-(ax_0-1-a)}{h}=\lim_{h\to 0}\frac{a\cdot\cancel{h}^1}{\cancel{h}^1}=a;$$ rechtsseitiger Grenzwert des Differenzenquotienten.

Für $a = 2$ stimmt der linksseitige Grenzwert des Differenzenquotienten mit dem rechtsseitigen Grenzwert des Differenzenquotienten überein. Damit ist f_a für $a = 2$ an der Stelle $x_0 = 1$ differenzierbar.

Setzt man für die Überprüfung der zweiten Bedingung die linksseitige und rechtsseitige Grenzwertbildung voraus, erhält man:

$$f_a'(x_0)=\begin{cases} 2x_0 \text{ für } x_0 \le 1 \\ a \text{ für } x_0 > 1 \end{cases}$$

Damit ist f_a an der Stelle $x_0 = 1$ für $a = 2$ differenzierbar.

Lösungshinweise für das CAS-Abitur

Hier kann der CAS-Rechner zur visuellen Kontrolle herangezogen werden.

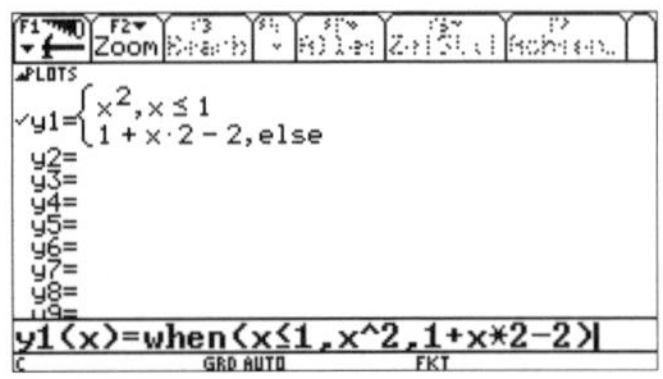

Zeichnen Sie den Graphen von f_a für den vorher durch inhaltliche Überlegungen ermittelten Wert von a und überprüfen Sie, ob der Graph an der Stelle $x_0 = 1$ „ohne Knick" und zusammenhängend verläuft.

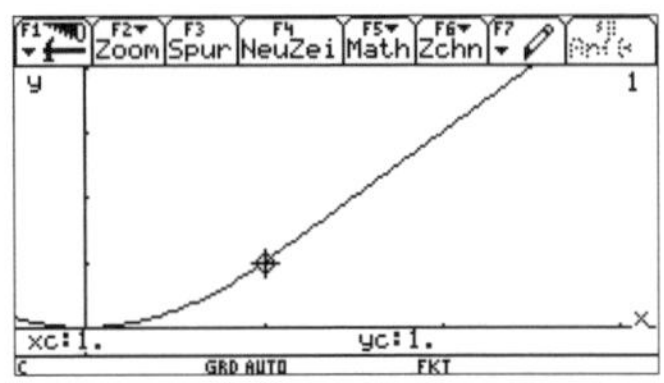

Leistungskurs Mathematik (Thüringen): Abiturprüfung 2007
Aufgabe A1: Analysis

Für jede reelle Zahl t ($t \neq 0$) seien eine Funktion f_t durch die Gleichung $y = f_t(x) = t \cdot \sin x$ und eine Funktion g durch die Gleichung $y = g(x) = \cos x$ gegeben.
Beide Funktionen werden im Intervall $0 \leq x \leq 2\pi$ betrachtet.

a) Skizzieren Sie die Graphen der Funktionen f_1, f_2 und g in ein und dasselbe Koordinatensystem, und berechnen Sie das von den Graphen von f_1 und g vollständig eingeschlossene Flächenstück A_1!
Geben Sie die Gleichungen zweier Geraden an, die jeweils das Flächenstück A_1 halbieren! (7 BE)

Ergänzung für das CAS-Abitur
Erläutern Sie den Zusammenhang zwischen der Monotonie des Graphen von f_1 und dem Vorzeichen der Funktionswerte von g!
Das Flächenstück, das von den Graphen von f_1 und f_t ($t > 1$) im Intervall $0 \leq x \leq \pi$ eingeschlossen wird, rotiert um die x-Achse.
Ermitteln Sie den Parameter t so, dass das Volumen dieses Rotationskörpers $4\pi^2$ VE beträgt! (CAS: 10 BE)

b) Zwei aufeinanderfolgende Schnittpunkte eines Graphen von f_t mit der x-Achse sowie der zwischen diesen liegende lokale Extrempunkt bilden ein gleichschenkliges Dreieck.
Für welche Parameterwerte ist das Dreieck gleichseitig?
Berechnen Sie für diesen Fall den Flächeninhalt!
Ermitteln Sie, für welche Parameterwerte das Dreieck rechtwinklig ist! (6 BE)
(CAS: 5 BE)

c) Der Graph einer Funktion h mit $h_{t;\,b}(x) = f_t(x) + g(x) + b$ verlaufe durch den Punkt $P_0\left(\frac{\pi}{2}; -3\right)$ und habe an der Stelle $x_m = \frac{\pi}{4}$ den Anstieg $m = -\frac{3}{2}\sqrt{2}$.
Ermitteln Sie aus diesen Angaben eine Gleichung der Funktion h!
Zeigen Sie weiterhin, dass der Anstieg aller Graphen von $h_{t;\,b}$ an der Stelle $x_0 = \frac{\pi}{2}$ von t und b unabhängig ist!
Der Graph der Funktion $h_{-2;\,-1}$ hat die Achsenschnittpunkte A(0; 0) und B(2π; 0). In den Punkten A und B werden die Tangenten an den Graphen von $h_{-2;\,-1}$ gelegt.
Berechnen Sie den Abstand der beiden Tangenten! (8 BE)

Ergänzung für das CAS-Abitur
Durch den Punkt B(2π; 0) soll die Normale zu den beiden Tangenten gelegt werden. Bestimmen Sie eine Gleichung dieser Normalen! (CAS: 8 BE)

d) Gegeben ist eine Funktion i_t mit $i_t(x) = x \cdot f_t(x)$. Beweisen Sie mithilfe eines Integrationsverfahrens, dass die Funktion I_t mit $I_t(x) = f_t(x) - tx \cdot g(x)$ eine Stammfunktion der Funktion i_t ist!
Bestimmen Sie den Wert des Parameters t so, dass gilt:
$I_t\left(\frac{\pi}{4}\right) = 1 - \frac{\pi}{4}$! (4 BE)
(CAS: 3 BE)

e) Skizzieren Sie den Graphen der Funktion k mit $k(x) = |g(x)|$ im Intervall $0 \leq x \leq 2\pi$!
Begründen Sie, dass die Funktion k nicht für alle x differenzierbar ist! (2 BE)

Formulierung für das CAS-Abitur
Begründen Sie, dass die Funktion k mit $k(x)=|g(x)|$ nicht für alle x differenzierbar ist! (CAS: 1 BE)

f) Für eine Zahl $t > 1$ hat das von den Graphen von f_t und g eingeschlossene Flächenstück den Inhalt $A_2 = 4$ FE.
Ermitteln Sie für diesen Fall den Wert des Parameters t!
Bestimmen Sie dazu analog zu Teilaufgabe a zunächst die Stelle x_1 als die kleinere der beiden Schnittstellen der Funktionen f_t und g mithilfe des Gleichungssystems:

$$f_t(x_1) = g(x_1) \quad \text{und} \quad A_2 = \int_{x_1}^{\pi + x_1} (f_t(x) - g(x))\,dx$$

(3 BE)
(CAS: 3 BE)
(30 BE)

Hinweise und Tipps

Aufgabe a

Skizze

- Für $t = 1$ bzw. $t = 2$ erhalten Sie die Funktionen f_1 bzw. f_2, die Sie – genau so wie die Funktion g – durch Ihre Kenntnisse über kleinste Periode und Amplitude freihand skizzieren können.
- Schlagen Sie ggf. diese Eigenschaften im Tafelwerk nach!
- Benutzen Sie einen grafikfähigen Taschencomputer, so sind die Graphen und Wertetabellen rasch erstellt.

Flächenstück A_1 berechnen

- Überlegen Sie anhand der Skizze, welche Fläche von den Graphen von f_1 und g **vollständig** eingeschlossen wird.
- Die Schnittstellen dieser beiden Graphen im Intervall $0 < x < 2\pi$ ergeben die Grenzen für die Flächenberechnung.
- Sie können diese Grenzen durch das Lösen der Gleichung $f_1(x) = g(x)$ ermitteln. Die Grenzen lassen sich auch durch Überlegungen zur Symmetrie bestimmen.
- Die Flächenberechnung kann mithilfe des bestimmten Integrals erfolgen.
- Sie können dieses bestimmte Integral mit dem Hauptsatz der Differenzial- und Integralrechnung berechnen.

Halbierende Geraden

- Die Gleichungen zweier das Flächenstück A_1 halbierender Geraden kann man aus der Symmetrie der beiden Graphen gewinnen. Die Gleichungen sind (nur) anzugeben, brauchen also nicht begründet zu werden.

Ergänzungsaufgaben für das CAS-Abitur

Monotonie von f_1 und Vorzeichen von g

- Diese Teilaufgabe lässt sich über den Zusammenhang von Monotonie des Graphen einer Funktion f und dem Vorzeichen ihrer Ableitungsfunktion f' beantworten.
- Die Funktion g ist die Ableitungsfunktion von f_1.

Rotationsvolumen

- Überlegen Sie sich zunächst, welche Bedeutung die Forderung $t > 1$ auf den Graphen von f_t hat.
- Visualisieren Sie ggf. die Fläche, die um die x-Achse rotieren soll, z. B. für $t = 2$.
- Beachten Sie, dass das gesuchte Rotationsvolumen als Differenz der Volumina zweier Rotationskörper zu gewinnen ist.

Aufgabe b

Gleichschenkliges Dreieck

- Nutzen Sie die Periodizität der Funktion f_t und die Unabhängigkeit der Nullstellen dieser Funktionen vom Parameter t aus.
- Die Spitze des gleichschenkligen Dreiecks muss in einem Hochpunkt oder einem Tiefpunkt des Graphen von f_t liegen. Aus dieser Tatsache können Sie die Koordinaten dieser Dreieckspunkte gewinnen.

Gleichseitiges Dreieck

- Da der Abstand zwischen zwei aufeinanderfolgenden Schnittpunkten des Graphen von f_t mit der x-Achse unabhängig von t ist, müssen im Falle der Gleichseitigkeit die beiden Schenkel des Dreiecks dieselbe Länge wie diese Basis haben.

Flächeninhalt

- Der Flächeninhalt eines Dreiecks kann zum Beispiel in Abhängigkeit von Grundseite und Höhe berechnet werden.
- Für gleichseitige Dreiecke gibt es eine spezielle Flächeninhaltsformel (Tafelwerk!).

Rechtwinkliges Dreieck

- Im rechtwinklig-gleichschenkligen Dreieck zerlegt die Höhe auf der Basis das Dreieck wieder in zwei rechtwinklig-gleichschenklige Dreiecke. Nutzen Sie diese Eigenschaft zur elementargeometrischen Berechnung von t.

Aufgabe c

Gleichung der Funktion h

- Sie müssen die Parameter t und b bestimmen.
- Dazu können Sie ein Gleichungssystem aus den in der Aufgabe genannten Bedingungen aufstellen:
  (1) Die Koordinaten des Punktes P_0 müssen die Gleichung von h erfüllen.
  (2) Der Anstieg an der Stelle x_m entspricht dem Wert der 1. Ableitung von h an dieser Stelle. Bilden Sie $h'(x_m)$.
- Aus beiden Bedingungen erhalten Sie ein Gleichungssystem für t und b.
- Lösen Sie dieses Gleichungssystem.

Unabhängigkeit des Anstiegs

- Um die Unabhängigkeit von t und b des Anstieges aller Graphen von $h_{t;\,b}$ an der Stelle $x_0 = \frac{\pi}{2}$ zu zeigen, untersuchen Sie $h'_{t;\,b}\left(\frac{\pi}{2}\right)$.

Abstand der Tangenten

- Für die Abstandsberechnung ermitteln Sie die Tangentenanstiege über die 1. Ableitung von h.
- Überprüfen Sie, ob die Tangenten parallel sind, denn nur dann macht die Abstandsberechnung Sinn.
- Der Abstand zweier Geraden entspricht der Länge einer Strecke, die senkrecht auf jeder der beiden Geraden steht und deren Endpunkte auf den beiden Geraden liegen.
- Eine solche Strecke können Sie mit Hilfe einer Normalen zu beiden Tangenten erhalten.
- Berechnen Sie den Anstiegswinkel x der Normalen durch h.
- Der Anstieg der Normalen m_n ist das negative Reziproke des Anstieges der Tangenten.
- Wenn S der Schnittpunkt der Normalen mit der Tangente durch B ist, so können Sie den Abstand im rechtwinkligen Dreieck ABS über den Kosinus eines geeigneten Winkels berechnen.

Alternative Lösung

- Ermitteln Sie die Gleichungen der Tangenten an den Graphen von $h_{-2;\,-1}$ an den Schnittstellen in den Punkten A und B.
- Bestimmen Sie eine Normalengleichung. Einfacher wird diese Bestimmung, wenn Sie die Normale durch den Punkt A legen, denn dann muss ihre Gleichung von der Form $y = m_n \cdot x$ sein (Ursprungsgerade!).
- Bestimmen Sie den Schnittpunkt S der Normalen mit der Tangente, die nicht durch den Ursprung verläuft.
- Die Länge der Strecke $\overline{AS}$ entspricht dem Abstand der beiden Tangenten.

Ergänzungsaufgabe für das CAS-Abitur

Gleichung der Normalen durch B

- Sie können im Prinzip so verfahren, wie oben beschrieben wurde.
- Da Sie aber mit der Normalen durch B den gesuchten Abstand ermitteln können, brauchen Sie die Gleichung der Normalen durch A nicht zu bestimmen.
- Sie kennen den Anstieg m_n der Normalen durch B als negatives Reziprokes des Tangentenanstieges.
- Setzen Sie die Koordinaten von B in die Gleichung der Normalen $y = m_n \cdot x + n$ ein und bestimmen Sie den Wert von n.
- Berechnen Sie den Schnittpunkt Q der Normalen mit der Tangente durch A.
- Der gesuchte Abstand ist $|\overline{AQ}|$.

Aufgabe d

Nachweis Stammfunktion

- Der Nachweis ist durch Integration zu führen, also ist zu zeigen:

$$I_t(x) = \int i_t(x)dx = \int x \cdot f_t(x)dx = f_t(x) - t \cdot x \cdot g(x)$$

- Als Integrationsverfahren ist partielle Integration geeignet.
- Wählen Sie $u(x) = x$ und $v'(x) = f_t(x) = t \cdot \sin(x)$.

Wert des Parameters t

Der Wert des Parameters t für $I_t\left(\frac{\pi}{4}\right) = 1 - \frac{\pi}{4}$ kann durch Einsetzen in die gegebene Gleichung gefunden werden.

Aufgabe e

Skizze von k

Die Skizze für $k(x) = |g(x)|$ im Intervall $0 \le x \le 2\pi$ erhalten Sie aus dem Graphen von $g(x) = \cos x$ durch Spiegeln aller Teile des Graphen von g, in denen $\cos x < 0$ gilt, an der x-Achse.

Untersuchung auf Differenzierbarkeit

Differenzierbarkeit einer Funktion f an einer Stelle x_0 liegt vor, wenn der Grenzwert des Differenzenquotienten von f an dieser Stelle existiert.

Hinweis für CAS-Nutzer:

Durch eine graphische Darstellung der Funktion k können Sie eine Vermutung über die Stellen gewinnen, an denen k nicht differenzierbar ist.
Den Nachweis können Sie durch Ableitung von k an einer dieser Stellen bestätigen.

Aufgabe f

Parameter t für A_2 bestimmen

Stellen Sie, wie in der Aufgabe angegeben, das Gleichungssystem auf:

(1) $f_t(x_1) = g(x_1)$

(2) $A_2 = \int_{x_1}^{\pi + x_1} (f_t(x) - g(x))\,dx$

Setzen Sie die Funktionen f_t und g sowie den gegebenen Wert für A_2 ein.

Berechnen Sie das bestimmte Integral mit dem Hauptsatz der Differenzial- und Integralrechnung und vereinfachen Sie damit die Bedingung (2).

Stellen Sie die aus (1) erhaltene Gleichung nach t um und setzen Sie den Term in die aus (2) ermittelte Gleichung ein.

Aus der so gewonnenen Gleichung können Sie x_1 und damit dann mithilfe von (1) auch t berechnen.

Lösungen

a) **Skizze für f_1, f_2 und g**

Für $t=1$ ergibt sich $y=f_1(x)=\sin x$. Diese Funktion hat Nullstellen im angegebenen Intervall bei $x=0$, $x=\pi$ und $x=2\pi$ und einen Wertebereich von $-1\leq y\leq 1$.

Für $t=2$ ergibt sich $y=f_2(x)=2\sin x$. Diese Funktion hat Nullstellen im angegebenen Intervall bei $x=0$, $x=\pi$ und $x=2\pi$ und einen Wertebereich von $-2\leq y\leq 2$.

Die Funktion $g(x)=\cos x$ hat denselben Wertebereich wie f_1 und Nullstellen bei

$x=\frac{\pi}{2}$ und $x=\frac{3\pi}{2}$.

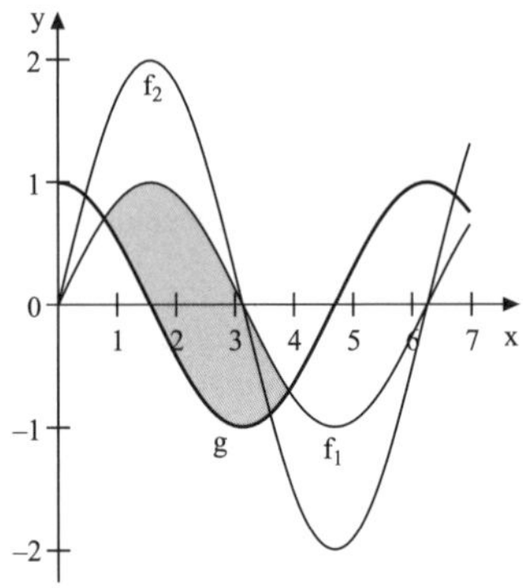

Flächenstück A_1 berechnen

Vollständig eingeschlossen wird die Fläche zwischen den Graphen von f_1 und g im Intervall $\frac{\pi}{4}\leq x\leq\frac{5}{4}\pi$. (In der Skizze schraffiert gezeichnet.)

Diese Grenzen lassen sich durch inhaltliche Überlegungen (1) oder Rechnung (2) bestimmen:

(1) Sinus- und Kosinusfunktion haben pro Periode zweimal den gleichen Funktionswert:

$$\text{Bei } x=\frac{\pi}{4} \text{ gilt } \sin\frac{\pi}{4}=\cos\frac{\pi}{4}=\frac{\sqrt{2}}{2}.$$

$$\text{Bei } x=\frac{5}{4}\pi \text{ gilt } \sin\frac{5\pi}{4}=\cos\frac{5\pi}{4}=-\frac{\sqrt{2}}{2}.$$

(2) Aus $\sin x=\cos x$ folgt nach Division durch $\cos x$ ($\cos x\neq 0$): $\tan x=1$
Die Lösungen für diese Gleichung sind im hier interessierenden Intervall:

$$x=\frac{\pi}{4} \text{ bzw. } x=\frac{5}{4}\pi$$

Für den Inhalt A_1 der zu berechnenden Fläche gilt:

$$A_1=\int_{\frac{\pi}{4}}^{\frac{5}{4}\pi}(\sin x-\cos x)\,dx$$

Nach dem Hauptsatz der Differenzial- und Integralrechnung ergibt sich aus diesem Ansatz:

$$A_1=[-\cos x-\sin x]_{\frac{\pi}{4}}^{\frac{5}{4}\pi}$$

$$=\left[-\cos\frac{5}{4}\pi-\sin\frac{5}{4}\pi\right]-\left[-\cos\frac{\pi}{4}-\sin\frac{\pi}{4}\right]$$

$$=\left[-\left(-\frac{1}{2}\sqrt{2}\right)-\left(-\frac{1}{2}\sqrt{2}\right)\right]-\left[-\frac{1}{2}\sqrt{2}-\frac{1}{2}\sqrt{2}\right]=2\sqrt{2}$$

Dasselbe Ergebnis erreicht man mit dem Taschencomputer.

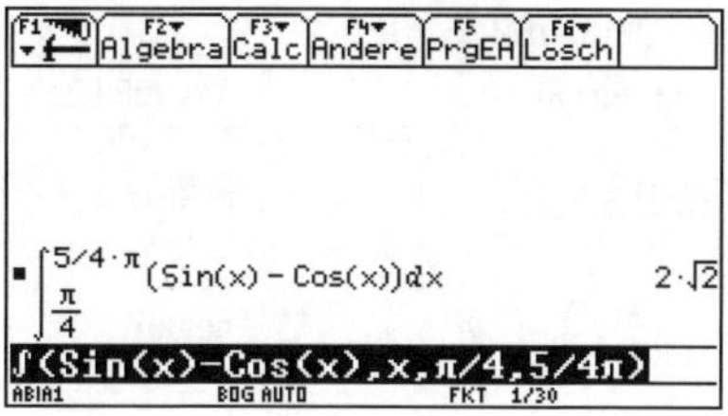

Halbierende Geraden

Gleichungen flächenhalbierender Geraden lassen sich leicht bestimmen, denn die Fläche A_1 ist punktsymmetrisch zu $P(\frac{3}{4}\pi; 0)$.

Bei einer guten Skizze in Teilaufgabe a kann man diese Eigenschaft der geometrischen Anschauung entnehmen.

Deshalb sind alle Geraden durch P halbierende Geraden von A_1. Dazu gehören zum Beispiel:

- die Gerade $y = 0$
  (Horizontale in der Mitte zwischen Hoch- und Tiefpunkt)
- die Gerade $x = \frac{3}{4}\pi$
  (Vertikale durch die Mitte zwischen den Grenzen)
- die Gerade $y = -\frac{4}{\pi}x + 3$
  (Gerade, die Hoch- und Tiefpunkt verbindet)
- die Gerade $y = -\frac{\sqrt{2}}{\pi}x + \frac{3\sqrt{2}}{4}$
  (Gerade durch Anfangs- und Endpunkt des Flächenstücks)

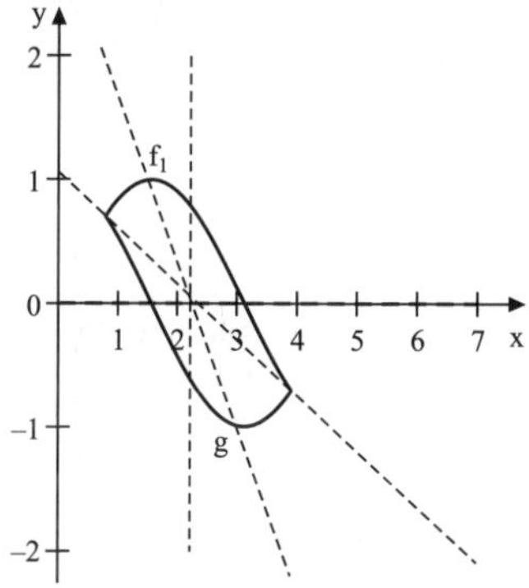

Es sind nur zwei solcher Gleichungen anzugeben! Eine Begründung ist nicht erforderlich. Am einfachsten sind wohl die ersten beiden Geraden zu finden.

Ergänzung für das CAS-Abitur

Zusammenhang von Monotonie von f_1 und Vorzeichen von g

Dieser Zusammenhang ergibt sich aus dem Satz:
Wenn eine Funktion f in einem Intervall I streng monoton wachsend (fallend) und differenzierbar ist, so gilt für jede Stelle x_0 von I: $f'(x_0) > 0$ (bzw. $f'(x_0) < 0$)

Die Funktion $y = g(x) = \cos x$ ist die Ableitungsfunktion der Funktion $y = f_1(x) = \sin x$.

Demzufolge gilt:

Intervall	Vorzeichen von g	Monotonie von f_1
$0 < x < \frac{\pi}{2}$	positiv	steigend
$\frac{\pi}{2} < x < \frac{3}{2}\pi$	negativ	fallend
$\frac{3}{2}\pi < x < 2\pi$	positiv	steigend

Rotationsvolumen

Das Rotationsvolumen ergibt sich aus folgenden Überlegungen:

- Der Graph einer Funktion $f_t = t \cdot \sin x$ liegt für $t > 1$ im Intervall $0 \le x \le \pi$ immer oberhalb des Graphen von $f_1 = \sin x$.
- Die eingeschlossene Fläche wird im Beispiel $t = 2$ so aussehen:

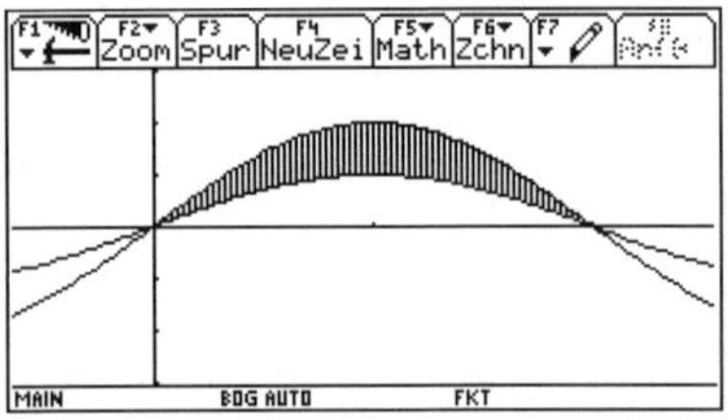

- Die Integrationsgrenzen werden durch die Schnittstellen beider Funktionen bei $x = 0$ bzw. $x = \pi$ bestimmt.
- Jede der beiden Kurven schließt mit der x-Achse im Intervall $0 \le x \le \pi$ eine Fläche ein.
- Das hier zu betrachtende Rotationsvolumen ergibt sich aus der Differenz der Rotationsvolumina der beiden Drehkörper, die bei Rotation jeder der beiden Flächen um die x-Achse entstehen.
- Das Volumen ist bekannt, also kann aus dem Ansatz

$$4\pi^2 = \pi \cdot \int_0^{\pi} ([f_t(x)]^2 - [f_1(x)]^2)\,dx$$

der Wert des Parameters zu $t = 3$ berechnet werden.

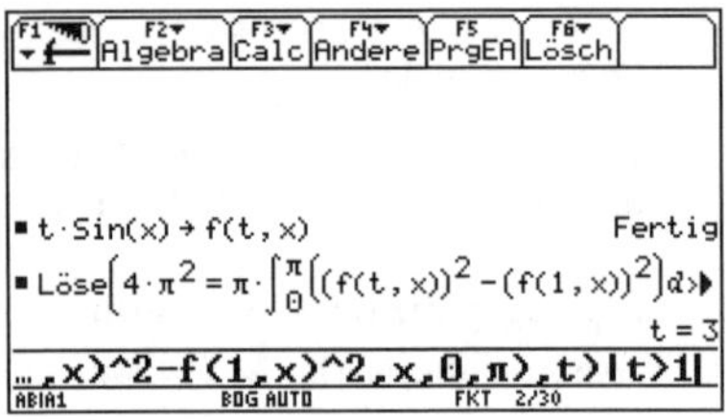

b) **Gleichschenkliges Dreieck**

Wegen der Periodizität von $y = f_t(x) = t \cdot \sin x$ kann das Dreieck zum Beispiel im Intervall $0 \le x \le \pi$ betrachtet werden.

Die Eckpunkte des gleichschenkligen Dreiecks haben die Koordinaten A(0; 0), B(π; 0) und C($\frac{\pi}{2}$; t).

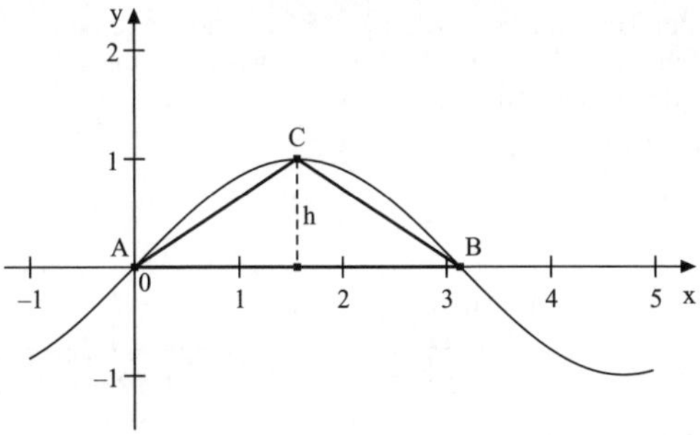

Die Seite $\overline{AB}$ hat unabhängig von t immer die Länge $|\overline{AB}| = \pi$ LE.

Der Parameterwert für t kann wegen $C(\frac{\pi}{2}; t)$ über die Höhe h bestimmt werden. Weil der Parameter t aber auch negativ sein kann, ist immer eine zweite Lösung zu berücksichtigen: Es gilt $|t| = h$.

Gleichseitiges Dreieck

Wenn das Dreieck ABC gleichseitig ist, gilt $|\overline{AB}| = |\overline{AC}| = |\overline{BC}| = \pi$ LE.
Die Höhe h teilt das Dreieck ABC in zwei rechtwinklige Teildreiecke.
Die Höhe h ergibt sich aus dem Satz des Pythagoras:

$$h = \sqrt{\pi^2 - \left(\frac{\pi}{2}\right)^2} = \frac{\pi}{2} \cdot \sqrt{3} \text{ LE}$$

Das Dreieck ist gleichseitig für $t_1 = \frac{\pi}{2} \cdot \sqrt{3}$ bzw. $t_2 = -\frac{\pi}{2} \cdot \sqrt{3}$.

Flächeninhalt

Der Flächeninhalt dieser gleichseitigen Dreiecke ergibt sich für t_1 und t_2 aus

$$A = \frac{1}{2} \cdot g \cdot h = \frac{1}{2} \cdot \pi \cdot \frac{\pi}{2} \cdot \sqrt{3} \quad \text{zu} \quad A = \frac{\pi^2}{4} \cdot \sqrt{3} \text{ FE.}$$

Rechtwinkliges Dreieck

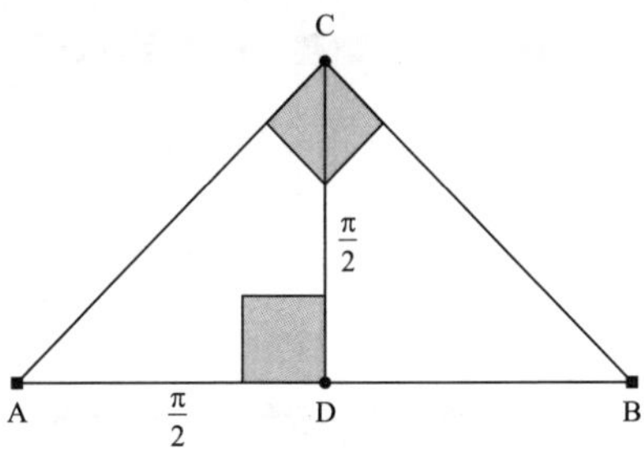

Im rechtwinklig-gleichschenkligen Dreieck zerlegt die Höhe h das Dreieck wieder in zwei rechtwinklig-gleichschenklige Dreiecke.

Begründung:

- Der rechte Winkel bei C wird wegen der Gleichschenkligkeit von Dreieck ABC durch h halbiert.

- Die beiden Basiswinkel in jedem der Teildreiecke ADC bzw. BCD sind wegen des rechten Winkels bei D dann ebenfalls jeweils 45° groß sind. (Innenwinkelsumme!)
- Die beiden Teildreiecke sind also gleichschenklig.
- Wegen $|\overline{AD}| = \frac{\pi}{2}$ LE ist auch $|\overline{DC}| = \frac{\pi}{2}$ LE.
- In diesem Falle ist also $t_1 = \frac{\pi}{2}$ bzw. $t_2 = -\frac{\pi}{2}$.

Alternativer Lösungsweg

Man kann mit den Ortsvektoren der Punkte A, B, C und D arbeiten.

Beim Einsatz eines Taschencomputers ist der Rechenaufwand gering.
Aber notieren Sie die Ortsvektoren, die Ansätze, weitere wichtige Zwischenschritte und Ergebnisse in Ihren Aufzeichnungen, damit Ihr Lösungsweg nachvollziehbar ist und eventuelle Folgefehler berücksichtigt werden können!

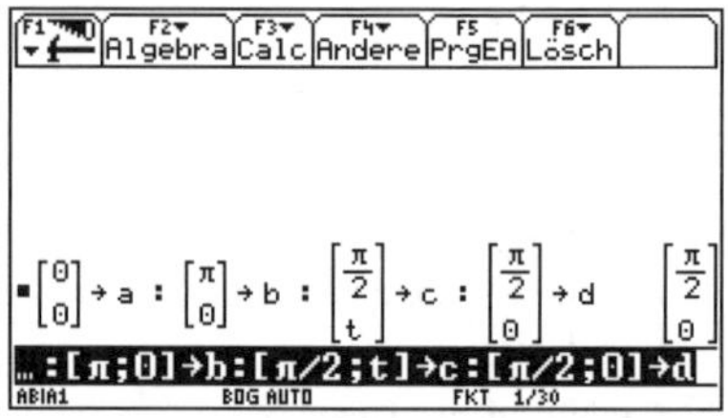

Rechtwinkligkeit:
Die Seitenlängen von $\overline{AB}$ und $\overline{AC}$ müssen gleich groß sein.

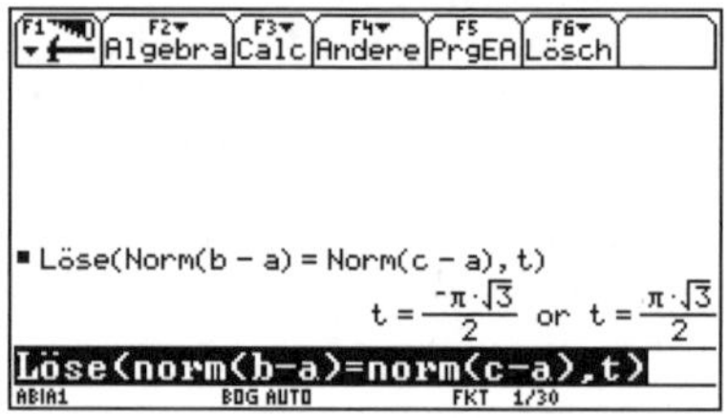

Flächeninhalt:
Der halbe Betrag des Kreuzproduktes der Vektoren $\overrightarrow{AB}$ und $\overrightarrow{AC}$ ergibt den Flächeninhalt.

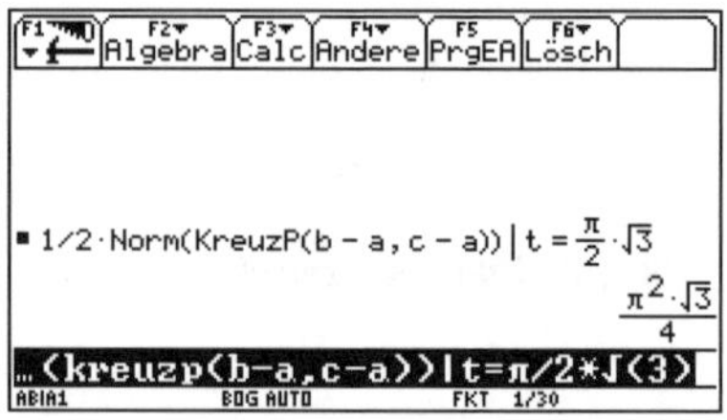

Rechtwinkligkeit:
Das Skalarprodukt der Vektoren $\overrightarrow{CA}$ und $\overrightarrow{CB}$ muss null werden.

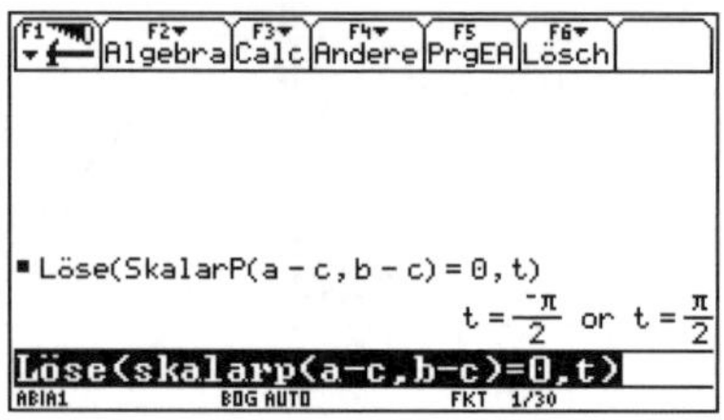

c) **Gleichung der Funktion h**

Die allgemeine Gleichung von h lautet:
$h_{t;\,b}(x) = t \cdot \sin x + \cos x + b$

Um die Parameterwerte für die gegebenen Bedingungen zu bestimmen, werden zunächst die Koordinaten von P_0 in die Gleichung von h eingesetzt:

$$(1) \quad -3 = t \cdot \sin\frac{\pi}{2} + \cos\frac{\pi}{2} + b \;\Rightarrow\; -3 = t + b \; (*)$$

Da h den Anstieg $m = -\frac{3}{2}\sqrt{2}$ an der Stelle $x_m = \frac{\pi}{4}$ haben soll, muss die 1. Ableitung von h an dieser Stelle den Wert $-\frac{3}{2}\sqrt{2}$ besitzen:

Die 1. Ableitung von h ist $h'_{t;\,b}(x) = t \cdot \cos x - \sin x$.
Einsetzen:

$$(2) \quad -\frac{3}{2}\sqrt{2} = t \cdot \cos\frac{\pi}{4} - \sin\frac{\pi}{4} \;\Rightarrow\; -\frac{3}{2}\sqrt{2} = t \cdot \frac{\sqrt{2}}{2} - \frac{\sqrt{2}}{2} \;\Rightarrow\; t = -2$$

Diesen Wert in (*) eingesetzt ergibt $b = -1$.
Die Gleichung von h lautet also für diese Bedingungen: $h_{-2;\,-1}(x) = -2\sin x + \cos x - 1$

Unabhängigkeit des Anstiegs

Um die Unabhängigkeit des Anstiegs von t und b der Funktion h an der Stelle $x_0 = \frac{\pi}{2}$ nachzuweisen, wird x_0 in $h'_{t;\,b}(x) = t \cdot \cos x - \sin x$ eingesetzt:

$$h'_{t;\,b}\left(\frac{\pi}{2}\right) = t \cdot \cos\frac{\pi}{2} - \sin\frac{\pi}{2} \;\Rightarrow\; h'_{t;\,b}\left(\frac{\pi}{2}\right) = t \cdot 0 - 1 = -1$$

Der Anstieg von $h_{t;\,b}$ an der Stelle $x_0 = \frac{\pi}{2}$ ist also unabhängig von t und b stets –1.

Abstand der Tangenten

Um den Abstand der Tangenten an den Graphen von $h_{-2;\,-1}$ in den Punkten A(0; 0) und B(2π; 0) zu berechnen, werden zunächst die Tangentengleichungen aufgestellt:

Die Tangente in A ist eine Ursprungstangente mit der Gleichung $y = m \cdot x$.
Der Anstieg m ergibt sich aus:

$h'_{-2;\,-1}(0) = (-2) \cdot \cos 0 - \sin 0 = -2$

Die Gleichung der Tangente in A ist also $y = -2x$.

Für die Tangente in B ergibt sich ebenfalls der Anstieg $m = -2$ aus:

$h'_{-2;\,-1}(2\pi) = (-2) \cdot \cos(2\pi) - \sin(2\pi) = -2$

Um den Achsendurchgang n der zweiten Tangente zu bestimmen, werden die Koordinaten von B und $m = -2$ in $y = m \cdot x + n$ eingesetzt:
$0 = (-2) \cdot 2\pi + n \;\Rightarrow\; n = 4\pi$
Die Gleichung der Tangente in B ist $y = -2x + 4\pi$.

Die Gleichung der Normalen durch A ist $y = \frac{1}{2}x$.

Der Schnittpunkt $S(x_S;\, y_S)$ der Normalen mit der Tangente durch B kann durch Gleichsetzen beider Geradengleichungen gefunden werden:

$$\frac{1}{2}x = -2x + 4\pi \;\Rightarrow\; x_S = \frac{8}{5}\pi \;\text{ und }\; y_S = \frac{4}{5}\pi$$

Der Abstand d der beiden Tangenten entspricht der Länge der Strecke

$$\overline{AS} = \overline{OS} = \sqrt{x_S^2 + y_S^2} = \sqrt{\left(\frac{8}{5}\pi\right)^2 + \left(\frac{4}{5}\pi\right)^2} = \frac{4}{5}\sqrt{5}\pi \approx 5{,}62 \text{ LE}.$$

Alternative Lösung

Die Tangentensteigungen ergeben sich aus

$h'_{-2;-1}(0) = (-2)\cdot\cos 0 - \sin 0 = -2$ bzw. $h'_{-2;-1}(2\pi) = (-2)\cdot\cos(2\pi) - \sin(2\pi) = -2.$

Beide Tangenten sind also parallel!

Der Abstand zwischen ihnen wird in Richtung der Normalen gemessen.
Der Anstieg der Normalen ist das negative Reziproke des Anstiegs der Tangenten:

$$m_n = \frac{1}{2}$$

Daraus ergibt sich für den Anstiegswinkel x der Normalen $\tan(x) = \frac{1}{2}$, also $x \approx 26{,}57°$.
Der Schnittpunkt der Normalen mit der Tangente durch B sei S.

Der gesuchte Abstand $d = |\overline{AS}|$ kann im rechtwinkligen Dreieck ABS über den cos x berechnet werden:

$$\cos x = \frac{d}{|\overline{AB}|} \quad \Rightarrow \quad d = 2\pi\cdot\cos 26{,}57° \approx 5{,}62 \text{ LE}$$

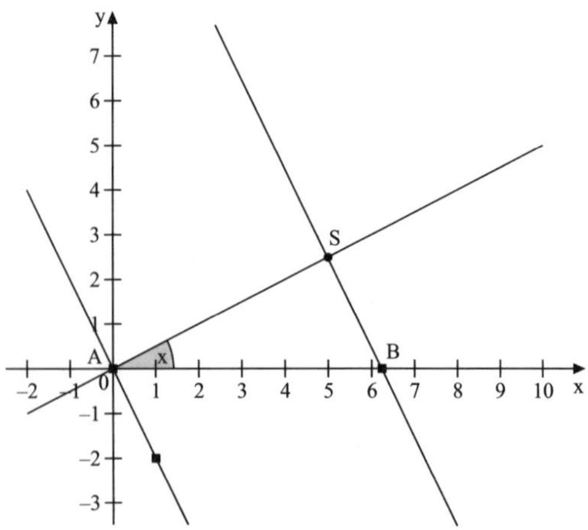

Ergänzung für das CAS-Abitur

Gleichung der Normalen durch B

Die Gleichung der **Normalen durch B** ergibt sich durch Einsetzen der Koordinaten von B und des negativen Reziproken des Tangentenanstiegs in die Gleichung $y = m\cdot x + n$:

$$0 = \frac{1}{2}\cdot 2\pi + n \quad \Rightarrow \quad n = -\pi$$

Normalengleichung:

$$y = \frac{1}{2}x - \pi$$

- Analog zum oben beschriebenen Weg können Sie die Normale durch B zur Abstandsberechnung nutzen.
  $Q(x_Q; y_Q)$ sei der Schnittpunkt der Normalen mit der Tangente durch A.
  $\frac{1}{2}x - \pi = -2x \;\Rightarrow\; x_Q = \frac{2}{5}\pi \;\Rightarrow\; y_Q = -\frac{4}{5}\pi$

  Der Abstand d der beiden Tangenten entspricht der Länge der Strecke $\overline{QB}$:

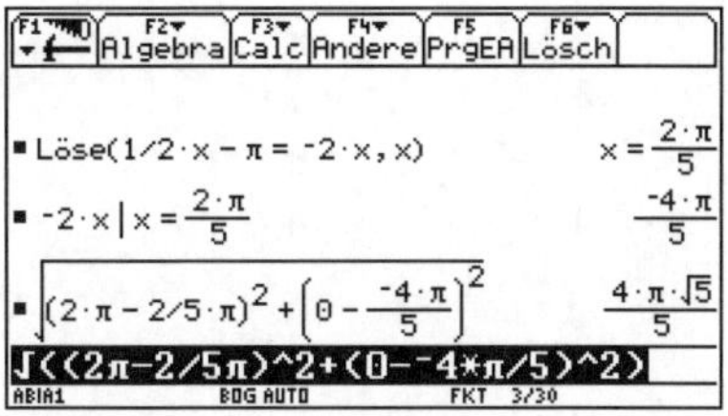

- Visualisieren und kontrollieren Sie die Lösung im Graphikmenü:

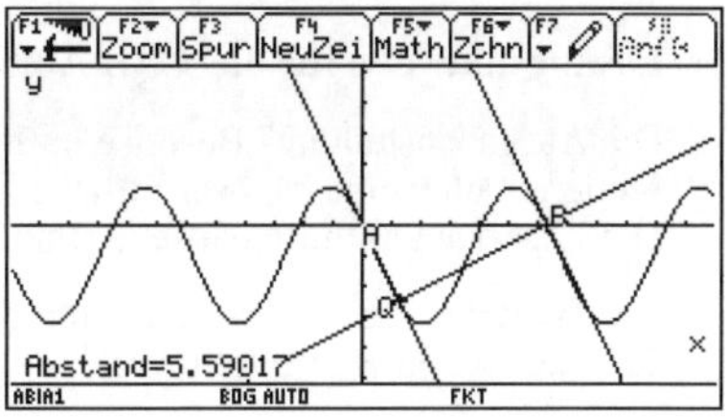

d) **Nachweis Stammfunktion**

Für die Funktion $i_t(x) = x \cdot f_t(x)$ gilt $i_t(x) = x \cdot t \cdot \sin x$.

Wenn I_t eine Stammfunktion von i_t ist, so muss I_t durch Integration aus i_t zu gewinnen sein. Da $i_t(x)$ in Form eines Produkts vorliegt, wird das Verfahren der partiellen Integration verwendet. Die partielle Integration wird nach dem Ansatz

$$\int u(x) \cdot v'(x)\,dx = u(x) \cdot v(x) - \int u'(x) \cdot v(x)\,dx$$

durchgeführt.

$$u(x) = x \quad\Rightarrow\quad u'(x) = 1$$

$$v'(x) = t \cdot \sin x \;\Rightarrow\; v(x) = \int t \cdot \sin x\,dx = (-t) \cdot \cos x$$

$$\int x \cdot t \cdot \sin x\,dx = x \cdot (-t) \cdot \cos x - \int 1 \cdot (-t) \cdot \cos x\,dx$$

$$\int x \cdot t \cdot \sin x\,dx = -t \cdot x \cdot \cos x + t \cdot \sin x + c = t \cdot \sin x - t \cdot x \cdot \cos x + c$$

Ein Vergleich mit den gegebenen Funktionen f_t und g zeigt Übereinstimmung, wenn für die Integrationskonstante $c = 0$ gewählt wird:

$$\int x \cdot f_t(x)\,dx = f_t(x) - t \cdot x \cdot g(x) \qquad \text{w.z.b.w.}$$

Wert des Parameters t

Es wird die Bedingung $I_t\left(\frac{\pi}{4}\right)=1-\frac{\pi}{4}$ genutzt, um durch Einsetzen den zugehörigen Parameterwert t zu finden.

$$I_t(x)=t\cdot\sin x-t\cdot x\cdot\cos x \qquad \text{Einsetzen}$$

$$1-\frac{\pi}{4}=t\cdot\sin\frac{\pi}{4}-t\cdot\frac{\pi}{4}\cdot\cos\frac{\pi}{4} \qquad \text{Funktionswerte berechnen}$$

$$1-\frac{\pi}{4}=t\cdot\frac{1}{2}\sqrt{2}-t\cdot\frac{\pi}{4}\cdot\frac{1}{2}\sqrt{2} \qquad \text{Ausklammern}$$

$$1-\frac{\pi}{4}=t\cdot\frac{1}{2}\sqrt{2}\left(1-\frac{\pi}{4}\right) \qquad \text{Division durch }\left(1-\frac{\pi}{4}\right)$$

$$1=t\cdot\frac{1}{2}\sqrt{2} \qquad \text{Vereinfachen}$$

$$t=\sqrt{2}$$

Lösungshinweise für das CAS-Abitur

Die Aufgabenstellung „Beweise mithilfe eines Integrationsverfahrens …“ ist so zu interpretieren, dass eine handschriftliche Rechnung erwartet wird!
Diese ist oben mithilfe partieller Integration ausführlich dargestellt.

Der Wert des Parameters t kann mit dem Taschencomputer ermittelt werden.

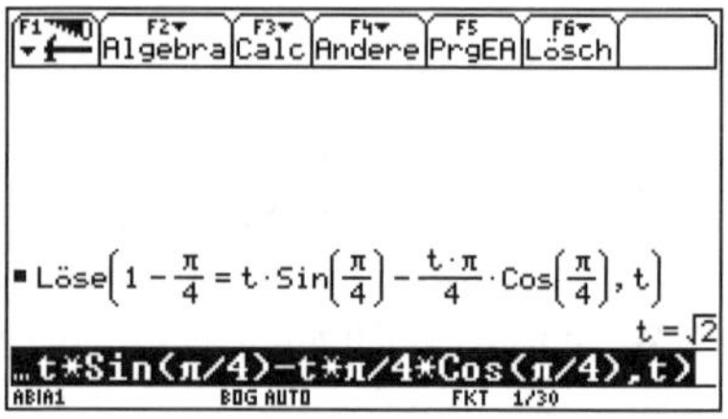

e) **Skizze von k**

Die Skizze von $k(x)=|g(x)|$ im Intervall $0\le x\le 2\pi$ ergibt sich durch Spiegelung aller „ins Negative reichenden“ Teile des Graphen von $g(x)=\cos x$ an der x-Achse.

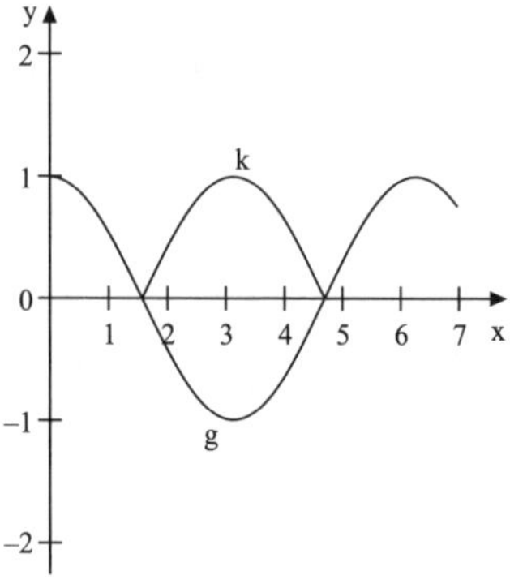

Untersuchung auf Differenzierbarkeit

Die Funktion k ist an den Stellen $x_1 = \frac{\pi}{2}$ bzw. $x_2 = \frac{3\pi}{2}$ nicht differenzierbar. An diesen Stellen ist die linksseitige Ableitung von k von der rechtsseitigen Ableitung verschieden.

Am Beispiel der Stelle $x_1 = \frac{\pi}{2}$ wird das nachstehend näher erläutert. In einer (hinreichend kleinen) Umgebung von $x_1 = \frac{\pi}{2}$ gilt:

$$k(x) = |\cos x| = \begin{cases} \cos x & \text{für } x < \frac{\pi}{2} \\ -\cos x & \text{für } x > \frac{\pi}{2} \end{cases}$$

$$k'(x) = \begin{cases} -\sin x & \text{für } x < \frac{\pi}{2} \\ \sin x & \text{für } x > \frac{\pi}{2} \end{cases}$$

$$\lim_{x \to \frac{\pi}{2}} k'(x) = \begin{cases} -1 & \text{für } x < \frac{\pi}{2} \\ 1 & \text{für } x > \frac{\pi}{2} \end{cases}$$

Die Funktion k hat also links von $x_1 = \frac{\pi}{2}$ den Anstieg –1 und rechts den Anstieg 1. An diesen Stellen weist der Graph von k einen „Knick“ auf. Es lässt sich also dort keine Tangente an den Graphen von k legen.

Lösungshinweise für das CAS-Abitur

Sie können die Ableitung z. B. an der Stelle $x_1 = \frac{\pi}{2}$ mit dem Taschencomputer ermitteln und erkennen, dass sie nicht eindeutig erklärt ist.

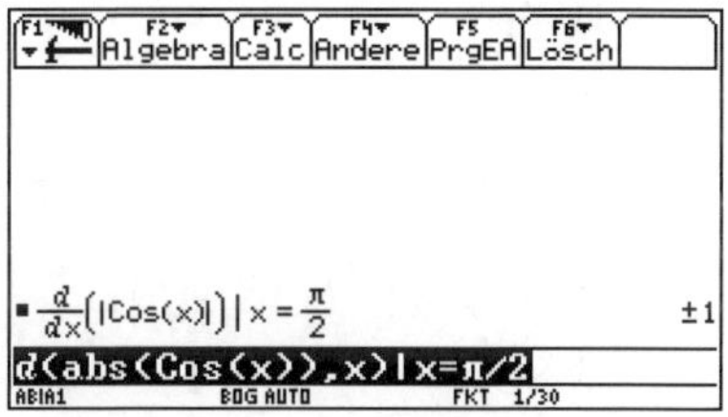

Oder:

Sie können die Grenzwerte der Ableitungsfunktion von k bei links- und rechtsseitiger Annäherung an die Stelle $x_1 = \frac{\pi}{2}$ berechnen, miteinander vergleichen und erkennen, dass sie verschieden voneinander sind.

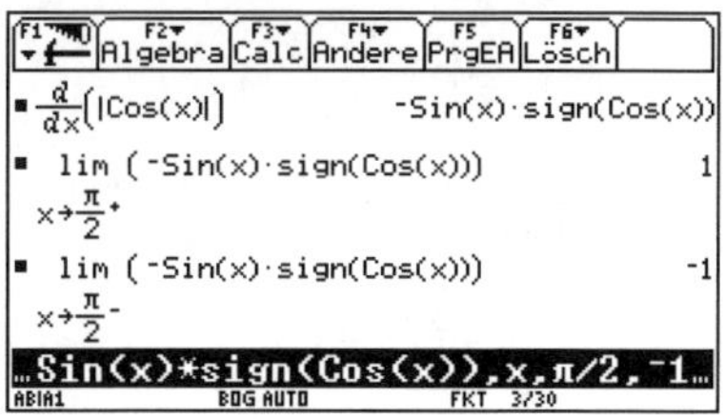

f) **Parameter t für A_2 bestimmen**

Bedingung (1) $f_t(x_1) = g(x_1)$

Bedingung (2) $A_2 = \int\limits_{x_1}^{\pi + x_1} (f_t(x) - g(x))\,dx$

Einsetzen der Funktionsterme und des für A_2 gegebenen Wertes:

Bedingung (1) $t \cdot \sin x_1 = \cos x_1$

Bedingung (2) $4 = \int\limits_{x_1}^{\pi + x_1} (t \cdot \sin x - \cos x)\,dx$

Gleichung (2) vereinfachen durch Anwenden des Hauptsatzes:

$4 = [-t \cdot \cos x - \sin x]_{x_1}^{\pi + x_1}$

$4 = [-t \cdot \cos(\pi + x_1) - \sin(\pi + x_1)] - [-t \cdot \cos x_1 - \sin x_1]$

Wegen $\cos(\pi + x) = -\cos x$ und $\sin(\pi + x) = -\sin x$ (Quadrantenbeziehungen) folgt daraus:

$4 = [-t \cdot (-\cos x_1) - (-\sin x_1)] - [-t \cdot \cos x_1 - \sin x_1]$

Nach Auflösen der Klammern und Zusammenfassen ergibt sich:

$4 = 2t \cdot \cos x_1 + 2\sin x_1$ (2*)

Gleichung (1) nach t umstellen:

$t = \frac{\cos x_1}{\sin x_1}$ (1*) $(\sin x_1 \neq 0)$

Einsetzen in (2*):

$4 = 2 \cdot \frac{\cos x_1}{\sin x_1} \cdot \cos x_1 + 2\sin x_1$ Multiplizieren mit $\sin x_1$

$4 \cdot \sin x_1 = 2 \cdot \cos^2 x_1 + 2\sin^2 x_1$ Ausklammern

$4 \cdot \sin x_1 = 2 \cdot (\cos^2 x_1 + \sin^2 x_1)$ „Winkelpythagoras“

$4 \cdot \sin x_1 = 2 \cdot 1$ Division durch 4; Kürzen

$\sin x_1 = \frac{1}{2}$

Die erste Schnittstelle von f_t und g liegt im Intervall $0 < x_1 < \frac{\pi}{2}$, deshalb ergibt sich $x_1 = \frac{\pi}{6}$.
Damit wird wegen (1*)

$t = \frac{\cos \frac{\pi}{6}}{\sin \frac{\pi}{6}} = \frac{\frac{1}{2}\sqrt{3}}{\frac{1}{2}} = \sqrt{3}.$

Für $t = \sqrt{3}$ sind die verlangten Eigenschaften erfüllt.

Oben wurde $\sin x_1 = 0$ ausgeschlossen. Dieser Wert wird im hier betrachteten Intervall für $x_1 \in \{0; \pi; 2\pi\}$ angenommen. Dies sind aber x-Werte, für die $f_t(x) = t \cdot \sin x$ und $g(x) = \cos x$ nicht dieselben y-Werte annehmen können. Sie sind deshalb für die Fragestellung nicht relevant.

Lösungshinweise für das CAS-Abitur

Sie können das Gleichungssystem mit dem Taschencomputer lösen.

Stellen Sie für die Eingabe die Bedingung (1) $t \cdot \sin x_1 = \cos x_1$ um zum Beispiel zu $t = \cot x_1$ und begrenzen die Lösungsmengen auf $t > 1$ und $0 < x_1 < \frac{\pi}{2}$, so erhalten Sie die exakten Lösungen, ansonsten nur Näherungslösungen. Führen Sie eine Probe durch!

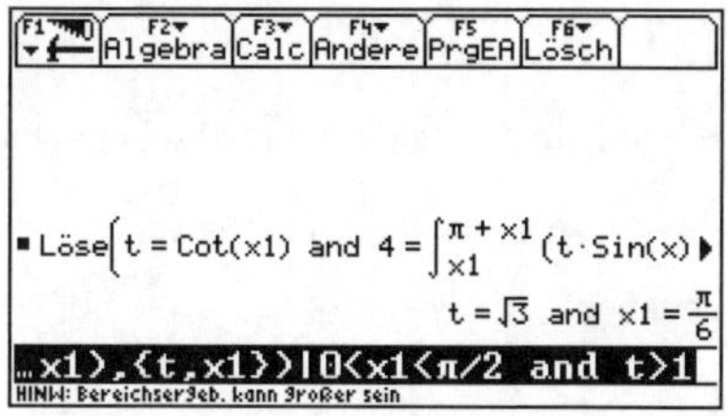

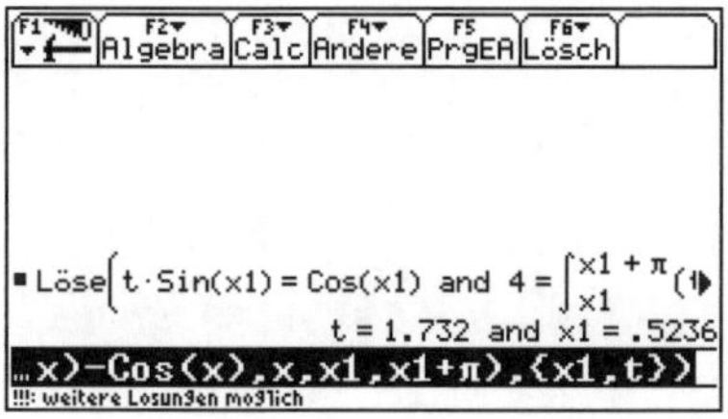

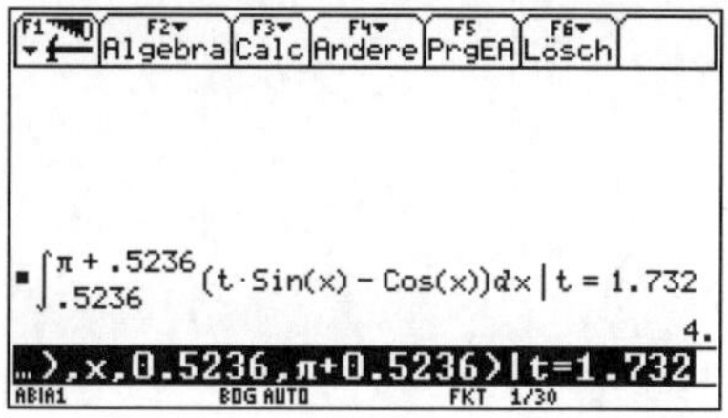

Für jede reelle Zahl t mit $t > 0$ sei eine Funktion f_t mit der Gleichung

$$y = f_t(x) = x^2 \cdot e^{1-\frac{x}{t}} \quad (x \in \mathbb{R})$$

gegeben.

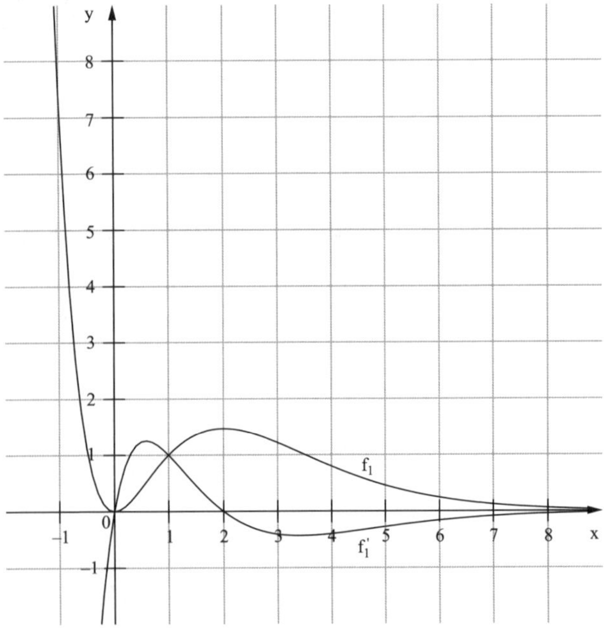

Die Abbildung zeigt die Graphen von f_1 und f_1'.

a) Diskutieren Sie das Monotonieverhalten der Funktion f_1 nur unter Zuhilfenahme des Graphen der Funktion f_1'!
Schlussfolgern Sie aus der Abbildung auf die Anzahl von Extrem- und Wendepunkten jeder Stammfunktion von f_1!
Begründen Sie Ihre Schlussfolgerungen! (5 BE)
(CAS: 5 BE)

b) Der Graph von f_1' und die x-Achse begrenzen im ersten Quadranten ein Flächenstück vollständig.
Beschreiben Sie einen Weg, um den Inhalt dieses Flächenstückes näherungsweise nur aus der Graphik zu bestimmen!
Berechnen Sie den exakten Wert des Flächeninhalts durch Integration! (5 BE)
(CAS: 3 BE)

c) **Zusatzaufgabe für das CAS-Abitur**
Die beiden lokalen Extrempunkte des Graphen von f_1 und ein Punkt $B(x; 0)$ mit $x > 0$ bilden ein Dreieck.
Bestimmen Sie alle Punkte B so, dass dieses Dreieck rechtwinklig ist! (CAS: 3 BE)

d) Beweisen Sie, dass für die n-te Ableitung der Funktion f_t gilt:

$$f_t^{(n)}(x) = \left(-\frac{1}{t}\right)^n \cdot e^{1-\frac{x}{t}} \cdot (x^2 - 2 \cdot t \cdot n \cdot x + (n-1) \cdot n \cdot t^2); \quad n \geq 1!$$

Weisen Sie durch Integration nach, dass sich für $n = -1$ eine Stammfunktion von f_t ergibt! (7 BE)
(CAS: 7 BE)

e) Untersuchen Sie die Funktion f_1 auf Wendestellen und geben Sie gegebenenfalls die Koordinaten der zugehörigen Wendepunkte an!
Auf den Nachweis der Wendepunkte wird verzichtet.
Berechnen Sie die Anstiegswinkel der Wendetangenten! (6 BE)

Aufgabenstellung für das CAS-Abitur
Untersuchen Sie die Funktion f_t auf Wendestellen und geben Sie gegebenenfalls die Koordinaten der zugehörigen Wendepunkte an!
Bestimmen Sie die Ortskurven aller Wendepunkte der Graphen von f_t!
Berechnen Sie für $t = 1$ die Anstiegswinkel der Wendetangenten des Graphen von f_1! (CAS: 6 BE)

f) Die Parallelen zu den Koordinatenachsen durch den Punkt $P(p; f_t(p))$ mit $p > 0$ und $t > 0$ begrenzen mit den Koordinatenachsen ein Rechteck.
Berechnen Sie p so, dass der Flächeninhalt des Rechtecks maximal wird!
Geben Sie diesen maximalen Flächeninhalt A_{max} an!
Ermitteln Sie einen Wert von t so, dass die Maßzahl von A_{max} ganzzahlig wird! (7 BE)
(CAS: 6 BE)
(30 BE)

Hinweise und Tipps

Aufgabe a

Monotonieverhalten

- Der Funktionswert der Funktion f' an der Stelle x gibt den Anstieg der Funktion f an ebendieser Stelle x an.
- Nimmt f' also in einem Intervall I nur negative (positive) Funktionswerte an, so ist der Graph von f in diesem Intervall streng monoton fallend (wachsend).

Anzahl der Extrem- und Wendepunkte der Stammfunktionen

- Wenn F_1 die Stammfunktion von f_1 ist, dann gilt: $F_1' = f_1$
- Wechselt die Funktion f_1 an einer Stelle x_0 ihr Vorzeichen, so besitzt jede Stammfunktion F_1 von f_1 an dieser Stelle einen Extrempunkt.
- Verläuft der Graph von f_1 in einem Intervall I streng monoton wachsend (fallend), so beschreibt der Graph jeder Stammfunktion F_1 von f_1 eine Linkskurve (Rechtskurve).

Die lokalen Extremstellen von f_1 sind demnach die Wendestellen von F_1.

Aufgabe b

Näherungsweise Bestimmung

Es gibt verschiedene gleichwertige Vorgehensweisen, zum Beispiel:
(1) Die Fläche kann mithilfe ein- und/oder umschriebener Rechtecke ermittelt werden.
(2) Man kann auch Funktionswerte der Stammfunktion ablesen und zum Ermitteln des Flächeninhalts nutzen.

Exakte Bestimmung

Die exakte Bestimmung des Flächeninhalts erfolgt mithilfe der Integralrechnung.

Aufgabe c für das CAS-Abitur

Bestimmen Sie zunächst die beiden Extrempunkte des Graphen von f_1.

Visualisieren Sie den Sachverhalt und überlegen Sie sich, an welchen Eckpunkten des Dreiecks rechte Innenwinkel möglich sind.

Berechnen Sie anschließend die x-Koordinaten der jeweiligen Punkte B.

Aufgabe d

Beweis

Mit dem Beweisverfahren der vollständigen Induktion lässt sich der geforderte Beweis führen.

Nachweis Stammfunktion

Wenn $f_t^{(-1)}$ eine Stammfunktion von f_t sein soll, muss $f_t^{(-1)}$ ein Ergebnis der Integration von f_t sein.

Ermitteln Sie $f_t^{(-1)}$ durch Einsetzen von $n = -1$ in die vorgegebene Gleichung.

Integrieren Sie die Funktion f_t. Das zu verwendende Integrationsverfahren ist partielle Integration (auch Produktintegration), denn f_t ist das Produkt zweier Funktionen.

Überprüfen Sie, ob $f_t^{(-1)}$ mit einer der Stammfunktionen übereinstimmt.

Aufgabe e

Wendepunkte

Ermitteln Sie die Nullstellen der zweiten Ableitung der Funktion f_1. Diese Stellen sind die Wendestellen der Funktion f_1, da auf den Nachweis für die Existenz der Wendepunkte verzichtet wird.

Zur Angabe der Wendepunkte sind noch die Funktionswerte an den Wendestellen zu berechnen.

Anstiegswinkel

Der Anstiegswinkel α einer linearen Funktion $y = m \cdot x + n$ ist definiert durch $\tan \alpha = m$. Der Anstieg m der Wendetangente entspricht der 1. Ableitung der Funktion f_1 an der Wendestelle.

Bestimmen Sie zunächst die Tangentenanstiege.

Ergänzungen für das CAS-Abitur

Ortskurven

- Stellen Sie die x-Koordinate des jeweiligen Wendepunktes nach dem Scharparameter t um und setzen Sie den entsprechenden Term in die y-Koordinate des Wendepunktes ein.
- Das Zusammenfassen des so entstandenen Terms liefert eine der gesuchten Ortskurven.

Anstiegswinkel der Wendetangenten für t = 1

- Ermitteln Sie die Wendestellen von f_1.
- Der Anstiegswinkel α einer linearen Funktion $y = m \cdot x + n$ ist definiert durch $\tan \alpha = m$. Der Anstieg m der Wendetangente entspricht der 1. Ableitung der Funktion f_1 an der Wendestelle.
- Bestimmen Sie zunächst die Tangentenanstiege.

Aufgabe f

Maximaler Flächeninhalt

- Veranschaulichen Sie den Sachverhalt für ein konkretes Beispiel mit $p > 0$ anhand der grafischen Darstellung von f_1.
- Der Flächeninhalt eines Rechtecks kann aus $A = a \cdot b$ bestimmt werden, wobei a und b die Seitenlängen des Rechtecks sind.
- Die Seitenlänge a entspricht der x-Koordinate p des Punktes P, die andere Seitenlänge entspricht der y-Koordinate des Punktes P.
- Untersuchen Sie die Zielfunktion $A_t(p) = p \cdot f_t(p)$ auf lokale Extrema.
- Aus der notwendigen Bedingung $A_t'(p_E) = 0$ ergeben sich mögliche Extremstellen p_E.
- Mithilfe der hinreichenden Bedingung $A_t''(p_E) < 0$ bzw. $A_t''(p_E) > 0$ kann auf ein lokales Maximum bzw. Minimum geschlossen werden.
- Abschließend ist zu zeigen, dass das lokale Maximum auch das globale Maximum darstellt. Untersuchen Sie dazu das Verhalten der Funktion $A_t(p)$ am Rand des Definitionsbereichs.
- Berechnen Sie den maximalen Flächeninhalt.

Ganzzahligkeit

- Die Ganzzahligkeit der Extremstelle können Sie zunächst durch Probieren für einige Werte $t > 0$ überprüfen.
- Der maximale Flächeninhalt entspricht dem Produkt dreier Faktoren, der erste Faktor „27" ist ganzzahlig.
- Überlegen Sie, für welche Werte von t das Produkt der zwei weiteren Faktoren ganzzahlig wird.

Lösungen

a) **Monotonieverhalten**

Der Funktionswert der Funktion f ' an der Stelle x gibt den Anstieg der Funktion f an ebendieser Stelle x an. Nimmt f' also in einem Intervall I nur negative (positive) Funktionswerte an, so ist der Graph von f in diesem Intervall streng monoton fallend (wachsend).

Anhand der grafischen Darstellung kann der Graph von f_1' in drei Abschnitte $I_1 = (-\infty; 0)$, $I_2 = (0; 2)$ und $I_3 = (2; \infty)$ eingeteilt werden.
In den Intervallen I_1 und I_3 nimmt f_1' nur negative und im Intervall I_2 nur positive Funktionswerte an. Somit verläuft f_1 in den Intervallen I_1 und I_3 streng monoton fallend und im Intervall I_2 streng monoton wachsend.

Ergänzung: An den Stellen $x = 0$ und $x = 2$ wechselt f_1' das Vorzeichen, somit wechselt f_1 an diesen Stellen das Monotonieverhalten und besitzt an diesen Stellen Extrempunkte.
Aussagen zu den Extrempunkten von f_1 sind **nicht verlangt**.

Anzahl der Extrem- und Wendepunkte der Stammfunktionen

Wechselt die Funktion f_1 an einer Stelle x_0 ihr Vorzeichen, so besitzt jede Stammfunktion F_1 von f_1 an dieser Stelle einen Extrempunkt.

Da f_1 an keiner Stelle das Vorzeichen wechselt, kommt es nicht zu einem Wechsel des Monotonieverhaltens der Stammfunktion. Somit besitzt jede Stammfunktion von f_1 keine Extrempunkte.

Die Extremstellen von f_1 sind die Wendestellen von F_1.
Da f_1 genau zwei Extrempunkte besitzt, besitzt jede Stammfunktion von f_1 genau zwei Extrempunkte.

b) **Näherungsweise Bestimmung**

(1) Die Fläche kann mithilfe ein- und/oder umschriebener Rechtecke ermittelt werden.
Die gegebene grafische Darstellung zeigt Quadrate der Seitenlänge 1 LE.
Der Graph von f_1' verläuft durch genau drei dieser Quadrate.
Das Quadrat ABCD wird in etwa durch den Graphen von f_1' halbiert.
Die im Quadrat OADE vom Graphen von f_1' nicht überdeckte Fläche entspricht in etwa der im Quadrat EDGF überdeckten Fläche.
Somit erhält man als Näherungslösung:
$A \approx 1{,}5$ FE

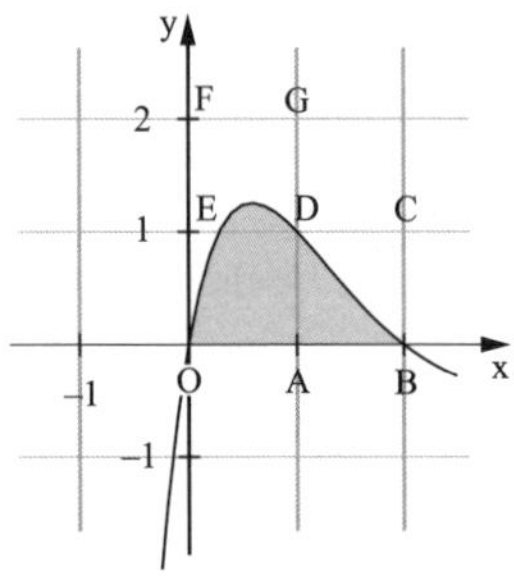

Bemerkung: Es ist **nicht** verlangt, eine Näherungslösung anzugeben!

(2) Ablesen von Funktionswerten der Stammfunktion.
Die mit der x-Achse eingeschlossene Fläche zwischen den Stellen $x_1 = 0$ und $x_2 = 2$ entspricht der Differenz der Funktionswerte der Stammfunktion an ebendiesen Stellen.
Aus dem Graphen kann man folgende Funktionswerte ermitteln:
$f_1(0) = 0$ und $f_1(2) \approx 1{,}5$

Man erhält:
$A = f_1(2) - f_1(0) \approx 1{,}5 - 0 \approx 1{,}5$ FE

Exakte Bestimmung

Die exakte Bestimmung des Flächeninhalts erfolgt mithilfe der Integralrechnung.
Die Integrationsgrenzen sind die Schnittstellen des Graphen von f_1' mit der x-Achse.

Ermittlung der Integrationsgrenzen:
Dazu muss der Funktionsterm von f_1' mit der Produktregel ermittelt werden.

$$f_1'(x) = (x^2 \cdot e^{1-x})' = 2x \cdot e^{1-x} + x^2 \cdot (-1) \cdot e^{1-x} = (2x - x^2) \cdot e^{1-x}$$

Anschließendes „Nullsetzen" ergibt:

$$f_1'(x) = 0 \quad \Leftrightarrow \quad (2x - x^2) \cdot e^{1-x} = 0 \quad \Leftrightarrow \quad (2x - x^2) = 0 \quad \text{da } e^{1-x} \neq 0 \text{ für alle x}$$
$$\Leftrightarrow \quad x \cdot (2 - x) = 0$$

Man erhält zwei Lösungen: $x_1 = 0$ und $x_2 = 2$

Nun kann mithilfe des Hauptsatzes der Differenzial- und Integralrechnung die Fläche bestimmt werden, wobei zu beachten ist, dass die gegebene Funktion f_1 eine Stammfunktion von f_1' ist.

$$A = \int_0^2 f_1'(x)\,dx = [f_1(x)]_0^2 = f_1(2) - f_1(0) = \left(2^2 \cdot e^{1-\frac{2}{1}}\right) - \left(0^2 \cdot e^{1-\frac{0}{1}}\right) = 4 \cdot e^{-1} \text{ FE}$$

Lösungshinweise für CAS-Nutzer

Analog zum vorgestellten Lösungsweg geht man folgendermaßen vor.
Natürlich müssen die Ansätze, Zwischenlösungen und Lösungen notiert, kommentiert bzw. begründet werden!

Definition der Funktion f_1.
Berechnung der Schnittstellen von f_1' mit der x-Achse.
Berechnung der Differenz: $f_1(2) - f_1(0)$

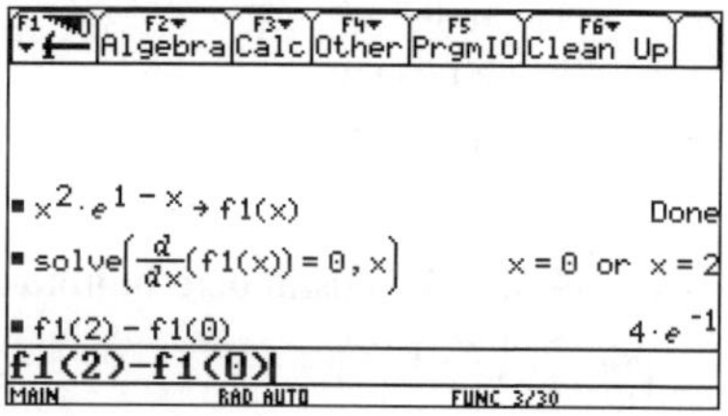

c) **Bestimmung der Extrempunkte des Graphen von f_1**

In Teilaufgabe b wurden die zwei Extremstellen ($x_{E1} = 0$ und $x_{E2} = 2$) und die zugehörigen Funktionswerte $f_1(0) = 0$ und $f_1(2) = 4 \cdot e^{-1}$ bestimmt. Es ist nicht verlangt, den Nachweis über die Existenz der lokalen Extrempunkte zu erbringen. Somit sind die beiden Extrempunkte:
O(0; 0) und H(2; $4 \cdot e^{-1}$).

Visualisieren Sie den Sachverhalt.

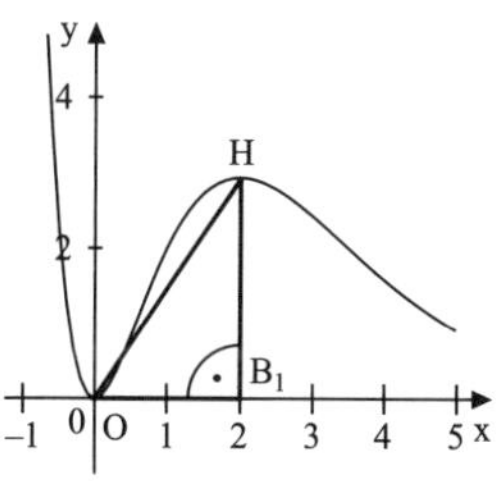

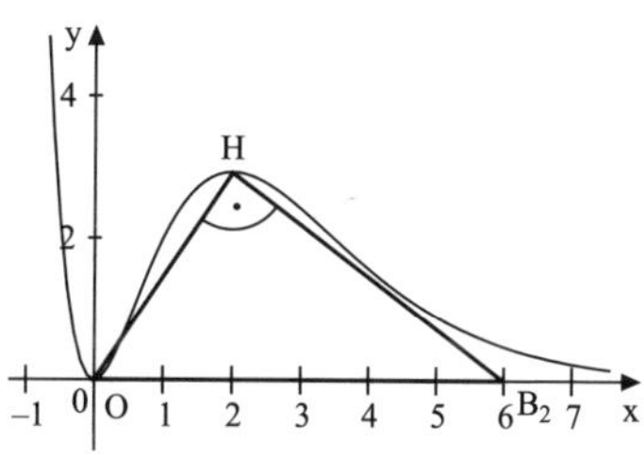

Bei B und bei H kann das Dreieck einen rechten Innenwinkel haben.

(1) rechter Winkel bei B:
In diesem Fall verläuft die Strecke $\overline{BH}$ senkrecht zur x-Achse (und damit parallel zur y-Achse). Daher stimmen die x-Koordinaten der Punkte B und H überein.

Erste Lösung: $\underline{\underline{B_1(2; 0)}}$

(2) rechter Winkel bei H: $B_2(x_B; 0)$
Der Anstieg der Strecke $\overline{OH}$ sei m_1, mit $m = \frac{\Delta y}{\Delta x}$ ergibt sich:

$$m_1 = \frac{\frac{4}{e}}{2} = \frac{2}{e}$$

Der Anstieg der Strecke $\overline{HB_2}$ sei:

$$m_2 = \frac{-\frac{4}{e}}{x_B - 2} = \frac{-4}{e \cdot (x_B - 2)}$$

Wenn beide Strecken in H orthogonal sind, muss gelten:

$$m_2 = -\frac{1}{m_1}$$

Lösen der entstehenden Gleichung

$$\frac{-4}{e \cdot (x_B - 2)} = -\frac{1}{\frac{2}{e}}$$

nach x_B liefert: $x_B = 8 \cdot e^{-2} + 2$

Zweite Lösung:

$\underline{\underline{B_2(8 \cdot e^{-2} + 2; 0)}}$

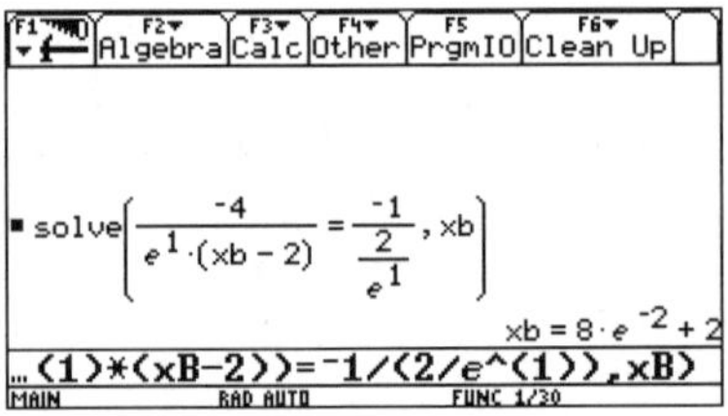

d) **Beweis durch vollständige Induktion**

$$f_t^{(n)}(x) = \left(-\frac{1}{t}\right)^n \cdot e^{1-\frac{x}{t}} \cdot (x^2 - 2 \cdot t \cdot n \cdot x + (n-1) \cdot n \cdot t^2); n \geq 1$$

1. Induktionsanfang
Für $n = 1$ ist:

$$f_t^{(1)}(x) = \left(-\frac{1}{t}\right)^1 \cdot e^{1-\frac{x}{t}} \cdot (x^2 - 2 \cdot t \cdot 1 \cdot x + (1-1) \cdot 1 \cdot t^2)$$

$$= \left(-\frac{1}{t}\right) \cdot e^{1-\frac{x}{t}} \cdot (x^2 - 2 \cdot t \cdot x) = e^{1-\frac{x}{t}} \cdot \left(\frac{x^2 - 2 \cdot t \cdot x}{-t}\right)$$

$$= e^{1-\frac{x}{t}} \cdot \left(\frac{-x^2}{t} + 2 \cdot x\right) = e^{1-\frac{x}{t}} \cdot \left(2 \cdot x - \frac{x^2}{t}\right)$$

$f_t'(x)$ lässt sich unter Verwendung der Produktregel bilden:

$$f_t'(x) = 2 \cdot x \cdot e^{1-\frac{x}{t}} + x^2 \cdot \left(-\frac{1}{t}\right) \cdot e^{1-\frac{x}{t}} = e^{1-\frac{x}{t}} \cdot \left(2 \cdot x - \frac{x^2}{t}\right)$$

Damit gilt $f_t^{(1)}(x) = f_t'(x)$ und somit ist der Induktionsanfang gesichert.

2. Induktionsschritt

2.1 Induktionsvoraussetzung

Für n = k sei richtig:

$$f_t^{(k)}(x) = \left(-\frac{1}{t}\right)^k \cdot e^{1-\frac{x}{t}} \cdot (x^2 - 2 \cdot t \cdot k \cdot x + (k-1) \cdot k \cdot t^2)$$

2.2 Induktionsbehauptung

Für n = k + 1 sei dann auch richtig:

$$f_t^{(k+1)}(x) = \left(-\frac{1}{t}\right)^{k+1} \cdot e^{1-\frac{x}{t}} \cdot (x^2 - 2 \cdot t \cdot (k+1) \cdot x + k \cdot (k+1) \cdot t^2)$$

2.3 Beweis der Induktionsbehauptung

Es ist zu zeigen, dass gilt: $(f_t^{(k)}(x))' = f_t^{(k+1)}(x)$

$(f_t^{(k)}(x))'$ kann durch Anwenden der Produktregel gebildet werden:

$$(f_t^{(k)}(x))' = \left(-\frac{1}{t}\right)^k \cdot \left(-\frac{1}{t}\right) \cdot e^{1-\frac{x}{t}} \cdot (x^2 - 2 \cdot t \cdot k \cdot x + (k-1) \cdot k \cdot t^2)$$
$$+ \left(-\frac{1}{t}\right)^k \cdot e^{1-\frac{x}{t}} \cdot (2 \cdot x - 2 \cdot t \cdot k)$$

Dieser Term ist zusammenzufassen, um die Gleichheit mit $f_t^{(k+1)}(x)$ zu zeigen:

$$(f_t^{(k)}(x))' = \left(-\frac{1}{t}\right)^k \cdot \left(-\frac{1}{t}\right) \cdot e^{1-\frac{x}{t}} \cdot [(x^2 - 2 \cdot t \cdot k \cdot x + (k-1) \cdot k \cdot t^2) + (2 \cdot x - 2 \cdot t \cdot k) \cdot (-t)]$$
$$= \left(-\frac{1}{t}\right)^{k+1} \cdot e^{1-\frac{x}{t}} \cdot (x^2 - 2 \cdot t \cdot k \cdot x + (k-1) \cdot k \cdot t^2 - 2 \cdot t \cdot x + 2 \cdot t^2 \cdot k)$$
$$= \left(-\frac{1}{t}\right)^{k+1} \cdot e^{1-\frac{x}{t}} \cdot (x^2 - 2 \cdot t \cdot k \cdot x - 2 \cdot t \cdot x + k \cdot t^2 \cdot [(k-1) + 2])$$
$$= \left(-\frac{1}{t}\right)^{k+1} \cdot e^{1-\frac{x}{t}} \cdot (x^2 - 2 \cdot t \cdot x \cdot (k+1) + k \cdot t^2 \cdot (k+1))$$
$$= \left(-\frac{1}{t}\right)^{k+1} \cdot e^{1-\frac{x}{t}} \cdot (x^2 - 2 \cdot t \cdot (k+1) \cdot x + k \cdot (k+1) \cdot t^2) = f_t^{(k+1)}(x)$$

3. Induktionsschluss

Damit ist die Induktionsbehauptung und nach dem Prinzip der vollständigen Induktion die Gültigkeit der Formel

$$f_t^{(n)}(x) = \left(-\frac{1}{t}\right)^n \cdot e^{1-\frac{x}{t}} \cdot (x^2 - 2 \cdot t \cdot n \cdot x + (n-1) \cdot n \cdot t^2)$$

für alle natürlichen n größer als null bewiesen.

Nachweis Stammfunktion

Bestimmung von $f_t^{(-1)}$:

$$f_t^{(-1)}(x) = \left(-\frac{1}{t}\right)^{-1} \cdot e^{1-\frac{x}{t}} \cdot (x^2 - 2 \cdot t \cdot (-1) \cdot x + (-1-1) \cdot (-1) \cdot t^2)$$
$$= (-t) \cdot e^{1-\frac{x}{t}} \cdot (x^2 + 2 \cdot t \cdot x + 2 \cdot t^2) = e^{1-\frac{x}{t}} \cdot (-t \cdot x^2 - 2 \cdot t^2 \cdot x - 2 \cdot t^3)$$

Integration von f_t durch zweimalige partielle Integration:

$$\int \underbrace{x^2}_{=u_1(x)} \cdot \underbrace{e^{1-\frac{x}{t}}}_{=v_1'(x)} dx = x^2 \cdot (-t) \cdot e^{1-\frac{x}{t}} - \int 2x \cdot (-t) \cdot e^{1-\frac{x}{t}} dx$$

$$= -t \cdot x^2 \cdot e^{1-\frac{x}{t}} + 2t \int \underbrace{x}_{=u_2(x)} \cdot \underbrace{e^{1-\frac{x}{t}}}_{=v_2'(x)} dx$$

$$= -t \cdot x^2 \cdot e^{1-\frac{x}{t}} + 2t \cdot \left(x \cdot (-t) \cdot e^{1-\frac{x}{t}} - \int (-t) \cdot e^{1-\frac{x}{t}} dx \right)$$

$$= -t \cdot x^2 \cdot e^{1-\frac{x}{t}} - 2t^2 \cdot x \cdot e^{1-\frac{x}{t}} + 2t^2 \int e^{1-\frac{x}{t}} dx$$

$$= -t \cdot x^2 \cdot e^{1-\frac{x}{t}} - 2t^2 \cdot x \cdot e^{1-\frac{x}{t}} + 2t^2 \cdot (-t) \cdot e^{1-\frac{x}{t}} + c$$

$$= e^{1-\frac{x}{t}} \cdot (-t \cdot x^2 - 2t^2 \cdot x - 2t^3) + c$$

Für $c = 0$ erhält man:

$$\int x^2 \cdot e^{1-\frac{x}{t}} dx = e^{1-\frac{x}{t}} \cdot (-t \cdot x^2 - 2t^2 \cdot x - 2t^3) = f_t^{(-1)}(x)$$

Damit ist gezeigt, dass sich für $n = -1$ eine Stammfunktion von f_t ergibt.

e) **Wendepunkte**

Bestimmung von $f_1''(x)$:

In Teilaufgabe d wurde f_t' ermittelt:

$$f_t'(x) = e^{1-\frac{x}{t}} \cdot \left(2 \cdot x - \frac{x^2}{t} \right)$$

Für $t = 1$ erhält man f_1':

$$f_1'(x) = e^{1-x} \cdot (2 \cdot x - x^2)$$

Unter Verwendung der Produktregel erhält man f_1'':

$$f_1''(x) = (-1) \cdot e^{1-x} \cdot (2 \cdot x - x^2) + e^{1-x} \cdot (2 - 2x) = e^{1-x} \cdot (-2x + x^2 + 2 - 2x)$$

$$= e^{1-x} \cdot (x^2 - 4x + 2)$$

Bestimmung der Wendestellen:

$$f_1''(x_W) = e^{1-x_W} \cdot (x_W^2 - 4x_W + 2) = 0$$

Da e^{1-x} für kein x den Wert null annimmt, verbleibt folgende Gleichung:

$$x_W^2 - 4x_W + 2 = 0$$

Mit Verwendung der Lösungsformel für quadratische Gleichungen erhält man:

$$x_{W1;2} = 2 \pm \sqrt{4-2} = 2 \pm \sqrt{2}$$

Berechnung der y-Koordinaten der Wendepunkte:

$$f_1(2+\sqrt{2}) = (2+\sqrt{2})^2 \cdot e^{1-2-\sqrt{2}} = (2+\sqrt{2})^2 \cdot e^{-1-\sqrt{2}}$$

$$\Rightarrow \quad W_1(2+\sqrt{2}; (2+\sqrt{2})^2 \cdot e^{-1-\sqrt{2}})$$

$$f_1(2-\sqrt{2}) = (2-\sqrt{2})^2 \cdot e^{1-2+\sqrt{2}} = (2-\sqrt{2})^2 \cdot e^{-1+\sqrt{2}}$$

$$\Rightarrow \quad W_2(2-\sqrt{2}; (2-\sqrt{2})^2 \cdot e^{-1+\sqrt{2}})$$

Anstiegswinkel

Anstieg m der Wendetangenten:
In Teilaufgabe a wurde die Ableitung f_1' gebildet: $f_1'(x) = (2x - x^2) \cdot e^{1-x}$

$$m_1 = f_1'(2+\sqrt{2}) = (4+2\sqrt{2}-(2+\sqrt{2})^2) \cdot e^{1-2-\sqrt{2}} = (4+2\sqrt{2}-(4+4\sqrt{2}+2)) \cdot e^{-1-\sqrt{2}}$$
$$= (4+2\sqrt{2}-6-4\sqrt{2}) \cdot e^{-1-\sqrt{2}} = (-2-2\sqrt{2}) \cdot e^{-1-\sqrt{2}} \approx -0{,}4318$$

$$m_2 = f_1'(2-\sqrt{2}) = (4-2\sqrt{2}-(2-\sqrt{2})^2) \cdot e^{1-2+\sqrt{2}} = (4-2\sqrt{2}-(4-4\sqrt{2}+2)) \cdot e^{-1+\sqrt{2}}$$
$$= (4-2\sqrt{2}-6+4\sqrt{2}) \cdot e^{-1+\sqrt{2}} = (-2+2\sqrt{2}) \cdot e^{-1+\sqrt{2}} \approx 1{,}2536$$

Anstiegswinkel der Wendetagenten:
Mit der Beziehung $\tan\alpha = m$ erhält man folgende Gleichungen:
$\tan\alpha_1 = m_1 \approx -0{,}4318$ und $\tan\alpha_2 = m_2 \approx 1{,}2536$

Es ergeben sich die Anstiegswinkel: $\alpha_1 \approx -23{,}35°$ (oder: $\alpha_1 \approx 156{,}65°$) und $\alpha_2 \approx 51{,}42°$

Lösungshinweise für das CAS-Abitur

Wendepunkte

- Ermittlung möglicher Wendestellen: Definieren Sie zunächst die Funktion $f_t(x)$.
  Bestimmen Sie die 2. Ableitung und anschließend deren Nullstellen.
  Man erhält: $x_{W1} = -(\sqrt{2}-2) \cdot t$
  und $x_{W2} = (\sqrt{2}+2) \cdot t$

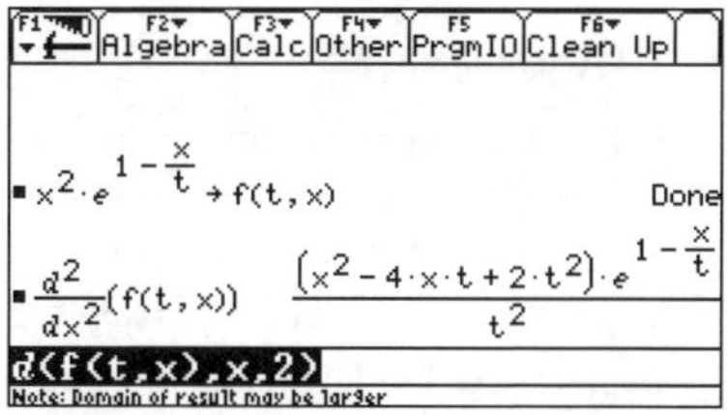

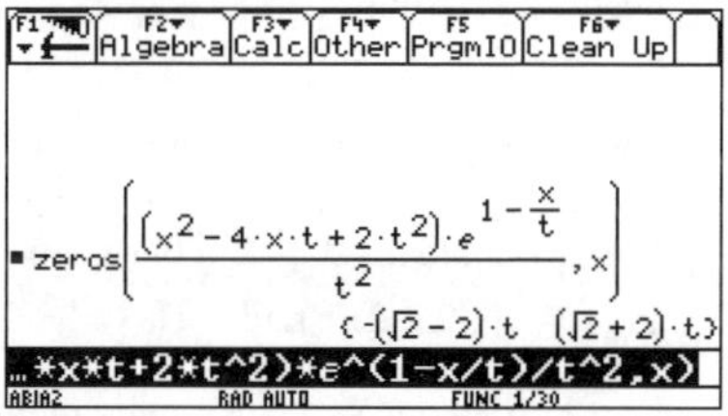

- Überprüfung der hinreichenden Bedingung:

  Die möglichen Wendestellen sind in die 3. Ableitung einzusetzen; erhält man einen Wert ungleich null, so handelt es sich um eine Wendestelle.

  Die Terme $f_t'''(x_{W1}) = \dfrac{-2 \cdot \sqrt{2} \cdot e^{\sqrt{2}-1}}{t}$

  und $f_t'''(x_{W2}) = \dfrac{2 \cdot \sqrt{2} \cdot e^{-\sqrt{2}-1}}{t}$

  sind für $t > 0$ definiert und nehmen Werte ungleich null an. Somit sind x_{W1} und x_{W2} Wendestellen.

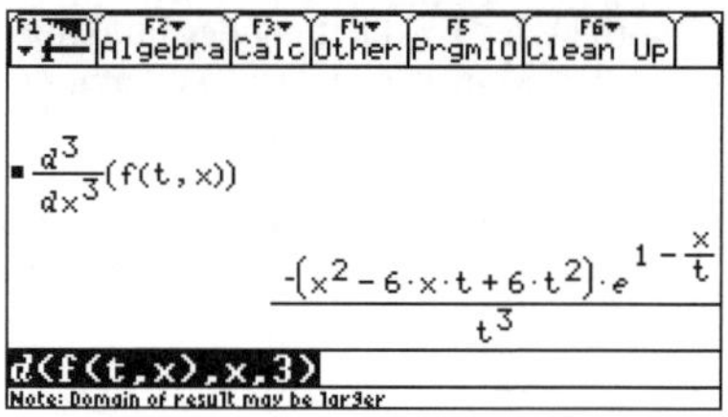

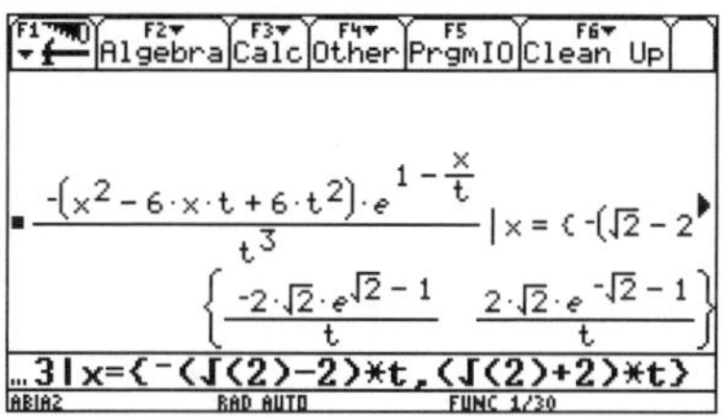

- Wendepunkte:
  Einsetzen der Wendestellen in die Gleichung für f_t liefert die y-Koordinaten der Wendepunkte.

  $W_1(-(\sqrt{2}-2)\cdot t; (6-4\sqrt{2})\cdot t^2 \cdot e^{\sqrt{2}-1})$

  $W_2((\sqrt{2}+2)\cdot t; (6+4\sqrt{2})\cdot t^2 \cdot e^{-\sqrt{2}-1})$

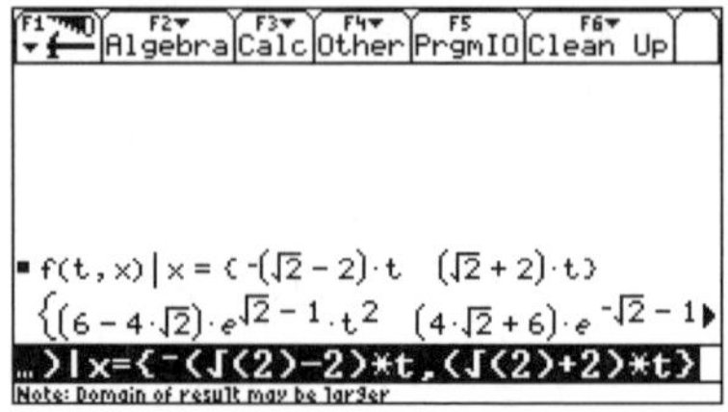

Ortskurven

- Umstellen der x-Koordinaten nach t.

  Man erhält für $W_1: t = \frac{\sqrt{2}+2}{2}\cdot x$

  $W_2: t = \frac{-(\sqrt{2}-2)}{2}\cdot x$

  Da $t > 0$ vorgegeben ist, gilt für beide Gleichungen: $x > 0$

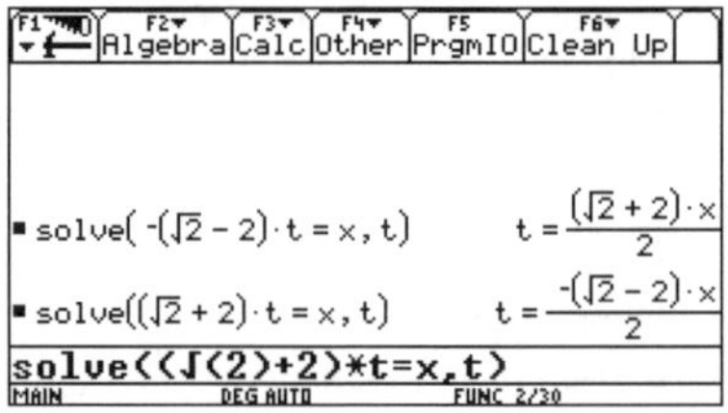

- Einsetzen dieser Terme in die y-Koordinate des jeweiligen Wendepunktes.
- Die Gleichungen der Ortskurven lauten:
  $y = x^2 \cdot e^{\sqrt{2}-1}$ und $y = x^2 \cdot e^{-\sqrt{2}-1}$

Bemerkung: Beide Ortskurven sind nur für positive x definiert.

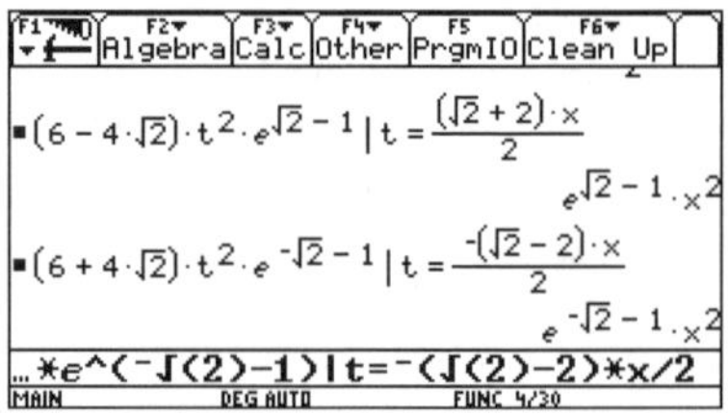

Anstiegswinkel der Wendetangenten für $t = 1$

Die Wendestellen der Funktion f_1 erhält man, wenn man die beiden allgemein ermittelten Wendepunkte nutzt und in die x-Koordinate $t = 1$ einsetzt.

$x_{W1} = -(\sqrt{2}-2)$ und $x_{W2} = (\sqrt{2}+2)$

Der Anstieg der Wendetangente m entspricht der 1. Ableitung der Funktion f_1 an der Wendestelle. Des Weiteren gilt für den Anstiegswinkel α:
$\tan\alpha = m$
Achten Sie darauf, dass bei Ihrem Taschenrechner das Rechnen im Gradmaß aktiviert ist.

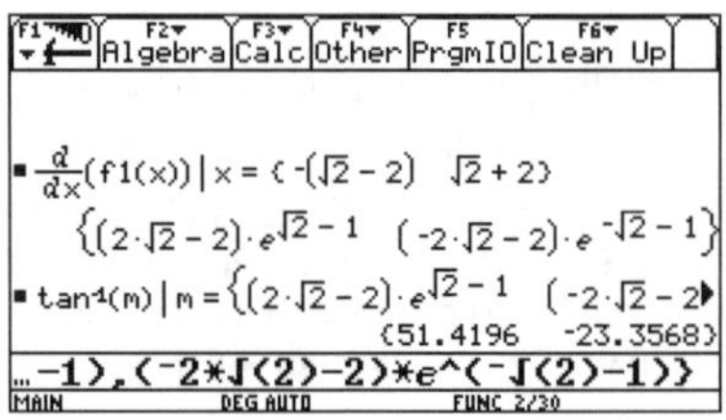

Es ergeben sich die Anstiegswinkel: $\alpha_1 \approx -23{,}35°$ (oder: $\alpha_1 \approx 156{,}65°$) und $\alpha_2 \approx 51{,}42°$

f) **maximaler Flächeninhalt**

- Zielfunktion
  Das Rechteck OXPY hat die Koordinaten:
  $O(0;0)$; $X(p;0)$; $P(p;f_t(p))$ und $Y(0;f_t(p))$
  Für den Flächeninhalt ergibt sich:
  $A_t(p)=|\overline{OX}|\cdot|\overline{XP}|=p\cdot f_t(p)=p\cdot p^2\cdot e^{1-\frac{p}{t}}=p^3\cdot e^{1-\frac{p}{t}}$
  Definitionsbereich für $A_t(p)$: $\{p\in\mathbb{R}: p>0\}$

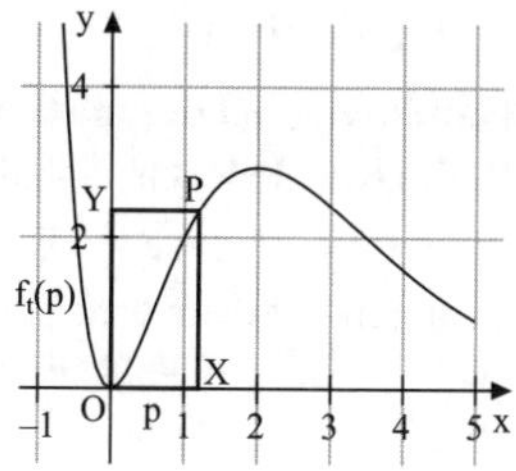

- Lokales Extremum

$$A_t'(p)=3\cdot p^2\cdot e^{1-\frac{p}{t}}+p^3\cdot\left(-\frac{1}{t}\right)\cdot e^{1-\frac{p}{t}}=e^{1-\frac{p}{t}}\cdot\left(-\frac{1}{t}\right)\cdot(-3\cdot p^2\cdot t+p^3)$$

$$A_t''(p)=\left(-\frac{1}{t}\right)\cdot e^{1-\frac{p}{t}}\cdot\left(-\frac{1}{t}\right)\cdot(-3\cdot p^2\cdot t+p^3)+e^{1-\frac{p}{t}}\cdot\left(-\frac{1}{t}\right)\cdot(-6\cdot p\cdot t+3p^2)$$

$$=\left(-\frac{1}{t}\right)^2\cdot e^{1-\frac{p}{t}}\cdot(-3p^2\cdot t+p^3+6p\cdot t^2-3p^2\cdot t)$$

$$=\frac{1}{t^2}\cdot e^{1-\frac{p}{t}}\cdot(p^3-6p^2\cdot t+6p\cdot t^2)$$

Notwendige Bedingung:
Der Ansatz $A_t'(p_E)=0$ führt (da sowohl $e^{1-\frac{p}{t}}$ als auch $-\frac{1}{t}$ für kein p den Wert null annehmen) zur Gleichung:

$$0=-3\cdot p_E^2\cdot t+p_E^3=p_E^2\cdot(-3t+p_E)$$

Man erhält: $p_{E1}=0$ Da $p>0$ vorgegeben war, entfällt diese Lösung.
und: $p_{E2}=3t$ Mit $t>0$ ergeben sich nur zulässige Werte für p_{E2}.

Hinreichende Bedingung:

$$A_t''(p_{E2})=\frac{1}{t^2}\cdot e^{1-\frac{3t}{t}}\cdot(27\cdot t^3-6\cdot 9\cdot t^2\cdot t+6\cdot 3t\cdot t^2)$$

$$=\frac{1}{t^2}\cdot e^{1-3}\cdot(27\cdot t^3-54\cdot t^3+18\cdot t^3)$$

$$=\frac{1}{t^2}\cdot e^{-2}\cdot(-9\cdot t^3)=-9\cdot t\cdot e^{-2}<0,\quad \text{da}\quad t>0 \text{ vorgegeben ist.}$$

Somit hat die Funktion $A_t(p)$ an der Stelle $p=3t$ ein lokales Maximum.

- Globales Maximum
  Um zu zeigen, dass das lokale auch das globale Maximum ist, ist zu zeigen, dass die stetige Funktion $A_t(p)$ am Rand des betrachteten Intervalls I mit $I=(0;\infty)$ keine größeren Funktionswerte annimmt, als an der Stelle $p=3t$.

$$\lim_{\substack{p\to 0\\ p>0}} A_t(p)=0 \qquad \lim_{p\to\infty} A_t(p)=\lim_{p\to\infty}\frac{p^3\cdot e}{e^{\frac{p}{t}}}=0 \qquad A_t(3t)=27\cdot t^3\cdot e^{-2}>0$$

Somit gilt: $\lim_{\substack{p\to 0\\ p>0}} A_t(p)=\lim_{p\to\infty} A_t(p)=0<A_t(3t)$

Damit ist das lokale Maximum auch das globale Maximum.

- Maximaler Flächeninhalt:
  $A_t(3t) = 27 \cdot t^3 \cdot e^{-2}$ FE

Ganzzahligkeit des maximalen Flächeninhalts

Der maximale Flächeninhalt

$A_{max}(t) = 27 \cdot t^3 \cdot e^{-2}$ FE

ist zumindest dann ganzzahlig, wenn der Faktor $t^3 \cdot e^{-2} = \frac{t^3}{e^2}$ ganzzahlig ist. Dies ist genau dann der Fall, wenn t^3 ein Vielfaches von e^2 ist, wenn also gilt:

$t^3 = z \cdot e^2$ mit $z \in \mathbb{Z} \setminus \{0\}$

Da $t > 0$ vorgegeben ist, muss t^3 ebenfalls größer null sein und somit muss gelten:
$z \in \mathbb{N}$ und $z > 0$

Lösungen sind zum Beispiel: $t_1 = \sqrt[3]{e^2} = e^{\frac{2}{3}}$ $(A_{max}(t_1) = 27 \text{ FE})$

$t_2 = \sqrt[3]{2 \cdot e^2} = 2^{\frac{1}{3}} \cdot e^{\frac{2}{3}}$ $(A_{max}(t_2) = 54 \text{ FE})$

Bemerkung: Der oben dargestellte Lösungsweg liefert nicht alle möglichen Lösungen. Sucht man alle Lösungen, geht man folgendermaßen vor:
Man setzt den Term $27 \cdot t^3 \cdot e^{-2}$ mit einer ganzen Zahl gleich:
$27 \cdot t^3 \cdot e^{-2} = z$

Da $t > 0$ vorgegeben ist und $27 \cdot e^{-2}$ ebenfalls größer null ist, kann es sich bei z nur um natürliche Zahlen größer null handeln. Stellt man die Gleichung nach t um, erhält man:

$$t = \sqrt[3]{e^2 \cdot z \cdot \frac{1}{27}} = \frac{1}{3} \cdot \sqrt[3]{e^2 \cdot z} \quad \text{mit } z \in \mathbb{N} \setminus \{0\}$$

Für jedes natürliche z größer als null liefert diese Gleichung eine Lösung für t und durchläuft z die natürlichen Zahlen (außer null), erhält man jede mögliche Lösung für t.
Die Tabelle zeigt die ersten vier Lösungen für t und die zugehörigen Flächeninhalte:

z	1	2	3	4
t(z)	$\frac{1}{3} \cdot \sqrt[3]{e^2}$	$\frac{1}{3} \cdot \sqrt[3]{e^2 \cdot 2}$	$\frac{1}{3} \cdot \sqrt[3]{e^2 \cdot 3}$	$\frac{1}{3} \cdot \sqrt[3]{e^2 \cdot 4}$
$A_{max}(t)$ in FE	1	2	3	4

Die oben angegebenen Lösungen t_1 und t_2 erhält man für $z_1 = 27$ bzw. für $z_2 = 54$.

Lösungshinweise für das CAS-Abitur

Der Rechner kann beim Lösen der Extremwertaufgabe hilfreich sein.
Natürlich müssen die Ansätze, Zwischenlösungen und Lösungen notiert, kommentiert bzw. begründet werden!

- Lokales Extremum

$$A_t'(p) = \left(3 \cdot p^2 \cdot e - \frac{p^3 \cdot e}{t}\right) \cdot e^{-\frac{p}{t}}$$

$$A_t''(p) = \frac{p}{t^2} \cdot (p^2 - 6 \cdot p \cdot t + 6 \cdot t^2) \cdot e^{1-\frac{p}{t}}$$

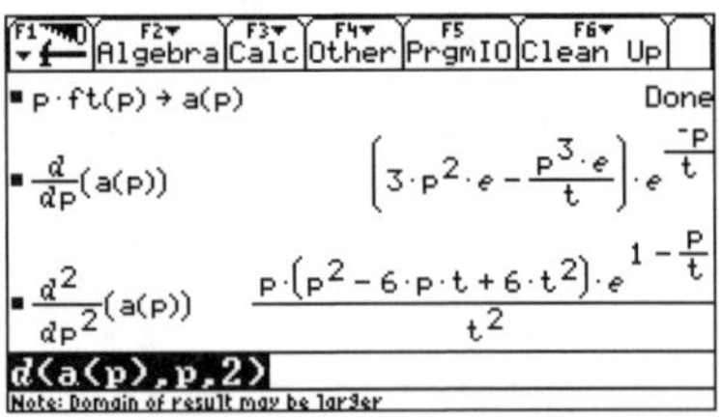

Notwendige Bedingung:

$A_t'(p_E) = 0$ führt zu:

$p_{E1} = 0$ entfällt, da $p > 0$ vorgegeben.

$p_{E2} = 3t$

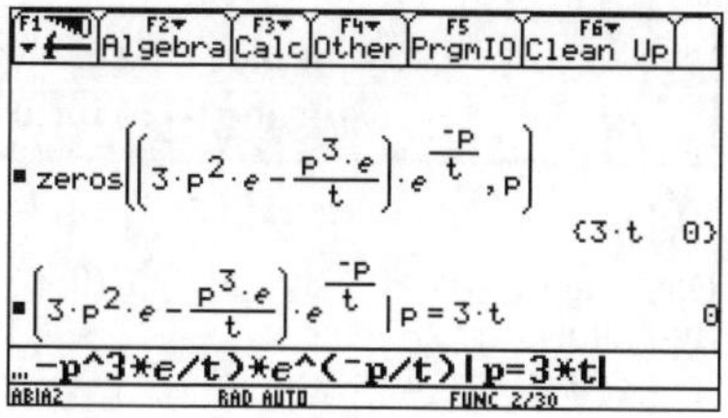

Hinreichende Bedingung:

$A_t''(p_{E2}) = -9 \cdot e^{-2} \cdot t < 0,$

da $t > 0$ vorgegeben ist.

Somit hat die Funktion $A_t(p)$ an der Stelle $p = 3t$ ein lokales Maximum.

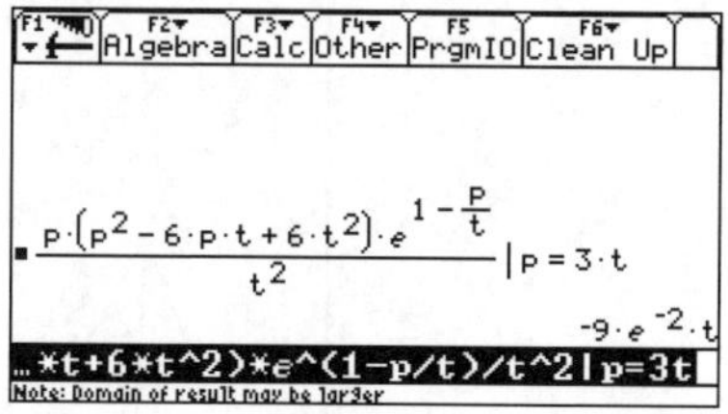

- Globales Maximum

$$\lim_{\substack{p \to 0 \\ p > 0}} A_t(p) = 0$$

$$\lim_{p \to \infty} A_t(p) = \lim_{p \to \infty} \frac{p^3 \cdot e}{e^{\frac{p}{t}}} = 0$$

$$A_t(3t) = 27 \cdot t^3 \cdot e^{-2} > 0$$

Somit ist $p = 3t$ auch das globale Maximum.

- Maximaler Flächeninhalt:

$$A_t(3t) = 27 \cdot t^3 \cdot e^{-2} \text{ FE}$$

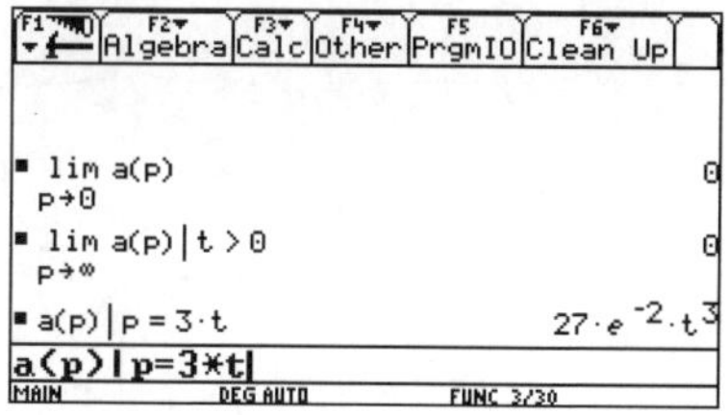

Leistungskurs Mathematik (Thüringen): Abiturprüfung 2007
Aufgabe B1: Lineare Algebra/Analytische Geometrie

Die Punkte A(0;0;0), B(4; 5; 0), C(0; 6; 0) und S(2; 3; 12) sind Eckpunkte einer dreiseitigen Pyramide.

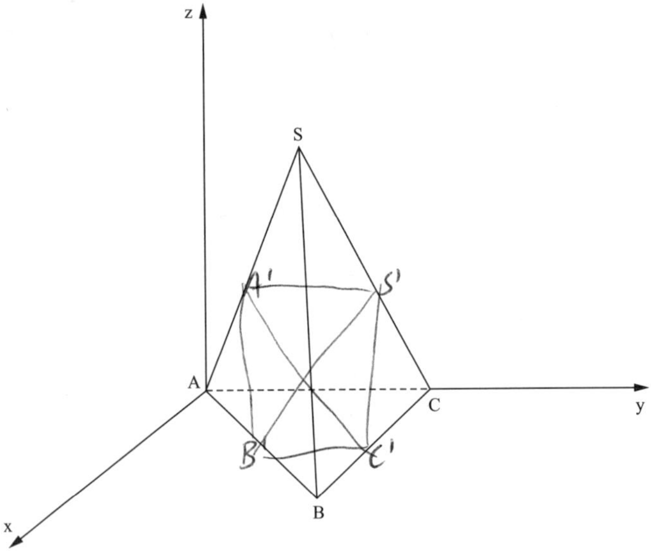

(Skizze nicht maßstabgerecht)

a) Treffen Sie eine Aussage über die lineare Abhängigkeit bzw. lineare Unabhängigkeit der Vektoren $\overrightarrow{AB}$, $\overrightarrow{AC}$ und $\overrightarrow{AS}$ und begründen Sie Ihre Feststellung! Stellen Sie den Vektor $\overrightarrow{SC}$ als Linearkombination der Vektoren $\overrightarrow{AB}$, $\overrightarrow{AC}$ und $\overrightarrow{AS}$ dar! (2 BE)

b) Zeigen Sie, dass die Mittelpunkte der Kanten $\overline{AB}$, $\overline{BC}$, $\overline{SC}$ und $\overline{AS}$ ein Parallelogramm, jedoch kein Rechteck bilden! (3 BE)

c) Die Pyramide wird durch eine Ebene ε_1, welche die Punkte D, E und F enthält, geschnitten.
Ermitteln Sie mithilfe der nachfolgenden Gleichungen die Koordinaten der Punkte D, E und F sowie eine Gleichung der Schnittgeraden der Ebene ε_1 mit der x-y-Koordinatenebene!
$\overrightarrow{AD} = \frac{1}{6} \cdot \overrightarrow{AS}$, $\overrightarrow{BE} = \frac{1}{2} \cdot \overrightarrow{BS}$ und $\overrightarrow{CF} = \frac{2}{3} \cdot \overrightarrow{CS}$.
(Kontrollergebnis: ε_1: $42x - 72y + 35z - 48 = 0$) (4 BE)

d) Der Punkt L ist der Fußpunkt des Lotes von S in der x-y-Koordinatenebene. Berechnen Sie, in welchem Verhältnis die Ebene ε_1 die Strecke $\overline{SL}$ teilt! (3 BE)

e) Die Gerade g_1 verläuft durch die Punkte A und C, die Gerade g_2 enthält die Punkte S und B. Weisen Sie nach, dass die Geraden windschief sind! Berechnen Sie den Abstand dieser beiden Geraden! (4 BE)

Aufgabenstellung für das CAS-Abitur
Weisen Sie nach, dass die Gerade g_1, die durch die Punkte A und C verläuft, windschief zur Geraden g_2 ist, die die Punkte S und B enthält!
Berechnen Sie den Abstand dieser beiden Geraden!
Bestimmen Sie Koordinaten mindestens eines Lotfußpunktes dieser kürzesten Verbindungsstrecke beider Geraden!

f) Gegeben sind die Ebenen ε_2 durch die Gleichung $ax + by + cz - 24 = 0$ mit $a, b, c \in \mathbb{R}$ und die Ebene ε_3, die den Punkt $P_3(3; 4; 6)$ sowie die Spannvektoren

$$\vec{a} = \begin{pmatrix} -5 \\ 0 \\ 6 \end{pmatrix} \text{ und } \vec{b} = \begin{pmatrix} 7 \\ 7 \\ 6 \end{pmatrix}$$

enthält.
Ermitteln Sie jeweils Parameterwerte a, b und c so, dass die Ebenen ε_2 und ε_3

1) identisch bzw.
2) parallel bzw.
3) mit ganzzahligen Parameterwerten a, b und c zueinander orthogonal

sind! (4 BE)

(20 BE)

Hinweise und Tipps

Aufgabe a

Lineare Unabhängigkeit

- Eine Aussage über die lineare Unabhängigkeit können Sie durch inhaltliche Überlegungen oder über einen rechnerischen Nachweis finden und begründen.
- Drei Vektoren sind linear unabhängig, wenn sie nicht komplanar sind, d. h. wenn sie nicht parallel zu ein und derselben Ebene liegen.
- Diese Eigenschaft lässt sich anhand der Skizze und der gegebenen Punktkoordinaten überprüfen.
- Für einen rechnerischen Nachweis sind die folgenden Überlegungen wichtig:
- Drei Vektoren $\vec{a}$, $\vec{b}$, $\vec{c}$ sind linear unabhängig, wenn sich **keiner von ihnen** als Linearkombination der anderen darstellen lässt.
- Der Nachweis über lineare Unabhängigkeit von $\vec{a}$, $\vec{b}$, $\vec{c}$ ist geführt, wenn sich aus dem Ansatz $r \cdot \vec{a} + s \cdot \vec{b} + t \cdot \vec{c} = \vec{0}$ mit $r, s, t \in \mathbb{R}$ nur die Lösung $r = s = t = 0$ ergibt.

Linearkombination

- Für die Darstellung des Vektors $\overrightarrow{SC}$ als Linearkombination aus $\overrightarrow{AB}$, $\overrightarrow{AC}$ und $\overrightarrow{AS}$ berechnen Sie $r, s, t \in \mathbb{R}$ aus dem Ansatz $\overrightarrow{SC} = r \cdot \overrightarrow{AB} + s \cdot \overrightarrow{AC} + t \cdot \overrightarrow{AS}$.

Aufgabe b

Mittelpunkte

- Berechnen Sie zunächst die Koordinaten der Mittelpunkte der angegebenen Kanten.
- Die Koordinaten des Mittelpunktes einer Strecke ergeben sich zum Beispiel aus den arithmetischen Mitteln der Koordinaten der Endpunkte dieser Strecke.

Parallelogramm, aber kein Rechteck

- Die Parallelogrammeigenschaft ergibt sich aus der Parallelität und gleichen Länge zweier gegenüberliegender Seiten bzw. der zugehörigen Vektoren.
- Ein Parallelogramm ist genau dann kein Rechteck, wenn einer der Innenwinkel dieses Vierecks von 90° verschieden ist.
- Zum Nachweis können Sie das Skalarprodukt nutzen oder einen Innenwinkel ausrechnen.

Aufgabe c

Koordinaten von D, E und F

- Beachten Sie, dass die Koordinaten der gesuchten Punkte mithilfe ihrer Ortsvektoren gefunden werden können.
- Zum Beispiel lassen sich die Koordinaten von E bestimmen aus der Gleichung $\overrightarrow{OE} = \overrightarrow{OB} + \overrightarrow{BE} = \overrightarrow{OB} + \frac{1}{2} \cdot \overrightarrow{BS}$.

Ebenengleichungen

- Bestimmen Sie eine Gleichung der Ebene ε_1 mit Hilfe der Punkte D, E und F.
- Um einen Vergleich mit dem Kontrollergebnis zu ermöglichen, sollte diese Ebenengleichung auch in der Koordinatenform dargestellt werden.
- Eine Gleichung der x-y-Ebene lässt sich aus der Bedingung $z = 0$ gewinnen.

Schnittgerade

- Eine Gleichung der Schnittgeraden beider Ebenen kann in Parameterform oder in Koordinatenform angegeben werden. Sie ist durch Gleichsetzen beider Ebenengleichungen bzw. durch Einsetzen zu ermitteln.

Aufgabe d

Lotfußpunkt

- Wenn L Fußpunkt des Lotes von S in der x-y-Koordinatenebene ist, so muss L senkrecht unter S liegen. Außerdem muss $z = 0$ gelten.

Teilverhältnis

- Ermitteln Sie den Durchstoßpunkt T der Geraden g(LS) mit der Ebene ε_1.
- Das gesuchte Streckenverhältnis ergibt sich aus dem Quotienten $|\overline{LT}| : |\overline{TS}|$.

Aufgabe e

Nachweis windschiefer Geraden

- Stellen Sie die beiden Geradengleichungen auf.
- Untersuchen Sie die Richtungsvektoren beider Geraden auf Parallelität.
- Untersuchen Sie das Gleichungssystem, das durch Gleichsetzen beider Geradengleichungen entsteht, auf seine Lösbarkeit.

Abstand der windschiefen Geraden

- Bilden Sie mithilfe einer der Geradengleichungen und dem Richtungsvektor der anderen Geradengleichung die Gleichung einer Hilfsebene η, die parallel zur zweiten Gerade ist.
- Den Abstand der windschiefen Geraden können Sie nun als Abstand dieser Geraden von der Hilfsebene η bestimmen.
- Bilden Sie dazu die Hesse'sche Normalenform (HNF) der Gleichung von η und setzen Sie die Koordinaten des Aufpunkts der nicht in η liegenden Geraden in die HNF ein.
- Der Betrag dieses Terms ist der gesuchte Abstand.

Ergänzung für das CAS-Abitur

Koordinaten eines Lotfußpunktes

- Verwenden Sie am besten das Lotfußpunktverfahren zur Abstandsermittlung. Dadurch erhalten Sie neben dem gesuchten Abstand auch die Lotfußpunkte.
- Die beiden Lotfußpunkte L_1 und L_2 müssen jeweils eine Geradengleichung erfüllen. Es muss also jeweils einen bestimmten Parameterwert x_0 bzw. y_0 für die Ortsvektoren von L_1 und L_2 in den beiden Geradengleichungen geben.
- Außerdem steht der Vektor $\overrightarrow{L_1L_2}$ senkrecht sowohl auf dem Richtungsvektor $\vec{a}_1$ der Geraden g(AC) als auch auf dem Richtungsvektor $\vec{a}_2$ der Geraden g(SB).
- Wegen dieser Orthogonalität gilt $\overrightarrow{L_1L_2} \circ \vec{a}_1 = 0$ und $\overrightarrow{L_1L_2} \circ \vec{a}_2 = 0$.
- Lösen Sie das aus diesen Bedingungen aufgestellte Gleichungssystem nach x_0 und y_0 auf.
- Setzen Sie x_0 und y_0 in die zugehörige Geradengleichung ein. Sie erhalten die Koordinaten der Lotfußpunkte L_1 und L_2 und damit auch den Abstand $|\overrightarrow{L_1L_2}|$.

Aufgabe f

Gleichung für Ebene ε_3

- Stellen Sie eine Koordinatengleichung der Ebene ε_3 auf.
- Aus den Richtungsvektoren können Sie mithilfe des Vektorprodukts den Normalenvektor $\vec{n}$ bestimmen.
- Über die Normalengleichung $\vec{n} \circ (\vec{x} - \overrightarrow{OP_3}) = 0$ kann die Koordinatengleichung ermittelt werden.

Parameterwerte ermitteln

- Durch Koeffizientenvergleich mit der Ebene ε_2 können Sie Lösungen für die Fälle 1, 2 und 3 finden.
- Fall 1: Identisch sind die Ebenen, wenn alle Koeffizienten und die Absolutglieder beider Ebenengleichungen proportional zueinander sind.
- Fall 2: Parallel und nicht identisch sind die Ebenen, wenn die Koeffizienten proportional zueinander sind, dies aber nicht auf die Absolutglieder zutrifft.
- Fall 3: Die Ebenen sind orthogonal zueinander, wenn ihre Normalenvektoren orthogonal zueinander sind. Beachten Sie, dass a, b und c außerdem ganzzahlig sein sollen.

Lösungen

a) **Lineare Unabhängigkeit**

Inhaltlich ist sofort klar, dass die Vektoren $\overrightarrow{AB}$, $\overrightarrow{AC}$, $\overrightarrow{AS}$ linear unabhängig sind, denn sie sollen die Pyramide ABCS aufspannen. Sie können also nicht komplanar sein und sind deshalb linear unabhängig.

Oder es wird so argumentiert:
Man erkennt an der Koordinate $z = 0$ bei A, B und C, dass die zugehörigen Ortsvektoren parallel zur x-y-Ebene liegen und der Ortsvektor von S mit $z = 12$ nicht parallel zu dieser Ebene ist. Die Vektoren sind also nicht komplanar und deshalb linear unabhängig.

Alternativ kann ein rechnerischer Nachweis geführt werden:

$$\overrightarrow{AB} = \overrightarrow{OB} - \overrightarrow{OA} = \begin{pmatrix} 4 \\ 5 \\ 0 \end{pmatrix} - \begin{pmatrix} 0 \\ 0 \\ 0 \end{pmatrix} = \begin{pmatrix} 4 \\ 5 \\ 0 \end{pmatrix}$$

$$\overrightarrow{AC} = \overrightarrow{OC} - \overrightarrow{OA} = \begin{pmatrix} 0 \\ 6 \\ 0 \end{pmatrix} - \begin{pmatrix} 0 \\ 0 \\ 0 \end{pmatrix} = \begin{pmatrix} 0 \\ 6 \\ 0 \end{pmatrix}$$

$$\overrightarrow{AS} = \overrightarrow{OS} - \overrightarrow{OA} = \begin{pmatrix} 2 \\ 3 \\ 12 \end{pmatrix} - \begin{pmatrix} 0 \\ 0 \\ 0 \end{pmatrix} = \begin{pmatrix} 2 \\ 3 \\ 12 \end{pmatrix}$$

Es wird überprüft, ob aus dem Ansatz $r \cdot \overrightarrow{AB} + s \cdot \overrightarrow{AC} + t \cdot \overrightarrow{AS} = \vec{0}$ mit $r, s, t \in \mathbb{R}$ nur die Lösung $r = s = t = 0$ folgt.

$$r \cdot \begin{pmatrix} 4 \\ 5 \\ 0 \end{pmatrix} + s \cdot \begin{pmatrix} 0 \\ 6 \\ 0 \end{pmatrix} + t \cdot \begin{pmatrix} 2 \\ 3 \\ 12 \end{pmatrix} = \begin{pmatrix} 0 \\ 0 \\ 0 \end{pmatrix}$$

$$\Rightarrow \quad \begin{array}{ll} (1) & 4r + 2t = 0 \\ (2) & 5r + 6s + 3t = 0 \\ (3) & 12t = 0 \end{array}$$

Aus (3) folgt $t = 0$ und damit aus (1) auch $r = 0$. Beide Werte in (2) eingesetzt zeigen, dass auch $s = 0$ gilt. Wegen $r = s = t = 0$ sind die Vektoren $\overrightarrow{AB}$, $\overrightarrow{AC}$, $\overrightarrow{AS}$ linear unabhängig.

Linearkombination

Für die Darstellung des Vektors $\overrightarrow{SC}$ als Linearkombination aus $\overrightarrow{AB}$, $\overrightarrow{AC}$ und $\overrightarrow{AS}$ werden $r, s, t \in \mathbb{R}$ aus dem Ansatz $\overrightarrow{SC} = r \cdot \overrightarrow{AB} + s \cdot \overrightarrow{AC} + t \cdot \overrightarrow{AS}$ berechnet.

$$\overrightarrow{SC} = \overrightarrow{OC} - \overrightarrow{OS} = \begin{pmatrix} 0 \\ 6 \\ 0 \end{pmatrix} - \begin{pmatrix} 2 \\ 3 \\ 12 \end{pmatrix} = \begin{pmatrix} -2 \\ 3 \\ -12 \end{pmatrix}$$

$$r \cdot \begin{pmatrix} 4 \\ 5 \\ 0 \end{pmatrix} + s \cdot \begin{pmatrix} 0 \\ 6 \\ 0 \end{pmatrix} + t \cdot \begin{pmatrix} 2 \\ 3 \\ 12 \end{pmatrix} = \begin{pmatrix} -2 \\ 3 \\ -12 \end{pmatrix}$$

$$\Rightarrow \quad \begin{array}{ll} (1) & 4r + 2t = -2 \\ (2) & 5r + 6s + 3t = 3 \\ (3) & 12t = -12 \end{array}$$

Aus (3) folgt $t = -1$ und damit aus (1) $r = 0$. Beide Werte in (2) eingesetzt, ergibt $s = 1$.

Die gesuchte Linearkombination ist $\overrightarrow{SC} = 0 \cdot \overrightarrow{AB} + 1 \cdot \overrightarrow{AC} - 1 \cdot \overrightarrow{AS} = \overrightarrow{AC} - \overrightarrow{AS}$.

Lösungshinweise für das CAS-Abitur

Speichern Sie die Ortsvektoren der gegebenen Punkte ab, stellen Sie die benötigten Gleichungssysteme auf und führen Sie ggf. die notwendigen Rechnungen mit dem Taschencomputer durch.

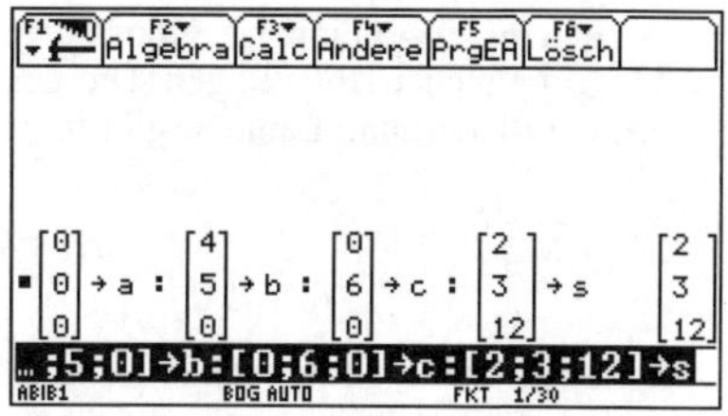

Beachten Sie, dass Sie „s" nicht gleichzeitig als Namen für einen Vektor und als Parameterbezeichnung verwenden! Deshalb wären zum Beispiel die folgenden Ansätze geeigneter als die oben beschriebenen:

$$x\cdot\begin{pmatrix}4\\5\\0\end{pmatrix}+y\cdot\begin{pmatrix}0\\6\\0\end{pmatrix}+z\cdot\begin{pmatrix}2\\3\\12\end{pmatrix}=\begin{pmatrix}0\\0\\0\end{pmatrix}$$

bzw.

$$x\cdot\begin{pmatrix}4\\5\\0\end{pmatrix}+y\cdot\begin{pmatrix}0\\6\\0\end{pmatrix}+z\cdot\begin{pmatrix}2\\3\\12\end{pmatrix}=\begin{pmatrix}-2\\3\\-12\end{pmatrix}$$

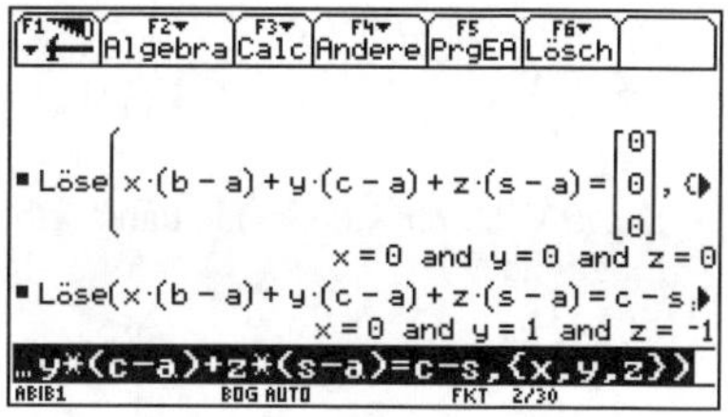

Probe:

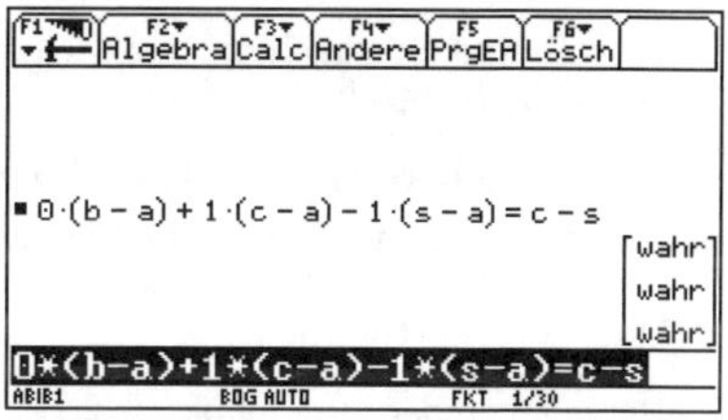

b) **Mittelpunkte**

Die Mittelpunkte der Kanten $\overline{AB}$, $\overline{BC}$, $\overline{SC}$ und $\overline{AS}$ werden aus den arithmetischen Mitteln der Endpunkte dieser Strecken berechnet:

$$M_1 = M_{AB} \Rightarrow M_1\left(\frac{0+4}{2};\frac{0+5}{2};\frac{0+0}{2}\right) \Rightarrow M_1\left(2;\frac{5}{2};0\right) \text{ und analog}$$

$$M_2 = M_{BC} \Rightarrow M_2\left(2;\frac{11}{2};0\right),\ M_3 = M_{SC} \Rightarrow M_3\left(1;\frac{9}{2};6\right),\ M_4 = M_{AS} \Rightarrow M_4\left(1;\frac{3}{2};6\right)$$

Alternativer Lösungsweg

Die Mittelpunkte können auch als Ergebnis einer Addition geeigneter Vektoren bestimmt werden.

Zum Beispiel findet man $M_2 = M_{BC}$ durch:

$$\overrightarrow{OM_2}=\overrightarrow{OB}+\frac{1}{2}\cdot\overrightarrow{BC}=\begin{pmatrix}4\\5\\0\end{pmatrix}+\frac{1}{2}\cdot\begin{pmatrix}0-4\\6-5\\0-0\end{pmatrix}=\begin{pmatrix}2\\\frac{11}{2}\\0\end{pmatrix}$$

Parallelogramm, aber kein Rechteck

An den jeweils gleichen z-Koordinaten ist zu erkennen, dass M_{AB} und M_{BC} bzw. M_{SC} und M_{AS} in gleicher Höhe liegen. Die Untersuchung der zugehörigen Strecken bzw. Vektoren auf Parallelität und Länge ergibt folgendes Ergebnis:

$$\overrightarrow{M_{AB}M_{BC}} = \begin{pmatrix} 2-2 \\ \frac{11}{2}-\frac{5}{2} \\ 0-0 \end{pmatrix} = \begin{pmatrix} 0 \\ 3 \\ 0 \end{pmatrix} \quad \text{und} \quad \overrightarrow{M_{AS}M_{SC}} = \begin{pmatrix} 1-1 \\ \frac{9}{2}-\frac{3}{2} \\ 6-6 \end{pmatrix} = \begin{pmatrix} 0 \\ 3 \\ 0 \end{pmatrix}$$

Da diese Vektoren in allen Koordinaten übereinstimmen, sind sie parallel und gleichlang. Außerdem verlaufen sie in verschiedenen Höhen. Sie spannen also ein Parallelogramm auf.

Zum Nachweis, dass dieses Parallelogramm kein Rechteck ist, genügt es zu zeigen, dass ein Paar benachbarter Seiten nicht orthogonal zueinander ist. Ein solches Paar ist:

$$\overrightarrow{M_{AB}M_{BC}} = \begin{pmatrix} 0 \\ 3 \\ 0 \end{pmatrix} \quad \text{und} \quad \overrightarrow{M_{AB}M_{AS}} = \begin{pmatrix} 1-2 \\ \frac{3}{2}-\frac{5}{2} \\ 6-0 \end{pmatrix} = \begin{pmatrix} -1 \\ -1 \\ 6 \end{pmatrix}$$

Diese Vektoren sind genau dann orthogonal zueinander, wenn ihr Skalarprodukt null ist. Es gilt aber

$$\begin{pmatrix} 0 \\ 3 \\ 0 \end{pmatrix} \circ \begin{pmatrix} -1 \\ -1 \\ 6 \end{pmatrix} = -3 \neq 0,$$

deshalb sind die zugehörigen Seiten nicht senkrecht zueinander, das Parallelogramm ist also kein Rechteck.

Lösungshinweise für das CAS-Abitur

Sie können die notwendigen Rechnungen mit dem Taschencomputer ausführen. Natürlich müssen die Ansätze, Zwischenlösungen und Lösungen notiert, kommentiert bzw. begründet werden!

Berechnung der Mittelpunkte.

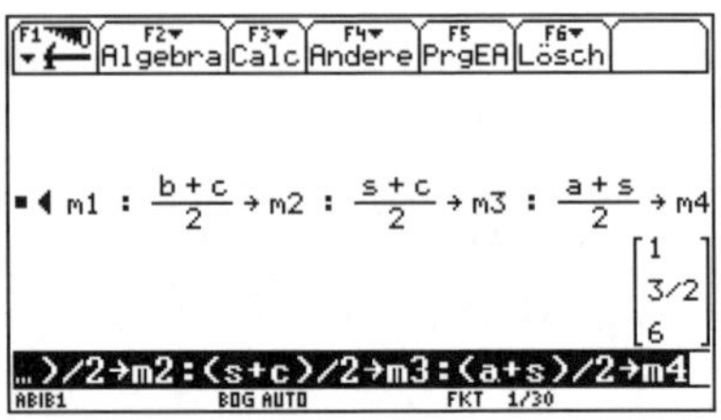

Vergleich gegenüberliegender Vektoren.

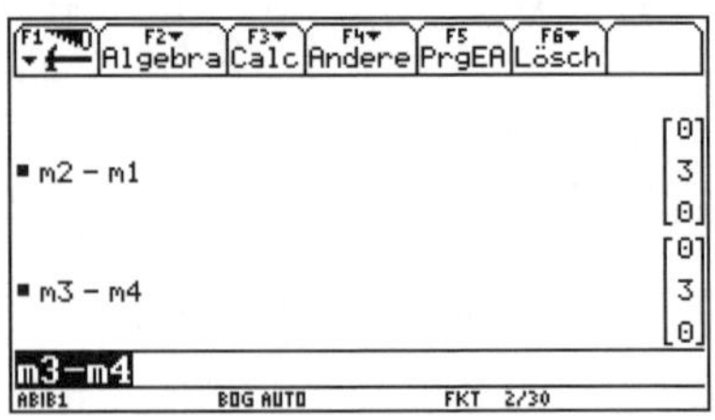

Berechnung des Skalarprodukts benachbarter Vektoren.

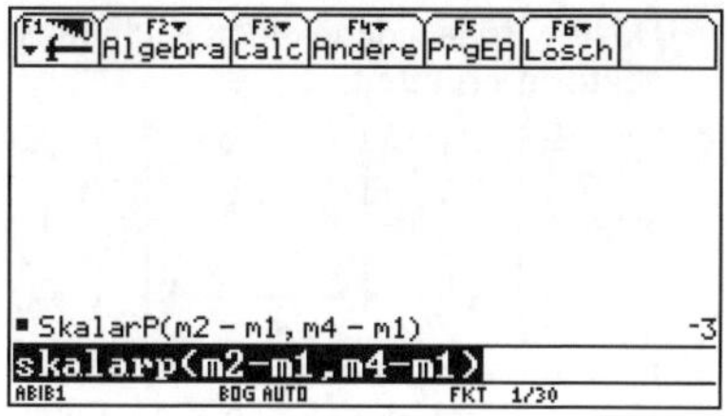

c) **Koordinaten von D, E und F**

Da A im Koordinatenursprung liegt (A = O), ergibt sich D aus dem Ansatz:

$$\overrightarrow{OD} = \overrightarrow{AD} = \frac{1}{6} \cdot \overrightarrow{AS} = \frac{1}{6} \cdot \overrightarrow{OS} = \frac{1}{6} \cdot \begin{pmatrix} 2 \\ 3 \\ 12 \end{pmatrix} = \begin{pmatrix} \frac{1}{3} \\ \frac{1}{2} \\ 2 \end{pmatrix}$$

Der Punkt D hat die Koordinaten $D\left(\frac{1}{3}; \frac{1}{2}; 2\right)$.

Koordinaten von E:

$$\overrightarrow{OE} = \overrightarrow{OB} + \overrightarrow{BE} = \overrightarrow{OB} + \frac{1}{2} \cdot \overrightarrow{BS} = \begin{pmatrix} 4 \\ 5 \\ 0 \end{pmatrix} + \frac{1}{2} \cdot \begin{pmatrix} 2-4 \\ 3-5 \\ 12-0 \end{pmatrix} = \begin{pmatrix} 4 \\ 5 \\ 0 \end{pmatrix} + \begin{pmatrix} -1 \\ -1 \\ 6 \end{pmatrix} = \begin{pmatrix} 3 \\ 4 \\ 6 \end{pmatrix}, \text{ also } E(3; 4; 6).$$

Koordinaten von F:

$$\overrightarrow{OF} = \overrightarrow{OC} + \overrightarrow{CF} = \overrightarrow{OC} + \frac{2}{3} \cdot \overrightarrow{CS} = \begin{pmatrix} 0 \\ 6 \\ 0 \end{pmatrix} + \frac{2}{3} \cdot \begin{pmatrix} 2-0 \\ 3-6 \\ 12-0 \end{pmatrix} = \begin{pmatrix} 0 \\ 6 \\ 0 \end{pmatrix} + \begin{pmatrix} \frac{4}{3} \\ -2 \\ 8 \end{pmatrix} = \begin{pmatrix} \frac{4}{3} \\ 4 \\ 8 \end{pmatrix}, \text{ also } F\left(\frac{4}{3}; 4; 8\right).$$

Lösungshinweise für das CAS-Abitur

Erläutern Sie die Ansätze, und nehmen Sie die Berechnungen mit dem Taschencomputer vor.
Speichern Sie die Punkte für die weitere Verwendung unter geeigneten Bezeichnungen ab.

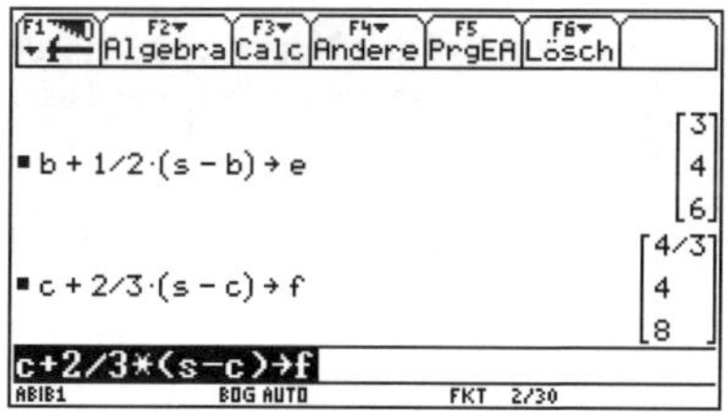

Ebenengleichungen

Eine Gleichung der Ebene ε_1 in Parameterform kann durch folgenden Ansatz gefunden werden:

$$\vec{x} = \overrightarrow{OD} + r \cdot \overrightarrow{DE} + s \cdot \overrightarrow{DF} \quad \text{mit} \quad r, s \in \mathbb{R}$$

$$\vec{x} = \begin{pmatrix} \frac{1}{3} \\ \frac{1}{2} \\ 2 \end{pmatrix} + r \cdot \begin{pmatrix} \frac{8}{3} \\ \frac{7}{2} \\ 4 \end{pmatrix} + s \cdot \begin{pmatrix} 1 \\ \frac{7}{2} \\ 6 \end{pmatrix}$$

Um einen Vergleich mit dem Kontrollergebnis zu ermöglichen, ist es sinnvoll, diese Ebenengleichung auch in Koordinatenform darzustellen.

Dazu wird aus den beiden Richtungsvektoren mithilfe des Vektorprodukts ein Normalenvektor $\vec{n}$ ermittelt:

$$\vec{n}=\begin{pmatrix}\frac{8}{3}\\ \frac{7}{2}\\ 4\end{pmatrix}\times\begin{pmatrix}1\\ \frac{7}{2}\\ 6\end{pmatrix}=\begin{pmatrix}\frac{7}{2}\cdot 6-4\cdot\frac{7}{2}\\ 4\cdot 1-\frac{8}{3}\cdot 6\\ \frac{8}{3}\cdot\frac{7}{2}-\frac{7}{2}\cdot 1\end{pmatrix}=\begin{pmatrix}7\\ -12\\ \frac{35}{6}\end{pmatrix}$$

Über die Normalenform kann die Koordinatengleichung bestimmt werden. Dadurch ist ein Vergleich mit dem Kontrollergebnis möglich.

$$\vec{n}\circ\left(\begin{pmatrix}x\\ y\\ z\end{pmatrix}-\overrightarrow{OD}\right)=0$$

$$\begin{pmatrix}7\\ -12\\ \frac{35}{6}\end{pmatrix}\circ\left(\begin{pmatrix}x\\ y\\ z\end{pmatrix}-\begin{pmatrix}\frac{1}{3}\\ \frac{1}{2}\\ 2\end{pmatrix}\right)=0$$

$$7x-12y+\frac{35}{6}z-8=0 \quad \text{Multiplikation mit 6}$$

$$42x-72y+35z-48=0$$

Es gibt also Übereinstimmung mit dem Kontrollergebnis!

Die x-y-Koordinatenebene lässt sich zum Beispiel durch die Koordinatengleichung $z=0$ oder die Parametergleichung

$$\vec{x}=\lambda\cdot\begin{pmatrix}1\\ 0\\ 0\end{pmatrix}+\mu\cdot\begin{pmatrix}0\\ 1\\ 0\end{pmatrix} \quad \text{mit } \lambda, \mu\in\mathbb{R}$$

beschreiben.

Lösungshinweise für das CAS-Abitur

Ermitteln Sie den Normalenvektor und die Koordinatengleichung mit dem Taschencomputer.

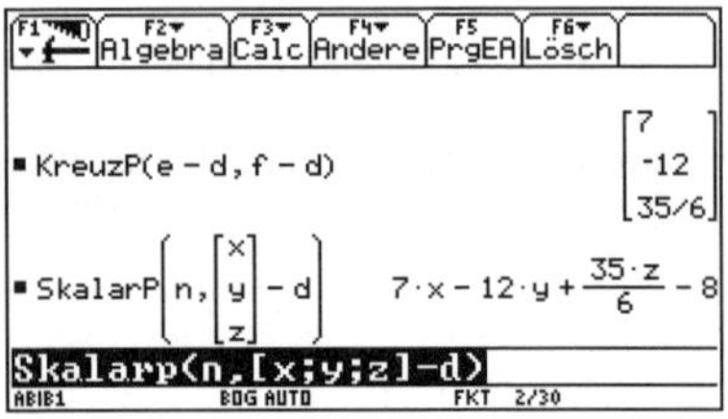

Schnittgerade

Die Schnittgerade lässt sich am einfachsten aus den beiden Koordinatengleichungen ermitteln. Es ist $z=0$ in die Gleichung $42x-72y+35z-48=0$ einzusetzen:

$42x-72y-48=0$ (mit $z=0$) ist eine Gleichung der Schnittgeraden.
Nach y umgestellt, ergibt sich die Geradengleichung in der üblichen Darstellung zu:

$$y=\frac{7}{12}x-\frac{8}{12} \quad \text{mit} \quad z=0$$

Alternativer Lösungsweg

Gleichsetzen der Parametergleichungen:

$$\lambda \cdot \begin{pmatrix} 1 \\ 0 \\ 0 \end{pmatrix} + \mu \cdot \begin{pmatrix} 0 \\ 1 \\ 0 \end{pmatrix} = \begin{pmatrix} \frac{1}{3} \\ \frac{1}{2} \\ 2 \end{pmatrix} + r \cdot \begin{pmatrix} \frac{8}{3} \\ \frac{7}{2} \\ 4 \end{pmatrix} + s \cdot \begin{pmatrix} 1 \\ \frac{7}{2} \\ 6 \end{pmatrix}$$

Daraus ergibt sich ein Gleichungssystem mit drei Gleichungen und vier Unbekannten.

(1) $\lambda = \frac{1}{3} + \frac{8}{3}r + s$ Multiplikation mit 3

(2) $\mu = \frac{1}{2} + \frac{7}{2}r + \frac{7}{2}s$ Multiplikation mit 2

(3) $0 = 2 + 4r + 6s$ Division durch 2

(4) $3\lambda = 1 + 8r + 3s$

(5) $2\mu = 1 + 7r + 7s$

(6) $0 = 1 + 2r + 3s$

(4) − (6) $\Rightarrow$ $3\lambda = 6r$ $\Rightarrow$ (7) $\lambda = 2r$

$3 \cdot (5) - 7 \cdot (6)$ $\Rightarrow$ $6\mu = -4 + 7r$ $\Rightarrow$ (8) $\mu = -\frac{2}{3} + \frac{7}{6}r$

(7) und (8) einsetzen in

$$\vec{x} = \lambda \cdot \begin{pmatrix} 1 \\ 0 \\ 0 \end{pmatrix} + \mu \cdot \begin{pmatrix} 0 \\ 1 \\ 0 \end{pmatrix}$$

ergibt eine Gleichung der Schnittgeraden:

$$\vec{x} = \begin{pmatrix} 0 \\ -\frac{2}{3} \\ 0 \end{pmatrix} + r \cdot \begin{pmatrix} 2 \\ \frac{7}{6} \\ 0 \end{pmatrix} \text{ mit } r \in \mathbb{R}$$

Lösungshinweise für das CAS-Abitur

Falls Sie den alternativen Lösungsweg über das Gleichsetzen der Parametergleichungen wählen, können Sie das Gleichungssystem mit dem Taschencomputer lösen. Achten Sie darauf, die Variablenbezeichnungen so zu wählen, dass sie sich nicht mit bereits definierten Variablen überschneiden.

Zum Beispiel ist „s“ weiter vorn für den Ortsvektor des Punktes S verwendet worden und kann deshalb nicht als Unbekannte in dem Gleichungssystem genommen werden.

Das Interpretieren des Ergebnisses als Geradengleichung müssen Sie schriftlich dokumentieren. Setzen Sie dazu wie oben beschrieben λ und μ in die Parametergleichung der x-y-Ebene ein.

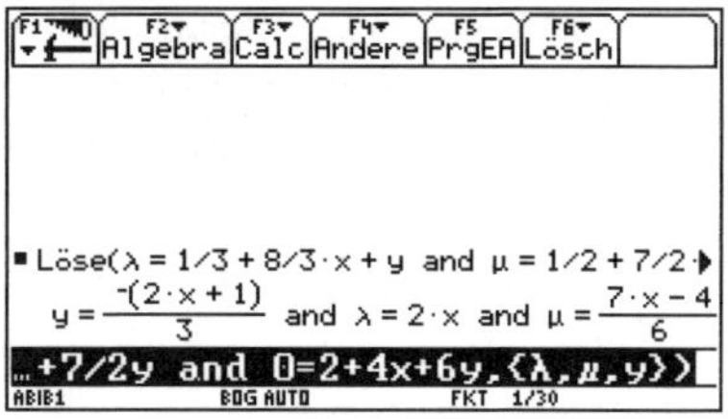

d) **Lotfußpunkt**

Da L Fußpunkt des Lotes von S in der x-y-Koordinatenebene ist, so muss – weil L senkrecht unter S liegt – L dieselben x- bzw. y-Koordinaten wie S haben. Außerdem muss $z = 0$ gelten, denn L soll in der x-y-Koordinatenebene liegen:

L(2; 3; 0)

Für die Gerade g(LS) wird der Richtungsvektor $\overrightarrow{LS} = \begin{pmatrix} 0 \\ 0 \\ 12 \end{pmatrix}$ und der Aufpunkt L gewählt:

$$g(LS)\colon\ \vec{x} = \begin{pmatrix} 2 \\ 3 \\ 0 \end{pmatrix} + t \cdot \begin{pmatrix} 0 \\ 0 \\ 12 \end{pmatrix}$$

Zur Berechnung des Schnittpunktes T der Lotgeraden g(LS) mit der Ebene ε_1, werden die Koordinaten von g(LS) in die Koordinatengleichung von ε_1 eingesetzt:

$$42 \cdot (2 + 0 \cdot t) - 72 \cdot (3 + 0 \cdot t) + 35 \cdot (0 + 12 \cdot t) - 48 = 0$$

Diese Gleichung nach t aufgelöst hat das Ergebnis $t = \frac{3}{7}$.

Aus der oben definierten Geradengleichung g(LS) ergeben sich

- für $t = 0$ der Punkt L,
- für $t = 1$ der Punkt S,
- für $t = \frac{3}{7}$ der Teilpunkt T.

Bereits daraus wird ersichtlich, dass T die Strecke $\overline{LS}$ von L aus gesehen im Verhältnis 3 : 4 teilt, denn es ist:

$$\left|\overline{LT}\right| = \frac{3}{7} \cdot \left|\overline{LS}\right| \text{ und } \left|\overline{TS}\right| = \frac{4}{7} \cdot \left|\overline{LS}\right|$$

Dieses Verhältnis ergibt sich auch aus der Berechnung der Längen der Teilstrecken:

- $t = \frac{3}{7}$ in g(LS) einsetzen $\Rightarrow$ $T\left(2; 3; \frac{36}{7}\right)$
- Streckenlängen $\Rightarrow$ $\left|\overline{LT}\right| = \sqrt{(2-2)^2 + (3-3)^2 + \left(\frac{36}{7} - 0\right)^2} = \frac{36}{7}$

  $\left|\overline{ST}\right| = \sqrt{(2-2)^2 + (3-3)^2 + \left(\frac{36}{7} - 12\right)^2} = \frac{48}{7}$
- Verhältnis $\Rightarrow$ $\left|\overline{LT}\right| : \left|\overline{TS}\right| = \frac{36}{7} : \frac{48}{7} = \frac{36}{48} = \frac{3}{4}$

Lösungshinweise für das CAS-Abitur

Die notwendigen Berechnungen können zum Beispiel so aussehen:

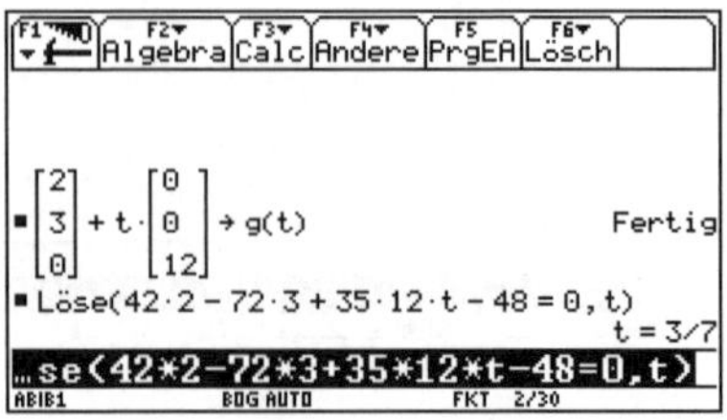

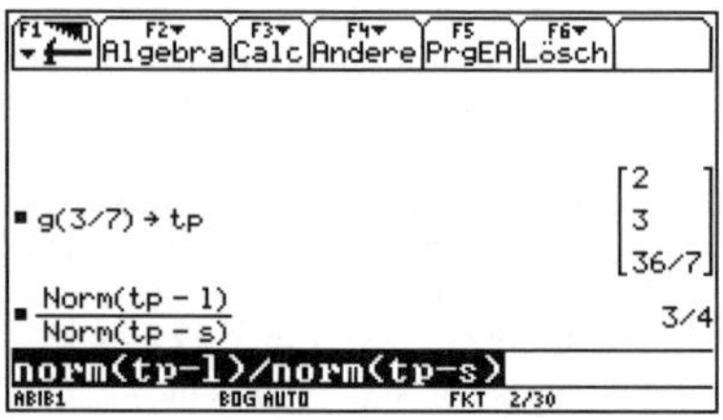

Mit dem Taschencomputer fallen die Rechnungen sehr kurz aus. Es ist deshalb wichtig, einen verständlichen Kommentar aufzuschreiben, um den Lösungsweg nachvollziehbar zu gestalten. Dabei können Sie etwa so vorgehen, wie es oben dargestellt ist und darauf verweisen, an welcher Stelle der Taschencomputer eingesetzt wurde.

e) **Nachweis windschiefer Geraden**

Aufstellen beider Geradengleichungen:

$g_1 = g(AC)$: $\quad \vec{x} = \overrightarrow{OA} + \lambda \cdot \overrightarrow{AC} = \begin{pmatrix} 0 \\ 0 \\ 0 \end{pmatrix} + \lambda \cdot \begin{pmatrix} 0 \\ 6 \\ 0 \end{pmatrix} = \lambda \cdot \begin{pmatrix} 0 \\ 6 \\ 0 \end{pmatrix}$

$g_2 = g(SB)$: $\quad \vec{x} = \overrightarrow{OB} + \mu \cdot \overrightarrow{SB} = \begin{pmatrix} 4 \\ 5 \\ 0 \end{pmatrix} + \mu \cdot \begin{pmatrix} 4-2 \\ 5-3 \\ 0-12 \end{pmatrix} = \begin{pmatrix} 4 \\ 5 \\ 0 \end{pmatrix} + \mu \cdot \begin{pmatrix} 2 \\ 2 \\ -12 \end{pmatrix} = \begin{pmatrix} 4 \\ 5 \\ 0 \end{pmatrix} + \mu \cdot \begin{pmatrix} 1 \\ 1 \\ -6 \end{pmatrix}$

mit $\lambda, \mu \in \mathbb{R}$

Untersuchung der Richtungsvektoren auf Parallelität:

$$\begin{pmatrix} 0 \\ 6 \\ 0 \end{pmatrix} = \sigma \cdot \begin{pmatrix} 1 \\ 1 \\ -6 \end{pmatrix}$$

$0 = \sigma$
$6 = \sigma$
$0 = -6$

Bereits die ersten beiden Gleichungen führen zu einem Widerspruch. Die beiden Richtungsvektoren sind also nicht parallel. Demzufolge können die beiden Geraden nur windschief sein oder sie schneiden sich.
Wenn sie sich schneiden, so muss das Gleichungssystem, das durch Gleichsetzen beider Geradengleichungen entsteht, eindeutig lösbar sein. Führt dieses Gleichungssystem aber zu einem Widerspruch, so sind die Geraden windschief.

$$\lambda \cdot \begin{pmatrix} 0 \\ 6 \\ 0 \end{pmatrix} = \begin{pmatrix} 4 \\ 5 \\ 0 \end{pmatrix} + \mu \cdot \begin{pmatrix} 1 \\ 1 \\ -6 \end{pmatrix}$$

(1) $\quad 0 = 4 + \mu$
(2) $\quad 6\lambda = 5 + \mu$
(3) $\quad 0 = -6\mu$

Aus Gleichung (3) folgt $\mu = 0$. Das ergibt aber zusammen mit (1) eine falsche Aussage $0 = 4$. Das Gleichungssystem ist also nicht eindeutig lösbar, demzufolge sind die Geraden g_1 und g_2 windschief.

Abstand der windschiefen Geraden

Hilfsebene η aus der Geradengleichung von g_1 und dem Richtungsvektor von g_2 bilden:

$$\vec{x} = \overrightarrow{OA} + \lambda \cdot \overrightarrow{AC} + \mu \cdot \overrightarrow{SB} = \lambda \cdot \begin{pmatrix} 0 \\ 6 \\ 0 \end{pmatrix} + \mu \cdot \begin{pmatrix} 1 \\ 1 \\ -6 \end{pmatrix}$$

Koordinatenform:

(1) $\quad x = 0 \cdot \lambda + 1 \cdot \mu$
(2) $\quad y = 6 \cdot \lambda + 1 \cdot \mu$
(3) $\quad \underline{z = 0 \cdot \lambda - 6 \cdot \mu}$

Parameter eliminieren:
$6 \cdot (1) + (3)$ ergibt $\mathbf{6x + z = 0}$ als Gleichung der Hilfsebene η.

Dies ist eine Ebene in besonderer Lage, sie ist parallel zur y-Achse. Das muss ja auch so sein, denn der eine ihrer Richtungsvektoren, nämlich $\overrightarrow{AC}$, ist parallel zur y-Achse. Außerdem geht die Hilfsebene durch den Ursprung, denn ihre Koordinatengleichung hat kein Absolutglied.

Diese Ebenengleichung wird in die Hesse'sche Normalenform (HNF) gebracht. Dazu muss sie durch den Betrag ihres Normalenvektors $\vec{n}$ dividiert werden:

$$\vec{n} = \begin{pmatrix} 6 \\ 0 \\ 1 \end{pmatrix} \Rightarrow |\vec{n}| = \sqrt{6^2 + 0^2 + 1^2} = \sqrt{37}$$

HNF: $\frac{6x + z}{\sqrt{37}} = 0$

Der Abstand d der beiden windschiefen Geraden ergibt sich daraus durch:

$$d = \left| \frac{6x_0 + z_0}{\sqrt{37}} \right|$$

Dabei sind x_0 bzw. z_0 Koordinaten des Aufpunktes B(4; 5; 0) von g_2. Es folgt:

$$d = \left| \frac{6 \cdot 4 + 0}{\sqrt{37}} \right| = \frac{24}{\sqrt{37}} = \frac{24 \cdot \sqrt{37}}{37} \approx 3{,}95 \text{ LE}$$

Lösungshinweise für das CAS-Abitur

Nachweis windschiefer Geraden

1. Teil des Nachweises:
Diesen Nachweis auf Parallelität der Richtungsvektoren können Sie wie oben beschrieben führen. Alternativ zeigt Ihnen die Anwendung der Operation „./" auf die beiden Richtungsvektoren $\overrightarrow{AC} = \vec{c}$ und $\overrightarrow{SB} = \overrightarrow{OB} - \overrightarrow{OS}$, dass diese beiden Vektoren nicht parallel sind, denn ihre Koordinaten sind nicht proportional zueinander.

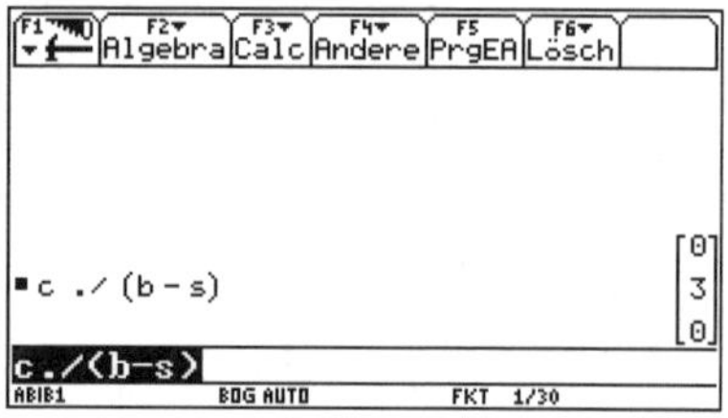

2. Teil des Nachweises:
Definieren Sie beide Geradengleichungen und speichern Sie sie unter geeigneten Namen, z. B. $g_1(x)$ und $g_2(y)$, ab. Geben Sie diese Gleichungen auch in Ihrer Niederschrift an.

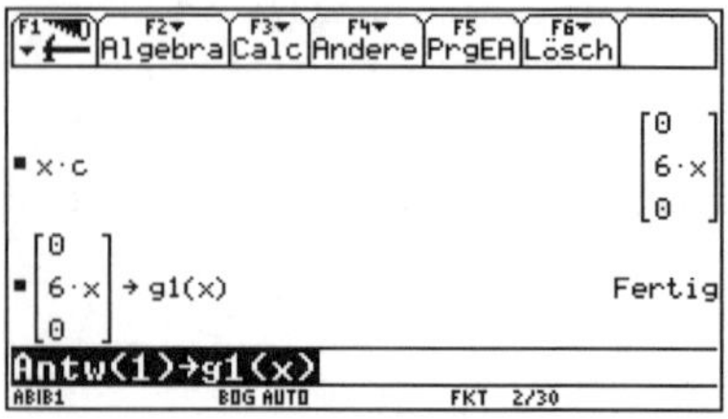

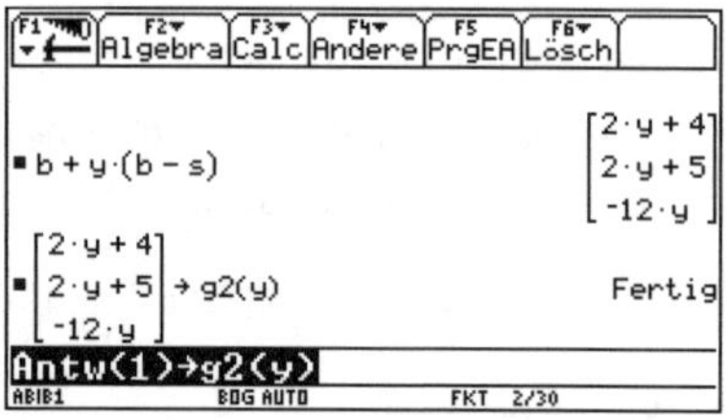

Überprüfen Sie, ob das durch Gleichsetzen der beiden Geradengleichungen entstehende Gleichungssystem $g_1(x) = g_2(y)$ lösbar ist.
Da der Taschencomputer „falsch" anzeigt, führt dieses Gleichungssystem zu einem Widerspruch.

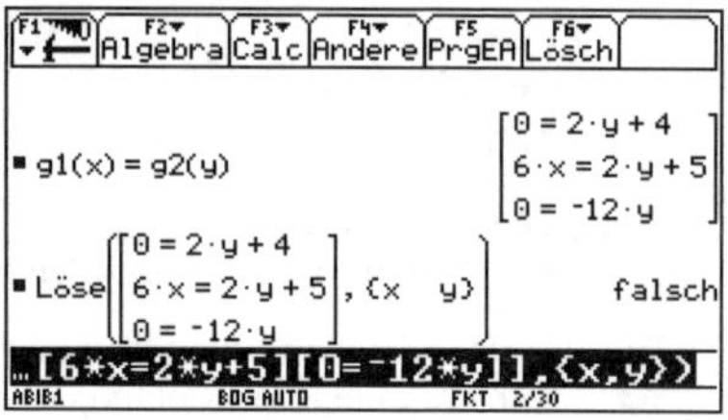

Mit beiden Teilnachweisen ist gezeigt, dass die beiden Geraden windschief sind.

Abstand der windschiefen Geraden und Koordinaten eines Lotfußpunktes

Der Vektor $\overrightarrow{L_1L_2}$ der Lotfußpunkte L_1 und L_2 lässt sich als Differenzvektor $\overrightarrow{OL_2} - \overrightarrow{OL_1}$ angeben.
Die Ortsvektoren beider Lotfußpunkte erfüllen die Geradengleichungen, d. h. es gibt gewisse Parameterwerte x_0 bzw. y_0, sodass gilt:

$\overrightarrow{OL_1} = g_1(x_0)$ bzw. $\overrightarrow{OL_2} = g_2(y_0)$

Damit ist:

$\overrightarrow{L_1L_2} = g_2(y_0) - g_1(x_0)$

Der Vektor

$$\overrightarrow{L_1L_2} = \begin{pmatrix} 2y_0 + 4 \\ -6x_0 + 2y_0 + 5 \\ -12y_0 \end{pmatrix}$$

steht senkrecht auf dem Richtungsvektor

$$\overrightarrow{AC} = \begin{pmatrix} 0 \\ 6 \\ 0 \end{pmatrix}$$

der Geraden g_1 und auch senkrecht auf dem Richtungsvektor

$$\overrightarrow{SB} = \begin{pmatrix} 2 \\ 2 \\ -12 \end{pmatrix}$$

der Geraden g_2. Die entsprechenden Skalarprodukte müssen also null sein:

$\overrightarrow{L_1L_2} \circ \overrightarrow{AC} = 0 \quad \Rightarrow \quad -6 \cdot (6x_0 - 2y_0 - 5) = 0$
und
$\overrightarrow{L_1L_2} \circ \overrightarrow{SB} = 0 \quad \Rightarrow \quad -12x_0 + 152y_0 + 18 = 0$

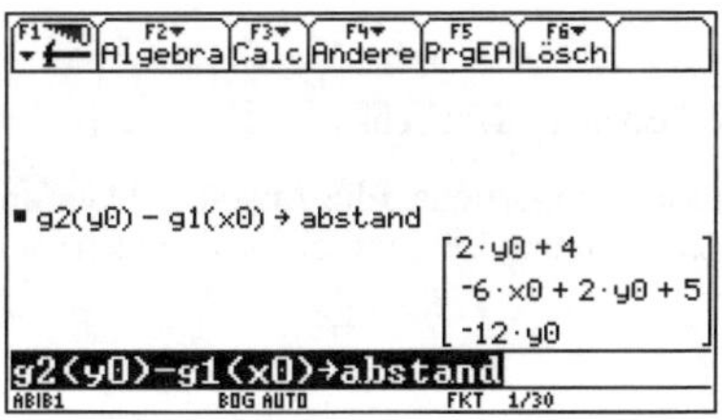

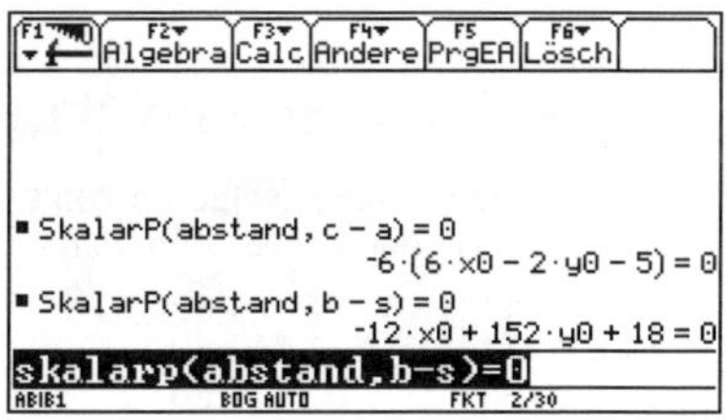

Dieses Gleichungssystem liefert die Lösungen $x_0 = \frac{181}{222}$ und $y_0 = -\frac{2}{37}$.

Diese Werte in die Gleichungen von g_1 bzw. g_2 eingesetzt ergeben die Koordinaten der Lotfußpunkte, mit denen man auch den Abstand mit dem Befehl „norm" berechnen kann.

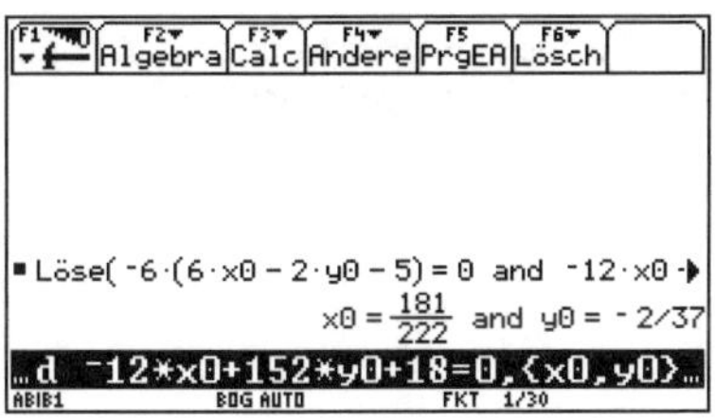

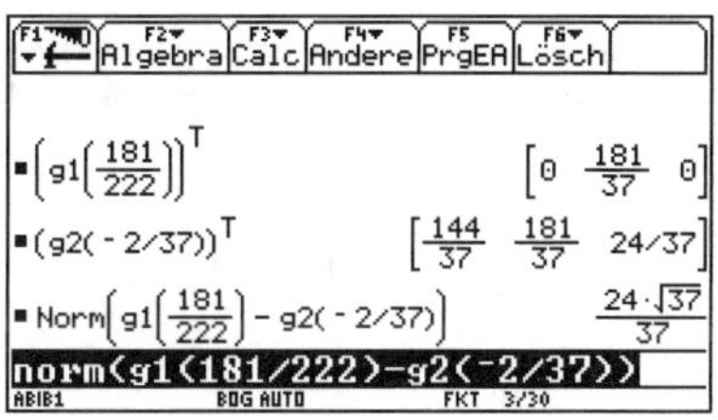

Die Lotfußpunkte haben die Koordinaten

$L_1\left(0;\frac{181}{37};0\right)$ bzw. $L_2\left(\frac{144}{37};\frac{181}{37};\frac{24}{37}\right)$,

ihr Abstand und damit der Abstand der beiden Geraden ist:

$$d=\frac{24\cdot\sqrt{37}}{37}\text{ LE}$$

f) **Gleichung für Ebene ε_3**

Der Normalenvektor für ε_3 ist:

$$\vec{n}_3=\vec{a}\times\vec{b}=\begin{pmatrix}-5\\0\\6\end{pmatrix}\times\begin{pmatrix}7\\7\\6\end{pmatrix}=\begin{pmatrix}0\cdot6-6\cdot7\\6\cdot7-(-5)\cdot6\\(-5)\cdot7-0\cdot7\end{pmatrix}=\begin{pmatrix}-42\\72\\-35\end{pmatrix}$$

Aus dem Ansatz $\vec{n}_3\circ(\vec{x}-\overrightarrow{OP_3})=0$ folgt:

$$\begin{pmatrix}-42\\72\\-35\end{pmatrix}\circ\left[\begin{pmatrix}x\\y\\z\end{pmatrix}-\begin{pmatrix}3\\4\\6\end{pmatrix}\right]=0$$

Als Gleichung für Ebene ε_3 ergibt sich:

(*) $\mathbf{-42x+72y-35z+48=0}$

Sie ist identisch mit der Ebene ε_1 (vgl. Kontrollergebnis in Teilaufgabe c).

Parameterwerte ermitteln

Fall 1: Um einen Koeffizientenvergleich mit der Ebene ε_2: $ax+by+cz-24=0$ durchführen zu können, wird Gleichung (*) durch (–2) dividiert, weil dann die Absolutglieder in beiden Ebenengleichungen übereinstimmen:

$$21\cdot x-36\cdot y+\frac{35}{2}\cdot z-24=0$$

Nur für $a=21$, $b=-36$ und $c=\frac{35}{2}$ sind die beiden Ebenen identisch.

Fall 2: Die Normalenvektoren von ε_2 und ε_3 müssen proportional, die Absolutglieder aber verschieden voneinander sein, damit die beiden Ebenen parallel (und nicht identisch) sind:

$$\vec{n}_3=\begin{pmatrix}-42\\72\\-35\end{pmatrix}\quad\text{und}\quad\vec{n}_2=\begin{pmatrix}a\\b\\c\end{pmatrix}$$

Alle $a=-42\cdot k$, $b=72\cdot k$ und $c=-35\cdot k$ mit $k\in\mathbb{R}$, $k\neq0$ und nicht zu vergessen: $k\neq-\frac{1}{2}$ ergeben eine Ebenengleichung ε_2: $ax+by+cz-24=0$, die parallel (und nicht identisch) zu ε_3 ist. Die allgemeine Lösung ist nicht gefordert, es genügt die Angabe eines einzigen Tripels (a; b; c), z. B. $a=42$, $b=-72$ und $c=35$.

Fall 3: Ganzzahlige Parameterwerte für a, b und c, die aus ε_2 eine zu ε_3 orthogonale Ebene machen, lassen sich am einfachsten durch inhaltliche Überlegungen finden. In diesem Fall müssen die Normalenvektoren

$$\vec{n}_3=\begin{pmatrix}-42\\72\\-35\end{pmatrix}\text{ und }\vec{n}_2=\begin{pmatrix}a\\b\\c\end{pmatrix}$$

zueinander orthogonal sein. Da

$$\vec{n}_3 = \vec{a} \times \vec{b} = \begin{pmatrix} -5 \\ 0 \\ 6 \end{pmatrix} \times \begin{pmatrix} 7 \\ 7 \\ 6 \end{pmatrix} = \begin{pmatrix} -42 \\ 72 \\ -35 \end{pmatrix}$$

gilt, kommen für $\vec{n}_2$ zum Beispiel die beiden Vektoren $\begin{pmatrix} -5 \\ 0 \\ 6 \end{pmatrix}$ oder $\begin{pmatrix} 7 \\ 7 \\ 6 \end{pmatrix}$ in Frage.

Andere Lösungen können zum Beispiel durch systematisches Probieren aus der Bedingung $\vec{n}_2 \circ \vec{n}_3 = 0$ gefunden werden. Es muss aber beachtet werden, dass a, b und c ganze Zahlen sein sollen. Auch hier genügt die Angabe eines einzigen Tripels, also erfüllt zum Beispiel die Ebene ε_2: $7x + 7y + 6z - 24 = 0$ die Bedingung 3.

Lösungshinweise für das CAS-Abitur

Sie können den Taschencomputer zum Berechnen des Vektor- und Skalarprodukts sowie zur Kontrolle gefundener Ergebnisse nutzen.

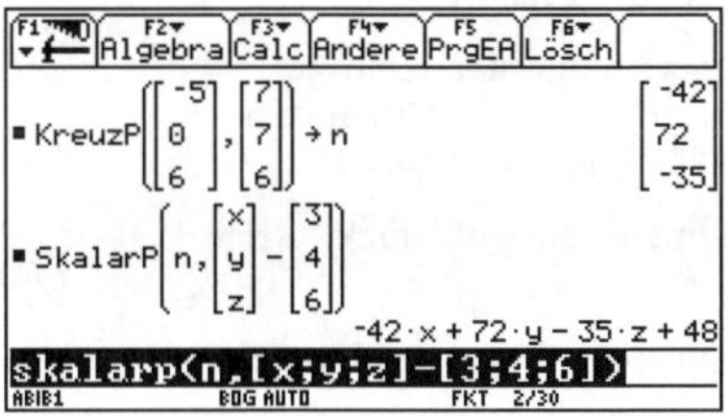

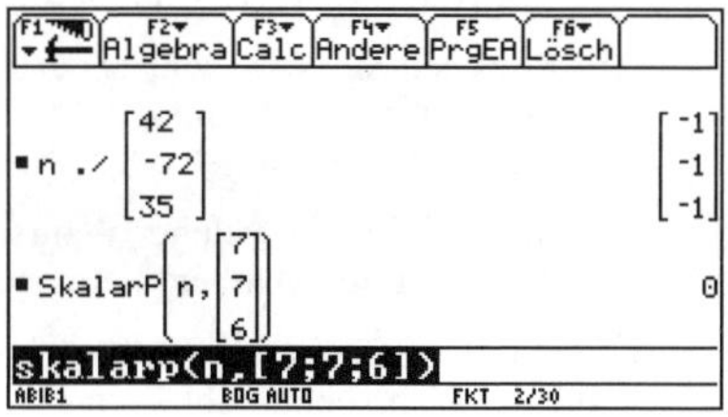

Leistungskurs Mathematik (Thüringen): Abiturprüfung 2007
Aufgabe B2: Stochastik / Wahrscheinlichkeitsrechnung

1 Aufgrund statistischer Erhebungen geht man davon aus, dass unter den „Thüringen-Urlaubern" (Besucher, die mindestens drei Tage in Thüringen verweilen) 44 % „Kultururlauber" und 28 % „Natururlauber" sind. 15 % aller „Thüringen-Urlauber" verbinden bei einem Urlaub beide Urlaubsformen.

a) Für eine Befragung werden 20 „Thüringen-Urlauber" rein zufällig ausgewählt. Berechnen Sie die Wahrscheinlichkeiten der Ereignisse:
A := „Mindestens drei „Natururlauber" sind unter den Befragten"
B := „Die Anzahl der Befragten, die weder „Natururlauber" noch „Kultururlauber" sind, beträgt genau drei oder genau vier." (4 BE)

b) Bestimmen Sie, wie viele „Thüringen-Urlauber" mindestens „auf gut Glück" auszuwählen sind, um mit mindestens 99 %iger Sicherheit mindestens einen „Kultur-" oder „Natururlauber" befragen zu können! (3 BE)

c) Ermitteln Sie, mit welcher Wahrscheinlichkeit ein „auf gut Glück" ausgewählter „Kultururlauber" kein „Natururlauber" ist! (2 BE)

d) Bestimmen Sie im obigen Sachzusammenhang zwei Ereignisse E und F, die die Wahrscheinlichkeiten

$$P(E) = \binom{20}{4} \cdot 0{,}15^5 \cdot 0{,}85^{16} \quad \text{und} \quad P(F) = \frac{\binom{7}{0} \cdot \binom{13}{5} + \binom{7}{1} \cdot \binom{13}{4}}{\binom{20}{5}}$$

besitzen! (2 BE)

2 Für das Einchecken der Gäste gibt es im Hotel „Zur schönen Aussicht" zwei Schalter. Der Eincheckvorgang dauert bei ausländischen Gästen jeweils 5 Minuten, bei deutschen Gästen jeweils 3 Minuten. Zeitgleich mit den deutschen Ehepaaren Müller und Schulz kommt eine kleine niederländische Reisegruppe mit vier Personen im Hotel an. Diese acht Neuankömmlinge verteilen sich rein zufällig zu je vier Personen auf die beiden Schalter. Herr Müller steht in seiner Reihe als Letzter.
Berechnen Sie den Erwartungswert für die Zufallsgröße
X: Zufällige Zeit bis Herr Müller den Schalter verlassen kann! (4 BE)

3 Die Internetseite der Thüringer Tourismusorganisation TTO bietet neben Informationen auch die Möglichkeit, Reisen nach Thüringen zu buchen. Eine Marktanalyse A kommt zu dem Ergebnis, dass 3 % aller Besuche dieser Internetseite, die länger als 3 Minuten dauern, zu einer Buchung führen. Einer Marktanalyse B zufolge soll dies sogar in 4,5 % aller Fälle so sein. Für den TTO-Vorstand ist es wichtig, auf welcher der beiden Analysen die weitere Planung aufzubauen ist, da im Fall A Geld für eine zusätzliche Werbekampagne zur Verfügung gestellt werden müsste.
Untersuchen Sie, ob es möglich ist, mit einer Zufallsstichprobe vom Umfang 1 100 den erforderlichen Alternativtest so durchzuführen, dass sowohl die Wahrscheinlichkeit für den Fehler 1. Art als auch für den Fehler 2. Art jeweils höchstens 0,10 beträgt! Formulieren Sie gegebenenfalls eine entsprechende Entscheidungsregel! (5 BE)

(20 BE)

Hinweise und Tipps

Aufgabe 1

Teilaufgabe a

- Zur übersichtlichen Darstellung der gegebenen Wahrscheinlichkeiten ist eine Vierfeldertafel geeignet. Anhand dieser lässt sich u. a. die Wahrscheinlichkeit des Ereignisses „Ein ‚Thüringen-Urlauber‘ ist weder Natur- noch Kultururlauber.“ berechnen. Vervollständigen Sie zunächst diese Vierfeldertafel.
- Alternativ können die gegebenen Wahrscheinlichkeiten auch anhand eines Baumdiagramms veranschaulicht werden.

Wahrscheinlichkeiten berechnen

- Führen Sie zur Beschreibung des Ereignisses A eine Zufallsvariable X_A ein, wobei X_A die Anzahl der „Natururlauber“ unter den 20 „Thüringen-Urlaubern“ beschreibt. X_A ist binomialverteilt und die Wahrscheinlichkeit für das Eintreten des Ereignisses A kann mithilfe der Formel von Bernoulli berechnet werden.
- Zur Berechnung von P(B) geht man analog vor (z. B. bezeichnet man hier die Zufallsvariable mit X_B).

Teilaufgabe b

- Entnehmen Sie der Vierfeldertafel aus Teilaufgabe a die Wahrscheinlichkeit p_b dafür, dass ein zufällig ausgewählter Urlauber „Kultur-“ oder „Natururlauber“ ist.
- Führen Sie wieder eine Zufallsvariable X_C ein, die die Anzahl der „Kultur- oder Natururlauber“ beschreibt. X_C ist binomialverteilt, wobei n gesucht ist.
- Nutzen Sie die für beliebige Ereignisse E gültige Beziehung: $P(E)+P(\overline{E})=1$
- Im vorliegenden Fall kann das Ereignis E so gedeutet werden: „X_C nimmt einen Wert von mindestens eins an.“ Kurz: $X_C \geq 1$ und somit ergibt sich für das Gegenereignis $\overline{E}: X_C = 0$.
- Verwenden Sie wieder die Formel von Bernoulli und stellen Sie diese nach der gesuchten Größe n um.

Teilaufgabe c

- Eine bedingte Wahrscheinlichkeit ist gesucht. Diese lässt sich nach der Formel von Bayes berechnen: $P_K(\overline{N}) = \frac{P(K \cap \overline{N})}{P(K)}$
- Die Wahrscheinlichkeit P(K) ist gegeben, die Wahrscheinlichkeit für das Ereignis $(K \cap \overline{N})$ kann aus der Vierfeldertafel zu Teilaufgabe a abgelesen werden.

Teilaufgabe d

Ereignis E

- Für die Ermittlung eines Ereignisses E ist es günstig, den Faktor $0{,}15^5$ in die zwei Faktoren $0{,}15^4$ und 0,15 zu zerlegen.
- Den beiden, im gegebenen Term auftretenden, Wahrscheinlichkeiten $p_1 = 0{,}15$ und $p_2 = 0{,}85 = 1 - 0{,}15$ sollte man je ein Ergebnis zuordnen.

Ereignis F

- Für die Ermittlung eines Ereignisses F ist es nötig, sich zu verdeutlichen, welche inhaltliche Bedeutung der Binomialkoeffizient $\binom{n}{k}$ hat.

Aufgabe 2

Erwartungswert

Es ist zu ermitteln, wie viel Zeit für die Abfertigung der drei Personen vor Herrn Müller durchschnittlich benötigt wird, denn die anschließende Addition von drei Minuten (Abfertigungszeit von Herrn Müller) liefert das gesuchte Ergebnis.

Dazu muss eine Fallunterscheidung vorgenommen werden. Folgende Fälle sind zu betrachten: Die drei Personen vor Herrn Müller setzen sich zusammen aus:
(1) drei Deutschen,
(2) zwei Deutschen und einem Ausländer,
(3) einem Deutschen und zwei Ausländern,
(4) drei Ausländern.

Für jeden dieser Fälle sind die Abfertigungszeit und die Wahrscheinlichkeit, mit der dieser Fall eintritt, zu bestimmen. Mithilfe dieser Zwischenergebnisse kann der Erwartungswert der Abfertigungszeit der drei Personen vor Herrn Müller berechnet werden.

Aufgabe 3

Alternativtest

Formulieren Sie die Null- (p_0) und die Gegenhypothese (p_1), geben Sie das Signifikanzniveau und den Stichprobenumfang n an.

Führen Sie eine Zufallsvariable X ein, die binomialverteilt ist mit $p = p_0$ und n.

Um den Ablehnungsbereich zu ermitteln, müssen Null- und Gegenhypothese verglichen werden. Gilt: $p_0 > p_1$ (bzw. $p_0 < p_1$), wird die Nullhypothese abgelehnt, wenn kleine (bzw. große) Trefferzahlen auftreten.

Das Signifikanzniveau gibt an, mit welcher Wahrscheinlichkeit eine wahre Nullhypothese irrtümlich abgelehnt wird, also mit welcher Wahrscheinlichkeit X Werte aus dem Ablehnungsbereich $\overline{A}$ annimmt. Bestimmen Sie $\overline{A}$ und ermitteln Sie anschließend den Annahmebereich A (dieser umfasst alle Trefferzahlen von 0 bis n, die nicht im Ablehnungsbereich enthalten sind).

Einen Fehler 2. Art begeht man, wenn man eine falsche Nullhypothese irrtümlich als wahr annimmt. Dies geschieht genau dann, wenn die Zufallsvariable Z, die binomialverteilt ist, mit $p = p_1$ und $n = 1\,100$, Werte annimmt, die im Annahmebereich A liegen.

Nach der Ermittlung des Fehlers 2. Art kann die geforderte Entscheidung getroffen werden.

Lösungen

1. a) Folgende Ereignisse werden eingeführt:
K := ein Thüringen-Urlauber ist ein „Kultururlauber“
N := ein Thüringen-Urlauber ist ein „Natururlauber“

	K	$\overline{K}$	
N	$P(K \cap N) = 0{,}15$	$P(\overline{K} \cap N) = a$	$P(N) = 0{,}28$
$\overline{N}$	$P(K \cap \overline{N}) = b$	$P(\overline{K} \cap \overline{N}) = c$	
	$P(K) = 0{,}44$		

Die Ereignisse $E_1 = K \cap N$; $E_2 = \overline{K} \cap N$; $E_3 = K \cap \overline{N}$ und $E_4 = \overline{K} \cap \overline{N}$ sind paarweise disjunkt.
Die Wahrscheinlichkeiten a, b und c lassen sich mit dem Additionssatz berechnen:

$P(N) = P(E_1 \cup E_2) = 0{,}15 + a = 0{,}28$ also: $a = 0{,}13$
$P(K) = P(E_1 \cup E_3) = 0{,}15 + b = 0{,}44$ also: $b = 0{,}29$
$P(\Omega) = P(E_1 \cup E_2 \cup E_3 \cup E_4) = 0{,}15 + a + b + c = 1$ also: $c = 0{,}43$

Man erhält eine vollständige Vierfeldertafel:

	K	$\overline{K}$	
N	0,15	0,13	0,28
$\overline{N}$	0,29	0,43	0,72
	0,44	0,56	

Alternative Bestimmung der Wahrscheinlichkeiten anhand eines Baumdiagramms:

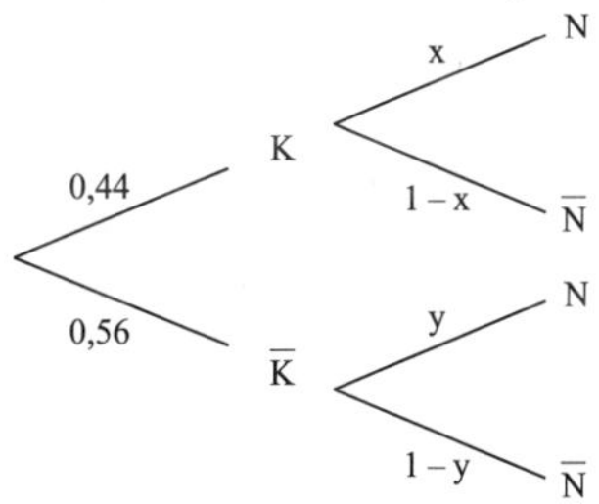

Mit den gegebenen Wahrscheinlichkeiten und den Pfadregeln lassen sich die vier fehlenden Teilwahrscheinlichkeiten bestimmen.

$P(K \cap N) = 0{,}15 = 0{,}44 \cdot x$ ergibt:

$x = \frac{15}{44}$ und $1 - x = \frac{29}{44}$

$$P(N) = 0{,}28 = P(K \cap N) + P(\overline{K} \cap N) = 0{,}15 + 0{,}56 \cdot y$$

ergibt: $y = \frac{13}{56}$ und $1 - y = \frac{43}{56}$

Anschließend können die Wahrscheinlichkeiten der Ereignisse $K \cap \overline{N}$, $\overline{K} \cap N$ und $\overline{K} \cap \overline{N}$ berechnet werden:

$P(K \cap \overline{N}) = 0{,}44 \cdot \frac{29}{44} = 0{,}29$,

$P(\overline{K} \cap N) = 0{,}56 \cdot \frac{13}{56} = 0{,}13$, $P(\overline{K} \cap \overline{N}) = 0{,}56 \cdot \frac{43}{56} = 0{,}43$

Wahrscheinlichkeiten berechnen

X_A: Diese Zufallsvariable beschreibt die Anzahl der Befragten, die „Natururlauber“ sind. Damit gilt: $X_A \sim B_{20;\,0{,}28}$

Mit der Formel von Bernoulli erhält man:

$$P(A) = P(X_A \geq 3) = 1 - P(X_A \leq 2) = 1 - \sum_{k=0}^{2} \binom{20}{k} \cdot 0{,}28^k \cdot 0{,}72^{20-k} \approx 0{,}947$$

X_B: Beschreibt die Anzahl der Befragten, die weder „Natururlauber“ noch „Kultururlauber“ sind. Es gilt: $X_B \sim B_{20;\, P(\overline{K} \cap \overline{N})} = B_{20;\, 0{,}43}$

$$P(B) = P(X_B = 3) + P(X_B = 4) = \binom{20}{3} \cdot 0{,}43^3 \cdot 0{,}57^{17} + \binom{20}{4} \cdot 0{,}43^4 \cdot 0{,}57^{16} \approx 0{,}027$$

b) X_C: Die Anzahl der Befragten, die „Natur-“ oder „Kultururlauber“ sind.
Es gilt: $X_C \sim B_{n;\, P(K \cup N)} = B_{n;\, 0{,}57}$

Im Aufgabentext wird gefordert: $P(X_C \geq 1) \geq 0{,}99$

Umformung der linken Seite dieser Ungleichung liefert:

$$P(X_C \geq 1) = 1 - P(X_C = 0) = 1 - \binom{n}{0} \cdot 0{,}57^0 \cdot 0{,}43^n = 1 - 0{,}43^n$$

Setzt man dies in obige Ungleichung ein, erhält man: $1 - 0{,}43^n \geq 0{,}99$

Diese Ungleichung ist nach n umzustellen: $\Leftrightarrow \quad 0{,}01 \geq 0{,}43^n$

$$\Leftrightarrow \quad \ln 0{,}01 \geq n \cdot \ln 0{,}43$$

$$\Leftrightarrow \quad \frac{\ln 0{,}01}{\ln 0{,}43} \leq n$$

Mit $\frac{\ln 0{,}01}{\ln 0{,}43} \approx 5{,}46$ erhält man: $5{,}5 \leq n$

Es sind mindestens sechs Urlauber auszuwählen, damit mit einer Wahrscheinlichkeit von mindestens 0,99 mindestens ein „Kultur-„ oder „Natururlauber“ befragt werden kann.

Lösungshinweise für das CAS-Abitur

Die Ungleichung $0{,}01 \geq 0{,}43^n$ lässt sich mit dem solve-Befehl lösen.

Natürlich müssen die Ansätze, Zwischenlösungen und Lösungen notiert, kommentiert bzw. begründet werden!

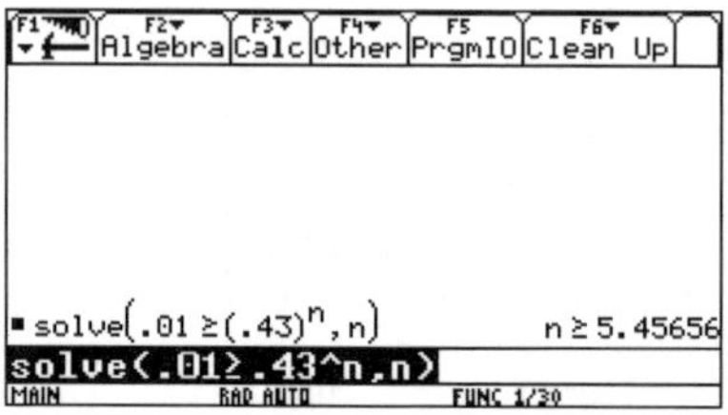

c) Es soll die Wahrscheinlichkeit für das Eintreten des Ereignisses $\overline{N}$ unter der Bedingung, dass das Ereignis K eingetreten ist, bestimmt werden. Gesucht ist die bedingte Wahrscheinlichkeit $P_K(\overline{N})$, die mit der Bayes'schen Formel berechnet werden kann:

$$P_K(\overline{N}) = \frac{P(K \cap \overline{N})}{P(K)}$$

Die Wahrscheinlichkeit $P(K \cap \overline{N})$ kann der unter Teilaufgabe a erstellten Vierfeldertafel entnommen werden und P(K) ist gegeben. Setzt man diese Werte ein, ergibt sich:

$$P_K(\overline{N}) = \frac{P(K \cap \overline{N})}{P(K)} = \frac{0{,}29}{0{,}44} \approx 0{,}659$$

d) **Ereignis E**

Anhand des Binomialkoeffizienten erkennt man, dass aus einer Menge von 20 Elementen vier ausgewählt werden. Um die Formel von Bernoulli anwenden zu können, müsste jedoch einer der beiden folgenden Exponenten 4 und der andere $20-4=16$ sein. Der Exponent 16 ist schon enthalten, also muss die Potenz $0{,}15^5$ umgeformt werden, z. B.:

$$P(E)=\binom{20}{4}\cdot 0{,}15^5\cdot 0{,}85^{16}=\left[\binom{20}{4}\cdot 0{,}15^4\cdot 0{,}85^{16}\right]\cdot 0{,}15$$

$\binom{20}{4}\cdot 0{,}15^4\cdot 0{,}85^{16}$ gibt die Wahrscheinlichkeit dafür an, dass bei zufälliger Auswahl von 20 „Thüringen-Urlaubern" genau vier „Natur-" und „Kultururlauber" sind. Den verbleibenden Faktor 0,15 kann man so deuten, dass der nächste zufällig ausgewählte „Thüringen-Urlauber" ebenfalls beide Urlaubsformen verbindet.

Man erhält für E: Der 21. zufällig ausgewählte „Thüringen-Urlauber" ist der fünfte, der beide Urlaubsformen miteinander verbindet.

Ereignis F

Es wird eine Laplace-Wahrscheinlichkeit:

$$\frac{\text{Anzahl der für F günstigen Ergebnisse}}{\text{Anzahl aller Ergebnisse}}$$

berechnet. Der Nenner gibt an, wie viele Möglichkeiten es gibt, aus 20 unterscheidbaren Elementen genau 5 auszuwählen (ohne Berücksichtigung der Reihenfolge). Anhand des Zählers erkennt man, dass die 20 Elemente aus 7 Elementen einer Sorte und 13 Elementen einer anderen Sorte gebildet werden.
Bei der Auswahl der 5 Elemente werden entweder 0 oder genau 1 Element der 1. Sorte ausgewählt.

Auf obiges Beispiel bezogen könnte man dies so interpretieren:
Eine Gruppe von 20 „Thüringen-Urlaubern" setzt sich zusammen aus 7 „reinen" Natururlaubern und 13 „reinen" Kultururlaubern. Wählt man von diesen 20 Urlaubern zufällig 5 aus, so ist unter den ausgewählten höchstens 1 „reiner" Natururlauber.

2. **Erwartungswert berechnen**

Die Abfertigungszeit für Herrn Müller beträgt 3 Minuten.
M sei die Zufallvariable, die die Abfertigungszeit der drei Personen vor Herrn Müller beschreibt. M kann folgende Werte m_i annehmen:

Ereignis	verbale Beschreibung des Ereignisses e_i	m_i in min
e_1	3 Deutsche stehen vor Herrn Müller	9
e_2	2 Deutsche und 1 Niederländer stehen vor Herrn Müller	11
e_3	1 Deutscher und 2 Niederländer stehen vor Herrn Müller	13
e_4	3 Niederländer stehen vor Herrn Müller	15

Beim Berechnen der Wahrscheinlichkeiten $P(M=m_i)$ ist es unerheblich, in welcher Reihenfolge die Personen vor ihm stehen. Allerdings kann Herr Müller nicht vor sich selbst anstehen und so hat man nur noch 3 Deutsche und 4 Niederländer, also insgesamt 7 Personen zur Auswahl.

m_i in min	9	11	13	15
$P(M=m_i)$	$\frac{\binom{3}{3}}{\binom{7}{3}}=\frac{1}{35}$	$\frac{\binom{3}{2}\cdot\binom{4}{1}}{\binom{7}{3}}=\frac{12}{35}$	$\frac{\binom{3}{1}\cdot\binom{4}{2}}{\binom{7}{3}}=\frac{18}{35}$	$\frac{\binom{4}{3}}{\binom{7}{3}}=\frac{4}{35}$

Eine alternative Bestimmung der Wahrscheinlichkeiten wäre:

m_i in min	9	11	13	15
$P(M=m_i)$	$\frac{3}{7}\cdot\frac{2}{6}\cdot\frac{1}{5}=\frac{1}{35}$	$3\cdot\frac{3}{7}\cdot\frac{2}{6}\cdot\frac{4}{5}=\frac{12}{35}$	$3\cdot\frac{3}{7}\cdot\frac{4}{6}\cdot\frac{3}{5}=\frac{18}{35}$	$\frac{4}{7}\cdot\frac{3}{6}\cdot\frac{2}{5}=\frac{4}{35}$

Für die Auswahl der ersten Person hat man sieben, für die zweite Person noch sechs und für die dritte Person hat man dann noch fünf Möglichkeiten. Somit sind die Nenner in allen Fällen $7\cdot 6\cdot 5$.

Die Zähler ergeben sich jeweils als Produkt der günstigen Möglichkeiten. Der Vorfaktor „3" beim Ereignis e_2 ist nötig, da der Niederländer an drei verschiedenen Positionen stehen kann, analog erhält man den Vorfaktor bei e_3.

Die Berechnung des Erwartungswertes erfolgt anhand der Definitionsgleichung.

$$E(M)=\left(9\cdot\frac{1}{35}+11\cdot\frac{12}{35}+13\cdot\frac{18}{35}+15\cdot\frac{4}{35}\right)\text{min}=\frac{87}{7}\text{min}$$

$$E(X)=E(M)+3\text{ min}=\frac{87}{7}\text{min}+3\text{ min}=\frac{108}{7}\text{min}\approx 15{,}43\text{ min}$$

3. **Alternativtest**

Nullhypothese: $H_0: p_0=0{,}03$ Gegenhypothese: $H_1: p_1=0{,}045$
Signifikanzniveau: $\alpha=0{,}1$ Stichprobenumfang: $n=1\,100$

Da $p_1>p_0$, wird man die Nullhypothese ablehnen, wenn große Trefferzahlen auftreten.

Für den Ablehnungsbereich $\overline{A}$ gilt somit: $\overline{A}=\{g; g+1; \ldots; 1100\}$

Die Zufallsvariable X ist bei zutreffender Nullhypothese binomialverteilt mit $p=p_0=0{,}03$ und $n=1\,100$.

Der Fehler 1. Art, also α, ist der Fehler, der begangen wird, wenn eine wahre Nullhypothese irrtümlich abgelehnt wird.

Es gilt:

$$\alpha=P(X\geq g)=\sum_{i=g}^{n}\binom{n}{i}\cdot 0{,}03^i\cdot 0{,}97^{n-i}=1-\sum_{i=0}^{g-1}\binom{n}{i}\cdot 0{,}03^i\cdot 0{,}97^{n-i}$$

Man erhält mit $n=1\,100$ und $\alpha\leq 0{,}1$

$$\alpha=1-\sum_{i=0}^{g-1}\binom{1100}{i}\cdot 0{,}03^i\cdot 0{,}97^{1100-i}\leq 0{,}1$$

und somit:

$$0{,}9\leq\sum_{i=0}^{g-1}\binom{1100}{i}\cdot 0{,}03^i\cdot 0{,}97^{1100-i}$$

Üblicherweise stehen keine Tabellen einer summierten Binomialverteilung für $n=1\,100$ und $p=0{,}03$ zur Verfügung. Die Normalverteilung ist anwendbar, denn es gilt:
$n\cdot p\cdot(1-p)=1\,100\cdot 0{,}03\cdot 0{,}97=32{,}01>9$

Für das Ergebnis ist es bei dieser Aufgabe entscheidend, ob mit oder ohne Korrekturglied bei der Normalverteilung gerechnet wird. Im ersteren Fall wird man zum Ergebnis gelangen, dass ein solcher Alternativtest durchgeführt werden kann, im Gegensatz zur Rechnung ohne Korrekturglied. Beide Lösungen sind richtig und werden bei fehlerfreier Darstellung mit voller Punktzahl bewertet.

Bestimmung des Ablehnungsbereichs

Rechnung mit Korrekturglied
Es ist folgende Ungleichung zu lösen:

$$0{,}9 \le P(X \le g-1) \approx \Phi\left(\frac{g-1+0{,}5-n\cdot p}{\sqrt{n\cdot p\cdot(1-p)}}\right)$$

Mit $n = 1\,100$ und $p = 0{,}03$ ergibt sich:

$$0{,}9 \le \Phi\left(\frac{g-33{,}5}{\sqrt{32{,}01}}\right) = \Phi(x)$$

Aus der Tabelle kann man ablesen, dass $x = 1{,}29$ der kleinste Wert ist, für den gilt:
$0{,}9 \le \Phi(x)$
Mit der Gleichung

$$\frac{g-33{,}5}{\sqrt{32{,}01}} = 1{,}29$$

ergibt sich für g: $g \approx 40{,}8$
Demnach erhält man folgenden Ablehnungsbereich: $\overline{A} = \{41; 42; \ldots; 1100\}$

Rechnung ohne Korrekturglied
Folgende Ungleichung ist zu lösen:

$$0{,}9 \le P(X \le g-1) \approx \Phi\left(\frac{g-1-n\cdot p}{\sqrt{n\cdot p\cdot(1-p)}}\right)$$

Mit $n = 1\,100$ und $p = 0{,}03$ ergibt sich:

$$0{,}9 \le \Phi\left(\frac{g-34}{\sqrt{32{,}01}}\right) = \Phi(x)$$

Der Tabelle kann man entnehmen, dass $x = 1{,}29$ der kleinste Wert ist, für den gilt:
$0{,}9 \le \Phi(x)$
Mit der Gleichung

$$\frac{g-34}{\sqrt{32{,}01}} = 1{,}29$$

ergibt sich für g: $g \approx 41{,}3$
Demnach erhält man als Ablehnungsbereich: $\overline{A} = \{42; 43; \ldots; 1100\}$

Ermittlung des Fehlers 2. Art

Einen Fehler 2. Art begeht man, wenn eine falsche Nullhypothese irrtümlich als wahr angenommen wird. Dies geschieht genau dann, wenn die Zufallsvariable Z, die binomialverteilt ist, mit $p = p_1 = 0{,}045$ und $n = 1\,100$, Werte annimmt, die im Annahmebereich A liegen.

Rechnung mit Korrekturglied

$$\beta = P(Z \le 40) \approx \Phi\left(\frac{40+0{,}5-1100\cdot 0{,}045}{\sqrt{1100\cdot 0{,}045\cdot 0{,}955}}\right) \approx \Phi\left(\frac{40{,}5-49{,}5}{\sqrt{47{,}2725}}\right) \approx \Phi(-1{,}31) = 1-\Phi(1{,}31)$$

Aus der Tabelle kann man ablesen: $\Phi(1{,}31) \approx 0{,}90490$
Demnach erhält man für β: $\beta \approx 1-\Phi(1{,}31) \approx 0{,}0951 < 0{,}1$
Ergebnis: Ein Alternativtest, wie in der Aufgabenstellung beschrieben, ist möglich.
Entscheidungsregel: Treten bei 1 100 Besuchern, die die Internetseite länger als 3 Minuten besuchen, mehr als 40 Buchungen auf, geht man davon aus, dass Marktanalyse B zutreffend ist.

Rechnung ohne Korrekturglied

$$\beta = P(Z \le 41) \approx \Phi\left(\frac{41-1100\cdot 0{,}045}{\sqrt{1100\cdot 0{,}045\cdot 0{,}955}}\right) \approx \Phi\left(\frac{41-49{,}5}{\sqrt{47{,}2725}}\right) \approx \Phi(-1{,}24) = 1-\Phi(1{,}24)$$

Aus der Tabelle kann man ablesen: $\Phi(1{,}24) \approx 0{,}89251$
Demnach erhält man für β: $\beta \approx 1-\Phi(1{,}24) \approx 0{,}10749 > 0{,}1$
Ergebnis: Ein Alternativtest, wie in der Aufgabenstellung beschrieben, ist nicht möglich.

Lösungshinweise für das CAS-Abitur

Natürlich müssen die Ansätze, Zwischenlösungen und Lösungen notiert, kommentiert bzw. begründet werden!

Man kann die Ungleichung

$$0{,}9 \le \sum_{i=0}^{g-1} \binom{1100}{i} \cdot 0{,}03^{i} \cdot 0{,}97^{1100-i}$$

auch durch sinnvolles Probieren lösen.

Für
- $g = 40$ erhält man:
  $P(X \le 39) \approx 0{,}87 < 0{,}9$
- $g = 41$ erhält man:
  $P(X \le 40) \approx 0{,}905 > 0{,}9$

Somit ist $g = 41$ und als Ablehnungsbereich ergibt sich:

$\overline{A} = \{41; 42; \ldots; 1100\}$

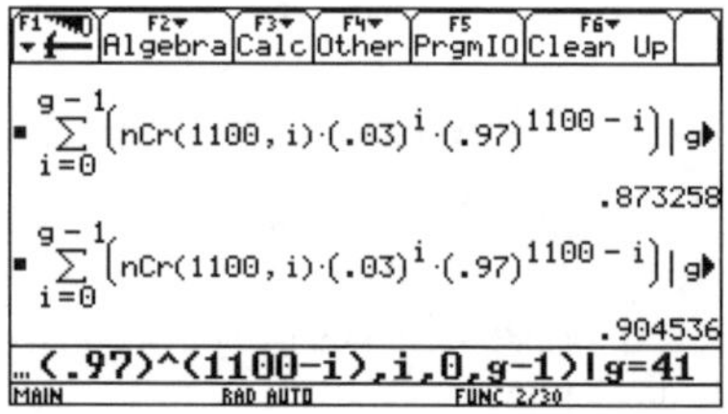

Der Fehler 2. Art lässt sich mit dem Rechner bestimmen. Man erhält:

$\beta \approx 0{,}092239 < 0{,}1$

Ergebnis: Ein Alternativtest, wie in der Aufgabe beschrieben, ist möglich.

Entscheidungsregel: siehe oben

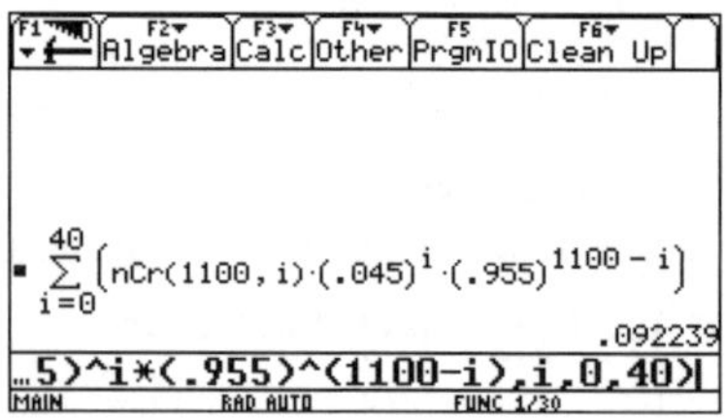

Leistungskurs Mathematik (Thüringen): Abiturprüfung 2007
Aufgabe C: Themenübergreifende Aufgabe

a) Begründen Sie, dass folgende Aussage wahr ist:
Ist der Graph einer ganzrationalen Funktion f symmetrisch zur y-Achse, so ist der Graph der Ableitungsfunktion f' symmetrisch zum Koordinatenursprung. (2 BE)

b) Geben Sie den jeweils maximal möglichen Definitionsbereich an:
$f_1(x) = \frac{\ln(x-1)}{x-2}$ $\quad f_2(x) = \frac{2+\sin x}{2+\cos x}$ (2 BE)

c) Setzen Sie die angegebene Zahlenfolge (a_n) um drei weitere Folgeglieder fort und geben Sie eine Bildungsvorschrift für diese Zahlenfolge an:
$(a_n) = (4;\ 7;\ 12;\ 19;\ 28;\ \ldots)$ (2 BE)

d) Ein Quader habe die Kantenlängen 3 LE, 5 LE und h LE.
Ermitteln Sie einen Wert von h, für den zwei Raumdiagonalen senkrecht aufeinander stehen! (2 BE)

e) In einer Urne befinden sich nur schwarze und rote Kugeln. Von den insgesamt zwanzig Kugeln werden zwei ohne Zurücklegen gezogen.
Bestimmen Sie die Anzahl der schwarzen Kugeln in dieser Urne, wenn die Wahrscheinlichkeit, mindestens eine schwarze unter den gezogenen Kugeln zu haben, $\frac{27}{38}$ beträgt! (2 BE)

(10 BE)

Hinweise und Tipps

Aufgabe a

Begründung Symmetrie

- Eine ganzrationale Funktion f n-ten Grades ist gegeben durch $y = f(x) = a_n \cdot x^n + a_{n-1} \cdot x^{n-1} + \ldots a_1 \cdot x + a_0$ mit $a_n \neq 0; n \in \mathbb{N}$.
- Eine Funktion f hat genau dann einen Graphen, der symmetrisch zur y-Achse ist, wenn für alle Argumente x ihres Definitionsbereiches $f(-x) = f(x)$ gilt.
- Eine Funktion f hat genau dann einen Graphen, der symmetrisch zum Koordinatenursprung ist, wenn für alle Argumente x ihres Definitionsbereiches $f(-x) = -f(x)$ gilt.
- Eine ganzrationale Funktion f hat einen zur y-Achse symmetrischen Graphen, wenn **alle** Exponenten in ihrem Funktionsterm gerade Zahlen sind.
- Beim Ableiten einer ganzrationalen Funktion werden alle Exponenten ihres Funktionsterms um 1 kleiner; ein eventuell vorhandenes Absolutglied verschwindet.

Aufgabe b

Maximaler Definitionsbereich von $f_1(x)$

- Die Funktion ist nicht definiert, wenn der Nenner null wird.
- Der Logarithmus ist nur für positive Argumente definiert.

Maximaler Definitionsbereich von $f_2(x)$

- Die Funktion ist nicht definiert, wenn der Nenner null wird.
- Sinus- und Kosinusfunktion sind für alle reellen Zahlen definiert.
- Der Wertebereich der Kosinusfunktion umfasst alle reellen Zahlen y mit $-1 \leq y \leq 1$.

Aufgabe c

Zahlenfolge fortsetzen, Bildungsvorschrift finden

- Für die Bildungsvorschrift der Zahlenfolge kommen ein explizites oder ein rekursives Bildungsgesetz in Frage.
- Bilden Sie die Differenzen zweier aufeinanderfolgender Zahlenfolgenglieder.
- Stellen Sie Vermutungen auf über den Zusammenhang $n^2 \mapsto (a_n)$.

Lösungshinweise für das CAS-Abitur

- Stellen Sie die Glieder der gegebenen Zahlenfolge graphisch dar.

Aufgabe d

Quader mit orthogonalen Raumdiagonalen

- Legen Sie den Quader in ein geeignetes Koordinatensystem.
- Ermitteln Sie Vektoren, die die Richtung von Raumdiagonalen des Quaders angeben.
- Nutzen Sie das Skalarprodukt, um h so zu bestimmen, dass zwei Raumdiagonalen senkrecht aufeinander stehen.

Aufgabe e

Anzahl der schwarzen Kugeln

Zeichnen Sie ein Baumdiagramm.

Nutzen Sie für die Berechnung der gesuchten Wahrscheinlichkeit die Gegenwahrscheinlichkeit.

Lösungen

a) **Begründung Symmetrie**

Hat eine ganzrationale Funktion f einen zur y-Achse symmetrischen Graphen, so ist sie von der Form:

$y = f(x) = a_n \cdot x^{2k} + a_{n-1} \cdot x^{2 \cdot (k-1)} + \ldots + a_1 \cdot x^2 + a_0$ mit $k \in \mathbb{N}$

Alle Exponenten von x im Funktionsterm sind also gerade Zahlen. Dadurch ist die für die Symmetrie zur y-Achse entscheidende Eigenschaft $f(-x) = f(x)$ für alle $x \in D_f$ gesichert, denn beim Potenzieren einer Zahl x mit einem geraden Exponenten entsteht immer eine nichtnegative Zahl, egal ob x negativ oder nichtnegativ ist.
Bei der Ableitung dieser Funktion f werden alle Exponenten von x um 1 kleiner, d. h. alle Exponenten von x werden ungerade Zahlen und das Absolutglied verschwindet.
Wird eine negative Zahl mit einem ungeraden Exponenten potenziert, so ist das Ergebnis wieder eine negative Zahl. Eine nichtnegative Zahl bleibt beim Potenzieren nichtnegativ.
Die Ableitungsfunktion f' von f hat also die Eigenschaft $f'(-x) = -f'(x)$. Dies ist aber das entscheidende Merkmal für Symmetrie des Graphen von f' zum Koordinatenursprung.

Alternative Lösung

Es gilt für alle Funktionen mit zur y-Achse symmetrischem Graphen $f(-x) = f(x)$ für alle $x \in D_f$.

Ist nun f eine an allen Stellen ihres Definitionsbereiches differenzierbare Funktion, so gilt: Leitet man beide Seiten der Gleichung $f(-x) = f(x)$ nach x ab, so folgt wegen der Kettenregel $-f'(-x) = f'(x)$.

Begründung: Leitet man beide Seiten der Gleichung $f(-x) = f(x)$ nach x ab, so erhält man:
$(f(-x))' = f'(x)$ (*)

Um $(f(-x))'$ zu bilden, verwendet man die Kettenregel. Die äußere Funktion ist f und die innere Funktion ist g mit $g(x) = (-1) \cdot x$. Also folgt:
$(f(-x))' = f'(-x) \cdot g'(x) = f'(-x) \cdot (-1) = -f'(-x)$

Einsetzen in Gleichung (*) liefert: $-f'(-x) = f'(x)$

Dies ist gleichbedeutend mit $f'(-x) = -f'(x)$, d. h. die Ableitungsfunktion hat einen zum Ursprung symmetrischen Graphen.

Da die ganzrationalen Funktionen an jeder Stelle ihres Definitionsbereiches differenzierbar sind, gilt diese Eigenschaft auch für diese Funktionsklasse.

b) **Maximaler Definitionsbereich von $\mathbf{f_1(x) = \dfrac{\ln(x-1)}{x-2}}$**

Die Zählerfunktion $y = z(x) = \ln(x-1)$ ist wegen $x - 1 > 0$ nur für alle reellen Argumente $x > 1$ definiert, allerdings wird die Nennerfunktion $y = n(x) = x - 2$ für $x = 2$ zu null, deshalb muss $x = 2$ zusätzlich ausgeschlossen werden.
Der maximale Definitionsbereich von $f_1(x) = \frac{\ln(x-1)}{x-2}$ ist also: $D_{f_1} = \{x \in \mathbb{R} : x > 1 \cap x \neq 2\}$

Maximaler Definitionsbereich von $f_2(x) = \frac{2 + \sin x}{2 + \cos x}$

Sinus- und Kosinusfunktion sind für alle reellen Zahlen definiert. Weil der Wertebereich der Kosinusfunktion alle reellen Zahlen mit $-1 \le y \le 1$ umfasst, kann die Nennerfunktion $y = n(x) = 2 + \cos x$ nicht null werden:

$-1 \le \quad \cos x \le 1$ Addition von 2

$1 \le 2 + \cos x \le 3$

Der maximale Definitionsbereich von $f_2(x) = \frac{2 + \sin x}{2 + \cos x}$ ist somit: $D_{f_2} = \mathbb{R}$

Lösungshinweise für das CAS-Abitur

Stellen Sie beide Funktionen graphisch dar, um einen Ansatz für Ihre Überlegungen zu finden.

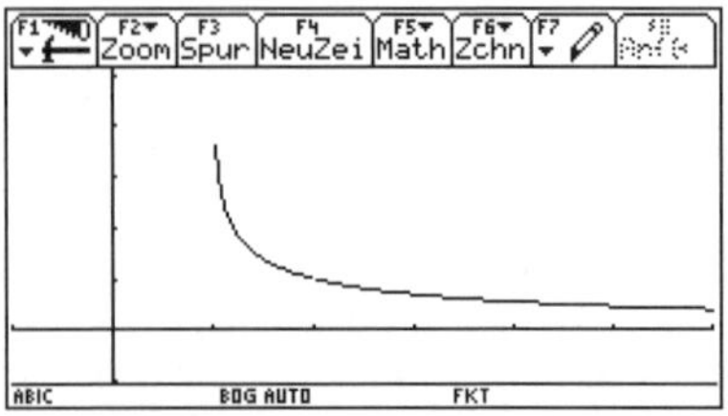

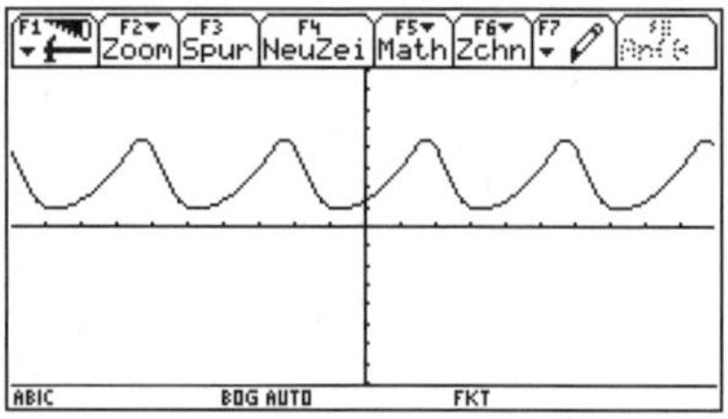

c) **Zahlenfolge fortsetzen, Bildungsvorschrift finden**

Stellt man die Nummer n des Zahlenfolgengliedes und den Wert a_n jedes Zahlenfolgengliedes einander gegenüber, so kann man feststellen, dass n^2 immer um 3 kleiner ist als a_n:

n	a_n	n^2	$n^2 + 3$
1	4	$1^2 = 1$	$1^2 + 3 = 4$
2	7	$2^2 = 4$	$2^2 + 3 = 7$
3	12	$3^2 = 9$	$3^2 + 3 = 12$
4	19	$4^2 = 16$	$4^2 + 3 = 19$
5	28	$5^2 = 25$	$5^2 + 3 = 28$

Die explizite Bildungsvorschrift für die Zahlenfolge (a_n) kann also lauten $a_n = n^2 + 3$. Damit lauten die drei nächsten Zahlenfolgenglieder:

n	$a_n = n^2 + 3$
6	$6^2 + 3 = \mathbf{39}$
7	$7^2 + 3 = \mathbf{52}$
8	$8^2 + 3 = \mathbf{67}$

Alternative Lösung

Bildet man die Differenzen $a_n - a_{n-1}$ zweier aufeinanderfolgender Zahlenfolgenglieder, so erhält man die Folge $(2n + 1)$ der ungeraden Zahlen mit $n \in \mathbb{N}; n \geq 1$.

$a_2 - a_1 = 7 - 4 = 3$
$a_3 - a_2 = 12 - 7 = 5$
$a_4 - a_3 = 19 - 12 = 7$
$a_5 - a_4 = 28 - 19 = 9$

Eine rekursive Bildungsvorschrift für (a_n) ist also $a_{n+1} - a_n = 2n + 1$ mit $a_1 = 4$ und $n \in \mathbb{N}$; $n \geq 1$. Daher ist:

$a_{n+1} = a_n + 2n + 1$ mit $a_1 = 4$ und $n \in \mathbb{N}; n \geq 1$

Damit ergeben sich drei weitere Folgenglieder durch:

$a_6 = a_5 + 2 \cdot 5 + 1 = 28 + 10 + 1 = 39$
$a_7 = a_6 + 2 \cdot 6 + 1 = 39 + 12 + 1 = 52$
$a_8 = a_7 + 2 \cdot 7 + 1 = 52 + 14 + 1 = 67$

Lösungshinweise für das CAS-Abitur

Sie können eine Vermutung für die Bildungsvorschrift der Zahlenfolge (a_n) mithilfe einer Darstellung der gegebenen Zahlenfolgenglieder mit dem Data-Matrix-Editor finden.

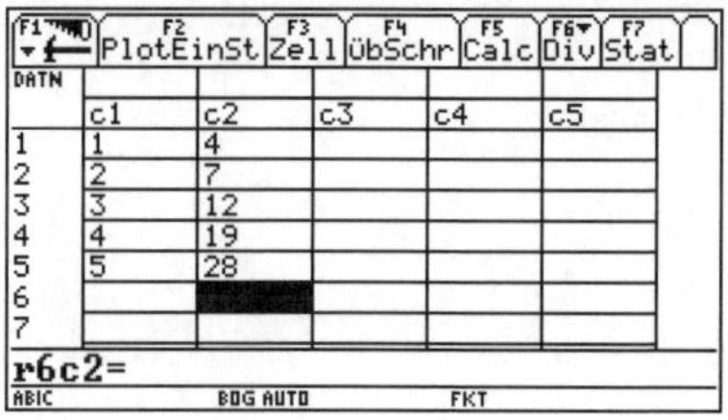

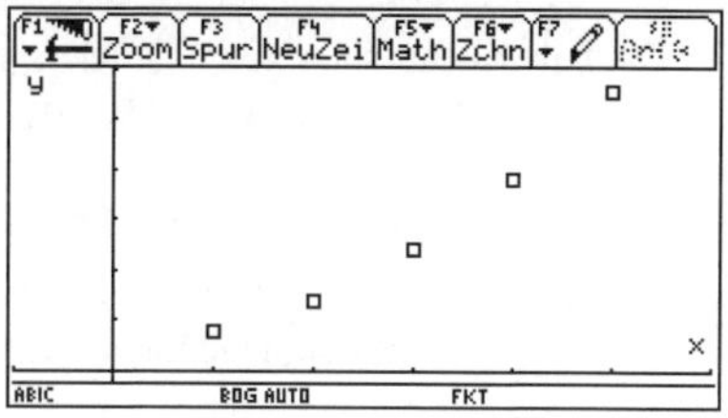

Vermutung: Die Punkte könnten auf einer Parabel liegen. Eine Gleichung müsste sich dann mithilfe quadratischer Regression finden lassen.

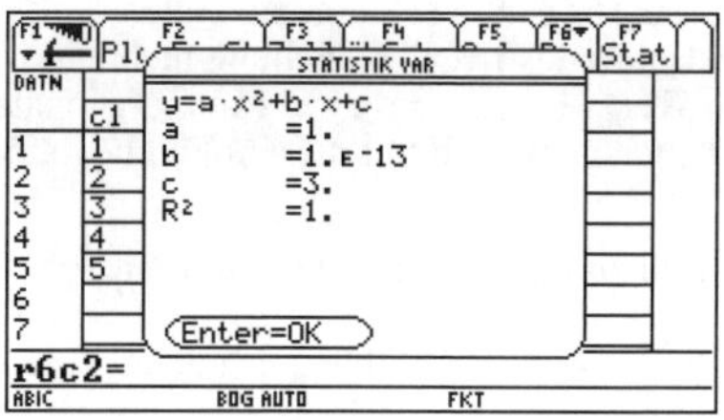

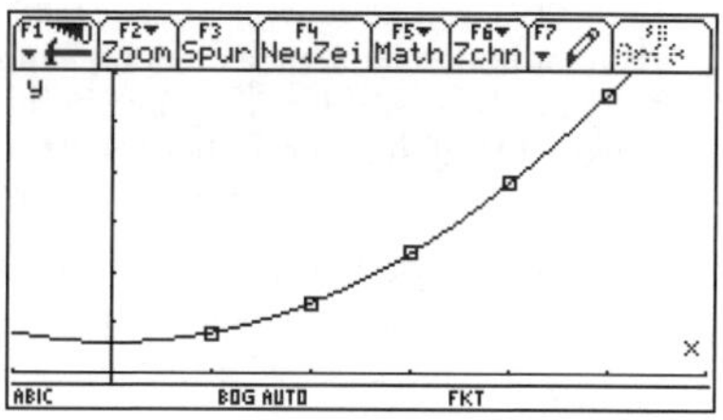

Man findet $y = a \cdot x^2 + b \cdot x + c$ mit $a = 1$; $b = 10^{-13} \approx 0$ und $c = 3$, also $y = x^2 + 3$.

Diese Vermutung kann nun anhand der gegebenen Zahlenfolge nachgerechnet und verallgemeinert werden.

d) **Quader mit orthogonalen Raumdiagonalen**

Legt man den Quader mit den Kantenlängen 3 LE, 5 LE und h LE so in ein Koordinatensystem, dass drei seiner Seitenflächen in den Koordinatenebenen liegen, kann man seine Eckpunkte z. B. so angeben:

A(3; 0; 0) E(3; 0; h)
B(3; 5; 0) F(3; 5; h)
C(0; 5; 0) G(0; 5; h)
D(0; 0; 0) H(0; 0; h)

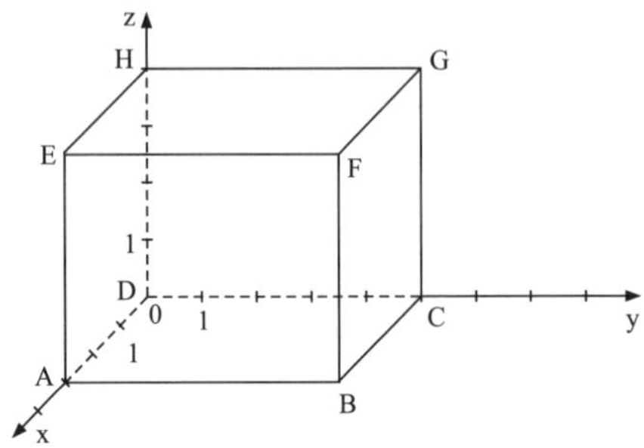

Skizze nicht maßstäblich

Wenn z. B. die zwei Raumdiagonalen $\overline{DF}$ und $\overline{HB}$ aufeinander senkrecht stehen, dann gilt
$\overrightarrow{DF} \circ \overrightarrow{HB} = 0$.

$$\begin{pmatrix} 3-0 \\ 5-0 \\ h-0 \end{pmatrix} \circ \begin{pmatrix} 3-0 \\ 5-0 \\ 0-h \end{pmatrix} = 9 + 25 - h^2 = 0$$

Diese quadratische Gleichung hat die Lösungen $h_1 = \sqrt{34}$ und $h_2 = -\sqrt{34}$.
Da h als Kantenlänge eines Quaders positiv ist, gilt in diesem Falle $h = \sqrt{34}$.
Für die beiden Raumdiagonalen $\overline{HB}$ und $\overline{AG}$ folgt analog:

$$\overrightarrow{HB} \circ \overrightarrow{AG} = \begin{pmatrix} 3 \\ 5 \\ -h \end{pmatrix} \circ \begin{pmatrix} -3 \\ 5 \\ h \end{pmatrix} = -9 + 25 - h^2 = 0 \quad \Rightarrow \quad h = 4$$

Für die beiden Raumdiagonalen $\overline{AG}$ und $\overline{DF}$ ergibt sich:

$$\overrightarrow{AG} \circ \overrightarrow{DF} = \begin{pmatrix} -3 \\ 5 \\ h \end{pmatrix} \circ \begin{pmatrix} 3 \\ 5 \\ h \end{pmatrix} = -9 + 25 + h^2 = 0.$$ Diese Gleichung hat keine reellen Lösungen.

In diesem Fall kann man keinen Wert für h angeben, für den die Raumdiagonalen senkrecht aufeinander stehen. Jedoch kann aus dieser „nicht-lösbaren" Gleichung nicht geschlussfolgert werden, es gäbe überhaupt keinen Wert für h, sodass zwei Raumdiagonalen senkrecht aufeinander stehen! Sollte man seine Untersuchungen mit diesem Fall begonnen haben, so ist ein weiterer Fall zu betrachten.

Die Aufgabenstellung verlangt nur **einen** Wert für h zu finden, für den die Raumdiagonalen senkrecht zueinander stehen.
Sie brauchen also keine vollständige Fallunterscheidung durchzuführen, es genügt einen Wert für h zu ermitteln.

Alternative Lösung

Die Kantenlänge h kann auch elementargeometrisch ermittelt werden, wie das folgende Beispiel zeigt:
Die Diagonale d der unteren Seitenfläche des Quaders hat nach dem Satz des Pythagoras die Länge:
$d = \sqrt{3^2 + 5^2} = \sqrt{34}$
Die beiden eingezeichneten Raumdiagonalen spannen ein Rechteck auf. Sie stehen genau dann senkrecht aufeinander, wenn dieses Rechteck ein Quadrat ist. In diesem Fall muss gelten:
$h = d = \sqrt{34}$

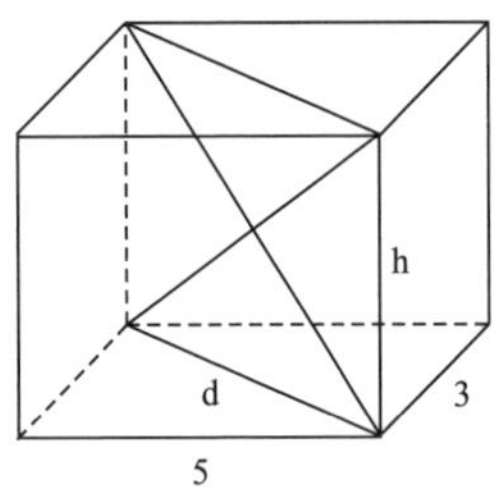

Skizze nicht maßstäblich

e) **Anzahl der schwarzen Kugeln**

An einem Baumdiagramm wird der Sachverhalt überschaubar dargestellt:

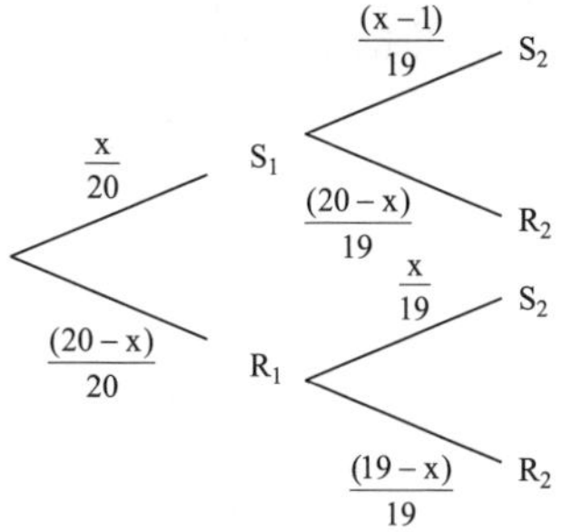

S_k: Die k-te gezogene Kugel ist schwarz, $k = 1, 2$.
R_k: Die k-te gezogene Kugel ist rot, $k = 1, 2$.
Die unbekannte Anzahl schwarzer Kugeln vor dem ersten Zug wird mit x bezeichnet.

Ereignis A: Es gibt mindestens eine schwarze unter zwei gezogenen Kugeln.

Gegenereignis $\overline{A}$: Keine schwarze unter zwei gezogenen Kugeln, d. h. sowohl im ersten als auch im zweiten Zug wird eine rote Kugel gezogen:

$\overline{A} = R_1 \cap R_2$

oder: Nur ein Ergebnis ist für das Gegenereignis $\overline{A}$ günstig, nämlich: $\overline{A} = R_1 \cap R_2$

Die Rechnung wird vereinfacht durch Nutzen der Gegenwahrscheinlichkeit.

Es soll gelten:

$$P(A) = \frac{27}{38} \quad \Rightarrow \quad P(\overline{A}) = 1 - \frac{27}{38} = \frac{11}{38}$$

Andererseits gilt: $P(\overline{A}) = P(R_1 \cap R_2) = P(R_1) \cdot P(R_2) = \frac{20-x}{20} \cdot \frac{19-x}{19}$

Durch Gleichsetzen ergibt sich die Gleichung

$$\frac{20-x}{20} \cdot \frac{19-x}{19} = \frac{11}{38} \qquad \text{mit Hauptnenner } 20 \cdot 38 \text{ multiplizieren}$$

$$2 \cdot (x-20) \cdot (x-19) = 220 \qquad \text{ausmultiplizieren}$$

$$2x^2 - 78x + 760 = 220 \qquad \text{Normalform herstellen}$$

$$x^2 - 39x + 270 = 0 \qquad \text{Lösungsformel anwenden}$$

$$x_{1;\,2} = \frac{39}{2} \pm \sqrt{\left(\frac{39}{2}\right)^2 - 270}$$

$$x_{1;\,2} = \frac{39}{2} \pm \frac{21}{2}$$

$x_1 = 30$ (Diese Lösung entfällt, denn es sind insgesamt nur 20 Kugeln in der Urne.)
$x_2 = 9$
Es waren neun schwarze Kugeln in der Urne.

Alternative Lösung

Anwenden der „Lotto-Formel" (Ziehen ohne Zurücklegen)

A: Es gibt mindestens eine schwarze unter zwei gezogenen Kugeln.
Verwenden Sie für die Berechnung der gesuchten Wahrscheinlichkeit P(A) die Wahrscheinlichkeit des Gegenereignisses $\overline{A}$.

$\overline{A}$: Unter den zwei gezogenen Kugeln ist keine schwarze Kugel

$$P(\overline{A}) = \frac{\binom{x}{0}\cdot\binom{20-x}{2}}{\binom{20}{2}} = \frac{\binom{20-x}{2}}{\binom{20}{2}}$$

$$P(A) = 1 - P(\overline{A}) = 1 - \frac{\binom{20-x}{2}}{\binom{20}{2}} = \frac{27}{38}$$

$$\Rightarrow \quad \frac{11}{38} = \frac{\binom{20-x}{2}}{\binom{20}{2}}$$

$$\Rightarrow \quad \frac{11}{38}\cdot\binom{20}{2} = \binom{20-x}{2}$$

$$\Rightarrow \quad \frac{11}{38}\cdot\frac{20\cdot 19}{1\cdot 2} = \frac{(20-x)\cdot(20-x-1)}{1\cdot 2}$$

$$\Rightarrow \quad 11\cdot 10 = (20-x)\cdot(19-x)$$

$\Rightarrow \quad x^2 - 39x + 270 = 0$ weiter wie oben beschrieben

Lösungshinweise für das CAS-Abitur

Berechnungen mit dem Taschencomputer durchführen!

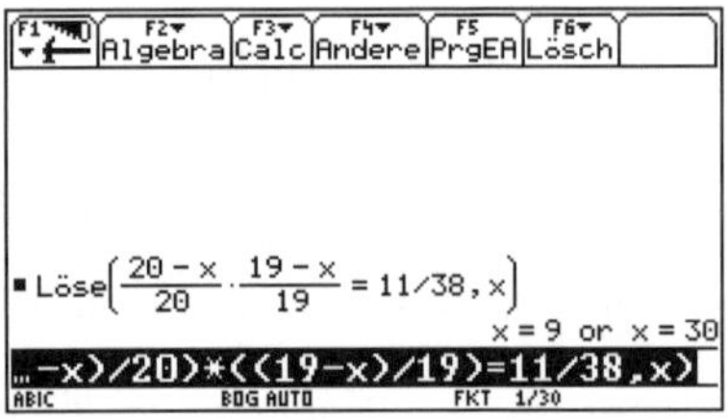

Ihre Meinung ist uns wichtig!

Ihre Anregungen sind uns immer willkommen. Bitte informieren Sie uns mit diesem Schein über Ihre Verbesserungsvorschläge!

Titel-Nr.	Seite	Vorschlag

Bitte hier abtrennen

Zutreffendes bitte ankreuzen!

Die Absenderin/der Absender ist:

- ☐ Lehrer/in in den Klassenstufen: ______
- ☐ Fachbetreuer/in
  Fächer: ______
- ☐ Seminarlehrer/in
  Fächer: ______
- ☐ Regierungsfachberater/in
  Fächer: ______
- ☐ Oberstufenbetreuer/in
- ☐ Schulleiter/in
- ☐ Referendar/in, Termin 2. Staatsexamen: ______
- ☐ Leiter/in Lehrerbibliothek
- ☐ Leiter/in Schülerbibliothek
- ☐ Sekretariat
- ☐ Eltern
- ☐ Schüler/in, Klasse: ______
- ☐ Sonstiges: ______

Unterrichtsfächer: (Bei Lehrkräften!)

______

STARK Verlag
Postfach 1852
85318 Freising

17-VMN

Bitte ausfüllen und im frankierten Umschlag an uns einsenden. Für Fensterkuverts geeignet.

Kennen Sie Ihre Kundennummer? Bitte hier eintragen.

Absender (Bitte in Druckbuchstaben!)

Name/Vorname

Straße/Nr.

PLZ/Ort

Telefon privat | **Geburtsjahr**

E-Mail-Adresse

Schule/Schulstempel (Bitte immer angeben!)

(Bitte blättern Sie um)